이공학도를 위한

확률 및 통계학

이공학도를 위한

제9판

확률 및 통계학

Probability & Statistics *for Engineers & Scientists*

WALPOLE | MYERS | MYERS | YE 지음

김봉선 | 박상규 | 유영관 | 정수일 옮김

Pearson

자유아카데미

역자 서문

사람에 따라 다소간의 차이는 있겠지만, 하루가 다르게 변화해 가는 불확실한 환경 속에서 엄청난 양의 자료나 정보를 활용하여, 직업관련 업무나 일상생활에서 적절한 의사결정을 도모해야 하는 것이 현대인들이 처한 현실일 것이다. 이러한 현실을 지혜롭고 효과적으로 헤쳐나가는 데 필요한 지식과 밀접한 관계에 있는 분야 중 하나가 바로 확률 및 통계학이라고 할 수 있다.

20세기 중반에 시작된 일본 산업의 기적은 바로 품질관리에 통계적 방법의 사용과 경영자들의 통계적인 사고에서 비롯되었다는 것은 자명한 사실이다. 이러한 이유로 확률 및 통계학은 품질관리라는 특정분야의 전유물인 것처럼 여기는 오해의 소지도 있지만, 확률 및 통계학은 이공계뿐만 아니라 인문사회계 등 사회 모든 영역에서 과학적이고 효과적인 연구와 의사결정을 위한 자료 분석과 정보획득에 필수적인 학문임은 너할 나위기 없다고 하겠다.

이제 범위를 좁혀서 산업공학전공의 품질 관련분야를, 특히 통계적 품질관리, 신뢰성 공학 등을 위한 기초과목으로서 확률 및 통계학을 강의하는 사람으로 항시 고심하게 되는 것은 수리(數理)적인 측면에 얼마만큼 비중을 두고 가르치느냐 하는 점이다. 통계학을 전공하는 이에게는 수리적인 측면이 무엇보다도 중요하겠지만, 여타의 이공학도에게는 수리적인 측면을 너무 강조하다 보면 통계학에 대한 거부감을 불러일으켜 흥미를 잃어버리게 할 수도 있다. 이들 후자의 경우에는 통계학의 구체적인 이론보다는 오히려 활용도구로서 관련항목의 의미 및 역할이라고 생각된다. 즉 기초적인 통계 및 확률론의 정리라 하더라도 이의 수리적인 증명보다는 그 정리의 물리적인 의미 또는 자연 및 인공적인 현상과의 연관성 등이 통계학을 전공으로 하고 있지 않은 이공학도에게는 훨씬 더 중요하다고 여겨진다.

이러한 관점에서 볼 때, 공업분야 등 실무적인 면에서의 다양한 응용사례를 담고 있는 R. E. Walpole, R. H. Myers, S. L. Myers, 그리고 K. Ye의 『Probability and Statistics for Engineers and Scientist』는 이공학도들을 위한 확률 및 통계학 교재로서 매우 적절하다고 호감을 갖고 제5판과 8판의 번역을 하게 되었고, 이제 다시 제9판의 공역에 임하게 되었다.

제9판 번역서는 전판 번역할 때의 부족했던 점들을 수정·보완 원저의 개정된 내용을 보충하여 출간하게 되었다. 본 교재에는 현실에 입각한 사례들이 충분한 분량의 연습문제들로 활용되어 있어, 고유기술을 접촉할 만한 기회를 얻지 못하고 주로 관리기술에 치중하여 학습에 임하고 있는 산업공학 및 유사전공, 그리고 이공학도들에게 큰 도움이 되리라고 믿는다.

제9판 번역에서도 대학 및 전문대학교의 확률 및 통계학 교재로서의 활용을 염두에 두어 원저의 내용 중 일부를 생략하고 번역하였으며, 더욱 충실한 내용의 구성 및 사용용어의 변경 등을 위한 독자들의 많은 지도 및 편달을 부탁한다.

역자 대표

저자 서문

집필방향과 수학적 수준

제9판의 주안점은 새로운 내용의 추가보다는 확률 및 통계학에 대해 명확하고 더 깊은 이해를 제공하는 데에 있다. 이를 위하여 각 장의 마지막 부분에 장들 간의 연결역할을 해주는 내용이 새롭게 추가되었다. 각 장의 마지막에 있는 이 해설들을 "유념사항(pot holes)"이라 이름 하였다. 그들은 학생들에게 큰 그림을 상기시키고, 각 장이 이 그림과 어떻게 조화되는가를 보이는 데에 매우 유용하며, 또한 학생들이 통계적 절차의 오용으로 초래되는 한계와 함정을 학습하는 데에 도움을 수게 될 것이다. 몇몇 장에 추가된 학급 프로젝트를 통하여 현실에서의 통계학 활용에 대한 깊은 이해를 얻도록 하였다. 이 프로젝트들은 학생들에게 혼자 또는 그룹으로 실험 자료를 수십하거나, 추론을 유추하는 기회를 제공하게 된다. 경우에 따라서, 이 작업은 문제의 해가 통계적 개념의 의미를 설명하는 경우를 수반하거나, 혹은 중요한 통계적 결과에 대한 실증적 이해를 제공하기도 할 것이다. 몇몇 기존 예제들을 확장하거나 새로운 예제들을 "사례연구"로 하여 학생들이 현실적 상황의 맥락에서 통계적 개념의 명확한 이해를 얻도록 하였다.

이론과 응용의 균형을 유지하는 것이 중요함은 제9판에서도 강조되고 있다. 미적분학 등 다른 수학적 이론들은 이전의 판들에서와 비슷한 수준으로 사용되었다. 확률 규칙과 개념을 논의하기 위한 미적분학의 사용과 더불어 통계학에서 분석적인 도구들의 적용범위가 증대되었다. 확률변수와 통계적 추론은 제2장부터 10장까지에서 가장 중요한 내용이다. 선형대수와 행렬식이 간단하게 응용된 제11장부터 15장에서는 선형회귀모형과 분산분석을 다루었다. 이 책을 공부하는 학생들에게는 한 학기의 미적분학 이수 수준이 요구된다. 제12장의 다중회귀모형을 다루지 않는 한, 선형대수는 도움이 되겠지만, 꼭 필요하지는 않다. 전 판에서와 마찬가지로, 실제의 과학기술 문제를 응용한 많은 문제가 학생들의 도전을 기다리고 있다. 연습문제와 관련된 자료들은 이 책의 웹사이트인 http://www.pearsonhighered.com/datasets 에서 내려받을 수 있다.

9판의 변화된 내용

- 학급 프로젝트가 추가되어 현실에서의 통계학 활용에 대한 깊은 이해를 얻도록 하였다. 학생들은 실험 자료를 생산 또는 수집하고, 이 실험 자료로부터 추론을 유추하는 것이 요구된다.
- 더 많은 사례가 추가되고, 또한 기존 예제들을 확장하여 학생들이 현실적 상황의 맥락에서 통계적 방법의 이해를 얻도록 하였다. 예를 들어, 현실 상황에서 신뢰성 한계, 예측한계, 공차한계의 설명이 주어졌다.
- 몇몇 장의 마지막에는 "유념사항(pot holes)"이라 이름 한 해설들을 추가하여, 각 장이 서로 어떻게 조화되는가를 보이고, 또한 일어날 수 있는 통계적 절차의 오용을 다루었다.
- 제1장에는 그래픽 기술뿐만 아니라 수리적 측도에 관한 내용을 더 많이 추가하였다. 샘플링과 실험계획에 관한 새로운 기초적인 자료가 제시되었다.
- 제8장 표본 분포에서 추가된 예제들은 P값과 가설 검정을 돕기 위한 것이다. 이것은 제10장에서 나오게 되는 더 많은 도전 과제들을 위해 학생들을 준비시켜준다.
- 제12장은 다중회귀분석모델에서 회귀변수 간에 강한 공선성이 존재하는 경우에 대한 새로운 내용을 포함하고 있다.
- 제15장은 반응 표면 분석의 중요한 주제에 관한 자료들을 소개한다. 반응 표면 방법론에서 잡음 변수의 도입으로 이중반응변수(평균과 변동)를 설명할 수 있게 되었다.
- 제15장에 중심 합성 설계(central composite design)가 소개되었다.
- 제18장에는 더 많은 예제가 주어지고, 통계적 의사결정을 위한 베이지안 방법이 강조되었다.

내용과 진도계획

이 책은 한 학기 또는 두 학기 과정으로 사용될 수 있다. 한 학기 과정이라면 제1장부터 10장까지가 적절할 것이다. 이럴 경우 추정과 가설검정의 기본적인 내용을 다루게 될 것이다. 학생들에게 단순선형회귀를 강의하기를 원하는 교수들은 제11장의 일부분을 포함할 수도 있을 것이다. 회귀분석보다는 분산분석을 강의하기를 원하는 교수들은 제11장과 12장 대신에 13장을 강의해도 될 것이다. 제13장은 일원배치 분산분석을 다루고 있다. 제5장이나 6장의 일부 내용, 그리고 7장은 생략해도 될 것이다. 제5장과 6장에서 음이항분포, 기하분포, 감마분포, 와이블분포, 베타분포, 로그정규분포 등은 생략할 수도 있을 것이다. 사실 한 학기 강의에서는 제9장의 최대우도추정, 예측구간, 공차한계 등은 생략해도 무방하다. 한 학기 과정은 교수가 회귀분석, 분산분석, 실험계획, 또는 반응표면분석 등 어떠한 분야에 우선순위를 두는가에 따라 융통성을 발휘할 수 있을 것으로 생각한다.

제11장부터 18장은 두 학기 과정의 두 번째 학기를 위한 기본적인 내용을 포함하고 있다. 제11장과 12장에서는 각각 단순선형회귀와 다중선형회귀를 다루고 있다. 제13장과 14장은 모수모형, 변량모형, 그리고 혼합모형에 따른 분산분석에 관한 비교적 많은 내용을 다루고 있다. 제15장에서는 이원배치법의 응용과 요인배치법을 중점적으로 다룬다. 또한, 제15장에서는 최적의 공정 조건을 찾기 위한 실험계획을 설명하기 위해 반응표면분석을 다룬다. 제16장, 17장, 18장에서는 각각 비모수 통계학, 품질관리, 그리고 베이지 추론 등을 포함하고 있다.

컴퓨터 소프트웨어

제8장 시작부에 있는 사례연구에서는 Minicab과 SAS의 컴퓨터 출력결과와 그래픽 자료들이 사용되었다. 학생들은 컴퓨터의 출력을 보고 해석할 수 있어야 하고, 여러 종류의 소프드웨이를 사용해 보는 것은 학생들의 경험을 넓히는 데 도움이 된다. 졸업 후에도 교과 과정 중에 배웠던 소프트웨어만을 사용하는 것은 아니다. 많은 예제와 사례 연구에 대해 잔차그림, 분위수그림, 정규확률그림 등을 보충하였다. 특히 제11장에서 15장 사이에는 이 그림들을 많이 사용하였다.

보충 자료

다음의 보충 자료들이 Pearson Education's Instructor Resource Center로부터 제공될 수 있다.

- Instructer's Solutions Manual
- Student Solutions Manual
- Power Point Lecture Slides
- StatCrunch eText

감사의 글

저자들은 이 책의 이전 판들을 검토하고 많은 조언을 주신 분들께 감사드린다. 그분들은 다음과 같다. David Groggel, *Miami University*; Lance Hemlow, *Raritan Vally Community College*; Ying Ji, *University Of Texas at San Antonio*; Thomas Kline, *University of Northern Iowa*; Sheila Lawrence, *Rutgers University*; Luis Moreno, *Broome County Community College*; Donald Waldman, *University of Colorado-Boulder*; Marlene Will, *Spalding University*; Delray Schulz, *Millersville University*; Roxane Burrows, *Hocking College*; and Frank Chmely.

피어슨/프렌티스 홀 출판사의 편집 및 인쇄 담당자분들께 감사드리며, 특히 Deirdre Lynch 편집장, Christopher Cummings 부편집장, Christine O'Brien 콘텐츠편집부장, Tracy Patruno 제작편집부장, 그리고 Sally Lifland 교열부장께 감사드린다. 많은 유용한 지적과 조언을 주고 교정에 수고해 준 Gail Magin에게 깊이 감사한다. 또한 자료들을 제공해 준 Virginia Tech Statistical Consulting Center에 감사드린다.

R.H.M

S.L.M

K.Y

차례

통계학과 자료분석 1장

1.1 개요

1980년대로부터 21세기에 걸쳐서 미국기업의 지대한 관심을 모은 것은 품질개선이었다. 20세기 중반에 시작된 일본의 '산업기적'에 관한 많은 토론과 글들이 발표되었다. 일본은 미국이나 그 밖의 다른 나라와는 달리 고품질 제품의 생산을 위한 기업 내의 분위기를 창출하는 데 성공하였다. 일본에서의 성공은 그 대부분이 **통계적 방법**의 사용과 경영자들의 통계적인 사고에 기인한 것이었다.

자료의 사용

제조업, 식료품 산업, 컴퓨터 소프트웨어업, 제약업, 그리고 그 밖의 많은 다른 영역에서 통계적 방법을 사용한다는 것은 정보 혹은 **자료**(scientific data)의 수집을 포함한다. 자료수집이란 천 년 전 혹은 그 이전부터 수행되어 온 것으로 전혀 새로운 것은 아니다. 조사목적으로 자료가 수집되고, 요약되고, 보고되고, 저장된다. 그러나 단순히 정보를 수집하는 것과 **추론통계학**(inferential statistics)과는 커다란 차이가 있다. 최근에는 추론통계학에 많은 관심이 집중되고 있다.

추론통계학의 성과물은 통계학을 활용하는 사람들에게 통계적 방법들의 큰 '연장통(toolbox)'이 되어 왔다. 이 통계적 방법들은 **불확실성**(uncertainty)과 **변동**(variation)에 대응하여 과학적 판단이 가능하도록 만들어졌다. 어느 제조공정에서 생산된 원료의 밀도는 항상 동일하지는 않을 것이다. 만일 제조공정이 연속공정이 아닌 배치(batch)공정이라면, 배치들 사이의 변동, 즉 배치 간 변동뿐만 아니라 배치 내에도 원료 밀도의 변동이 존재할 것이다. 공정으로부터 수집된 자료를 분석함으로써 공정의 **품질**(quality)을 개선하기 위해서는 공정의 어느 부분을 고쳐야 하는지 통계적 방법들을 활용할 수 있다. 이때 품질은 목표로 하는 밀도에 근접하는 정도와 근접도 기준을 충족하는 빈도가 얼마인지에 따라 정의될 수 있을 것이다. 어느 공학도가 공해 연구를 하면서 공기 중의 일산화황을 측정하는 데 사용되는 어떤 측정계기에 관심이 있다고 하자. 만일 그 측정계기가 정확하게 작동되고 있는지 의심이 간다면, 다음의 두 가지 **변동요인**(source of variation)을 살펴봐야 한다. 첫 번째는 같은 날 같은 장소에서 측정된 일산화황 값들 내의 변동이다. 두 번째는 당시 공기 중에 있던 일산화황의 **참**(true)값과 관측값 사이의 변동이다. 만일 이 두 가지 변동요인 중 하나라도 그가 설정한 기준에 비해 매우 크다면 그 측정계기는 교체되어야 할 것이다. 고혈압을 낮추는 신약을 개발하기 위한 생의학 연구에서 현재의 '구약'이 만성 고혈압 환자의 80%에게 효과가 있는 반면에 신약은 환자의 85%에게 효과가 있었다고 하자. 하지만 신약은 제조비용이 많이 들고 어떤 부작용이 발생할 수도 있다. 그렇다면 신약은 허가되어야 하는가? 이것은 FDA(미 식품의약국)와 함께 제약회사에서 자주 마주치게 되는 문제이다. 여기에서도 변동을 고려할 필요가 있다. '85%'라는 수치는 이 연구에 참여한 환자들에 근거한 것이다. 만일 이 연구가 다른 환자들을 대상으로 되풀이될 경우 '성공' 수치는 75%가 될 수도 있을 것이다. 이것은 연구와 연구 사이에 발생하는 자연스러운 변동으로서 의사결정과정에서 고려되어야 한다. 환자 사이의 변동은 개인 간의 체질에 기인하므로 이 연구 간 변동은 아주 중요한 문제라고 할 수 있다.

자료의 변동

위에서 논의된 문제들을 보면 **변동**(variability)을 다루기 위해 통계적 방법들이 사용되며, 각각의 경우 변동은 자료로부터 나타나게 된다. 만약 원료 밀도의 측정값이 늘 같고 항상 목표값과 동일하다면, 통계적 방법들을 사용할 필요가 없을 것이다. 만일 일산화황을 측정하는 장치가 늘 동일한 값을 내고 그 값이 한치의 오차도 없이 정확하다면, 통계적 분석은 필요하지 않게 된다. 만일 약에 대한 반응에 있어서 환자 간 변동이 없다면, 즉 모든 환자에게 효과가 있든지 또는 없든지 한다면, 제약회사와 FDA의 과학자들에게 인생은 단순한 것이 되고 의사결정과정에 통계학자들은 필요하지 않게 될 것이다. 추론통계학은 자료가 수집된 시스템을 보다 잘 이해하는 데 도움이 되는 여러 가지 분석기법을 다룬다. 단순히 자료를 수집하는 것이 아니라 수집된 자료로부터 시스템에 관한 어떤 결론을 끌어낸다는 것이 바로 추론통계학의 과학적 본질을 나타낸다고 하겠다. 통계학자들은 기초적인 확률법칙과 통계적 추론을 통하여 시스템에 관한 결론을 끌어내게 된다. 정보는 **표본**(sample)이나 **관측**(observations)을 통하여 수집된다. 제2장에서 표본을 추출하는 과정이 소개되고, 책 전반에 걸쳐서 이에 관한 토의가 계속된다.

표본은 모든 개체들의 집합인 **모집단**(populations)으로부터 추출된다. 때때로 모집단은 과학적 시스템을 뜻하기도 한다. 예를 들어, 컴퓨터보드를 생산하는 어느 제조업자가 불량품을 줄이려고 한다고 하자. 만일 제조공정에서 무작위로 추출된 50

개의 컴퓨터보드로부터 정보가 수집되었다면, 일정기간 동안에 걸쳐 이 회사에서 제조된 모든 컴퓨터보드가 이 경우의 모집단이 된다. 만일 컴퓨터보드 제조공정이 개선된 후에 컴퓨터보드의 표본이 새롭게 추출되었다면, 이로부터 획득된 공정개선에 따른 효과에 대한 결론은 곧 공정개선 후에 제조된 모든 컴퓨터보드로 구성되는 모집단에 대한 것이다. 표본으로 선정된 고혈압 환자들에게 혈압을 낮추기 위한 어떤 약을 처방하였다면, 이 경우의 관심사는 고혈압을 앓고 있는 모든 사람으로 구성되는 모집단에 대한 어떤 결론을 끌어내는 일일 것이다.

계획성 있게 그리고 체계적으로 자료를 수집하는 것이 매우 중요하다. 그러나 어쩔 수 없이 계획성이 제한되는 경우도 있다. 때때로 모집단에 속하는 개체의 특정 특성에만 초점을 맞추기도 한다. 각 특성은 모집단에 대해 알고자 하는 과학자나 공학자들에게 특별히 중요한 것일 수 있다. 예를 들어 위의 제조공정의 예에서 공정의 품질은 불량률과 관계된 것이었다. 한 공학자가 공정조건, 온도, 습도, 어느 특정한 성분의 양 등이 공정에 미치는 영향을 알아보려고 한다 하자. 이 공학자는 규정에 의하거나 또는 **실험계획법**(experimental design)에 의하여 제시되는 수준으로 이 **요인들**(factors)을 체계적으로 변화시킬 수 있다. 그러나 어떤 수목의 목질 밀도에 영향을 끼치는 요인에 대하여 연구를 하는 삼림학자는 실험계획이 필요치 않다. 이 경우에는 야외에서 자료를 수집하는, 즉 **관측연구**(observational study)가 수행되며 **요인수준**(factor level)은 임의로 정할 수 없다. 이러한 문제들에 대한 연구가 통계적 추론이다. 앞의 예의 경우 추론의 질은 적절한 실험계획에 달려 있으나 나중의 예의 경우에서는 수집된 자료에 좌우된다. 예를 들어, 한 농경학자가 강우량이 작물의 수확량에 미치는 효과에 대한 연구를 한다면서 가뭄일 때 이에 관한 자료를 수집한다면 매우 안타까운 일이 될 것이다.

경영자와 과학자들에게 있어서 통계적 사고의 중요성과 통계적 추론의 사용은 널리 알려져 있다. 과학자들은 자료로부터 과학적 현상을 이해하는 데 도움이 되는 많은 것을 얻어 낸다. 생산기사와 공정기사들은 공정개선을 위한 오프라인(off-line) 연구를 통하여 많은 것을 얻기도 하지만, 그들 또한 요구품질수준으로 공정을 유지하는 데 필요한 값진 정보를 온라인으로 수집된 생산자료로부터 얻기도 한다.

때때로 표본자료로부터 요약된 내용만이 필요한 경우가 있다. 즉, 추론통계학은 필요하지 않으며 대신 단일 숫자로 된 통계량들이나 **기술통계학**(descriptive statistics)이 도움이 된다. 이 숫자들은 자료의 중심위치와 변동 그리고 표본 관측치의 분포를 이해하는 데 도움을 준다. 비록 **통계적 추론**(statistical inference)과 관련된 통계적 방법들이 구체적으로 사용되지는 않지만 많은 것을 알아낼 수 있다. 때때로 기술통계학은 그래프와 함께 사용된다. 오늘날의 통계 소프트웨어 패키지들은 **평균**(mean), **중앙**

값(median), **표준편차**(standard deviation)와 기타 통계량들을 계산해 낼 뿐만 아니라, 표본의 본질을 '발자국'처럼 나타내는 그래프들을 작성해 낼 수 있다. 히스토그램(histogram), 줄기-잎 그림(stem-and-leaf plot), 점 그림(dot plot), 상자 그림(box plot) 등과 같은 그래프들과 각종 통계량들의 정의와 설명이 이후의 절들에서 소개된다.

확률의 역할

확률의 기초개념들이 이 책의 제2장에서부터 제6장까지 다루어진다. 이들 개념에 대한 철저한 기초교육이 통계적 추론을 보다 잘 이해하는 데 도움이 될 것이다. 현대의 통계적인 방법에서 확률개념 없이는 자료분석의 올바른 이해가 있을 수 없다. 따라서, 통계적 추론을 공부하기에 앞서 확률을 공부하는 것은 매우 당연한 일이다. 자료로부터 얻어지는 결론의 확신 정도를 계량화하는 데 확률의 기초지식이 이용된다. 이런 점에서 확률개념은 통계적 방법을 보완하고 통계적 추론의 설득력을 가늠하는 데 도움을 주는 중요한 요소이다. 따라서, 확률은 기술통계학(descriptive statistics)과 통계적 추론(inferential methods)을 연결하는 가교 역할을 한다고 할 수 있다. 확률개념을 이용하면 과학자나 공학자들이 사용하는 언어로 결론을 표현할 수 있다. 다음의 예를 보면 통계적 방법으로 얻어진 결과를 해석할 때 종종 핵심 역할을 하는 P값(P-value)의 개념을 이해할 수 있다.

예제 1.1 어느 기사가 제조공정으로부터 100개의 제품을 표본으로 추출하였는데, 그 중에 10개의 불량품이 발견되었다. 가끔 불량품이 제조되는 것이 예상되지만, 이 회사는 공정 불량률을 최대 5%까지 허용할 수 있다고 한다. 이제 이 기사는 확률의 기초지식을 이용하여 공정상태를 나타내는 표본정보에 대한 판단을 하게 된다. 이 경우 모집단(population)은 그 공정으로부터 생산되는 모든 제품들이 된다. 만일 공정의 상태가 수용할 만하다면, 즉 이 공정의 불량률이 5%라고 하면, 임의로 추출된 100개의 제품 가운데 10개 이상의 불량품이 포함될 확률은 0.0282이다. 이렇게 작은 확률은 이 제조공정의 실제 불량률이 5%를 초과하게 됨을 의미한다. 다시 말해서, 만일 공정이 수용할 만한 상태에 있다면, 이 표본에서와 같은 결과는 여간해서 나타나지 않는다. 이 제조공정의 불량률이 5%를 초과하게 되면 이러한 결과는 매우 높은 확률로 나타나게 된다.

이 예제로부터 확률의 기초지식이 표본의 정보를 가지고 표본이 추출된 시스템에 관한 어떤 결론을 내리는 데 유용함을 알 수 있다. 10장에서 상세히 설명하게 될 통계적 방법에 의하면 P값은 0.0282가 된다. 이 결과는 **공정이 수용할 만한 상태가 아니라**는 것을 의미한다. P값의 개념은 앞으로 이어지는 장들에서 상세하게 다루어진다.

예제 1.2 종종 과학적 연구의 본질상 통계적 추론에서 확률이나 연역적 사고와 같은 역할이 필요하다. 연습문제 9.40에서 제시된 자료는 버지니아 대학교에서 나무뿌리와 균류의 작용 사이의 관계에 관하여 수행한 연구결과이다. 광천수는 균류로부터 나무뿌리로 이동되고 설탕물은 뿌리로부터 균류로 이동된다. 북부의 붉은 떡갈나무 묘목 10그루씩 두 개의 표본을 추출하여 한쪽 표본에는 질소를 함유시키고 다른 쪽 표본에는 질소 없이 온실에 심었다. 그 밖의 다른 모든 조건은 동일하게 하였다. 모든 묘목은 피솔리투스 틴토루스라는 균류를 함유하였다. 이에 관한 더 자세한 내용은 제9장에서 다루도록 한다. 140일 후에 측정된 줄기의 무게(단위: g)는 표 1.1과 같다.

이 예제에는 두 개의 **개별적인 모집단**으로부터의 두 표본이 있다. 실험의 목적은 질소의 사용이 뿌리의 성장에 영향을 주는지 알아보는 것이다. 이 연구는 비교연구(comparative study), 즉 어떤 중요한 특성에 대해 두 모집단을 비교하고자 하는 것이다. 그림 1.1에서와 같이 점 도표를 그려 보는 것이 도움이 된다. ○로 표시된 값들은 질소를 함유시켰을 때의 자료이고, ×로 표시된 값들은 질소 없이 얻어진 자료를 나타낸다. 질소의 사용이 뿌리 성장에 어떤 영향을 끼쳤는지를 알아보는 것이 이 실험의 목적이다. 대체적으로 보면 질소의 사용으로 줄기의 무게가 증가되었음을 볼 수 있다. 특히 질소의 사용으로 얻어진 4개의 자료값은 질소 없이 얻어진 어떤 자료값보다 큼을 볼 수가 있다. 질소의 사용 없이 얻어진 대부분의 관측값들은 자료 중심의 아래쪽에 나타남을 볼 수가 있다. 자료의 이러한 형태로 볼 때 질소가 영향

표 1.1 예제 1.2의 자료

무질소	질소
0.32	0.26
0.53	0.43
0.28	0.47
0.37	0.49
0.47	0.52
0.43	0.75
0.36	0.79
0.42	0.86
0.38	0.62
0.43	0.46

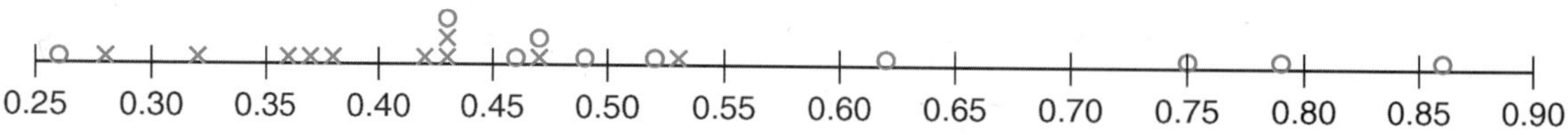

그림 1.1 줄기 무게의 점도표

을 끼쳤음을 짐작할 수 있다. 그러나 이 질소의 영향을 어떻게 계량화할 수 있는가? 시각적으로 분명한 이것을 어떻게 분석할 수 있는가? 이를 위하여 앞의 예제에서와 같이 확률의 기초지식이 사용될 수 있다. 이에 대한 결론은 확률적 판정 또는 P값으로 요약된다. 다시 말해서 두 표본이 동일한 모집단에서 추출되었다면, 질소의 영향이 전혀 존재하지 않을 경우, '이러한 자료가 관측될 확률'에 대한 문제가 된다. 이 확률이 0.03으로 매우 작다고 가정하면, 이는 곧 질소의 사용이 줄기의 평균무게에 영향을 끼쳤음을 강하게 입증하는 것이다.

확률과 통계적 추론이 어떻게 같이 사용되는가?

확률 분야와 추론통계학 분야를 명확하게 구별하는 것은 중요한 일이다. 주지한 바와 같이 확률의 개념을 적용함으로써 통계적 추론의 결과를 실생활적인 측면으로 해석할 수 있다. 따라서, 통계적 추론은 확률개념을 사용한다고 말할 수 있다. 위의 두 예를 통해 분석자가 표본으로부터 정보를 얻어 내고, 통계적 방법과 확률개념을 이용하여 모집단의 특징에 대한 결론을 내릴 수 있다는 것을 엿볼 수 있다. 즉, 예제 1.1에서는 공정이 수용할 만한 상태가 아니었고, 예제 1.2에서는 질소가 뿌리의 성장에 영향을 주었다. 따라서, 통계적인 문제에서 **표본과 추론통계학을 이용하여 모집단에 대한 결론을 이끌어 낼 수 있으며, 추론통계학은 명백하게 확률개념을 사용**한다. 이러한 논법은 본질적으로 **귀납적 방법**이다. 제 2 장과 이후의 장에서는 앞의 두 예제에서처럼 통계적 문제를 푸는 데 초점을 맞추지 않을 것이다. 표본과는 관계 없는 많은

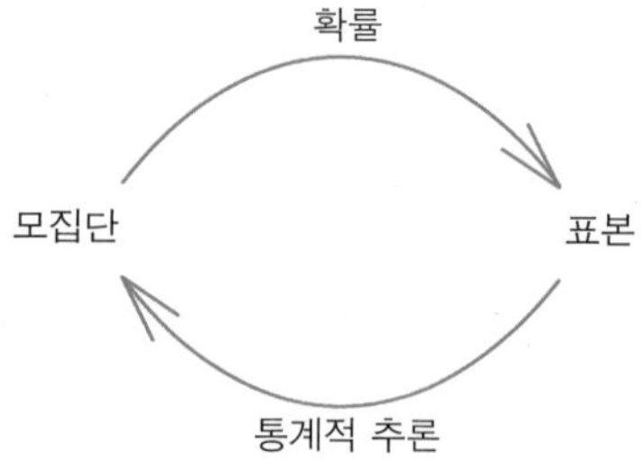

그림 1.2 확률과 추론통계학의 근본적인 관계

예제들이 주어지고, 모집단의 모든 특징들은 자세하게 묘사될 것이다. 그런 다음 모집단으로부터 가상적으로 추출된 자료의 특성에 초점을 맞춘 질문이 주어질 것이다. 따라서, **확률을 이용하면 모든 특징들이 알려진 모집단으로부터 가상적으로 추출된 자료의 특성에 대한 결론을 이끌어 낼 수 있다**고 할 수 있다. 이러한 논법은 본질적으로 **연역적 방법**이다. 그림 1.2는 확률과 추론통계학의 근본적인 관계를 나타낸다.

이제 넓은 의미에서 볼 때 확률과 통계 분야 중 어느 쪽이 더 중요할까? 이 둘은 모두 매우 중요하며 상호 보완적이다. 단지 교수법에 있어서 통계학을 '요리책' 이상의 수준으로 가르치고자 할 때에는 확률 분야를 먼저 가르쳐야 한다. 이러한 원칙이 생긴 이유는 표본의 불확실성에 대한 기본원리를 모르고서는 표본으로부터 모집단에 대하여 아무것도 알아낼 수 없다는 사실 때문이다. 예를 들어, 예제 1.1을 생각해 보자. 문제의 요지는 모집단, 즉 공정의 불량률이 5% 이하인지 여부이다. 달리 말해 평균적으로 100개 중 5개 정도가 불량이라는 것은 어림짐작에 불과하다. 이제 검사결과 100개의 표본 중 10개가 불량이었다. 이것이 어림짐작을 뒷받침하는가 아니면 반박하는가? 표면적으로는 100개 중 10개는 '다소 많게' 보이므로 반박하는 것으로 생각할 수 있다. 그러나 확률개념을 이용하지 않고 어떻게 이것을 판단할 수 있겠는가? 이후 장들의 내용을 통하여 이 공정이 수용할 만하다는 조건하에, 즉 5% 불량일 때, 100개 중 10개 이상이 불량일 확률은 0.0282임을 알 수 있다.

과학자나 기술자에 의하여 의사결정의 근거로서 사용될 수 있는 확률적 분석에 관한 두 가지 예제를 생각해 보았다. 자료로부터 결론을 도출해 내는 데에는 이후의 장에서 다루게 되는 통계적 추론, 분포이론, 그리고 표본분포 등이 그 기초를 이루게 된다.

1.2 표본추출: 자료의 수집

1.1절에서 표본추출(sampling)과 표본추출과정의 개념에 대해 간단히 살펴본 바 있다. 표본추출은 단순한 것처럼 보이기도 하지만, 모집단에 대해 알아내야 하는 질문들이 복잡해지면 때때로 표본추출과정은 매우 복잡해진다. 표본추출의 기술적인 개념은 제8장에서 상세히 다룰 예정이며, 여기에서는 자연스럽게 변동의 개념에 대한 논의로 연결되는 보편적인 개념만을 설명하고자 한다.

단순랜덤표본추출

표본추출을 적절하게 하는 것은 매우 중요한데, 그 이유는 이에 따라 분석자가 얼마나 확신을 가지고 질문에 대한 답을 할 수 있는지가 결정되기 때문이다. 하나의 모집단만이 있다고 가정하자. 예제 1.2에서는 두 개의 모집단이 관계되었음을 상기하자. **단순랜덤표본추출**(simple random sampling)이란 어느 특정 **표본크기**(sample size) 내의 표본들이 선택될 확률이 모두 동일한 추출법을 말한다. 표본크기란 단순히 표본 내의 요소의 수를 말한다. 많은 경우 표본을 추출하는 데 난수표(table of random number)가 활용된다. 단순랜덤표본추출의 장점은 추론의 대상이 아닌, 제한된 모집단을 대표하는 표본을 추출하게 되는 문제점을 제거할 수 있다는 것이다. 예를 들어, 미국의 어떤 주에서 정치적 성향을 알아보기 위해 표본을 추출한다고 하자. 이 조사를 위해 1,000가구를 표본으로 추출하는 데 랜덤표본추출을 사용하지 않고, 거의 모든 가구를 도시에서 추출했다고 가정하자. 도시지역과 농촌지역의 정치적 성향은 서로 다른 것으로 알려져 있다. 다시 말해 추출된 표본은 모집단을 제한한 것이 되고, 따라서 추론은 '제한된 모집단'에 한정하여 유효하게 되며, 이렇게 모집단을 제한하는 것은 바람직한 것이 아니다. 주 전체에 대해 추론을 하는 것이 목적이었을 때, 이런 식으로 추출된 1,000가구의 표본을 종종 **편향표본**(biased sample)이라고 한다.

단순랜덤표본추출이 항상 적절한 방법은 아니다. 어떤 방법을 사용하는가는 주어진 문제의 복잡성에 달려 있다. 예를 들어, 종종 표본추출 단위(unit)들이 균질하지 않고 자연스럽게 균질한 군(group)들로 겹침 없이 나뉘는 경우가 있다. 이런 군들을 층(strata)이라고 하며, **층화랜덤표본추출**(stratified random sampling)은 각 층 내에서(within) 표본을 랜덤하게 추출하게 된다. 이렇게 하는 목적은 각 층이 지나치게 또는 부족하게 두드러지는 것을 방지하기 위한 것이다. 예를 들어, 어느 시에서 새로운 학교 설립에 대하여 예비 의견조사를 시행한다고 하자. 시민들은 몇 개의 소수민족 그룹으로 나뉘어져 있으며, 이들은 자연스럽게 각 층을 형성하게 된다. 어떤 그룹이 무시되거나 과다하게 처리되지 않기 위해 각 그룹으로부터 개별적인 랜덤표본을 추출할 수 있다.

실험계획법

임의성(randomness) 또는 랜덤할당(random assignment) 개념은 1.1절에서 간략히 언급한 바 있는 실험계획법(experimental design) 분야에서 매우 중요한 역할을 하며, 대부분의 공학이나 실험과학 분야에서 중요한 주제가 된다. 이것은 제12장에서 소개되겠지만, 여기서는 랜덤표본추출의 관점에서 간략히 살펴보는 것도 좋으리라 생각한다. 소위 처리(treatment) 또는 처리조합(treatment combination)들이 연구 및 비교 대상 모집단이 된다. 예제 1.2의 '질소' 대 '무질소' 처리가 하나의 예이다. 또 다른 간단한 예로 '위약(placebo)' 대 '처방 약', 금속피로 부식연구에서 도장 대 비도장이나 저습노출 대 고습노출 등을 들 수 있다. 금속피로 연구의 경우 사실은 4개의 처리조합(즉, 4개의 모집단)이 있는 셈이며, 통계적 추론방법을 통해 많은 과학적 질문들에 대한 답을 얻어낼 수 있다. 먼저 예제 1.2의 상황을 생각해 보자. 병든 20그루의 묘목이 실험대상이다. 자료 자체로부터 묘목들은 서로 다르다는 사실을 쉽게 알 수 있다. 질소균(또는 무질소균) 내의 줄기무게에는 상당한 **변동**(variability)이 존재한다. 이 변동은 일반적으로 **실험단위**(experimental unit)라고 부르는 것으로부터 나온다. 이것은 추론통계학에서 매우 중요한 개념으로서 본 장에서 모두 설명하기 어려운 내용이다. 변동의 본질은 매우 중요하다. 실험단위가 지나치게 균질하지 않아서 변동이 너무 커지면, 이 변동으로 인해 두 모집단의 차이가 검출되지 않고 '씻겨' 나가게 된다. 이 예제에서는 이런 현상은 발생하지 않았다.

그림 1.1의 점 도표와 P값은 이 두 조건의 차이를 명확히 나타낸다. 이 실험단위들은 자료수집과정 자체에서 어떤 역할을 하는가? 보편적이고 매우 표준적인 접근법은 20개의 묘목(실험단위)을 **두 개의 처리 또는 조건에 랜덤하게 할당**하는 것이다. 제약연구에서 서로 다른 200명의 환자들이 실험대상이 될 수 있으며, 이들이 실험단위가 된다. 그러나 그들 모두가 그 약이 잘 듣는 동일한 만성적인 질병을 가지고 있을 수도 있다. 소위 **완전확률화설계**(completely randomized design)에서는 환자 100명에게 위약을, 나머지 100명에게 처방약을 랜덤하게 할당한다. 이 경우에도 자료의 변동(즉, 측정결과의 변동)을 만들어 내는 것은 처리 내의 실험단위들이다. 부식피로 연구에서는 부식 대상인 시편(specimen)이 실험단위가 된다.

왜 실험단위를 랜덤하게 할당하는가?

처리나 처리조합에 실험단위를 랜덤하게 할당하지 않을 경우의 부정적인 영향은 무엇인가? 이것은 신약 연구의 경우에서 가장 잘 살펴볼 수 있다. 변동을 만들어 내는 환자들의 특성들로는 나이, 성별, 몸무게 등이 있다. 우연하게 위약군이 처방약군에 비해 비만인 사람들로 구성되었다고 가정하자. 아마도 비만인 경우에는 고혈압의 가능성이 높을 것이고, 이것은 분명히 결과를 편향되게 할 것이며, 실제로 통계적 추론을 통해 얻은 결과는 약의 효과와는 거의 관계가 없고 두 그룹의 몸무게 차이와 더 관계가 있을 것이다.

우리는 **변동**이라는 용어의 중요성을 강조해야 한다. 실험단위 간의 지나친 변동은 과학적 발견을 '눈가림' 하게 된다. 이후의 절에서는 변동의 측도를 계량화하는 것에 대하여 설명하고, 표본으로부터 계산할 수 있는 측도를 소개하고 논의할 것이다. 이러한 측도들을 통해 자료의 중심과 변동에 대한 본질을 알 수 있고, 어떤 통계적 정보가 통계적 방법들의 중요한 요소가 되는지를 미리 알 수 있다. 자료의 본질을 알아내는 데 도움을 주는 이러한 측도들은 **기술통계학**(descriptive statistics)의 범주에 속한다. 이 측도들을 먼저 살펴본 후, 자료의 특성을 좀 더 잘 알아볼 수 있게 해 주는 그래프 방법들을 소개한다. 여기에서 설명되는 통계적 방법들이 이 책의 전체에 걸쳐서 사용된다. 실험계획법의 특징을 좀 더 잘 살펴보기 위하여 다음의 예제 1.3을 살펴보자.

예제 1.3 부식방지제를 알루미늄에 도장하면 부식의 양을 줄일 수 있는지 알아보기 위한 연구를 수행하였다. 이 부식방지제는 이러한 종류의 금속에 대해 피로 충격을 최소화하는 것으로 광고된 예방보호제이다. 또 다른 관심사는 습도가 부식 정도에 미치는 영향이다. 부식은 파손될 때까지의 사이클(단위 : 1,000)로 측정될 수 있다. 두 수준의 코팅, 즉 비코팅과 화학적 코팅이 적용되었다. 또한 상대습도 수준은 20%와 80%를 적용하였다.

표 1.2 예제 1.3의 자료 (단위: 1,000)

코팅	습도	파손까지의 평균사이클
비코팅	20%	975
	80%	350
화학적 코팅	20%	1750
	80%	1550

이 실험은 표 1.2와 같이 4개의 처리조합으로 구성된다. 모두 8개의 알루미늄 시편들이 사용되며, 4개의 처리조합에 대해 각각 두 개씩 랜덤하게 할당하였다. 실험결과가 표 1.2에 제시되어 있다.

제시된 자료는 두 개 시편의 평균값이다. 평균값들이 그림 1.3에 나타나 있다. 사이클값이 클수록 부식 정도가 작음을 나타낸다. 예상할 수 있듯이 습도가 증가하면 부식이 심해짐을 알 수 있다. 화학적 도장은 부식을 감소시키는 것으로 보인다.

이 실험계획법 예시에서 분석자는 체계적으로 4개의 처리조합을 구성하였다. 이 상황을 지금까지 논의된 내용과 연결시키기 위해서는 4개의 처리조합을 4개의 서로 다른 모집단이라고 간주해야 하며, 각 모집단으로부터의 두 개의 부식자료에는 중요한 정보가 담겨 있다고 생각해야 한다. 모집단의 특징을 요약해 내는 평균값의 중요성에 대해서는 1.3절에서 설명될 것이다. 우리는 습도의 역할과 도장의 영향에 대해서는 결론을 이끌어 낼 수 있겠지만, 평균의 **변동**을 고려하지 않고는 분석적

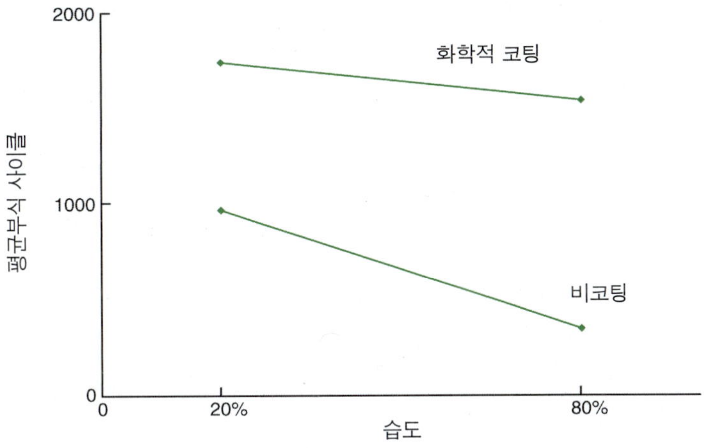

그림 1.3 예제 1.3의 부식결과

인 관점에서 그 결과를 진정으로 평가할 수는 없다. 이전에 지적한 바와 같이 각 처리조합의 두 개의 부식값이 서로 가까운 값이라면 그림 1.3은 정확한 묘사가 될 수 있을 것이다. 그러나 이 그림에 나타나 있는 평균값이 멀리 퍼져 있는 두 값의 평균이라면 이 변동은 숨어 있는 어떤 정보를 '씻어내' 버릴 것이다. 앞의 예제는 다음의 개념을 설명하고 있다.

(1) 실험단위(시편)에 처리조합(도장/습도)의 랜덤 할당
(2) 표본정보의 요약에 표본평균(평균부식값)의 사용
(3) 표본분석시 변동측도의 사용 필요성

이 예제는 다음의 1.3절과 1.4절에서 설명하는 자료의 중심위치의 측도와 변동의 측도에 대한 필요성을 제시하고 있다.

1.3 위치의 측도: 표본평균과 중앙값

위치측도로부터 자료의 중심이 어디인가를 알 수 있는 계량적인 측도를 얻게 된다. 질소를 사용한 표본의 중심이 질소를 사용하지 않은 표본의 중심을 훨씬 초과한다는 것을 예제 1.2에서 볼 수 있다. **표본평균**(sample mean)은 명백하고 유용한 측도 중의 하나이다. 여기에서 평균(mean)은 단순히 산술평균(numerical average)을 의미한다.

정의 1.1

표본의 관측값을 $x_1, x_2, \cdots, x_n$이라고 하면, 표본평균은

$$\bar{x} = \sum_{i=1}^{n} \frac{x_i}{n} = \frac{x_1 + x_2 + \cdots + x_n}{n}$$

이 된다.

그 밖의 중심경향측도는 뒤에서 다루기로 한다. 한 가지 중요한 측도는 **표본중앙값**(sample median)이다. 표본중앙값의 목적은 극단값 또는 특이점(outlier)의 영향을 받지 않고 자료의 중심경향을 측정하기 위한 것이다.

정의 1.2

표본의 관측값이 크기순으로 $x_1, x_2, \cdots, x_n$이라고 했을 때 표본중앙값은

$$\tilde{x} = \begin{cases} x_{(n+1)/2}, & n\text{이 홀수 일 때} \\ \frac{1}{2}(x_{n/2} + x_{n/2+1}), & n\text{이 짝수 일 때} \end{cases}$$

이다.

예를 들어, 자료가 1.7, 2.2, 3.9, 3.11, 14.7이라고 하자. 표본평균과 중앙값은 각각

$$\bar{x} = 5.12, \quad \tilde{x} = 3.9$$

가 된다. 평균은 극단값인 14.7에 의해 명백히 영향을 받는 반면, 중앙값은 진정한 자료의 '중심'을 나타낸다. 예제 1.2의 두 표본자료의 경우, 각 표본에 대한 중심경향측도는

$$\bar{x}(\text{무질소}) = 0.399\,\text{g}$$
$$\tilde{x}(\text{무질소}) = \frac{0.38+0.42}{2} = 0.400\,\text{g}$$
$$\bar{x}(\text{질소}) = 0.565\,\text{g}$$
$$\tilde{x}(\text{질소}) = \frac{0.49+0.52}{2} = 0.505\,\text{g}$$

이다.

평균과 중앙값의 개념 사이에는 분명한 차이가 있다. 공학적인 배경이 있는 독자에게는 표본평균은 **표본자료의 무게중심**이라는 점이 흥미로울 것이다. 어떤 점에서 평균은 각 자료들을 '무게'로 보았을 때 이들의 균형을 잡아 주는 지렛목으로 볼 수 있다. 이러한 면이 '질소처리' 표본에 대해 그림 1.4에 나타나 있다.

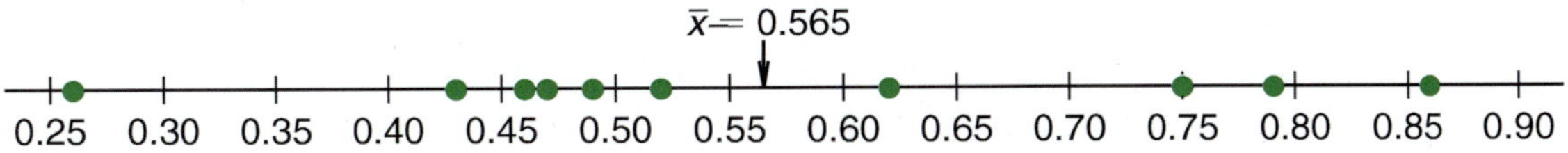

그림 1.4 '질소처리' 표본에 대한 무게중심으로서의 표본평균

이후의 장에서 $\bar{x}$는 **모집단 평균**(population mean)의 **추정치**(estimate)의 기초가 된다. 이전에 설명하였듯이 통계적 추론의 목적은 모집단의 특성치, 즉 **모수**(parameter)에 대한 결론을 이끌어 내는 것이며, **추정**(estimation)은 통계적 추론의 매우 중요한 특징이다.

중앙값과 평균은 서로 매우 다를 수 있다. 하지만 줄기무게자료의 경우 무질소 자료에 대한 표본평균은 중앙값과 매우 비슷하다는 점을 주목하자.

기타 위치측도들

표본자료의 중심위치를 계량화할 수 있는 몇 가지 다른 방법들이 있다. 대부분의 경우, 표본평균의 대안으로 제시되는 측도들은 평균과 중앙값을 절충하기 위하여 고안되었다. 이런 기타 측도들은 거의 활용되지 않는다. 그러나 **절사평균**(trimmed mean)에 대한 논의는 유익한 점이 있을 것이다. 절사평균은 자료의 가장 큰 부분과 작은 부분을 일정 비율 '잘라 내 버림'으로써 계산된다. 예를 들어, 10% 절사평균은 가장 큰 부분 10%와 가장 작은 부분 10%를 제거하고 나머지 부분에 대해 평균을 계산하여 얻는다. 예를 들어, 줄기무게 예제의 경우 표본의 크기가 10이므로 가장 큰 값과 가장 작은 값을 제거한다. 따라서, 무질소군에 대한 10% 절사평균은

$$\bar{x}_{\mathrm{tr}(10)} = \frac{0.32 + 0.37 + 0.47 + 0.43 + 0.36 + 0.42 + 0.38 + 0.43}{8} = 0.39750$$

으로 주어지고, 질소처리군에 대한 10% 절사평균은

$$\bar{x}_{\mathrm{tr}(10)} = \frac{0.43 + 0.47 + 0.49 + 0.52 + 0.75 + 0.79 + 0.62 + 0.46}{8} = 0.56625$$

로 계산된다. 이 경우, 예상할 수 있듯이 절사평균들은 모두 평균과 중앙값에 근접한다는 점에 주목하자. 물론 절사평균법은 표본평균보다는 극단값에 덜 민감하지만,

중앙값만큼 덜 민감하지는 않는다. 절사평균은 중앙값보다는 좀 더 많은 정보를 활용한다. 실제로 표본중앙값은 가운데 하나 혹은 두 관측값을 제외한 모든 자료를 제거한 절사평균의 특수한 경우이다.

연습문제

1.1 다음은 어느 페인트의 건조시간(단위: 시간)을 기록한 것이다.

3.4	2.5	4.8	2.9	3.6
2.8	3.3	5.6	3.7	2.8
4.4	4.0	5.2	3.0	4.8

이 측정치들을 단순랜덤표본이라고 가정하자.

(a) 표본의 크기는 얼마인가?
(b) 표본평균을 계산하라.
(c) 표본중앙값을 계산하라.
(d) 점 도표를 작성하라.
(e) 20% 절사평균을 구하라.
(f) 표본평균이 절사평균에 비해 좀 더 자료의 중심위치를 나타내는가?

1.2 화학공학 학술지에 따르면 섬유의 중요한 성질은 수분 흡수율이라고 한다. 20개의 면사를 표본추출하여 다음과 같은 흡수율 자료를 얻었다.

18.71	21.41	20.72	21.81	19.29	22.43	20.17
23.71	19.44	20.50	18.92	20.33	23.00	22.85
19.25	21.77	22.11	19.77	18.04	21.12	

(a) 표본평균과 표본중앙값을 계산하라.
(b) 10% 절사평균을 구하라.
(c) 점 도표를 작성하라.
(d) 평균, 중앙값 및 절사평균값으로부터 특이점의 존재를 알 수 있는가?

1.3 어떤 중합체(polymer)는 비행기의 대피시스템에 사용된다. 중합체의 노화저항력은 중요한 성질이다. 20개의 중합체 시편이 실험에 사용되었다. 10개는 10일간 고온에 노출하여 가속노화시험을 하였다. 시편들에 대해 다음과 같이 인장강도(단위: psi)가 측정되었다.

비노화시험 :	227	222	218	217	225
	218	216	229	228	221
노화시험 :	219	214	215	211	209
	218	203	204	201	205

(a) 점 도표를 작성하라.
(b) 도표를 보았을 때 노화시험이 중합체의 인장강도에 영향을 주는 것으로 보이는지 판단하라.
(c) 두 표본에 대해 평균을 구하라.
(d) 두 표본에 대해 중앙값을 구하라. 각 표본에 대해 평균과 중앙값이 서로 유사한지 토의하라.

1.4 버지니아 공대 기계공학과에서 서로 다른 두 회사에서 공급된 쇠막대를 비교하는 연구가

수행되었다. 각 회사에서 공급된 쇠막대로 10개씩의 스프링을 만들어 다음과 같이 탄력성을 측정하였다.

회사 A:	9.6	8.8	6.8	8.7	8.5
	6.7	8.0	6.5	9.2	7.0
회사 B:	11.0	9.8	9.9	10.2	10.1
	9.7	11.0	11.1	10.2	9.6

(a) 두 회사에 대해 표본평균과 표본중앙값을 계산하라.
(b) 동일한 선에 두 회사자료를 점 도표로 표시하고 당신의 느낌을 말하라.

1.5 30세에서 40세 사이의 20명의 성인들이 다이어트와 운동에 의한 건강요법이 혈중 콜레스테롤에 미치는 영향을 알아보기 위한 연구에 참여하였다. 랜덤하게 10명을 선택하여 대조군(control group)으로 두고, 나머지 10명은 처리군(treatment group)으로 하여 6개월 동안 요법에 참여하게 하였다. 다음은 20명의 연구 참여자에 대해 이 기간 동안의 콜레스테롤 감소치를 측정한 것이다.

대조군:	7	3	−4	14	2
	5	22	−7	9	5
처리군:	−6	5	9	4	4
	12	37	5	3	3

(a) 동일 그래프에 두 그룹 자료를 점 도표로 작성하라.
(b) 각 그룹에 대해 평균, 중앙값, 10% 절사평균을 구하라.
(c) 평균의 차이를 보면 요법의 영향이 나타나는 반면, 중앙값이나 절사평균의 경우는 다른 결과가 나오는 이유를 설명하라.

1.6 실리콘 고무의 인장강도는 경화온도의 함수라고 여겨지고 있다. 경화온도를 20°C와 45°C로 하여 각각 12개의 고무 시편에 대해 다음과 같은 인장강도값을 얻었다.
(a) 각 표본에 대해 점 도표를 작성하라.
(b) 각 표본에 대해 평균인장강도를 구하라.

20°C:	2.07	2.14	2.22	2.03	2.21	2.03
	2.05	2.18	2.09	2.14	2.11	2.02
45°C:	2.52	2.15	2.49	2.03	2.37	2.05
	1.99	2.42	2.08	2.42	2.29	2.01

(c) 점 도표를 근거로 볼 때 경화온도가 인장강도에 영향을 준다고 할 수 있는지 설명하라.
(d) 경화온도를 높임에 따라 그 밖에 어떤 것이 영향을 받는 것으로 보이는지 설명하라.

1.4 산포의 측도

표본의 산포(variability)는 자료분석에 있어서 중요한 역할을 한다. 공정이나 생산제품의 산포란 공학이나 과학적 시스템에 있어서 자연스러운 일이다. 공정의 변동을 감소시키거나 관리한다는 것은 간단한 일이 아니다. 점점 더 많은 공정기사와 관리자들이 제품의 품질과 그 결과로 인한 수익은 **공정변동**(process variability)에 기인한다는 사실을 깨닫고 있다. 그 결과로 제9장 이후 내용들은 표본변동이 중요한 역할을 하는 자료분석과 모형화 과정을 다루고 있다. 작은 규모의 자료분석 문제에서조차도 특정 통계기법의 성공은 표본 관측값들 사이의 변동의 크기에 달렸을 수 있다. 표본의 위치측도만으로는 자료의 본질을 적절하게 요약하지 못한다. 예를 들어, 예제 1.2에서 표본의 변동을 고려하지 않고서는 질소의 사용이 성장에 영향을 주었다는 결론을 내릴 수 없다.

이런 종류의 자료에 대한 분석은 제9장으로 미루겠지만, 그림 1.1로부터 '무질소' 자료의 변동과 '질소처리' 자료의 변동이 매우 중요한 시사점을 제공한다는 것은 분명하다. 사실 질소처리 표본 내의 변동은 무질소처리 표본 내의 변동보다 큰 것으로 보인다. 아마도 질소처리를 함으로써 줄기의 성장뿐만 아니라(무질소처리의 경우 평균 0.399g에 비해 질소처리의 경우에는 평균 0.565g), 변동도 커지게 되는 것 같다(즉, 불균일한 줄기성장).

다음의 두 자료를 비교해 보자. 각 자료는 두 표본으로 구성되었고, 두 표본평균의 차이는 거의 같다. 그러나 자료 A보다는 자료 B가 표본이 추출된 두 모집단 사이의 차이를 비교적 분명하게 나타내고 있는 것처럼 보인다. 만일 이 실험의 목적이 두 모집단의 차이를 알아보기 위한 것이라면, 자료 B에서는 실험목적이 달성될 수 있으나 자료 A에서는 표본 내의 큰 변동 때문에 두 모집단의 차이를 판정하기가 쉽지 않다. 사실 두 모집단 사이에 차이가 있는지도 명확치 않다.

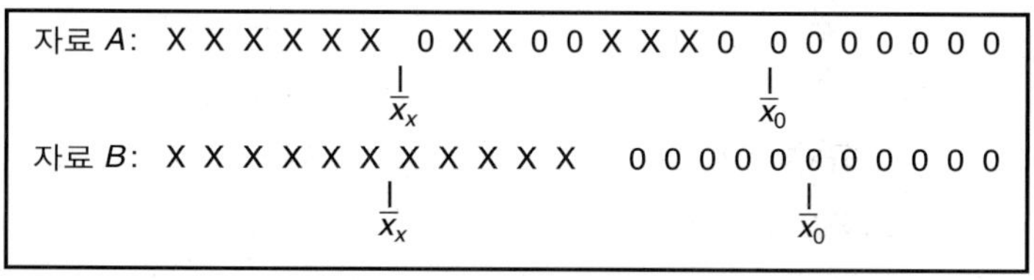

표본범위와 표본표준편차

위치측도와 마찬가지로 산포의 측도에도 여러 가지가 있다. 가장 단순한 산포의 측도는 $X_{\max} - X_{\min}$인 **표본범위**(sample range)이다. 표본의 자료값을 $x_1, x_2, \cdots, x_n$이라고 하자.

정의 1.3

표본분산(sample variance)은 s^2 으로 나타내며, 다음과 같이 정의된다.

$$s^2 = \sum_{i=1}^{n} \frac{(x_i - \bar{x})^2}{n-1}$$

표본표준편차(sample standard deviation)는 s 로 나타내며, s^2 의 양의 제곱근으로 정의된다.

$$s = \sqrt{s^2}$$

사실상 표본표준편차가 변동의 측도라는 점이 분명하게 인식되어야 한다. 자료의 변동이 커지면 $(x - \bar{x})^2$의 값이 상대적으로 커지게 되고, 따라서 표본분산이 커지게 된다. $(n-1)$은 분산의 추정에 관련된 값으로 **자유도**(degrees of freedom)라 불리기도 하며, 변동을 계산하는 데 이용되는 독립된 정보의 수라고 설명할 수 있다. 자료 (5, 17, 6, 4)에 관한 표본분산과 표본표준편차를 계산해 보자. 표본평균은 8이 된다. 분산을 구하기 위해 다음을 계산한다.

$$(5-8)^2 + (17-8)^2 + (6-8)^2 + (4-8)^2 = (-3)^2 + 9^2 + (-2)^2 + (-4)^2$$

괄호 안의 값들의 합은 0이 되며, 일반적으로 $\sum_{i=1}^{n}(x_i - \bar{x}) = 0$이 성립한다. 즉, 표본분산의 계산에 표본평균과의 편차의 제곱 n개가 모두 독립적으로 관여하는 것이 아니다. 사실 $(x - \bar{x})$의 마지막 값은 그들 중 처음 $(n-1)$개의 값으로 부터 결정되기 때문에, 이를 표본분산 s^2을 산출하는 $(n-1)$개의 정보라고 할 수 있다. 따라서, 표본분산 계산시의 자유도는 $(n-1)$이 된다.

예제 1.4 어느 기사가 pH 계량기의 '편향(bias)'을 시험하고자 7.0pH값을 갖는 물질을 10번 측정하여 다음과 같은 자료를 얻었다.

7.07 7.00 7.10 6.97 7.00 7.03 7.01 7.01 6.98 7.08

표본평균 $\bar{x}$는 다음과 같이 계산된다.

$$\bar{x} = \frac{7.07 + 7.00 + 7.10 + \cdots + 7.08}{10} = 7.025$$

표본분산 s^2은 다음과 같이 계산된다.

$$s^2 = \frac{1}{9}[(7.07 - 7.025)^2 + (7.00 - 7.025)^2 + (7.10 - 7.025)^2 + \cdots + (7.08 - 7.025)^2] = 0.001939$$

따라서, 표본표준편차 s는 다음과 같이 주어진다.

$$s = \sqrt{0.00193} = 0.044$$

결론적으로 표본표준편차는 0.044이고, 자유도는 $10 - 1 = 9$가 된다.

표준편차와 분산의 단위

정의 1.3로부터 분산은 평균으로부터의 편차제곱의 평균을 나타낸다는 것을 알 수 있다. n 대신 자유도 $n-1$로 나누었음에도 **평균제곱편차**(average squared deviation)라는 용어를 사용한다. 물론 n이 크면 분모의 차이는 중요하지 않다. 결론적으로 표본분산의 단위는 표본표준편차와는 달리 원래 측정값의 단위의 제곱이 된다. 예를 들어, 예제 1.2의 자료를 생각해 보자. 줄기의 무게는 그램(g)으로 측정되었다. 따라서, 표본표준편차의 단위는 그램이고 분산의 단위는 제곱 그램(g^2)이다. 구체적으로 표준편차는 무질소처리의 경우 0.0728 g, 질소처리의 경우 0.1867 g이다. 질소처리의 경우가 훨씬 변동이 크다는 것과 표준편차가 나타냄을 주목하자. 이러한 점은 그림 1.1로부터도 알 수 있었다.

어떤 변동측도가 더 중요한가?

표본범위는 통계적 품질관리에 많이 사용된다. 표본분산과 표준편차를 동시에 사용하는 것은 중복해서 사용하는 것처럼 보일지도 모른다. 둘 다 동일하게 변동을 측정하는 개념이지만 분산은 표준편차와는 달리 단위가 제곱이 된다. 이 둘은 모두 통계적 방법에서 매우 중요한 역할을 한다. 통계적 추론을 통해 성취해 낸 많은 내용들은 모집단의 특성에 관한 것들이다. 이러한 특성들이 **모집단 모수**(population parameter)라고 불리는 **상수**(constant)들이다. 두 가지 중요한 모수가 **모평균**(population mean)과 **모분산**(population variance)이다. 표본분산은 모분산에 대한 추론을 이끌어 내는 뚜렷한 역할을 한다. 표본표준편차는 표본평균과 함께 모평균에 대한 추론에서 중요한 역할을 한다. 일반적으로 분산은 통계적 추론에서 더 사용되고, 표준편차는 응용적인 측면에서 더 자주 사용된다.

연습문제

1.7 연습문제 1.1의 건조시간자료를 이용하여 표본분산과 표본 표준편차를 계산하라.

1.8 연습문제 1.2의 수분 흡수율 자료를 이용하여 표본분산과 표본 표준편차를 계산하라.

1.9 연습문제 1.3의 노화시험과 비노화시험 인장강도자료에 대해

(a) 표본분산과 표본표준편차를 각각 구하라.

(b) 노화시험이 인장강도의 변동에 영향을 주는 것으로 보이는 어떤 증거가 있는가? (연습문제 1.3의 점도표를 참고하라)

1.10 연습문제 1.4의 회사 A와 회사 B의 탄력성 자료에 대해 평균과 분산을 각각 구하라.

1.11 연습문제 1.5의 대조군과 처리군에 대해 표본분산과 표본 표준편차를 각각 구하라.

1.12 연습문제 1.6의 두 온도처리에 대해 인장강도의 표본 표준편차를 각각 구하라. 온도가 증가하면 인장강도의 변동에 영향이 있는지를 설명하라.

1.5 이산형 자료와 연속형 자료

관측연구 또는 실험 계획의 분석을 통한 통계적 추론은 과학 분야에 있어서 흔한 일이다. 자료는 응용 분야에 따라서 **이산형**(discrete) 또는 **연속형**(continuous)으로 수집된다. 예를 들면, 어느 화학공학 기사는 수율을 극대화하는 조건에 관심을 가지게 될 것이다. 이런 경우 수율은 퍼센트, 그램/파운드 등 연속적으로 측정되는 값이 된다. 반면에, 독극물학자의 약물실험에서 수집되는 자료는 환자의 반응 또는 무반응의 둘 중 하나가 될 것이다.

이 두 경우에 통계적 추론을 위한 확률론은 상당한 차이가 있게 된다. 종종 자료가 **계수자료**(count data)일 때 통계적 추론이 필요한 경우가 있다. 예를 들어, 어느 기사가 1ms 동안 계수기를 통과하는 방사능 입자의 수에 대한 연구에 관심을 가질 수 있다. 항만시설의 효율성을 책임지는 관리자가 매일 항구에 도착하는 유조선의 수에 관심을 가질 수 있다. 제5장에서 계수자료를 다루는 몇 가지 방법들이 토의될 것이다.

책의 첫 부분이지만 이진자료(binary data)에 대해서는 여기에서 특별히 주목할 필요가 있다. 이진자료에 대한 통계적 분석의 활용범위는 매우 방대하다. 분석에 종종 사용되는 측도는 **표본비율**(sample proportion)이다. 당연히 이진 상황은 두 개의 범주와 관계된다. n개의 자료가 있고 x를 범주 1에 속하는 자료의 수라고 하면, $n-x$

개는 범주 2에 속하게 된다. 따라서, x/n는 범주 1의 표본비율이고, $1-x/n$는 범주 2의 표본비율이다. 생의학 실험에서 50명의 환자(표본단위)에 대해 20명이 위장병 개선의 효과를 보았다면, 처방약이 성공한 표본비율은 $\frac{20}{50}=0.4$이고 성공적이지 못한 표본비율은 $1-0.4=0.6$이 된다. 이진자료에 대한 기본적인 수리적 측정은 일반적으로 0이나 1로 나타낸다. 예를 들어, 생의학 실험 예에서 성공은 1, 실패는 0으로 나타낸다. 그 결과 표본비율은 사실상 1과 0들의 표본평균이 된다. 성공범주의 경우 표본비율은

$$\frac{x_1 + x_2 + \cdots + x_{50}}{50} = \frac{1+1+0+\cdots+0+1}{50} = \frac{20}{50} = 0.4$$

가 된다.

어떤 문제들을 이진자료로 해결할 수 있나?

연속형 자료와는 달리 이진자료를 취급하는 과학자와 공학도가 접하게 되는 문제의 종류는 많지는 않다. 그러나 표본비율의 통계적 성질은 연속형 자료의 표본평균과는 상당히 다르기 때문에 다른 종류의 기법이 사용된다. 연습문제 1.6의 자료를 생각해 보자. 이 예제에서 제기되는 통계적 문제는 온도의 증가가 실리콘 고무의 인장강도의 모평균을 변화시키는지 여부이다. 한편, 품질관리 분야에서 어느 자동차 타이어 제조업자가 공정에서 랜덤하게 추출한 5000개의 타이어 중 100개가 결함이 있는 것으로 보고했다고 가정하자. 이 경우 표본비율은 $\frac{100}{5000}=0.02$이다. 결함을 줄이기 위해 공정을 개선한 후 다시 5000개의 타이어를 표본추출한 결과 90개에서 결함이 발견되었다. 표본비율은 $\frac{90}{5000}=0.018$로 감소하였다. 여기에서 다음과 같은 질문이 제기된다. "표본비율이 0.02에서 0.018로 감소한 것으로부터 모비율(population proportion)이 실제로 감소했다고 말할 수 있는가?" 두 예제 모두 표본평균, 즉 하나는 연속형 모집단으로부터의 표본, 또 하나는 이산형(이진) 모집단으로부터의 표본의 통계적 특성을 적용해야 한다. 두 경우 모두 표본평균은 모집단 모수, 즉 첫 번째 예에서는 모평균(인장강도의 평균), 두 번째 예에서는 모비율(불량 타이어의 비율)의 **추정치**(estimate)이다. 이와 같이, 표본추정치가 모집단 모수에 대한 과학적인 결론을 이끌어 내는 데 사용된다. 1.3절에서 언급하였듯이, 이것이 많은 문제에 통계적 추론을 이용하는 일반적인 접근법이다.

1.6 통계적 모형화, 과학적 조사, 그래프 진단

흔히 통계적 분석의 마지막 단계는 가정된 모형의 모수를 추정하는 일이 된다. 이것은 문제를 모형화하여 접근하는 과학자와 기술자에게는 자연스러운 일이다. 통계적 모형은 확정적이 아니고 확률적인 면을 수반하게 된다. 분석가의 **가정**에 의하여 모형의 형태가 결정된다. 예제 1.2에서 과학자는 표본의 정보를 이용하여 질소를 함유한 모집단과 질소를 함유하지 않은 모집단 사이의 어떤 차이를 알아내고자 할 것이다. 이러한 분석을 하기 위해서는 자료에 대하여 어떤 모형, 예를 들면 두 표본이 **정규분포**(normal 또는 Gaussian distribution)를 따르는 모집단으로부터 추출되었다는 것이 요구된다.

모집단의 특성을 완전하게 묘사할 수 있는 충분한 양의 자료를 얻을 수 없는 것은 분명하며, 따라서 일부 자료를 사용하여 모집단의 특성을 탐색하게 된다. 과학기술자들은 자료를 다루는 일에 익숙해 있다. 수집한 자료의 본질을 요약하고 특징을 파악하는 일이 중요하다는 것은 명확하다. 종종 수집한 자료를 그래프를 이용하여 요약하면 전체적인 개요를 쉽게 파악할 수 있다. 1.1절과 1.3절의 점도표가 그 예이다.

이 절에서는 통계적 추론에 도움이 되는 표본추출과 자료의 도해(display)에 대해 자세하게 살펴볼 것이다. 이것들은 단순하지만 매우 효과적으로 모집단에 대한 연구에 도움을 준다.

산점도

때때로 가정된 모형은 복잡한 형태를 취하기도 한다. 한 섬유 제조업자는 여러 가지의 면 함유율로 생산된 원사에 대한 실험을 실시하였다. 수집된 자료는 다음과 같다.

표 1.3 인장강도

면 함유율	원사의 인장력
15	7, 7, 9, 8, 10
20	19, 20, 21, 20, 22
25	21, 21, 17, 19, 20
30	8, 7, 8, 9, 10

네 가지의 면 함유율에 대한 실험을 하기 위해 원사가 각각 5개씩 생산되었다. 이 예제의 경우 실험모형이나 분석방법 선정시 실험의 목적과 섬유학자로부터의 자료를 고려하여야 한다. 간단한 그래프로 표본 간의 명확한 차이를 나타낼 수 있다.

표본평균과 산포가 그림 1.5에 잘 나타나 있다. 단순히 몇 퍼센트의 면을 함유한 원사가 다른 원사와 차이가 있는가를 알아보는 것이 이 실험의 목적이 될 수도 있다. 바꾸어 말하면, 몇 퍼센트의 면을 함유한 원사의 모집단이 다른 모집단과 월등하게 차이가 있는가? 좀 더 정확하게 말하자면 모집단 평균의 차이는 어떤가? 이 실험의 경우 각 표본을 정규분포를 따르는 모집단에서 추출된 모형으로 가정하는 것이 합리적일 것이다. 이 문제에 있어서 표본의 수만 늘었을 뿐 실험의 목적은 예제 1.2의 질소효과의 유무에 대한 것과 같다. 분석절차는 제10장에서 다루는 가설검정의 개념을 따르게 된다. 그런데 그래프를 이용하여 판정하고자 할 경우에는 이러한 절차는 필요 없게 된다. 그러나 이 그래프가 실험의 목적을 잘 나타내고 있으며, 따라서 자료를 분석하는 적절한 방법일까? 면의 함유율을 변화시키며 실험을 실시할 경우에 인장력의 모평균이 최대가 되는 모집단이 존재하리라는 것은 쉽게 예측할 수 있다. 면의 함유율과 인장력의 모평균과의 관계를 고려한 다음과 같은 형태의 모형을 생각할 수 있다.

$$\mu_{t,c} = \beta_0 + \beta_1 C + \beta_2 C^2$$

단, $\mu_{t,c}$는 면의 함유율 C에 따른 인장력의 모평균이다. 이 모형은 고정된 면 함유율마다 인장력 측정값의 모집단이 존재하며 그 모평균이 $\mu_{t,c}$임을 나타내고 있다. 이런 형태의 모형을 **회귀모형**(regression model)이라 하며 제11장에서 자세하게 다루어진다. 함수의 형식은 사용하는 과학자에 의하여 선정된다. 때때로 자료분석의 결과에 따라 모형을 수정하여야 되는 경우도 발생하며, 이러한 경우 자료분석가는 당연히 모형을 바꾸어 주어야 한다. 경험적인 모형을 사용하는 경우에는 **추정이론**(estimation theory)에 따라 자료로부터 회귀모수를 추정하게 된다. 또한 통계적 추론은 모형의 적합성을 결정하는 데 사용될 수도 있다.

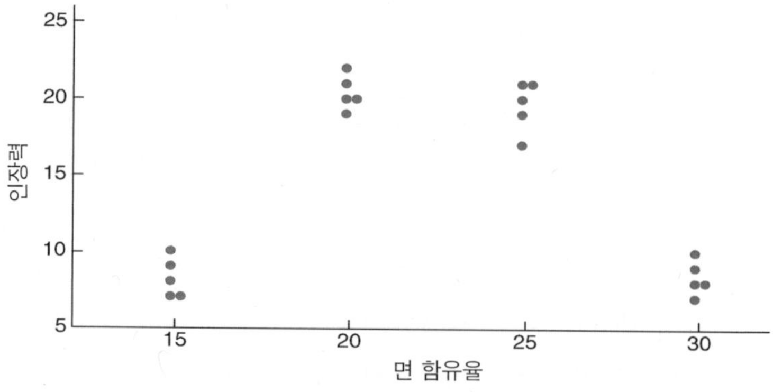

그림 1.5 면 함유율과 인장력

앞의 두 예제의 요점을 다음과 같이 정리할 수 있다.

(1) 자료를 기술하는 데 사용되는 모형의 형태는 실험의 목적과 관련이 있다.
(2) 모형의 구조는 비통계적인 입력자료의 이점을 활용할 수 있어야 한다.

선정된 모형은 통계적 추론의 근거가 되는 **기본적인 가정**(fundamental assumption)을 나타내고 있다. 본 교재를 통하여 그래프가 얼마나 중요하게 사용되는지 볼 수 있을 것이다. 때때로 과학자와 기술자는 도표를 통하여 통계적 추론의 결과를 더 잘 알 수도 있다. 또한, 자료분석가는 도표나 **탐색적 자료분석**(exploratory data analysis)을 통하여 수식에 의한 분석으로부터 얻어내지 못한 내용들을 발견할 수도 있다. 대부분의 수식에 의한 분석법은 자료의 모형에 관계된 가정들이 필요하게 된다. 그래프를 이용하면 이러한 **가정의 위배**를 쉽게 찾아낼 수 있다. 본 교재의 전반에 걸쳐서 수식에 의한 자료분석을 보완하기 위하여 그래프가 이용되고 또한 심도 있게 설명된다.

줄기-잎 그림

통계적 자료를 표 형태와 그래프가 혼합된 방법인 **줄기-잎 그림**(stem and leaf plot)을 이용하여 나타낼 수 있다면 분포의 움직임을 연구하는 데 매우 유용한 방법이 될 수 있다.

줄기-잎 그림을 설명하기 위하여(소수 첫째 자리까지로 되어 있는 40개의 자동차 축전지의 수명을 나타내는) 표 1.4를 고려해 보도록 하자. 이 축전지의 수명은 적어도 3년은 지속된다는 것이 보증되어 있다. 우선, 각각의 관측값을 두 부분으로 나누어 소수점의 윗자릿수는 줄기로, 또 소수점 아랫자릿수는 잎으로 한다. 예를 들면, 자료 3.7에서 숫자 3은 줄기가 되고, 숫자 7은 잎이 되는 것이다. 줄기는 표 1.5에서처럼 왼쪽 끝에 4개의 줄기인 1, 2, 3, 4를 연속하여 수직으로 내려 쓰고, 잎은 해당되는 줄기의 오른쪽에 기재하게 된다. 1.6이라는 자료의 잎에 해당되는 숫자 6은 줄기 1의 오른쪽에, 그리고 2.5라는 자료의 잎에 해당되는 숫자 5는 줄기 2의 오른쪽에 기재하는 식으로 나열되며, 잎의 숫자는 도수 난에 표시된다.

표 1.4 자동차 축전지 수명

2.2	4.1	3.5	4.5	3.2	3.7	3.0	2.6
3.4	1.6	3.1	3.3	3.8	3.1	4.7	3.7
2.5	4.3	3.4	3.6	2.9	3.3	3.9	3.1
3.3	3.1	3.7	4.4	3.2	4.1	1.9	3.4
4.7	3.8	3.2	2.6	3.9	3.0	4.2	3.5

표 1.5 축전지 수명의 줄기-잎 그림

줄기	잎	도수
1	69	2
2	25696	5
3	4318514723628297130097145	25
4	71354172	8

표 1.5에서의 줄기-잎 그림은 4개의 줄기밖에 없어서 관련분포를 적절하게 묘사할 수가 없다. 이러한 문제점을 극복하기 위하여 줄기의 수를 증가시키게 된다. 한 가지 간단한 방법은 표 1.6에서처럼 같은 줄기를 두 개씩 만들어 잎의 숫자가 0, 1, 2, 3, 4인 경우는 *로 표시된 줄기에, 그리고 잎의 숫자가 5, 6, 7, 8, 9인 경우는 으로 표시된 줄기에 기재하는 식으로 하여 소위 이중 줄기-잎 그림으로 나타낼 수 있다.

문제가 주어지면 적당한 줄기값들을 결정해야 한다. 이 결정은 자유재량으로 정해질 수 있으나 줄기의 수는 보통 5～20 정도로 한다. 이용가능한 자료의 수가 적으면 줄기의 수도 적어지게 된다. 예를 들면, 임의로 선정된 40일간 어느 식당에서 대기하고 있는 고객의 수를 조사한 결과 관련자료는 1부터 21까지의 값을 가진다고 할 때, 이를 이중 줄기-잎 그림으로 나타내었을 경우 줄기는 0*, 0 , 1*, 1 , 2*, 2 , … 등이 되며, 가장 작은 관측값 1은 줄기 0*와 잎 1을 가지게 되고, 가장 큰 자료값 21은 줄기 2*와 잎 1을 가지게 된다. 다른 예를 들면, 어느 새로운 자동차 100대에 대한 판매가격이 18,800달러에서 19,600달러에 이른다면, 단일 줄기-잎 그림으로 이 자료를 나타낼 경우 줄기는 188, 189, 190, …, 196이 되며 잎들도 2자리 숫자로 표기된다. 19,385달러에 팔린 자동차는 193이라는 줄기값을 가지게 되고 85라는 잎을 가지게 된다. 만일 같은 줄기에 속하는 잎들이 여러 자리의 숫자로 되어 있으면 콤마를 사용하여 구분하며, 소수점이 들어 있는 자료의 경우 소수점 이하 자리가 잎이 되면 표 1.5와 표 1.6에서처럼 소수점을 생략하여 표기한다. 그러나 만일 자료가 21.8에서 74.9의 범위의 값을 가지고 줄기값으로 2, 3, 4, 5, 6, 7이 선정되면, 자료 48.3은 줄기값으로 4를 가지고 8.3이라는 잎을 가진다.

몇 개의 계급 혹은 간격으로 그룹화된 자료의 **도수분포**(frequency distribution)는 줄기-잎 그림에서 줄기를 계급간격으로 간주하여 각 줄기에 속하는 잎의 수를 셈으로써 쉽게 구할 수 있다. 표 1.5에서 잎이 2개인 줄기 1은 자료값의 간격이 1.0-1.9가 되고 관측된 자료의 수가 2로, 잎이 5개인 줄기 2는 자료값의 간격이 2.0-2.9가 되고 관측된 자료의 수가 5로, 잎이 25개인 줄기 3은 자료값의 간격이 3.0-3.9가 되

표 1.6 축전지 수명의 이중 줄기-잎 그림

줄기	잎	도수
1	69	2
2 *	2	1
2	5696	4
3 *	431142322130014	15
3	8576897975	10
4 *	13412	5
4	757	3

고 관측된 자료의 수가 25로, 잎이 8개인 줄기 4는 자료값의 간격이 4.0-4.9가 되고 관측된 자료의 수가 8인 것으로 각각 정의될 수 있다. 또한 표 1.6의 이중 줄기-잎 그림은 계급간격이 1.5-1.9, 2.0-2.4, 2.5-2.9, 3.0-3.4, 3.5-3.9, 4.0-4.4, 4.5-4.9로 되고, 해당 도수는 순서대로 2, 1, 4, 15, 10, 5, 3으로 각각 정의된다.

히스토그램

각 계급의 도수를 전체관측수로 나누면 각 계급에 속하는 관측수의 비율을 의미하는 상대도수를 얻게 되며, 이 상대도수를 상대도수분포(relative frequency distribution) 표라고 한다. 표 1.7의 자료에 대한 상대도수분포를 각 계급의 중간점(midpoint)과 함께 표 1.7에서 볼 수 있다.

표 1.7 축전지 수명의 상대도수분포표

계급구간	중간점	도수	상대도수
1.5-1.9	1.7	2	0.050
2.0-2.4	2.2	1	0.025
2.5-2.9	2.7	4	0.100
3.0-3.4	3.2	15	0.375
3.5-3.9	3.7	10	0.250
4.0-4.4	4.2	5	0.125
4.5-4.9	4.7	3	0.075

상대도수분포를 그래프로 나타내면 그 내용을 좀 더 쉽게 파악할 수 있다. 각 계급의 중간점과 상대도수를 이용하여 그림 1.6에서처럼 **상대도수 히스토그램**(relative frequency histogram)을 그릴 수 있다.

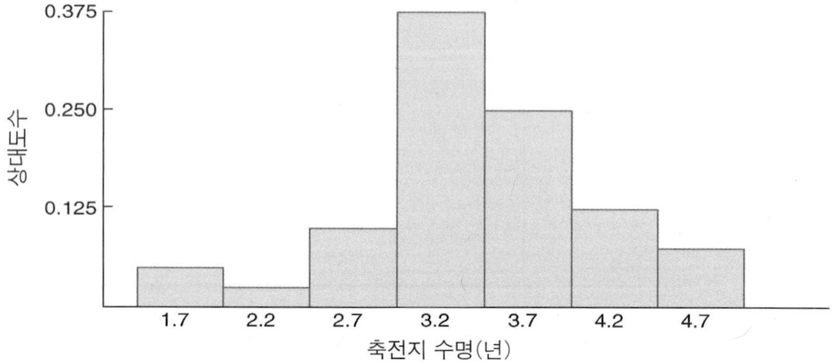

그림 1.6 상대도수 히스토그램

많은 연속형 분포들은 그림 1.7에서와 같이 종모양의 곡선으로 나타날 수 있다. 그림 1.6과 그림 1.7에서 보는 것처럼 그래프 도구들은 모집단의 성질을 특징짓는 데 도움을 준다. 제5장과 제6장에서 모집단의 성질을 나타내는 **분포**에 대하여 다룰 것이다. 분포 혹은 **확률분포**에 대한 좀 더 엄밀한 정의는 나중에 제시되겠지만, 우선은 그림 1.7에서처럼 표본의 크기가 커짐에 따라 극한적으로 얻게 되는 것으로 분포를 생각할 수 있다.

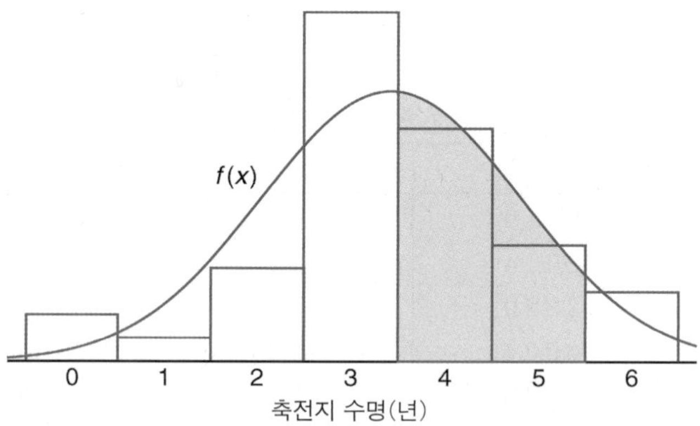

그림 1.7 확률밀도함수의 추정

만일 어떤 분포가 하나의 수직선을 따라 좌우의 두 편이 일치하게 되면 이를 **대칭**(symmetric)이라 하고, 대칭성이 결여된 분포를 **비대칭**(skewed)이라 한다. 그림

1.8에서 (b)는 대칭임을 알 수 있으며, (a)와 (c)는 비대칭으로 (a)는 오른쪽으로 기울어졌고, (c)는 왼쪽으로 기울어졌다.

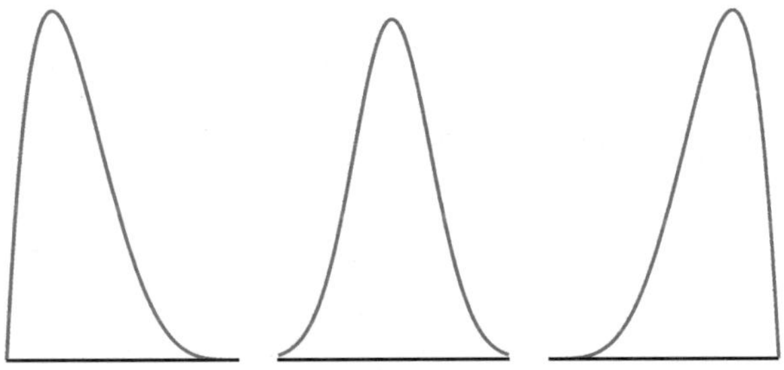

그림 1.8 자료의 기움(왜도)

줄기-잎 그림을 시계반대방향으로 90° 회전시키면, 잎들의 그림이 히스토그램과 유사함을 보게 된다. 자료로부터 얻고자 하는 주목적이 분포의 일반적인 모양이나 형태라면, 상대도수 히스토그램은 자주 필요로 하지는 않는다. 이 밖에도 몇 가지 다른 그래프 도구와 그림들이 사용된다. 이것들은 이론적인 내용들을 더 살펴본 뒤에 제8장에서 다루어진다.

상자-수염 그림 또는 그림 상자

표본의 성질을 나타내는 또다른 효과적인 방법으로 **상자-수염 그림**(box and whisker plots)이 있다. 이 그림에서는 중위수가 나타나 있는 상자 안에 자료의 사분위범위가 포함되어 있다. 사분위범위는 제75백분위수(상위사분위수)와 제25백분위수(하위사분위수)를 양 끝점으로 가진다. 상자에는 표본의 상하극단값을 나타내는 수염이 뻗어 있다. 비교적 큰 표본인 경우 이 그림은 중심위치, 변동성, 그리고 비대칭의 정도를 나타내 준다.

이 그림을 변형한 **상자그림**(box plot)을 이용하면 **특이점**(outlier)을 발견하기 쉽다. 특이점이란 자료의 무리로부터 비정상적으로 떨어져 있는 관측치를 말하며, 특이점을 검출할 수 있는 통계적 검정방법은 많이 개발되어 있다. 기술적으로 특이점은 '드문 사건'을 나타내는 관측치로 생각할 수 있다.

상자-수염 그림이나 상자그림은 특이점을 검출하기 위한 정식 검정법이라기보다는 진단도구 정도로 볼 수 있다. 어떤 것이 특이점인지 구분하는 것은 사용하는 방법에 따라 달라지겠지만, 한 가지 보편적인 방법은 **사분위범위의 배수**(multiple of the interquartile range)를 사용하는 것이다. 예를 들면, 어떤 점의 위치가 어느 방향이든지 상자로부터 사분위범위의 1.5배를 넘는 곳에 있으면 그 관측치는 특이점으로 판정할 수 있다.

예제 1.5 40개비의 담배로 구성된 확률표본에 대하여 니코틴 함량(단위: mg)이 측정되었다(표 1.8). 그림 1.9는 이 자료의 상자-수염 그림이다.

표 1.8 예제 1.5의 니코틴 자료

1.09	1.92	2.31	1.79	2.28	1.74	1.47	1.97
0.85	1.24	1.58	2.03	1.70	2.17	2.55	2.11
1.86	1.90	1.68	1.51	1.64	0.72	1.69	1.85
1.82	1.79	2.46	1.88	2.08	1.67	1.37	1.93
1.40	1.64	2.09	1.75	1.63	2.37	1.75	1.69

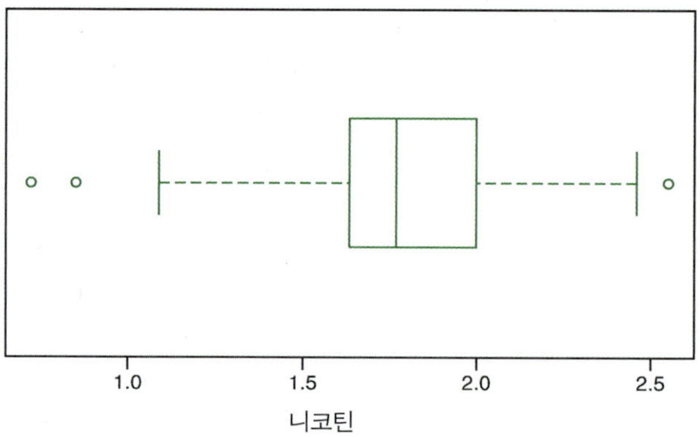

그림 1.9 예제 1.5의 니코틴 자료에 대한 상자-수염 그림

그림에서 아랫수염 쪽으로는 0.72와 0.85가, 윗수염 쪽으로는 2.55가 약간 특이점인 것처럼 보인다. 이 예제에서 사분위범위는 0.365이고, 여기에 1.5를 곱하면 0.5475가 된다. 한편 그림 1.10은 줄기-잎 그림을 나타내고 있다.

예제 1.6 그림 1.11은 페인트통 손잡이의 두께를 측정한 30개 표본의 상자-수염 그림으로 자료(표 1.9)의 비대칭을 잘 나타내고 있다. 왼쪽 부분이 오른쪽 부분보다 매우 큰 것을 알 수 있다. 중앙값은 35이고, 하위사분위수는 31, 상위사분위수는 36이다. 또한 오른쪽 자료의 극단값이 왼쪽 자료의 극단값보다 상자로부터 멀리 떨어져 있음을 보게 된다. 이 자료에서 특이점은 없다.

줄기	잎
7	2
8	5
9	
10	9
11	
12	4
13	7
14	07
15	18
16	3447899
17	045599
18	2568
19	0237
20	389
21	17
22	8
23	17
24	6
25	5

그림 1.10 니코틴 자료에 대한 줄기-잎 그림

표 1.9 예제 1.6의 자료

표본	측정값	표본	측정값
1	29 36 39 34 34	16	35 30 35 29 37
2	29 29 28 32 31	17	40 31 38 35 31
3	34 34 39 38 37	18	35 36 30 33 32
4	35 37 33 38 41	19	35 34 35 30 36
5	30 29 31 38 29	20	35 35 31 38 36
6	34 31 37 39 36	21	32 36 36 32 36
7	30 35 33 40 36	22	36 37 32 34 34
8	28 28 31 34 30	23	29 34 33 37 35
9	32 36 38 38 35	24	36 36 35 37 37
10	35 30 37 35 31	25	36 30 35 33 31
11	35 30 35 38 35	26	35 30 29 38 35
12	38 34 35 35 31	27	35 36 30 34 36
13	34 35 33 30 34	28	35 30 36 29 35
14	40 35 34 33 35	29	38 36 35 31 31
15	34 35 38 35 30	30	30 34 40 28 30

이 밖에도 상자-수염 그림과 다른 그래프가 자료분석가에게 여러 가지로 도움이 된다. 여러 표본들이 그래프를 이용하여 비교될 수 있다. 자료의 점 도표를 통해 변수들 간의 관계를 알아낼 수 있다.

그래프를 이용하여 표본의 비정규성 또는 이상값들을 알아낼 수도 있다. 이 외에도 여러 그래프 기법들이 사용되는데, 이들에 대해서는 제8장에서 소개된다.

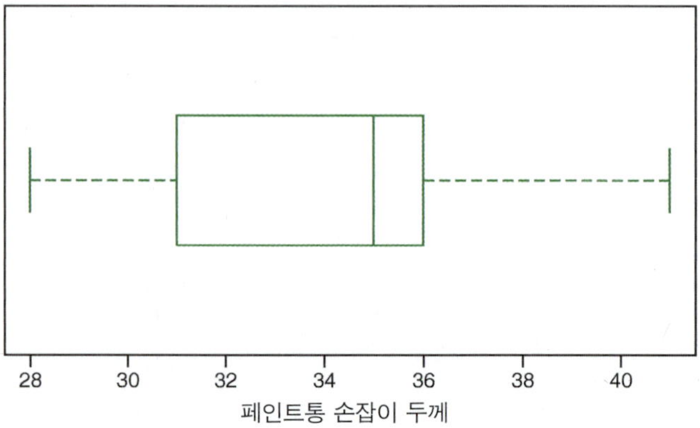

그림 1.11 페인트통 손잡이의 두께에 대한 상자-수염 그림

사분위수와 백분위수

자료의 중심위치나 변동에 대한 측도 외에도 자료의 특징을 나타내는 다른 방법들이 있다. 예를 들어 중앙값이 자료나 분포를 두 부분으로 나누는 것처럼 분포를 여러 부분으로 나누면 매우 유용한 측도가 된다. 사분위수(quartile)는 자료를 네 부분으로 나누는데, 중앙값은 자료를 두 부분으로 나누는 제2사분위수가 되고, 제1사분위수는 첫 번째 부분을 다시 두 분으로 나누고, 제3사분위수는 두 번째 부분을 다시 두 부분으로 나누게 된다. 백분위수(percentile)를 이용하면 좀 더 세밀하게 분포를 나눌 수 있다. 이 측도를 이용하면 소위 분포의 꼬리(tail)에 대한 통찰을 얻을 수 있는데, 예를 들면 제95백분위수는 상위 5%와 하위 95%를 나누고, 제1백분위수는 분포로부터 하위 1%를 나누는 값이다. 백분위수에 대한 개념은 앞으로 중요한 역할을 하게 될 것이다.

1.7 통계학 연구의 일반적인 유형: 실험계획, 관측연구, 후향연구

앞의 절들에서 모집단으로부터의 표본추출의 개념과 모집단의 정보를 얻어 내기 위한 통계적 방법들의 사용을 설명하였다. 통계적 방법에 의해 알아낸 정보들은 많은 중요한 과학적, 공학적 분야의 의사결정과 문제해결에 종종 영향력을 발휘할 수 있다. 예를 들어, 예제 1.3은 부식에 취약한 알루미늄 합금을 사용하는 상황에서 사용조건을 결정하는 데 도움을 줄 수 있는 간단한 실험결과를 제시하고 있다. 그 결과는 합금을 생산하는 사람에게뿐만 아니라 그 제품을 사용하고자 하는 사람들에게도 도움이 될 수 있다. 이 예는 조건에 따른 부식수준을 알아보기 위한 실험조건(도장과 습도의 조합)의 설계나 통제의 개념을 설명하고 있다. 부식수준을 측정하기 위해 중심경향측도뿐만 아니라 변동측도 등의 통계적 방법이 사용된다. 이러한 방법론은 종종 1.6절에서 논의된 것과 같은 통계적 모형으로 전개된다. 이 경우 모형을 이용하여 습도와 도장유형의 함수로 부식수준을 추정(또는 예측)할 수도 있을 것이다. 이런 종류의 모형을 개발할 때 중심경향과 변동을 나타내는 기술통계가 또다시 중요한 역할을 하게 된다.

예제 1.3에 담긴 정보들은 공학적인 질문들, 그리고 실험계획에서 사용되는 통계적 방법에 의한 해답을 잘 예시하고 있다. 그것들은 다음과 같다.

(i) 실험에서 사용한 상대습도의 범위 내에서 상대습도가 알루미늄 합금의 부식에 본질적으로 어떤 영향을 미치는가?

(ii) 화학적 도장은 부식수준을 낮추는가? 그 효과는 어떤 형태로든 측정될 수 있는가?

(iii) 도장과 상대습도 사이에 **교호작용**(interaction)이 존재하여 부식에 영향을 주는가? 그렇다면 그것을 어떻게 해석해야 하는가?

교호작용이란 무엇인가?

질문 (i)과 (ii)는 생산자와 사용자 모두에게 중요한 문제이므로 이것이 중요한 질문이라는 것은 명확해 보인다. 그러나 질문 (iii)은 어떤가? 그림 1.3을 보자. 이것은 단순 실험계획에서 두 **요인**(factor) 사이에 교호작용이 존재하고 있음을 예시하고 있다. 표본평균들을 연결한 선들이 평행하지 않음에 주목하자. **평행성**(parallelism)은 동일한 상대습도의 영향(선의 기울기), 즉 비코팅과 화학적 코팅 모두에게 부정적인 영향을 의미한다. '음'의 기울기는 습도가 증가할수록 부식이 더욱 심해진다는 것을 의미한다. 평행하지 않다는 것은 코팅유형과 상대습도 사이에 교호작용이 존재함을 의미한다. 코팅의 경우 거의 '평평한' 선인 것에 비해 비코팅의 경우 경사가 더욱 가파른 것은 **화학적 코팅이 효과적일 뿐만 아니라(선 사이의 간격에 주목하라), 코팅은 습도의 영향을 무시할 만하게 한다**는 것을 의미한다. 분명히 이 모든 질문들은 두 요인의 효과와 교호작용의 해석에 매우 중요한 내용들이다.

실험계획에 의해 자료들이 얻어진 경우 통계적 모형들은 (i), (ii), (iii)과 같은 질문들에 대한 답을 제시하는 데 매우 유용하다. 그러나 실험계획이 늘 가능한 것은 아니다. 예를 들면, **중요한 요인이 통제 불가능하다**는 이유만으로 관심 있는 조건에서 실험하지 못하는 경우가 많이 있다. 예제 1.3에서 상대습도와 코팅유형은 통제하기 매우 쉽지만, 많은 경우에 연구하고자 하는 요인들이 다양한 이유로 인해 통제 불가능할 수 있다. 예제 1.3과 같이 엄격하게 통제할 수 있는 경우에는(예를 들어, 부식수준과 같은) 드러난 차이가 요인들에 의한 것이라는 확신을 가질 수 있다. 두 번째 예로 연습문제 1.6을 보도록 하자. 이 경우 24개의 실리콘 고무 시편을 경화온도 각각에 12개씩 할당했다고 가정하자. 온도는 정확히 통제될 수 있으며, 따라서 이것은 온도를 **단일요인**(single factor)으로 하는 실험계획의 한 예가 된다. 평균 인장강도의 차이는 온도의 차이에 기인한다고 추측할 수 있다.

요인들을 통제하지 않으면 어떻게 되나?

자료로부터 정보를 얻어야 하지만, 통제되는 요인도 없고 실험단위에 랜덤하게 할당도 되지 않는다고 가정하자. 예를 들어, 혈중 콜레스테롤 수준과 혈중 나트륨 수치와의 관계를 알아보기 위해 실험을 수행한다고 하자. 일단 사람들을 일정기간 동안 관찰하여 콜레스테롤과 나트륨 수치를 기록하였다. 분명히 이런 자료로부터 유용한 정보를 얻을 수 있다. 그러나 혈중 나트륨 수준을 엄격하게 통제할 수 없다는 사실도 분명하다. 이상적으로는 피실험자들을 두 그룹으로 나누어 한쪽 그룹에는 '높은 수준'의 혈중 나트륨을, 다른 한쪽 그룹에는 '낮은 수준'의 혈중 나트륨을 할당해야 한다. 그러나 통제되지 않은 많은 다른 요인들 중 하나가 변화됨에 따라 콜레스테롤에 변화가 생길 수 있기 때문에 이 방법이 가능하지는 않다. 이와 같이 요인에 대한 통제가 없는 연구를 **관측연구**(observational study)라고 한다. 많은 경우 피실험자들은 오랜 시간에 걸쳐 관찰된다.

생물학 또는 생의학 연구에서는 필연적으로 관측연구가 될 수밖에 없는 경우가 종종 발생한다. 그러나 이런 분야에만 관측연구가 있는 것은 아니다. 예를 들어, 어느 화학공장에서 대기온도가 전력소모량에 미치는 영향을 알아보기 위한 연구를 한다고 생각해 보자. 명백하게 대기온도는 통제될 수 없으며, 따라서 시간에 걸쳐 관찰된 온도가 실험자료가 될 것이다.

잘 계획된 실험과 관측연구의 가장 큰 차이점은 관측연구의 경우 진정한 인과관계를 알아내기 어렵다는 것이다. 또한 반응결과의 차이(부식수준, 혈중 콜레스테롤, 전력소비량 등)가 통제되지 않은 다른 요인들에 의한 것일 수도 있다는 것이다. 이상적으로 실험계획에서는 랜덤화(randomization) 과정을 통해 **장애요인**(nuisance factor)들을 균일하게 만든다. 분명히 혈중 콜레스테롤의 변화는 지방 섭취나 운동 등에 의해 발생될 수 있다. 전력소모량은 생산량이나 제품의 순도에 의해서도 영향을 받을 수 있다.

종종 무시되는 관측연구의 또 다른 단점은 관측연구의 경우 자연의 은혜에 성과가 달려 있으며, 또한 관심 있는 요인의 범위에 영향을 주는 환경적인 또는 기타 통제 불가능한 상황에 의하여 좌우된다는 것이다. 예를 들면, 콜레스테롤에 미치는 영향에 관한 생의학 연구에서 실제로 혈중 나트륨 수준의 강력한 영향이 존재하지만, 피실험자들의 체질적인 문제로 인해 나트륨 수준의 변동이 충분하지 않은 경우가 생길 수 있다. 물론 실험계획에서는 분석자가 요인들을 선정하고 통제하지만 말이다.

유용하기는 하지만 실험계획과 비교할 때 명백한 단점을 가지는 세 번째의 통계적 연구가 **후향연구**(retrospective study)이다. 이 유형의 연구에서는 순전히 **역사적 자료**(historical data), 즉 특정 기간 동안 수집된 자료만을 사용한다. 후향연구의 명백한 장점 한 가지는 자료수집에 비용이 들지 않는다는 것이다. 그러나 예상할 수 있듯이 다음과 같은 단점들이 존재한다.

(i) 역사적 자료의 타당성(validity)과 신뢰성(reliability)에 의문이 생길 수 있다.
(ii) 자료가 시간에 따라 구성되므로 자료의 손실이 발생할 수 있다.
(iii) 알려지지 않은 자료는 수집시 오류가 생길 수 있다.
(iv) 관측연구의 경우와 마찬가지로 요인의 범위를 통제할 수 없다. 실제로 수집된 역사적 자료의 범위가 현재의 연구와는 관계가 없을 수도 있다.

연습문제

1.13 한 전자부품 제조업자가 배터리의 수명을 결정하고자 한다. 수집된 수명자료는 다음과 같다.

123, 116, 122, 110, 175, 126, 125, 111, 118, 117

(a) 표본평균과 표본 중앙값을 구하라.
(b) 이 둘이 서로 크게 다른 것은 자료의 어떤 특징 때문이라고 생각하는가?

1.14 한 타이어 제조업자가 타이어의 내경을 결정하고자 한다. 이상적인 내경은 570 mm이며, 수집된 자료는 다음과 같다.

572, 572, 573, 568, 569, 575, 565, 570

(a) 표본평균과 표본 중앙값을 구하라.
(b) 표본분산, 표본 표준편차, 표본 범위를 구하라.
(c) (a)와 (b)의 결과로부터 타이어의 품질에 대해 평가하라.

1.15 5개의 동전을 던진 결과 $HHHHH$가 나왔다. 공정한 동전이라면 이런 결과가 발생할 확률은 $(1/2)^5 = 0.03125$이다. 이 동전은 공정하지 않다고 할 수 있는가? 1.1절에서 소개된 P값의 개념을 이용하여 설명하라. (단, H는 동전의 앞면, T는 동전의 뒷면)

1.16 다음을 증명하라.

$$\sum_{i=1}^{n}(x_i - \bar{x}) = 0$$

1.17 흡연이 수면에 미치는 영향을 연구한 결과, 잠들 때까지 걸린 시간(단위: 분)이 다음과 같이 기록되었다.

흡연자:	69.3	56.0	22.1	47.6
	53.2	48.1	52.7	34.4
	60.2	43.8	23.2	13.8
비흡연자:	28.6	25.1	26.4	34.9
	29.8	28.4	38.5	30.2
	30.6	31.8	41.6	21.1
	36.0	37.9	13.9	

(a) 각 그룹에 대해 표본평균을 구하라.

(b) 각 그룹에 대해 표본표준편차를 구하라.

(c) 동일선상에 두 자료의 점 도표를 작성하라.

(d) 잠들 때까지 걸리는 시간에 흡연이 어떤 영향을 미치는지 설명하라.

1.18 다음은 기초 통계학 기말시험성적을 나타낸 것이다.

23	60	79	32	57	74	52	70	82
36	80	77	81	95	41	65	92	85
55	76	52	10	64	75	78	25	80
98	81	67	41	71	83	54	64	72
88	62	74	43	60	78	89	76	84
48	84	90	15	79	34	67	17	82
69	74	63	80	85	61			

(a) 줄기를 1, 2, ⋯, 9로 하여 줄기-잎 그림을 작성하라.

(b) 상대도수 히스토그램을 작성하라. 추정된 분포의 그래프를 그리고, 분포의 기움에 대해 설명하라.

(c) 표본평균, 표본중앙값, 표본표준편차를 계산하라.

1.19 다음의 자료는 30개의 동종의 연료펌프에 대한 수명년수를 소수 첫째 자리까지 측정한 것이다.

2.0	3.0	0.3	3.3	1.3	0.4
0.2	6.0	5.5	6.5	0.2	2.3
1.5	4.0	5.9	1.8	4.7	0.7
4.5	0.3	1.5	0.5	2.5	5.0
1.0	6.0	5.6	6.0	1.2	0.2

(a) 각각의 측정값에 대해 소수점의 왼쪽 숫자를 줄기로 사용하여 연료펌프의 수명에 대한 줄기-잎 그림을 작성하라.

(b) 상대도수분포를 구하라.

(c) 표본평균, 표본범위, 표본표준편차를 구하라.

1.20 다음의 자료는 새로운 살충제에 대한 파리 50마리의 수명(단위: 초)을 조사한 것이다.

17	20	10	9	23	13	12	19	18	24
12	14	6	9	13	6	7	10	13	7
16	18	8	13	3	32	9	7	10	11
13	7	18	7	10	4	27	19	16	8
7	10	5	14	15	10	9	6	7	15

(a) 0에서 4, 5에서 9까지 잎의 부호를 각각 ∗와 으로 하여 0∗, 0 , 1∗, 1 , 2∗, 2 , 그리고 3∗을 줄기로 하는 파리의 수명에 대한 이중 나무-잎 그림을 작성하라.

(b) 상대도수분포표를 작성하라.

(c) 상대도수 히스토그램을 작성하라.

(d) 표본 중앙값을 구하라.

1.21 정전시간(단위: 분) 자료가 다음과 같이 수집되었다.

22	18	135	15	90	78	69	98	102
83	55	28	121	120	13	22	124	112
70	66	74	89	103	24	21	112	21
40	98	87	132	115	21	28	43	37
50	96	118	158	74	78	83	93	95

(a) 표본평균과 표본중앙값을 구하라.

(b) 표본표준편차를 구하라.

1.22 다음은 리벳 36개의 머리 직경(단위: 1/100 inch)을 측정한 결과이다.

6.72	6.77	6.82	6.70	6.78	6.70	6.62	6.75
6.66	6.66	6.64	6.76	6.73	6.80	6.72	6.76
6.76	6.68	6.66	6.62	6.72	6.76	6.70	6.78
6.76	6.67	6.70	6.72	6.74	6.81	6.79	6.78
6.66	6.76	6.76	6.72				

(a) 표본평균과 표본 표준편차를 구하라.

(b) 상대도수 히스토그램을 작성하라.

(c) 표본이 종 모양의 분포를 갖는 모집단으로부터 추출되었는지 판단하라.

1.23 랜덤하게 뽑은 1980년 모델과 1990년 모델 자동차 각각 20대에 대해 공회전시 발생하는 탄화수소의 배출량(단위: ppm)을 측정한 결과 다음과 같았다.

1980년 모델:

141	359	247	940	882	494	306	210	105	880
200	223	188	940	241	190	300	435	241	380

1990년 모델:

140	160	20	20	223	60	20	95	360	70
220	400	217	58	235	380	200	175	85	65

(a) 그림 1.1과 같은 점 도표를 작성하라.

(b) 두 모델에 대해 표본평균을 계산한 후 점 도표에 표시하라.

(c) 두 모델 사이에 탄화수소 배출량의 차이가 있는지 점 도표를 보고 판단하라. 판단시 변동의 개념을 이용하라.

1.24 다음은 1970년대 초반 미국 동부지역에서 표본추출한 30개 학교의 교직원 봉급(학생당 달러)에 대한 과거 자료이다.

3.79	2.99	2.77	2.91	3.10	1.84	2.52	3.22
2.45	2.14	2.67	2.52	2.71	2.75	3.57	3.85
3.36	2.05	2.89	2.83	3.13	2.44	2.10	3.71
3.14	3.54	2.37	2.68	3.51	3.37		

(a) 표본평균과 표본 표준편차를 계산하라.

(b) 상대도수 히스토그램을 작성하라.

(c) 줄기-잎 그림을 작성하라.

1.25 다음은 연습문제 1.24와 관계된 자료로서, 상위 소득수준에 해당하는 가구의 비율을 1.24의 자료와 동일한 학교 순서로 나타낸 것이다.

72.2	31.9	26.5	29.1	27.3	8.6	22.3	26.5
20.4	12.8	25.1	19.2	24.1	58.2	68.1	89.2
55.1	9.4	14.5	13.9	20.7	17.9	8.5	55.4
38.1	54.2	21.5	26.2	59.1	43.3		

(a) 표본평균을 계산하라.

(b) 표본중앙값을 계산하라.

(c) 상대도수 히스토그램을 작성하라.

(d) 10% 절사평균을 구하라. 그 결과를 (a) 및 (b)와 비교하고 평가하라.

1.26 연습문제 1.24와 1.25의 자료를 이용하여 상위 소득수준에 해당하는 가구의 비율을 함수로 교직원의 봉급을 예측하는 모형을 구축한다고 할 때, 이런 종류의 분석의 단점이 무엇인지 설명하라.

1.27 베어링에 가해지는 부하 x의 함수로 베어링의 마모 y를 구하는 연구를 수행하였다. 부하는 세 수준 700 lb, 1000 lb, 1300 lb가 사용되었다. 각 수준에서 4개의 시편이 사용되었으며, 표본평균은 각각 210, 325, 375였다.

(a) 부하에 대한 평균마모량을 그림으로 작성하라.

(b) (a)의 그림으로부터 마모량과 부하 사이에 관계가 있다고 할 수 있는가?

(c) 각 부하수준에 대한 4개 시편의 마모량 자료가 다음과 같다고 하자.

	x		
	700	**1000**	**1300**
y_1	145	250	150
y_2	105	195	180
y_3	260	375	420
y_4	330	480	750
	$\bar{y}(700) = 210$	$\bar{y}(1000) = 325$	$\bar{y}(1300) = 375$

부하수준에 대해 모든 시편의 마모량을 그림으로 작성하라.

(d) (c)의 그림으로부터 명확한 상호관계가 존재한다고 할 수 있는가? (b)의 결과와 다르다면, 그 이유가 무엇인지 설명하라.

1.28 많은 제조업체에서 금형을 이용하여 부품을 생산하는 데 수축현상이 종종 중요한 문제로 대두된다. 그래서 거푸집을 명목치수보다 약간 크게 만들어 수축현상에 대비한다. 어느 사출성형 연구에 의하면 사출속도(ft/sec)와 금형온도(℃)가 수축량에 영향을 준다고 한다. 다음의 두 자료는 사출속도를 두 수준(낮음과 높음)으로 하고 금형온도를 '낮음' 수준으로 고정한 후 수축량(단위: 10^4 cm)을 측정한 것이다.

낮은 사출속도에서의 수축량:

72.68	72.62	72.58	72.48	73.07
72.55	72.42	72.84	72.58	72.92

높은 사출속도에서의 수축량:

71.62	71.68	71.74	71.48	71.55
71.52	71.71	71.56	71.70	71.50

(a) 같은 그래프상에 두 자료의 점 도표를 작성하라. 낮은 사출속도와 높은 사출속도에서의 수축량의 평균을 각각 표시하라.

(b) (a)의 그림을 바탕으로 두 평균의 위치와 변동의 개념을 이용할 때, 사출속도가 수축량에 어떤 영향을 미친다고 생각되는가?

1.29 연습문제 1.24의 자료를 이용하여 상자그림을 작성하라.

1.30 다음은 50개 전구에 대한 수명시험 자료이다(단위: 시간). 이 자료에 대해 상자그림을 작성하라.

919	1196	785	1126	936	918
1156	920	948	1067	1092	1162
1170	929	950	905	972	1035
1045	855	1195	1195	1340	1122
938	970	1237	956	1102	1157
978	832	1009	1157	1151	1009
765	958	902	1022	1333	811
1217	1085	896	958	1311	1037
702	923				

1.31 연습문제 1.28과 동일한 상황에서 수축량 자료는 다음과 같다고 하자. 단, 이번에는 금형온도를 '높음' 수준으로 올린 후 고정하였다.

낮은 사출속도에서의 수축량:

76.20	76.09	75.98	76.15	76.17
75.94	76.12	76.18	76.25	75.82

높은 사출속도에서의 수축량:

93.25	93.19	92.87	93.29	93.37
92.98	93.47	93.75	93.89	91.62

(a) 연습문제 1.28에서처럼 같은 그래프상에 두 자료의 점 도표를 작성하라. 낮은 사출속도와 높은 사출속도에서의 수축량의 평균을 각각 표시하라.

(b) 연습문제 1.28에서처럼 그림과 두 평균의 위치, 그리고 변동의 개념을 이용하여 사출속도가 수축량에 미치는 영향에 대해 판단하라.

(c) (b)의 결과를 연습문제 1.28(b)의 결과와 비교하라. 사출속도와 금형온도 사이에 교호작용이 존재하는지 설명하라.

1.32 연습문제 1.28과 1.31의 결과를 이용하여 교호작용을 묘사하는 그림을 작성하라. 예제 1.3의 그림 1.3을 참고하라. 사출속도와 금형온도를 분석자가 통제할 수 없는 관측연구에서도 연습문제 1.28, 1.31에서와 같은 유형의 정보를 얻을 수 있는가? 그 이유를 설명하라.

1.33 그룹과제: 반 학생들 모두의 신발 크기 자료를 수집하라. 표본평균과 분산, 그리고 이 장에서 공부한 도표들을 이용하여 남학생과 여학생 사이의 신발 크기에 어떤 차이를 발견할 수 있는지 정리하라. 학생들의 키 자료에 대해서도 동일한 분석을 수행하라.

확률 2장

2.1 표본공간

통계학을 연구할 때 근본적으로 계획된 연구나 과학적 조사에서 발생하는 우연한 결과의 해석에 관심을 가지게 된다. 예를 들면, 신호등의 설치를 역설하기 위하여 교차로에서 발생하는 월별 교통사고건수를 조사할 수도 있고, 조립라인에서 생산되는 제품을 양품과 불량품으로 분류할 수도 있다. 혹은 화학반응에서 산도가 변함에 따라 방출되는 기체의 부피에 관심을 가질 수도 있다. 따라서, 통계학자들은 횟수나 계측값을 나타내는 실험자료 또는 어떤 기준에 따라 분류될 수 있는 **범주형 자료**(categorical data)를 다루게 된다.

이러한 수치자료 또는 범주형 자료를 얻기 위해서는 **관측**을 통한 정보의 기록이 있어야 한다. 예를 들면, 작년 1월부터 4월까지 어느 교차로에서 발생한 월별 사고건수가 2, 0, 1, 2였다면, 이것은 관측값들의 집합을 이룬다. 마찬가지로 5개의 제품검사에서 각 제품이 불량품(D)인지 양품(N)인지를 나타내는 범주형 자료 N, D, N, N, D가 관측을 통해 기록된다.

통계학자들은 자료의 집합을 생성하는 어떤 과정을 기술하기 위해서 **실험**(experi-ment)이라는 용어를 사용한다. 아주 간단한 통계적 실험의 한 예로 동전 던지는 것을 들 수 있다. 이 실험에서 발생가능한 결과는 앞면 또는 뒷면, 단 두 가지뿐이다. 미사일을 발사하고 특정한 시간에 속도를 관측하는 것도 또 다른 예가 될 수 있으며, 새로운 영업세에 대한 유권자들의 견해도 실험관측으로 고려될 수 있다. 특히 실험을 반복시행함으로써 얻어진 관측자료에 관심을 가진다. 대부분의 경우 실험결과는 우연에 좌우되므로 확실성을 가지고 예측할 수 없다. 만일 화학자가 동일한 조건하에서 수차례 분석을 행한다 하더라도 서로 다른 계측값들을 얻게 될 것이다. 동전을 반복하여 던지는 실험에서 언제 앞면이 나올 것이라고 확신할 수 없으나, 매번 던질 때 발생가능한 모든 결과의 집합은 알 수 있다.

1.7절에서 논의된 내용 중에 실험이라는 용어의 의미를 살펴볼 필요가 있다. 세 가지 유형의 통계적 연구가 예제와 함께 소개된 바 있다. 실험계획, 관측연구, 그리고 후향연구 모두 그 최종 결과로 얻게 되는 것은 **불확실**(uncertainty)한 자료이다.

이 세 가지 연구 중 실험이라는 용어가 들어간 것은 실험계획 하나뿐이지만, 자료를 관찰하고 얻어 내는 과정도 실험의 일부분이다. 1.2절의 알루미늄 부식 예제는 부식자료를 얻기 위해 확실히 실험이 필요한 연구이다. 1.7절의 혈중 콜레스테롤과 나트륨에 관한 예제는 여러 사람들에 대한 관측연구(**계획된** 실험의 반대 의미로서)의 예이지만, 그 결과 얻는 것은 불확실한 자료들이므로 이것 역시 실험이다. 대기 온도와 전력소비량에 관한 후향연구의 예에서도 과거에 기록되었던 자료들이 사용되지만, 그 과정은 여전히 실험이라고 할 수 있다.

정의 2.1 통계적 실험에서 발생가능한 모든 결과들의 집합을 **표본공간**(sample space)이라 하고, S로 표시한다.

표본공간의 각 결과를 **원소**(element 또는 member), 혹은 간단히 **표본점**(sample point)이라 한다. 표본공간의 원소가 유한한 경우 중괄호 속에 각 원소를 나열하여 나타낼 수도 있다. 예를 들어, 동전 한 개를 던지는 실험에서의 표본공간 S는

$$S = \{H, T\}$$

로 표시된다. 여기서, H와 T는 각각 동전의 앞면과 뒷면을 나타낸다.

예제 2.1 한 개의 주사위를 던지는 실험을 생각해 보자. 만일 윗면에 나타난 숫자에만 관심을 가진다면 표본공간은 $S_1 = \{1, 2, 3, 4, 5, 6\}$이 될 것이다. 그러나 윗면에 나타난 수가 짝수인지 홀수인지에 관심을 가진다면 표본공간은 단순히 S_2={짝수, 홀수}가 될 것이다.

예제 2.1은 실험결과를 설명하는 데 하나 이상의 표본공간이 사용될 수 있다는 사실을 나타내고 있다. 위의 경우 S_1이 S_2보다 더 많은 정보를 제공하고 있다. S_1에서 어떤 결과(원소)가 일어났는지 알 수 있다면 S_2에서 어떤 결과가 발생하는지를 말할 수 있다. 그러나 S_2에서의 발생결과를 알고 있다 하더라도 S_1에서 어떤 결과(원소)가 일어났는지는 알 수 없다. 따라서, 실험결과에 대해 가장 많은 정보를 줄 수 있는 표본공간을 사용하는 것이 바람직하다. 어떤 실험에서는 **수형도**(tree diagram)를 이용해 체계적으로 표본공간의 원소들을 나열할 수도 있다.

예제 2.2 한 개의 동전을 던져서 앞면이 나오면 다시 동전을 던지고, 뒷면이 나오면 한 개의 주사위를 던지는 실험을 생각해 보자. 가장 많은 정보를 제공하는 표본공간의 원소

들을 나열하기 위해서 그림 2.1과 같은 수형도를 그릴 수 있다. 여기서 가지를 이어 연결되는 매 경로마다 하나의 특정한 표본점이 된다. 즉, 왼쪽 끝에서 시작하여 오른쪽 첫 번째 경로를 따라 가면 표본점 HH를 얻게 되는데, 이것은 한 개의 동전을 두 번 던져서 모두 앞면이 나온 경우이다. 마찬가지로 표본점 $T3$는 첫 번째로 동전이 뒷면이 나오고 주사위를 던져 윗면의 눈이 3이 나온 경우를 나타낸다. 모든 경로를 따라가 보면 표본공간이 다음과 같음을 알 수 있다.

$$S = \{HH,\ HT,\ T1,\ T2,\ T3,\ T4,\ T5,\ T6\}$$

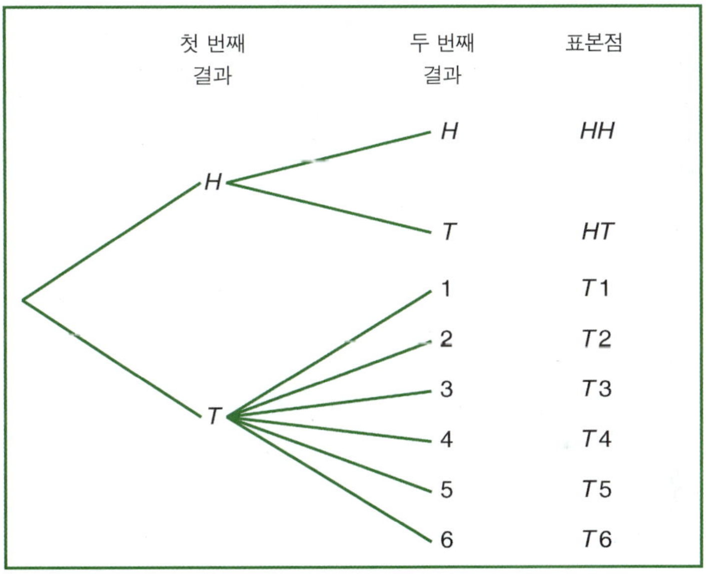

그림 2.1 예제 2.2의 수형도

예제 2.3 제조과정에서 임의로 세 개의 제품을 추출하여 검사한 뒤, 불량품이면 D, 양품이면 N으로 분류된다고 하자. 최대정보를 얻을 수 있는 표본공간의 원소들을 구하기 위해 그림 2.2 와 같은 수형도를 그릴 수 있다. 즉, 첫 번째 경로를 따라 가면 표본점 DDD를 얻게 되는데, 이는 세 개의 제품이 모두 불량품임을 의미하는 것이다. 다른 경로들을 따라가 보면 표본공간이 다음과 같음을 알 수 있다.

$$S = \{DDD,\ DDN,\ DND,\ DNN,\ NDD,\ NDN,\ NND,\ NNN\}$$

표본점의 수가 아주 크거나 무한인 경우 표본공간은 **서술식** 또는 **수식**에 의해

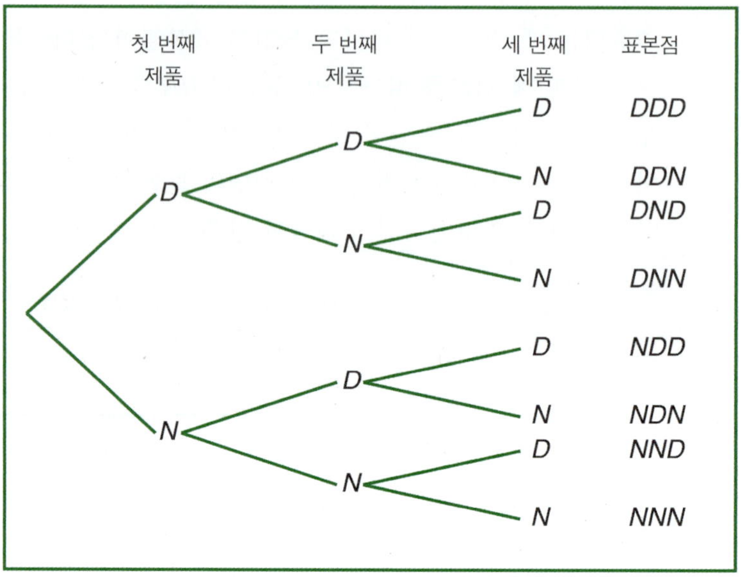

그림 2.2 예제 2.3의 수형도

서 표현될 수 있다. 예를 들어, 어떤 실험에서 가능한 모든 결과들이 전세계에서 인구가 백만이 넘는 도시들의 집합이라면, 표본공간은 다음과 같다.

$$S=\{x \mid x\text{는 인구 백만이 넘는 도시}\}$$

마찬가지로, S가 중심이 원점이고 반지름이 2인 원의 원주상과 내부에 있는 모든 점 (x, y)의 집합이라고 할 때, 표본공간은 다음과 같다.

$$S = \{(x, y) \mid x^2 + y^2 \leq 4\}$$

표본공간을 수식으로 표현할 것인지 원소들을 일일이 나열하여 표현할 것인지는 해당 문제에 달려 있으나, 가능하면 수식으로 표현하는 것이 편리하다.

예제 2.3에서 불량품은 D, 양품은 N으로 표현한 바 있는데, 로트(lot)가 합격인지 여부를 결정하기 위해 사용되는 통계적 절차들 중 샘플링검사법(sampling plan)이라는 것이 있다. 샘플링검사법 중 한 가지는 k개의 불량품이 발견될 때까지 표본을 추출하는 것이다. 만일 한 개의 불량품이 발견될 때까지 표본을 추출한다면, 이 경우의 표본공간 S는 다음과 같게 된다.

$$S = \{D, ND, NND, NNND, \cdots\}$$

2.2 사상

어떤 실험에서 표본공간의 원소보다는 특정한 **사상**(events)의 발생에 더욱 관심을 가질 수 있다. 예를 들어, 주사위를 던졌을 때 나타난 결과가 3으로 나누어질 수 있는 사상 A에 관심을 가지고 있다면, 사상 $A=\{3,6\}$은 예제 2.1의 표본공간 S_1의 부분집합에 해당된다. 또 다른 예로서 예제 2.3에서 불량품의 개수가 1보다 큰 사상 B에 관심을 가질 수도 있다. 이것은 결과가 표본공간 S의 부분집합 $B=\{DDN, DND, NDD, DDD\}$인 경우에 해당된다.

각 사상에 몇 개의 표본점을 할당하면 이것은 표본공간의 부분집합을 구성한다. 즉 그 부분 집합은 사상에 참인 경우의 모든 원소들을 나타낸다.

정의 2.2 **사상**은 표본공간의 부분집합이다.

예제 2.4 표본공간 $S = \{t \mid t \geq 0\}$이 주어져 있고, 여기서 t는 어떤 전자부품의 수명(단위: 년)이라 하면, 그 부품이 5년 내에 고장이 날 사상 A는 $A = \{t \mid 0 \leq t < 5\}$가 되고 이것은 S의 부분집합이 된다.

어떤 사상이 표본공간 S를 모두 포함하는 부분집합일 수도 있고 하나의 원소도 포함하고 있지 않은 **공집합**일 수도 있는데, 공집합인 경우 ϕ로 표시한다. 예를 들어, A를 생물학실험에서 육안으로 미생물을 감지할 사상이라 하면 $A=\phi$이 된다. 또한 $B=\{x \mid x$는 7의 인수 중 짝수$\}$라 하면, 7의 인수는 1과 7뿐이므로 B는 공집합이다.

어떤 제조회사의 고용인들의 흡연실태를 조사하는 실험을 생각해 보자. 가능한 표본공간은 개인에 따라 비흡연자, 경흡연자, 중흡연자 등으로 분류될 것이다. 여기서 흡연자들의 집합을 하나의 사상이라 하면, 모든 비흡연자들은 S의 부분집합이 되는 또 다른 하나의 사상을 이루게 되는데, 이것을 흡연자들의 집합의 **여집합**(complement)이라 한다.

정의 2.3 표본공간 S에 대한 하나의 사상 A의 **여집합**은 A의 원소가 아닌 S의 모든 원소들이고, A'으로 표시한다.

예제 2.5 R은 52장의 카드에서 붉은색 카드가 뽑힐 사상이라 하고, S는 모든 카드를 원소로 하는 집합이라 하자. 그러면 R'은 붉은색이 아니고 검은색의 카드가 뽑힐 사상이 된다.

예제 2.6 표본공간 S={책, 휴대폰, mp3, 신문, 문구, 노트북}을 생각해 보자. A={책, 문구, 노트북, 신문}이면, A'={휴대폰, mp3}가 된다.

이제 사상들을 가지고 새로운 사상을 만들어 내는 연산에 대해 생각해 보자. 이 새로운 사상들 또한 주어진 사상들과 동일한 표본공간의 부분집합이 된다. A와 B를 하나의 실험과 관련된 두 사상이라고 하자. 즉, A와 B는 동일한 표본공간 S의 부분집합이다. 예를 들어, 주사위를 던지는 실험에서 A를 짝수가 나타나는 사상이라 하고, B를 3보다 큰 수가 나타나는 사상이라 하자. 그러면 $A=\{2, 4, 6\}$이고, $B=\{4, 5, 6\}$으로 A와 B는 동일한 표본공간 $S=\{1, 2, 3, 4, 5, 6\}$의 부분집합이 된다. 실험결과가 부분집합 $\{4, 6\}$의 원소이면 사상 A와 B가 동시에 일어나게 되는데, 이것은 바로 A와 B의 **교집합**(intersection)이 된다.

정의 2.4 두 사상 A와 B의 **교집합**은 A와 B에 공통으로 속하는 모든 원소들을 포함하는 사상이며, $A \cap B$로 표시한다.

예제 2.7 어느 교실에서 임의로 한 학생을 뽑았을 때 그 학생의 전공이 공학일 사상을 E, 그리고 그 학생이 여자인 사상을 F라고 하자. 그러면 $E \cap F$는 그 교실에서 뽑힌 학생이 여공학도인 사상이다.

예제 2.8 $V=\{a, e, i, o, u\}$이고, $C=\{l, r, s, t\}$라 하면 $V \cap C=\phi$이 된다. 즉, V와 C는 공통으로 가지고 있는 원소가 없으므로 동시에 발생할 수 없다.

어떤 통계적 실험의 경우에는 동시에 발생할 수 없는 두 사상 A와 B를 정의하는 것은 매우 당연한 것으로, 사상 A와 B는 **상호배반**(mutually exclusive 또는 disjoint)이라고 한다.

정의 2.5 $A \cap B=\phi$, 즉 A와 B가 공통원소를 가지고 있지 않으면 두 사상 A와 B는 **상호배반**이다.

예제 2.9 8개의 채널을 통해서 방송을 하고 있는 한 유선방송회사는 채널 중 세 개는 ABC와, 두 개는 NBC와, 하나는 CBS와 가맹을 맺고 있다. 나머지 두 채널은 교육방송용과 ESPN 스포츠중계용이다. 이 유선방송에 가입한 어떤 사람이 임의로 TV 스위치를 켰다고 가정하자. A를 그 프로그램이 NBC 방송망에 속할 사상이라 하고, B를 CBS 방송망에 속할 사상이라 하면, TV 프로그램은 두 개 이상의 방송을 동시에 볼 수 없으므로 사상 A와 B는 공통인 사상을 가질 수 없게 되며, 사상 A와 B는 상호 배반이 된다.

종종, 어떤 실험과 관련된 두 사상 중에서 적어도 하나의 사상이 발생하는 경우에 관심을 가질 수 있다. 즉, 주사위를 던지는 실험에서 $A=\{2, 4, 6\}$, $B=\{4, 5, 6\}$이라 하면, A나 B 중 하나가 발생하거나 A와 B가 동시에 발생하는 경우를 생각해 볼 수 있다. 그런 사상을 A와 B의 **합집합**(union)이라 하고, 실험결과가 표본공간의 부분집합인 $\{2, 4, 5, 6\}$의 원소인 경우에 발생한다.

정의 2.6 두 사상 A와 B의 **합집합**은 A 혹은 B에 속하는 모든 원소들을 포함하는 사상이고, $A \cup B$로 표시한다.

예제 2.10 $A=\{a, b, c\}$, $B=\{b, c, d, e\}$라 하면 $A \cup B=\{a, b, c, d, e\}$가 된다.

예제 2.11 P를 어떤 석유회사에서 임의로 선택된 한 직원이 흡연가일 사상, Q를 그 사람이 음주가일 사상이라 하자. 그러면 사상 $P \cup Q$는 흡연을 하거나 음주를 하는 모든 직원들의 집합이다.

예제 2.12 $M = \{x \mid 3 < x < 9\}$이고, $N = \{y \mid 5 < y < 12\}$라 하면, $M \cup N = \{z \mid 3 < z < 12\}$이다.

다음으로 **벤 다이어그램**(Venn diagram)을 이용하여 사상과 표본공간과의 관계를 설명할 수 있다. 벤 다이어그램에서 표본공간은 직사각형, 사상은 그 직사각형 내부에 원으로 표시하기로 한다. 그러면 그림 2.3에서 다음 사실을 알 수 있다.

$A \cap B=$ 영역 1과 2

$B \cap C=$ 영역 1과 3

$A \cup C=$ 영역 1, 2, 3, 4, 5와 7

$$B' \cap A = \text{영역 } 4\text{와 } 7$$
$$A \cap B \cap C = \text{영역 } 1$$
$$(A \cup B) \cap C' = \text{영역 } 2,\ 6\text{과 } 7$$

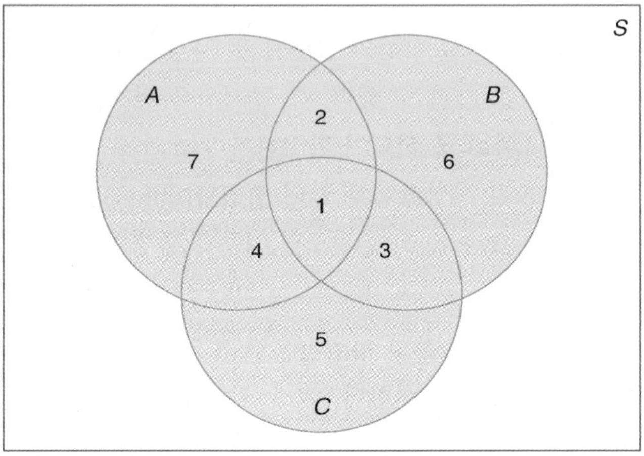

그림 2.3 여러 영역들로 표시된 사상들

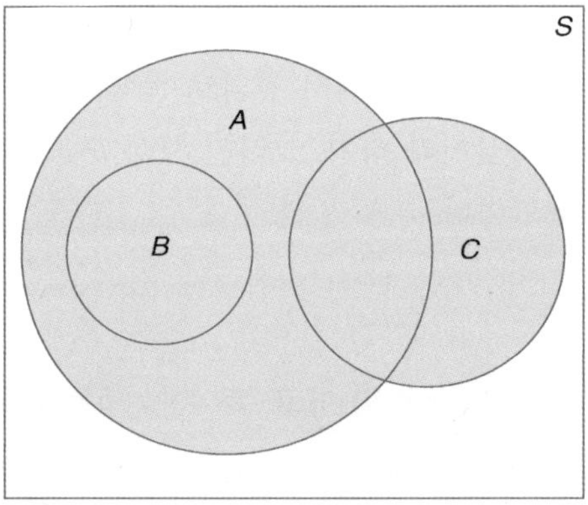

그림 2.4 표본공간 S의 사상

그림 2.4에서 사상 A, B, C는 모두 표본공간 S의 부분집합임을 알 수 있다. 또한 사상 B가 사상 A의 부분집합이라는 것도 자명하다. 사상 $B \cap C$는 원소를 하나도 가지고 있지 않으므로 B와 C는 상호배반이다. 사상 $A \cap C$는 적어도 하나의 원소를 가지고 있고, $A \cup B = A$가 된다. 그림 2.4는 52장의 카드에서 임의로 하나의 카드를 선택한 후 다음 사상들 중에서 어떤 사상이 발생했는지를 관찰하는 경우로 설명될 수 있다.

A : 카드가 붉은색일 사상

B : 카드가 다이어몬드 중에서 잭, 퀸, 혹은 킹일 사상

C : 카드가 에이스일 사상

사상 $A \cap C$가 2개의 붉은색 에이스로 구성된다는 것은 명확한 사실이다.

앞의 정의에 따라 다음과 같은 결과가 나오는데, 이것은 벤 다이어그램을 이용하여 쉽게 증명할 수 있다.

1. $A \cap \phi = \phi$.
2. $A \cup \phi = A$.
3. $A \cap A' = \phi$.
4. $A \cup A' = S$.
5. $S' = \phi$.
6. $\phi' = S$.
7. $(A')' = A$.
8. $(A \cap B)' = A' \cup B'$.
9. $(A \cup B)' = A' \cap B'$.

연습문제

2.1 다음 표본공간의 원소들을 열거하라.

(a) 1과 50 사이의 수 중에서 8로 나누어지는 성수들의 집합

(b) 집합 $S = \{x \mid x^2 + 4x - 5 = 0\}$

(c) 뒷면이 한 번 또는 앞면이 세 번 나올 때까지 시행하는 동전던지기에서 가능한 결과들의 집합

(d) 집합 S=$\{x \mid x$는 대륙$\}$

(e) 집합 $S = \{x \mid 2x - 4 \geq 0$ 그리고 $x < 1\}$

2.2 원점에 중심을 두고 반경이 3인 원의 내부에서 제1사분면에 있는 점들로 구성되는 표본공간 S를 수식을 사용하여 표현하라.

2.3 다음 중 동일한 사상은 어느 것인가?

(a) A=$\{1,3\}$

(b) B=$\{x \mid x$는 주사위의 눈금수$\}$

(c) C=$\{x \mid x^2-4x+3=0\}$

(d) D=$\{x \mid x$는 6개의 동전을 던졌을 때 나온는 앞면의 수$\}$

2.4 녹색과 붉은색의 주사위 한 쌍을 던지는 실험의 결과로 나타나는 수를 기록하고 있다. x가 녹색 주사위의 눈금을 나타내고 y가 붉은색 주사위의 눈금을 나타낸다면, 표본공간 S를 다음의 방법으로 표현하라.

(a) 원소 (x,y)의 나열

(b) 수식의 사용

2.5 한 개의 주사위를 던져서 나타난 주사위의 수가 짝수이면 동전을 한 번 던지고, 만일 주사위의 수가 홀수이면 동전을 두 번 던지는 실험을 하고자 한다. 주사위의 수가 4이고 동전의 앞면이 나오는 결과를 $4H$라는 기호로 나타내고, 주사위의 수가 3이고 동전의 앞면이 한 번 그리고 뒷면이 한 번 나오는 결과를 $3HT$라는 기호로

나타내는 방법으로, 표본공간 S의 18개 원소들을 수형도로 나타내어라.

2.6 살인재판에 참가할 2명의 배심원을 4명의 배심원 중에서 선택한다고 한다. 예를 들어, 1번과 3번 배심원이 선택되는 사상을 단순히 A_1A_3라는 기호로 나타내는 방법으로, 표본공간 S의 6개 원소를 나열하라.

2.7 화학반에서 4명의 학생을 무작위로 선택하여 남학생, 여학생으로 구분한다. 남학생은 M, 여학생은 F라는 문자를 사용하여 표본공간 S_1의 원소를 나열하라. 해당 원소가 선택된 여학생의 수를 나타내는 두 번째 표본공간 S_2를 정의하라.

2.8 연습문제 2.4의 표본공간에 대하여

(a) 합계가 8보다 큰 사상 A에 해당하는 원소를 나열하라.

(b) 양쪽 주사위 중 하나에 2가 나타나는 사상 B에 해당하는 원소를 나열하라.

(c) 녹색 주사위에서 4보다 큰 수가 나올 사상 C에 해당하는 원소를 나열하라.

(d) 사상 $A \cap C$에 해당하는 원소를 나열하라.

(e) 사상 $A \cap B$에 해당하는 원소를 나열하라.

(f) 사상 $B \cap C$에 해당하는 원소를 나열하라.

(g) 사상 A, B, 그리고 C의 교집합과 합집합을 벤 다이어그램으로 나타내어라.

2.9 연습문제 2.5의 표본공간에 대하여

(a) 주사위에 나타난 수가 3보다 작을 사상 A에 해당하는 원소를 나열하라.

(b) 두 번의 뒷면이 나타날 사상 B에 해당하는 원소를 나열하라.

(c) 사상 A'에 해당하는 원소를 나열하라.

(d) 사상 $A' \cap B$에 해당하는 원소를 나열하라.

(e) 사상 $A \cup B$에 해당하는 원소를 나열하라.

2.10 버지니아주의 어느 수로가 낚시하기에 안전한지를 알아보기 위해 세 개의 강으로부터 표본을 추출하였다.

(a) 낚시에 안전한 경우는 F, 안전하지 않은 경우는 N으로 표시하여 표본공간 S의 원소를 나열하라.

(b) 최소한 두 개의 강이 안전한 사상 E의 원소를 나열하라.

(c) 다음의 원소를 갖는 사상을 설명하라.

$$\{FFF, NFF, FFN, NFN\}$$

2.11 화학 분야의 교직을 원하는 남성 2명의 이력서가 2명의 여성지원자 이력서와 같은 화일에 있다. 2명을 위한 자리가 비어 있는데, 그 첫 번째는 조교수 직급으로서 4명의 지원자 중 1명을 무작위로 선정하게 된다. 두 번째 자리는 강사 직급으로서 남은 3명의 지원자 중에서 1명을 무작위로 선정하게 된다. 예를 들어, 첫 번째 자리에 두 번째 남성지원자가 선정되고 두 번째 자리에 첫 번째 여성지원자가 선정되는 결과를 M_2F_1이라는 기호로 나타내어,

(a) 표본공간 S의 원소를 나열하라.

(b) 조교수 직급에 남성지원자가 선정될 사상 A에 해당하는 S의 원소를 나열하라.

(c) 두 개의 직급 중 한 자리에만 남성지원자가 선정될 사상 B에 해당하는 S의 원소를 나열하라.

(d) 어떠한 직급에도 남성이 선정되지 않을 사상 C에 해당하는 S의 원소를 나열하라.

(e) 사상 $A \cap B$에 해당하는 S의 원소를 나열하라.
(f) 사상 $A \cup C$에 해당하는 S의 원소를 나열하라.
(g) 사상 A, B, 그리고 C의 교집합과 합집합을 벤 다이어그램으로 나타내어라.

2.12 약물치료 대신 운동과 다이어트로 혈압을 낮추는 연구를 수행하였다. 피실험자들을 세 그룹으로 나누어 운동의 효과를 관찰하였는데, 그룹 1은 앉아서 일하게 하고, 그룹 2와 그룹 3은 각각 하루 한 시간씩 걷기와 수영을 하게 하였다. 이 세 운동그룹 각각의 절반은 무염식(salt-free diet)을 실시하였다. 이 밖에 다른 한 그룹은 운동도 하지 않고 소금량을 제한하지도 않았으며, 표준적인 약물치료를 하였다. 앉아서 일하는 사람은 Z, 걷기를 하는 사람은 W, 수영을 하는 사람은 S, 소금을 섭취하는 경우는 Y, 소금을 제한하는 경우는 N, 약물치료의 경우는 M, 약물치료를 하지 않는 경우는 F로 표시한다고 하자.
(a) 표본공간 S의 원소를 나열하라.
(b) 약물치료를 하지 않는 피실험자들의 집합을 A, 걷기를 하는 사람들의 집합을 B라고 할 때, $A \cup B$의 원소를 나열하라.
(c) $A \cap B$의 원소를 나열하라.

2.13 미국에서 생산되는 모든 자동차로 구성되는 표본공간과 관련된 다음의 사상들에 대하여 벤 다이어그램을 사용하여 가능한 교집합과 합집합을 나타내어라.

F : 4도어, S : 선루프, P : 파워 스티어링

2.14 $S=\{0, 1, 2, 3, 4, 5, 6, 7, 8, 9\}$이고 $A=\{0, 2, 4, 6, 8\}$, $B=\{1, 3, 5, 7, 9\}$, $C=\{2, 3, 4, 5\}$, 그리고 $D=\{1, 6, 7\}$이라면, 다음 사상들에 해당하는 집합의 원소를 나열하라.
(a) $A \cup C$
(b) $A \cap B$
(c) C'
(d) $(C' \cap D) \cup B$
(e) $(S \cap C)'$
(f) $A \cap C \cap D'$

2.15 표본공간 S={구리, 나트륨, 질소, 칼륨, 우라늄, 산소, 아연}과 사상

A={구리, 나트륨, 아연}
B={나트륨, 질소, 칼륨}
C={산소}

를 고려해 보자.
다음 사상들에 해당하는 집합의 원소를 나열하라.
(a) A'
(b) $A \cup C$
(c) $(A \cap B') \cup C'$
(d) $B' \cap C'$
(e) $A \cap B \cap C$
(f) $(A' \cup B') \cap (A' \cap C)$

2.16 $S=\{x \mid 0 < x < 12\}$, $M=\{x \mid 1 < x < 9\}$, 그리고 $N=\{x \mid 0 < x < 5\}$라고 할 때 다음을 구하라.
(a) $M \cup N$
(b) $M \cap N$
(c) $M' \cap N'$

2.17 A, B, C가 표본공간 S에 관련된 사상이라고 하자. 벤 다이어그램을 사용하여 다음 사상들을 나타내는 영역을 나타내어라.

(a) $(A \cap B)'$

(b) $(A \cup B)'$

(c) $(A \cap C) \cup B$

2.18 다음의 쌍으로 된 사상들 중 상호배반인 것은?

(a) 골프선수가 72홀 경기에서 가장 낮은 18홀 라운드를 기록하는 사상과 경기에서 패하는 사상

(b) 포커게임을 하는 사람이 플러시(모든 카드가 같은 무늬)를 가질 사상과 손에 든 5장 중 3장이 같을 사상

(c) 어머니가 여자 아이를 낳을 사상과 같은 날 쌍둥이 두 딸을 낳을 사상

(d) 체스선수가 마지막 게임에서 질 사상과 경기에서 우승할 사상

2.19 한 가족이 그들의 캠핑자동차로 여름휴가를 떠난다고 하자. M은 자동차 고장을 경험할 사상, T는 교통위반으로 벌금영수증을 받을 사상, 그리고 V는 도착한 캠프장소에 빈 장소가 없을 사상이라 하자. 그림 2.5의 벤 다이어그램을 참조하여 다음 영역으로 표현되는 사상을 서술하라.

(a) 영역 5

(b) 영역 3

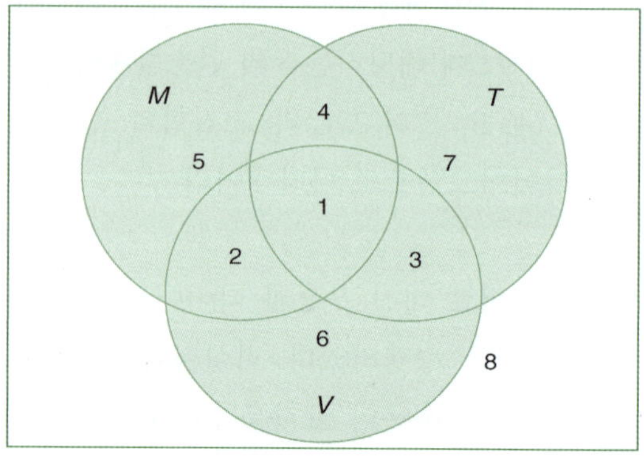

그림 2.5 연습문제 2.19와 2.20의 벤 다이어그램

(c) 영역 1과 2를 합친 영역

(d) 영역 4와 7을 합친 영역

(e) 영역 3, 6, 7, 그리고 8을 합친 영역

2.20 연습문제 2.19와 그림 2.5의 벤 다이어그램을 참조하여 다음 사상을 나타내는 영역의 번호를 나열하라.

(a) 자동차의 고장을 경험하지 않고 교통위반도 하지 않지만 캠프장소에 빈 자리가 없다.

(b) 자동차의 고장과 캠프장소에 빈 자리를 찾지 못하지만 교통위반은 하지 않는다.

(c) 자동차의 고장을 경험하거나 캠프장소에 빈 자리를 찾지 못하지만 교통위반으로 인한 벌금영수증은 받지 않는다.

(d) 빈 자리가 없는 캠프장소엔 도착하지 않는다.

2.3 경우의 수

통계학자들이 해결해야 할 문제 가운데 하나는 실험이 수행되었을 경우 어떤 사상에 관련된 결과의 수를 계산하는 것이다. 이 문제들은 2.4절에서 소개되는 확률의 영역에 속하게 된다. 많은 경우 실제로 개개의 원소를 일일이 나열하지 않고도 표본공간의 표본점의 수를 계산함으로써 확률문제를 해결할 수 있다. 표본점의 수를 계

산하는 기본법칙인 **곱의 법칙**(multiplication rule)은 다음과 같다.

규칙 2.1

만약 첫 번째 시행이 n_1가지 방법, 그리고 두 번째 시행이 n_2가지 방법이 있으면, 두 가지 시행이 이루어지는 것은 n_1n_2가지 방법이 있다.

예제 2.13 한 쌍의 주사위를 한 번 던지는 경우 표본공간에는 얼마나 많은 표본점들이 존재하게 되는가?

풀이 첫 번째 주사위로 인한 결과의 수는 $n_1=6$이며, 이 결과의 각각에 대하여 두 번째 주사위로 인한 결과의 수는 $n_2=6$이다. 따라서, 한 쌍의 주사위를 한 번 던지는 경우의 표본점의 수는 $n_1n_2=(6)(6)=36$이 된다.

예제 2.14 신시가지를 개발하고자 하는 한 개발업자는 주택의 외양은 튜더 양식, 전원풍, 식민지 양식, 그리고 전통적인 양식 중 하나를 따르고, 층의 구조는 단층, 단순한 2층, 그리고 중간 2층이 딸린 구조로 하여 주택을 공급할 예정이다. 주택을 구입하려고 하는 사람이 선택할 수 있는 가짓수는 얼마나 되는가?

풀이 $n_1=4$이고 $n_2=3$이 되므로 선택할 수 있는 가짓수는 $n_1n_2=(4)(3)=12$가 된다.

앞의 예제에 대한 풀이는 수형도를 이용하여 해결할 수도 있다. 예를 들어, 예제 2.14에서 주택의 외양에 관한 가짓수는 4개가 되고, 다시 이 각각의 가지로부터 층의 구조를 나타내는 가지가 3개씩 있게 되므로, 이 수형도는 그림 2.6에서처럼 $n_1n_2=12$개의 선택가능성을 나타낸다.

예제 2.15 22명의 클럽 회원 중에서 회장과 총무를 선임할 수 있는 방법의 수는 몇 가지인가?

풀이 회장 자리에 가능한 가짓수는 22가지이고 이 각각의 가짓수마다 총무를 선임할 수 있는 가짓수는 21가지이므로 가능한 총 가짓수는 곱의 법칙에 의해 $n_1\times n_2=22\times 21=462$이다.

규칙 2.1의 곱의 법칙을 더 많은 시행에 관한 것으로 확장시킬 수 있다. 예를 들면, 어떤 고객이 새로 휴대폰을 구매하고자 할 때 선택할 수 있는 브랜드가 5가지($n_1=5$), 선택사양이 5가지($n_2=5$), 그리고 색상이 4가지($n_3=4$)라면 휴대폰을 구매할 수 있는 경우의 수는 $n_1n_2n_3=(5)(5)(4)=100$이 된다.

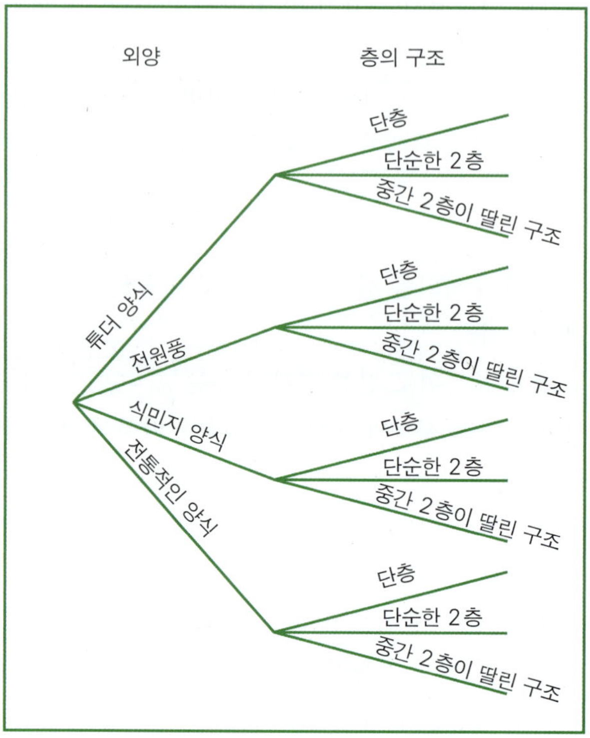

그림 2.6 예제 2.14의 수형도

규칙 2.2 만일 한 시행이 n_1가지로 시행될 수 있고, 이 각각이 다시 n_2가지 방법으로 시행되며, 또 이 각각이 n_3가지의 방법으로 시행되는 식으로 하여 k개의 시행이 연속으로 이루어진다면, 이 시행과 관련된 경우의 수는 $n_1 n_2 \cdots n_k$가 된다.

예제 2.16 샘이 컴퓨터를 조립하려고 한다. CPU는 2개 회사, 하드 디스크는 4개 회사, 메모리는 3개 회사, 액세서리는 5개 상점으로부터 주문할 수 있다면, 샘이 부품을 주문할 수 있는 총 가짓수는 얼마인가?

풀이 $n_1=2$, $n_2=4$, $n_3=3$, 그리고 $n_4=5$이므로 주문가능한 가짓수는 $n_1 \times n_2 \times n_3 \times n_4 = 2 \times 4 \times 3 \times 5 = 120$이 된다.

예제 2.17 0, 1, 2, 5, 6, 9를 각각 한 번씩만 사용하여 만들 수 있는 4자리의 짝수는 몇 가지나 되겠는가?

풀이 짝수여야 하므로 일의 자리에 올 수 있는 수의 가짓수는 $n_1=3$이다. 그러나 천의 자리에는 0이 올 수 없으므로, 일의 자리를 0인 경우와 0이 아닌 경우로 나누어야 한다. 일의 자리가 0인 경우에는(즉, $n_1=1$), 천의 자리에는 $n_2=5$, 백의 자리에는 $n_3=4$, 십의 자리에는 $n_4=3$개의 가짓수가 가능하다. 따라서, 이 경우에는 총

$$n_1n_2n_3n_4 = (1)(5)(4)(3) = 60$$

개의 4자리 짝수가 가능하다. 한편, 일의 자리가 0이 아닌 경우에는(즉, $n_1=2$), 천의 자리에는 $n_2=4$, 백의 자리에는 $n_3=4$, 십의 자리에는 $n_4=3$개의 가짓수가 가능하므로, 이 경우에는 모두

$$n_1n_2n_3n_4 = (2)(4)(4)(3) = 96$$

개의 4자리 짝수가 가능하다.

이 두 경우는 상호배반이므로 가능한 4자리 짝수의 총 가짓수는 60+96=156이다.

흔히 어떤 대상물그룹의 가능한 모든 배열을 원소로 하는 표본공간에 관심을 가지게 된다. 예를 들면, 6명을 탁자에 앉히고자 할 경우에 서로 다른 가능한 배열의 수에 대하여 알아보고자 한다든지, 혹은 20장으로 구성된 복권 중에서 2장을 추출하는 경우의 수는 얼마나 되는가 등이 좋은 예가 될 것이다.

정의 2.7 어떤 대상물집합의 전체 또는 일부의 순서적 배열을 **순열**(permutation)이라 한다.

3개의 영문자 a, b, c에 대한 순열은 abc, acb, bac, bca, cab, 그리고 cba로 모두 6개의 구별된 순서적 배열이 있음을 알 수 있다. 규칙 2.2를 이용하면 서로 다른 순서적 배열을 열거하지 않고도 서로 다른 순서적 배열이 모두 6개임을 알 수 있다. 즉, 첫 번째 위치에 올 수 있는 문자의 수는 $n_3=3$이고, 두 번째 위치에 올 수 있는 문자의 수는 $n_2=2$, 그리고 마지막 위치에 올 수 있는 문자의 수는 $n_3=1$이 되므로, 전체 가짓수는 $n_1n_2n_3=(3)(2)(1)=6$이 된다. 일반적으로, n개의 서로 다른 대상물을 나열할 수 있는 방법의 수는 $n(n-1)(n-2)\cdots(3)(2)(1)$이 된다.

정의 2.8 비음인 정수 n에 대해 $n!$(n 계승)은 다음과 같이 정의된다.

$$n! = n(n-1)\cdots(2)(1)$$

$n=0$인 특별한 경우에는 $0!=1$로 정의된다.

정리 2.1 n개의 서로 다른 대상물에 대한 순열의 수는 $n!$이다.

4개의 영문자 a, b, c, d에 대한 순열의 수는 $4!=24$이다. 이제 4개의 영문자로부터 한 번에 2개씩 취하여 나열하는 순열의 수를 생각하여 보자. $ab, ac, ad, ba, ca, da, bc, cb, bd, db, cd$, 그리고 dc가 이에 해당된다. 다시 규칙 2.1을 이용하면, 첫 번째 위치에 올 수 있는 문자의 수는 $n_1=4$이고, 두 번째 위치에 올 수 있는 문자의 수는 $n_2=3$이므로, $n_1n_2=(4)(3)=12$개의 순열이 있게 된다. 일반적으로, n개의 서로 다른 대상물 중에서 r개를 취하여 배열하는 방법의 수는 $n(n-1)(n-2)\cdots(n-r+1)$이 되고, 이 곱은 기호

$$_nP_r = \frac{n!}{(n-r)!}$$

로 표기된다.

정리 2.2 n개의 서로 다른 대상물 중 r개를 취하여 만든 순열의 수는 $_nP_r = \dfrac{n!}{(n-r)!}$ 이다.

예제 2.18 통계학과 25명의 대학원생들을 대상으로 세 가지 상(연구, 교육, 봉사)을 주려고 한다. 한 사람당 최대 한 개의 상만 받을 수 있다고 할 때, 상을 수여하는 방법은 총 몇 가지나 되겠는가?

풀이 상의 종류가 다르므로 이것은 순열문제이다. 따라서, 가능한 총 가짓수는

$$_{25}P_3 = \frac{25!}{(25-3)!} = \frac{25!}{22!} = (25)(24)(23) = 13,800$$

예제 2.19 50명의 학생으로 구성된 동아리의 회장과 총무를 뽑으려고 한다. 다음 각 경우에 가능한 선출방법은 얼마나 되는가?

(a) 선출방법에 제한이 없을 때

(b) A는 회장이 아니면 하지 않으려고 할 때

(c) B와 C는 같이 하는 경우가 아니면 하지 않으려고 할 때

(d) D와 E는 서로 같이는 하지 않으려고 할 때

풀이 (a) 제한이 없을 경우 가능한 선출방법의 총 가짓수는

$$ {}_{50}P_2 = \frac{50!}{48!} = (50)(49) = 2450 $$

(b) A는 회장이 아니면 하지 않으려고 하므로, 다음의 두 가지 경우가 가능하다. (i) A가 회장이 되는 경우 총무의 선출방법은 49가지이다. (ii) A가 회장이 안 되는 경우 49명으로부터 2명의 간부를 뽑아야 하므로 가짓수는 ${}_{49}P_2=(49)(48)=2352$이다. 따라서, 총 가짓수는 $49+2352=2401$이다.

(c) B와 C를 간부로 뽑는 방법은 두 가지이다. B와 C를 간부로 뽑지 않을 경우 가능한 가짓수는 ${}_{48}P_2=2256$이다. 따라서, 가능한 총 가짓수는 $2+2256=2258$이다.

(d) D는 간부가 되고 E는 간부가 되지 않는 가짓수는 $(2)(48)=96$이다. 여기서 2는 D가 간부가 되는 가짓수이고, 48은 E와 D를 제외한 나머지 학생들 중에서 다른 간부 한 자리를 뽑는 가짓수이다. E가 간부가 되고 D는 간부가 되지 않는 가짓수도 역시 $(2)(48)=96$이다. D와 E를 동시에 뽑지 않는 가짓수는 ${}_{48}P_2=2256$이다. 따라서, 총 가능한 가짓수는 $(2)(96)+2256=2448$이다. 한편 더 간단하게 구하는 방법은, D와 E가 동시에 간부가 되는 방법의 가짓수는 2이므로 $2450-2=2448$이다.

서로 다른 대상물을 원형으로 배열하는 경우의 순열을 **원순열**(circular permutation)이라 한다. 만일 두 원순열에서(시계방향으로 진행하면서) 서로 대응하는 대상물의 전후에 오는 대상물이 다르지 않다면, 이 둘은 서로 다른 것으로 간주되지 않는다. 예를 들면, 만일 네 사람이 카드놀이를 할 경우 이들이 모두 시계방향으로 돌면서 한 자리씩 옮겨 앉더라도 이는 전혀 새로운 순열이 아니다. 따라서, 네 사람이 카드놀이를 할 경우 서로 다르게 앉게 되는 순열의 수는 한 사람을 고정시키고 나머지 세 사람을 서로 다르게 배열하는 방법의 가짓수인 3!과 같게 된다.

정리 2.3 n개의 서로 다른 대상물을 원형으로 배열하는 순열의 수는 $(n-1)!$이다.

이제까지는 서로 다른 대상물의 순열에 대하여 생각해 보았다. 즉, 모든 대상물이 서로 다르거나 완전히 구분되는 것이 전제되었다. 만일 영문자 a, b, c 중에서 b와 c 대신에 x를 취하게 되면, 영문자 a, b, c의 순열 6가지는 axx, axx, xax, xax, xxa, 그리고 xxa가 되고 서로 구분되는 것은 3가지뿐이다. 따라서, 3문자 중 2문자가 같은 경우에 서로 구분되는 순열의 수는 $3!/2! = 3$이 된다. 서로 다른 4개의 문자 a, b, c, d에 의한 순열의 수는 24이지만, 만일 $a = b = x$이고 $c = d = y$라면 서로 구분되는 순열은 $xxyy$, $xyxy$, $yxxy$, $yyxx$, $xyyx$, $yxyx$ 뿐이며 $4!/(2!\ 2!) = 6$ 으로부터 순열의 수가 구해진다.

정리 2.4

n_1 개는 첫 번째 종류, n_2 개는 두 번째 종류, $\cdots$, n_k 개는 k 번째 종류로 된 n 개의 대상물의 순열의 수는 $\dfrac{n!}{n_1!n_2!\cdots n_k!}$ 이다.

예제 2.20 대학 축구선수 10명을 일렬로 세우려고 한다. 이들 10명을 학년으로 구분했을 때 1학년이 1명, 2학년이 2명, 3학년이 4명, 4학년이 3명이라면, 이들을 학년만을 구분하여 일렬로 세울 수 있는 방법은 몇 가지나 되겠는가?

풀이 정리 2.4를 이용하면

$$\frac{10!}{1!\ 2!\ 4!\ 3!} = 12,600$$

때때로 n 개의 서로 다른 대상물을 r 개의 부분집합으로 **분할**(partition)하는 방법의 수가 관심을 끌게 된다. r 개의 부분집합으로부터 가능한 모든 쌍의 교집합이 공집합(ϕ)이고, 모든 부분집합의 합집합이 원래의 집합이 되는 경우를 분할이라고 한다. 만일 집합 $\{a, e, i, o, u\}$를 한쪽에는 4개의 원소를 포함하고 다른 한쪽에는 1개의 원소를 포함하도록 분할할 경우, 가능한 분할은 $\{(a, e, i, o), (u)\}$, $\{(a, i, o, u), (e)\}$, $\{(e, i, o, u), (a)\}$, $\{(a, e, o, u), (i)\}$, $\{(a, e, i, u), (o)\}$가 된다.

즉, 분할의 수는 다음과 같이 표기되고 계산된다.

$$\binom{5}{4, 1} = \frac{5!}{4!\ 1!} = 5,$$

이때 위의 5는 원소의 총 개수를 의미하고, 아래의 4와 1은 분할될 때 각 부분에 속하게 되는 원소의 수를 나타낸다.

정리 2.5

n 개의 대상물을 r 개의 부분으로 나누는 경우 n_1 개는 첫 번째 부분에, n_2 개는 두 번째 부분에, 등등으로 하는 분할방법의 수는

$$\binom{n}{n_1, n_2, \ldots, n_r} = \frac{n!}{n_1!n_2!\cdots n_r!}$$

이다. 단, $n_1 + n_2 + \cdots + n_r = n$ 이다.

예제 2.21 7명의 대학원생을 3인용 객실 하나와 2인용 객실 둘에 투숙시키는 방법은 몇 가지가 있겠는가?

풀이 가능한 분할의 총 가짓수는

$$\binom{7}{3,2,2} = \frac{7!}{3!\ 2!\ 2!} = 210$$

많은 경우에 있어 n개의 대상물 중에서 r개의 대상물을 순서를 고려하지 않고 선택하는 문제에 관심을 가지게 된다. 이러한 선택의 문제를 **조합**(combination)이라 한다. 조합은 한쪽에는 r개의 원소를, 그리고 다른 한쪽에는 $(n-r)$개의 원소가 포함되도록 두 부분으로 분할시키는 경우와 동일하게 된다. 따라서 조합의 수는 $\binom{n}{r, n-r}$로 표기되며, 한쪽에 r개의 원소가 속하게 되면 다른 한쪽에는 당연히 $(n-r)$개의 원소가 포함되어야 하므로 좀 더 간단하게 $\binom{n}{r}$로 표기된다.

정리 2.6

서로 다른 n개의 대상물에서 r개를 택하는 조합의 수는

$$\binom{n}{r} = \frac{n!}{r!(n-r)!}$$

이다.

예제 2.22 한 소년이 5가지의 컴퓨터 게임을 사려고 한다. 10개의 아케이드 게임 중에서 3게임, 5개의 스포츠 게임 중에서 2게임을 선택하는 방법은 모두 몇 가지인가?

풀이 10개의 아케이드 게임 중 3게임을 고르는 가짓수는

$$\binom{10}{3} = \frac{10!}{3!\ (10-3)!} = 120$$

이고, 5개의 스포츠 게임 중 2게임을 고르는 가짓수는

$$\binom{5}{2} = \frac{5!}{2!\ 3!} = 10$$

이므로, 규칙 2.1을 이용하면 $(120)(10)=1200$가지의 방법이 있다.

예제 2.23 *STATISTICS* 라는 단어의 문자들로 만들 수 있는 가능한 배열의 가짓수는 얼마인가?

풀이 10개의 문자 중 S와 T는 세 번, I는 두 번, A와 C는 각각 한 번씩 나타나므로, 정리 2.5를 이용하면

$$\binom{10}{3, 3, 2, 1, 1} = \frac{10!}{3!\ 3!\ 2!\ 1!\ 1!} = 50,400$$

이 결과는 정리 2.4를 이용하여 직접 구할 수도 있다.

연습문제

2.21 한 학회의 참가자들에게 하루 6개의 관광코스가 3일 동안 계획되었다. 어떤 사람이 선택할 수 있는 관광코스의 가짓수는 얼마인가? 단, 각 코스는 한 번씩만 선택할 수 있다고 한다.

2.22 환자들은 혈액형이 AB^+, AB^-, A^+, A^-, B^+, B^-, O^+, O^- 중 어느 것이냐에 따라 8가지 방법으로 분류되고, 또한 혈압이 낮음, 정상, 높음에 따라 분류된다. 환자가 분류될 수 있는 방법의 가짓수는 얼마인가?

2.23 어떤 실험에서 하나의 주사위를 던지고 난 후 알파벳 영문자 중에서 임의로 하나를 선택한다고 할 때, 표본공간에 있는 표본점들은 얼마나 되는가?

2.24 교양학부 학생들은 1학년, 2학년, 3학년, 4학년으로 구분되고, 또한 남자인가 여자인가에 따라 구분된다. 이 대학의 학생들을 구분할 수 있는 방법의 총 가짓수는 얼마인가?

2.25 어떤 신발이 5가지 다른 스타일로 유행하고 있고, 각 스타일별로 4가지 다른 색상이 있다. 진열장에서 이 신발들의 다양한 스타일과 색상을 진열하기를 원한다면, 진열장에서 진열해야 할 서로 다른 신발들의 수는 얼마나 되는가?

2.26 7가지 간단한 건강규칙을 준수함으로써 평균적으로 남자의 수명은 11년, 그리고 여자의 수명은 7년이 증가된다고 한다. 이들 7가지 규칙들은 금연, 규칙적인 운동, 적절한 음주, 7~8시간의 수면, 적절한 체중의 유지, 아침식사, 그리고 간식의 금지이다. 다음과 같은 상황에서 이들 규칙들 중 5가지를 채택할 수 있는 방법은 얼마나 되는가?

(a) 어떤 사람이 현재 7가지 규칙 모두를 어기고 있다면

(b) 어떤 사람이 절대금주를 하고 있고, 늘 아침을 먹는다면

2.27 새로운 지역의 개발자가 주택구매자에게 4가지 종류의 주택디자인, 3가지의 난방시스템, 차고 또는 간이차고, 옥외테라스 또는 스크린이 설치된 현관 등의 선택사항을 제시했다. 이 구매

자가 선택할 수 있는 서로 다른 계획이 얼마나 되겠는가?

2.28 천식안정제는 각기 다른 5명의 생산자로부터 용액, 정제, 또는 캡슐 형태로 구입될 수가 있고, 이들 모두는 보통과 특별용 두 가지로 유통되고 있다. 천식으로 고생하고 있는 환자들에 대하여 의사가 처방할 수 있는 가짓수는 얼마나 되는가?

2.29 3대의 경주용 자동차가 각기 다른 장소에 위치하고 있는 7군데 시험장에서 5가지 다른 상표의 가솔린을 사용해서 주행시험이 이루어진다. 2명의 운전자에 의해 각기 다른 결합조건하에서 주행시험이 이루어진다면 얼마의 주행시험이 필요한가?

2.30 9개의 질문으로 되어 있는 진위(T, F)테스트에서 서로 다른 응답방법은 얼마나 되겠는가?

2.31 뺑소니사고의 목격자는 등록번호가 RLH를 포함하고 있고 그 뒤로 세 자리 숫자가 뒤따르며, 세 자리 중 첫 번째 숫자가 5라고 경찰에 증언했다. 목격자가 나머지 두 숫자는 기억할 수가 없고 단지 세 숫자가 각기 다르다고 한다면, 경찰이 확인해야 할 자동차 등록번호의 총 가짓수는 얼마인가?

2.32 (a) 버스를 타기 위하여 6명이 줄을 설 수 있는 가짓수는 얼마인가?
(b) 6명 중에서 3명의 특정인이 서로 붙어 서기를 주장한다면 가능한 방법은 얼마인가?
(c) 6명 중에서 2명의 특정인이 서로 붙어 서기를 거절한다면 가능한 방법은 얼마인가?

2.33 5개의 질문으로 구성되어 있는 4지선다형 시험에서 오직 하나만이 정답일 때,
(a) 어떤 학생이 각 질문에 대하여 하나의 답란을 표시할 수 있는 가짓수는 얼마인가?
(b) 어떤 학생이 각 질문에 대하여 하나의 답란을 표시하고, 모든 답안이 틀리게 될 가짓수는 얼마인가?

2.34 (a) *columns*라는 단어에서 가능한 서로 다른 순열의 가짓수는 얼마인가?
(b) 이들 순열 중에서 m으로 시작하는 것의 가짓수는 얼마인가?

2.35 주택업자는 각기 다른 디자인의 주택 9개를 짓기를 원한다. 6개의 구획이 길 한쪽에 있고 3개의 구획이 다른 쪽에 위치한다면 이 주택들을 거리에 위치시킬 수 있는 가짓수는 얼마인가?

2.36 (a) 숫자 0, 1, 2, 3, 4, 5, 6을 각 숫자별로 단 한 번씩만 사용해서 형성할 수 있는 세 자리 수의 가짓수는 얼마인가?
(b) 이들 중에서 홀수가 될 가짓수는 얼마인가?
(c) 이들 중에서 330보다 큰 수일 가짓수는 얼마인가?

2.37 4명의 소년과 5명의 소녀가 남녀별로 서로 교대되면서 일렬로 앉을 수 있는 가짓수는 얼마인가?

2.38 4쌍의 부부가 어느 콘서트에 참석하려고 표 8장을 한 줄로 구매했다. 그들이 앉을 수 있

는 가짓수는 얼마인가?

(a) 어떠한 제약도 없이 앉을 경우

(b) 각 커플은 꼭 함께 앉도록 앉을 경우

(c) 모든 남자들이 모든 여자들의 오른편에 함께 앉을 경우

2.39 철자경진대회에서 8명의 최종결선자가 3명의 소년과 5명의 소녀로 구성되어 있다. 각기 다음 상황과 같은 경진대회결과에서 가능한 순위에 대한 표본공간 S의 표본점들의 수를 찾아라.

(a) 최종결선자 8명 모두에 대하여

(b) 상위 3순위에 대하여

2.40 어떤 농구팀에서 어떠한 위치라도 맡을 수 있는 8명의 선수들 중 5명이 경기 시작에 배치될 수 있는 가짓수는 얼마인가?

2.41 한 명의 교사가 심리학개론강좌를 한 번만 담당할 수 있을 때, 6명의 교사가 4개의 강좌에 배정될 수 있는 가짓수를 찾아라.

2.42 1, 2, 3등의 복권 3장이 40장의 복권 묶음에서 추첨된다고 한다. 각 대상자들이 단지 한 장의 복권만을 가지고 있을 때, 3가지 상에 대한 표본공간 S의 표본점들의 가짓수를 찾아라.

2.43 다섯 가지 서로 다른 나무들이 원형으로 식수될 수 있는 가짓수는 얼마인가?

2.44 애리조나로부터 온 8개의 포장마차들을 원형으로 배열할 수 있는 가짓수는 얼마인가?

2.45 *infinity*라는 단어를 구성하는 글자들로 만들어질 수 있는 서로 다른 순열의 수는 얼마인가?

2.46 같은 종류의 나무는 구별하지 않을 때 3그루의 오크나무, 4그루의 소나무, 그리고 2그루의 단풍나무가 경계선을 따라 식수될 수 있는 가짓수는 얼마인가?

2.47 회계사무소의 개업을 위해 8명의 동등한 자격을 갖춘 최근 졸업생 중에서 3명의 후보를 선출하게 될 가짓수는 얼마인가?

2.48 60명으로 구성된 한 반의 학생들 모두가 생일이 서로 다른 경우의 수는 얼마인가?

2.4 사상의 확률

확률이론이 일찍부터 발달한 것은 도박에 대한 인간의 욕망 때문이었을 것이다. 도박에 이기기 위해서 도박사들은 수학자들에게 여러 가지 경우에 최적의 전략을 제공해 줄 것을 요구했다. 이러한 전략들을 제공해 준 수학자로는 파스칼, 라이프니츠, 페르마, 그리고 베르누이 등이 있다. 확률이론이 이처럼 일찍부터 발달함에 따라 통계적 추론은 게임뿐만 아니라 정치, 경제, 기상예측, 과학연구 등 우연한 결과가 포

함되는 많은 분야로 적용범위를 넓혀가고 있다. 이러한 예측과 일반화는 합리적이고 정확해야 하기 때문에 기본적인 확률이론에 대한 이해는 필수적이다.

"존은 아마도 그 테니스경기에서 이길 것이다", "주사위를 던졌을 때 짝수눈을 얻을 기회는 50대 50이다", 혹은 "그 대학은 오늘밤 축구시합에서 이기지 못할 것 같다"라든가, "졸업반 학생들의 대부분은 3년 이내에 결혼할 것 같다"고 말하는 것은 무엇을 의미하는 것일까? 각 경우들은 확실하지 않은 결과들을 표현하고 있지만 과거의 정보나 실험구조에 대한 이해로부터 그 진술의 타당성에 대해 어느 정도의 신뢰도를 가질 수 있다.

이 장의 나머지 부분에서는 표본공간의 원소가 유한한 실험에 대해서만 고려할 것이다. 그러한 통계적 실험에서 어떤 한 사상이 일어날 가능성은 0에서 1까지 값을 취하는 **가중치**(weights) 혹은 **확률**(probability)이라고 하는 실수의 집합에 의해 평가된다. 즉, 표본공간의 모든 표본점에 대한 확률의 합이 1이 되도록 확률을 배분한다. 만일 실험이 시행되었을 때 어떤 표본점이 꼭 일어날 것이라고 믿을 만한 충분한 이유가 있다면 그 확률은 1에 가깝게 할당되고, 반대로 0에 가까운 확률값은 거의 일어날 것 같지 않은 표본점에 할당되어야 한다. 동전이나 주사위를 던지는 실험과 같이 많은 실험에서 모든 표본점은 동일한 발생기회를 가지고 있으며, 모든 표본점에 같은 확률이 할당된다. 표본공간 밖에 있는 점, 즉 절대로 발생할 수 없는 단순사상에 대해서는 확률값 0을 할당한다.

사상 A의 확률을 구하기 위해서는 사상 A 안에 있는 표본점에 할당된 모든 확률을 더하게 되며, 이 합을 ***A*의 확률**이라 하고 $P(A)$로 표시한다.

정리 2.9

사상 A의 확률은 사상 A 안에 있는 모든 표본점들의 가중치의 합이다. 따라서,

$$0 \le P(A) \le 1, \quad P(\phi) = 0, \quad P(S) = 1$$

이다.

또한 $A_1, A_2, A_3, \ldots$가 상호배반인 사상이라면

$$P(A_1 \cup A_2 \cup A_3 \cup \cdots) = P(A_1) + P(A_2) + P(A_3) + \cdots$$

이다.

예제 2.24 하나의 동전을 두 번 던지는 실험에서 적어도 한 번은 앞면이 나올 확률은 얼마인가?

풀이 이 실험의 표본공간은 다음과 같다.

$$S = \{HH, HT, TH, TT\}$$

만일 두 동전이 균형잡힌 것이라면, 즉 동전의 앞면과 뒷면의 발생확률이 같다면 모든 표본점들의 발생확률이 같게 될 것이다. 따라서, 각 표본점에 확률 w를 할당하면 $4w=1$이 되어 $w=1/4$이 된다. A를 적어도 한 번의 앞면이 나올 사상이라 하면 $A=\{HH, HT, TH\}$가 되므로 다음과 같이 된다.

$$P(A) = \frac{1}{4} + \frac{1}{4} + \frac{1}{4} = \frac{3}{4}$$

예제 2.25 짝수가 홀수보다 2배만큼 더 많이 발생하는 주사위가 있다. 그 주사위를 한 번 던져 4보다 작은 수가 나올 사상을 E라 할 때 $P(E)$를 구하라.

풀이 표본공간은 $S=\{1, 2, 3, 4, 5, 6\}$이고, 각 홀수에는 w, 각 짝수에는 $2w$의 확률을 할당하면, 확률의 합이 1이 되어야 하므로 $9w = 1$이 된다. 즉, $w = 1/9$이 된다. 따라서, 각 홀수가 나올 확률은 1/9, 각 짝수가 나올 확률은 2/9이다.

$$E = \{1, 2, 3\}$$

이므로

$$P(E) = \frac{1}{9} + \frac{2}{9} + \frac{1}{9} = \frac{4}{9}$$

이다.

예제 2.26 예제 2.25에서 짝수가 나타날 사상을 A, 3으로 나누어질 수 있는 수가 나타날 사상을 B라 할 때 $P(A \cup B)$와 $P(A \cap B)$를 구하라.

풀이 $A = \{2, 4, 6\}$, $B = \{3, 6\}$이므로, $A \cup B = \{2, 3, 4, 6\}$이고, $A \cap B = \{6\}$이다. 따라서

$$P(A \cup B) = \frac{2}{9} + \frac{1}{9} + \frac{2}{9} + \frac{2}{9} = \frac{7}{9}$$

이고,

$$P(A \cap B) = \frac{2}{9}$$

이다.

어떤 실험에서 표본공간이 N개의 원소를 가지고 있고 각 원소의 발생확률이 동일하다면, N개의 원소에 각각 확률 $1/N$을 할당하게 된다. 이 N개의 표본점 중에서 n개의 원소를 가지는 어떤 사상 A의 확률은 S의 원소의 개수에 대한 A의 원소의 개수의 비율이 된다.

규칙 2.3

어떤 실험에서 N개의 서로 다른 결과가 동일한 확률로 발생할 수 있고, 이 중 정확히 n개의 원소를 가지는 사상 A가 있으면, 사상 A의 확률은

$$P(A) = \frac{n}{N}$$

이 된다.

예제 2.27 25명의 산업공학, 10명의 기계공학, 10명의 전기공학, 8명의 토목공학 학생들로 구성된 통계학 수업이 있다. 이 중 1명의 학생을 임의로 뽑을 때 그 학생이 (a) 산업공학 학생, (b)토목공학이나 전기공학 학생일 확률을 각각 구하여라.

풀이 총 53명의 학생들 중 산업, 기계, 전기, 토목공학 학생을 각각 I, M, E, C로 나타내기로 하자.

(a) 53명 중 산업공학 학생은 25명이므로

$$P(I) = \frac{25}{53}$$

(b) 53명 중 토목공학이나 전기공학 학생은 모두 18명이므로

$$P(C \cup E) = \frac{18}{53}$$

예제 2.28 한 패가 5장인 포커게임에서 2장의 에이스카드 (A)와 3장의 잭카드(J)를 가지게 될 확률을 구하라.

풀이 4장의 A카드 중 2장의 카드가 선택되는 경우의 수는

$$\binom{4}{2} = \frac{4!}{2!\ 2!} = 6$$

이고, 4장의 J카드 중 3장의 카드가 선택되는 경우의 수는

$$\binom{4}{3} = \frac{4!}{3!\ 1!} = 4$$

이다. 규칙 2.1의 곱의 법칙에 따라 2장의 A카드와 3장의 J카드를 가지는 서로 다른 경우의 수는 $n = (6)(4) = 24$가 된다. 또한 한 패가 5장인 경우의 수는

$$N = \binom{52}{5} = \frac{52!}{5!\ 47!} = 2,598,960$$

이다. 따라서, 한 패가 5장인 포커게임에서 2장의 A카드와 3장의 J카드를 받게 될 사상 C의 확률은

$$P(C) = \frac{24}{2,598,960} = 0.9 \times 10^{-5}$$

이다.

만일 어떤 실험에서 각 결과의 발생확률이 동일하지 않다면, 확률은 사전지식이나 실험적 근거에 의해서 할당돼야 한다. 예를 들어, 앞면과 뒷면의 발생확률이 같지 않은 동전의 경우 그 동전을 아주 많이 던져 그 결과를 기록함으로써 앞면과 뒷면의 발생확률을 추정할 수 있다. 확률의 **상대도수**(relative frequency) 정의에 따르면 정확한 확률은 결국 발생하는 앞면과 뒷면의 비율이다. 확률에 대한 또 다른 직관적인 방법은 **무차별**(indifference) 접근법이다. 예를 들어 어느 주사위가 공정하게 보인다고 생각된다면 각 여섯 면에 대해 똑같이 1/6의 확률을 부여하는 방식이다.

테니스경기에서 이길 확률의 수치값을 구하기 위해서는 상대방뿐 아니라 과거 성적도 알아야만 하고, 또한 이길 수 있을 것이라는 신념도 어느 정도 관계가 있다. 마찬가지로 어떤 말이 경마대회에서 우승할 확률을 구하기 위해서는 말에 타고 있는 기수들의 성적뿐만 아니라 경마에 참가하는 모든 말의 과거 성적에 근거하여 확률을 구해야 한다. 또한 직관력도 확률을 결정하는 데 한몫을 하게 된다. 직관력이나 개인적 신념, 그리고 기타 간접적인 정보들을 사용하여 확률을 계산하는 것을 확률의 **주관적**(subjective) **정의**라고 한다.

2.5 가법정리

때때로 어떤 사상의 확률을 다른 사상들의 알려진 확률로부터 계산하는 것이 더 쉬

울 때가 있다. 이것은 그 사상이 다른 두 사상의 합집합으로 표시되거나 어떤 사상의 여집합으로 표시될 수 있는 경우에 해당된다. 다음에서 확률의 계산을 간단하게 해 주는 몇 가지 중요한 법칙들이 설명되는데, 그 첫째는 사상의 합집합에 응용되는 **가법정리**(additive rule)이다.

정리 2.7

> 만일 A와 B를 어떤 두 사상이라 하면
>
> $$P(A \cup B) = P(A) + P(B) - P(A \cap B)$$
>
> 이다.

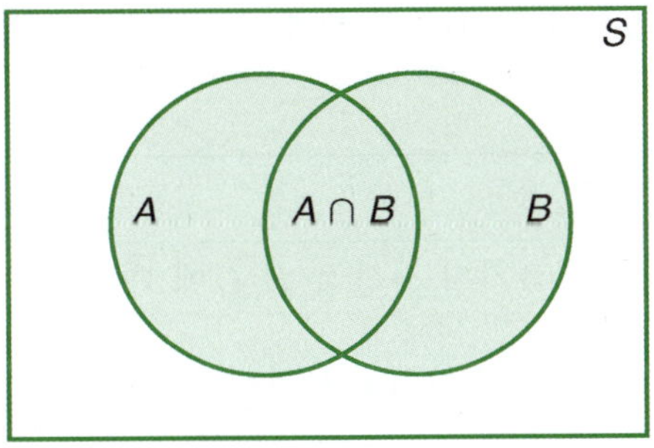

그림 2.7 확률의 가법성

증명 그림 2.7과 같은 벤 다이어그램을 생각해 보자. $P(A \cup B)$는 $(A \cup B)$ 안에 있는 표본점의 확률의 합이다. $P(A)+P(B)$는 사상 A의 확률과 사상 B의 확률의 합이다. 따라서, $(A \cap B)$의 확률을 두 번 더한 셈이다. 그러므로 $(A \cup B)$ 안에 있는 표본점의 확률을 구하기 위해서는 $P(A)+P(B)$에서 $P(A \cap B)$를 한 번 빼 주어야 하고, 그것이 $P(A \cup B)$가 된다.

따름정리 2.1

> 만일 A와 B가 서로 배반이면
>
> $$P(A \cup B) = P(A) + P(B)$$
>
> 이다.

따름정리 2.1은 정리 2.7에서 바로 유도된다. 만일 A와 B가 서로 배반이라면 $A \cap B = \phi$이고, 따라서 $P(A \cap B) = P(\phi) = 0$이므로 따름정리 2.1이 성립된다. 일반적으로는 다음과 같이 쓸 수 있다.

따름정리 2.2

만일 $A_1, A_2, \cdots, A_n$이 서로 배반이면

$$P(A_1 \cup A_2 \cup \cdots \cup A_n) = P(A_1) + P(A_2) + \cdots + P(A_n)$$

이다.

표본공간 S의 사상 $A_1, A_2, \cdots, A_n$이 서로 배반이고 $A_1 \cup A_2 \cup \cdots \cup A_n = S$일 때 사상들 모임 $\{A_1, A_2, \cdots, A_n\}$을 표본공간 S의 **분할**(partition)이라고 한다.

따름정리 2.3

만일 $A_1, A_2, \cdots, A_n$이 표본공간 S의 분할(partition)이면

$$P(A_1 \cup A_2 \cup \cdots \cup A_n) = P(A_1) + P(A_2) + \cdots + P(A_n) = P(S) = 1$$

이다.

정리 2.8

정리 2.7을 3가지 사상 A, B, C에 대하여 확장하면

$$\begin{aligned} P(A \cup B \cup C) &= P(A) + P(B) + P(C) \\ &\quad - P(A \cap B) - P(A \cap C) - P(B \cap C) + P(A \cap B \cap C) \end{aligned}$$

가 된다.

예제 2.29 졸업을 앞둔 존이 두 회사에 입사면접을 본 결과, 회사 A에 합격할 확률은 0.8, 회사 B에 합격할 확률은 0.6, 두 회사 모두 합격할 확률은 0.5로 판단된다. 이 두 회사 중 최소한 한 회사에 합격할 확률은 얼마인가?

풀이 확률의 가법정리를 이용하면

$$P(A \cup B) = P(A) + P(B) - P(A \cap B) = 0.8 + 0.6 - 0.5 = 0.9$$

예제 2.30 한 쌍의 주사위를 던졌을 때 나타난 두 눈의 합이 7이나 11이 될 확률은 얼마인가?

풀이 눈의 합이 7이 될 사상을 A, 또한 눈의 합이 11이 될 사상을 B라 하자. 합이 7이 되는 경우는 36개의 표본점 중 6가지이고, 합이 11이 되는 경우는 2가지 경우밖에 없다. 모든 표본점의 발생확률이 동일하므로 $P(A)=1/6$이고 $P(B)=1/18$이다. 그런데 합이 7이 되는 경우와 합이 11이 되는 경우는 동시에 발생할 수 없으므로 사상 A와 B는 서로 배반이 된다. 따라서,

$$P(A \cup B) = P(A) + P(B) = \frac{1}{6} + \frac{1}{18} = \frac{2}{9}$$

가 된다. 이 결과는 또한 사상 $(A \cup B)$ 안에 있는 표본 점의 개수를 세어 봄으로써도 얻어질 수 있다. 즉,

$$P(A \cup B) = \frac{n}{N} = \frac{8}{36} = \frac{2}{9}$$

가 된다.

예제 2.31 새 자동차를 사려고 하는 어느 고객이 녹색, 백색, 적색 혹은 청색의 자동차를 구입할 확률이 각각 0.09, 0.15, 0.21, 0.23이라고 할 때, 그 고객이 네 가지 색 중 어느 한 가지 색의 차를 구입할 확률은 얼마인가?

풀이 고객이 녹색, 백색, 적색, 청색의 차를 구입할 사상을 각각 G, W, R, B라 하면, 이 네 사상은 서로 배반이므로 구하는 확률은

$$\begin{aligned} P(G \cup W \cup R \cup B) &= P(G) + P(W) + P(R) + P(B) \\ &= 0.09 + 0.15 + 0.21 + 0.23 = 0.68 \end{aligned}$$

이 된다.

때때로 어떤 사상이 일어날 확률을 계산하는 것이 그 사상이 일어나지 않을 확률을 계산하는 것보다 어려울 때가 있다. 어떤 사상 A에 대해 이런 경우가 생기면, 먼저 $P(A)$을 구하고 정리 2.7을 이용하여 $P(A)$를 구할 수 있다.

정리 2.9 만일 사상 A와 A'이 서로 여집합관계에 있으면 $P(A)+P(A')=1$이 된다.

증명 $A \cup A' = S$이고, A와 A'의 교집합은 ϕ이므로

$$1 = P(S) = P(A \cup A') = P(A) + P(A')$$

이 성립한다.

예제 2.32 어떤 자동차정비공이 하루 동안 정비하는 자동차의 수가 3, 4, 5, 6, 7, 혹은 8대 이상이 될 확률이 각각 0.12, 0.19, 0.28, 0.24, 0.10, 0.07이라고 할 때, 그가 다음번 작업일에 적어도 5대 이상을 정비할 확률은 얼마인가?

풀이 적어도 5대의 차를 수리할 사상을 E라 하면 $P(E)=1-P(E')$이 되며, 여기서 E'은 5대 미만의 차를 수리할 사상이다. $P(E') = 0.12 + 0.19 = 0.31$이므로, 정리 2.9에 의해

$$P(E) = 1 - 0.31 = 0.69$$

이다.

예제 2.33 어느 공장에서 생산하는 컴퓨터 케이블의 규격은 2000 ± 10mm이다. 규격을 벗어나서 2010mm를 초과하거나 1990mm보다 작은 케이블을 생산할 확률은 동일한 것으로 알려져 있다. 규격에 맞는 제품을 생산할 확률은 0.99라고 한다.

(a) 임의로 고른 한 케이블이 규격보다 큰 제품일 확률은 얼마인가?

(b) 임의로 고른 한 케이블의 길이가 1990mm 이상 일 확률은 얼마인가?

풀이 생산된 케이블이 규격에 맞는 사상을 M, 규격보다 작은 사상을 S, 규격보다 클 사상을 L이라고 하자.

(a) $P(M)=0.99$이므로 $P(S) = P(L) = \frac{1-0.99}{2} = 0.005$가 된다.

(b) 임의로 고른 한 케이블의 길이를 X라고 하자. 그러면

$$P(1990 \leq X \leq 2010) = P(M) = 0.99$$

이때, $P(X > 2010)=P(L)=0.005$이므로

$$P(X \geq 1990) = P(M) + P(L) = 0.995$$

가 된다. 한편 정리 2.9를 이용하면

$$P(X \geq 1990) + P(X < 1990) = 1$$

이므로 $P(X \geq 1990) = 1 - P(S) = 1 - 0.005 = 0.995$를 쉽게 구할 수 있다.

연습문제

2.49 다음 각각의 설명에 있어서 틀린 점을 찾아라.

(a) 자동차판매원이 2월달 중 임의의 날에 0, 1, 2, 3대의 자동차를 판매할 확률이 각각 0.19, 0.38, 0.29, 그리고 0.15이다.

(b) 내일 비가 올 확률이 0.40이고, 내일 비가 오지 않을 확률이 0.52이다.

(c) 어떤 프린터가 문서를 프린트하는 도중에 0, 1, 2, 3, 4 또는 그 이상의 고장을 일으킬 확률이 각각 0.19, 0.34, −0.25, 0.43, 그리고 0.29이다.

(d) 한 벌의 카드로부터 한 장을 뽑는다면, 하트무늬를 뽑을 확률이 1/4, 검은색 카드를 뽑을 확률이 1/2, 그리고 하트무늬이고 검은색 카드를 뽑을 확률은 1/8이다.

2.50 연습문제 2.8에서의 S의 모든 요소가 동일하게 발생한다면 다음 확률을 구하라.

(a) 사상 A의 확률

(b) 사상 C의 확률

(c) 사상 $A \cap C$의 확률

2.51 어떤 박스에 500개의 봉투가 들어 있는데, 그 중에는 현금 100달러가 든 것이 75개, 25달러가 든 것이 150개, 10달러가 들어 있는 봉투가 275개 있다. 봉투 하나는 25달러에 팔리게 된다. 금액의 차이에 대한 표본공간은 무엇인가? 표본점들에 확률을 할당하고, 처음으로 구매된 봉투에 든 금액이 100달러보다 적을 확률을 구하라.

2.52 500명의 학생으로 구성된 대학 4학년 학급에서 210명이 흡연을, 258명이 음주를, 216명이 간식을, 122명이 흡연과 음주를, 83명이 간식과 음주를, 97명이 흡연과 간식을, 그리고 52명이 이 세 가지 건강에 안 좋은 습관을 가지고 있다고 가정하자. 이 4학년 학급생들 중 1명을 임의로 뽑을 때 다음 확률을 구하라.

(a) 그 학생이 흡연은 하지만 음주는 하지 않을 확률

(b) 간식을 먹고 음주를 하지만 흡연은 하지 않을 확률

(c) 흡연도 간식도 하지 않을 확률

2.53 아메리칸공장이 상하이에 위치할 확률이 0.7, 베이징에 위치할 확률이 0.4, 그리고 상하이 또는 베이징에 혹은 양쪽에 위치할 확률이 0.8이다. 그 공장이 다음과 같이 위치할 확률은 얼마인가?

(a) 두 도시 양쪽에 모두 위치할 확률

(b) 두 도시 어느 쪽에도 위치하지 않을 확률

2.54 과거 경험으로부터 주식중매인은 현재와 같은 경제상황에서는 고객이 면세채권에 투자할 확률이 0.6, 펀드에 투자할 확률이 0.3, 그리고 면세채권과 펀드 양쪽에 투자할 확률이 0.15라고 확신하고 있다. 그러면 고객이 다음과 같이 투자할 확률은 얼마인가?

(a) 면세채권 또는 펀드에 투자할 확률

(b) 면세채권과 펀드 양쪽에 투자하지 않을 확률

2.55 카탈로그에 있는 물품의 각 코드가 3개의

다른 문자로 시작되어 그 뒤에는 0이 아닌 4개의 서로 다른 숫자로 되어 있다면, 이들 코드가 기입된 물품들 중에서 임의로 하나를 선택할 때 첫 글자가 모음자이고 끝 글자가 짝수일 확률을 구하라.

2.56 어느 자동차업체가 리콜을 고려하고 있다. 리콜을 할 경우 브레이크 결함, 변속기 결함, 연료계통 결함, 기타 결함일 확률이 각각 0.25, 0.18, 0.17, 0.40이라고 한다.

(a) 브레이크와 연료계통이 동시에 결함일 확률이 0.15라고 할 때, 리콜된 차가 브레이크나 연료계통의 결함이 있을 확률은 얼마인가?

(b) 브레이크나 연료계통에 결함이 없을 확률은 얼마인가?

2.57 영어 알파벳에서 한 문자가 임의로 선정될 때, 그 문자가 다음과 같을 확률을 구하라.

(a) y를 제외한 모음일 확률

(b) 글자 j의 앞에 열거된 문자일 확률

(c) 글자 g의 뒤에 열거된 문자일 확률

2.58 두 개의 주사위를 동시에 던질 때 다음 확률을 구하라.

(a) 위에 오는 두 면의 눈금의 합이 8일 확률

(b) 위에 오는 두 면의 눈금의 합이 5 이하일 확률

2.59 5장 카드놀이에서 다음 확률을 구하라.

(a) 에이스 3장을 가지고 있을 확률

(b) 하트 4장과 클로버 1장을 가지고 있을 확률

2.60 5권의 소설, 3권의 시집, 그리고 한 권의 사전이 있는 서재로부터 임의로 3권의 책이 선택될 때 다음 확률은 얼마인가?

(a) 사전이 선택될 확률

(b) 소설 2권과 시집 1권이 선택될 확률

2.61 100명으로 구성된 고등학교 졸업반에서 54명이 수학을, 69명이 역사를, 그리고 35명이 수학과 역사를 이수했다. 이들 중 1명을 임의로 뽑을 때 다음 확률을 구하라.

(a) 그 학생이 수학이나 역사를 이수했을 확률

(b) 그 학생이 이들 과목 중 어떤 것도 이수하지 않을 확률

(c) 그 학생이 역사는 이수했지만 수학은 이수하지 않았을 확률

2.62 어느 피자회사에서는 신상품의 판매 전에 시식검사와 통계분석을 한다. 피자빵은 세 종류(씬, 오레가노, 치즈), 소스도 세 종류(일반, 갈릭, 베이즐)가 있다.

(a) 빵과 소스의 가능한 조합의 가짓수는 얼마인가?

(b) 시식을 위해 피자 하나를 골랐을 때 씬-일반 소스 피자일 확률은 얼마인가?

2.63 Consumer Digest 잡지에 의하면 가정에서 PC 위치의 비율은 다음과 같다고 한다.

어른 침실:	0.03
아이 침실:	0.15
기타 침실:	0.14
서재:	0.40
기타 방:	0.28

(a) PC가 침실에 있을 확률은 얼마인가?

(b) PC가 침실에 있지 않을 확률은 얼마인가?

(c) PC가 있는 가구들 중에서 한 가구를 임의로

선택했을 때 어디에서 PC가 발견될 것으로 기대되는가?

2.64 어느 전자부품의 수명이 6000시간 이상일 확률이 0.42, 4000시간 이하일 확률이 0.04라고 한다.

(a) 부품의 수명이 6000시간 이하일 확률은 얼마인가?

(b) 부품의 수명이 4000시간 이상일 확률은 얼마인가?

2.65 연습문제 2.64에서 부품이 시험 중 고장 나는 사상을 A, 고장은 아니지만 변형이 있는 사상을 B라고 하자. 사상 A의 확률은 0.20, 사상 B의 확률은 0.35이다.

(a) 부품이 시험 중 고장 나지 않을 확률은 얼마인가?

(b) 부품이 고장 나지도, 변형이 되지도 않을 확률은 얼마인가?

(c) 부품이 고장 나거나 변형이 있을 확률은 얼마인가?

2.66 공장 내에서의 사고는 불안전한 작업환경이나 작업자 실수에 의해 발생한다. 또한 작업자들의 근무조(주간, 야간, 심야)와도 관계가 있는 것으로 알려져 있다. 작년에 발생한 300건의 사고를 분석한 결과 다음과 같았다. 300건의 사고 중 하나를 임의로 선택했을 때,

근무조	불안전한 작업환경	작업자 실수
주간	5%	32%
야간	6%	25%
심야	2%	30%

(a) 심야 근무조의 사고일 확률은 얼마인가?

(b) 작업자 실수로 인한 사고일 확률은 얼마인가?

(c) 불안전한 작업환경에 의한 사고일 확률은 얼마인가?

(d) 야간이나 심야 근무조의 사고일 확률은 얼마인가?

2.67 예제 2.32를 다시 생각해 보자.

(a) 4대 이하의 차를 정비할 확률은 얼마인가?

(b) 8대 미만의 차를 정비할 확률은 얼마인가?

(c) 3대나 4대의 차를 정비할 확률은 얼마인가?

2.68 어느 백화점에서 전기오븐과 가스오븐을 판매하고 있는데, 6명의 고객이 오븐을 구입하려고 한다.

(a) 많아야 2명이 전기오븐을 살 확률이 0.40이라고 하자. 최소한 3명이 전기오븐을 살 확률은 얼마인가?

(b) 6명 모두가 전기오븐을 살 확률은 0.007, 가스오븐을 살 확률은 0.104라고 한다. 전기오븐과 가스오븐이 각각 적어도 한 대씩 팔릴 확률은 얼마인가?

2.69 어느 합성세제 제조공장에서 제품을 용기에 담는 기계는 정확한 양을 담거나(A), 부족하게 담거나(B), 넘치게 담는다(C)고 한다. $P(A)=0.990$, $P(B)=0.001$이라고 하자.

(a) $P(C)$를 구하라.

(b) 이 기계가 부족하게 담지 않을 확률은 얼마인가?

(c) 이 기계가 부족하게 담거나 넘치게 담을 확률은 얼마인가?

2.70 연습문제 2.69에서, 1주일에 50,000상자의 세제가 생산되며, 부족하게 담겨진 세제는 공장으로 반품되면서 이 제품을 구입한 고객에게는 구입가격을 배상해 준다고 한다. 상자당 생산원가는 4달러, 판매가격은 4.5달러이다.

(a) 불량품이 없다고 할 때 이 공장의 주당 이익은 얼마인가?

(b) 부족하게 담겨서 발생하는 손실은 얼마인가?

2.71 선적된 제품의 무게를 검사하여 규격에 비해 너무 무겁거나 가벼우면 불량으로 판정한다. 과거의 자료로부터 이 제품이 무게 규격을 맞출 확률은 0.95, 규격에 비해 가벼울 확률은 0.002라고 한다. 제품의 생산원가는 20달러, 판매가격은 25달러이다.

(a) 임의로 선택한 제품이 규격에 비해 무거울 확률은 얼마인가?

(b) 생산된 제품 모두가 무게 규격에 맞는다면 이 제품 10,000개를 판매할 경우의 이익은 얼마인가?

(c) 불량품들은 폐기처분된다면 불량으로 인해 제품 10,000개 중에서 발생하는 손실은 얼마인가?

2.72 다음을 증명하라.

$$P(A' \cap B') = 1 + P(A \cap B) - P(A) - P(B)$$

2.6 조건부 확률, 독립사상, 승법정리

확률 이론의 중요한 개념 중의 하나가 조건부 확률이다. 때때로 어떤 조건하에서 확률 문제에 관심을 갖는 경우가 있다. 예를 들면, 전체 인구 중에서 당뇨병에 걸릴 확률 보다는 특정 그룹, 즉 35세에서 50세에 해당하는 아시아계 여인들 중에서 당뇨병에 걸릴 확률이나 40세에서 60세에 해당하는 라틴아메리카계 남자들 중에서 당뇨병에 걸릴 확률에 더 관심이 있을 수 있다. 이와 같은 경우의 확률을 조건부 확률이라고 한다.

조건부 확률

사상 A가 일어났다고 알려진 상황하에서 사상 B가 일어날 확률을 **조건부 확률**(conditional probability)이라 하고 $P(B \mid A)$로 표시한다. $P(B \mid A)$를 보통 'A가 일어났을 때 B가 일어날 확률'이라고 읽는다.

짝수가 홀수보다 2배만큼 더 많이 나오는 주사위를 던졌을 때 완전제곱수를 얻을 사상 B를 생각해 보자. 표본공간은 $S=\{1, 2, 3, 4, 5, 6\}$이 되고 홀수에는 1/9, 짝수에는 2/9의 확률이 각각 할당되므로 B가 일어날 확률은 1/3이다. 그러나 그 주사위를 던졌을 때 3보다 큰 수가 나온다고 알려졌다면 그 표본공간은 $A=\{4,5,6\}$이 되고, 이것은 S의 부분집합이 된다. 축소된 표본공간 A에 대하여 B가 일어날 확률을 구하기 위해서는 A의 원소들의 합이 1이 되도록 새로운 확률을 할당해야 한다. A 안에 있는 홀수에는 w의 확률을, 두 개의 짝수에는 각각 $2w$의 확률을 할당하면, $5w=1$이 되어 $w=1/5$이 된다. 표본공간 A에 대하여 사상 B는 원소 4만을 포함하고 있다. 이 사상을 $B\mid A$라는 기호로 표시한다면 $B\mid A=\{4\}$가 되어

$$P(B|A)=\frac{2}{5}$$

가 된다. 이 예는 표본공간이 달라지면 사상들의 확률이 달라짐을 보여주고 있다.

이 확률은 원래의 표본공간 S에 의하여 다음과 같이 구할 수도 있다.

$$P(B|A)=\frac{2}{5}=\frac{2/9}{5/9}=\frac{P(A\cap B)}{P(A)}$$

즉, S의 축소된 표본공간 A에 대한 조건부 확률은 원래의 표본공간 S의 각 원소에 할당된 확률로부터 직접 계산될 수 있다.

정의 2.10

A가 주어졌을 때 B가 일어날 **조건부 확률**은 $P(B|A)$로 표시하며, $P(\mathrm{A})>0$이면,

$$P(B|A)=\frac{P(A\cap B)}{P(A)}$$

로 정의된다.

다음 예로, 표본공간 S를 어떤 작은 마을의 대학을 졸업한 성인집단이라 하자. 이들을 성별과 고용상태에 따라 표 2.1과 같이 분류하였다. 이 도시에 들어설 새로운 산업단지의 이점을 홍보하기 위하여 이 집단으로부터 임의로 한 명을 선택하여 홍보요원으로 활용하고자 한다.

표 2.1 대학졸업자의 성별과 고용상태에 따른 분류

고용별 / 성별	고용	비고용	총계
남성	460	40	500
여성	140	260	400
총계	600	300	900

이제 다음의 사상을 생각해 볼 수 있다.

M : 남자가 선택될 사상
E : 선택된 사람이 고용인일 사상

또, E를 축소된 표본공간이라 하면 다음의 결과를 얻게 된다.

$$P(M|E) = \frac{460}{600} = \frac{23}{30}$$

기호 $n(A)$를 어떤 집합 A에 있는 원소들의 수라고 하면 다음과 같이 쓸 수 있다.

$$P(M|E) = \frac{n(E \cap M)}{n(E)} = \frac{n(E \cap M)/n(S)}{n(E)/n(S)} = \frac{P(E \cap M)}{P(E)}$$

단, $P(E \cap M)$과 $P(E)$는 원래의 표본공간 S에 의하여 구해진다. 이 결과를 증명하여 보면,

$$P(E) = \frac{600}{900} = \frac{2}{3}, \quad P(E \cap M) = \frac{460}{900} = \frac{23}{45}$$

이다. 따라서,

$$P(M|E) = \frac{23/45}{2/3} = \frac{23}{30}$$

이므로 이는 앞의 결과와 같다.

예제 2.34 정규스케줄에 따라 정시에 비행기가 출발할 확률은 $P(D)=0.83$이고, 정시에 도착할 확률은 $P(A)=0.82$라 하자. 그리고 정시에 출발하여 정시에 도착할 확률은 $P(D \cap A)= 0.78$이라 하자.
(a) 비행기가 정시에 출발했을 때 정시에 도착할 확률을 구하라.
(b) 비행기가 정시에 도착했을 때 정시에 출발했을 확률을 구하라.

풀이 (a) 비행기가 정시에 출발했을 때 정시에 도착할 확률은

$$P(A|D) = \frac{P(D \cap A)}{P(D)} = \frac{0.78}{0.83} = 0.94$$

이다.

(b) 비행기가 정시에 도착했을 때 정시에 출발했을 확률은

$$P(D|A) = \frac{P(D \cap A)}{P(A)} = \frac{0.78}{0.82} = 0.95$$

이다.

조건부 확률은 어떤 사상이 발생했다는 정보를 바탕으로 관심 있는 사상의 발생확률을 다시 계산할 수 있게 해 준다. 확률 $P(A|B)$는 사상 B가 발생했다는 정보를 바탕으로 확률 $P(A)$를 '갱신(update)'하는 것이다. 예제 2.34에서 비행기가 제시간에 도착할 확률을 알고자 하는데, 비행기가 제시간에 출발하지 않았다는 정보가 있으므로 구하고자 하는 확률은 $P(A|D')$, 즉 비행기가 제시간에 출발하지 않았을 때 제시간에 도착할 확률이다. 많은 경우 조건부 확률로 인해 이전의 결과가 전체적으로 변하게 된다. 예제의 경우

$$P(A|D') = \frac{P(A \cap D')}{P(D')} = \frac{0.82 - 0.78}{0.17} = 0.24$$

이므로 제시간에 도착할 확률은 제 시간에 출발하지 않았다는 부가적인 정보에 의해 크게 감소된다.

예제 2.35 조건부 확률은 산업계와 생의학계에서 매우 널리 응용되는 개념이다. 어느 방직공장에서 생산하는 옷감에는 두 가지 형태의 불량, 즉 길이불량과 직조불량이 있다고 한다. 과거의 자료로부터 옷감의 10%는 길이불량, 5%는 직조불량, 0.8%는 두 불량 모두를 가지고 있다고 한다. 생산된 옷감 하나를 임의로 선택하여 검사한 결과 길이불량이었다고 할 때, 이것이 직조불량일 확률은 얼마인가?

풀이 길이불량일 사상을 L, 직조불량일 사상을 T라고 하자. 길이불량이었을 때 직조불량일 확률은

$$P(T|L) = \frac{P(T \cap L)}{P(L)} = \frac{0.008}{0.1} = 0.08$$

이다. 따라서, 조건부 확률은 단순히 $P(T)$를 아는 것에 비해 더 많은 정보를 제공해 준다고 할 수 있다.

독립사상

앞의 주사위를 던지는 실험에서 $P(B) = 1/3$인 반면에 $P(B|A) = 2/5$라는 사실이 알려졌다. 즉, $P(B|A) \neq P(B)$이며, 이것은 B가 A에 종속되어 있음을 가리킨다. 한 벌의 카드에서 2장의 카드를 연속적으로 복원추출하는 실험에서 두 사상을 다음과 같이 정의해 보자.

A: 첫 번째 카드가 A일 사상
B: 두 번째 카드가 스페이드일 사상

첫 번째 카드가 복원이 되므로 첫 번째 카드와 두 번째 카드에 대한 표본공간은 동일하게 52장의 카드가 된다. 따라서,

$$P(B|A) = \frac{13}{52} = \frac{1}{4}, \quad P(B) = \frac{13}{52} = \frac{1}{4}$$

이다. 즉, $P(B|A) = P(B)$가 되고, 이런 관계가 만족되면 사상 A와 B는 **독립**(independent)이라고 한다.

조건부 확률은 부가적인 정보를 이용하여 관심 있는 사상의 확률을 갱신할 수 있게 해 줄 뿐만 아니라, **독립**(independence) 또는 독립사상(independent event)이라는 중요한 개념을 이해시키는 데도 역할을 한다. 예제 2.34에서 $P(A|D)$는 $P(A)$와 달랐는데, 이것은 D의 발생이 A에 영향을 주었다는 것을 의미한다. 그러나 두 사상 A와 B에 대해 $P(A|B)=P(A)$인 경우를 생각해 보자. 이것은 B의 발생이 A의 발생에 아무 영향이 없다는 것을 말한다. 즉, A의 발생은 B의 발생과 독립적(independent)이 된다. 독립의 개념은 통계학 전반에 걸쳐서 매우 중요한 역할을 한다.

정의 2.11 $P(B|A) = P(B)$이거나 $P(A|B) = P(A)$이면 두 사상 A와 B는 **독립**이고, 그렇지 않으면 A와 B는 **종속**(dependent)이다.

$P(B|A) = P(B)$는 $P(A|B) = P(A)$임을 의미하고, 역도 또한 성립한다. 카드를 뽑는 실험에서 $P(B|A) = P(B) = 1/4$이었으므로, $P(A|B) = P(A) = 1/13$이 됨을 알 수 있다.

승법정리

정의 2.10에서 공식 양변에 $P(A)$를 곱하면, 두 사상이 함께 일어날 확률을 계산하는 데 사용되는 중요한 **승법공식**(multiplicative rule)을 얻게 된다.

정리 2.10 어떤 실험에서 두 사상 A와 B가 동시에 발생할 수 있다면

$$P(A \cap B) = P(A)P(B|A)$$

가 된다.

즉, A와 B가 함께 일어날 확률은 A가 일어날 확률에 A가 일어났을 때 B가 일어날 확률을 곱한 값과 같다. 사상 $A \cap B$와 $B \cap A$는 같으므로 정리 2.10에 의해 다음과 같이 쓸 수도 있다.

$$P(A \cap B) = P(B \cap A) = P(B)P(A|B)$$

즉, 어떤 사상이 A로 혹은 B로 표시되든지 결과에는 다를 바가 없다.

예제 2.36 20개의 퓨즈가 들어 있는 상자가 있는데, 그 중 5개가 불량품이라고 가정하자. 이 상자로부터 2개의 퓨즈를 연속적으로 비복원추출한다고 할 때, 2개의 퓨즈가 모두 불량품일 확률은 얼마인가?

풀이 첫 번째 퓨즈가 불량품일 사상을 A, 두 번째 퓨즈가 불량품일 사상을 B라고 하면, $A \cap B$는 A가 일어나고 그 뒤에 B가 일어나는 사상이라고 해석할 수 있다. 첫 번째 퓨즈가 불량품일 확률은 1/4이지만, 두 번째 퓨즈가 불량품일 확률은 4/19가 된다. 따라서,

$$P(A \cap B) = \left(\frac{1}{4}\right)\left(\frac{4}{19}\right) = \frac{1}{19}$$

이다.

예제 2.37 첫 번째 가방에는 4개의 흰 공과 3개의 검은 공이 들어 있고, 두 번째 가방에는 3개의 흰 공과 5개의 검은 공이 들어 있다. 첫 번째 가방에서 공 하나를 꺼낸 후 보지 않고 그것을 두 번째 가방에 집어 넣은 다음, 두 번째 가방에서 하나의 공을 꺼낼 때

그 공이 검은 공일 확률은 얼마인가?

풀이 첫 번째 가방에서 검은 공을 뽑을 사상을 B_1, 두 번째 가방에서 검은 공을 뽑을 사상을 B_2, 첫 번째 가방에서 흰 공을 뽑을 사상을 W_1이라 하자. 모든 가능한 경우의 각 경우의 확률이 그림 2.8에 나타나 있다. 문제와 관련이 있는 것은 서로 배반적인 두 사상 $(B_1 \cap B_2)$와 $(W_1 \cap B_2)$이므로, 구하고자 하는 확률은

$$\begin{aligned} P[(B_1 \cap B_2)\text{ 또는 }(W_1 \cap B_2)] &= P(B_1 \cap B_2) + P(W_1 \cap B_2) \\ &= P(B_1)P(B_2|B_1) + P(W_1)P(B_2|W_1) \\ &= \left(\frac{3}{7}\right)\left(\frac{6}{9}\right) + \left(\frac{4}{7}\right)\left(\frac{5}{9}\right) = \frac{38}{63} \end{aligned}$$

이 된다.

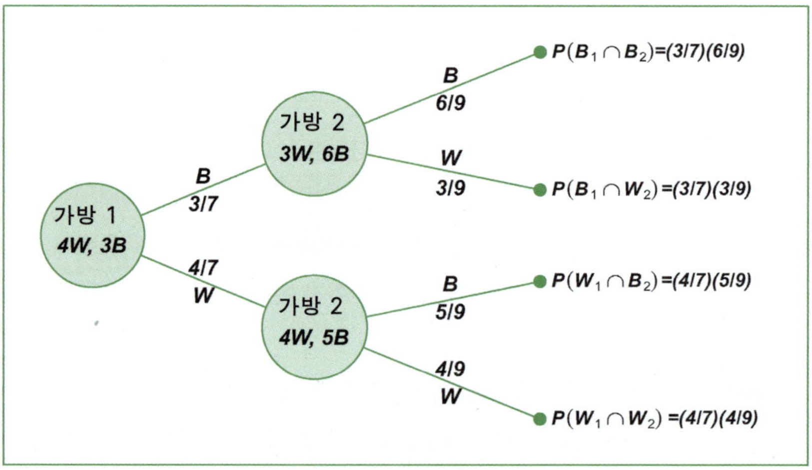

그림 2.8 예제 2.37의 수형도

만일 예제 2.36에서 첫 번째 퓨즈가 복원이 되고 충분히 섞은 다음에 두 번째 퓨즈를 추출한다면, 두 번째 퓨즈가 불량품일 확률도 역시 1/4가 되어 $P(B|A) = P(B)$이고, 따라서 사상 A와 B는 독립이다. 이러한 것이 만족되면 정리 2.10에서 $P(B|A)$를 $P(B)$로 치환하여 다음과 같은 사상 A와 B가 독립일 때의 승법정리를 얻을 수 있다.

정리 2.11

만일 $P(A \cap B) = P(A)P(B)$이면 두 사상 A와 B는 독립이고, 그 역도 성립한다. 따라서, 독립인 두 사상이 동시에 일어날 확률은 단순히 각각의 확률의 곱을 구하면 된다.

예제 2.38 어느 조그마한 도시에는 비상시에 대비해 소방차 한 대와 앰뷸런스 한 대를 보유하고 있다. 소방차가 필요할 때 바로 사용할 수 있을 확률이 0.98이고, 앰뷸런스가 필요할 때 바로 사용할 수 있을 확률이 0.92라고 한다. 화재가 나서 부상자가 발생했을 때 소방차와 앰뷸런스를 모두 사용할 수 있는 확률을 구하라.

풀이 소방차와 앰뷸런스의 사용가능한 사상을 각각 A, B라 하면

$$P(A \cap B) = P(A)P(B) = (0.98)(0.92) = 0.9016$$

이다.

예제 2.39 어느 전기시스템이 그림 2.9와 같이 4개의 부품으로 구성되어 있다. A와 B가 작동하고, C나 D가 작동하면 이 시스템은 작동한다. 각 부품의 신뢰도(작동할 확률)가 그림에 나와 있다. (a) 이 시스템이 작동할 확률과, (b) 이 시스템이 작동한다고 할 때 C가 작동하지 않을 확률을 구하라. 각 부품들은 독립적으로 작동한다고 가정한다.

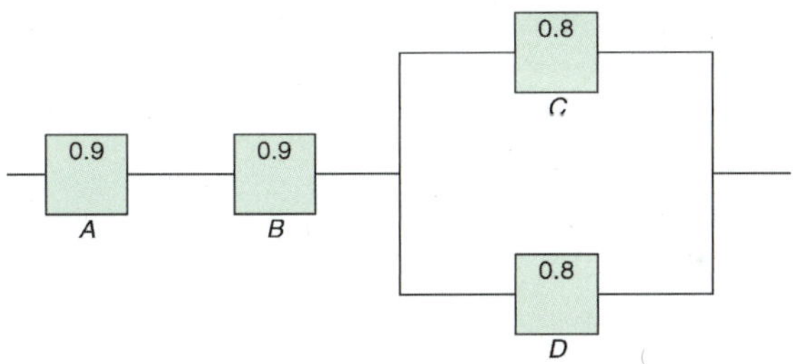

그림 2.9 예제 2.39의 전기시스템

풀이 그림에서 C와 D는 병렬연결인 반면 A와 B, 그리고 하부시스템 C-D는 직렬연결이다.

(a) 각 부품의 작동이 서로 독립적이므로 이 시스템이 작동할 확률은

$$\begin{aligned} P[A \cap B \cap (C \cup D)] &= P(A)P(B)P(C \cup D) = P(A)P(B)[1 - P(C' \cap D')] \\ &= P(A)P(B)[1 - P(C')P(D')] \\ &= (0.9)(0.9)[1 - (1 - 0.8)(1 - 0.8)] = 0.7776 \end{aligned}$$

이다.

(b) 구하는 조건부 확률은

$$\begin{aligned} P &= \frac{P(\text{시스템은 작동하나 } C\text{는 작동 안 함})}{P(\text{시스템 작동})} \\ &= \frac{P(A \cap B \cap C' \cap D)}{P(\text{시스템 작동})} = \frac{(0.9)(0.9)(1 - 0.8)(0.8)}{0.7776} = 0.1667 \end{aligned}$$

승법정리는 여러 개의 사상에 대해서 다음 정리와 같이 일반화될 수 있다.

정리 2.12

어떤 실험에서 사상 $A_1, A_2, \cdots, A_k$가 발생가능하다면

$$\begin{aligned} & P(A_1 \cap A_2 \cap \cdots \cap A_k) \\ = \; & P(A_1)P(A_2|A_1)P(A_3|A_1 \cap A_2)\cdots P(A_k|A_1 \cap A_2 \cap \cdots \cap A_{k-1}) \end{aligned}$$

이다. 만일 사상 $A_1, A_2, \cdots, A_k$가 독립이면

$$P(A_1 \cap A_2 \cap \cdots \cap A_k) = P(A_1)P(A_2)\cdots P(A_k)$$

가 된다.

예제 2.40 한 벌의 카드에서 3장의 카드를 연속적으로 비복원추출하는 실험에서 첫 번째 카드가 붉은색 A일 사상을 A_1, 두 번째 카드가 10이나 J일 사상을 A_2, 세 번째 카드가 3보다 크고 7보다 작을 사상을 A_3라 할 때, 사상 $A_1 \cap A_2 \cap A_3$가 일어날 확률을 구하라.

풀이 $P(A_1)=2/52$, $P(A_2 | A_1)=8/51$, $P(A_3 | A_1 \cap A_2)=12/50$이므로 정리 2.12에 의하여

$$\begin{aligned} P(A_1 \cap A_2 \cap A_3) &= P(A_1)P(A_2|A_1)P(A_3|A_1 \cap A_2) \\ &= \left(\frac{2}{52}\right)\left(\frac{8}{51}\right)\left(\frac{12}{50}\right) = \frac{8}{5525} \end{aligned}$$

이 된다.

정의 2.12

사상의 집합 $A=\{A_1, \cdots, A_n\}$의 임의의 부분집합 $A_{i1}, \cdots, A_{ik}$, $k \le n$에 대해

$$P(A_{i_1} \cap \cdots \cap A_{i_k}) = P(A_{i_1})\cdots P(A_{i_k})$$

가 성립할 때 사상의 집합 A는 서로 독립이라고 한다.

연습문제

2.73 만약 R이 한 죄수가 무장강도행위를 했을 사상이고 D는 마약복용을 했을 사상이라 할 때 다음 확률을 설명하라.

(a) $P(R|D)$

(b) $P(D'|R)$

(c) $P(R'|D')$

2.74 10명의 3학년, 30명의 4학년과 10명의 대학원생들이 수강하는 물리학 강좌에서 3명의 3학년, 10명의 4 학년과 5명의 대학원생들이 A 학점을 받았다. 만일 이 반에서 임의로 1명의 학생을 택하였을 때, A학점을 받은 학생이 뽑혔다면 그가 4학년일 확률은?

2.75 200명의 성인으로 구성된 임의표본을 다음과 같이 성별과 교육수준에 의해 구분하였다.

교육 정도	남	여
초등 교육	38	45
중등 교육	28	50
대학	22	17

이 그룹으로부터 임의로 한 사람을 택하였을 때 다음 확률을 구하라.

(a) 중등 교육을 마친 사람이 뽑혔을 때 남자일 확률

(b) 여자가 뽑혔을 때 그녀가 대학 교육을 받지 못한 사람일 확률

2.76 고혈압과의 관계에 대한 연구에서 180명에 대해 조사한 결과 다음의 데이터를 얻었다.

	비흡연	적당한 흡연	과다흡연
고혈압	21	36	30
정상	48	26	19

이 사람들 중에서 임의로 한 사람이 선택되었다면 다음 확률은?

(a) 그 사람이 과다흡연자일 때 고혈압 환자일 확률

(b) 그 사람이 고혈압 환자가 아니라고 했을 때 비흡연자일 확률

2.77 어느 고등학교에 100명의 졸업반 학생이 있다. 그 중에서 42명이 수학, 68명이 심리학, 54명이 역사, 22명이 수학과 역사, 25명이 수학과 심리학을 공부하였고, 7명은 역사만 공부하고 수학과 심리학은 공부하지 않았으며, 10명의 학생은 세 과목 모두를 공부하였고, 8명은 세 과목 중 어느 것도 공부하지 않았다. 한 명의 학생이 임의로 선택되었을 때 다음 확률을 구하라.

(a) 심리학을 공부한 학생이 세 과목 모두를 수강할 확률

(b) 심리학을 택하지 않은 학생이 수학과 역사를 모두 수강할 확률

2.78 독감백신의 제조에는 혈청의 품질이 중요한데, 혈청이 세 부서의 검사에서 불합격할 확률이 각각 0.10, 0.08, 0.12라고 한다. 세 부서의 검사는 연속적으로, 그리고 독립적으로 수행된다.

(a) 혈청이 첫 번째 부서는 통과하고 두 번째 부서에서는 불합격할 확률을 구하라.

(b) 혈청이 세 번째 부서에서 불합격할 확률은

얼마인가?

2.79 USA Today 신문에 여행 중 잠옷 착용에 관한 조사결과가 다음과 같이 실린 적이 있다.

	남성	여성	합계
내의	0.220	0.024	0.244
잠옷	0.002	0.180	0.182
입지 않음	0.160	0.018	0.178
파자마	0.102	0.073	0.175
T셔츠	0.046	0.088	0.134
기타	0.084	0.003	0.087

(a) 여행객이 누드로 자는 여성일 확률은 얼마인가?
(b) 여행객이 남성일 확률은 얼마인가?
(c) 여행객이 남성이었을 때 그가 파자마를 입고 잘 확률은 얼마인가?
(d) 파자마나 T셔츠를 입고 잔다고 할 때 그가 남성일 확률은 얼마인가?

2.80 가솔린을 가득 채운 차가 오일을 교환해야 할 확률은 0.25이고, 새로운 필터를 교환해야 할 확률은 0.40이다. 그리고 오일과 필터를 모두 교환해야 할 확률은 0.14이다.
(a) 만약 오일이 교환돼야 할 때 필터 역시 교환돼야 할 확률은?
(b) 만약 필터가 교환돼야 한다면 오일 역시 교환돼야 할 확률은?

2.81 기혼남성이 어떤 TV 쇼를 볼 확률은 0.4이고, 기혼여성이 그 쇼를 볼 확률은 0.5이다. 부인이 그 쇼를 볼 때 남편이 그 쇼를 볼 확률은 0.7이다. 다음 확률을 구하라.
(a) 부부가 그 쇼를 볼 확률은?
(b) 남편이 보는 쇼를 그의 부인이 볼 확률은?
(c) 부부 중 한 사람이 그 쇼를 볼 확률은?

2.82 교외에 살고 있는 부부들 중에서 남편이 국민투표를 할 확률은 0.21이고, 그의 부인이 투표할 확률은 0.28이다. 그리고 부부가 함께 투표할 확률은 0.15이다. 다음 확률을 구하라.
(a) 최소 한 쌍의 부부가 투표에 참가할 확률은?
(b) 남편이 투표한다고 했을 때 그의 부인이 투표할 확률은?
(c) 부인이 투표하지 않는다고 했을 때 그의 남편이 투표할 확률은?

2.83 루레이 캐번 동굴에 들어 오는 자동차 중 캐나다면허를 가지고 있는 경우의 확률은 0.12이다. 차가 캠프카일 확률은 0.28이고, 캐나다면허를 가진 캠프카일 확률은 0.09이다. 다음 확률을 구하라.
(a) 루레이 캐번에 들어 오는 캠프카가 캐나다면허를 가지고 있을 확률은?
(b) 캐나다면허를 가지고 루레이 캐번에 들어 오는 차가 캠프카일 확률은?
(c) 루레이 캐번에 들어 오는 차가 캐나다면허를 가지고 있지 않거나 캠프카가 아닐 확률은?

2.84 텔레마케팅에서 전화했을 때 그 집의 가장이 집에 있을 확률은 0.4이다. 가장이 집에 있다는 가정하에 물건이 구입될 확률은 0.3이다. 전화했을 때 가장이 집에 있으면서 물건을 구입할 확률을 구하라.

2.85 의사가 어떤 특정한 병에 대해 정확한 진단을 내릴 확률은 0.7이다. 의사가 오진했다고

한다면 환자가 소송을 걸 확률은 0.9이다. 의사가 오진을 하여 환자가 소송을 걸 확률은?

2.86 Time지 보도에 따르면 1970년에 4년제 대학을 졸업한 사람은 전체 미국인의 11%이고, 그 중 43%는 여성이었다. 또한, 1990년에는 미국인 중 22%가 4년제 대학 졸업자였으며, 그 중 53%가 여성이었다.

(a) 어떤 사람이 1970년에 4년제 대학 졸업자였다고 할 때, 그 사람이 여성일 확률을 구하라.

(b) 어느 여성이 1990년에 대학 졸업자일 확률은 얼마인가?

(c) 어느 남성이 1990년에 대학 졸업자가 아닐 확률은 얼마인가?

2.87 한 부동산업자는 새 집들의 문을 열기 위하여 8개의 마스터키를 가지고 있다. 각 집은 오직 하나의 마스터키로만 열 수 있다. 만일 집들의 40%가 잠겨 있지 않다면, 부동산업자가 그의 사무실을 떠나기 전에 임의의 3개의 마스터키만 가지고 간다고 했을 때 특정한 집에 들어갈 수 있는 확률은?

2.88 어떤 통계 소프트웨어 CD를 배포하기 전에 4장마다 1장씩 검사를 수행한다고 한다. 검사는 4개의 독립적인 프로그램으로 수행되며, 각 검사에서 불합격될 확률은 각각 0.01, 0.03, 0.02, 0.01이다.

(a) 어느 CD가 검사되고, 검사에서 불합격될 확률은 얼마인가?

(b) 어느 CD가 검사되었다고 할 때, 프로그램 2나 3에서 불합격될 확률은 얼마인가?

(c) 100장의 CD 중에서 불합격될 CD는 몇 장으로 기대되는가?

(d) 어느 CD가 불량품이라고 할 때, 이것이 검사되었을 확률은 얼마인가?

2.89 한 도시에 독립적으로 운행되는 두 대의 소방차가 있다. 소방차가 필요할 때 특정한 한 대의 소방차를 이용할 수 있는 확률은 0.96이다.

(a) 소방차가 필요할 때 어느 소방차도 이용할 수 없을 확률은?

(b) 소방차가 필요할 때 어느 한 대의 소방차를 이용할 수 있을 확률은?

2.90 미국 내의 강들의 오염에 대한 다음의 사상을 생각해 보자.

A: 강이 오염되었다.
B: 조사된 강물 표본에서 오염이 발견되었다.
C: 낚시가 허용되었다.

각 사상에 대해 $P(A)=0.3$, $P(B|A)=0.75$, $P(B|A')=0.20$, $P(C|A\cap B)=0.20$, $P(C|A'\cap B)=0.15$, $P(C|A\cap B')=0.80$, $P(C|A'\cap B')=0.90$라고 가정하자.

(a) $P(A\cap B\cap C)$를 구하라.

(b) $P(B'\cap C)$를 구하라.

(c) $P(C)$를 구하라.

(d) 낚시가 허용되고 조사된 강물표본에서 오염이 발견되지 않았다고 할 때, 강이 오염되었을 확률을 구하라.

2.91 20병 중 5병이 부패된 우유가 보관되어 있는 냉동장치로부터 연속적으로 부패되지 않은 4병의 우유를 택할 확률을 다음을 이용하여 구하라.

(a) 정리 2.12의 첫 번째 공식

(b) 정리 2.6과 규칙 2.3의 공식들

2.92 그림 2.10의 전기시스템이 작동할 확률을 구하라. 단, 부품들의 고장은 독립적이다.

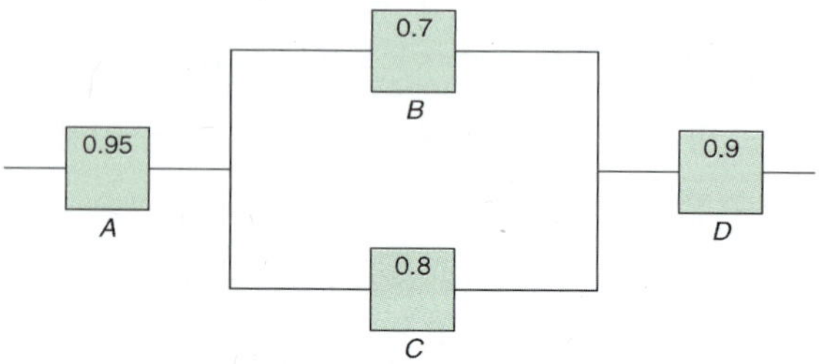

그림 2.10 연습문제 2.92의 그림

2.93 부품들의 고장이 독립적인 그림 2.11의 회로도에서

(a) 시스템이 작동할 확률은 얼마인가?

(b) 시스템이 작동한다고 할 때, 부품 A가 작동하지 않을 확률은 얼마인가?

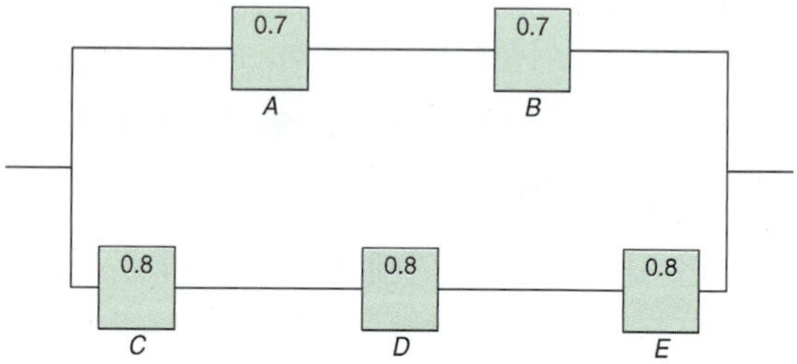

그림 2.11 연습문제 2.93의 그림

2.94 연습문제 2.93에서 시스템이 작동하지 않을 때, 부품 A도 작동하지 않을 확률은 얼마인가?

2.7 베이즈 정리

전확률(Total Probalaility)

이제 2.6절의 어떤 도시에서 새로운 산업단지의 이점을 홍보하기 위하여 홍보요원을 선택하는 문제를 다시 생각해 보자. 고용인들 중 36명과 비고용인들 중 12명이 로터리클럽의 회원이라는 정보가 추가적으로 주어졌다고 했을 때, 임의로 선택된 그 사람이 로터리클럽의 회원일 사상 A의 확률을 구하고자 한다. 그림 2.12와 같이 사상 A를 서로 배반인 두 사상 $E \cap A$, $E' \cap A$의 합집합으로 나타낼 수가 있다. 따라서, $A=(E \cap A) \cup (E' \cap A)$이고 정리 2.7의 따름정리 2.1과 정리 2.10에 의해서 다음과 같이 쓸 수 있다.

$$\begin{aligned} P(A) &= P[(E \cap A) \cup (E' \cap A)] = P(E \cap A) + P(E' \cap A) \\ &= P(E)P(A|E) + P(E')P(A|E') \end{aligned}$$

2.6절에서 주어진 자료와 앞에서 추가된 사상 A에 대한 새로운 자료에 의해서 다음을 계산할 수 있다.

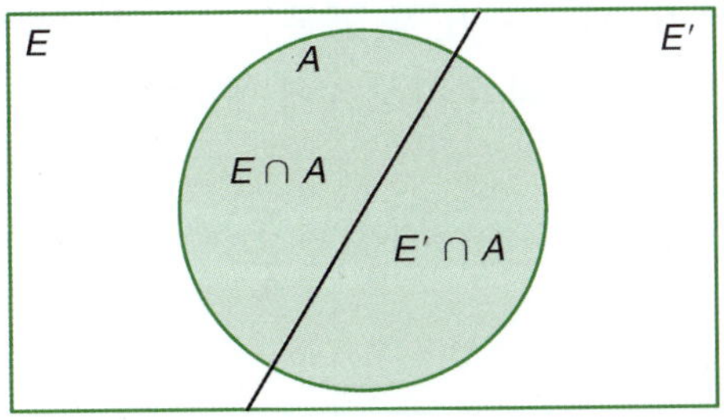

그림 2.12 사상 A, E, 그리고 E'의 벤 다이어그램

$$P(E) = \frac{600}{900} = \frac{2}{3}, \quad P(A|E) = \frac{36}{600} = \frac{3}{50}$$

$$P(E') = \frac{1}{3}, \quad P(A|E') = \frac{12}{300} = \frac{1}{25}$$

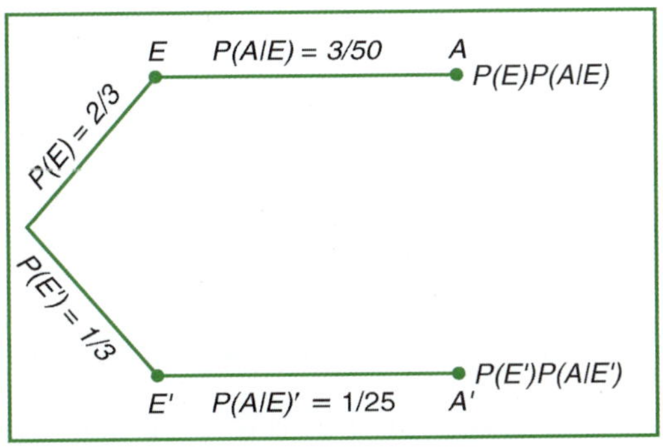

그림 2.13 2.6절 자료의 수형도

이러한 확률을 그림 2.13과 같이 수형도로 그려 보면, 첫 번째 가지는 $P(E)P(A|E)$의 값을 나타내고, 두 번째 가지는 $P(E')P(A|E')$을 나타낸다. 따라서,

$$P(A) = \left(\frac{2}{3}\right)\left(\frac{3}{50}\right) + \left(\frac{1}{3}\right)\left(\frac{1}{25}\right) = \frac{4}{75}$$

가 된다.

표본공간이 k개의 부분집합으로 분할되는 경우 앞의 예를 일반화시켜 보면 다음 정리가 유도되는데, 흔히 이것을 **전확률의 정리**(theorem of total probability 또는 rule of elimination)라고 한다.

정리 2.13 사상 $B_1, B_2, \cdots, B_k$를 표본공간 S의 분할이라 하고, $P(B) \neq 0,\ i=1, 2, \cdots, k$라 하면, S의 임의의 사상 A에 대하여

$$P(A) = \sum_{i=1}^{k} P(B_i \cap A) = \sum_{i=1}^{k} P(B_i)P(A|B_i)$$

가 성립한다.

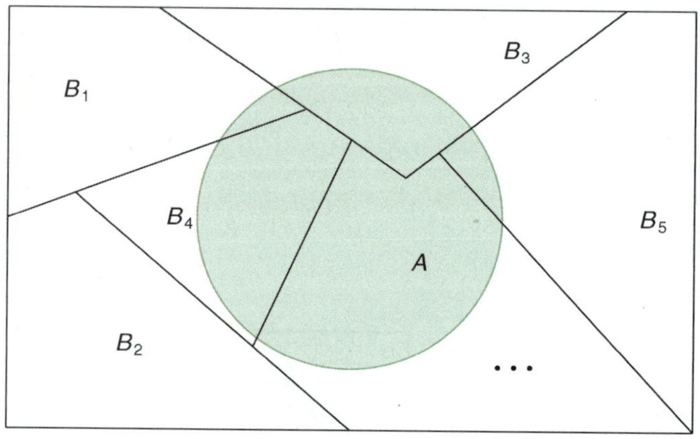

그림 2.14 표본공간 S의 분할

증명 그림 2.14와 같은 벤 다이어그램을 생각해 보자. 사상 A는 서로 배반인 사상 $B_1 \cap A, B_2 \cap A, \cdots, B_k \cap A$의 합집합, 즉 $A=(B_1 \cap A) \cup (B_2 \cap A) \cup \cdots \cup (B_k \cap A)$임을 알 수 있다.

정리 2.7의 따름정리 2.2와 정리 2.10에 의해서

$$\begin{aligned}P(A) &= P[(B_1 \cap A) \cup (B_2 \cap A) \cup \cdots \cup (B_k \cap A)] \\ &= P(B_1 \cap A) + P(B_2 \cap A) + \cdots + P(B_k \cap A) \\ &= \sum_{i=1}^{k} P(B_i \cap A) \\ &= \sum_{i=1}^{k} P(B_i)P(A|B_i)\end{aligned}$$

가 성립한다.

예제 2.41 3 대의 기계 B_1, B_2, B_3가 각각 전체생산량의 30%, 45%, 25% 를 생산하는 어느 조립 공장에서 과거의 경험으로부터 각 기계의 불량품 제조율이 2%, 3%, 2% 임이 알려져 있다. 이제 완제품 중에서 임의로 하나를 선택했을 때, 그것이 불량품일 확률은 얼마인가?

풀이 다음 사상들을 생각해 보자.

A : 그 제품이 불량품일 사상

B_1 : 그 제품이 기계 B_1에서 제조되었을 사상

B_2 : 그 제품이 기계 B_2에서 제조되었을 사상

B_3 : 그 제품이 기계 B_3에서 제조되었을 사상

전확률의 정리를 이용하면 다음과 같이 쓸 수 있다.

$$P(A) = P(B_1)P(A|B_1) + P(B_2)P(A|B_2) + P(B_3)P(A|B_3)$$

그림 2.15에서 볼 수 있듯이 세 가지 경우의 확률은 다음과 같다.

$$\begin{aligned} P(B_1)P(A|B_1) &= (0.3)(0.02) = 0.006 \\ P(B_2)P(A|B_2) &= (0.45)(0.03) = 0.0135 \\ P(B_3)P(A|B_3) &= (0.25)(0.02) = 0.005 \end{aligned}$$

따라서,

$$P(A) = 0.006 + 0.0135 + 0.005 = 0.0245$$

이다.

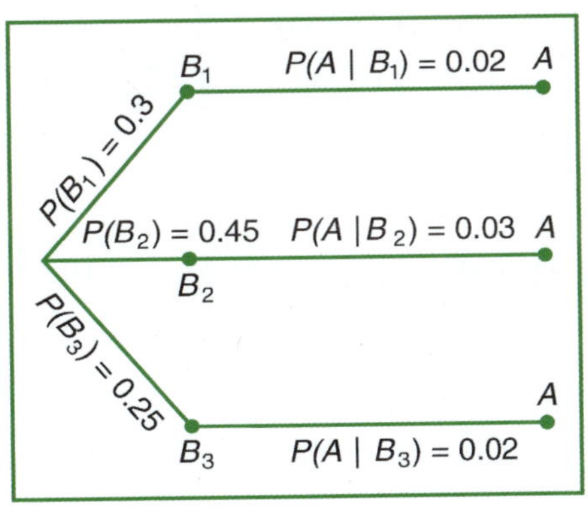

그림 2.15 예제 2.41 의 수형도

베이즈 정리

예제 2.41에서 조건부 확률 $P(B_i|A)$를 구하는 문제를 고려해 보자. 즉, 선택된 제품이 불량품이라는 사실이 알려졌을 때 그 제품이 기계 B_i에서 제조되었을 확률은 얼마인가? 이런 유형의 문제는 **베이즈 정리**(Bayes' rule)라고 하는 다음 정리를 이용하여 해결할 수 있다.

정리 2.14

베이즈 정리: 사상 $B_1, B_2, \cdots, B_k$가 표본공간 S의 분할이고, 모든 $i\,(i=1, 2, \cdots, k)$에 대하여 $P(B_i) \neq 0$이라 하자. 그리고 임의의 사상 A에 대하여 $P(A) \neq 0$이라 하자. 그러면 각 정수값 $r(r=1, 2, \cdots, k)$에 대하여

$$P(B_r|A) = \frac{P(B_r \cap A)}{\sum_{i=1}^{k} P(B_i \cap A)} = \frac{P(B_r)P(A|B_r)}{\sum_{i=1}^{k} P(B_i)P(A|B_i)}$$

이 성립한다.

증명 조건부 확률의 정의에 의하여

$$P(B_r|A) = \frac{P(B_r \cap A)}{P(A)}$$

이고, 분모에 정리 2.13을 적용하면 다음 결과를 얻을 수 있다.

$$P(B_r|A) = \frac{P(B_r \cap A)}{\sum_{i=1}^{k} P(B_i \cap A)} = \frac{P(B_r)P(A|B_r)}{\sum_{i=1}^{k} P(B_i)P(A|B_i)}$$

예제 2.42 예제 2.41에서 임의로 선택된 제품이 불량품이라고 알려졌을 때, 그 제품이 기계 B_3에서 제조되었을 확률은 얼마인가?

풀이 베이즈 정리를 이용하면

$$P(B_3|A) = \frac{P(B_3)P(A|B_3)}{P(B_1)P(A|B_1) + P(B_2)P(A|B_2) + P(B_3)P(A|B_3)}$$

가 되고, 여기에 예제 2.41에서 구한 값들을 대입하면

$$P(B_3|A) = \frac{0.005}{0.006 + 0.0135 + 0.005} = \frac{0.005}{0.0245} = \frac{10}{49}$$

이 된다. 불량품이 선택되었을 때, 아마도 그 제품이 기계 B_3에서 제조되지는 않았을 것이라는 사실을 이 결과는 암시하고 있다.

예제 2.43 어느 제조업체에서는 제품개발시 세 가지 분석법을 적용하고 있는데, 비용의 문제로 분석법 1, 2, 3을 제품의 30%, 20%, 50%에 각각 적용하고 있다. 세 가지 방법에 따라 불량률은 다음과 같이 각각 다른 것으로 알려졌다.

$$P(D|P_1) = 0.01, \qquad P(D|P_2) = 0.03, \qquad P(D|P_3) = 0.02$$

여기에서 $P(D|P_j)$는 분석법 j였을 때 불량품인 확률을 나타낸다. 한 제품을 임의로 선택한 후 검사한 결과 불량이었다면, 어느 분석법을 사용했을 가능성이 가장 많은가?

풀이 문제로부터 $P(P_1)=0.30$, $P(P_2)=0.20$, $P(P_3)=0.50$이고, 우리가 구할 확률은 $P(P_j|D)$이다. 정리 2.14의 베이즈 정리로부터

$$P(P_1|D) = \frac{P(P_1)P(D|P_1)}{P(P_1)P(D|P_1) + P(P_2)P(D|P_2) + P(P_3)P(D|P_3)}$$

$$= \frac{(0.30)(0.01)}{(0.3)(0.01) + (0.20)(0.03) + (0.50)(0.02)} = \frac{0.003}{0.019} = 0.158$$

이다. 비슷한 방법으로

$$P(P_2|D) = \frac{(0.03)(0.20)}{0.019} = 0.316, \ P(P_3|D) = \frac{(0.02)(0.50)}{0.019} = 0.526$$

을 얻을 수 있다. 제품이 불량이었을 때 분석법 3일 조건부 확률이 세 가지 중 가장 크므로, 분석법 3을 사용했을 가능성이 가장 크다.

연습문제

2.95 어떤 지방에서는 과거의 경험으로 보아 나이가 40세보다 많은 성인이 암을 가지고 있을 확률이 0.05라고 알려져 있다. 의사가 암환자를 옳게 진단할 확률이 0.78이고 암환자가 아닌 사람을 환자로 오진할 확률이 0.06이라면, 40세 이상인 어떤 사람이 암환자로 진단될 확률은 얼마인가?

2.96 경찰은 시 구역 내의 서로 다른 4장소에 레이더추적장치를 설치해서 속도위반을 통제하려 하고 있다. 4장소 L_1, L_2, L_3, L_4에 있는 레이더장치는 전체시간의 40%, 30%, 20%, 30% 동안만 가동된다고 한다. 만약 과속으로 어떤 사람이 이 위치를 지나갈 확률이 각각 0.2, 0.1, 0.5, 0.2라면, 이 사람이 속도위반딱지를 받을 확률은 얼마인가?

2.97 연습문제 2.95에서 암환자라고 진단받은 사람이 실제로 병에 걸렸을 확률은?

2.98 연습문제 2.96에서 어떤 사람이 직장으로 가던 중에 속도위반딱지를 받았다면, 그가 L_2에 위치된 레이더장치를 지나갔을 확률은?

2.99 어느 필름공장에서는 4명의 검사자가 마지막 조립공정 후에 필름이 들어 있는 포장에 유통기한을 스탬프로 찍도록 되어 있다고 가정하자. 그 포장들의 20%에 스탬프를 찍는 존은 매 200개의 포장마다 한 번씩 실수하게 되고, 포장들의 60%에 스탬프를 찍는 톰은 매 100개의 포장마다 한 번씩 실수하게 된다. 그리고 포장들의 15%에 스탬프를 찍는 제프는 매 90개의 포장마다 한 번씩 실수하게 되고, 포장들의 5%에 스탬프를 찍는 패트는 매 200개의 포장마다 한 번씩 실수하게 된다. 어떤 고객이 자신의 필름포장에 유통기한 날인이 보이지 않는다고 불평한다면, 이것이 존에 의해 실수되었을 확률은 얼마인가?

2.100 어떤 지역 전화회사는 3개의 중계소를 서로 다른 장소에서 운영하고 있다. 1년 동안 각 지역에서 보고된 오동작횟수와 그 원인은 다음과 같다.

	장소		
	A	***B***	***C***
전력공급문제	2	1	1
컴퓨터오동작	4	3	2
전기장치오동작	5	4	2
작업자실수	7	7	5

어떤 오동작이 보고되었고 그 원인은 작업자의 실수라고 밝혀졌다. 이 보고가 지역 C로부터 보고되었을 확률은 얼마인가?

2.101 어느 상점에서 라텍스 페인트와 세미그로스 페인트를 판매하고 있다. 그동안의 경험에 의하면 고객이 라텍스 페인트를 구매할 확률은 0.75이고, 라텍스 페인트 구매 고객의 60%는 롤러도 구입한다. 그러나 세미그로스 페인트 구매 고객은 30%만이 롤러를 구입한다. 어느 고객이 롤러와 페인트 한 통을 구매했을 때, 그 페인트가 라텍스 페인트일 확률은 얼마인가?

2.102 커튼 A, B, C 중 하나에 상금이 숨겨져 있

을 사상을 각각 A, B, C라고 하자. 당신이 하나의 커튼, 즉 커튼 A를 선택하였고 게임 진행자가 커튼 B를 열어서 그 커튼 뒤에는 상금이 없다는 것을 보여 주었다고 하자. 이제 게임 진행자가 당신이 처음 선택한 커튼 A에 그대로 머무르거나, 아니면 남아 있는 커튼 C로 옮길 것인지를 결정하라고 제안하면, 당신은 어떻게 해야 할지 확률의 개념을 이용하여 설명하라.

확률변수와 확률분포 3장

3.1 확률변수의 개념

통계학은 모집단이나 모집단의 특성을 추론하는 분야이다. 또 실험에 의하여 우연한 결과들이 얻어진다. 얼마간의 전자부품을 검사하는 것은 여러 가지 우연한 관측들이 수행되는 어떤 과정을 설명하기 위하여 사용되는 용어인 **통계적 실험**(statistical experiment)의 한 예이다. 때때로 실험결과를 수치로 나타내는 것이 아주 중요한 의미를 가지게 된다. 예를 들어, 3개의 전자부품을 검사하였을 때 출현가능한 모든 결과들을 자세하게 보여 주는 표본공간은 다음과 같다.

$$S = \{NNN, NND, NDN, DNN, NDD, DND, DDN, DDD\}$$

단, N은 양호한 부품을 의미하고, D는 결함이 있는 부품을 의미한다. 당연히 결함이 있는 부품의 수에 관심을 가지게 될 것이다. 따라서, 각 표본점에 0, 1, 2, 3의 숫자들을 대응시킬 수 있다. 물론 이 값들은 실험의 결과에 의하여 결정되는 임의의 값이 된다. 이 값들은 3개의 전자부품을 검사하였을 때 나타나는 결함이 있는 부품의 수를 의미하는 **확률변수**(random variable) X라고 생각할 수 있다.

정의 3.1 **확률변수**는 표본공간 내에 있는 각 원소에 하나의 실수값을 대응시키는 함수로 정의된다.

확률변수는 주로 대문자, 예를 들면 X로 나타내고, 그에 대응하는 하나의 값은 소문자, 예를 들면 x로 나타낸다. 앞의 전자부품을 검사하는 실험에서 표본공간 S의 부분집합 $E=\{DDN, DND, NDD\}$의 모든 원소에 대하여 확률변수 X는 2의 값을 취한다는 사실을 알 수 있다. 즉, X의 가능한 모든 값들은 주어진 실험에서 표본공간의 부분집합이 되는 사상을 나타낸다.

예제 3.1 4개의 붉은 공(R)과 3개의 검은 공(B)이 들어 있는 항아리에서 연속적으로 2개의 공을 비복원추출하는 실험에서 Y를 붉은 공의 개수라 할 때, 출현가능한 결과와 확률변수 Y의 값 y는 다음과 같다.

표본공간	y
RR	2
RB	1
BR	1
BB	0

예제 3.2 공구보관소의 직원이 3명의 공장 종업원들에게 안전헬멧을 임의로 꺼내 주었다. 만일 스미스(S), 존스(J), 그리고 브라운(B)의 순서로 헬멧을 받을 때, 헬멧을 받는 가능한 순서들을 나열하라. 그리고 M을 헬멧이 원래 주인에게 지급되는 경우의 수라 할 때, 확률변수 M의 값 m을 구하라.

풀이 헬멧이 지급되는 가능한 배열과 각 배열에 대해 헬멧이 원래 주인에게 지급되는 경우의 수는 다음과 같다.

표본공간	m
SJB	3
SBJ	1
JSB	1
JBS	0
BSJ	0
BJS	1

앞의 두 예제의 표본공간은 각각 유한개의 원소를 가지고 있다. 반대로 하나의 주사위를 5의 눈이 나타날 때까지 던진다면 표본공간은 다음과 같이 무한개의 원소를 가지게 된다.

$$S = \{F, NF, NNF, NNNF, \cdots\}$$

단, F와 N은 각각 5의 눈이 나타난 경우와 그렇지 않은 경우를 나타낸다. 그러나 이 실험에서도 각 원소에 첫 번째, 두 번째, 세 번째 등과 같이 정수를 부여할 수 있으므로 셀 수는 있다.

확률변수가 범주형인 경우에는 **가변수**(dummy variable)라고 부르는 변수를 사용한다. 다음의 예제와 같이 이진변수인 경우가 좋은 예이다.

예제 3.3 공장에서 생산되는 부품들을 불량이나 양품으로 판정한다고 하고 다음과 같이 확률변수 X를 정의하자.

$$X = \begin{cases} 1, & \text{부품이 불량일 때} \\ 0, & \text{부품이 양품일 때} \end{cases}$$

여기에서 1이나 0은 편의상 임의로 부여한 것이다. 두 개의 가능한 값을 0과 1로 표현하는 확률변수를 **베르누이 확률변수**(Bernoulli random variable)라고 한다.

예제 3.4 로트(lot)의 합격 또는 불합격 판정을 위해 **샘플링검사법**(sampling plan)을 사용한다. 12개의 불량품이 있는 100개의 제품에서 10개를 독립적으로 추출하는 샘플링검사법을 생각해 보자.

10개 제품 표본에서 발견되는 불량품의 수를 확률변수 X라고 하면, X가 가질 수 있는 값은 $0, 1, 2, \cdots, 9, 10$이다.

예제 3.5 하나의 불량품이 발견될 때까지 공정으로부터 표본을 추출하는 샘플링검사법이 있다고 하자. 공정의 능력은 얼마나 많은 제품이 불량 없이 연속적으로 추출되는가에 달려 있다. 불량품이 발견될 때까지 추출한 제품의 수를 나타내는 확률변수를 X라고 하자. 양품을 N, 불량품을 D로 나타낼 때, 표본공간은 $X=1$이면 $S=\{D\}$, $X=2$이면 $S=\{ND\}$, $X=3$이면 $S=\{NND\}$ 등과 같이 주어진다.

예제 3.6 통신판매 광고에 반응하는 사람들의 비율을 X라고 하면, 확률변수 X의 값 x의 범위는 $0 \leq x \leq 1$이다.

예제 3.7 과속탐지 카메라에 적발되는 과속 차량들 사이의 시간간격을 확률변수 X라고 하면 X의 값 x의 범위는 $x \geq 0$이다.

정의 3.2 표본공간이 유한개 혹은 셀 수 있는 무한개의 원소로 이루어졌을 때 **이산표본공간**(discrete sample space)이라 한다.

어떤 통계적 실험에서는 출현가능한 결과들이 유한하지도 않고 셀 수 없는 경우가 있다. 예를 들어, 어떤 자동차가 5리터의 휘발유로 규정된 시험코스를 주행한 거리를 측정하는 것은 그런 경우에 해당된다. 주행거리를 어느 정도의 정확성을 가지고 측정되는 변수라고 생각한다면 표본공간 내의 가능한 거리들은 무한개가 된다. 또한 화학반응이 일어나는 데 소요되는 시간을 기록하는 실험에서도 표본공간을 구성하는 가능한 시간들은 무한개이고 셀 수도 없다. 즉, 모든 표본공간이 이산적일 수는 없다.

정의 3.3 표본공간이 실선의 어떤 구간 내의 모든 수를 포함할 때 **연속표본공간**(continuous sample space)이라 한다.

확률변수들의 집합이 셀 수 있는 집합이면 그 확률변수를 **이산형 확률변수**(discrete random variable)라 한다. 예제 3.1부터 3.5까지의 확률변수들은 모두 이산형 확률변수이다. 확률변수가 연속적인 구간 내의 값을 취하면 **연속형 확률변수**(continuous random variable)라 한다. 때때로 연속형 확률변수의 가능한 값들은 연속표본공간에서 얻어지는 값들과 일치한다. 예제 3.6과 3.7의 확률변수는 연속형 확률변수이다.

대부분의 실제적인 문제에서 연속형 확률변수는 높이, 무게, 온도, 거리, 혹은 수명 등과 같은 측정자료들(measured data)을 나타내는 반면에, 이산형 확률변수는 k개의 제품 중에서 불량품의 개수, 또는 특정한 지역에서 연간 고속도로 사고횟수 등과 같은 계수자료(count data)를 나타낸다. 예제 3.1과 3.2에서 확률변수 Y와 M은 모두 계수자료를 나타낸다.

3.2 이산형 확률분포

이산형 확률변수에서는 각 값에 확률을 할당하여 생각할 수 있다. 하나의 동전을 세 번 던지는 실험에서 확률변수 X가 앞면이 나온 횟수를 의미한다면 확률변수값 2에는 확률 3/8이 부여되는데, 이는 발생가능성이 동일한 8개의 표본점 중에서 앞면이 두 번, 뒷면이 한 번 나오는 경우가 세 가지이기 때문이다. 예제 3.2에서도 각각의 표본점에 대해 동일한 가중치를 주면 아무도 원래 자기의 헬멧을 받지 못할 확률, 즉 확률변수 M의 값이 0이 될 확률은 1/3이 된다. M이 취할 수 있는 가능한 값 m과 그에 대한 확률은 다음과 같이 주어진다.

m	0	1	3
$P(M=m)$	$\frac{1}{3}$	$\frac{1}{2}$	$\frac{1}{6}$

위의 m 값은 M이 취할 수 있는 모든 값들이므로, 각 값에 대한 확률의 합은 당연히 1이 된다.

때때로 확률변수 X의 모든 확률을 어떤 식으로 나타내는 것이 편리할 때가 있다. 그러한 식은 반드시 수치 x의 함수이어야 하며, 예를 들면 $f(x)=P(X=x)$, 즉 $f(3)=P(X=3)$과 같이 쓸 수 있다. $(x, f(x))$와 같은 순서쌍의 집합을 이산형 확률변수 X의 **확률함수**(probability function), **확률질량함수**(probability mass function), 혹은 **확률분포**(probability distribution)라 한다.

정의 3.4 모든 x에 대해 순서쌍 $(x, f(x))$의 집합이 다음 조건을 만족하면 이를 이산형 확률변수 X의 **확률함수**, **확률질량함수**, 혹은 **확률분포**라고 한다.

1. $f(x) \geq 0$
2. $\sum_x f(x) = 1$
3. $P(X=x)=f(x)$

예제 3.8 상점에 진열된 20대의 노트북 중에 불량품이 3대 끼어 있다. 어느 학교에서 이 중 임의로 2대를 구입했을 때 불량품 개수의 확률분포를 구하라.

풀이 그 학교에서 구입 가능한 불량품의 수를 확률변수 X라고 하면, X의 값 x는 0, 1, 2 중에서 어떤 값을 취할 수 있다. 따라서,

$$f(0) = P(X=0) = \frac{\binom{3}{0}\binom{17}{2}}{\binom{20}{2}} = \frac{68}{95}, \quad f(1) = P(X=1) = \frac{\binom{3}{1}\binom{17}{1}}{\binom{20}{2}} = \frac{51}{190},$$

$$f(2) = P(X=2) = \frac{\binom{3}{2}\binom{17}{0}}{\binom{20}{2}} = \frac{3}{190}$$

이며, X의 확률분포는 다음과 같다.

x	0	1	2
$f(x)$	$\frac{68}{95}$	$\frac{51}{190}$	$\frac{3}{190}$

예제 3.9 어느 대리점에서 판매된 외제차의 50%에 디젤엔진이 상착되있다고 할 때, 이 대리점에서 다음에 판매될 4대의 외제차 가운데 디젤엔진이 장착된 차의 수의 확률분포에 대한 식을 구하라.

풀이 디젤모델이나 가솔린모델을 판매할 확률은 똑같이 0.5이므로 표본공간에는 발생확률이 동일한 2^4=16개의 표본점이 존재한다. 3대의 디젤모델이 판매되는 경우의 수를 구하기 위해서 3대의 디젤모델이 한쪽 부분에 할당되고, 1대의 가솔린모델은 다른 한쪽 부분에 해당되는 방법의 수를 고려하여야 한다. 이것은 $\binom{4}{3}=4$와 같은 방법으로 계산될 수 있다. 일반적으로 x대의 디젤모델과 $(4-x)$대의 가솔린모델이 판매될 사상은 $\binom{4}{x}$개의 방법으로 발생할 수 있으며, 여기서 x는 0, 1, 2, 3, 4의 값을 취할 수 있다. 그러므로, 확률분포 $f(x)=P(X=x)$는 다음과 같이 된다.

$$f(x) = \frac{\binom{4}{x}}{16}, \quad x = 0, 1, 2, 3, 4$$

실제로는 확률변수 X의 관측값이 어떤 실수 x보다 작거나 같을 확률을 계산해야 될 경우가 많이 있다. 모든 실수 x에 대한 $F(x) = P(X \leq x)$를 확률변수 X의 **누적분포함수**(cumulative distribution function)라고 한다.

정의 3.5 확률분포 $f(x)$를 가지는 이산형 확률변수 X의 **누적분포함수** $F(x)$는

$$F(x) = P(X \leq x) = \sum_{t \leq x} f(t), \quad -\infty < x < \infty$$

로 주어진다.

예제 3.2에서 헬멧이 원래 주인에게 돌아갈 경우의 수를 나타내는 확률변수 M에 대하여 살펴보면 다음 결과를 얻을 수 있다.

$$F(2) = P(M \leq 2) = f(0) + f(1) = \frac{1}{3} + \frac{1}{2} = \frac{5}{6}$$

M의 누적분포는 다음과 같이 주어진다.

$$F(m) = \begin{cases} 0, & m < 0 \\ \frac{1}{3}, & 0 \leq m < 1 \\ \frac{5}{6}, & 1 \leq m < 3 \\ 1, & m \geq 3 \end{cases}$$

누적분포함수는 비감소 함수이고, 주어진 확률변수가 취할 수 있는 값에서뿐만 아니라 모든 실수에서 정의되어진다는 사실에 유의하여야 한다.

예제 3.10 예제 3.9에서 확률변수 X의 누적분포를 구하라. 그리고 $F(x)$를 사용하여 $f(2)=3/8$이 됨을 증명하라.

풀이 예제 3.9의 확률분포를 직접 계산해 보면 $f(0)=1/16, f(1)=1/4, f(2)=3/8, f(3)=1/4, f(4)=1/16$이 된다. 따라서,

$$F(0)=f(0)=\frac{1}{16}$$

$$\begin{aligned}F(1)&=f(0)+f(1)=\frac{5}{16}\\ F(2)&=f(0)+f(1)+f(2)=\frac{11}{16}\\ F(3)&=f(0)+f(1)+f(2)+f(3)=\frac{15}{16}\\ F(4)&=f(0)+f(1)+f(2)+f(3)+f(4)=1\end{aligned}$$

그러므로

$$F(x)=\begin{cases}0, & x<0\\ \frac{1}{16}, & 0\le x<1\\ \frac{5}{16}, & 1\le x<2\\ \frac{11}{16}, & 2\le x<3\\ \frac{15}{16}, & 3\le x<4\\ 1, & x\ge 4\end{cases}$$

$$f(2)=F(2)-F(1)=\frac{11}{16}-\frac{5}{16}=\frac{3}{8}$$

이 됨을 알 수 있다.

종종 확률분포를 그래프로 그려보는 것이 유용할 때가 있다. 예제 3.9의 확률분포 $(x, f(x))$를 이용하면 그림 3.1을 얻을 수 있다. 그림 3.1에서 점들을 x축과 점선이나 실선으로 연결함으로써 **확률질량함수도**(probability mass function plot)라고 불리는 그림을 얻게 된다. 그림 3.1을 보면, x의 어떤 값이 가장 빈번히 발생하는지를 쉽게 알 수 있고, 또한 좌우로 완전대칭이 됨을 알 수 있다.

점 $(x, f(x))$를 이용하여 도표를 그리는 것보다 그림 3.2와 같은 직사각형을 더 많이 사용한다. 폭이 같은 각 직사각형의 밑변의 중심은 x값이 되도록 하고, 높이는 $f(x)$에 의해서 주어지는 확률값이 되도록 그린다. 각 식사삭형의 밑변 사이에는 빈 공간이 없도록 해야 된다. 그림 3.2와 같은 그림을 **확률히스토그램**(probability histogram)이라고 한다.

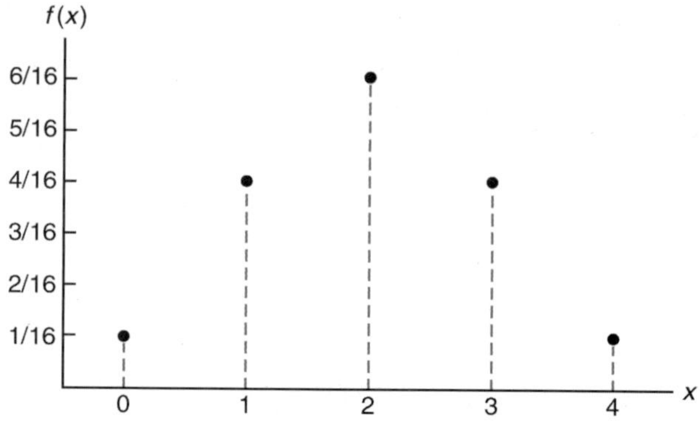

그림 3.1 확률질량함수도

그림 3.2에서 각 밑변의 길이가 1이므로 $P(X = x)$는 x값을 밑변의 중심으로 하는 직사각형의 면적과 같아진다. 밑변의 길이가 1이 아니더라도 직사각형의 면적이 확률변수 X의 값인 x의 확률이 되도록 높이를 조절할 수 있다. 면적을 이용하여 확률을 나타내고자 하는 이 개념은 연속확률변수의 확률분포에서도 필요하다.

점 $(x, f(x))$를 이용하여 예제 3.9의 누적분포를 그래프로 그려 보면 그림 3.3과 같은 계단함수로 나타난다.

어떤 확률분포는 하나 이상의 상황에 적용될 수 있다. 예를 들어, 예제 3.9의 확률분포는 하나의 동전을 4번 던질 때 나오는 앞면의 수를 확률변수 Y로 하는 경우, 혹은 한 벌의 트럼프카드에서 연속적으로 4장의 카드를 복원추출할 때 나오는 붉은색 카드의 수를 확률변수 W로 하는 경우 등에 적용될 수 있다. 다양한 실험상황에 적용될 수 있는 기본적인 이산형 확률분포들은 제5장에서 다루게 될 것이다.

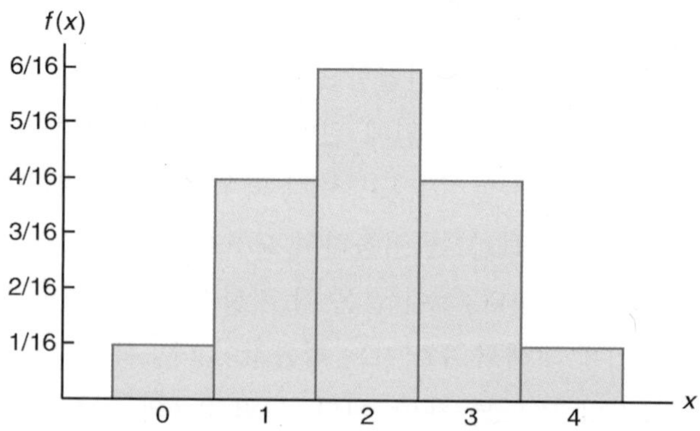

그림 3.2 확률히스토그램

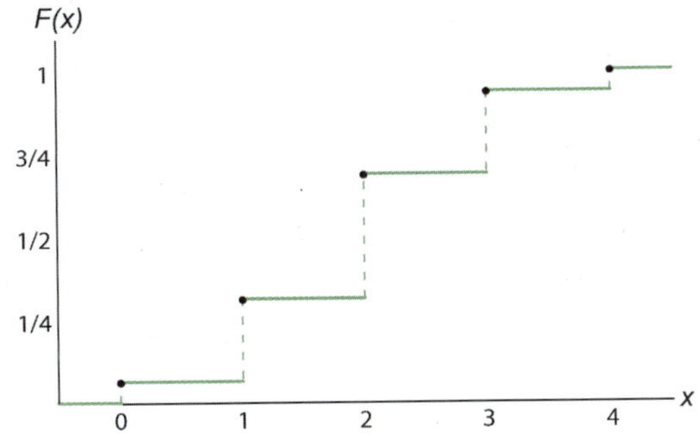

그림 3.3 이산형 누적분포

3.3 연속형 확률분포

연속형 확률변수가 정확히 어느 하나의 값을 가지게 될 확률은 0이라고 생각한다. 따라서, 그것의 확률분포는 이산형 확률분포에서처럼 표형태로 나타낼 수 없다. 처음에는 이러한 사실이 놀라운 것처럼 보일지도 모르지만, 한 특수한 예를 생각해 보면 그것이 매우 타당하다는 것을 알게 될 것이다. 21세 이상의 사람들의 신장을 나타내는 확률변수에 대해서 생각해 보자. 어떤 두 값, 예를 들어 163.5 cm와 164.5 cm 혹은 163.99 cm와 164.01 cm 사이에는 무한히 많은 신장을 나타내는 값이 존재하며 164 cm는 그 중 하나의 값이 된다. 임의로 한 명을 뽑을 때 그 사람의 키가 정확히 164 cm이고, 164 cm에 아주 근접해서 그 차이를 측정할 수 없는 값이 아닐 확률은 매우 적으므로 우리는 그러한 사상에 확률 0을 할당한다. 그러나 그 사람의 키가 163 cm 이상이고 165 cm 이하일 확률은 그러한 경우가 아니다.

따라서, 연속형 확률분포에서는 확률변수값의 어느 한 점보다는 어떤 구간에 더 관심을 가지게 된다. 즉, $P(a < X < b)$ 혹은 $P(W \geq c)$와 같이 연속형 확률변수의 여러 구간에 대한 확률을 계산하는 데 관심을 가진다. X가 연속확률변수이면

$$P(a < X \leq b) = P(a < X < b) + P(X = b) = P(a < X < b)$$

이다. 즉, 연속형 확률변수에서는 어떤 구간의 끝점이 포함이 되든 안 되든 그것은 문제가 되지 않는다. 이산형 확률변수에서는 이와 같지는 않다.

연속형 확률변수의 확률분포가 표형태로 표시될 수는 없지만 어떤 식으로 표시될 수는 있다. 그러한 식은 필수적으로 연속형 확률변수 X의 수치함수이어야 하고, 함수기호 $f(x)$로 표시된다. 연속형 확률변수를 취급할 때 $f(x)$를 X의 **확률밀도함수**(probability density function) 혹은 간단히 **밀도함수**(density function)라고 한

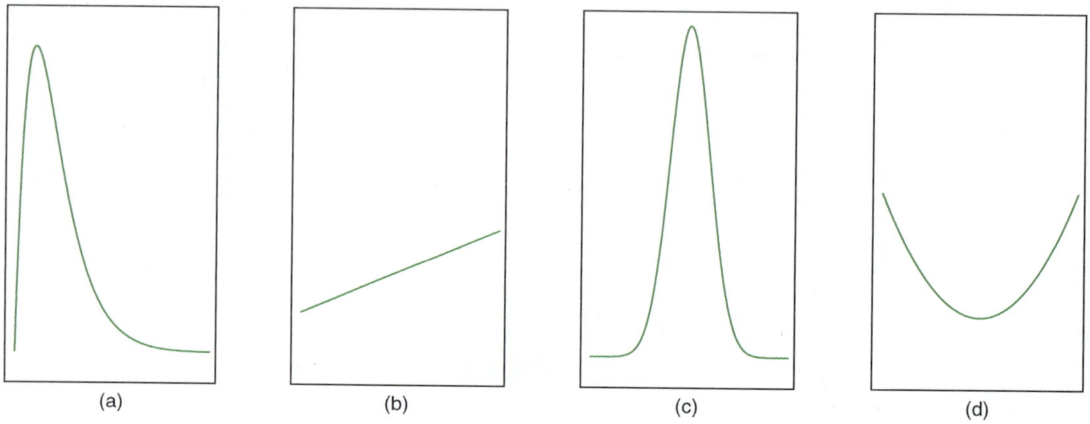

그림 3.4 전형적인 밀도함수

다. X가 연속인 표본공간상에서 정의되므로 $f(x)$가 유한개의 불연속점을 가지는 것이 가능하다. 그러나 통계자료의 분석에 실질적으로 적용될 수 있는 대부분의 확률함수는 연속이고, 그림 3.4에 나타난 것처럼 그것의 그래프는 여러 가지 형태를 가질 수 있다.

확률밀도함수는 $f(x)$가 정의되는 x의 범위 내에서 x축과 그 곡선의 아랫부분으로 이루어지는 면적이 1이 되도록 구해져야 한다. 이 X의 범위가 유한한 구간이면 구간 외의 모든 점에서는 $f(x)=0$이라고 정의함으로써 실수 전체를 포함하는 구간으로 확장하는 것이 가능하다. 그림 3.5에서 X가 a와 b 사이의 값을 취할 확률은 그늘진 부분의 면적이 되고, 적분공식에 의해 다음과 같이 표시된다.

$$P(a < X < b) = \int_a^b f(x)\, dx$$

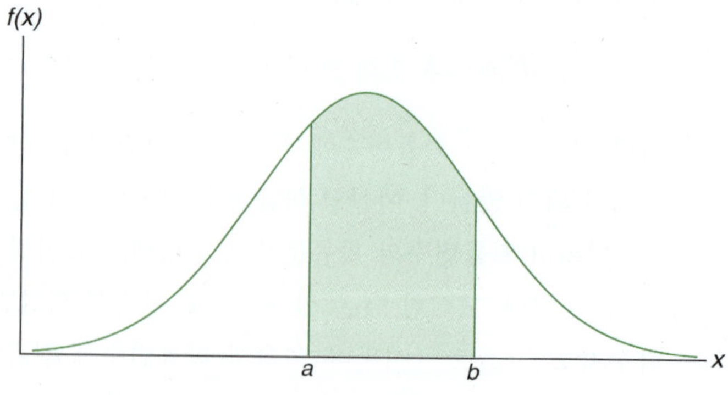

그림 3.5 $P(a < X < b)$

정의 3.6 다음 조건이 만족되면 $f(x)$를 실수의 집합 R상에서 정의된 연속형 확률변수에 대한 **확률밀도함수**(pdf)라고 한다.

1. 모든 $x \in R$에 대하여 $f(x) \geq 0$
2. $\int_{-\infty}^{\infty} f(x)\ dx = 1$
3. $P(a < X < b) = \int_a^b f(x)\ dx$

예제 3.11 제어실험에서 반응온도(°C)의 변화에 따른 오차는 다음과 같은 확률분포를 가지는 연속확률변수 X라고 가정하자.

$$f(x) = \begin{cases} \frac{x^2}{3}, & -1 < x < 2 \\ 0, & \text{다른 곳에서} \end{cases}$$

(a) $f(x)$가 확률밀도함수임을 증명하라.

(b) $P(0 < X \leq 1)$을 구하라.

풀이 (a) $f(x) \geq 0$ 임은 명확하고, $f(x)$가 확률밀도함수가 됨은 다음과 같이 확인할 수 있다.

$$\int_{-\infty}^{\infty} f(x)\ dx = \int_{-1}^{2} \frac{x^2}{3} dx = \frac{x^3}{9}\Big|_{-1}^{2} = \frac{8}{9} + \frac{1}{9} = 1$$

(b) $P(0 < X \leq 1) = \int_0^1 \frac{x^2}{3} dx = \frac{x^3}{9}\Big|_0^1 = \frac{1}{9}$

정의 3.7 확률밀도함수가 $f(x)$인 연속형 확률변수 X의 **누적분포함수** $F(x)$는 다음과 같다.

$$F(x) = P(X \leq x) = \int_{-\infty}^{x} f(t)\ dt,\ -\infty < x < \infty$$

정의 3.7에 의해 다음의 두 가지 사실을 알 수 있다.

1) $P(a < X < b) = F(b) - F(a)$

2) 미분이 가능하면, $f(x) = \dfrac{dF(x)}{dx}$

예제 3.12 예제 3.11의 확률밀도함수에 대하여 $F(x)$를 구하고, 그것을 이용하여 $P(0 < X \leq 1)$을 구하라.

풀이 $-1 < x < 2$에 대하여

$$F(x) = \int_{-\infty}^{x} f(t)\, dt = \int_{-1}^{x} \frac{t^2}{3} dt = \left.\frac{t^3}{9}\right|_{-1}^{x} = \frac{x^3 + 1}{9}$$

따라서,

$$F(x) = \begin{cases} 0, & x < -1 \\ \frac{x^3+1}{9}, & -1 \leq x < 2 \\ 1, & x \geq 2 \end{cases}$$

누적분포 $F(x)$는 그림 3.6의 그래프와 같이 표현된다.

$$P(0 < X \leq 1) = F(1) - F(0) = \frac{2}{9} - \frac{1}{9} = \frac{1}{9}$$

이것은 예제 3.11에서 확률밀도를 사용했을 때 얻은 결과와 일치한다.

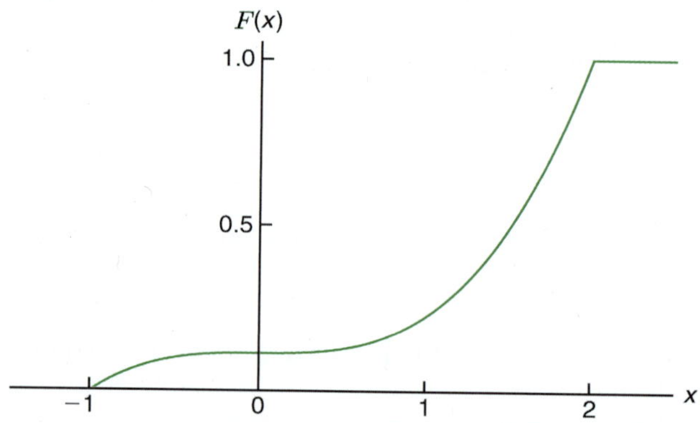

그림 3.6 연속형 누적분포함수

예제 3.13 미국의 에너지부(DOE)에서는 프로젝트를 입찰에 부치고 적절한 입찰가를 예상한다고 한다. 이 예상치를 b라고 할 때, 에너지부는 낙찰가의 밀도함수를 다음과 같이 생각하고 있다.

$$f(y) = \begin{cases} \frac{5}{8b}, & \frac{2}{5}b \leq y \leq 2b \\ 0, & \text{다른 곳에서} \end{cases}$$

$F(y)$를 구하고, 이것을 이용하여 낙찰가가 에너지부의 예상치 b보다 작을 확률을 구하라.

풀이 $2b/5 \le y \le 2b$이므로

$$F(y) = \int_{2b/5}^{y} \frac{5}{8b} dt = \left. \frac{5t}{8b} \right|_{2b/5}^{y} = \frac{5y}{8b} - \frac{1}{4}$$

이다. 따라서,

$$F(y) = \begin{cases} 0, & y < \frac{2}{5}b \\ \frac{5y}{8b} - \frac{1}{4}, & \frac{2}{5}b \le y < 2b \\ 1, & y \ge 2b \end{cases}$$

낙찰가가 예상치 b보다 작을 확률은

$$P(Y \le b) = F(b) = \frac{5}{8} - \frac{1}{4} = \frac{3}{8}$$

이다.

연습문제

3.1 다음 확률변수들을 이산형 또는 연속형으로 구분하라.

X: 버지니아에서 매년 일어나는 자동차사고건수

Y: 골프에서 18번 홀까지 가는 데 소요되는 시간

M: 특정한 소로부터 매년 생산되는 우유의 양

N: 한 암탉이 매달 낳는 달걀의 수

P: 어떤 도시에서 매달 허가되는 신규건물의 수

Q: 에이커당 생산된 곡물의 중량

3.2 해외로 수출하는 5대의 자동차 중 2대가 흠이 있다. 어느 대리점에서 이 자동차 중에 임의로 3대를 받는다고 가정할 때, 흠이 있으면 B, 흠이 없으면 N이라 하여 표본공간 S를 나열하라. X를 대리점에서 구입한 흠이 있는 자동차의 수를 나타내는 확률변수라고 할 때, 표본공간 S의 각 원소에 대하여 확률변수 X의 값 x를 구하라.

3.3 하나의 동전을 3번 던져서 앞면이 나온 수에서 뒷면이 나온 수를 뺀 것을 확률변수 W라 하자. 동전을 3번 던질 때 나타나는 표본공간 S의 원소를 나열하고, 각각의 표본점에 확률변수 W의 값 w를 할당하라.

3.4 하나의 동전을 앞면이 계속해서 3회 나올 때까지 던진다고 하자. 던지는 횟수가 6회 이하인 경우의 표본공간의 원소를 나열하라. 또한 이산형 표본공간인지 설명하라.

3.5 다음 함수들이 이산형 확률변수 X의 확률분포가 될 수 있도록 값 c를 구하라.

(a) $f(x) = c(x^2+4), \quad x = 0, 1, 2, 3$

(b) $f(x) = c\binom{2}{x}\binom{3}{3-x}, \quad x = 0, 1, 2$

3.6 병에 들어 있는 약의 유효기간(단위: 일)은 다음과 같은 밀도함수를 가지는 확률변수가 된다.

$$f(x) = \begin{cases} \frac{20{,}000}{(x+100)^3}, & x > 0 \\ 0, & \text{다른 곳에서} \end{cases}$$

약의 유효기간이 다음과 같을 확률을 구하라.

(a) 200일 이상

(b) 80일에서 120일 사이

3.7 어느 가족이 1년 동안 진공청소기를 사용하는 총 시간은 다음과 같은 밀도함수를 가지는 연속형 확률변수라고 한다(단위 : 100시간).

$$f(x) = \begin{cases} x, & 0 < x < 1 \\ 2-x, & 1 \le x < 2 \\ 0, & \text{다른 곳에서} \end{cases}$$

일 년 동안 진공청소기를 다음과 같이 사용할 확률은?

(a) 120시간 이하

(b) 50에서 100시간 사이

3.8 동전의 앞면이 뒷면보다 2배만큼 더 자주 나온다고 할 때 문제 3.3에서 확률변수 W의 확률분포를 구하라.

3.9 어떤 통신판매를 이용하는 고객의 비율은 다음과 같은 밀도함수를 가지는 연속형 확률변수라고 한다.

$$f(x) = \begin{cases} \frac{2(x+2)}{5}, & 0 < x < 1 \\ 0, & \text{다른 곳에서} \end{cases}$$

(a) $P(0 < X < 1) = 1$이 됨을 보여라.

(b) 고객들 중 1/4 이상에서 1/2 이하가 이 통신판매를 이용할 확률을 구하라.

3.10 하나의 주사위를 한 번 던졌을 때 발생하는 결과를 나타내는 확률변수 X의 확률분포의 식을 구하라.

3.11 선적되는 7대의 TV 중 2대가 결함이 있다고 한다. 한 호텔에서 이들 중 3대를 임의로 구입하기로 했다. 만약 x가 호텔에서 구입한 결함이 있는 TV의 수라 했을 때 확률변수 X의 확률분포를 구하라. 또, 그 결과를 확률히스토그램으로 나타내어라.

3.12 어느 투자회사에서는 만기가 다양한 채권을 고객들에게 판매한다고 한다. 채권의 만기년수 T의 누적분포함수가 다음과 같을 때 다음의 확률값을 구하라.

$$F(t) = \begin{cases} 0, & t < 1 \\ \frac{1}{4}, & 1 \le t < 3 \\ \frac{1}{2}, & 3 \le t < 5 \\ \frac{3}{4}, & 5 \le t < 7 \\ 1, & t \ge 7 \end{cases}$$

(a) $P(T=5)$

(b) $P(T > 3)$

(c) $P(1.4 < T < 6)$

(d) $P(T \leq 5 \mid T \geq 2)$

3.13 어떤 합성직물 10미터당 결점의 수를 나타내는 X의 확률분포가 다음과 같을 때 X의 누적분포를 구하라.

x	0	1	2	3	4
$f(x)$	0.41	0.37	0.16	0.05	0.01

3.14 과속탐지카메라에 의해 적발되는 속도위반자들 간의 시간간격(단위: 시간)은 다음의 누적분포를 가지는 연속확률변수라고 한다.

$$F(x) = \begin{cases} 0, & x < 0 \\ 1 - e^{-8x}, & x \geq 0 \end{cases}$$

속도위반자들 간의 시간간격이 12분 이하일 확률을

(a) X의 누적분포를 이용하여 구하라.

(b) X의 확률밀도함수를 이용하여 구하라.

3.15 연습문제 3.11에서 결함의 수를 나타내는 확률변수 X의 누적분포를 구하라. 또, $F(x)$를 이용하여 다음을 구하라.

(a) $P(X=1)$

(b) $P(0 < X \leq 2)$

3.16 연습문제 3.15의 누적분포함수 그래프를 그려라.

3.17 $x=1$에서 $x=3$ 사이의 값을 가지게 되는 연속형 확률변수 X의 확률밀도함수는 $f(x)=1/2$이라고 한다. 다음을 구하라.

(a) 곡선 아래의 면적이 1이 됨을 보여라.

(b) $P(2 < X < 2.5)$

(c) $P(X \leq 1.6)$

3.18 $x=2$에서 $x=5$ 사이의 값을 가지게 되는 연속형 확률변수 X의 밀도함수가 $f(x)=2(1+x)/27$라 할 때 다음을 구하라.

(a) $P(X < 4)$

(b) $P(3 \leq X < 4)$

3.19 연습문제 3.17에서 $F(x)$를 구하고, 이를 이용하여 $P(2 < X < 2.5)$를 계산하라.

3.20 연습문제 3.18에서 $F(x)$를 구하고, 이를 이용하여 $P(3 \leq X < 4)$를 계산하라.

3.21 다음의 밀도함수에 대해

$$f(x) = \begin{cases} k\sqrt{x}, & 0 < x < 1 \\ 0, & \text{다른 곳에서} \end{cases}$$

(a) k를 계산하라.

(b) $F(x)$를 구하고, 이를 이용하여 $P(0.3 < X < 0.6)$을 계산하라.

3.22 한 묶음의 카드에서 연속해서 3장의 카드를 비복원추출하였다. 뽑힌 카드 중에 스페이드의 수에 대한 확률분포를 구하라.

3.23 연습문제 3.8에서 확률변수 W의 누적분포 $F(w)$를 구하고, 이를 이용하여 다음을 구하라.

(a) $P(W > 0)$

(b) $P(-1 \leq W < 3)$

3.24 5장의 재즈음반, 2장의 클래식음반, 그리

고 3장의 로큰롤음반이 꽂혀 있는 선반에서 임의로 4장을 뽑았다. 이때, 뽑힐 재즈음반의 수의 확률분포를 식으로 나타내어라.

3.25 4개의 10센트짜리 동전과 2개의 5센트짜리 동전이 들어 있는 상자로부터 임의로 3개의 동전을 비복원추출하였다. 3개의 동전 금액의 합 T의 확률분포를 구하라. 또, 확률분포를 확률히스토그램으로 나타내어라.

3.26 4개의 검은 공과 2개의 녹색 공이 들어 있는 상자로부터 연속해서 3개의 공을 복원추출하였다. 이때, 녹색 공의 수의 확률분포를 구하라.

3.27 DVD 플레이어의 어느 부품의 수명은 다음의 밀도함수를 따른다고 한다.

$$f(x) = \begin{cases} \frac{1}{2000}\exp(-x/2000), & x \ge 0 \\ 0, & x < 0 \end{cases}$$

(a) $F(x)$를 구하라.

(b) 부품의 수명이 1000시간 이상일 확률을 구하라.

(c) 부품이 2000시간 이전에 고장 날 확률을 구하라.

3.28 어느 공장에서 생산되는 시리얼의 상자당 무게(단위 : 온스)를 나타내는 확률변수 X의 분포가 다음과 같다고 한다.

$$f(x) = \begin{cases} \frac{2}{5}, & 23.75 \le x \le 26.25 \\ 0, & \text{다른 곳에서} \end{cases}$$

(a) 이것이 밀도함수로서 적합함을 보여라.

(b) 무게가 24온스보다 작을 확률을 구하라.

(c) 무게가 26온스를 초과할 확률을 구하라.

3.29 미사일의 고체연료에서 중요한 요소는 입자의 크기인데, 입자가 너무 크면 중대한 문제가 발생한다고 한다. 과거의 자료로부터 입자의 크기(단위 : μm) 분포는 다음과 같다.

$$f(x) = \begin{cases} 3x^{-4}, & x > 1 \\ 0, & \text{다른 곳에서} \end{cases}$$

(a) 이것이 밀도함수로서 적합함을 보여라.

(b) $F(x)$를 구하라.

(c) 입자의 크기가 4μm를 초과할 확률을 구하라.

3.30 어떤 물리량에 대한 측정오차 X의 분포가 다음과 같다고 한다.

$$f(x) = \begin{cases} k(3 - x^2), & -1 \le x \le 1 \\ 0, & \text{다른 곳에서} \end{cases}$$

(a) $f(x)$가 밀도함수가 되도록 k의 값을 정하라.

(b) 오차가 1/2 이하일 확률을 구하라.

(c) 오차의 크기($|x|$)가 0.8을 초과할 확률을 구하라.

3.31 세탁기가 고장 날 때까지의 시간(단위: 년) Y의 확률밀도함수가 다음과 같다고 한다.

$$f(y) = \begin{cases} \frac{1}{4}e^{-y/4}, & y \ge 0 \\ 0, & \text{다른 곳에서} \end{cases}$$

(a) 세탁기가 6년 이내에 고장 나지 않을 확률을 구하라.

(b) 세탁기가 1년 이내에 고장 날 확률은 얼마인가?

3.32 기업에서 공해방지에 배정되는 예산비율의 분포가 다음과 같다고 한다.

$$f(y) = \begin{cases} 5(1-y)^4, & 0 \le y \le 1 \\ 0, & \text{다른 곳에서} \end{cases}$$

(a) 이것이 밀도함수로서 적합함을 보여라.

(b) 어느 기업을 임의로 선정했을 때 공해방지에 10% 이하의 예산을 사용할 확률을 구하라.

(c) 어느 기업을 임의로 선정했을 때 공해방지에 50% 이상의 예산을 사용할 확률을 구하라.

3.33 작은 규모의 회사들은 창업 후 1년간 이익을 내기가 매우 어려운 것으로 알려져 있다. 이익을 내는 회사의 비율 Y의 밀도함수가 다음과 같다고 한다.

$$f(y) = \begin{cases} ky^4(1-y)^3, & 0 \le y \le 1 \\ 0, & \text{다른 곳에서} \end{cases}$$

(a) $f(x)$가 밀도함수가 되도록 k의 값을 정하라.

(b) 많아야 50%의 회사가 이익을 낼 확률을 구하라.

(c) 최소한 80%의 회사가 이익을 낼 확률을 구하라.

3.34 마그네트론 튜브를 생산해 내는 조립라인에서 튜브의 길이에 대해 품질관리를 하려고 한다. 튜브의 길이가 규격에 맞을 확률은 0.99로 생각되고 있다. 5개의 튜브를 임의로 추출하여 길이를 측정하였다.

(a) 5개 중 규격에 맞는 튜브의 개수 Y의 확률분포가 다음과 같음을 보여라.

$$f(y) = \frac{5!}{y!(5-y)!}(0.99)^y(0.01)^{5-y},$$

$$y = 0, 1, 2, 3, 4, 5$$

(b) 5개 중 3개가 규격을 벗어났다고 할 때, $f(y)$를 이용하여 튜브의 길이가 규격에 맞을 확률이 0.99라는 추측이 맞는지 틀리는지 판단하라.

3.35 어느 20초 동안 한 사거리에 도착하는 자동차의 대수 X의 확률분포가 다음과 같다고 한다.

$$f(x) = e^{-6}\frac{6^x}{x!}, \quad x = 0, 1, 2, \cdots$$

(a) 어느 20초 동안 이 사거리에 9대 이상의 차가 도착할 확률을 구하라.

(b) 어느 20초 동안 오직 2대만이 도착할 확률을 구하라.

3.36 확률변수 X의 분포가 다음과 같다.

$$f(x) = \begin{cases} 2(1-x), & 0 < x < 1 \\ 0, & \text{다른 곳에서} \end{cases}$$

(a) $P(X \le 1/3)$을 계산하라.

(b) X가 0.5를 초과할 확률은 얼마인가?

(c) $X \ge 0.5$라고 할 때, X가 0.75 미만일 확률은 얼마인가?

3.4 결합확률분포

앞 절까지는 확률변수와 그것의 확률분포가 1차원 표본공간에 국한되어 있는 단일 확률변수에 대해서 다루었다. 그러나 여러 개의 확률변수들의 결과를 동시에 취급해야 될 경우가 있다. 예를 들면, 어떤 화학실험에서 침전물의 양 P와 방출되는 가스의 부피 V를 측정하면 (p, v)로 구성되는 2차원 표본공간을 얻게 되고, 또한 상온에서 구리의 강도 H와 장력 T의 결과는 (h, t)로 표시된다. 성공적으로 대학생활을 수행할 가능성을 알아보기 위해서 각 개인에 대하여 적성검사성적, 고등학교 때의 석차, 대학 1학년 말의 평점 평균 등으로 이루어지는 3차원 표본공간을 이용할 수도 있다.

X와 Y가 두 이산형 확률변수라 할 때 두 변수의 확률분포는 확률변수 X와 Y의 범위 내에서 어떤 (x, y)에 대하여 $f(x, y)$를 값으로 가지는 함수로 표시될 수 있다. 이러한 함수를 X와 Y의 **결합확률분포**(joint probability distribution)라 한다.

이산형인 경우에는

$$f(x, y) = P(X = x, Y = y)$$

이 된다. 즉, $f(x, y)$는 x와 y가 동시에 일어날 확률이 된다. 예를 들면, X를 TV의 사용년수, Y를 그 TV에 들어 있는 결함이 있는 부품의 수라 하면, $f(5, 3)$은 그 TV가 5년된 것이고, 3개의 새로운 부품을 필요로 할 확률이다.

정의 3.8

다음 조건이 만족될 때 함수 $f(x, y)$를 이산형확률변수 X와 Y의 **결합확률분포** 또는 **결합확률질량함수**라 한다.

1. 모든 (x, y)에 대하여 $f(x, y) \geq 0$
2. $\sum_x \sum_y f(x, y) = 1$
3. $P(X=x, Y=y) = f(x, y)$

x, y 평면상의 어떤 영역 A에 대하여 $P[(X, Y) \in A] = \sum\sum_A f(x, y)$가 된다.

예제 3.14 3개의 청색, 2개의 적색, 3개의 녹색볼펜이 들어 있는 상자에서 임의로 2개를 추출하고자 한다. X를 청색볼펜의 수, Y를 적색볼펜의 수라고 할 때,

(a) 결합확률분포 $f(x, y)$를 구하라.

(b) $A = \{(x, y) | x + y \leq 1\}$이라고 할 때 $P[(X, Y) \in A]$를 구하라.

풀이 (a) (x, y)의 가능한 쌍은 $(0, 0)$, $(0, 1)$, $(1, 0)$, $(1, 1)$, $(0, 2)$, $(2, 0)$이다. 이 중 $f(0,$

1)은 1개의 적색볼펜과 1개 녹색볼펜이 선택될 확률이다. 8개 중에서 임의로 2개를 뽑는 경우의 수는 $\binom{8}{2} = 28$가지이다. 2개의 적색볼펜 중 하나가 선택되고, 3개의 녹색볼펜 중 하나가 선택되는 경우의 수는 $\binom{2}{1}\binom{3}{1} = 6$이다. 따라서, $f(0, 1)=6/28=3/14$ 이다. 같은 방법으로 다른 경우에 대해서도 확률을 계산할 수 있으며, 계산 결과가 표 3.1에 나타나 있다. 표 3.1의 결합확률분포가 다음과 같은 식으로 표시될 수 있음은 제5장에서 다루게 된다.

$$f(x, y) = \frac{\binom{3}{x}\binom{2}{y}\binom{3}{2-x-y}}{\binom{8}{2}}$$

여기서, $x = 0, 1, 2,\ y = 0, 1, 2,\ 0 \le x + y \le 2$ 이다.

(b) $P[(X, Y) \in A] = P(X + Y \le 1) = f(0,0) + f(0,1) + f(1,0)$
$$= \frac{3}{28} + \frac{3}{14} + \frac{9}{28} = \frac{9}{14}$$

표 3.1 예제 3.14의 결합확률분포

$f(x, y)$		x			행의 합
		0	1	2	
y	0	$\frac{3}{28}$	$\frac{9}{28}$	$\frac{3}{28}$	$\frac{15}{28}$
	1	$\frac{3}{14}$	$\frac{3}{14}$		$\frac{3}{7}$
	2	$\frac{1}{28}$			$\frac{1}{28}$
열의 합		$\frac{5}{14}$	$\frac{15}{28}$	$\frac{3}{28}$	1

X와 Y가 연속형 확률변수라고 하면 **결합밀도함수**(joint density function) $f(x, y)$는 xy 평면 위에 놓여 있는 표면이 되며, A를 xy 평면상의 임의의 영역이라면 $P(X, Y) \in A$는 밑면 A와 표면으로 구성되는 입체의 부피와 같게 된다.

정의 3.9

다음 조건이 만족될 때 함수 $f(x, y)$를 연속확률변수 X와 Y의 **결합밀도함수**라고 한다.

1. 모든 (x, y)에 대하여 $f(x, y) \ge 0$ 이다.
2. $\int_{-\infty}^{\infty}\int_{-\infty}^{\infty} f(x, y)\, dx\, dy = 1$
3. $P[(X, Y) \in A] = \int\int_A f(x, y)\, dx\, dy$, 이때 A는 xy 평면상의 임의의 영역이다.

예제 3.15 어느 과자회사에서는 연한 초콜릿과 진한 초콜릿을 입힌 과자상자를 취급하고 있다. 임의로 하나의 과자상자를 선택했을 때 X와 Y를 각각 연한 초콜릿과 진한 초콜릿의 비율이라 하면, 결합확률분포는 다음과 같이 주어진다.

$$f(x,y) = \begin{cases} \frac{2}{5}(2x+3y), & 0 \le x \le 1, 0 \le y \le 1 \\ 0, & \text{다른 곳에서} \end{cases}$$

(a) 정의 3.9의 조건 2를 증명하라.

(b) $A = \{(x,y) | 0 < x < \frac{1}{2}, \frac{1}{4} < y < \frac{1}{2}\}$일 때 $P[(X,Y) \in A]$를 구하라.

풀이 (a)

$$\begin{aligned}\int_{-\infty}^{\infty}\int_{-\infty}^{\infty} f(x,y)\,dx\,dy &= \int_0^1\int_0^1 \frac{2}{5}(2x+3y)\,dx\,dy \\ &= \int_0^1 \left(\frac{2x^2}{5} + \frac{6xy}{5}\right)\Big|_{x=0}^{x=1} dy \\ &= \int_0^1 \left(\frac{2}{5} + \frac{6y}{5}\right) dy = \left(\frac{2y}{5} + \frac{3y^2}{5}\right)\Big|_0^1 = \frac{2}{5} + \frac{3}{5} = 1\end{aligned}$$

(b)

$$\begin{aligned}P[(X,Y) \in A] &= P(0 < X < \frac{1}{2}, \frac{1}{4} < Y < \frac{1}{2}) \\ &= \int_{1/4}^{1/2}\int_0^{1/2} \frac{2}{5}(2x+3y)\,dx\,dy = \int_{1/4}^{1/2} \left(\frac{2x^2}{5} + \frac{6xy}{5}\right)\Big|_{x=0}^{x=1/2} dy \\ &= \int_{1/4}^{1/2} \left(\frac{1}{10} + \frac{3y}{5}\right) dy = \left(\frac{y}{10} + \frac{3y^2}{10}\right)\Big|_{1/4}^{1/2} \\ &= \frac{1}{10}\left[\left(\frac{1}{2} + \frac{3}{4}\right) - \left(\frac{1}{4} + \frac{3}{16}\right)\right] = \frac{13}{160}\end{aligned}$$

이산형 확률변수 X와 Y의 결합확률분포 $f(x,y)$가 주어졌을 때, X만의 확률분포 $g(x)$는 $f(x,y)$를 Y의 모든 값에 대해 합하면 얻을 수 있다. 마찬가지로, Y만의 확률분포 $h(y)$는 $f(x,y)$를 X의 모든 값에 대해 합하면 얻을 수 있다. 이러한 $g(x)$, $h(y)$를 각각 X와 Y의 **주변분포**(marginal distribution)라고 정의한다. X, Y가 연속형 확률변수이면 합 대신에 적분을 해 주면 된다.

정의 3.10 X와 Y의 **주변분포**는 다음과 같이 주어진다.

1. 이산형인 경우

$$g(x) = \sum_y f(x,y), \quad h(y) = \sum_x f(x,y)$$

2. 연속형인 경우

$$g(x) = \int_{-\infty}^{\infty} f(x,y)\,dy, \quad h(y) = \int_{-\infty}^{\infty} f(x,y)\,dx$$

주변(marginal)이라는 말을 사용하는 까닭은 이산형인 경우 $f(x, y)$의 값들을 직사각형표로 나타냈을 때 $g(x)$와 $h(y)$의 값들이 바로 각 열과 행의 총합이 되기 때문이다.

예제 3.16 표 3.1의 열과 행의 합이 각각 X와 Y의 주변분포가 됨을 증명하라.

풀이 확률변수 X에 대하여 다음 값들을 구할 수 있다.

$$g(0) = f(0,0) + f(0,1) + f(0,2) = \frac{3}{28} + \frac{3}{14} + \frac{1}{28} = \frac{5}{14}$$
$$g(1) = f(1,0) + f(1,1) + f(1,2) = \frac{9}{28} + \frac{3}{14} + 0 = \frac{15}{28}$$
$$g(2) = f(2,0) + f(2,1) + f(2,2) = \frac{3}{28} + 0 + 0 = \frac{3}{28}$$

이 값들은 표 3.1의 열의 합과 일치한다. 같은 방법으로 $h(y)$의 값들이 행의 합으로 주어짐을 보일 수 있다. 이러한 주변분포는 다음과 같은 표의 형태로 나타낼 수 있다.

x	0	1	2
$g(x)$	$\frac{5}{14}$	$\frac{15}{28}$	$\frac{3}{28}$

y	0	1	2
$h(y)$	$\frac{15}{28}$	$\frac{3}{7}$	$\frac{1}{28}$

예제 3.17 예제 3.15의 결합분포에 대하여 $g(x)$와 $h(y)$를 구하라.

풀이 정의에 의하여 $0 \le x \le 1$ 구간에서

$$g(x) = \int_{-\infty}^{\infty} f(x,y)\ dy = \int_0^1 \frac{2}{5}(2x+3y)\ dy = \left(\frac{4xy}{5} + \frac{6y^2}{10}\right)\Bigg|_{y=0}^{y=1} = \frac{4x+3}{5}$$

그 외의 영역에서는 $g(x)=0$이 된다. 같은 방법으로 $0 \le y \le 1$ 구간에서

$$h(y) = \int_{-\infty}^{\infty} f(x,y)\ dx = \int_0^1 \frac{2}{5}(2x+3y)\ dx = \frac{2(1+3y)}{5}$$

그 외의 영역에서는 $h(y)=0$이 된다.

주변분포 $g(x)$와 $h(y)$가 X와 Y의 확률분포가 된다는 사실은 정의 3.4나 정의 3.6의 조건들이 만족됨을 보임으로써 쉽게 증명할 수 있다. 예를 들면, 연속형인 경우에

$$\int_{-\infty}^{\infty} g(x)\ dx = \int_{-\infty}^{\infty}\int_{-\infty}^{\infty} f(x,y)\ dy\ dx = 1$$

이고,

$$P(a < X < b) = P(a < X < b, -\infty < Y < \infty)$$
$$= \int_a^b \int_{-\infty}^{\infty} f(x, y)\ dy\ dx = \int_a^b g(x)\ dx$$

가 된다.

3.1절에서 확률변수 X의 값 x는 표본공간의 부분집합이 되는 어떤 사상을 나타냄을 알았다. 제2장에서 주어진 조건부 확률의 정의를 사용하면

$$P(B|A) = \frac{P(A \cap B)}{P(A)}, \quad P(A) > 0$$

이 되는데, 여기서 A와 B를 각각 $X=x$, $Y=y$에 의해서 정의되는 사상이라고 하자. 그리고 X와 Y를 이산형 확률분포라 할 때

$$P(Y = y|X = x) = \frac{P(X = x, Y = y)}{P(X = x)} = \frac{f(x, y)}{g(x)}, \quad g(x) > 0$$

이 된다.

x값이 고정된 상태에서 y만의 함수가 되는 함수 $f(x, y)/g(x)$가 확률분포의 모든 조건을 만족한다는 사실을 증명하기는 어렵지 않다. $f(x, y)$와 $g(x)$가 각각 연속형 확률변수의 결합밀도함수와 주변분포가 될 때도 이러한 사실이 성립된다. 이러한 확률분포를 조건부 확률분포라 하고 $f(y|x)$로 표시하며 다음과 같이 정의된다.

정의 3.11

X와 Y를 이산형 또는 연속형인 두 확률변수라고 하자. $X=a$로 주어졌을 때 확률변수 Y의 **조건부 분포**(conditional distribution)는 다음과 같이 주어진다.

$$f(y|x) = \frac{f(x, y)}{g(x)}, \quad g(x) > 0$$

같은 방법으로 $Y=y$로 주어졌을 때 확률변수 X의 조건부 분포는 다음과 같이 주어진다.

$$f(x|y) = \frac{f(x, y)}{h(y)}, \quad h(y) > 0$$

이산형 확률변수가 $Y=y$라고 주어졌을 때 이산형 확률변수 X가 a와 b 사이의 값을 가질 확률을 구하고자 한다면 다음과 같이 계산하면 되고,

$$P(a < X < b|Y = y) = \sum_{a < x < b} f(x|y)$$

X와 Y가 연속형일 때에는 다음과 같이 하면 된다.

$$P(a < X < b|Y = y) = \int_a^b f(x|y)\, dx$$

예제 3.18 예제 3.14에서 $Y=1$로 주어졌을 때 X의 조건부 분포를 구하고, 그것을 이용하여 $P(X = 0|Y = 1)$을 구하라.

풀이 $y=1$일 때 $f(x|y)$가 필요하므로 $h(1)$을 구해야 한다.

$$h(1) = \sum_{x=0}^{2} f(x, 1) = \frac{3}{14} + \frac{3}{14} + 0 = \frac{3}{7}$$

이 되고,

$$f(x|1) = \frac{f(x, 1)}{h(1)} = \frac{7}{3} f(x, 1), \quad x = 0, 1, 2$$

가 된다. 따라서,

$$f(0|1) = \left(\frac{7}{3}\right) f(0, 1) = \left(\frac{7}{3}\right)\left(\frac{3}{14}\right) = \frac{1}{2}$$
$$f(1|1) = \left(\frac{7}{3}\right) f(1, 1) = \left(\frac{7}{3}\right)\left(\frac{3}{14}\right) = \frac{1}{2}$$
$$f(2|1) = \left(\frac{7}{3}\right) f(2, 1) = \left(\frac{7}{3}\right)(0) = 0$$

이 되고, $Y=1$일 때 X의 조건부 분포는 다음과 같다.

x	0	1	2
$f(x\|1)$	$\frac{1}{2}$	$\frac{1}{2}$	0

끝으로,

$$P(X = 0|Y = 1) = f(0|1) = \frac{1}{2}$$

따라서, 두 개의 볼펜 중 하나가 적색이라는 사실이 알려지면 다른 하나의 볼펜이 청색이 아닐 확률은 1/2가 됨을 알 수 있다.

예제 3.19 X와 Y를 각각 단위 온도 변화량과 어떤 원자가 방출하는 스펙트럼 변화율을 나타내는 확률변수라 할 때, 확률변수 (X, Y)에 대한 결합밀도함수는 다음과 같다고 한다.

$$f(x,y) = \begin{cases} 10xy^2, & 0 < x < y < 1 \\ 0, & \text{다른 곳에서} \end{cases}$$

(a) 주변밀도함수 $g(x), h(y)$와 조건부밀도함수 $f(y|x)$를 구하라.

(b) 온도가 0.25 단위 높아졌을 때 스펙트럼변화량이 $\frac{1}{2}$보다 클 확률을 구하라.

풀이 (a) 정의에 의하여

$$\begin{aligned} g(x) &= \int_{-\infty}^{\infty} f(x,y)\ dy = \int_x^1 10xy^2\ dy \\ &= \frac{10}{3}xy^3\Big|_{y=x}^{y=1} = \frac{10}{3}x(1-x^3),\ 0 < x < 1 \\ h(y) &= \int_{-\infty}^{\infty} f(x,y)\ dx = \int_0^y 10xy^2\ dx = 5x^2y^2\Big|_{x=0}^{x=y} = 5y^4,\ 0 < y < 1 \end{aligned}$$

따라서,

$$f(y|x) = \frac{f(x,y)}{g(x)} = \frac{10xy^2}{\frac{10}{3}x(1-x^3)} = \frac{3y^2}{1-x^3},\quad 0 < x < y < 1$$

(b) $P\left(Y > \frac{1}{2}\ \middle|\ X = 0.25\right) = \int_{1/2}^1 f(y \mid x = 0.25)\ dy = \int_{1/2}^1 \frac{3y^2}{1-0.25^3}\ dy = \frac{8}{9}$

예제 3.20 결합확률분포가 다음과 같이 주어졌을 때 $g(x)$, $h(y)$, $f(x|y)$를 구하고, $P(\frac{1}{4} < X < \frac{1}{2}|Y = \frac{1}{3})$의 값을 구하라.

$$f(x,y) = \begin{cases} \frac{x(1+3y^2)}{4}, & 0 < x < 2,\ 0 < y < 1 \\ 0, & \text{다른 곳에서} \end{cases}$$

풀이 정의에 의하여

$$\begin{aligned} g(x) &= \int_{-\infty}^{\infty} f(x,y)\ dy = \int_0^1 \frac{x(1+3y^2)}{4} dy \\ &= \left(\frac{xy}{4} + \frac{xy^3}{4}\right)\Big|_{y=0}^{y=1} = \frac{x}{2},\quad 0 < x < 2 \end{aligned}$$

이고

$$h(y) = \int_{-\infty}^{\infty} f(x,y)\ dx = \int_{0}^{2} \frac{x(1+3y^2)}{4} dx$$
$$= \left(\frac{x^2}{8} + \frac{3x^2y^2}{8}\right)\Big|_{x=0}^{x=2} = \frac{1+3y^2}{2}, \quad 0 < y < 1$$

이다. 따라서,

$$f(x|y) = \frac{f(x,y)}{h(y)} = \frac{x(1+3y^2)/4}{(1+3y^2)/2} = \frac{x}{2}, \quad 0 < x < 2$$

이고

$$P\left(\frac{1}{4} < X < \frac{1}{2} \middle| Y = \frac{1}{3}\right) = \int_{1/4}^{1/2} \frac{x}{2} dx = \frac{3}{64}$$

이 된다.

통계적 독립

예제 3.20과 같이 $f(x|y)$가 y에 종속되어 있지 않으면 $f(x|y) = g(x)$이고, $f(x, y) = g(x)h(y)$가 된다. 이것의 증명은 다음과 같이 결합밀도함수를 X의 주변분포함수에 대입하면 된다. 즉,

$$f(x,y) = f(x|y)h(y)$$

$$g(x) = \int_{-\infty}^{\infty} f(x,y)\ dy = \int_{-\infty}^{\infty} f(x|y)h(y)\ dy$$

가 된다. 그런데 만일 $f(x|y)$가 y에 종속되어 있지 않다면,

$$g(x) = f(x|y) \int_{-\infty}^{\infty} h(y)\ dy$$

라고 쓸 수 있다. 한편 $h(y)$가 Y의 확률분포이므로

$$\int_{-\infty}^{\infty} h(y)\ dy = 1$$

이고, 따라서 $g(x) = f(x|y)$가 된다. 그러므로,

$$f(x, y) = g(x)h(y)$$

이다.

$f(x|y)$가 y에 종속되어 있지 않으면 확률변수 Y의 발생은 확률변수 X의 발생으로부터 아무런 영향을 받지 않게 됨을 의미하며, 이를 다르게 표현하면 X와 Y는 서로 독립적인 확률변수라 한다.

정의 3.12 X와 Y를 결합확률분포 $f(x, y)$와 주변분포 $g(x)$, $h(y)$를 가지는 이산형 혹은 연속형 확률변수라 할 때, 모든 (x, y)에 대하여 $f(x, y) = g(x)h(y)$가 성립하면 확률변수 X와 Y는 **통계적으로 독립**(statistically independent)이라고 한다.

예제 3.20의 두 연속형 확률변수는 각각의 주변분포의 곱이 결합밀도함수와 같아지므로 통계적으로 독립이 된다. 그러나 예제 3.19의 변수들은 이 경우에 해당하지 않는다. 이산형 확률변수의 경우에는 (x, y)의 어떤 값들에 대해서는 주변분포의 곱과 결합확률분포가 같아지지만, 나머지 값들에 대해서는 성립하지 않는 경우가 발생할 수 있으므로 통계적 독립 여부를 알아보기 위해서는 모든 경우에 대해 조사해야 한다. $f(x, y) \neq g(x)h(y)$인 점 (x, y)가 하나라도 존재하면 이산형 확률변수 X와 Y는 통계적으로 독립이 아니다.

예제 3.21 예제 3.14의 확률변수들이 통계적으로 독립이 아님을 증명하라.

풀이 점 $(0, 1)$을 고려해 보자. 표 3.1로부터 $f(0, 1)$, $g(0)$, 그리고 $h(1)$의 값들을 구할 수 있다.

$$f(0,1) = \frac{3}{14}$$

$$g(0) = \sum_{y=0}^{2} f(0, y) = \frac{3}{28} + \frac{3}{14} + \frac{1}{28} = \frac{5}{14}$$

$$h(1) = \sum_{x=0}^{2} f(x, 1) = \frac{3}{14} + \frac{3}{14} + 0 = \frac{3}{7}$$

그러므로,

$$f(0,1) \neq g(0)h(1)$$

이고, 따라서 X와 Y는 통계적으로 독립이 아니다.

앞에 나왔던 2개의 확률변수에 대한 모든 정의들은 확률변수가 n개인 일반적인 경우에도 적용될 수 있다. $f(x_1, x_2, \cdots, x_n)$을 확률변수 $X_1, X_2, \cdots, X_n$의 결합확률분포라고 할 때 이산형 확률변수인 경우, X_1의 주변분포는

$$g(x_1) = \sum_{x_2} \cdots \sum_{x_n} f(x_1, x_2, \cdots, x_n)$$

으로 주어지고, 연속형 확률변수인 경우에는

$$g(x_1) = \int_{-\infty}^{\infty} \cdots \int_{-\infty}^{\infty} f(x_1, x_2, \cdots, x_n)\, dx_2\, dx_3 \cdots dx_n$$

으로 주어진다. 또한 $g(x_1, x_2)$와 같은 **결합주변분포**(joint marginal distribution)를 얻을 수 있다. 즉,

$$g(x_1, x_2) = \begin{cases} \sum_{x_3} \cdots \sum_{x_n} f(x_1, x_2, \cdots, x_n), & \text{(이산형인 경우)} \\ \int_{-\infty}^{\infty} \cdots \int_{-\infty}^{\infty} f(x_1, x_2, \cdots, x_n)\, dx_3\, dx_4 \cdots dx_n, & \text{(연속형인 경우)} \end{cases}$$

또한, 여러 가지의 조건부 분포도 고려해 볼 수 있다. 예를 들어, $X_4=x_4, X_5=x_5, \cdots, X_n=x_n$으로 주어졌을 때 X_1, X_2, X_3의 **결합조건부분포**(joint conditional distribution)는 다음과 같이 쓸 수 있다.

$$f(x_1, x_2, x_3 | x_4, x_5, \cdots, x_n) = \frac{f(x_1, x_2, \cdots, x_n)}{g(x_4, x_5, \cdots, x_n)}$$

여기서 $g(x_4, x_5, \cdots, x_n)$은 확률변수 $X_4, X_5, \cdots, X_n$의 결합주변분포이다.

정의 3.12를 일반화시키면 변수 $X_1, X_2, \cdots, X_n$의 상호 통계적 독립에 대한 정의를 다음과 같이 얻을 수 있다.

정의 3.13 $X_1, X_2, \cdots, X_n$을 결합확률분포 $f(x_1, x_2, \cdots, x_n)$과 주변분포 $f_1(x_1), f_2(x_2), \cdots, f_n(x_n)$을 가지는 이산형 혹은 연속형 확률변수라고 할 때, 모든 $(x_1, x_2, \cdots, x_n)$에 대하여

$$f(x_1, x_2, \cdots, x_n) = f_1(x_1) f_2(x_2) \cdots f_n(x_n)$$

이 성립하면 $X_1, X_2, \cdots, X_n$을 상호 **통계적으로 독립**이라고 한다.

예제 3.22 종이팩으로 포장된 부패성 식품의 보존기간(단위: 년)이 다음과 같은 확률밀도함수를 가지는 확률변수라고 하자.

$$f(x) = \begin{cases} e^{-x}, & x > 0 \\ 0, & \text{다른 곳에서} \end{cases}$$

X_1, X_2, X_3가 독립적으로 추출된 3개의 포장된 음식의 보존기간을 나타낸다고 할 때 $P(X_1 < 2, 1 < X_2 < 3, X_3 > 2)$를 구하라.

풀이 3개의 포장단위가 독립적으로 추출되었으므로 확률변수 X_1, X_2, X_3가 통계적으로 독립이라고 할 수 있고, 따라서 결합밀도함수는 다음과 같다.

$$f(x_1, x_2, x_3) = f(x_1)f(x_2)f(x_3) = e^{-x_1}e^{-x_2}e^{-x_3} = e^{-x_1-x_2-x_3}$$

따라서,

$$\begin{aligned} P(X_1 < 2, 1 < X_2 < 3, X_3 > 2) &= \int_2^{\infty}\int_1^3\int_0^2 e^{-x_1-x_2-x_3}\, dx_1\, dx_2\, dx_3 \\ &= (1-e^{-2})(e^{-1}-e^{-3})e^{-2} = 0.0372 \end{aligned}$$

연습문제

3.37 다음 함수가 두 확률변수 X와 Y의 결합확률분포가 되도록 c의 값을 구하라.

(a) $f(x, y)=cxy, x=1, 2, 3, y=1, 2, 3$

(b) $f(x, y)=c\,|x-y|,\ x=-2, 0, 2, y=-2, 3$

3.38 만약 X와 Y의 결합확률분포가 다음과 같이 주어질 때 각 항을 구하라.

$$f(x, y) = \frac{x+y}{30},\ x = 0, 1, 2, 3;\ y = 0, 1, 2$$

(a) $P(X \le 2, Y=1)$

(b) $P(X > 2, Y \le 1)$

(c) $P(X > Y)$

(d) $P(X+Y=4)$

3.39 오렌지 3개, 사과 2개, 바나나 3개가 들어 있는 가방에서 임의로 4개의 과일을 선택한다고 하자. 표본 중의 오렌지의 수를 X, 사과의 수를 Y라고 할 때 다음을 구하라.

(a) X와 Y의 결합확률분포

(b) A의 영역이 $\{(x, y)\,|\,x+y \le 2)$일 때 $P[(X, Y) \in A]$

3.40 어떤 패스트푸드점에서는 고객들이 차를 탄 채로 이용할 수 있는 시설과 차에서 내려야만 이용할 수 있는 시설 모두를 운영하고 있다. 어느 날의 차를 탄 채로 이용할 수 있는 시설과 다른 시설의 이용시간의 비율을 각각 X, Y라 할 때, 확률변수의 결합밀도함수는 다음과 같이 주어진다.

$$f(x,y)=\begin{cases}\frac{2}{3}(x+2y), & 0\le x\le 1,\ 0\le y\le 1\\ 0, & \text{다른 곳에서}\end{cases}$$

(a) X의 주변밀도함수를 구하라.
(b) Y의 주변밀도함수를 구하라.
(c) 차를 탄 채로 이용할 수 있는 시설의 이용시간이 30분 미만일 확률을 구하라.

3.41 한 제과회사는 크림과 토피, 코디얼을 혼합하여 만든 초콜릿을 상자단위로 생산하고 있다. 각 상자의 무게는 1kg이지만, 크림과 토피, 코디얼의 무게는 상자마다 다르다고 한다. 하나의 상자를 선택하여 크림과 토피의 무게를 각각 X와 Y라 할 때, 그 두 확률변수의 결합밀도함수가 다음과 같다고 가정하자.

$$f(x,y)=\begin{cases}24xy, & 0\le x\le 1,\ 0\le y\le 1,\ x+y\le 1\\ 0, & \text{다른 곳에서}\end{cases}$$

(a) 어느 상자에서 코디얼이 전체 무게의 1/2 이상을 차지할 확률을 구하라.
(b) 크림의 무게에 대한 주변밀도함수를 구하라.
(c) 만약 크림의 무게가 전체의 3/4를 차지한다고 알려졌을 때 토피의 무게가 1/8 kg 미만일 확률을 구하라.

3.42 어떤 전자시스템에서 두 부품의 수명(단위: 년)을 X와 Y라 하고, 두 확률변수의 결합밀도함수가 다음과 같을 때 $P(0<X<1 \mid Y=2)$를 계산하라.

$$f(x,y)=\begin{cases}e^{-(x+y)}, & x>0,\ y>0\\ 0, & \text{다른 곳에서}\end{cases}$$

3.43 X를 어떤 자극제에 대한 반응시간(단위: 초)이라 하고, Y를 반응이 시작된 온도(°F)라고 하자. 두 확률변수 X와 Y가 다음과 같은 결합확률밀도함수를 가질 때 각 항을 구하라.

$$f(x,y)=\begin{cases}4xy, & 0<x<1,\ 0<y<1\\ 0, & \text{다른 곳에서}\end{cases}$$

(a) $P(0\le X\le \frac{1}{2},\ \frac{1}{4}\le Y\le \frac{1}{2})$
(b) $P(X<Y)$

3.44 연습용 항공기의 뒷타이어의 적정공기압력은 40 psi라고 한다. X를 오른쪽 타이어의 실제공기압력, Y를 왼쪽 타이어의 실제공기압력이라고 할 때, 확률변수 X와 Y는 다음과 같은 결합밀도함수를 가진다고 한다.

$$f(x,y)=\begin{cases}k(x^2+y^2), & 30\le x<50,\ 30\le y<50\\ 0, & \text{다른 곳에서}\end{cases}$$

(a) k를 구하라.
(b) $P(30\le X\le 40,\ 40\le Y\le 50)$을 구하라.
(c) 두 타이어 모두 적정압력 미만일 확률을 구하라.

3.45 X를 피복전선의 지름이라 하고, Y를 전선을 만들어 내는 세라믹 형틀의 지름이라고 하자. X와 Y의 크기는 0에서 1 사이의 범위를 가지며, X와 Y의 결합확률밀도함수가 다음과 같을 때 $P(X+Y>1/2)$를 구하라.

$$f(x,y)=\begin{cases}\frac{1}{y}, & 0<x<y<1\\ 0, & \text{다른 곳에서}\end{cases}$$

3.46 연습문제 3.38에 대해 다음을 구하라.
(a) X의 주변밀도함수
(b) Y의 주변밀도함수

3.47 어느 날 영업을 시작하기 전에 탱크 안에 들어 있는 등유의 양(단위: 1000 리터)을 Y, 그 날 판매된 등유의 양을 X라고 하자. 또한, 당일에는 탱크에 등유를 재공급받지 않는다고 하므로 $x \leq y$가 된다. X와 Y의 결합확률밀도함수가 다음과 같다고 할 때 다음 질문에 답하라.

$$f(x,y) = \begin{cases} 2, & 0 < x < y < 1 \\ 0, & \text{다른 곳에서} \end{cases}$$

(a) X와 Y가 독립인지를 보여라.

(b) $P(1/4 < X < 1/2, \mid Y = 3/4)$를 구하라.

3.48 연습문제 3.39에 대해 다음을 구하라.

(a) 모든 y 값에 대한 $f(y \mid 2)$

(b) $P(Y = 0 \mid X = 2)$

3.49 어느 수치제어기계가 잘못 작동되는 횟수 X는 하루 동안에 1, 2, 3의 값을 가진다고 한다. 또, Y는 기술자의 긴급호출횟수라고 한다. 다음의 결합확률분포함수를 이용하여 각 항을 구하라.

$f(x,y)$		x = 1	2	3
y	1	0.05	0.05	0.10
	3	0.05	0.10	0.35
	5	0.00	0.20	0.10

(a) X의 주변분포함수

(b) Y의 주변분포함수

(c) $P(Y = 3 \mid X = 2)$

3.50 X와 Y의 결합확률분포함수가 다음과 같을 때 다음을 구하라.

$f(x,y)$		x = 2	4
y	1	0.10	0.15
	3	0.20	0.30
	5	0.10	0.15

(a) X의 주변분포함수

(b) Y의 주변분포함수

3.51 12장의 그림카드(잭, 퀸, 킹)로부터 비복원으로 3장의 카드를 뽑을 때, X를 뽑힌 킹카드의 수라고 하고, Y를 뽑힌 잭카드의 수라고 할 때 다음을 구하라.

(a) X와 Y의 결합확률분포함수

(b) A의 영역이 $\{(x,\ y) \mid x+y\ \geq\ 2\}$일 때 $P[(X, Y) \in A]$

3.52 하나의 동전을 두 번 던지는 실험에서 Z는 첫 번째 던졌을 때 나오는 앞면의 수이고, W는 두 번 모두 앞면이 나타난 수이다. 만약 동전이 불균형이어서 앞면이 나올 확률이 40%라고 할 때 다음을 구하라.

(a) W와 Z의 결합확률분포함수

(b) W의 주변분포함수

(c) Z의 주변분포함수

(d) 적어도 한 번의 앞면이 나타날 확률

3.53 결합밀도함수가 다음과 같을 때 $P(1 < Y < 3, \mid X = 1)$을 구하라.

$$f(x,y) = \begin{cases} \frac{6-x-y}{8}, & 0 < x < 2,\ 2 < y < 4 \\ 0, & \text{다른 곳에서} \end{cases}$$

3.54 연습문제 3.49의 두 확률변수가 독립인지 종속인지를 보여라.

3.55 연습문제 3.50의 두 확률변수가 독립인지 종속인지를 보여라.

3.56 확률변수 X와 Y의 결합밀도함수가 다음

과 같다.

$$f(x,y)=\begin{cases}6x, & 0<x<1,\ 0<y<1-x\\ 0, & \text{다른 곳에서}\end{cases}$$

(a) X와 Y가 독립이 아님을 보여라.

(b) $P(X<0.3 \mid Y=0.5)$를 구하라.

3.57 X, Y, Z의 결합확률밀도함수는 다음과 같다.

$$f(x,y,z)=\begin{cases}kxy^2z, & 0<x,y<1,\ 0<z<2\\ 0, & \text{다른 곳에서}\end{cases}$$

(a) k를 구하라.

(b) $P(X<\frac{1}{4}, Y>\frac{1}{2}, 1<Z<2)$를 구하라.

3.58 연습문제 3.43의 두 확률변수가 독립인지 종속인지를 보여라.

3.59 연습문제 3.44의 두 확률변수가 독립인지 종속인지를 보여라.

3.60 확률변수 X, Y, Z의 결합확률밀도함수가 다음과 같다.

$$f(x,y,z)=\begin{cases}\frac{4xyz^2}{9}, & 0<x<1,\ 0<y<1,\ 0<z<3\\ 0, & \text{다른 곳에서}\end{cases}$$

(a) Y와 Z의 결합주변밀도함수를 구하라.

(b) Y의 주변밀도함수를 구하라.

(c) $P(\frac{1}{4}<X<\frac{1}{2},\ Y>\frac{1}{3},\ 1<Z<2)$를 구하라.

(d) $P(0<X<\frac{1}{2} \mid Y=\frac{1}{4},\ Z=2)$를 구하라.

수학적 기대값 4장

4.1 확률변수의 평균

두 개의 동전을 16번 던질 때 각 시행에서 나오는 앞면의 수를 X라고 하면, X가 취하게 되는 값은 0, 1, 2이다. 이 실험에서 앞면이 1번도 안 나온 경우가 4번, 1번 나온 경우가 7번, 2번 나온 경우가 5번이었다면, 매 시행에서 앞면이 나오는 평균횟수는

$$\frac{(0)(4)+(1)(7)+(2)(5)}{16}=1.06$$

이 된다. 이것은 평균값이지 실험에서 실제로 나올 수 있는 값은 아니다. 예를 들면, 어느 외판원의 평균 월수입은 어떤 달의 월급과도 같지 않을 것이다.

이제 앞의 평균계산식을 다음과 같이 다른 형태로 쓸 수 있다.

$$(0)\left(\frac{4}{16}\right)+(1)\left(\frac{7}{16}\right)+(2)\left(\frac{5}{16}\right)=1.06$$

이렇게 쓸 때 4/16, 7/16, 5/16는 각각 X의 값이 0, 1, 2가 되는 횟수와 총 시행횟수와의 비가 된다. 이러한 비율은 앞의 실험에서 각 X값에 대한 상대도수가 된다. 그러므로 전체 관측횟수를 모르더라도 실험에서 나올 수 있는 값과 그 값에 대한 상대도수만 알면 자료의 평균을 계산해 낼 수 있다. 따라서, 앞면이 1번도 안 나오는 상대도수가 4/16, 1번 나올 상대도수가 7/16, 2번 나올 상대도수가 5/16이면, 총 시행횟수가 16번이든 1,000번이든 10,000번이든 간에 매 시행에서 앞면이 나오는 평균횟수는 1.06이 된다.

이제 우리가 결론적으로 기대하는 것은 매 시행에서 앞면이 나올 평균횟수를 계산할 때 이러한 상대도수방법을 이용하고자 하는 것이다. 이러한 평균값을 **확률변수 X의 평균**(mean of the random variable X) 혹은 **X의 확률분포의 평균**(mean of the probability distribution of X)이라 하고 μ_X로 표기하며, 어떤 확률변수의 평균을 의미하는지가 명확할 때에는 간단히 μ로 표기한다. 통계학자들 사이에서는 이러

한 평균값을 흔히 확률변수 X의 **수학적 기대값**(mathematical expectation) 혹은 **기대값**(expected value)이라 하고 $E(X)$로 표시한다.

한 쌍의 동전을 던지는 실험에서 나타나는 표본공간은 $S=\{HH, HT, TH, TT\}$이고, 4개의 표본점이 일어날 가능성이 모두 같으므로 다음과 같이 쓸 수 있다.

$$P(X=0)=P(TT)=\frac{1}{4}$$
$$P(X=1)=P(TH)+P(HT)=\frac{1}{2}$$
$$P(X=2)=P(HH)=\frac{1}{4}$$

여기서 TH는 첫 번째 동전은 뒷면, 두 번째 동전은 앞면이 나오는 경우를 나타낸다. 위의 확률들은 결국 각 사상에 대한 상대도수가 되고, 수학적 기대값은

$$\mu=E(X)=(0)\left(\frac{1}{4}\right)+(1)\left(\frac{1}{2}\right)+(2)\left(\frac{1}{4}\right)=1$$

이다. 이것은 두 개의 동전을 계속해서 던지면 매 시행에서 나오는 앞면의 평균횟수가 1이 됨을 의미한다.

두 개의 동전을 던지는 실험의 매 시행에서 나오는 앞면의 수의 기대값을 계산하는 앞의 방법으로부터 이산형 확률변수의 평균 혹은 기대값은, 확률변수 X의 각 값 $x_1, x_2, \cdots, x_n$에 각각의 확률 $f(x_1), f(x_2), \cdots, f(x_n)$을 곱하여 그것들을 더함으로써 얻어질 수 있음을 알았다. 이것은 이산형 확률변수에 해당하며, 연속형 확률변수의 경우에는 기대값의 정의에서 합이 적분으로 대치되는 것 외에는 본질적으로 동일하다.

정의 4.1

X가 확률분포 $f(x)$를 가지는 확률변수라고 할 때 X가 이산형인 경우에 X의 **평균** 혹은 **기대값**은

$$\mu=E(X)=\sum_x xf(x)$$

가 되고, X가 연속형인 경우에는

$$\mu=E(X)=\int_{-\infty}^{\infty} xf(x)\,dx$$

가 된다.

여기서 기대값 또는 평균을 계산하는 방법은 1장에서, 자료를 사용하여 얻어진 표본평균을 계산하는 방법과는 다르다. 수학적 기대값에서 기대값은 확률분포를 사용하여 계산된다. 정의 4.1에서 정의된 기대값을 따르면, 평균이 해당분포의 '중심값' 으로 이해되기도 한다.

예제 4.1 품질검사원이 7개의 부품으로 구성되어 있는 로트를 검사하려고 한다. 만일 이 로트에 4개의 양호한 부품과 3개의 결함이 있는 부품이 들어 있다고 하면, 검사원이 3개의 부품을 추출하였을 때 나타나는 양호한 부품의 평균개수를 구하라.

풀이 X를 추출된 표본에 포함되는 양호한 부품의 수라고 하자. 그러면 X의 확률분포는

$$f(x) = \frac{\binom{4}{x}\binom{3}{3-x}}{\binom{7}{3}}, \qquad x = 0, 1, 2, 3$$

으로 주어진다. 따라서, $f(0)=1/35$, $f(1)=12/35$, $f(2)=18/35$, $f(3)=4/35$, $f(2)=18/35$가 됨을 쉽게 계산할 수 있다. 그러므로,

$$\mu = E(X) = (0)\left(\frac{1}{35}\right) + (1)\left(\frac{12}{35}\right) + (2)\left(\frac{18}{35}\right) + (3)\left(\frac{4}{35}\right) = \frac{12}{7} = 1.7$$

이다. 즉, 4개의 양호한 부품과 3개의 결함이 있는 부품 중에서 임의로 3개의 부품을 선택하는 실험을 반복해서 행하면 그 안에는 평균적으로 1.7개의 양호한 부품이 포함된다.

예제 4.2 의료기기 외판원이 어느 날 두 고객을 만나게 되었다. 첫 번째 고객과 거래가 성사될 가능성은 70%이고 이 경우 \$1000을 벌게 되며, 두 번째 고객과는 40%의 거래 성공 가능성에 성공 시 \$1500을 벌게 된다. 각 고객과의 거래 결과는 서로 독립적이라고 할 때 그가 기대할 수 있는 성공 보수는 얼마인가?

풀이 먼저 이 외판원은 두 고객으로부터 \$0, \$1000, \$1500, \$2500의 네 가지 성공보수가 가능하다. 이제 각 보수의 확률을 구하면 다음과 같다.

$$f(\$0) = (1-0.7)(1-0.4) = 0.18, \quad f(\$2500) = (0.7)(0.4) = 0.28$$
$$f(\$1000) = (0.7)(1-0.4) = 0.42, \text{ 그리고 } f(\$1500) = (1-0.7)(0.4) = 0.12$$

따라서 이 외판원의 평균 성공보수는

$$\begin{aligned} E(X) &= (\$0)(0.18) + (\$1000)(0.42) + (\$1500)(0.12) + (\$2500)(0.28) \\ &= \$1300 \end{aligned}$$

예제 4.3 어떤 전자장치의 수명(단위: 시간)을 확률변수 X라고 하자. 확률밀도함수가

$$f(x) = \begin{cases} \frac{20,000}{x^3}, & x > 100 \\ 0, & \text{다른 곳에서} \end{cases}$$

로 주어졌을 때 이 장치의 기대수명을 구하라.

풀이 정의 4.1 을 이용하여 다음 결과를 얻을 수 있다.

$$\mu = E(X) = \int_{100}^{\infty} x\frac{20,000}{x^3}dx = \int_{100}^{\infty} \frac{20,000}{x^2}dx = 200$$

그러므로, 이 전자장치의 수명은 평균적으로 200 시간이라고 할 수 있다.

이제 X에 종속된 새로운 확률변수 $g(X)$를 생각해 보자. 즉, X의 값에 따라 $g(X)$의 각 값이 결정된다. $g(X)$를 X^2이나 $3X-1$이라고 할 때, X가 2이면 $g(X)$는 $g(2)$의 값을 가지게 된다. 예를 들면, X가 확률분포 $f(x)$, $x=-1, 0, 1, 2$를 가지는 이산형 확률변수이고 $g(X)=X^2$이라면,

$$\begin{aligned} P[g(X) = 0] &= P(X = 0) = f(0) \\ P[g(X) = 1] &= P(X = -1) + P(X = 1) = f(-1) + f(1) \\ P[g(X) = 4] &= P(X = 2) = f(2) \end{aligned}$$

이므로 $g(X)$의 확률분포는 다음과 같다.

$g(x)$	0	1	4
$P[g(X) = g(x)]$	$f(0)$	$f(-1) + f(1)$	$f(2)$

정의에 의하여 $g(X)$의 기대값은 다음과 같다.

$$\begin{aligned} \mu_{g(X)} &= E[g(x)] = 0f(0) + 1[f(-1) + f(1)] + 4f(2) \\ &= (-1)^2 f(-1) + (0)^2 f(0) + (1)^2 f(1) + (2)^2 f(2) = \sum_x g(x)f(x) \end{aligned}$$

이 결과는 정리 4.1 에서와 같이 확률변수가 이산형인 경우와 연속형인 경우에 대해 일반화될 수 있다.

정리 4.1

X가 확률분포 $f(x)$를 가지는 확률변수라고 하면 확률변수 $g(X)$의 평균 혹은 기대값은 X가 이산형인 경우에는

$$\mu_{g(X)} = E[g(X)] = \sum_x g(x)f(x)$$

가 되고, X가 연속형인 경우에는

$$\mu_{g(X)} = E[g(X)] = \int_{-\infty}^{\infty} g(x)f(x)\ dx$$

가 된다.

예제 4.4 어느 쾌청한 금요일 오후 4시에서 5시 사이에 세차장에서 서비스를 받는 차의 수를 X라고 할 때 X의 확률분포가 다음과 같다고 하자.

x	4	5	6	7	8	9
$P(X=x)$	$\frac{1}{12}$	$\frac{1}{12}$	$\frac{1}{4}$	$\frac{1}{4}$	$\frac{1}{6}$	$\frac{1}{6}$

$g(X)=2X-1$을 종업원이 받는 수당(단위: 달러)이라고 할 때, 이 시간대의 종업원의 기대수익을 구하라.

풀이 정리 4.1에 의해서 종업원의 기대수익은 다음과 같다.

$$\begin{aligned} E[g(X)] =& E(2X-1) = \sum_{x=4}^{9}(2x-1)f(x) \\ =& (7)\left(\frac{1}{12}\right) + (9)\left(\frac{1}{12}\right) + (11)\left(\frac{1}{4}\right) + (13)\left(\frac{1}{4}\right) \\ &+ (15)\left(\frac{1}{6}\right) + (17)\left(\frac{1}{6}\right) = \$12.67 \end{aligned}$$

예제 4.5 확률변수 X의 밀도함수가

$$f(x) = \begin{cases} \frac{x^2}{3}, & -1 < x < 2 \\ 0, & \text{다른 곳에서} \end{cases}$$

일 때 $g(X)=4X+3$의 기대값을 구하라.

풀이 정리 4.1에 의해서

$$E(4X+3) = \int_{-1}^{2} \frac{(4x+3)x^2}{3} dx = \frac{1}{3}\int_{-1}^{2}(4x^3+3x^2)\ dx = 8$$

이제 수학적 기대값의 개념을 결합확률분포 $f(x, y)$를 가지는 두 확률변수 X와 Y의 경우로 확장시켜 보자.

정의 4.2

X와 Y를 결합확률분포 $f(x, y)$를 가지는 확률변수라고 하자. 확률변수 $g(X, Y)$의 평균 혹은 기대값은 X와 Y가 이산형인 경우에는

$$\mu_{g(X,Y)} = E[g(X,Y)] = \sum_x \sum_y g(x,y)f(x,y)$$

가 되고, X와 Y가 연속형인 경우에는

$$\mu_{g(X,Y)} = E[g(X,Y)] = \int_{-\infty}^{\infty}\int_{-\infty}^{\infty} g(x,y)f(x,y)\,dx\,dy$$

가 된다.

정의 4.2를 일반화하여 여러 개의 확률변수의 함수에 대한 수학적 기대값을 계산하는 일은 간단하다.

예제 4.6 X와 Y를 표 3.1과 같은 결합확률분포를 가지는 확률변수라 할 때, $g(X, Y)=XY$의 기대값을 구하라.

$f(x,y)$		$x=0$	$x=1$	$x=2$	행의 합
y	0	$\frac{3}{28}$	$\frac{9}{28}$	$\frac{3}{28}$	$\frac{15}{28}$
	1	$\frac{3}{14}$	$\frac{3}{14}$	0	$\frac{3}{7}$
	2	$\frac{1}{28}$	0	0	$\frac{1}{28}$
열의 합		$\frac{5}{14}$	$\frac{15}{28}$	$\frac{3}{28}$	1

풀이 정의 4.2에 의해서 다음과 같이 쓸 수 있다.

$$\begin{aligned} E(XY) &= \sum_{x=0}^{2}\sum_{y=0}^{2} xyf(x,y) = (0)(0)f(0,0) + (0)(1)f(0,1) \\ &\quad + (1)(0)f(1,0) + (1)(1)f(1,1) + (2)(0)f(2,0) \\ &= f(1,1) = \frac{3}{14} \end{aligned}$$

예제 4.7 다음과 같은 결합밀도함수에 대하여 $E(Y/X)$를 구하라.

$$f(x,y)=\begin{cases}\frac{x(1+3y^2)}{4}, & 0<x<2,\ 0<y<1\\ 0, & \text{다른 곳에서}\end{cases}$$

풀이

$$E\left(\frac{Y}{X}\right)=\int_0^1\int_0^2\frac{y(1+3y^2)}{4}\,dx\,dy=\int_0^1\frac{y+3y^3}{2}dy=\frac{5}{8}$$

정의 4.2에서, 만일 $g(X, Y)=X$라 하고 X의 주변분포가 $g(x)$이면,

$$E(X)=\begin{cases}\sum_x\sum_y xf(x,y)=\sum_x xg(x) & \text{(이산형인 경우)}\\ \int_{-\infty}^{\infty}\int_{-\infty}^{\infty}xf(x,y)\ dy\ dx=\int_{-\infty}^{\infty}xg(x)\ dx & \text{(연속형인 경우)}\end{cases}$$

가 됨을 알 수 있다. 그러므로, 2차원 공간상에서 $E(X)$를 계산할 때에는 X와 Y의 결합확률분포를 사용할 수도 있고 X의 주변분포를 사용할 수도 있다. 마찬가지로, Y의 주변분포가 $h(y)$이면 다음을 정의할 수 있다.

$$E(Y)=\begin{cases}\sum_y\sum_x yf(x,y)=\sum_y yh(y) & \text{(이산형인 경우)}\\ \int_{-\infty}^{\infty}\int_{-\infty}^{\infty}yf(x,y)\ dx\ dy=\int_{-\infty}^{\infty}yh(y)\ dy & \text{(연속형인 경우)}\end{cases}$$

연습문제

4.1 X를 합성섬유로 만들어진 일정한 폭을 가진 두루마리의 10미터당 결점수라고 할 때, X의 확률분포가 다음과 같다고 하자.

x	0	1	2	3	4
$f(x)$	0.41	0.37	0.16	0.05	0.01

이 섬유의 10미터당 평균결점수를 구하라.

4.2 이산형 확률변수 X의 확률분포가 다음과 같을 때 X의 평균을 구하라.

$$f(x)=\binom{3}{x}\left(\frac{1}{4}\right)^x\left(\frac{3}{4}\right)^{3-x},\quad x=0,1,2,3$$

4.3 연습문제 3.25에서 동전 3개의 총 금액을 나타내는 확률변수 T의 평균을 구하라.

4.4 편의(bias)가 있어서 앞면이 뒷면보다 3배 더 많이 나오는 동전이 있다. 이 동전을 2번 던졌을 때 뒷면이 나오는 횟수의 기대값을 구하라. X의 기대값, 즉 μ_X를 구하라.

4.5 도박장에서 한 여자고객이 한 벌의 카드 52장 중에서 잭이나 퀸을 뽑으면 \$3를 받고, 킹이나 에이스를 뽑으면 \$5를 받으며, 다른 카드를 뽑는다면 돈을 받지 못한다고 한다. 만약 이 도박

이 공정하기 위해서는 이 고객은 얼마를 지불하고 도박을 하여야 하는가?

4.6 세차장에서 세차비를 받는 점원이 있다. 어느 맑은 금요일 오후 4시부터 5시 사이에 그 점원이 \$7, \$9, \$11, \$13, \$15, \$17를 받을 확률은 각각 1/12, 1/12, 1/4, 1/4, 1/6, 1/6이다. 이 특정기간 동안에 점원의 기대수입을 구하라.

4.7 특정주식에 투자한 투자자가 한 해에 0.3의 확률로 \$4000의 수익이 있거나 0.7의 확률로 \$1000의 손실을 본다고 한다. 이 투자자의 기대수입은 얼마인가?

4.8 어느 보석판매상이 금목걸이를 구입하여 판매하려고 한다. 이 판매상이 금목걸이를 되팔아 \$250의 이득, \$150의 이득, 본전, \$150의 손해를 볼 확률이 각각 0.22, 0.36, 0.28, 0.14라고 한다. 이 판매상의 기대수익은 얼마인가?

4.9 비행기조종사가 그의 비행기를 \$200,000의 보험에 가입하려고 한다. 어떤 보험회사에서는 완전손해는 0.002의 확률로, 50% 손해는 0.01의 확률로, 25%의 손해는 0.1의 확률로 발생한다고 추정하고 있다. 다른 부분적인 손해는 무시하고, 이 보험회사가 해마다 \$500의 이득을 얻기 위해서는 보험료를 얼마로 책정하여야 되겠는가?

4.10 두 명의 검사원이 타이어를 검사하여 품질을 3등급으로 판정하고 있다. X를 검사원 A에 의해 판정된 등급, Y를 검사원 B에 의해 판정된 등급이라고 할 때, 다음 표는 X와 Y의 결합분포를 나타낸다.

$f(x,y)$		y = 1	2	3
	1	0.10	0.05	0.02
x	2	0.10	0.35	0.05
	3	0.03	0.10	0.20

μ_X와 μ_Y를 구하라.

4.11 어떤 규격화된 관의 직경 X의 밀도함수가 다음과 같이 주어졌을 때 X의 기대값을 구하라.

$$f(x) = \begin{cases} \frac{4}{\pi(1+x^2)}, & 0 < x < 1 \\ 0, & \text{다른 곳에서} \end{cases}$$

4.12 새 자동차 한 대의 판매이익(단위: \$5000) X는 다음과 같은 밀도함수를 가진다고 한다.

$$f(x) = \begin{cases} 2(1-x), & 0 < x < 1 \\ 0, & \text{다른 곳에서} \end{cases}$$

자동차 한 대당 평균이익을 구하라.

4.13 한 가정에서 연간 진공청소기를 사용하는 시간(단위: 100시간) X는 다음과 같은 확률밀도함수를 가진다고 한다. 진공청소기의 연간 평균 사용시간을 구하라.

$$f(x) = \begin{cases} x, & 0 < x < 1 \\ 2-x, & 1 \le x < 2 \\ 0, & \text{다른 곳에서} \end{cases}$$

4.14 어느 우편주문판매에 응하는 비율 X의 확률밀도함수가 다음과 같을 때 X의 기대값을 구하라.

$$f(x) = \begin{cases} \frac{2(x+2)}{5}, & 0 < x < 1 \\ 0, & \text{다른 곳에서} \end{cases}$$

4.15 두 확률변수 (X, Y)가 반지름 a를 가지는

원모양의 균일분포를 한다고 하자. 그러면 결합 확률밀도함수는 다음과 같다.

$$f(x,y)=\begin{cases}\frac{1}{\pi a^2}, & x^2+y^2\le a^2\\ 0, & \text{다른 곳에서}\end{cases}$$

4.16 20개의 불량품이 섞여 있는 전구 1000개가 있다. 그 중에서 차례로 전구 2개를 비복원추출했을 때

$$X_1 = \begin{cases}1, & \text{첫 번째 전구가 불량품이면}\\ 0, & \text{그렇지 않으면}\end{cases}$$

$$X_2 = \begin{cases}1, & \text{두 번째 전구가 불량품이면}\\ 0, & \text{그렇지 않으면}\end{cases}$$

라고 놓자. 선택한 2개의 전구 중 어느 1개가 불량품일 확률을 구하라. [힌트: $P(X_1+X_2=1)$을 계산하라.]

4.17 다음과 같은 확률분포를 가지는 확률변수 X가 있다고 하자.

x	-3	6	9
$f(x)$	1/6	1/2	1/3

$g(X)=(2X+1)^2$일 때 $\mu_{g(X)}$를 구하라.

4.18 연습문제 4.2에서 확률변수 $g(X)=X^2$의 기대값을 구하라.

4.19 어느 대기업에서는 매년 연말에 새 타자기를 몇 대씩 구입하는데, 구매 대수는 전년도의 수리횟수에 따라 좌우된다. 매년 구입하는 타자기 대수 X의 확률분포가 다음과 같다고 하자.

x	0	1	2	3
$f(x)$	1/10	3/10	2/5	1/5

대당 구입비가 \$1200이고 X대당 할인금액은 $50X^2$이라고 할 때, 연말 타자기 구입비는 평균적으로 얼마가 되는가?

4.20 연속확률변수 X의 밀도함수가 다음과 같을 때 $g(X)=e^{2X/3}$의 기대값을 구하라.

$$f(x)=\begin{cases}e^{-x}, & x>0\\ 0, & \text{다른 곳에서}\end{cases}$$

4.21 연습문제 4.12에서 자동차 대당 이익이 $g(X)=X^2$일 때 대당 평균이익을 구하라.

4.22 신장병치료에 걸리는 입원기간(단위: 일)은 확률변수 $Y=X+4$를 따른다고 한다. 단, X의 밀도함수는 다음과 같다.

$$f(x)=\begin{cases}\frac{32}{(x+4)^3}, & x>0\\ 0, & \text{다른 곳에서}\end{cases}$$

신장병치료에 걸리는 평균입원기간을 구하라.

4.23 X와 Y가 다음과 같은 결합확률함수를 가진다고 하자.

	$f(x,y)$	x = 2	x = 4
y	1	0.10	0.15
	3	0.20	0.30
	5	0.10	0.15

(a) $g(X,Y)=XY^2$의 기대값을 구하라.

(b) μ_X와 μ_Y를 구하라.

4.24 연습문제 3.51에서 구한 결합확률분포함수를 이용하여 다음을 구하라.

(a) $E(X^2Y-2XY)$

(b) $\mu_X-\mu_Y$

4.25 연습문제 3.51에서 책과 킹카드의 평균장수를 구하라.

4.26 확률변수 X와 Y의 결합밀도함수가 다음과 같을 때 $Z=\sqrt{X^2+Y^2}$의 기대값을 구하라.

$$f(x,y)=\begin{cases}4xy, & 0<x,\ y<1\\ 0, & \text{다른 곳에서}\end{cases}$$

4.27 연습문제 3.27에서 부품이 고장 날 때까지의 평균시간을 구하라.

4.28 연습문제 3.28의 밀도함수에 대해 다음 각 문항에 답하라.

$$f(x)=\begin{cases}\frac{2}{5}, & 23.75\le x\le 26.25\\ 0, & \text{다른 곳에서}\end{cases}$$

(a) 밀도함수를 그려라.

(b) 시리얼 상자의 평균무게를 구하라.

(c) (b)의 답이 예상과 다르다면 그 이유를 설명하라.

4.29 연습문제 3.29의 밀도함수에 대해 다음 각 문항에 답하라.

$$f(x)=\begin{cases}3x^{-4}, & x>1\\ 0, & \text{다른 곳에서}\end{cases}$$

(a) 밀도함수를 그려라.

(b) 평균입자크기를 구하라.

4.30 연습문제 3.31에서 세탁기가 고장 날 때까지의 평균시간을 구하라.

$$f(y)=\begin{cases}\frac{1}{4}e^{-y/4}, & y\ge 0\\ 0, & \text{다른 곳에서}\end{cases}$$

4.31 연습문제 3.32에 대해 다음 각 문항에 답하라.

(a) 공해방지에 배정되는 평균예산비율을 구하라.

(b) 어느 기업의 공해방지 예산비율이 (a)에서 구한 평균값을 초과할 확률은 얼마인가?

4.32 연습문제 3.13에 대해 다음 각 문항에 답하라.

x	0	1	2	3	4
$f(x)$	0.41	0.37	0.16	0.05	0.01

(a) 확률질량함수를 그려라.

(b) 결점수의 기대값을 구하라.

(c) $E(X^2)$을 구하라.

4.2 분산과 공분산

확률변수 X의 평균 혹은 기대값은 확률분포의 중심위치를 설명해 주는 값으로 통계학에서 매우 중요하다. 그러나 평균값만으로 분포의 형태를 설명할 수는 없다. 즉, 분포의 산포(variability)도 고려해야 할 필요가 있다. 그림 4.1에서 두 개의 이산형 확률분포그래프는 평균은 $\mu=2$로 같지만, 평균값에 대한 관측값들의 산포 혹은 '퍼

짐' 은 상당히 다름을 볼 수 있다.

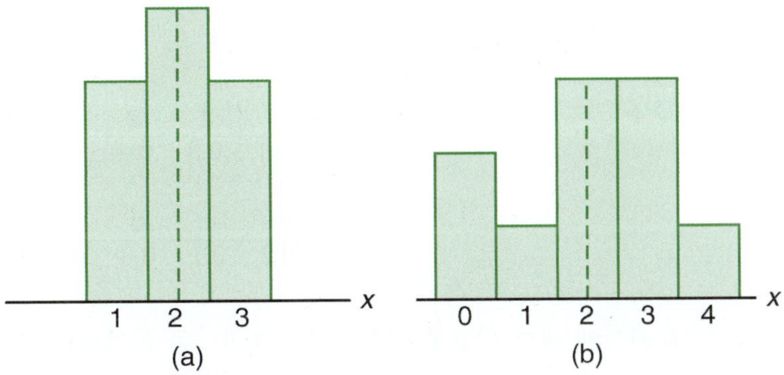

그림 4.1 평균은 같지만 분산이 다른 두 분포

확률변수 X의 산포의 가장 중요한 척도는 정리 4.1에서 $g(X)=(X-\mu)^2$으로 놓음으로써 얻어진다. 통계학에서는 이것을 **확률변수 *X*의 분산**(variance of the random variable X) 혹은 ***X*의 확률분포의 분산**(variance of the probability distribution of X)이라 하고, $Var(X)$ 혹은 σ_X^2으로 표시한다. 어떤 확률변수에 관한 것인지가 명백할 때는 간단히 σ^2으로 표시하기도 한다.

정의 4.3

X를 확률분포 $f(x)$와 평균 μ를 가지는 확률변수라고 할 때 X의 분산은 X가 이산형일 때에는

$$\sigma^2 = E[(X-\mu)^2] = \sum_x (x-\mu)^2 f(x)$$

가 되고, X가 연속형일 때에는

$$\sigma^2 = E[(X-\mu)^2] = \int_{-\infty}^{\infty} (x-\mu)^2 f(x)\, dx$$

가 된다. 분산의 양의 제곱근 σ를 X의 **표준편차**(standard deviation)라고 한다.

정의 4.3에서 $x-\mu$를 **관측값의** 평균으로부터의 **편차**(deviation)라고 한다. σ^2은 이러한 편차들에 대한 제곱의 평균이므로, x값들이 μ에 가까이 놓여 있는 경우가 μ로부터 상당히 떨어져 있는 경우보다 훨씬 작게 될 것이다.

예제 4.8 A와 B 두 회사에서 어느 날 사업목적으로 사용된 자동차의 수를 확률변수 X라고 하자. A회사에 대한 확률분포(그림 4.1(a))와 B회사에 대한 확률분포(그림 4.1(b))가 각각 다음과 같다.

x	1	2	3
$f(x)$	0.3	0.4	0.3

x	0	1	2	3	4
$f(x)$	0.2	0.1	0.3	0.3	0.1

B회사에 대한 확률분포의 분산이 A회사의 분산보다 큼을 보여라.

풀이 A회사에 대하여는

$$\mu_A = E(X) = (1)(0.3) + (2)(0.4) + (3)(0.3) = 2.0$$

그리고

$$\sigma_A^2 = \sum_{x=1}^{3}(x-2)^2 = (1-2)^2(0.3) + (2-2)^2(0.4) + (3-2)^2(0.3) = 0.6$$

B회사에 대하여는

$$\mu_B = E(X) = (0)(0.2) + (1)(0.1) + (2)(0.3) + (3)(0.3) + (4)(0.1) = 2.0$$

그리고

$$\begin{aligned}\sigma_B^2 &= \sum_{x=0}^{4}(x-2)^2 f(x)\\ &= (0-2)^2(0.2) + (1-2)^2(0.1) + (2-2)^2(0.3)\\ &\quad + (3-2)^2(0.3) + (4-2)^2(0.1) = 1.6.\end{aligned}$$

따라서, 사업목적으로 사용하는 자동차 수의 분산은 B회사의 경우가 A회사의 경우보다 더 크다.

다음의 정리를 통하여 σ^2을 더 간단히 계산하는 공식을 알아보자.

정리 4.2 확률변수 X의 분산은 다음과 같다.

$$\sigma^2 = E(X^2) - \mu^2$$

증명

$$\begin{aligned}\sigma^2 &= \sum_x (x-\mu)^2 f(x) = \sum_x (x^2 - 2\mu x + \mu^2) f(x) \\ &= \sum_x x^2 f(x) - 2\mu \sum_x x f(x) + \mu^2 \sum_x f(x)\end{aligned}$$

정의에 의해서 $\mu = \sum_x x f(x)$이고, $\sum_x f(x) = 1$이므로

$$\sigma^2 = \sum_x x^2 f(x) - \mu^2 = E(X^2) - \mu^2$$

이 된다. 연속형인 경우의 증명은 합을 적분으로 바꾸는 것 외에는 절차와 방법이 위와 동일하다.

예제 4.9 생산라인으로부터 3개의 부품을 추출하여 검사하였을 때 결함이 있는 부품의 수를 확률변수 X라고 하자. X의 확률분포가 다음과 같을 때, 정리 4.2를 이용하여 σ^2을 계산하라.

x	0	1	2	3
$f(x)$	0.51	0.38	0.10	0.01

풀이 먼저 평균을 계산하면

$$\mu = (0)(0.51) + (1)(0.38) + (2)(0.10) + (3)(0.01) = 0.61$$

이 된다. 그리고

$$E(X^2) = (0)(0.51) + (1)(0.38) + (4)(0.10) + (9)(0.01) = 0.87$$

이다. 따라서,

$$\sigma^2 = 0.87 - (0.61)^2 = 0.4979$$

예제 4.10 어느 연쇄점의 주당 콜라의 수요(단위: 1000 리터)가 다음과 같은 확률분포를 가지는 확률변수 X라고 할 때, X의 평균과 분산을 구하라.

$$f(x) = \begin{cases} 2(x-1), & 1 < x < 2 \\ 0, & \text{다른 곳에서} \end{cases}$$

풀이

$$\mu = E(X) = 2\int_1^2 x(x-1)\,dx = \frac{5}{3}$$

이고,

$$E(X^2) = 2\int_1^2 x^2(x-1)\,dx = \frac{17}{6}$$

이다. 따라서,

$$\sigma^2 = \frac{17}{6} - \left(\frac{5}{3}\right)^2 = \frac{1}{18}$$

분산 혹은 표준편차는 측정단위가 같은 두 개 또는 그 이상의 분포를 비교할 때에만 그 의미를 가지게 된다. 따라서, 어느 두 회사로부터 생산되는 병에 담긴 오렌지주스량(단위: 리터)의 분포의 분산을 비교할 때 분산이 더 크다는 것은 그 회사에서 생산된 각 병마다의 주스량이 더 변동적이라는 사실을 나타낸다. 그러나 신장의 분포의 분산과 적성검사성적 분포의 분산을 비교하는 것은 의미가 없게 된다. 4.4절에서 단일분포를 기술하는 데 표준편차가 어떻게 사용될 수 있는가를 보게 될 것이다.

이제 확률변수 X의 분산의 개념을 X와 관계된 확률변수의 경우로 확장시켜 보자. 확률변수 $g(X)$에 대한 분산을 $\sigma^2_{g(X)}$으로 표시하면, 그 값은 다음 정리로부터 계산된다.

정리 4.3

X를 확률분포 $f(x)$를 가지는 확률변수라고 하자. 확률변수 $g(X)$의 분산은 X가 이산형인 경우에는

$$\sigma^2_{g(X)} = E\{[g(X) - \mu_{g(X)}]^2\} = \sum_x [g(x) - \mu_{g(X)}]^2 f(x)$$

가 되고, X가 연속형인 경우에는

$$\sigma^2_{g(X)} = E\{[g(X) - \mu_{g(X)}]^2\} = \int_{-\infty}^{\infty} [g(x) - \mu_{g(X)}]^2 f(x)\,dx$$

가 된다.

증명 정리 4.1에서 정의된 바와 같이 $g(X)$는 $\mu_{g(X)}$를 평균으로 가지는 확률변수이므로, 정의 4.3으로부터 다음 식이 성립한다.

$$\sigma^2_{g(X)} = E\{[g(X) - \mu_{g(X)}]^2\}$$

정리 4.1을 확률변수 $[g(X)-\mu_{g(X)}]^2$에 적용하면 증명이 된다.

예제 4.11 확률변수 X의 확률분포가 다음과 같이 주어졌을 때 $g(X)=2X+3$의 분산을 계산하라.

x	0	1	2	3
$f(x)$	$\frac{1}{4}$	$\frac{1}{8}$	$\frac{1}{2}$	$\frac{1}{8}$

풀이 먼저 정리 4.1에 따라 확률변수 $2X+3$의 평균을 구하면

$$\mu_{2X+3} = E(2X+3) = \sum_{x=0}^{3}(2x+3)f(x) = 6$$

이 되고, 정리 4.3을 이용하면 다음 결과를 얻게 된다.

$$\begin{aligned}\sigma^2_{2X+3} &= E\{[(2X+3) - \mu_{2x+3}]^2\} = E[(2X+3-6)^2] \\ &= E(4X^2 - 12X + 9) = \sum_{x=0}^{3}(4x^2 - 12x + 9)f(x) = 4\end{aligned}$$

예제 4.12 X를 예제 4.5의 확률밀도함수를 가지는 확률변수라고 할 때, 확률변수 $g(X)=4X+9$의 분산을 구하라.

풀이 예제 4.5에서 $\mu_{4X+3}=8$이라는 사실이 알려져 있고, 정리 4.3을 이용하면 다음 결과를 얻게 된다.

$$\begin{aligned}\sigma^2_{4X+3} &= E\{[(4X+3) - 8]^2\} = E[(4X-5)^2] \\ &= \int_{-1}^{2}(4x-5)^2\frac{x^2}{3}dx = \frac{1}{3}\int_{-1}^{2}(16x^4 - 40x^3 + 25x^2)\,dx = \frac{51}{5}\end{aligned}$$

$\mu_X=E(X)$, $\mu_Y=E(Y)$일 때, $g(X, Y)=(X-\mu_X)(Y-\mu_Y)$라고 하면, μ_{XY} 혹은 $\mathrm{Cov}(X, Y)$로 표시되는 **공분산**(covariance)은 다음의 정의 4.4에 의하여 계산된다.

정의 4.4

X와 Y를 결합확률분포 $f(x, y)$를 가지는 확률변수라고 할 때, X와 Y의 **공분산**은 X와 Y가 이산형인 경우에는

$$\sigma_{XY} = E[(X - \mu_X)(Y - \mu_Y)] = \sum_x \sum_y (x - \mu_X)(y - \mu_y) f(x, y)$$

이고, X와 Y가 연속형인 경우에는

$$\sigma_{XY} = E[(X - \mu_X)(Y - \mu_Y)] = \int_{-\infty}^{\infty} \int_{-\infty}^{\infty} (x - \mu_X)(y - \mu_y) f(x, y)\, dx\, dy$$

이다.

공분산은 두 확률변수 간의 관련성의 척도이다. X의 값이 클 때 Y의 값도 크고, X의 값이 작을 때 Y의 값도 작다면 $(X-\mu_X)(Y-\mu_Y)$는 양의 값을 가지게 될 것이다. 이와는 달리, X의 값이 클 때 Y의 값이 작거나 그 반대의 경우에는 $(X-\mu_X)(Y-\mu_Y)$는 음의 값을 가지게 될 것이다. X와 Y가 통계적으로 독립일 때 공분산이 0임을 알 수 있다(따름정리 4.5 참조). 그러나 일반적으로 그 역은 성립하지 않는다. 즉, 두 변수의 공분산이 0이라도 통계적으로는 독립이 아닐 수도 있다. 공분산은 두 확률변수 사이의 선형적 관계만을 나타낸다는 점에 주목해야 한다. 따라서 X와 Y의 공분산이 0이라고 해도 X와 Y는 서로 비선형적인 관계, 즉 서로 독립이 아닌 관계일 수도 있는 것이다.

σ_{XY}를 간편하게 계산할 수 있는 또 다른 공식이 다음 정리에 주어져 있다.

정리 4.4

μ_X와 μ_Y를 평균으로 하는 두 확률변수 X와 Y의 공분산은 다음과 같다.

$$\sigma_{XY} = E(XY) - \mu_X \mu_Y$$

증명 이산형인 경우 다음과 같이 증명할 수 있다.

$$\begin{aligned}
\sigma_{XY} &= \sum_x \sum_y (x - \mu_X)(y - \mu_Y) f(x, y) \\
&= \sum_x \sum_y xy f(x, y) - \mu_X \sum_x \sum_y y f(x, y) \\
&\quad - \mu_Y \sum_x \sum_y x f(x, y) + \mu_X \mu_Y \sum_x \sum_y f(x, y)
\end{aligned}$$

정의에 의해서 $\mu_X = \sum_x xf(x,y)$, $\mu_Y = \sum_y yf(x,y)$이고, 또한 $\sum_x \sum_y f(x,y) = 1$이므로 다음이 성립한다.

$$\sigma_{XY} = E(XY) - \mu_X\mu_Y - \mu_Y\mu_X + \mu_X\mu_Y = E(XY) - \mu_X\mu_Y$$

연속형인 경우의 증명은 합을 적분으로 바꾸는 것 외에는 절차와 방법이 위와 동일하다.

예제 4.13 어떤 상자에서 임의로 2개의 볼펜을 꺼낼 때, 청색볼펜의 수 X와 적색볼펜의 수 Y의 결합확률분포가 다음과 같다(예제 3.14 참조). X와 Y의 공분산을 구하라.

	$f(x,y)$	x = 0	1	2	$h(y)$
y	0	$\frac{3}{28}$	$\frac{9}{28}$	$\frac{3}{28}$	$\frac{15}{28}$
	1	$\frac{3}{14}$	$\frac{3}{14}$	0	$\frac{3}{7}$
	2	$\frac{1}{28}$	0	0	$\frac{1}{28}$
	$g(x)$	$\frac{5}{14}$	$\frac{15}{28}$	$\frac{3}{28}$	1

풀이 예제 4.6으로부터 $E(XY)=3/14$임을 알고 있다. 또한,

$$\mu_X = \sum_{x=0}^{2} xg(x) = (0)\left(\frac{5}{14}\right) + (1)\left(\frac{15}{28}\right) + (2)\left(\frac{3}{28}\right) = \frac{3}{4}$$

이고,

$$\mu_Y = \sum_{y=0}^{2} yh(y) = (0)\left(\frac{15}{28}\right) + (1)\left(\frac{3}{7}\right) + (2)\left(\frac{1}{28}\right) = \frac{1}{2}$$

이다. 따라서,

$$\sigma_{XY} = E(XY) - \mu_X\mu_Y = \frac{3}{14} - \left(\frac{3}{4}\right)\left(\frac{1}{2}\right) = -\frac{9}{56}$$

예제 4.14 마라톤코스를 완주한 남자의 비율 X와 여자의 비율 Y의 결합확률분포가 다음과 같다. X와 Y의 공분산을 구하라.

$$f(x,y) = \begin{cases} 8xy, & 0 \le y \le x \le 1 \\ 0, & \text{다른 곳에서} \end{cases}$$

풀이 먼저 주변밀도함수를 구하면 다음과 같다.

$$g(x) = \begin{cases} 4x^3, & 0 \le x \le 1 \\ 0, & \text{다른 곳에서} \end{cases}$$

$$h(y) = \begin{cases} 4y(1-y^2), & 0 \le y \le 1 \\ 0, & \text{다른 곳에서} \end{cases}$$

그리고 앞에서 주어진 주변밀도함수로부터

$$\mu_X = E(X) = \int_0^1 4x^4\,dx = \frac{4}{5} \text{ 그리고 } \mu_Y = \int_0^1 4y^2(1-y^2)\,dy = \frac{8}{15}$$

가 된다.

또한 앞에서 주어진 결합밀도함수로 부터

$$E(XY) = \int_0^1 \int_y^1 8x^2y^2\,dx\,dy = \frac{4}{9}$$

가 된다. 따라서,

$$\sigma_{XY} = E(XY) - \mu_X\mu_Y = \frac{4}{9} - \left(\frac{4}{5}\right)\left(\frac{8}{15}\right) = \frac{4}{225}$$

공분산이 두 확률변수 사이의 관련성을 나타내기는 하지만, σ_{XY}값은 X와 Y의 측정단위에 따라 달라지므로 이 값이 관련성의 강도를 나타내는 것은 아니다. **상관계수**(correlation coefficient)는 측정단위와 무관하게 공분산과 같은 역할을 하는 측도로서 통계학에서 널리 사용된다.

정의 4.5 확률변수 X와 Y의 공분산이 σ_{XY}이고, 표준편차가 각각 σ_X, σ_Y라고 하자. X와 Y의 상관계수는 다음과 같이 정의된다.

$$\rho_{XY} = \frac{\sigma_{XY}}{\sigma_X \sigma_Y}$$

위의 수식에서 ρ_{XY}는 X와 Y의 단위에 무관한 것을 쉽게 알 수 있다. 상관계수값의 범위는 $-1 \le \rho_{XY} \le 1$이다. 공분산 σ_{XY}가 0이면 상관계수값도 0이 된다. 예를 들어, $Y \equiv a+bX$와 같은 완전한 선형적 관계인 경우에는 $b > 0$이면 $\rho_{XY} = 1$, $b < 0$이면 $\rho_{XY} = -1$이 된다(연습문제 4.48 참조). 상관계수는 뒤에서 다루게 될 선형회귀모형에서 좀더 자세하게 설명된다.

예제 4.15 예제 4.13에서 X와 Y의 상관계수를 구하라.

풀이

$$E(X^2) = (0^2)\left(\frac{5}{14}\right) + (1^2)\left(\frac{15}{28}\right) + (2^2)\left(\frac{3}{28}\right) = \frac{27}{28}$$

$$E(Y^2) = (0^2)\left(\frac{15}{28}\right) + (1^2)\left(\frac{3}{7}\right) + (2^2)\left(\frac{1}{28}\right) = \frac{4}{7}$$

이므로

$$\sigma_X^2 = \frac{27}{28} - \left(\frac{3}{4}\right)^2 = \frac{45}{112}, \qquad \sigma_Y^2 = \frac{4}{7} - \left(\frac{1}{2}\right)^2 = \frac{9}{28}$$

따라서 X와 Y의 상관계수는

$$\rho_{XY} = \frac{\sigma_{XY}}{\sigma_X \sigma_Y} = \frac{-9/56}{\sqrt{(45/112)(9/28)}} = -\frac{1}{\sqrt{5}}$$

예제 4.16 예제 4.14에서 X와 Y의 상관계수를 구하라.

풀이

$$E(X^2) = \int_0^1 4x^5\, dx = \frac{2}{3}, \qquad E(Y^2) = \int_0^1 4y^3(1-y^2)\, dy = 1 - \frac{2}{3} = \frac{1}{3}$$

이므로

$$\sigma_X^2 = \frac{2}{3} - \left(\frac{4}{5}\right)^2 = \frac{2}{75}, \qquad \sigma_Y^2 = \frac{1}{3} - \left(\frac{8}{15}\right)^2 = \frac{11}{225}$$

따라서

$$\rho_{XY} = \frac{4/225}{\sqrt{(2/75)(11/225)}} = \frac{4}{\sqrt{66}}$$

부호를 무시하고 절대적인 크기로 보았을 때 예제 4.15의 공분산이 예제 4.16의 공분산보다 크지만 상관계수의 경우는 그 반대임에 주목해야 한다. 따라서 공분산의 크기로 선형관계의 강도를 결정하지 않도록 해야 한다.

연습문제

4.33 정의 4.3을 이용하여 연습문제 4.7에서 확률변수 X의 분산을 구하라.

4.34 확률변수 X의 확률분포가 다음과 같다고 하자.

x	-2	3	5
$f(x)$	0.3	0.2	0.5

X의 표준편차를 구하라.

4.35 프로그램 100줄당 에러의 수 X는 다음의 확률분포를 따른다고 한다.

x	2	3	4	5	6
$f(x)$	0.01	0.25	0.4	0.3	0.04

정리 4.2를 이용하여 X의 분산을 구하라.

4.36 어떤 한 구역의 연간 정전횟수는 0, 1, 2, 3이고, 이에 대한 각각의 확률은 0.4, 0.3, 0.2, 0.1이라고 한다. 이 구역에서 발생하는 정전횟수를 확률변수 X라고 할 때 X의 평균과 분산을 구하라.

4.37 연습문제 4.12에서 X의 분산을 구하라.

4.38 연습문제 4.14에서 X의 분산을 구하라.

4.39 연습문제 4.13에서 X의 분산을 구하라.

4.40 연습문제 4.14에서 $g(X)=3X^2+4$에 대한 $\sigma^2_{g(X)}$을 구하라.

4.41 연습문제 4.17에서 $g(X)=(2X+1)^2$의 표준편차를 구하라.

4.42 연습문제 4.21에서 $g(X)=X^2$의 분산을 구하라.

4.43 어느 공항에서 비행기의 이륙대기시간(단위: 분)은 확률변수 $Y=3X=2$이고, 여기에서 X의 밀도함수는 다음과 같다고 한다.

$$f(x) = \begin{cases} \frac{1}{4}e^{-x/4}, & x > 0 \\ 0, & \text{다른 곳에서} \end{cases}$$

확률변수 Y의 평균과 분산을 구하라.

4.44 연습문제 3.39에서 확률변수 X와 Y의 공분산을 구하라.

4.45 연습문제 3.49에서 확률변수 X와 Y의 공분산을 구하라.

4.46 연습문제 3.44에서 확률변수 X와 Y의 공분산을 구하라.

4.47 연습문제 3.40에서 확률변수 X와 Y의 공분산을 구하라.

4.48 확률변수 X의 표준편차가 σ_X이고 $Y=a+bX$일 때, $b<0$이면 $\rho_{XY}=-1$이고 $b>0$이면 $\rho_{XY}=1$임을 증명하라.

4.49 연습문제 4.32에서 결점수의 분산과 표준편차를 구하라.

x	0	1	2	3	4
$f(x)$	0.41	0.37	0.16	0.05	0.01

4.50 밀도함수가 다음과 같을 때 X의 분산과 표준편차를 구하라.

$$f(x)=\begin{cases}2(1-x), & 0<x<1\\ 0, & \text{다른 곳에서}\end{cases}$$

4.51 연습문제 3.39에서 X와 Y의 상관계수를 구하라.

4.52 확률변수 X와 Y의 결합밀도함수가 다음과 같을 때 X와 Y의 상관계수를 구하라.

$$f(x,y)=\begin{cases}2, & 0<x\le y<1\\ 0, & \text{다른 곳에서}\end{cases}$$

4.3 선형결합된 확률변수의 평균과 분산

이 절에서는 확률변수의 평균과 분산을 손쉽게 계산할 수 있는 몇몇 성질을 소개한다. 이러한 성질들은 이미 알려져 있거나 쉽게 구할 수 있는 다른 모수들을 이용한 기대값의 계산을 가능하게 해 준다. 여기서 제시할 모든 결과들은 확률변수가 이산형인 경우와 연속형인 경우에 모두 유용하며, 연속형인 경우에 대해서만 증명한다.

정리 4.5 a와 b가 상수이면 $E(aX+b)=aE(X)+b$이다.

증명 기대값의 정의에 따라

$$E(aX+b)=\int_{-\infty}^{\infty}(ax+b)f(x)\,dx=a\int_{-\infty}^{\infty}xf(x)\,dx+b\int_{-\infty}^{\infty}f(x)\,dx$$

우변의 첫 번째 적분값은 $E(X)$이고, 두 번째 적분값은 1이 되므로 다음의 결과를 얻게 된다.

$$E(aX+b)=aE(X)+b$$

따름정리 4.1 $a=0$으로 놓으면 $E(b)=b$가 된다.

따름정리 4.2 $b=0$ 으로 놓으면 $E(aX)=aE(X)$가 된다.

예제 4.17 정리 4.5를 이산형 확률변수 $g(X)=2X-1$에 적용하여 예제 4.4를 다시 풀어 보라.

풀이 예제 4.4에 정리 4.5를 적용하면 다음과 같다.

$$E(2X-1)=2E(X)-1$$

그런데

$$\begin{aligned}\mu = E(X) &= \sum_{x=4}^{9} xf(x)\\ &= (4)\left(\frac{1}{12}\right)+(5)\left(\frac{1}{12}\right)+(6)\left(\frac{1}{4}\right)+(7)\left(\frac{1}{4}\right)+(8)\left(\frac{1}{6}\right)+(9)\left(\frac{1}{6}\right)=\frac{41}{6}\end{aligned}$$

이므로,

$$\mu_{2X-1}=(2)\left(\frac{41}{6}\right)-1=\$12.67$$

가 된다.

예제 4.18 정리 4.5를 연속형 확률변수 $g(X)=4X+3$에 적용하여 예제 4.5를 다시 풀어 보라.

풀이 예제 4.5에 정리 4.5를 적용하면 다음과 같다.

$$E(4X+3)=4E(X)+3$$

그런데

$$E(X)=\int_{-1}^{2} x\left(\frac{x^2}{3}\right)dx=\int_{-1}^{2}\frac{x^3}{3}dx=\frac{5}{4}$$

이므로,

$$E(4X+3)=(4)\left(\frac{5}{4}\right)+3=8$$

이 된다.

정리 4.6 두 개 이상의 확률변수 X의 함수의 합이나 차의 기대값은 각 함수의 기대값의 합이나 차와 같다. 즉,

$$E[g(X) \pm h(X)] = E[g(X)] \pm E[h(X)]$$

증명 정의에 의하여

$$\begin{aligned} E[g(X) \pm h(X)] &= \int_{-\infty}^{\infty} [g(x) \pm h(x)] f(x)\, dx \\ &= \int_{-\infty}^{\infty} g(x) f(x)\, dx \pm \int_{-\infty}^{\infty} h(x) f(x)\, dx \\ &= E[g(X)] \pm E[h(X)] \end{aligned}$$

예제 4.19 X가 다음과 같은 확률분포를 가지는 확률변수일 때, $Y=(X-1)^2$의 기대값을 구하라.

x	0	1	2	3
$f(x)$	$\frac{1}{3}$	$\frac{1}{2}$	0	$\frac{1}{6}$

풀이 정리 4.6을 함수 $Y=(X-1)^2$에 적용하면 다음과 같이 된다.

$$E[(X-1)^2] = E(X^2 - 2X + 1) = E(X^2) - 2E(X) + E(1)$$

따름정리 4.1로부터 $E(1)=1$이고, $E(X)$와 $E(X^2)$은 각각

$$E(X) = (0)\left(\frac{1}{3}\right) + (1)\left(\frac{1}{2}\right) + (2)(0) + (3)\left(\frac{1}{6}\right) = 1$$

$$E(X^2) = (0)\left(\frac{1}{3}\right) + (1)\left(\frac{1}{2}\right) + (4)(0) + (9)\left(\frac{1}{6}\right) = 2$$

이므로,

$$E[(X-1)^2] = 2 - (2)(1) + 1 = 1$$

예제 4.20 어느 연쇄점에서 판매하는 어떤 음료의 주당 수요(단위: 1000리터)가 연속형 확률변수 $g(X)=X^2+X-2$로 나타나며, X는 다음과 같은 확률분포를 가진다고 할 때, 음료수의 주당 수요의 기대값을 구하라.

$$f(x) = \begin{cases} 2(x-1), & 1 < x < 2 \\ 0, & \text{다른 곳에서} \end{cases}$$

풀이 정리 4.6에 의하면 다음과 같이 된다.

$$E(X^2 + X - 2) = E(X^2) + E(X) - E(2)$$

따름정리 4.1에 의해서 $E(2)=2$이고, $E(X)$와 $E(X^2)$은 다음과 같다.

$$E(X) = \int_1^2 2x(x-1)\,dx = 2\int_1^2 (x^2 - x)\,dx = \frac{5}{3}$$

$$E(X^2) = \int_1^2 2x^2(x-1)\,dx = 2\int_1^2 (x^3 - x^2)\,dx = \frac{17}{6}$$

따라서,

$$E(X^2 + X - 2) = \frac{17}{6} + \frac{5}{3} - 2 = \frac{5}{2}$$

이다. 즉, 주당 평균수요는 2500리터가 된다.

다음으로 결합확률분포 $f(x, y)$를 가지는 두 확률변수 X와 Y를 생각해 보자. 두 확률변수의 합과 차, 그리고 곱의 기대값은 정리 4.6을 확장시킨 다음의 정리를 이용하여 구할 수 있다.

정리 4.7 확률변수 X와 Y의 함수들의 합이나 차의 기대값은 각 함수의 기대값의 합이나 차와 같다. 즉,

$$E[g(X,Y) \pm h(X,Y)] = E[g(X,Y)] \pm E[h(X,Y)]$$

증명 정의 4.2에 의해

$$\begin{aligned} E[g(X,Y) \pm h(X,Y)] &= \int_{-\infty}^{\infty}\int_{-\infty}^{\infty} [g(x,y) \pm h(x,y)]f(x,y)\,dx\,dy \\ &= \int_{-\infty}^{\infty}\int_{-\infty}^{\infty} g(x,y)f(x,y)\,dx\,dy \pm \int_{-\infty}^{\infty}\int_{-\infty}^{\infty} h(x,y)f(x,y)\,dx\,dy \\ &= E[g(X,Y)] \pm E[h(X,Y)] \end{aligned}$$

따름정리 4.3

$g(X, Y)=g(X)$이고, $h(X, Y)=h(Y)$라 하면 다음과 같다.

$$E[g(X) \pm h(Y)] = E[g(X)] \pm E[h(Y)]$$

따름정리 4.4

$g(X, Y)=X$이고, $h(X, Y)=Y$라 하면 다음과 같다.

$$E[X \pm Y] = E[X] \pm E[Y]$$

기계 A에서 생산되는 어떤 제품의 일일생산량을 X라 하고, 기계 B에서의 일일생산량을 Y라고 하면, $X+Y$는 두 기계에서 생산되는 그 제품의 일일총생산량을 나타낸다. 따름정리 4.4는 두 기계에서의 일일평균생산량이 각 기계에서의 일일평균생산량의 합과 같다는 사실을 설명해 준다.

정리 4.8

두 확률변수 X와 Y가 서로 독립이라면,

$$E(XY) = E(X)E(Y)$$

이다.

증명 정의 4.2에 의해서

$$E(XY) = \int_{-\infty}^{\infty}\int_{-\infty}^{\infty} xyf(x, y)\ dx\ dy$$

X와 Y의 주변분포를 각각 $g(x)$와 $h(x)$라고 하면, X와 Y는 독립이므로 $f(x, y)=g(x)h(y)$가 된다. 따라서,

$$\begin{aligned} E(XY) &= \int_{-\infty}^{\infty}\int_{-\infty}^{\infty} xyg(x)h(y)\ dx\ dy = \int_{-\infty}^{\infty} xg(x)\ dx \int_{-\infty}^{\infty} yh(y)\ dy \\ &= E(X)E(Y) \end{aligned}$$

정리 4.8은 초록색 주사위와 붉은색 주사위를 던지는 실험과 같이 이산형 확률변수인 경우에도 적용될 수 있다. 초록색 주사위에서 나타나는 눈의 수를 확률변수 X라 하고, 붉은색 주사위에서 나타나는 눈의 수를 Y라고 하자. 그러면 XY는 두 개의 주사위에서 나타난 눈의 수의 곱이 된다. 결국 그 두 수의 곱의 평균은 초록색 주사위에서 나타나는 눈의 평균수와 붉은색 주사위에서 나타나는 눈의 평균수의 곱과 같아진다.

따름정리 4.5 확률변수 X와 Y가 서로 독립이면 $\sigma_{XY}=0$이다.

증명 정리 4.4와 4.8로부터 쉽게 알 수 있다

예제 4.21 X와 Y를 서로 독립이고 다음과 같은 결합확률분포를 가지는 확률변수라 할 때, 정리 4.8의 $E(XY)=E(X)E(Y)$가 성립함을 증명하라.

$$f(x,y)=\begin{cases}\frac{x(1+3y^2)}{4}, & 0<x<2,\ 0<y<1\\ 0, & \text{다른 곳에서}\end{cases}$$

풀이

$$E(XY)=\int_0^1\int_0^2 xyf(x,y)\,dx\,dy=\int_0^1\int_0^2\frac{x^2y(1+3y^2)}{4}\,dx\,dy$$
$$=\int_0^1\left.\frac{x^3y(1+3y^2)}{12}\right|_{x=0}^{x=2}dy=\int_0^1\frac{2y(1+3y^2)}{3}dy=\frac{5}{6}$$

$$E(X)=\int_0^1\int_0^2 xf(x,y)\,dx\,dy=\int_0^1\int_0^2\frac{x^2(1+3y^2)}{4}\,dx\,dy$$
$$=\int_0^1\left.\frac{x^3(1+3y^2)}{12}\right|_{x=0}^{x=2}dy=\int_0^1\frac{2(1+3y^2)}{3}dy=\frac{4}{3}$$

$$E(Y)=\int_0^1\int_0^2 yf(x,y)\,dx\,dy=\int_0^1\int_0^2\frac{xy(1+3y^2)}{4}\,dx\,dy$$
$$=\int_0^1\left.\frac{x^2y(1+3y^2)}{8}\right|_{x=0}^{x=2}dy=\int_0^1\frac{y(1+3y^2)}{2}dy=\frac{5}{8}$$

따라서,

$$E(X)E(Y)=\left(\frac{4}{3}\right)\left(\frac{5}{8}\right)=\frac{5}{6}=E(XY)$$

다음으로 분산이나 표준편차의 계산에 유용하게 사용되는 정리와 따름정리들을 살펴보기로 하자.

정리 4.9 X와 Y가 결합확률분포 $f(x,y)$를 가지는 확률변수이고, a, b, c가 상수일 때

$$\sigma_{aX+bY+c}^2=a^2\sigma_X^2+b^2\sigma_Y^2+2ab\sigma_{XY}$$

이다.

증명 정의에 의하여

$$\sigma^2_{aX+bY+c} = E\{[(aX+bY+c) - \mu_{aX+bY+c}]^2\}$$

이다. 그런데 따름정리 4.2와 따름정리 4.4에 의하여

$$\mu_{aX+bY+c} = E(aX+bY+c) = aE(X) + bE(Y) + c = a\mu_X + b\mu_Y + c$$

가 되므로,

$$\begin{aligned}\sigma^2_{aX+bY+c} &= E\{[a(X-\mu_X) + b(Y-\mu_Y)]^2\}\\ &= a^2E[(X-\mu_X)^2] + b^2E[(Y-\mu_Y)^2] + 2abE[(X-\mu_X)(Y-\mu_Y)]\\ &= a^2\sigma^2_X + b^2\sigma^2_Y + 2ab\sigma_{XY}\end{aligned}$$

가 된다.

따름정리 4.6

$b=0$ 으로 놓으면 $\sigma^2_{aX+c} = a^2\sigma^2_X = a^2\sigma^2$ 이 된다.

따름정리 4.7

$a=1, b=0$ 으로 놓으면 $\sigma^2_{X+c} = \sigma^2_X = \sigma^2$ 이 된다.

따름정리 4.8

$b=0, c=0$ 으로 놓으면 $\sigma^2_{aX} = a^2\sigma^2_X = a^2\sigma^2$ 이 된다.

따름정리 4.6과 4.7은 확률변수에 어떤 상수를 더해 주거나 빼 주어도 분산이 변하지 않는다는 사실을 설명해 준다. 어떤 상수를 더하거나 빼는 것은 단순히 X의 값을 오른쪽이나 왼쪽으로 이동시킬 뿐이며 변동을 변화시키지는 않는다. 그러나 만약 확률변수에 어떤 상수로 곱해 주거나 나누어 주게 되면, 따름정리 4.6과 4.8에서 보았듯이 분산은 그 상수의 제곱으로 곱하거나 나눈 값이 된다.

따름정리 4.9

X와 Y를 독립인 확률변수라고 하면,

$$\sigma^2_{aX+bY} = a^2\sigma^2_X + b^2\sigma^2_Y$$

이다.

따름정리 4.9는 정리 4.9와 따름정리 4.5로부터 얻어진다.

따름정리 4.10 X와 Y를 독립인 확률변수라고 하면,

$$\sigma_{aX-bY} = a^2\sigma_X^2 + b^2\sigma_Y^2$$

이다.

따름정리 4.10은 따름정리 4.9에서 b를 $-b$로 치환하면 바로 얻어진다. 이 결과를 n개의 독립인 확률변수의 1차결합으로 일반화시키면 다음과 같다.

따름정리 4.11 $X_1, X_2, \cdots, X_n$을 독립인 확률변수라 하면,

$$\sigma^2_{a_1X_1+a_2X_2+\cdots+a_nX_n} = a_1^2\sigma^2_{X_1} + a_2^2\sigma^2_{X_2} + \cdots + a_n^2\sigma^2_{X_n}$$

이다.

예제 4.22 확률변수 X와 Y의 분산이 각각 $\sigma_X^2=2$, $\sigma_Y^2=4$이고, 공분산이 $\sigma_{XY}=-2$일 때, 확률변수 $Z=3X-4Y+8$의 분산을 구하라.

풀이

$$\begin{aligned}\sigma_Z^2 &= \sigma^2_{3X-4Y+8} = \sigma^2_{3X-4Y} && \text{(따름정리 4.6에 의하여)}\\ &= 9\sigma_X^2 + 16\sigma_Y^2 - 24\sigma_{XY} && \text{(정리 4.9에 의하여)}\\ &= (9)(2) + (16)(4) - (24)(-2) = 130\end{aligned}$$

예제 4.23 어떤 화학제품의 무더기 속에 섞여 있는 두 종류의 불순물을 X, Y라고 할 때, X와 Y는 서로 독립이고 분산이 각각 $\sigma_X^2=2$, $\sigma_Y^2=3$이라고 한다. 확률변수 $Z=3X-2Y+5$의 분산을 구하라.

풀이

$$\begin{aligned}\sigma_Z^2 &= \sigma^2_{3X-2Y+5} = \sigma^2_{3X-2Y} && \text{(따름정리 4.6에 의하여)}\\ &= 9\sigma_x^2 + 4\sigma_y^2 && \text{(따름정리 4.10에 의하여)}\\ &= (9)(2) + (4)(3) = 30\end{aligned}$$

4.4 체비셰프 정리

4.2절에서 확률변수의 분산은 평균을 중심으로 관측값들이 얼마나 변동하고 있는가를 나타낸다고 하였다. 만일 분산이나 표준편차가 작으면 대부분의 값들이 평균 근처에 밀집되어 있을 것이라고 생각할 수 있다. 그러므로, 확률변수가 평균을 중심으로 어떤 구간 내의 값을 취할 확률은 표준편차가 작을수록 더 커진다. 확률을 밀

도함수의 아랫부분의 면적으로 간주한다면, 표준편차가 큰 연속형 분포의 경우 변동성이 커지므로 그림 4.2(a)와 같이 면적이 더 퍼져 있게 됨을 예상할 수 있다. 그러나 σ의 값이 작으면 그림 4.2(b)와 같이 대부분의 면적이 μ에 근접하게 됨을 예상할 수 있다.

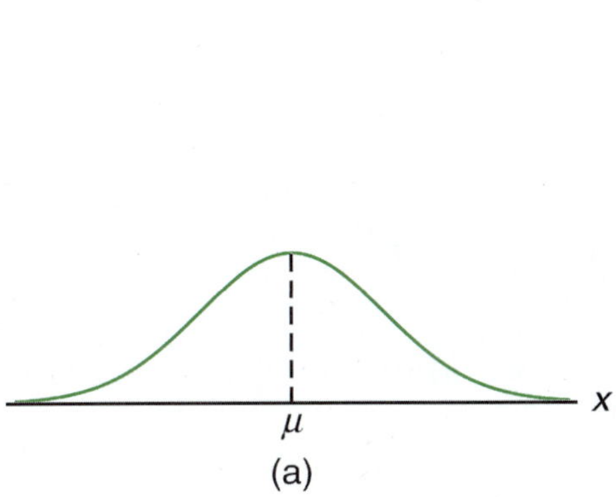

그림 4.2 연속형 관측값들의 산포

이산형 확률분포인 경우에도 똑같이 생각할 수 있다. 그림 4.3(b)의 히스토그램의 면적이 그림 4.3(a)의 면적보다 훨씬 더 퍼져 있음을 볼 수 있고, 이것은 측정값이나 결과의 산포가 더 심하다는 사실을 나타내 준다.

러시아의 수학자 체비셰프(Chebyshev, P. L., 1821 ~ 1894)는 평균을 중심으로 대칭인 두 값 사이의 면적이 표준편차와 관계되어 있음을 발견하였다. 확률분포곡선 아랫부분의 면적이나 히스토그램의 면적의 합이 1이 되므로, 어떤 두 값 사이의 면적은 확률변수가 그 두 값 사이의 값을 취할 확률이 된다.

체비셰프에 의한 다음 정리는 어떤 실수 k에 대하여 확률변수가 평균으로부터 표준편차의 k배 범위 내의 값을 취할 확률의 보수적인 예측값을 제공해 준다.

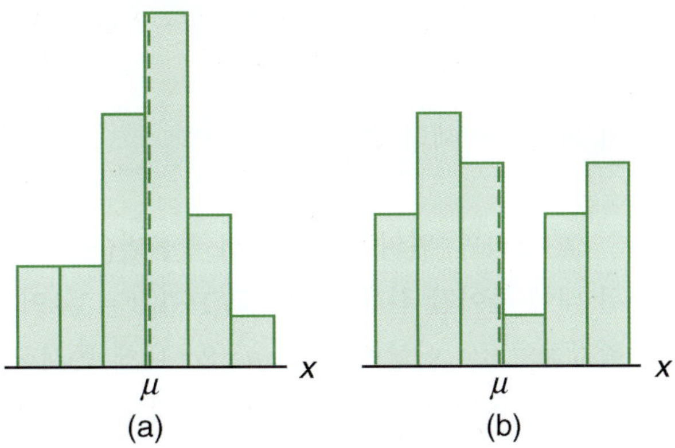

그림 4.3 이산형 관측값들의 산포

정리 4.10

> **체비셰프 정리**: 확률변수 X가 평균으로부터 표준편차의 k배 범위 내의 값을 취할 확률은 적어도 $1-1/k^2$이 된다. 즉,
>
> $$P(\mu - k\sigma < X < \mu + k\sigma) \ge 1 - \frac{1}{k^2}$$

증명 분산의 정의에 의하여

$$\begin{aligned}\sigma^2 &= E[(X-\mu)^2] = \int_{-\infty}^{\infty} (x-\mu)^2 f(x)\, dx \\ &= \int_{-\infty}^{\mu-k\sigma} (x-\mu)^2 f(x)\, dx + \int_{\mu-k\sigma}^{\mu+k\sigma} (x-\mu)^2 f(x)\, dx \\ &\quad + \int_{\mu+k\sigma}^{\infty} (x-\mu)^2 f(x)\, dx \\ &\ge \int_{-\infty}^{\mu-k\sigma} (x-\mu)^2 f(x)\, dx + \int_{\mu+k\sigma}^{\infty} (x-\mu)^2 f(x)\, dx\end{aligned}$$

그런데 $x \ge \mu+k\sigma$이거나 $x \le \mu-k\sigma$이면 $|x-\mu|$가 되므로, $(x-\mu)^2 \ge k^2\sigma^2$이 된다. 따라서,

$$\sigma^2 \ge \int_{-\infty}^{\mu-k\sigma} k^2\sigma^2 f(x)\, dx + \int_{\mu+k\sigma}^{\infty} k^2\sigma^2 f(x)\, dx,$$

$$\int_{-\infty}^{\mu-k\sigma} f(x)\, dx + \int_{\mu+k\sigma}^{\infty} f(x)\, dx \le \frac{1}{k^2}$$

이다. 그러므로,

$$P(\mu - k\sigma < X < \mu + k\sigma) = \int_{\mu-k\sigma}^{\mu+k\sigma} f(x)\, dx \ge 1 - \frac{1}{k^2}$$

이 되어 체비셰프 정리가 성립된다.

$k-2$ 라면, 위의 정리로부터 확률변수 X가 평균을 중심으로 표준편차의 2배 범위 내에 들어갈 확률이 적어도 $1-1/2^2=3/4$이 됨을 알 수 있다. 즉, 어떤 분포의 관측값들의 3/4 이상이 구간 $\mu\pm2\sigma$ 내에 존재하게 된다. 마찬가지로 어떤 분포의 관측값들의 8/9 이상은 구간 $\mu\pm3\sigma$ 내에 존재하게 된다.

예제 4.24 확률변수 X의 평균은 $\mu=8$이고 분산은 $\sigma^2=9$이며, 확률분포는 알려져 있지 않다고 할 때 다음을 구하라.

(a) $P(-4<X<20$

(b) $P(|X-8|\geq 6)$

풀이 (a) $P(-4<X<20)=P[8-(4)(3)<X<8+(4)(3)]\geq \frac{15}{16}$

(b) $$P(|X-8|\geq 6)=1-P(|X-8|<6)=1-P(-6<X-8<6)$$
$$=1-P[8-(2)(3)<X<8+(2)(3)]\leq \frac{1}{4}$$

체비셰프 정리는 관측값들의 분포에 관계 없이 성립하기 때문에 대부분의 경우 그 결과는 빈약하다. 이 정리에 의하여 주어지는 값은 단지 하한값일 뿐이다. 즉, 확률변수가 구간 $\mu\pm 2\sigma$ 내에 들어갈 확률이 3/4보다는 작을 수 없다는 사실만 알 수 있을 뿐, 그 값이 정확히 얼마인지는 결코 알 수 없다. 확률분포가 알려져 있을 때에만 정확한 확률을 계산할 수 있다. 체비셰프 정리는 분포의 형태가 알려지지 않은 상황에서나 사용된다.

연습문제

4.53 연습문제 4.35에서 이산형 확률변수 $Z=3X-2$의 평균과 분산을 구하라.

4.54 연습문제 4.36에서 정리 4.5와 따름정리 4.6을 이용하여 확률변수 $Z=5X+3$의 평균과 분산을 구하라.

4.55 도매상에서 상자당 \$1.2씩 탈지분유를 구입하여 \$1.65씩 판매하는 소매상이 있다. 유통기간이 지난 탈지분유는 상자당 구입가격의 3/4에 해당하는 금액을 도매상으로부터 되돌려 받는다고 한다. 이 소매상이 5상자를 구입하였을 때 판매될 상자의 수를 X라고 하면, X의 확률분포는 아래와 같다. 기대이익을 구하라.

x	0	1	2	3	4	5
$f(x)$	$\frac{1}{15}$	$\frac{2}{15}$	$\frac{2}{15}$	$\frac{3}{15}$	$\frac{4}{15}$	$\frac{3}{15}$

4.56 정리 4.5와 따름정리 4.6을 적용하여 연습문제 4.43을 계산하라.

4.57 확률변수 X의 분포가 다음과 같다고 하자.

x	-3	6	9
$f(x)$	$\frac{1}{6}$	$\frac{1}{2}$	$\frac{1}{3}$

$E(X)$와 $E(X^2)$을 구한 후, 이 값을 이용하여 $E[(2X+1)^2]$을 계산하라.

4.58 일년에 십대들이 스테레오 오디오를 듣는

시간(단위: 100시간) X는 아래의 밀도함수를 따른다고 한다.

$$f(x)=\begin{cases} x, & 0<x<1 \\ 2-x, & 1\le x<2 \\ 0, & \text{다른 곳에서} \end{cases}$$

정리 4.6을 이용하여 확률변수 $Y=60X^2+39X$의 평균을 구하라.

4.59 $E[(X-1)^2]=10$, $E[(X-2)^2]=6$일 때, 확률변수 X의 μ와 σ^2을 구하라.

4.60 X와 Y가 아래의 결합확률분포를 가지는 서로 독립인 확률변수라고 할 때 다음을 구하라.

$f(x,y)$		$x=2$	$x=4$
y	1	0.10	0.15
	3	0.20	0.30
	5	0.10	0.15

(a) $E(2X-3Y)$
(b) $E(XY)$

4.61 정리 4.7을 이용하여 표 3.1에 주어져 있는 결합확률분포의 $E(2XY^2-X^2Y)$를 계산하라.

4.62 X와 Y가 서로 독립이고, 각각 $\sigma_X^2=5$, $\sigma_Y^2=3$인 확률변수라고 할 때, 확률변수 $Z=-2X+4Y-3$의 분산을 구하라.

4.63 X와 Y가 서로 독립이 아닌 확률변수이고 $\sigma_{XY}=1$일 때 연습문제 4.62를 계산하라.

4.64 X와 Y를 각각 다음의 밀도함수를 가지는 서로 독립인 확률변수라고 하자. 이때, $Z=XY$의 기대값을 구하라.

$$g(x)=\begin{cases} \frac{8}{x^3}, & x>2 \\ 0, & \text{다른 곳에서} \end{cases}$$

$$h(y)=\begin{cases} 2y, & 0<y<1 \\ 0, & \text{다른 곳에서} \end{cases}$$

4.65 붉은색 주사위를 던졌을 때 나타나는 숫자를 X, 초록색 주사위를 던졌을 때 나타나는 숫자를 Y라고 하자. 이때, 다음을 구하라.

(a) $E(X+Y)$
(b) $E(X-Y)$
(c) $E(XY)$

4.66 초록색 주사위를 던졌을 때 나타나는 숫자를 X, 붉은색 주사위를 던졌을 때 나타나는 숫자를 Y라고 하자. 이때, 다음 확률변수의 분산을 구하라.

(a) $2X-Y$
(b) $X+3Y-5$

4.67 X와 Y의 결합밀도함수가 아래와 같이 주어질 때

$$f(x,y)=\begin{cases} \frac{2}{7}(x+2y), & 0<x<1,\ 1<y<2 \\ 0, & \text{다른 곳에서} \end{cases}$$

$g(X,Y)=\frac{X}{Y^3}+X^2Y$의 기대값을 구하라.

4.68 I를 전류, R을 저항이라고 할 때 전력 P는 $P=I^2R$로 주어진다. 저항은 50옴 상수이고, 전류(단위: 암페어)는 평균 15, 분산 0.03인 확률변수라고 할 때 전력 P의 평균과 분산을 구하라.

4.69 확률변수 X와 Y의 결합분포가 다음과 같다.

$$f(x,y)=\frac{1}{4^{(x+y)}}\cdot\frac{9}{16},$$
$$x=0,1,2,\cdots,\ y=0,1,2,\cdots$$

(a) $E(X), E(Y), Var(X), Var(Y)$를 구하라.
(b) $Z=X+Y$라고 할 때 $E(Z)$와 $Var(Z)$를 구하라.

4.70 확률변수 X와 Y의 결합분포가 다음과 같다.

$$f(x,y)=\begin{cases}\frac{3}{2}(x^2+y^2), & 0\le x,y\le 1\\ 0, & \text{다른 곳에서}\end{cases}$$

(a) X와 Y는 서로 독립인가?
(b) $E(X+Y)$와 $E(XY)$를 구하라.
(c) $Var(X), Var(Y), \mathrm{Cov}(X, Y)$를 구하라.
(d) $Var(X+Y)$를 구하라.

4.71 최루가스에 대한 사람의 반응시간(단위 : 분) Y의 밀도함수는 다음과 같다.

$$f(y)=\begin{cases}\frac{1}{4}e^{-y/4}, & 0\le y<\infty\\ 0, & \text{다른 곳에서}\end{cases}$$

(a) 평균반응시간을 구하라.
(b) $E(Y^2)$과 $Var(Y)$를 구하라.

4.72 확률변수 Y의 밀도함수가 다음과 같다.

$$f(y)=\begin{cases}1, & 7\le y\le 8\\ 0, & \text{다른 곳에서}\end{cases}$$

(a) 밀도함수를 그려라.
(b) $E(Y), E(Y^2), Var(Y)$를 구하라.

4.73 연습문제 4.72에 대해 정리 4.1을 이용하여

$$E(e^Y)=\int_7^8 e^y f(y)dy$$

를 구하라. 또한 $f(y)$를 이용하는 대신 e^Y를 테일러 급수(Taylor series)로 전개하여 $E(e^Y)$를 구하고, 이 둘을 비교하라.

4.74 연습문제 4.72에서 $Var(e^Y)$를 구하려고 한다. $Z=e^Y$로 놓고 정리 4.2와 4.3, 그리고 연습문제 4.73을 이용하여

$$Var(Z)=E(Z^2)-[E(Z)]^2$$

을 계산하라. 또한 $f(y)$를 이용하는 대신 e^Y를 테일러 급수로 전개하여 $Var(e^Y)$를 구하고, 이 둘을 비교하라.

4.75 100와트 전구를 제조하는 전기회사가 있다. 이 전구의 수명은 평균이 900시간, 표준편차는 50시간이라고 한다. 700시간 이내에 수명이 다하는 전구는 많아야 몇 퍼센트가 되는가? 분포는 평균에 대해 대칭이라고 가정하라.

4.76 어떤 자동차회사의 사원모집공고에 1000명이 지원하였다. 지원자들의 입사시험 성적결과는 평균이 60점, 표준편차가 6점으로 나타났다. 성적순으로 70명을 선발한다고 할 때, 84점을 받은 지원자는 채용될 수 있겠는가? [힌트: 체비셰프 정리를 이용하라.] 분포는 평균에 대해 대칭이라고 가정하라.

4.77 확률변수 X가 평균 $\mu=10$, 분산 $\sigma^2=4$이다. 체비셰프 정리를 이용하여 다음을 구하라.

(a) $P(|X-10|\ge 3)$
(b) $P(|X-10|<3)$
(c) $P(5<X<15)$
(d) $P(|X-10|\ge c)\le 0.04$일 때, 상수 c값을 구하라.

4.78 X의 밀도함수가 다음과 같을 때 $P(\mu-2\sigma < X < \mu+2\sigma)$를 계산하라. 또한 체비셰프 정리에 의한 결과와 비교하라.

$$f(x) = \begin{cases} 6x(1-x), & 0 < x < 1 \\ 0, & \text{다른 곳에서} \end{cases}$$

이산형 확률분포 5장

5.1 개론

히스토그램, 표, 또는 수식 등 어느 것으로 이산형 확률변수를 나타내든지, 이들은 곧 확률변수의 움직임을 기술하게 된다. 종종 전혀 다른 실험임에도 불구하고 그 결과가 같은 형태의 움직임을 나타내는 경우가 있다. 따라서, 이러한 실험들에 관계된 이산형 확률변수들은 본질적으로 동일한 확률분포를 따르게 되고, 한 가지 식으로 나타낼 수 있게 된다. 실제로 많은 경우에 접하게 되는 이산형 확률변수들을 묘사하는 데에는 몇 가지의 중요한 확률분포만이 필요하게 된다.

이러한 확률분포 중에서 실생활의 확률적 현상들을 묘사하는데 이용되는 분포들의 예를 들어 보자. 신약의 효능실험에서 신약을 복용한 전체 환자들 중 치유된 환자들의 수는 근사적으로 이항분포를 따르게 된다(5.2 절). 생산로트에서 추출된 표본에 포함된 불량품의 수는 초기하 확률변수로 묘사할 수 있다(5.3 절). 통계적 품질관리에서 관측 값이 어떤 범위를 벗어나게 되면 공정의 평균이 변화되었다고 판정하게 되는데, 헛 경고를 보내는데 필요한 표본의 수는 음이항분포의 특별한 경우인 기하분포를 따른다(5.4 절). 한편, 혈액 표본 내의 백혈구의 수는 포아송분포로 묘사할 수 있을 것이다(5.5 절). 이장에서는 이러한 분포들을 다양한 예제와 함께 제시한다.

5.2 이산형 균일분포

모든 이산형 확률분포 중에서 가장 간단한 것은 확률변수가 취할 수 있는 각 값들이 모두 같은 확률을 가지는 경우이다. 이러한 확률분포를 **이산형 균일분포**(discrete uniform distri-bution)라 한다.

이산형 균일분포

확률변수 X가 $x_1, x_2, \cdots, x_k$의 각 값을 취할 확률이 동일하다면, 이산형 균일분포는

$$f(x; k) = \frac{1}{k}, \quad x = x_1, x_2, \ldots, x_k$$

로 주어진다.

균일분포는 모수 k에 종속되어 있음을 나타내기 위하여 $f(x)$ 대신에 $f(x\,;\,k)$라는 기호를 사용한다.

예제 5.1 40와트, 60와트, 75와트, 100와트의 전구가 들어 있는 상자에서 임의로 하나의 전구를 꺼낼 때, 표본공간 $S=\{40, 60, 75, 100\}$의 각 원소는 1/4의 발생확률을 가진다. 따라서, X의 확률분포는 $f(x;4)=\frac{1}{4}$, $x=40, 60, 75, 100$인 균일분포이다.

예제 5.2 하나의 주사위를 던지는 실험에서 표본공간 $S=\{1, 2, 3, 4, 5, 6\}$의 각 원소의 발생확률은 1/6로 같다. 따라서, X의 확률분포는 $f(x;6)=\frac{1}{6}$, $x=1, 2, 3, 4, 5, 6$인 균일분포이다.

히스토그램으로 균일분포를 나타내면 같은 높이를 가지는 직사각형들의 집합이 된다. 예제 5.2에 대한 히스토그램이 그림 5.1에 나타나 있다.

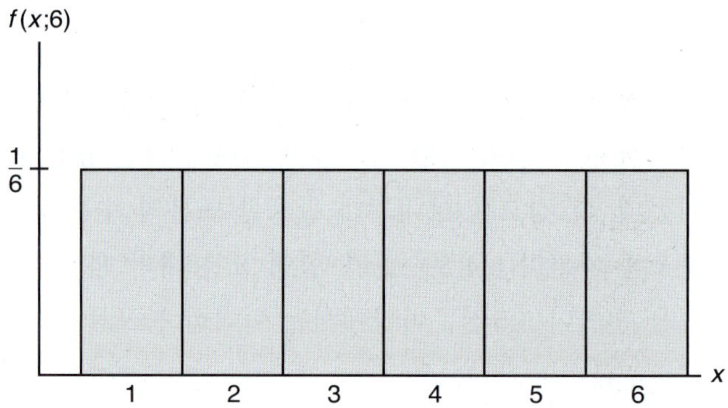

그림 5.1 주사위를 던지는 실험의 히스토그램

정리 5.1

이산형 균일분포의 평균과 분산은

$$\mu = \frac{1}{k}\sum_{i=1}^{k} x_i \text{ 와 } \quad \sigma^2 = \frac{1}{k}\sum_{i=1}^{k}(x_i - \mu)^2$$

이 된다.

증명 정의에 의하여

$$\mu = E(X) = \sum_{i=1}^{k} x_i f(x_i;k) = \sum_{i=1}^{k} \frac{x_i}{k} = \frac{1}{k}\sum_{i=1}^{k} x_i$$

이다. 또한 정의에 의하여

$$\sigma^2 = E[(X-\mu)^2] = \sum_{i=1}^{k}(x_i-\mu)^2 f(x_i;k) = \frac{1}{k}\sum_{i=1}^{k}(x_i-\mu)^2$$

예제 5.3 예제 5.2에서 X의 평균과 분산을 구해 보면

$$\mu = \frac{1+2+3+4+5+6}{6} = 3.5$$

이고

$$\sigma^2 = \frac{1}{6}[(1-3.5)^2 + (2-3.5)^2 + \cdots + (6-3.5)^2] = \frac{17.5}{6} = \frac{35}{12} = 2.92$$

임을 알 수 있다.

5.3 이항분포와 다항분포

성공(success)과 **실패**(failure)의 두 가지 가능한 결과만을 가지는 시행이 반복적으로 실시되는 경우와 같은 실험을 자주 보게 된다. 조립라인에서 생산되는 제품의 검사에서 그 제품의 양 · 불량만을 가려낸다면 그러한 경우에 해당한다. 두 가지 가능한 실험결과 중 어느 하나를 성공이라고 정의할 수 있다. 한 벌의 카드에서 연속적으로 카드를 뽑아 그 카드가 하트이면 성공, 하트가 아니면 실패라고 하는 경우를 생각해 보자. 만약 뽑혀진 카드가 복원이 되고 다음 번 추출 전에 충분히 섞여진다면, 각 시행은 독립이고 매 시행의 성공확률은 일정한 상수가 된다. 이러한 과정을 **베르누이 과정**(Bernoulli process)이라 하고 매 시행을 **베르누이 시행**(Bernoulli trial)이라 한다. 그러나 카드추출실험에서 카드가 복원이 되지 않는다면 매 시행마다 성공의 확률이 변하게 된다. 즉, 첫 번째 추출에서 하트를 뽑을 확률은 1/4이지만, 두 번째 추출에서는 첫 번째 추출에서 하트가 뽑혔느냐 아니냐에 따라 각각 12/51, 13/51의 값을 가지는 조건부 확률이 된다. 따라서, 이러한 실험은 베르누이 시행으로 간주되지 않는다.

베르누이 과정

베르누이 과정은 다음과 같은 성질들을 가진다.

1. 실험은 n 번의 반복시행으로 구성된다.
2. 각 시행의 결과는 성공이나 실패의 두 가지 중 하나가 된다.
3. p 로 표시되는 성공확률은 매 시행마다 일정하다.
4. 각 시행은 서로 독립이다.

제조과정에서 3개의 제품을 임의로 추출하여 검사하고, 양(N)·불량(D)으로 구분하는 베르누이 시행을 생각해 보자. 불량을 발견하는 경우를 성공이라 하자. 그러면 성공횟수는 0에서 3 사이의 값을 취하는 확률변수 X가 된다. 8가지 가능한 결과와 각 경우에 대한 X의 값은 다음과 같다.

결과	NNN	NDN	NND	DNN	NDD	DND	DDN	DDD
x	0	1	1	1	2	2	2	3

제품들 중 25% 가 불량품이라고 가정하면, 공정에서 제품들이 독립적으로 추출되므로

$$P(NDN) = P(N)P(D)P(N) = \left(\frac{3}{4}\right)\left(\frac{1}{4}\right)\left(\frac{3}{4}\right) = \frac{9}{64}$$

가 된다. 마찬가지 방법으로 나머지 결과들에 대해서도 확률을 구할 수 있다. 따라서, X의 확률분포는 다음과 같다.

x	0	1	2	3
$f(x)$	$\frac{27}{64}$	$\frac{27}{64}$	$\frac{9}{64}$	$\frac{1}{64}$

이항분포

n 번의 베르누이 시행에서의 성공횟수 X를 **이항확률변수**(binomial random variable)라 하고, 이 이산형 확률변수의 확률분포를 **이항분포**(binomial distribution)라 하며, 확률은 시행횟수와 각 시행에서의 성공확률에 종속되어 있으므로 $b(x\,;n, p)$로 표시된다. 따라서, 불량품의 수 X의 확률분포에 대하여

$$P(X = 2) = f(2) = b\left(2; 3, \frac{1}{4}\right) = \frac{9}{64}$$

가 된다.

다음으로 $b(x;n,p)$에 대한 공식을 얻기 위하여 위의 설명을 일반화해 보자. 즉, 이항실험에서 n회의 시행 중에서 x번의 성공이 일어날 확률을 계산할 수 있는 공식을 구하고자 한다. 먼저 x번의 성공과 $n-x$번의 실패가 일어난 어떤 특정한 배열의 발생확률에 대해서 생각해 보자. 각 시행이 독립이므로 그 확률은 각 시행의 결과들의 확률의 곱으로 나타낼 수 있다. 각 시행에서 성공확률은 p이고 실패확률은 $q=1-p$이므로, 그 특정배열의 발생확률은 $p^x q^{n-x}$이 된다. 이제 이 실험에서 x번의 성공과 $n-x$번의 실패를 포함하고 있는 표본점의 총 수를 결정해야 한다. 이 수는 n개의 결과를 한 그룹에는 x개, 또 다른 한 그룹에는 $n-x$개로 분할하는 경우의 수와 같게 되므로 $\binom{n}{x}$가 된다. 이러한 분할은 서로 배반적이기 때문에 모든 분할들의 확률을 합하거나 혹은 간단히 $p^x q^{n-x}$에 $\binom{n}{x}$를 곱하여 일반적인 공식을 얻게 된다.

이항분포 성공확률이 p, 실패확률이 $q=1-p$인 베르누이 시행의 n회 독립시행에서 성공의 횟수를 나타내는 이항확률변수 X의 확률분포는

$$b(x;n,p)=\binom{n}{x}p^x q^{n-x}, \quad x=0,1,2,\ldots,n$$

으로 주어진다.

$n=3$이고 $p=1/4$ $p=1/4$이라 할 때, 불량품의 수 X의 확률분포는 다음과 같이 나타낼 수 있다.

$$b\left(x;3,\frac{1}{4}\right)=\binom{3}{x}\left(\frac{1}{4}\right)^x\left(\frac{3}{4}\right)^{3-x}, \quad x=0,1,2,3$$

예제 5.4 어떤 종류의 부품이 충격실험에서 충격을 견딜 확률이 3/4이다. 4개의 부품에 대해 실험했을 때 정확하게 2개가 충격을 견딜 확률을 구하라.

풀이 각 실험이 독립이고, 각 실험에 대해 $p=3/4$이므로

$$b\left(2;4,\frac{3}{4}\right)=\binom{4}{2}\left(\frac{3}{4}\right)^2\left(\frac{1}{4}\right)^2=\left(\frac{4!}{2!\,2!}\right)\left(\frac{3^2}{4^4}\right)=\frac{27}{128}$$

이항분포라는 이름은 $(q+p)^n$의 이항전개에서 각 항이 $x=0, 1, 2, \cdots, n$일 때 $b(x;n,p)$의 각 값들과 일치한다는 사실에서 연유한 것이다. 즉,

$$(q+p)^n = \binom{n}{0}q^n + \binom{n}{1}pq^{n-1} + \binom{n}{2}p^2q^{n-2} + \cdots + \binom{n}{n}p^n$$
$$= b(0;n,p) + b(1;n,p) + b(2;n,p) + \cdots + b(n;n,p)$$

이다. $p+q=\sum_{x=0}^{n} b(x;n,p)=1$이 되어 확률분포의 조건을 갖추게 된다.

때때로 우리는 $p(X<r)$이나 $p(a \le X \le b)$를 구하는 문제에 직면할 때가 있다. 이항분포의 누적합 $B(r;n,p)=\sum_{x=0}^{r} b(x;n,p)$가 부록 A.1에 주어져 있어 $n=1, 2, \cdots, 20$, 그리고 0.1과 0.9 사이의 p값에 대하여 유용하게 사용될 수 있다. 다음 예제를 통해 부록 A.1의 사용방법을 설명하겠다.

예제 5.5 빈혈환자가 회복될 확률이 0.4라 하자. 15명이 빈혈에 걸렸을 때 다음 확률을 구하라.

(a) 적어도 10명이 회복될 확률

(b) 3명에서 8명 사이의 사람이 회복될 확률

(c) 정확히 5명이 회복될 확률

풀이 X를 회복된 환자의 수라 하자.

$$\text{(a)}\ P(X \ge 10) = 1 - P(X<10) = 1 - \sum_{x=0}^{9} b(x;15,0.4) = 1 - 0.9662$$
$$= 0.0338$$

$$\text{(b)}\ P(3 \le X \le 8) = \sum_{x=3}^{8} b(x;15,0.4) = \sum_{x=0}^{8} b(x;15,0.4) - \sum_{x=0}^{2} b(x;15,0.4)$$
$$= 0.9050 - 0.0271 = 0.8779$$

$$\text{(c)}\ P(X=5) = b(5;15,0.4) = \sum_{x=0}^{5} b(x;15,0.4) - \sum_{x=0}^{4} b(x;15,0.4)$$
$$= 0.4032 - 0.2173 = 0.1859$$

예제 5.6 어느 대형 할인점 상인이 전자장비를 제조업자로부터 납품받으려고 한다. 제조업자는 이 장비의 불량률이 3%라고 밝히고 있다.

(a) 상인이 납품된 제품 중 20개를 임의로 선택하였을 때, 이 20개 중 적어도 한 대의 불량품이 있을 확률은 얼마인가?

(b) 한 달에 10번의 납품을 받고, 납품시마다 20개의 장비를 검사한다고 하자. 적어도 한 대의 불량품이 포함된 납품이 3번 있을 확률은 얼마인가?

풀이 (a) 20개의 장비 중 불량품의 수를 X라고 하면 X는 $b(x\,;20, 0.03)$ 분포를 따른다.

따라서,

$$P(X \geq 1) = 1 - P(X = 0) = 1 - b(0; 20, 0.03)$$
$$= 1 - 0.03^0(1 - 0.03)^{20-0} = 0.4562$$

(b) 납품시마다 최소한 한 대의 불량품이 있거나 없게 된다. 따라서, 각 납품시마다 하는 검사는 p=0.4562인 베르누이 과정으로 생각할 수 있다. 납품들이 서로 독립적이라고 가정하고 최소한 한 대의 불량품을 포함하는 납품의 수를 Y라고 하면, Y는 이항분포 $b(y\,;10, 0.4562)$를 따르게 된다. 그러므로,

$$P(Y = 3) = \binom{10}{3} 0.4562^3(1 - 0.4562)^7 = 0.1602$$

예제 5.4, 5.5, 5.6으로부터 이항분포가 많은 분야에 적용된다는 것을 알 수 있다. 산업기사는 매우 민감하게 제조공정의 불량률에 관심을 가질 것이다. 때때로 품질관리와 샘플링검사에 이항분포를 이용한다. 공정 결과가 두 가지로 나타나고, 연속된 시행에서 성공률이 일정한 공정의 결과들이 서로 독립적인 산업현장의 문제들에 이항분포를 적용할 수 있다. 이항분포는 의학 분야나 군사 분야에도 널리 응용된다. 예를 들어, 약 처방시 '치유됨'과 '효과 없음', 미사일 발사시 '명중'과 '빗나감' 등과 같이 성공과 실패로 구분할 수 있는 경우가 많이 있다.

이항확률변수의 확률분포는 모수 n, p, q가 취하는 값에 의해 결정되므로, 이항확률변수의 평균과 분산 역시 이러한 모수들의 값에 종속되어 있다고 가정하는 것이 합당하다. 실제로 이것은 사실이고, 이항확률변수의 평균과 분산을 계산할 수 있는 일반적인 공식이 정리 5.2에 주어져 있다.

정리 5.2 이항분포 $b(x\,;n, p)$의 평균과 분산은 다음과 같다.

$$\mu = np, \quad \sigma^2 = npq$$

증명 j번째 시행에서의 결과를 베르누이 확률변수 I_j로 표시하면 I_j는 q와 p의 확률로 각각 0과 1의 값을 취한다. 따라서, 이항실험에서 성공횟수는 n개의 독립된 베르누이 변수의 합으로 쓰여질 수 있다. 그러므로,

$$X = I_1 + I_2 + \cdots + I_n$$

I_j의 평균은 $E(I_j) = (0)(q) + (1)(p) = p$이다. 따라서, 따름정리 4.4를 이용하면 이항

분포의 평균은

$$\mu = E(X) = E(I_1) + E(I_2) + \cdots + E(I_n) = \underbrace{p + p + \cdots + p}_{n\text{개}} = np$$

가 된다. I_j 의 분산은

$$\sigma_{I_j}^2 = E[(I_j - p)^2] = E(I_j^2) - p^2 = (0)^2(q) + (1)^2(p) - p^2 = p(1-p) = pq$$

따름정리 4.11 을 n 개의 독립변수인 경우까지 확장하면, 이항분포의 분산은

$$\sigma_X^2 = \sigma_{I_1}^2 + \sigma_{I_2}^2 + \cdots + \sigma_{I_n}^2 = \underbrace{pq + pq + \cdots + pq}_{n\text{개}} = npq$$

예제 5.7 어느 시골에 있는 우물 중 30% 는 불순물이 있다고 알려져 있다. 이 지역의 모든 우물을 검사하기에는 비용이 너무 많이 소요되므로 10개 우물을 임의로 선정하여 검사하기로 하였다.

(a) 알려진 것처럼 정확히 3개 우물에 불순물이 있을 확률을 이항분포를 이용하여 구하라.

(b) 3개를 초과한 우물에 불순물이 있을 확률은 얼마인가?

풀이 (a) 이항분포를 이용하면

$$\begin{aligned} b(3; 10, 0.3) = P(X=3) &= \sum_{x=0}^{3} b(x; 10, 0.3) - \sum_{x=0}^{2} b(x; 10, 0.3) \\ &= 0.6496 - 0.3828 = 0.2668 \end{aligned}$$

(b) $P(X > 3) = 1 - 0.6496 = 0.3504$

예제 5.8 예제 5.5의 이항확률변수에 대한 평균과 분산을 구하고, 체비세프 정리를 사용하여 구간 $\mu \pm 2\sigma$의 의미를 설명해 보라.

풀이 예제 5.5는 n=15이고, p=0.4인 이항실험이므로 정리 5.2를 적용하여 다음 결과를 얻을 수 있다.

$$\sigma^2 = (15)(0.4)(0.6) = 3.6$$

3.6의 제곱근을 취하면 σ=1.897이 된다. 그러므로 문제에서 요구하는 구간은 6 ±

$(2)\cdot(1.897)$, 즉 2.206에서 9.794까지가 된다. 따라서, 체비셰프 정리는 빈혈에 걸린 15명의 환자 중 회복될 사람의 수가 2.206과 9.794 사이, 혹은 자료가 이산형이므로 3명에서 9명까지가 될 확률이 적어도 3/4이 됨을 말해 준다.

예제 5.9 예제 5.7에서 '30%가 오염'이라는 말은 그 지역의 수질위원회에서 단순히 추측한 가설일 뿐이다. 이제 10개 우물을 검사한 결과 6개 우물에서 불순물이 발견되었다고 하자. 이것은 가설에 대해 무엇을 의미하는가? 확률적인 개념을 가지고 설명하라.

풀이 우리는 먼저 "만약 가설이 맞는다면 6개 이상의 우물에서 불순물이 발견된다는 것이 있을 법한 일인가?"라는 질문을 해봐야 한다.

$$P(X \geq 6) = \sum_{x=0}^{10} b(x; 10, 0.3) - \sum_{x=0}^{5} b(x; 10, 0.3) = 1 - 0.9527 = 0.0473$$

이 결과를 보면 30%가 오염이라고 가정할 때 6개 이상의 우물에서 불순물이 발견되는 일은 매우 드물다(4.7%의 확률)는 것을 알 수 있다. 따라서, 이 가설에 상당한 의문이 제기될 수밖에 없으며, 오염도가 훨씬 심각한 상태라는 것을 짐작케 한다.

다항실험과 다항분포

독자들이 실감하듯이 가능한 결과가 두 개 이상인 경우도 많이 발생한다. 유전학 분야의 예를 들면, 모르모트가 낳은 새끼의 색은 붉은색이거나 검정색, 또는 흰색일 수 있다. 산업현장에서 제품을 '불량' 또는 '양품'으로 분류하는 것은 너무 단순화한 것일 수도 있다. 실제로 공정에서 생산되는 제품들은 두 가지 이상으로 분류되기도 한다.

각 시행에서 가능한 결과가 둘 이상이 되면 이항실험은 **다항실험**(multinomial experiment)이 된다. 그러므로 어떤 생산품을 무게에 따라 가벼운 것, 무거운 것, 적당한 것으로 분류하는 실험이나 어느 사거리에서 발생하는 사고를 요일별로 구분하는 것은 다항실험이 된다. 한 벌의 카드에서 한 장의 카드를 연속적으로 복원추출할 때의 결과를 그림에 따라 분류한다면 역시 다항실험이 된다.

일반적으로 각 시행에서 $p_1, p_2, \cdots, p_k$의 확률로 가능한 결과 $E_1, E_2, \cdots, E_k$ 중 어느 하나가 일어난다고 하면, **다항분포**(multinomial distribution)는 n번의 독립시행에서 E_1이 x_1번, E_2가 x_2번, $\cdots$, E_k가 x_k번 일어날 확률을 나타내는데, 여기서 $x_1+x_2+\cdots+x_k=n$이 된다. 이러한 결합확률분포를 $f(x_1, x_2, \cdots, x_k; p_1, p_2, \cdots, p_k, n)$으로 표시하기로 하자. 각 시행에서의 결과는 k개의 가능한 결과들 중의 하나이므로, $p_1+p_2+\cdots+p_k=1$이 됨은 명백하다.

일반적인 공식을 유도해 내기 위해 이항분포의 경우와 같이 전개해 보자. 각 시행이 독립이므로 E_1이 x_1번, E_2가 x_2번, ⋯, E_k가 x_k 번 나타나는 어떤 특정한 배열이 일어날 확률은 $p_1^{x_1}p_2^{x_2}\cdots p_k^{x_k}$이 된다. n번 시행에서 같은 결과를 가지는 배열의 총 수는 n개의 품목을 k개의 그룹으로 분할하되, 첫 번째 그룹이 x_1개, 두 번째 그룹이 x_2개, ⋯, k번째 그룹이 x_k 개가 되도록 분할하는 경우의 수와 같다. 즉,

$$\binom{n}{x_1, x_2, \ldots, x_k} = \frac{n!}{x_1!\,x_2!\cdots x_k!}$$

모든 분할이 서로 배반적이고 같은 확률로 발생하므로, 어떤 특정한 배열의 확률에 같은 결과를 가지는 배열의 총 수를 곱함으로써 다항분포를 얻을 수 있다.

다항분포 각 시행에서 $p_1, p_2, \cdots, p_k$의 확률로 k개의 결과 $E_1, E_2, \cdots, E_k$ 중 어느 하나가 발생한다면, n번의 독립시행에서 각각 $E_1, E_2, \cdots, E_k$의 발생횟수를 나타내는 확률변수 $X_1, X_2, \cdots, X_k$의 확률분포는 다음과 같다.

$$f(x_1, x_2, \ldots, x_k; p_1, p_2, \ldots, p_k, n) = \binom{n}{x_1, x_2, \ldots, x_k} p_1^{x_1}\, p_2^{x_2}\cdots p_k^{x_k}$$

여기서 $\sum_{i=1}^{k} x_i = n$이고, $\sum_{i=1}^{k} p_i = 1$이다.

다항분포라는 이름은 $(p_1+p_2+\cdots+p_k)^n$의 다항전개에서 각 항이 $f(x_1, x_2, \cdots, x_k; p_1, p_2, \cdots, p_k, n)$의 가능한 모든 값들과 일치한다는 사실에서 연유한 것이다.

예제 5.10 어느 공항의 항공기 이착륙 상황에 대한 이상적인 조건을 알아보기 위해 컴퓨터 시뮬레이션이 수행되었다. 3개의 활주로가 있는 이 공항에서 각 활주로가 사용될 확률은 다음과 같이 알려져 있다.

활주로 1 : $p_1=2/9$
활주로 2 : $p_2=1/6$
활주로 3 : $p_3=11/18$

임의로 도착하는 6대의 비행기가 다음과 같이 활주로에 도착할 확률은 얼마인가?

활주로 1 : 2대
활주로 2 : 1대
활주로 3 : 3대

풀이 다항분포를 이용하면

$$f\left(2,1,3;\frac{2}{9},\frac{1}{6},\frac{11}{18},6\right)=\binom{6}{2,1,3}\left(\frac{2}{9}\right)^2\left(\frac{1}{6}\right)^1\left(\frac{11}{18}\right)^3$$
$$=\frac{6!}{2!\,1!\,3!}\cdot\frac{2^2}{9^2}\cdot\frac{1}{6}\cdot\frac{11^3}{18^3}=0.1127$$

연습문제

5.1 확률변수 X가 $x_1, x_2, ..., x_k$의 값에 대해서만 확률질량함수의 값이 $f(x)=1/k$이고, 다른 곳에서는 0일 때 X를 이산형 균일분포라고 한다. X의 평균과 분산을 구하라.

5.2 스피커 간에 차이가 있는가를 알아보기 위해 12명에게 2개씩 동일한 스피커가 주어졌다. 이 사람들은 오직 추측에 의해서만 대답한다고 할 때, 두 스피커 간에 차이가 있다고 3명이 대답할 확률을 구하라.

5.3 10명의 직원들에게 할당된 1부터 10까지의 번호표가 들어 있는 상자에서 임의로 1개의 번호표를 선택하여 그 번호표에 해당하는 직원을 사업의 감독자로 선임한다고 한다. 뽑힌 번호표의 값을 나타내는 X의 확률분포함수를 구하라. 뽑힌 번호가 4 미만일 확률은?

5.4 어느 도시에서 절도를 범하는 이유 중 75%가 마약을 사기 위한 것이었다. 이 도시에서 발생한 5번의 절도사건에 관한 다음 확률을 구하라.

(a) 마약 살 돈을 위한 절도가 정확히 2번 일어날 확률

(b) 마약 살 돈을 위한 절도가 최대한 3번 일어날 확률

5.5 화학공학학술지에 의하면 화학공장에서 발생하는 파이프 작업사고의 30%가 작업자 실수로 일어난다고 한다.

(a) 추후 발생하는 20번의 파이프 작업사고 중 적소한 10번이 작업자 실수에 의해 발생할 확률은 얼마인가?

(b) 20번의 사고 중 4번 이하가 작업자 실수에 의해 발생할 확률은 얼마인가?

(c) 어떤 공장의 경우 20번의 사고 중 5번만이 작업자 실수로 발생했다. 학술지에서 말한 30%가 이 공장에도 해당된다고 할 수 있는가?

5.6 노동부 조사에 의하면 미국회사의 1/3이 15년 이상의 경력사원에게 4주의 휴가를 준다고 한다. 임의로 추출된 6개 회사 중에서 15년 이상 경력사원에게 4주의 휴가를 주는 회사의 수가 다음과 같을 확률을 구하라.

(a) 2 이상 5 이하일 확률

(b) 3 미만일 확률

5.7 한 저명한 의사가 주장하기를 폐암에 걸

려 있는 환자 중의 70% 가 줄담배를 피우는 사람이라고 한다. 이 주장이 사실이라고 할 때 다음을 구하라.

(a) 폐암에 걸려 있는 10명 중 줄담배를 피우는 사람이 절반이 안 될 확률

(b) 폐암에 걸려 있는 20명 중 줄담배를 피우는 사람이 절반이 안 될 확률

5.8 매사추세츠 대학 사회학자들이 발표한 연구에 의하면, 매사추세츠주의 발륨(신경안정제) 사용자의 60% 정도가 심리적인 문제로 발륨을 사용했다고 한다. 이 주의 8명의 사용자에 관한 다음의 확률을 구하라.

(a) 정확히 3명이 심리적인 문제로 발륨을 사용할 확률

(b) 적어도 5명이 심리적이 아닌 문제로 발륨을 사용할 확률

5.9 산악지형에서 실시된 어떤 종류의 타이어 시험에서 트럭의 25% 가 타이어 펑크로 인해 주행시험에서 실패하였다고 한다. 시험한 15대 트럭에 관한 다음의 확률을 구하라.

(a) 펑크나는 트럭의 수가 3대에서 6대까지 나타날 확률

(b) 펑크나는 트럭의 수가 4대 미만일 확률

(c) 펑크나는 트럭의 수가 5대를 초과할 확률

5.10 미시간 대학에서 전국의 4학년 학생을 대상으로 조사한 결과, 대마초흡연에 대해 70% 가 반대를 나타냈다고 한다. 이제 12명의 4학년 학생을 무작위로 추출하여 그들의 의견을 물어 보았다. 대마초흡연을 반대하는 학생의 수가 다음과 같을 확률을 구하라.

(a) 7명에서 9명일 확률

(b) 5명 이하일 확률

(c) 8명 이상일 확률

5.11 심장수술을 받은 환자가 회복될 확률이 0.9라고 한다. 이 수술을 받은 7명의 환자 중 정확히 5명의 환자가 회복될 확률을 구하라.

5.12 어느 검문소를 지나가는 자동차의 75% 가 그 주의 자동차였다고 한다. 이 검문소를 통과하는 자동차 9대 중 다른 주의 자동차가 4대 미만일 확률을 구하라.

5.13 한 연구에 의하면 "진정제는 실제로 치료를 하는 것이 아니라, 단지 병을 못 느끼게 할 뿐이다"라고 거의 70% 정도의 사람들이 믿는다고 한다. 이제 무작위로 선정된 5명 중에서 적어도 3명이 이 연구결과에 동의할 확률을 구하라.

5.14 올해 시즌 플레이오프에 진출하게 된 시카고 불스 농구팀의 승률은 87.7% 를 기록하고 있었다. 표 A.1 을 사용하기 위해 87.7을 90 으로 반올림한다.

(a) 7전4선승제의 플레이오프에서 불스가 4-0 으로 우승할 확률은 얼마인가?

(b) 7전4선승제의 플레이오프에서 불스가 우승할 확률은 얼마인가?

(c) (a)와 (b)를 구하기 위해 해야 하는 중요한 가정은 무엇인가?

5.15 예방주사를 맞은 쥐들 중 60% 가 어떤 병에 대해서 면역이 있는 것으로 알려져 있다. 예방주사를 맞은 5마리 쥐에 대해 다음의 확률을 구하라.

(a) 한 마리도 질병에 걸리지 않을 확률
(b) 질병에 걸리는 쥐가 2마리 미만일 확률
(c) 질병에 걸리는 쥐가 3마리를 초과할 확률

5.16 비행기 엔진은 각각 독립적으로 작동되고 고장 날 확률은 0.4라고 한다. 그리고 여러 개의 엔진 중 절반 이상이 작동을 하면 비행기가 안전하게 비행할 수 있다고 한다. 4개의 엔진을 가진 비행기와 2개의 엔진을 가진 비행기 중 성공적으로 비행할 확률이 더 높은 것은 어떤 비행기인가?

5.17 연습문제 5.13에서 "진정제는 실제로 치료를 하는 것이 아니라, 단지 병을 못 느끼게 할 뿐이다"라는 사람의 수를 X로 나타내고, 무작위로 5명이 선정되었을 때 X의 평균과 분산을 구하라.

5.18 (a) 연습문제 5.9에서 15대의 트럭 중 몇 대나 펑크가 날 것이라고 생각하는가?
(b) 15대의 트럭 중 펑크 나는 트럭 수의 분산을 구하고 그 의미를 설명하라.

5.19 어느 신호등에서 파란등은 35초, 노란등은 5초, 빨간등은 60초 동안 켜진다고 한다. 어떤 학생이 매일 8:00에서 8:30 사이에 등교한다고 한다. X_1을 파란등을 보게 될 횟수, X_2는 노란등을 보게 될 횟수, X_3는 빨간등을 보게 될 횟수라 할 때, X_1, X_2, X_3의 결합확률분포를 구하라.

5.20 USA Today 신문에 의하면 400만 명의 잡역노동자 중 5.8%가 마약중독자이며, 이들 중 22.5%는 코카인, 54.4%는 마리화나 중독이라고 한다.

(a) 10명의 중독자 중 2명이 코카인, 5명이 마리화나, 3명이 다른 마약중독자일 확률을 구하라.
(b) 마약중독자 10명 모두가 마리화나 중독일 확률을 구하라.
(c) 마약중독자 10명 중 코카인중독자는 한 명도 없을 확률을 구하라.

5.21 다트판은 황소의 눈이라 불리는 중앙의 조그만 원과 1부터 20까지의 번호가 부여된 부채꼴모양의 구역으로 나뉘어 있다. 각각의 부채꼴모양의 구역은 다시 다트가 꽂힌 곳의 수가 점수가 되는 부분, 두 배가 점수가 되는 부분, 세 배가 점수가 되는 부분으로 나뉜다. 황소의 눈에 다트가 꽂일 확률은 0.01, 두 배가 점수가 되는 부분에 꽂힐 확률은 0.1, 세 배가 점수가 되는 부분에 꽂힐 확률은 0.05이고, 다트판에 꽂히지 않을 확률은 0.02라고 할 때, 7번을 던진 결과 황소의 눈에 한 번도 꽂히지 않고 세 배 지역에 한 번도 꽂히지 않으며, 두 번은 두 배 지역에, 한 번은 다트판에 꽂히지 않을 확률을 구하라.

5.22 유전학에 의하면 모르모트의 교배에서 빨강색 : 검정색 : 흰색 새끼의 비율이 8 : 4 : 4라고 한다. 8마리의 모르모트 새끼 중 5마리는 빨강, 2마리는 검정, 1마리는 흰색일 확률을 구하라.

5.23 회의에 참가하는 대표단이 비행기, 버스, 자동차, 기차로 도착할 확률은 각각 0.4, 0.2, 0.3, 0.1이다. 대표단에서 무작위로 추출된 9명 중 3명은 비행기, 3명은 버스, 1명은 자동차, 2명은 기차로 도착했을 확률은?

5.24 안전관리자가 주장하기를 작업자들이 작업장에서 점심식사를 하는 동안 안전모를 착용하는 작업자는 전체의 40% 라고 한다. 무작위로 추출된 6명의 작업자 중 4명의 작업자가 작업장에서 점심식사를 하는 동안에도 안전모를 착용할 확률을 구하라.

5.25 어느 칩의 불량률은 0.1이다. 이항분포를 가정할 때, 무작위로 추출될 20개의 칩 중 많아야 3개가 불량일 확률을 구하라.

5.26 10건의 교통사고 중 6건이 속도위반에 의해 일어난다고 한다. 8건의 교통사고 중에서 6건이 속도위반일 확률을

(a) 이항분포의 공식을 이용하여 구하라.

(b) 이항분포표를 이용하여 구하라.

5.27 형광등의 수명이 800시간 이상 될 확률이 0.9일 때, 20개의 형광등 수명에 대한 다음의 확률을 구하라.

(a) 정확하게 18개가 800시간 이상일 확률

(b) 적어도 15개 이상이 800시간 이상일 확률

(c) 적어도 2개가 800시간 미만일 확률

5.28 한 제조업자가 말하기를 자신이 만든 전기토스트기계 중 20%가 팔린 지 1년 이내에 수리를 필요로 한다고 한다. 무작위로 추출된 20개의 토스트기계에 대한 다음의 내용에 맞는 적절한 x, y를 구하라.

(a) 수리가 필요한 토스트기계가 x대 이상일 확률은 0.5보다 작다.

(b) 수리가 필요 없는 토스트기계가 y대 이상일 확률은 0.8보다 크다.

5.4 초기하분포

이항분포와 초기하분포의 차이는 표본을 추출하는 방법에서 볼 수 있다. 초기하분포의 응용형태는 이항분포의 경우와 매우 흡사하다. 그러나 이항분포에서는 각 시행이 서로 독립임이 전제되었다. 결론적으로 말하면 이항분포는 **복원추출**(sampling with replacement)인 경우에 활용될 수 있는 반면에 초기하분포는 각 시행 간의 독립이 전제되지 않으며, 따라서 **비복원추출**(sampling without replacement)인 경우에 활용될 수 있다.

52장의 카드에서 5장의 카드를 뽑았을 때 3장의 붉은색 카드가 관측될 확률을 구하고자 할 때, 뽑혀진 각 카드가 복원이 되어 다음 번 추출 전에 충분히 섞여지지 않는다면 5.3절의 이항분포를 적용할 수 없다. 비복원추출문제를 풀기 위해서 문제를 다시 기술해 보자. 임의로 5장의 카드를 추출할 경우에, 26장의 붉은색 카드 중 3장을 뽑고, 역시 26장의 검은색 카드 중 2장을 뽑는 확률에 관심이 있다고하자. 3장의 붉은색 카드를 뽑는 방법의 수는 $\binom{26}{3}$만큼 있고, 그 각각의 경우에 대하여 2장의 검은색 카드는 $\binom{26}{2}$가지 방법으로 뽑을 수 있다. 따라서, 5장 중 3장의 붉은색 카드와 2장의 검은색 카드를 뽑는 방법의 총 수는 $\binom{26}{3}\binom{26}{2}$가 된다. 그리고 52장의

카드 중 5장을 뽑는 방법의 총 수는 $\binom{52}{5}$가 된다. 그러므로, 5장의 카드를 비복원추출할 때 그 중 3장이 붉은색이고 2장이 검은색일 확률은

$$\frac{\binom{26}{3}\binom{26}{2}}{\binom{52}{5}} = \frac{(26!/3!\,23!)(26!/2!\,24!)}{52!/5!\,47!} = 0.3251$$

로 주어진다.

일반적으로 N개의 품목 중에서 크기 n인 확률표본을 취할 때 k개의 양품 중에서 x개를 취하고, $(N-k)$개의 불량품 중에서 $(n-x)$개가 추출될 확률을 고려하게 된다. 이와 같은 실험을 **초기하실험**(hypergeometric experiment)이라고 한다.

초기하실험은 다음 두 가지 성질을 가진다.

1. 크기 N의 유한모집단으로부터 크기 n의 확률표본을 비복원으로 추출한다.
2. N개 중 k개는 성공으로, 나머지 $(N-k)$개는 실패로 분류된다.

초기하실험에서 성공의 수 X를 **초기하확률변수**(hypergeometric random variable)라고 한다. 따라서, 초기하확률변수의 확률분포를 **초기하분포**(hypergeometric distribution)라 하고, 그 값은 모집단의 크기 N과 선택되는 표본의 개수 n, 그리고 N개 중 성공의 개수 k에 좌우되므로 $h(x\,;N, n, k)$로 표시된다.

초기하분포와 샘플링검사

이항분포와 마찬가지로 초기하분포는 로트의 샘플링검사에 활용될 수 있다.

예제 5.11 어느 분사장치는 10개 묶음(lot) 단위로 팔린다. 생산자는 10개 중 불량이 1개 이하라면 로트는 받아들여질 만하다고 여기고 있다. 10개 중 3개를 임의로 뽑아 검사했을 때 불량품이 하나도 없으면 그 로트는 합격시키는 샘플링검사를 수행한다고 할 때, 이 검사법은 유효한 것인지 판단하라.

풀이 이 로트가 실제로는 **불합격**, 즉 10개 중 2개가 불량이라고 가정하자. 이 샘플링검사에 의해 로트가 합격될 확률은

$$P(X=0) = \frac{\binom{2}{0}\binom{8}{3}}{\binom{10}{3}} = 0.467$$

이다. 즉, 불량품이 2개인 불합격 로트를 합격시키는 경우가 47% 만큼 발생한다는 뜻이므로 이 검사법은 상당히 잘못되었다고 할 수 있다.

$h(x\ ; N, n, k)$인 경우에 대한 공식을 찾기 위해 예제 5.11을 일반화시켜 보자. N개 중 크기 n의 표본을 취하는 모든 경우의 수는 $\binom{N}{n}$이다. 그리고 그 각각의 발생확률은 같다. 또한, k개의 성공 중 x개를 취하는 경우의 수는 $\binom{k}{x}$이고, 그 각각에 대하여 $(n-k)$개의 실패를 취하는 경우의 수는 $\binom{N-k}{n-x}$가 된다. 따라서, 고려되고 있는 표본의 총 수는 $\binom{N}{n}$가지 중에서 $\binom{k}{x}\binom{N-k}{n-x}$가지이다. 이상으로부터 다음의 정의를 얻게 된다.

초기하분포 k개의 **성공**과 $N-k$개의 **실패**로 구성된 크기 N인 유한모집단에서 크기 n인 확률표본을 취할 때, 성공의 개수를 나타내는 초기하확률변수 X의 확률분포는 다음과 같다.

$$h(x; N, n, k) = \frac{\binom{k}{x}\binom{N-k}{n-x}}{\binom{N}{n}}, \quad \max\{0, n-(N-k)\} \le x \le \min\{n, k\}$$

예제 5.12 40개의 부품들로 구성된 한 로트에 불량품이 3개 이상 들어 있으면 그 로트를 받아 거부한다고 한다. 한 로트에서 임의로 5개의 부품을 취하여 하나의 불량품이라도 발견되면 그 로트를 거부한다고 할 때, 3개의 불량품이 들어 있는 로트에서 5개를 취했을 때 정확히 1개의 불량품이 발견될 확률은 얼마인가?

풀이 $n=5, N=40, k=3$이고, $x=1$인 초기하분포를 이용하면, 구하고자 하는 확률은

$$h(1; 40, 5, 3) = \frac{\binom{3}{1}\binom{37}{4}}{\binom{40}{5}} = 0.3011$$

이다. 나쁜 로트(3개 불량품)를 제대로 탐지해 내는 경우가 30%에 불과하므로 이 검사법도 바람직하지 않다고 할 수 있다.

정리 5.3

초기하분포 $h(x\ ; N, n, k\ )$의 평균과 분산은 다음과 같다.

$$\mu = \frac{nk}{N}, \quad \sigma^2 = \frac{N-n}{N-1} \cdot n \cdot \frac{k}{N}\left(1 - \frac{k}{N}\right)$$

평균에 대한 증명이 부록 A.23에 나와 있다.

예제 5.13 예제 3.4에서 100개의 제품 중 12개가 불량품이었다. 100개 중에서 10개를 임의로 뽑았을 때 이 중 3개가 불량일 확률은 얼마인가?

풀이 초기하확률함수로부터,

$$h(3; 100, 10, 12) = \frac{\binom{12}{3}\binom{88}{7}}{\binom{100}{10}} = 0.0807$$

예제 5.14 예제 5.12에서 확률변수의 평균과 분산을 구하고, 체비셰프 정리를 이용하여 구간 $\mu \pm 2\sigma$의 의미를 설명해 보라.

풀이 예제 5.12는 $N=40$, $n=5$이고, $k=3$인 초기하실험이므로, 정리 5.3에 의하여

$$\mu = \frac{(5)(3)}{40} = \frac{3}{8} = 0.3750$$

이고

$$\sigma^2 = \left(\frac{40-5}{39}\right)(5)\left(\frac{3}{40}\right)\left(1-\frac{3}{40}\right) = 0.3113$$

이다. 0.3113에 제곱근을 취하면 $\sigma=0.5580$이 된다. 그러므로 문제에서 요구한 구간은 $0.375 \pm (2)(0.5580)$ 또는 -0.7410에서 1.4910까지가 된다. 체비셰프 정리는 3개의 불량품이 포함된 크기 40인 로트에서 임의로 5개를 취할 때 얻어지는 불량품의 개수가 -0.7410에서 1.4910 사이에 있을 확률이 적어도 3/4이 됨을 설명해 주고 있다. 즉, 5개에 포함된 불량품이 2개 미만일 확률이 적어도 3/4이 된다.

이항분포와의 관계

이 장에서 다루게 되는 중요한 이산형 분포들은 그 활용영역이 매우 넓으며, 또한 이들 분포 간에는 서로 관련성을 가지고 있다. 초기하분포와 이항분포 사이에도 흥미로운 관계가 성립하게 된다. 만일 N에 비해서 n이 상대적으로 작다면 각 추출에서의 확률의 변화는 크지 않을 것이다.

그러므로 초기하분포를 $p=k/N$인 이항분포로 근사시킬 수 있다. 평균과 분산도 또한 공식에 의해 나음과 같이 근사화될 수 있다. 보통 $n/N \leq 0.05$이면 좋은 근사 결과를 얻을 수 있다.

$$\mu = np = \frac{nk}{N}, \quad \sigma^2 = npq = n \cdot \frac{k}{N}\left(1 - \frac{k}{N}\right)$$

이 식을 정리 5.3과 비교해 보면 평균은 서로 같으나 분산의 경우에는 수정계수(correction factor)라고 하는 $(N-n)/(N-1)$에 의해서 차이가 난다. 이것은 n이 N에 비하여 상대적으로 작게 되면 무시될 수 있다.

예제 5.15 자동차 타이어 제조업자에 의하면 판매대리점으로 보내기 위해서 선적된 5,000개의 타이어 중에서 1,000개가 약간의 결함을 가지고 있다고 한다. 어떤 사람이 이 타이어 중에서 임의로 10개를 구입했을 때 그 중 3개가 결함을 가지고 있을 확률은 얼마인가?

풀이 표본크기 $n=10$에 대해서 $N=5{,}000$이 상대적으로 크기 때문에 구하고자 하는 확률은 이항분포를 이용하여 근사적으로 계산할 수 있다. 결함이 있는 타이어를 구입할 확률은 0.2이다. 따라서, 3개의 결함이 있는 타이어를 구입할 확률은

$$\begin{aligned} h(3; 5000, 10, 1000) \approx b(3; 10, 0.2) &= \sum_{x=0}^{3} b(x; 10, 0.2) - \sum_{x=0}^{2} b(x; 10, 0.2) \\ &= 0.8791 - 0.6778 = 0.2013 \end{aligned}$$

이다. 한편, 정확한 확률값을 계산하면 $h(3;5000, 10, 1000)=0.2015$이다.

다변량 초기하분포

초기하분포에서 N개의 품목을 그룹 A_1에는 a_1개의 원소가, A_2에는 a_2개의 원소가, $\cdots$, A_k에는 a_k개의 원소가 속하는 식으로 하여 k개의 그룹으로 분할하는 경우로 확장하여 보자. 만일 n개의 확률표본을 취했을 때 그룹 A_1에서 x_1개의 원소를, 그룹 A_2에서 x_2개의 원소를, $\cdots$, 그룹 A_k에서 x_k개의 원소를 취할 확률을

$$f(x_1, x_2, \ldots, x_k; a_1, a_2, \ldots a_k, N, n)$$

으로 표시하기로 하자. N개 중 n개를 취하는 모든 방법의 수가 $\binom{N}{n}$이고, A_1에서 x_1개를 취하는 방법은 $\binom{a_1}{x_1}$가지이며, A_2에서 x_2개를 취하는 방법의 수는 $\binom{a_2}{x_2}$가지이다. 따라서 A_1에서 x_1개를 취하고 A_2에서 x_2개를 취하게 되는 경우의 수는 $\binom{a_1}{x_1}\binom{a_2}{x_2}$가 된다. 이런 식으로 계속하여 n개 중 A_1에서 x_1개, A_2에서 x_2개, $\cdots$, A_k에서 x_k개를 취하는 방법의 수는

$$\binom{a_1}{x_1}\binom{a_2}{x_2}\cdots\binom{a_k}{x_k}$$

가지가 된다. 그러므로 우리가 구하고자 하는 확률분포는 다음 정의와 같이 된다.

다변량초기하 분포 N개의 유한모집단이 k개의 집합 $A_1, A_2, \cdots, A_k$로 분할될 수 있고, 각각의 집합이 $a_1, a_2, \cdots, a_k$개의 원소를 가지고 있다면, n개의 확률표본 중 $A_1, A_2, \cdots, A_k$의 원소의 수를 나타내는 확률변수 $X_1, X_2, \cdots, X_k$의 확률분포는 다음과 같다.

$$f(x_1, x_2, \ldots, x_k; a_1, a_2, \ldots, a_k, N, n) = \frac{\binom{a_1}{x_1}\binom{a_2}{x_2}\cdots\binom{a_k}{x_k}}{\binom{N}{n}}$$

여기서 $\sum_{i=1}^{k} x_i = n$이고, $\sum_{i=1}^{k} a_i = N$ 이다.

예제 5.16 어느 생물학 실험의 대상이 되는 10명의 그룹이 있다. 이 중 3명의 혈액형이 O형, 4명은 A형이고, 나머지 3명은 B형이다. 5명을 임의로 선택할 때, O형인 사람이 1명, A형인 사람이 2명, B형인 사람이 2명일 확률은 얼마인가?

풀이 $x_1=1, x_2=2, x_3=2, a_1=3, a_2=4, a_3=3, N=10$이고 $n=5$인 초기하분포의 확장을 이용하면, 구하고자 하는 확률은 다음과 같다.

$$f(1, 2, 2{:}3, 4, 3, 10, 5) = \frac{\binom{3}{1}\binom{4}{2}\binom{3}{2}}{\binom{10}{5}} = \frac{3}{14} = 0.2143$$

연습문제

5.29 어떤 사람이 5개의 튤립화분과 4개의 수선화화분이 들어 있는 상자에서 6개의 화분을 랜덤하게 선택하였다. 그가 2개의 수선화와 4개의 튤립화분을 선택할 확률은?

5.30 세관에서 적발되지 않기 위하여 한 여행객이 9개의 비타민이 들어 있는 병 속에 외관이 비슷한 6개의 마취약을 넣었다. 만약 세관원이 이 약들 중에서 랜덤하게 3개를 뽑아 조사했을 때, 여행객이 마취제 불법소지자로 체포될 확률은?

5.31 4명의 의사와 2명의 간호사 중에서 랜덤하게 3명을 뽑아 위원회를 구성하였다. 위원들 중에서 의사의 수를 나타내는 확률변수 X의 확률분포를 구하라. $P(2 \le X \le 3)$을 계산하라.

5.32 10기의 미사일 중에서 임의로 4기가 선택되어 발사된다고 한다. 만약 10기 중 3기는 결함이 있어서 발사되지 않는다고 할 때, 다음의 확률을 구하라.

(a) 4기가 모두 발사될 확률

(b) 발사되지 않는 미사일이 2기 이하일 확률

5.33 52장의 카드로부터 7장을 나누어 줄 때 다음의 확률을 구하라.

(a) 정확하게 2장이 그림카드일 확률은?

(b) 적어도 1장이 퀸카드일 확률은?

5.34 한 여종업원이 4명의 미성년자가 포함된 9명의 학생 중에서 임의로 5명을 선택하여 신분증을 검사했을 때 2명의 미성년자가 포함되어 있으면 알콜음료를 판매하지 않는다고 한다. 이 확률을 계산하라.

5.35 동일한 50개의 품목을 선적할 때, 현재의 검사절차는 5개의 샘플을 취하여 검사한 결과 결함이 있는 물품이 2개 이하면 통과시키고 있다. 20% 결함이 있는 적하물이 통과될 확률은?

5.36 어떤 제조회사의 제품에 대한 검사는 2단계로 되어 있다. 즉, 선적준비가 되어 있는 25개의 상자 중 3개의 샘플에 대하여 결함이 있는지 검사한다. 만일 결함이 발견되면 전체 상자에 대하여 100% 검사를 하게 되고, 결함이 없다면 선적하게 된다.

(a) 결함이 있는 상자가 3개 포함되어 있을 때 그대로 배에 실리게 될 확률은?

(b) 결함이 있는 상자가 1개 포함되어 있을 때 전수검사하기 위하여 되돌려 보내지게 될 확률은?

5.37 연습문제 5.36의 제조회사에서는 다음과 같이 제품의 검사절차를 변경한다고 한다. 즉, 첫 번째 검사자가 임의로 하나를 선택하여 검사한 후 그것을 다시 상자에 넣고, 두 번째와 세 번째 검사자도 같은 방법을 취하여 그 중 한 사람에게라도 결함이 발견되면 그 상자는 선적되지 못한다고 한다. 이 검사절차에 따라 연습문제 5.36을 다시 계산하라.

5.38 어느 도시의 세무서는 직원 150명 중 30명만이 여자라고 한다. 직원 중 10명을 랜덤 추출하여 주민들을 위한 무료서비스를 제공한다고 할 때, 적어도 3명의 여자가 포함될 확률의 근사값을 이항확률분포를 이용하여 구하라.

5.39 1,200가구의 거주지를 인근도시로 합병하는 것에 반대하는 소송이 진행 중이다. 절반의 거주자가 합병소송에 반대한다면 임의로 선정된 10명의 거주자 중에서 적어도 3명이 합병소송에 찬성할 확률은?

5.40 어떤 도시 유권자 10,000명 중 4,000명은 새로운 영업세제도에 반대하리라 추정되었다. 만약 15명의 유권자를 임의로 선정하였을 때 새로운 영업세제도에 찬성하는 사람이 7명 이하일 확률은?

5.41 미시간 대학에서 실시한 전국의 17,000명의 대학 4학년생들에 대한 여론조사에서 거의 70%가 대마초를 피우는 것에 반대한다고 발표되었다. 만약 이들 중 18명이 임의로 선택되었을 때 대마초흡연에 반대할 학생이 9명보다 많고 14명보다 적을 확률은?

5.42 브리지게임에서 13장의 카드를 받았을 때 5장의 스페이드, 2장의 하트, 3장의 다이아몬드, 그리고 3장의 클로버가 들어 있을 확률은?

5.43 외국인학생클럽에 2명의 캐나다인, 3명의 일본인, 5명의 이탈리아인과 2명의 독일인이 회원으로 가입하였다. 4명의 위원을 임의로 선출한다고 할 때 다음의 확률을 구하라.

(a) 모든 국적이 포함될 확률

(b) 이탈리아를 제외한 모든 국적이 포함될 확률

5.44 한 항아리에 3개의 녹색공, 2개의 청색공, 4개의 적색공이 들어 있다. 5개의 공을 임의추출했을 때 2개의 청색공과 적어도 1개의 적색공이 포함될 확률을 구하라.

5.45 생물학 연구에서는 가끔 동물에게 꼬리표(tag)를 붙여서 방생하는 경우가 있다. 멸종위기에 처한 어떤 동물 10마리를 잡아 꼬리표를 붙인 후 방생하고, 시간이 흐른 후 이 동물 15마리를 생포하였다. 이 지역에 이 종류의 동물이 25마리 서식하고 있다면, 생포된 동물 중 5마리에 꼬리표가 있을 확률은 얼마인가?

5.46 어느 기업에서 컴프레서를 구입할 때 15개의 제품 중 5개를 임의로 골라 검사하는 방법을 사용하고 있다. 15개 제품 중 2개가 불량이라고 한다.

(a) 표본에 1개의 불량품이 들어 있을 확률은 얼마인가?

(b) 표본에 2개의 불량품이 모두 들어 있을 확률은 얼마인가?

5.47 정부에서는 어떤 기업들이 공해관리규정을 위반하고 있는 것으로 의심하고 있다. 20개 기업이 의심대상에 올라 있으나 모두 조사할 수는 없다고 한다. 의심대상기업 중 실제로 3개 기업이 규정을 위반하고 있다고 가정하자.

(a) 5개 기업을 조사했을 때 모두 규정위반기업이 아닐 확률을 구하라.

(b) 5개 기업을 조사했을 때 2개의 위반기업이 포함될 확률을 구하라.

5.48 매 시간 10,000개의 소다수 캔이 제조되는데, 그 중 300개의 캔이 규정용량에 미달한다고 한다. 매 시간 30개의 캔을 임의로 선택하여 용량을 검사하고 용량에 미달하는 캔의 수를 X라고 할 때, X가 1 이상일 확률을 구하라.

5.5 음이항분포와 기하분포

베르누이 시행을 고정된 수의 성공이 일어날 때까지 반복하는 것을 제외하고는 나머지 성질들은 이항분포에서와 같은 실험을 생각해 보자. 즉, 고정된 n번의 시행에서 x번의 성공이 일어날 확률을 구하는 대신에 k번째 성공이 x번째 시행에서 일어날 확률을 구하고자 한다. 이러한 종류의 실험을 **음이항실험**(negative binomial experiments)이라 한다.

한 예로, 60%의 치료효과가 있는 약을 생각해 보자. 그 약이 투여되었을 때 일정수준 이상의 효과가 나타나는 경우를 성공이라고 가정해 보자. 이제 다섯 번째의 성공이 일곱 번째 환자로부터 일어날 확률을 구한다고 하자. 성공을 S, 실패를 F로 표시할 때, $SFSSSFS$는 하나의 가능한 경우가 되며, 그 확률은 $(0.6)(0.4)(0.6)(0.6)(0.6)(0.4)(0.6)=(0.6)^5(0.4)^2$이 된다. 여기서 다섯 번째 성공이 되어야 하는 마지막 결과를 제외한 2개의 F와 4개의 S를 재배열함으로써 모든 가능한 경우를 찾아낼 수 있다. 따라서, 가능한 배열의 총 수는 마지막 시행을 제외한 6번의 시행을 2번의 실패가 속한 그룹과 4번의 성공이 속하는 그룹으로 분할하는 경우의 수와 같게 된다. 이것은 $\binom{6}{4}=15$가 된다. 그러므로, X를 다섯 번째 성공이 나타날 때까지의 환자의 수라 하면

$$P(X=7)=\binom{6}{4}(0.6)^5(0.4)^2=0.1866$$

이 된다.

음이항실험에서 k번째 성공이 일어날 때까지의 시행횟수 X를 **음이항확률변수**(negative binomial random variable)라 하고, 그 확률분포를 **음이항분포**(negative binomial distribution)라 한다. 이 경우 확률값은 성공의 수와 각 시행에서의 성공확률에 달려 있으므로 $b^*(x; k, p)$로 표시한다. $b^*(x; k, p)$에 대한 일반적인 공식을 얻기 위해, $(x-1)$번째 시행까지 $(k-1)$번의 성공이 일어나고 $(x-k)$번의 실패가 일어난 뒤 x번째 시행에서 k번째의 성공이 일어날 확률을 생각해 보자. 각 시행이 서로 독립이므로 우리는 각 시행에서 일어날 결과의 확률을 곱할 수 있다. 각 시행에서 성공의 확률이 p, 실패의 확률이 q라 하면, x번째 시행에서 k번째 성공이 나타나는 어느 특정배열에 대한 확률은 $p^{k-1}q^{x-k}p=p^kq^{x-k}$이 된다. 배열의 총 수는 $(x-1)$번의 시행을 $(k-1)$번의 성공이 속하는 그룹과 $(x-k)$번의 실패가 속하는 또 다른 그룹으로 분할하는 경우의 수와 같게 된다. 이 수는 $\binom{x-1}{k-1}$이 되고 각각은 서로 배반적이며 p^kq^{x-k}의 확률로 발생하므로, p^kq^{x-k}에 $\binom{x-1}{k-1}$을 곱함으로써 일반적인 공식을 얻게 된다.

음이항분포 독립적인 반복시행에서 성공확률이 p, 실패확률이 q라 하면, k번째 성공이 일어날 때까지의 시행횟수인 확률변수 X의 확률분포는

$$b^*(x;k,p)=\binom{x-1}{k-1}p^kq^{x-k}, \quad x=k,k+1,k+2,\ldots.$$

로 주어진다.

예제 5.17 NBA 결승전은 7전4선승제로 벌어진다. 결승전에서 만난 두 팀 A와 B의 한 경기에서 A팀이 B팀을 이길 확률이 0.55라고 하자.

(a) A팀이 6게임째에서 우승할 확률은 얼마인가?

(b) A팀이 우승할 확률은 얼마인가?

(c) 이 두 팀이 5전3선승제인 플레이오프에서 만났다면 A팀이 플레이오프에서 우승할 확률은 얼마인가?

풀이 (a) $b^*(6;4,0.55) = \binom{5}{3}0.55^4(1-0.55)^{6-4} = 0.1853$

(b) P(A팀이 NBA 우승)$=b^*(4;\ 4,\ 0.55)+b^*(5;\ 4,\ 0.55)+b^*(6;\ 4,\ 0.55)+b^*(7;\ 4,\ 0.55)=0.0915+\ 0.1647+0.1853+0.1668=0.6083$

(c) P(A팀이 플레이오프 우승)$=b^*(3;\ 3,\ 0.55)+b^*(4;\ 3,\ 0.55)+b^*(5;\ 3,\ 0.55)=0.1664+0.2246+0.2021=0.5931$

음이항분포라는 이름은 $p^k(1-q)^{-k}$의 전개에서 각 항이 $x=k,\ k+1,\ k+2,\ \ldots$.일 때 $b^*(x;\ k,\ p)$의 값들과 일치한다는 사실에서 유래되었다. 음이항분포의 특별한 경우로 $k=1$인 경우를 고려한다면, 첫 번째 성공이 일어날 때까지의 시행횟수의 확률분포를 얻는다. 동전의 앞면이 나올 때까지 동전을 던지는 실험이 한 예가 될 수 있다. 네 번째 시행에서 첫 번째로 앞면이 나올 확률에 관심을 가질지도 모른다. 이때 음이항분포는 $b^*(x;\ 1,\ p)=pq^{x-1}$ $x=1,\ 2,\ 3,\ \cdots$ 의 형태를 가지게 되며 또한 연속되는 항들이 기하수열을 구성하기 때문에, 이러한 특별한 경우를 **기하분포**(geometric distribution)라 한다.

기하분포 독립적인 반복시행에서 성공확률이 p, 실패확률이 $q=1-p$라 할 때, 첫 번째 성공이 일어날 때까지의 시행횟수인 확률변수 X의 확률분포는

$$g(x;p) = pq^{x-1},\ x = 1,2,3,\ldots.$$

으로 주어진다.

예제 5.18 어떤 제조공정에서 100개의 제품마다 평균적으로 한 개의 불량품이 들어 있다고 알려져 있다. 제품을 하나씩 검사할 때 첫 번째 불량품이 다섯 번째 검사에서 발견될 확률은 얼마인가?

풀이 $x=5,\ p=0.01$인 기하분포를 따르므로,

$$g(5;0.01) = (0.01)(0.99)^4 = 0.0096$$

예제 5.19 전화통화가 폭주하는 시간대에 한 번의 시도로 상대방과 통화할 수 있는 가능성은 $p=0.05$라고 할 때, 다섯 번째 시도에서 상대방과 통화할 수 있는 확률을 구하라.

풀이 $x=5$, $p=0.05$인 기하분포를 따르므로,

$$P(X=x)=g(5;0.05)=(0.05)(0.95)^4=0.0407$$

기하분포의 활용시 중요한 의미를 가지는 기하분포의 평균과 분산을 증명 없이 결과만을 보기로 한다.

정리 5.4 기하분포를 따르는 확률변수의 평균과 분산은 각각 다음과 같다.

$$\mu=\frac{1}{p}, \quad \sigma^2=\frac{1-p}{p^2}$$

5.6 포아송 분포와 포아송 과정

일정한 시간간격 동안 혹은 일정한 영역 내에서 발생하는 결과들의 수를 나타내는 확률변수 X의 값들을 산출하는 실험을 흔히 **포아송 실험**(Poisson experiments)이라고 한다. 일정한 시간간격은 일 분이 될 수도 있고, 하루, 일주일, 한 달, 혹은 일 년이 될 수도 있다. 따라서, 사무실에 시간당 걸려오는 전화의 수나 겨울 동안 눈 때문에 휴교하는 날의 수, 혹은 야구시즌 중에 비로 인해 연기된 경기의 수 등에 대한 관측은 모두 포아송 실험이 된다. 일정한 영역은 선분일 수도 있고, 면적, 체적, 혹은 한 조각의 물질이 될 수도 있다. 이러한 경우 확률변수 X는 한 에이커당 들쥐의 수나 배양기 안에 있는 박테리아의 수, 혹은 한 페이지당 오타의 수 같은 것을 나타내게 된다. **포아송 과정**(Poisson Process)으로부터 유도되는 포아송 실험은 다음과 같은 몇 가지 성질들을 가지고 있다.

포아송 과정의 성질

1. 단위시간간격이나 일정영역에서 발생하는 결과의 수는 서로 겹치지 않는 다른 시간간격이나 영역에서 발생하는 수와 독립이다. 이런 이유로 포아송 과

정은 건망성(no memory)의 특징을 가지게 된다.

2. 매우 짧은 시간간격이나 작은 영역에서 단 한 번의 결과가 일어날 확률은 시간간격의 길이나 영역의 크기에 비례하며, 그 시간간격이나 영역외부에서 발생하는 결과의 수와는 무관하다.
3. 매우 짧은 시간간격이나 작은 영역에서 둘 이상의 결과가 일어날 확률은 무시할 수 있다.

포아송 실험에서 결과의 발생횟수 X를 **포아송 확률변수**(Poisson random variable)라 하고, X의 확률분포를 **포아송 분포**(Poisson distribution)라고 한다. 주어진 시간간격(또는 거리, 면적, 부피) t 동안에 평균적으로 발생하는 결과의 수는 $\mu=\lambda t$가 된다. 포아송 분포에서의 확률은 결과의 발생률 λ에만 종속되어 있기 때문에 $p(x;\lambda t)$로 표기하며, 이 공식의 유도는 이 책의 범위를 벗어나는 것이므로 그 결과만을 보기로 한다.

포아송 분포 일정한 시간간격 t 동안에 또는 일정영역 t에서 발생하는 결과의 수를 나타내는 포아송 확률변수 X의 확률분포는 다음과 같다.

$$p(x;\lambda t)=\frac{e^{-\lambda t}(\lambda t)^x}{x!},\quad x=0,1,2,\ldots$$

여기서 λ는 단위시간 또는 단위면적에서 발생하는 결과의 평균수이고, $e=2.71828\cdots$이다.

부록 A.2에는 0.1과 18 사이의 몇 가지 λt값에 대해서 포아송 확률분포의 누적합 $P(r;\lambda t)=\sum_{x=0}^{r}P(x;\lambda t)$의 값들이 나와 있다. 다음 두 예제를 통해서 그 표의 이용법을 설명하기로 한다.

예제 5.20 실험실에서 $\frac{1}{1000}$초 동안 카운터를 통과하는 방사능 입자의 평균수는 4이다. $\frac{1}{1000}$초 동안 6개의 입자가 카운터를 통과할 확률은 얼마인가?

풀이 $x=6$이고 $\lambda t=4$인 포아송 분포를 사용하면 부록 A.2로부터 다음 사실을 알 수 있다.

$$p(6;4)=\frac{e^{-4}4^6}{6!}=\sum_{x=0}^{6}p(x;4)-\sum_{x=0}^{5}p(x;4)=0.8893-0.7851=0.1042$$

예제 5.21 어느 항구도시에 하루에 도착하는 유조선은 평균 10척으로 알려져 있다. 그 항구에 있는 시설로는 하루에 기껏해야 15척의 유조선을 취급할 수 있다고 할 때, 어느 날 유조선이 다른 곳으로 보내져야 할 확률은 얼마인가?

풀이 X를 하루에 도착하는 유조선의 수라 하자. 그러면 부록 A.2로부터 다음 결과를 얻을 수 있다.

$$P(X > 15) = 1 - P(X \leq 15) = 1 - \sum_{x=0}^{15} p(x; 10) = 1 - 0.9513 = 0.0487$$

이항분포와 마찬가지로 포아송 분포 역시 품질관리, 품질보증, 그리고 샘플링 등에 활용된다. 또한 신뢰성 공학이나 대기이론에 활용되는 중요한 연속형 분포들이 포아송 과정과 관련되어 있다. 다음 정리의 증명은 부록 A.24에 나와 있다.

정리 5.5 포아송 분포 $p(x; \lambda t)$의 평균과 분산은 λt이다.

여러 다른 이산형 및 연속형 분포와 마찬가지로 포아송 분포도 평균이 증가하면 분포의 모양이 점차 대칭적이 되며 종모양으로 변한다. 그림 5.2는 포아송 분포의 평균이 0.1, 2, 5인 경우를 각각 나타내고 있는데, 평균이 커질수록 대칭에 가까운 것을 알 수 있다. 뒤에서 설명하겠지만 이항분포의 경우도 이와 비슷하다.

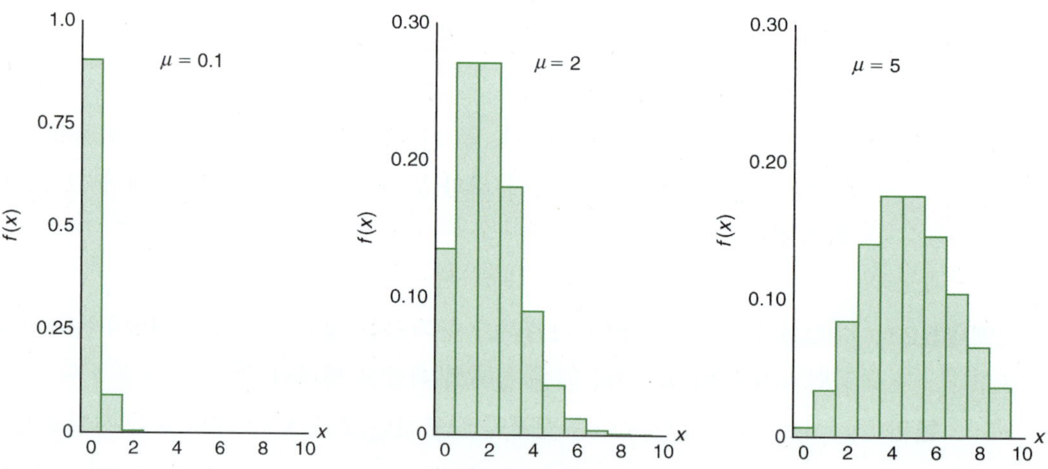

그림 5.2 여러 평균값에 대한 포아송 분포의 모습

포아송분포가 이항분포와 관계가 있다는 것은 포아송과정의 3가지 성질로부터 명백해진다. 포아송분포는 예제 5.20이나 예제 5.21에서 보듯이 공간(구역) 또는

시간 관련 문제에 활용되기도 하지만, 이항분포의 극단적인 형태로 볼 수도 있다. 이항분포에서, 만일 n이 매우크고 p가 작으면, 포아송 과정에 함축되어 있는 연속적인 공간(구역)이나 시간을 가장하기 위한 조건이 갖춰지게 된다. 이항분포에서 베르누이 시행간의 독립성은 포아송 과정의 두 번째 성질과 일치된다. p 값이 0에 가깝다는 것은 포아송 과정의 세 번째 성질과 관계가 된다. 실제로, 만일 n이 크고 p가 0에 근접하게 되면, 이항분포의 근사값을 계산하기 위하여 $\mu=np$인 포아송 분포가 사용될 수 있다. 만일 p가 1에 가까운 값이라 할지라도 정의된 성공과 실패를 서로 바꾸어 p가 0에 가까운 값이 되도록함으로써 이항분포를 포아송 분포로 근사시킬 수 있다.

정리 5.6

X를 $b=(x;n,p)$를 따르는 이항확률변수라 하자. $n\to\infty$, $p\to 0$이고, $np \overset{n\to\infty}{\longrightarrow} \mu$가 상수이면,

$$b(x;n,p) \overset{n\to\infty}{\longrightarrow} p(x;\mu)$$

증명 이항분포에서 $n\to\infty$, $p\to 0$이고 np가 상수일 때 포아송 분포로 근사하게 되는 것을 유도해 보자.

$$b(x;n,p) = \binom{n}{x}p^x q^{n-x} = \frac{n!}{x!(n-x)!}p^x(1-p)^{n-x}$$

$$= \frac{n(n-1)\cdots(n-x+1)}{x!}p^x(1-p)^{n-x}$$

여기서 $p=\mu/n$으로 치환하면 다음 결과를 얻는다.

$$b(x;n,p) = \frac{n(n-1)\cdots(n-x+1)}{x!}\left(\frac{\mu}{n}\right)^x\left(1-\frac{\mu}{n}\right)^{n-x}$$

$$= 1\left(1-\frac{1}{n}\right)\cdots\left(1-\frac{x-1}{n}\right)\frac{\mu^x}{x!}\left(1-\frac{\mu}{n}\right)^n\left(1-\frac{\mu}{n}\right)^{-x}$$

x와 μ가 상수일 때 $n\to\infty$임에 따라

$$\lim_{n\to\infty} 1\left(1-\frac{1}{n}\right)\cdots\left(1-\frac{x-1}{n}\right) = 1, \qquad \lim_{n\to\infty}\left(1-\frac{\mu}{n}\right)^{-x} = 1$$

이고, e의 정의로부터

$$\lim_{n\to\infty}\left(1-\frac{\mu}{n}\right)^n = \lim_{n\to\infty}\left\{\left[1+\frac{1}{(-n)/\mu}\right]^{-n/\mu}\right\}^{-\mu} = e^{-\mu}$$

이다. 그러므로, 주어진 극한조건하에서

$$b(x;n,p) \to \frac{e^{-\mu}\mu^x}{x!}, \qquad x=0,1,2,\ldots$$

예제 5.22 어느 산업현장에서는 사고가 종종 발생하는데, 어느 날 사고가 일어날 확률은 0.005이고, 사고들은 서로 독립적이라고 알려져 있다.

(a) 400일 동안 사고가 한 건 발생할 확률을 구하라.

(b) 사고일이 많아야 3일일 확률을 구하라.

풀이 X를 n=400이고 p=0.005인 이항확률변수라고 하자. 그러면 np=2이고, 포아송 근사를 이용하면

(a) $p(X=1)=e^{-2}2^1=0.2707$

(b) $P(X\le 3)=\sum_{x=0}^{3} e^{-2}2^x/x! = 0.8571$

예제 5.23 유리제품의 제조공정에서 종종 기포가 생겨서 시장에 출하할 수 없는 제품이 나오는 경우가 있다. 1,000개의 제품마다 평균적으로 1개에 하나 이상의 기포가 생긴다고 알려져 있다. 8,000개의 확률표본 중에서 기포를 가지고 있는 유리제품의 개수가 7보다 작을 확률은 얼마인가?

풀이 이것은 원래 n=8,000이고 p=0.001인 이항실험이지만, p가 0에 근사한 값이고 n이 매우 크므로 $\mu=(8,000)(0.001)=8$인 포아송 분포로 근사시킬 수 있다. 따라서, X를 기포를 가지고 있는 유리제품의 개수라 하면, 구하고자 하는 확률은

$$P(X<7)=\sum_{x=0}^{6} b(x;8000,0.001) \approx p(x;8) = 0.3134$$

연습문제

5.49 어떤 도시에 사는 사람이 개를 소유하고 있을 확률이 0.3이라고 한다. 이 도시에 살고 있는 사람과 인터뷰를 했을 때 열 번째로 인터뷰한 사람이 개를 소유하고 있는 다섯 번째 사람일 확률은?

5.50 하나의 동전을 던지는 실험에서 다음과 같은 결과를 얻을 확률은?

(a) 일곱 번째의 시도에서 세 번째의 앞면이 나올 확률

(b) 네 번째의 시도에서 첫 번째의 앞면이 나올 확률

5.51 세 사람이 동전을 던져서 다른 두 사람과 다른 면이 나온 사람이 커피를 사기로 했다. 만약 모두 같게 나타난다면 다시 동전을 던진다고 한다. 시행횟수가 4보다 적을 확률을 구하라.

5.52 어떤 과학자가 병에 걸린 두 마리의 쥐를 발견할 때까지 한 번에 한 마리씩 몇 마리의 쥐에게 예방주사를 놓으려고 한다. 만약 쥐들이 이 병에 걸릴 확률이 1/6이라 할 때, 여덟 번째 쥐가 병에 걸린 두 번째 쥐일 확률은?

5.53 재고조사에서 특정제품에 대한 주문횟수가 하루 평균 5회임이 알려져 있다. 하루에 이 제품의 주문횟수가 다음과 같을 확률은?

(a) 5회 초과

(b) 한 번도 없음

5.54 매사추세츠 대학의 사회학자들에 의해 발표된 한 연구에 따르면, 신경안정제를 복용하는 2천만 명의 사람들 중 약 3분의 2가 여자라고 한다. 이 연구결과를 인정할 때, 어느 날 한 의사가 신경안정제를 처방한 다섯 번째 처방이 다음과 같을 확률은?

(a) 이 환자가 첫 번째 여성일 확률

(b) 이 환자가 세 번째 여성일 확률

5.55 조종사 후보생이 면허시험에 통과할 확률이 0.7이라고 할 때, 다음과 같은 경우의 확률을 계산하라.

(a) 세 번째 시도에서 시험에 통과할 확률

(b) 네 번 미만의 시도에서 시험에 통과할 확률

5.56 어떤 교차로에서는 한 달에 평균 3회의 교통사고가 발생한다고 한다. 어떤 달에 이 교차로에서 교통사고가 다음과 같이 발생할 확률을 구하라.

(a) 사고수가 정확히 5회일 확률

(b) 사고수가 3회 미만일 확률

(c) 사고수가 2회 이상일 확률

5.57 어떤 비서가 페이지당 평균 2회의 오타를 칠 때, 다음 페이지에서 그 비서가 다음과 같은 실수를 범할 확률은?

(a) 4회 이상 범할 확률

(b) 실수를 범하지 않을 확률

5.58 미국동부의 어떤 지역에서는 연평균 6회의 허리케인이 발생한다고 할 때, 다음의 확률을 구하라.

(a) 연 4회 미만으로 발생할 확률
(b) 연 6회 이상 8회 이하로 발생할 확률

5.59 어떤 사람이 유명한 배우의 범죄사실을 믿을 확률이 0.8이라고 할 때, 다음을 계산하라.
(a) 이 이야기를 들은 여섯 번째 사람이 그 사실을 믿는 네 번째 사람일 확률
(b) 이 이야기를 들은 세 번째 사람이 그 사실을 믿는 첫 번째 사람일 확률

5.60 5에이커의 밀밭에는 에이커당 평균 12마리의 들쥐가 있는 것으로 추정된다. 다음과 같은 지역에서 7마리 미만의 들쥐가 발견될 확률은?
(a) 어떤 한 에이커에서 발견될 확률
(b) 조사된 3에이커 중 2에이커에서 발견될 확률

5.61 소득세신고서 작성시 평균적으로 1,000명에 한 명이 실수를 범한다고 한다. 만약 10,000장의 서류를 임의로 선택하여 조사한다면, 그 서류 중 실수를 범한 서류가 6, 7 또는 8장 발견될 확률은?

5.62 어떤 학생이 척추측곡(척추가 굽는 것)에 대한 적격심사에 실패할 확률은 0.004로 알려져 있다. 척추측곡심사를 받는 1,875명에 대하여 다음과 같을 확률을 구하라.
(a) 실패하는 학생이 5명 미만일 확률
(b) 8명, 9명 또는 10명이 실패할 확률

5.63 연습문제 5.58에서 연간 허리케인의 수 X의 평균과 분산을 구하라.

5.64 연습문제 5.61에서 10,000명 중 소득세를 계산하는 데 실수를 범할 사람들의 수를 나타내는 확률변수 X의 평균 및 분산을 구하라.

5.65 자동차 제조사에서 어느 모델의 브레이크 결함에 대해 조사하고 있다. 연간 이 결함을 나타내는 자동차의 수는 $\lambda=5$인 포아송 분포를 따른다고 한다.
(a) 연간 결함있는 차가 기껏해야 3대일 확률을 구하라.
(b) 결함을 나타내는 차가 연간 1대를 초과할 확률을 구하라.

5.66 어느 공항에서는 포아송 과정에 따라 시간당 6대의 비율로 비행기들이 착륙한다. 즉, 포아송 모수는 $\mu=6t$이다.
(a) 1시간 동안 정확히 4대의 비행기가 착륙할 확률은 얼마인가?
(b) 1시간 동안 최소한 4대의 비행기가 착륙할 확률은 얼마인가?
(c) 12시간 동안 최소한 75대의 비행기가 착륙할 확률은 얼마인가?

5.67 어느 자동차 정비소에 1시간 동안 들어오는 고객의 수는 평균이 7인 포아송 분포를 따른다고 알려져 있다.
(a) 2시간 동안 10명을 초과하는 고객이 들어올 확률을 구하라.
(b) 2시간 동안 들어오는 고객 수의 평균을 구하라.

5.68 연습문제 5.62에서 심사에 떨어지는 학생 수의 평균을 구하라.

5.69 어느 바이러스 감염으로 사망할 확률이

0.001이라고 한다. 4,000명의 감염자가 있다고 할 때, 평균 사망자 수를 구하라.

5.70 어느 기업에서 어떤 전자장비를 구매하는데, 100개를 표본추출하여 2개 이상의 불량품이 발견되면 로트를 불합격시키는 검사법을 사용하고 있다.

(a) 로트의 불량률이 1%라고 할 때, 100개 중 불량품 수의 평균을 구하라.

(b) 100개 중 불량품 수의 분산을 구하라.

5.71 어떤 구리선은 평균적으로 1 m당 1.5개의 결함이 있다고 한다. 결함의 수가 포아송 분포를 따른다고 할 때, 5 m의 구리선에서 결함이 발견되지 않을 확률을 구하라. 5 m의 구리선에 있는 평균 결함 수는 얼마인가?

5.72 고속도로를 새로 만들고 일정 시간 사용하게 되면 1마일당 평균적으로 2개의 위험한 구덩이가 생긴다고 한다. 이 구덩이가 포아송 과정에 따라 만들어진다고 가정하자.

(a) 1마일의 고속도로에서 1개 이하의 구덩이가 생길 확률을 구하라.

(b) 5마일의 고속도로에서 4개 이하의 구덩이가 생길 확률을 구하라.

5.73 1시간에 10명을 초과하는 환자가 응급실로 들어오면 의사들이 감당하지 못한다고 한다. 환자들은 1시간에 평균 5명이 포아송 과정으로 응급실에 도착한다고 한다.

(a) 1시간 동안 10명을 초과하는 환자가 응급실로 들어올 확률을 구하라.

(b) 3시간 동안 20명을 초과하는 환자가 응급실로 들어올 확률을 구하라.

5.74 공항 검색대에서 검색 받는 사람들 중 3%가 검색대에 걸린다고 한다. 1명이 검색대에서 걸리기 전에 15명이 연속으로 검색대를 통과할 확률을 구하라. 1명이 검색대에서 걸리기 전에 연속으로 검색대를 통과하는 사람들의 평균수를 구하라.

5.75 어떤 로봇이 한 번의 교대작업 동안에 고장 날 확률이 0.10이라고 한다. 이 로봇이 최대로 5번의 교대작업을 고장 없이 성공적으로 수행할 확률은 얼마인가?

5.76 전화를 이용한 여론조사에 거절하는 비율이 약 20%라고 한다. 어떤 신문보도에서는 첫 번째 거절이 발생하기 전에 50명을 인터뷰했다고 한다.

(a) 이 보도가 믿을만한지 확률적으로 판단하라.

(b) 하나의 거절이 발생하기 전까지 인터뷰하는 사람의 평균수를 구하라.

연속형 균일분포 6장

6.1 연속형 균일분포

가장 단순한 연속형 분포는 **연속형 균일분포**(continuous uniform distribution)이다. 이 분포의 밀도함수는 평평한 모습이며, 따라서 밀도함수가 존재하는 구간, 말하자면$[A, B]$에서의 확률밀도는 균일하다. 연속형 균일분포는 다른 연속형 분포들에 비해 널리 활용되지는 않지만, 균일분포로부터 연속형 분포에 대한 소개를 시작하는 것이 적절하다고 본다.

균일분포 구간 $[A, B]$에서 정의되는 연속형 균일확률변수 X의 밀도함수는 다음과 같다.

$$f(x; A, B) = \begin{cases} \frac{1}{B-A}, & A \le x \le B \\ 0, & \text{다른 곳에서} \end{cases}$$

밀도함수의 모습을 보면 밑변이 $B-A$이고, 높이는 $1/(B-A)$로 **일정한** 직사각형이다. 그래서 균일분포를 **직사각형 분포**(rectangular distribution)라고도 한다. 구간은 반드시 닫힌구간 $[A, B]$일 필요는 없으며, (A, B)처럼 열린 구간이어도 상관없다. 그림 6.1은 구간 $[1, 3]$에서 정의되는 균일분포를 나타낸다.

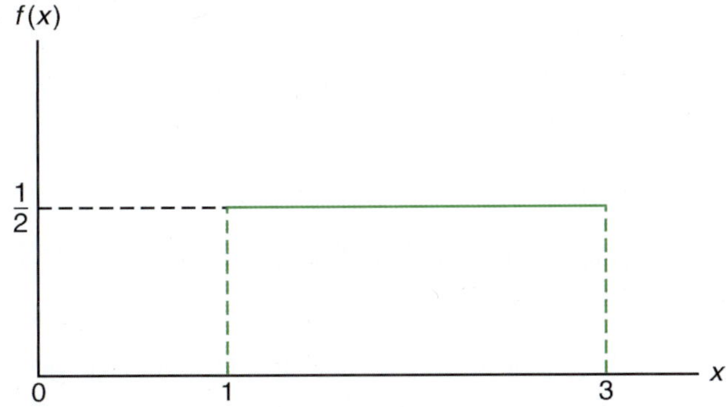

그림 6.1 구간 [1, 3]에서 정의되는 연속형 균일분포

밀도함수가 단순한 형태여서 확률계산도 간단하게 할 수 있다. 그러나 이 분포를 사용할 때 $[A, B]$ 내의 어떤 구간에 속할 확률은 구간의 길이만 같으면 모두 동일하다는 가정이 만족되어야 한다는 점을 명심해야 한다.

예제 6.1 어느 회사의 대형 회의실은 4시간을 초과하여 사용할 수 없다. 그 회의실에서는 긴 회의와 짧은 회의가 자주 열리며, 회의시간 X는 구간 $[0, 4]$에서 정의되는 균일분포로 가정할 수 있다고 한다.

(a) 밀도함수를 구하라.

(b) 어떤 회의가 최소한 3시간 이상 계속될 확률은 얼마인가?

풀이 (a) 밀도함수는 다음과 같이 주어진다.

$$f(x) = \begin{cases} \frac{1}{4}, & 0 \le x \le 4 \\ 0, & \text{다른 곳에서} \end{cases}$$

(b) $P[X \ge 3] = \int_3^4 \frac{1}{4}\, dx = \frac{1}{4}$

정리 6.1 균일분포의 평균과 분산은 다음과 같다.

$$\mu = \frac{A+B}{2}, \quad \sigma^2 = \frac{(B-A)^2}{12}$$

이 정리의 증명은 연습문제 6.1로 독자들에게 맡겨둔다.

6.2 정규분포

통계학의 전 분야에서 가장 중요한 연속형 분포는 **정규분포**(normal distribution)이다. **정규곡선**(normal curve)이라고 하는 정규분포의 그래프는 그림 6.2에 나타난 것처럼 종모양의 곡선으로, 자연과학, 기업 그리고 각종 연구 분야에서 발생하는 여러 현상들을 근사적으로 기술하는 데 이용된다. 예를 들면, 기상실험, 강우량 조사 그리고 부품의 측정 등과 같은 물리적 실험은 정규분포에 적합하다는 것이 잘 알려져 있다. 특히 과학적 측정오차는 정규분포와 거의 일치한다. 드무아브르(DeMoivre)는 1733년에 이 정규곡선의 수식을 개발하였다. 동일한 양의 반복측정에서의 오차에 관한 연구에서 정규곡선의 방정식을 유도해 내었던 가우스(Gauss)를 기리기 위하여 정규확률분포를 종종 **가우스 분포**(Gaussian distribution)라고도 한다.

그림 6.2와 같이 종모양의 분포를 가지는 연속형 확률변수 X를 **정규확률변수**

(normal random variable)라 한다. 정규확률변수의 확률분포는 평균 μ와 표준편차 σ에 의해서 결정되기 때문에 정규확률변수 X의 밀도함수를 $n(x\,;\,\mu,\,\sigma)$로 표시한다.

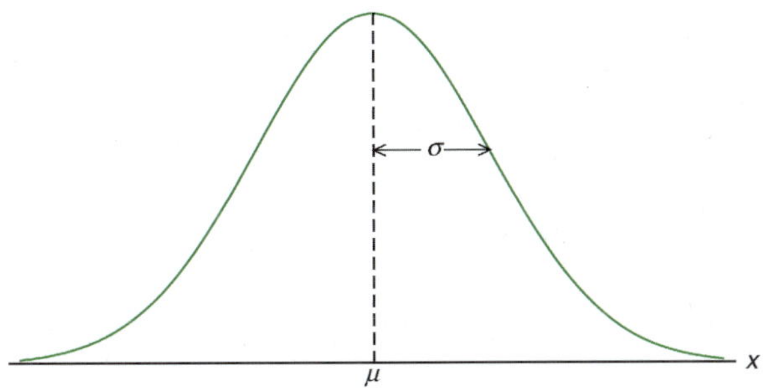

그림 6.2 정규곡선

정규분포 : 평균 μ와 분산 σ^2을 가지는 정규확률변수 X의 확률분포는

$$n(x;\mu,\sigma)=\frac{1}{\sqrt{2\pi}\sigma}e^{-\frac{1}{2\sigma^2}(x-\mu)^2},\qquad -\infty<x<\infty$$

와 같이 주어진다. 여기서 $\pi=3.14159\cdots$이고, $e=2.71828\cdots$이다.

정규곡선은 μ와 σ가 지정되면 완전히 결정된다. 예를 들어, $\mu=50$이고 $\sigma=5$라 하면, 여러 가지 x값에 대한 $n(x\,;\,50,\,5)$의 값은 쉽게 계산될 수 있고 이에 대한 곡선도 그릴 수 있다. 평균은 다르지만 표준편차가 같은 두 개의 정규곡선이 그림 6.3에 나타나 있다. 두 곡선의 형태는 동일하지만 중심위치가 다르다.

평균은 같고 표준편차가 다른 두 개의 정규곡선이 그림 6.4에 나타나 있다. 여기서는 두 곡선의 중심위치가 같지만 표준편차가 큰 곡선이 작은 곡선보다 아래쪽에 위치하고 더 넓게 퍼져 있다. 곡선 아랫부분의 면적이 1이 되어야 하므로 관측값들의

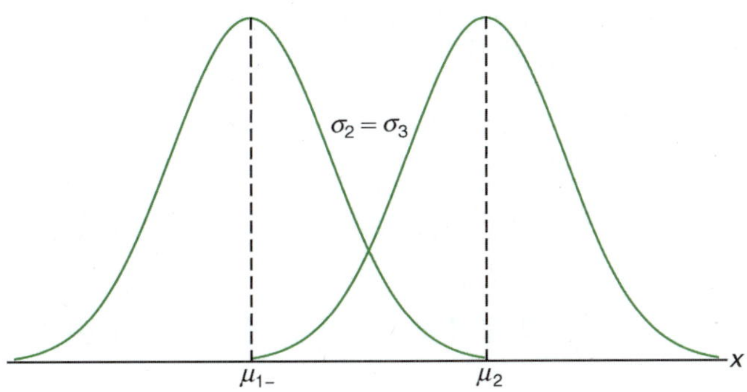

그림 6.3 $\mu_1<\mu_2$와 $\sigma_1=\sigma_2$인 두 정규곡선

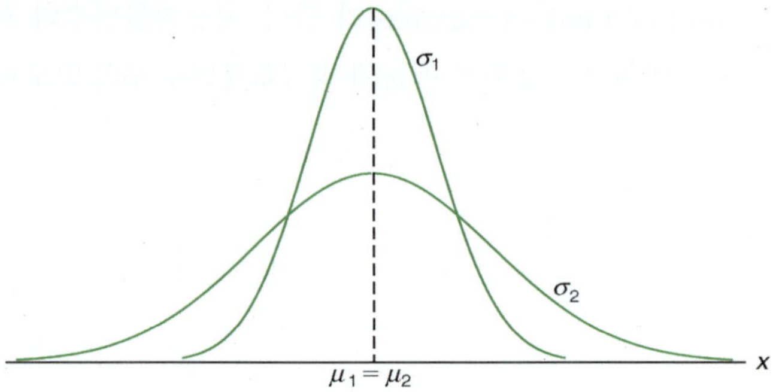

그림 6.4 $\mu_1 = \mu_2$이고 $\sigma_1 < \sigma_2$인 두 정규곡선

변화가 심할수록 곡선은 낮고 넓어질 것이라는 것을 알 수 있다.

그림 6.5는 평균과 표준편차가 모두 다른 두 개의 정규곡선을 보여주고 있다. 중심위치도 다르고 서로 다른 σ값을 가지기 때문에 모양도 달라짐을 그림으로부터 쉽게 확인할 수 있다.

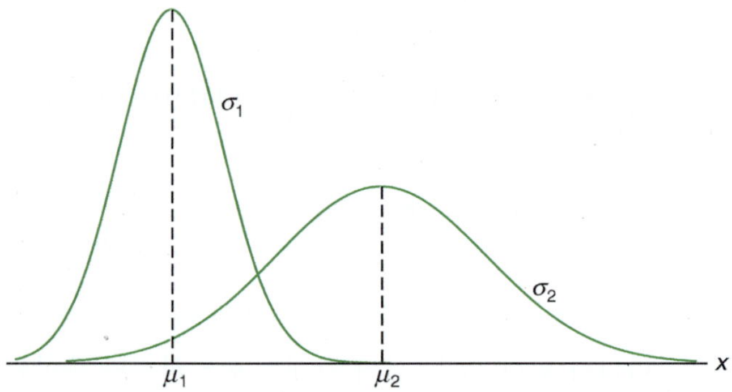

그림 6.5 $\mu_1 < \mu_2$이고 $\sigma_1 < \sigma_2$인 두 정규곡선

그림 6.2에서부터 그림 6.5까지 4개의 그림과 $n(x\,;\,\mu, \sigma)$의 1차 미분과 2차 미분으로부터 정규곡선의 몇 가지 성질들을 찾을 수 있다.

1. $x=\mu$에서 곡선이 최대값이 되며, 또한 최빈값(mode)을 가진다.
2. 곡선은 평균 μ를 지나는 수직축에 대하여 대칭이다.
3. 곡선은 $x=\mu \pm \sigma$에서 변곡점을 가지는데, $\mu-\sigma < X < \mu+\sigma$이면 아래로 오목이고, 나머지 구간에서는 위로 오목이다.
4. 평균에서 멀어질수록 정규곡선은 수평축에 접근한다.
5. 곡선과 수평축 사이의 총 면적은 1이 된다.

정리 6.2 정규분포의 평균, 분산, 표준편차는 각각 μ, σ^2, σ이다.

정의에 의하여 평균값은 다음과 같이 주어진다.

$$E(X-\mu)=\int_{-\infty}^{\infty}\frac{x-\mu}{\sqrt{2\pi}\sigma}e^{-\frac{1}{2}\left(\frac{x-\mu}{\sigma}\right)^2}dx$$

$z=(x-\mu)/\sigma$로 놓고 $dx=\sigma dz$라 하면, 피적분함수가 기함수가 되어 다음 결과를 얻을 수 있다.

$$E(X-\mu)=\frac{1}{\sqrt{2\pi}}\int_{-\infty}^{\infty}ze^{-\frac{1}{2}z^2}dz=0$$

또한 정리 4.5를 이 결과에 적용하면, 다음 결과를 얻을 수 있다.

$$E(X)=\mu$$

정규분포의 분산은 다음과 같이 주어진다.

$$E[(X-\mu)^2]=\frac{1}{\sqrt{2\pi}\sigma}\int_{-\infty}^{\infty}(x-\mu)^2e^{-\frac{1}{2}[(x-\mu)/\sigma]^2}\ dx$$

여기서도 $z=(x-\mu)/\sigma$, $dx=\sigma\, dz$로 놓으면 다음 결과를 얻을 수 있다.

$$E[(X-\mu)^2]=\frac{\sigma^2}{\sqrt{2\pi}}\int_{-\infty}^{\infty}z^2e^{-\frac{z^2}{2}}\ dz$$

$u=z, dv=ze^{-z^2/2}dz$라 하고 부분적분을 하면, $du=dz$, $v=-e^{-z^2/2}$가 되어 다음과 같이 된다.

$$E[(X-\mu)^2]=\frac{\sigma^2}{\sqrt{2\pi}}\left(-ze^{-z^2/2}\Big|_{-\infty}^{\infty}+\int_{-\infty}^{\infty}e^{-z^2/2}\ dz\right)=\sigma^2(0+1)=\sigma^2$$

많은 확률변수들은 μ와 σ^2이 알려지면 정규분포로 적절하게 기술될 수 있는 확률분포를 따른다. 따라서, 이 장에서는 두 모수가 과거의 조사로부터 이미 알려져 있다고 가정한다. 그리고 뒤에 가서 μ와 σ^2이 알려져 있지 않을 때 실험자료들로부터 그 값을 추정하는 통계적 추론을 다루게 된다.

앞에서도 지적한 대로 정규분포는 현실적인 실험자료에 잘 적합될 뿐만 아니라, 제한된 범위 내에서 이항분포 또는 초기하분포의 근사분포로서 활용되기도 한다. 이에 관해서는 뒤에서 자세히 다루어진다.

6.3 표준정규분포

모든 연속형 확률분포 혹은 밀도함수의 곡선에서 임의의 두 횡좌표 $x=x_1$과 $x=x_2$ 사이의 면적은 확률변수 X가 $x=x_1$과 $x=x_2$ 사이의 값을 취할 확률과 같도록 고안되었다. 그러므로 그림 6.6에서 그늘진 부분의 면적은 다음의 확률값이 된다.

$$P(x_1 < X < x_2) = \int_{x_1}^{x_2} n(x;\mu,\sigma)dx = \frac{1}{\sqrt{2\pi}\sigma}\int_{x_1}^{x_2} e^{-\frac{1}{2\sigma^2}(x-\mu)^2}dx$$

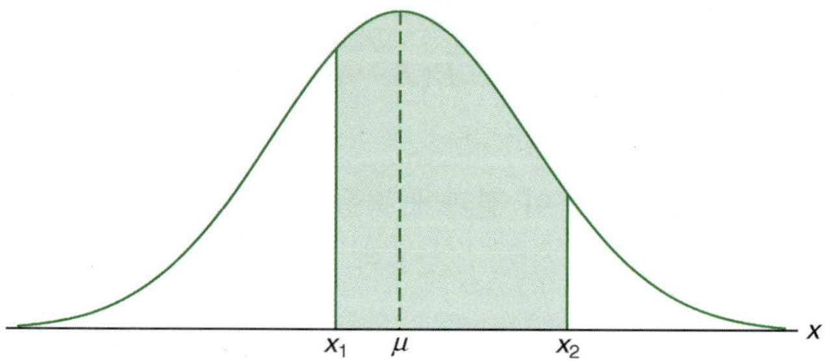

그림 6.6 $P(x_1<X<x_2)$=그늘진 부분의 면적

그림 6.3, 6.4와 6.5에서 정규곡선이 분포의 평균과 표준편차에 따라 어떻게 달라지는지를 알아보았다. 따라서, 어느 두 값 사이에서의 곡선 아랫부분의 면적은 μ와 σ의 값에 종속되어야 하며, 이러한 사실은 그림 6.7에서 명확히 볼 수 있다. 그림에서 그늘진 부분은 평균과 분산이 다른 확률분포 A와 B에 대하여 각각 $P(x_1 < X < x_2)$값과 일치하게 된다. 여기서 확률분포 A와 B에 대하여 그늘진 면적은 서로 다르며, 마찬가지로 확률변수 X가 x_1과 x_2 사이의 값을 취할 확률도 서로 다르게 된다.

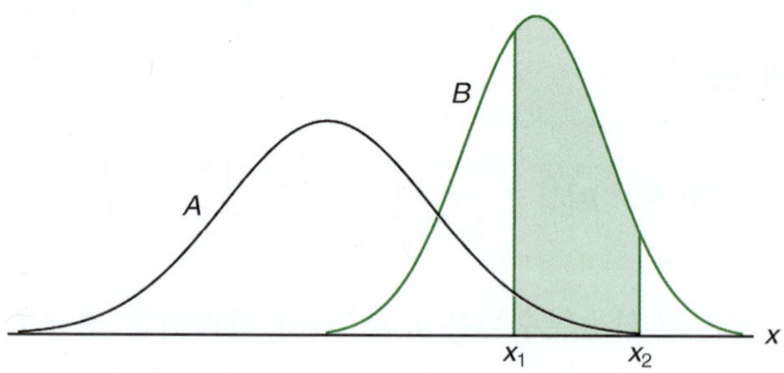

그림 6.7 서로 다른 정규곡선에 대한 $P(x_1<X<x_2)$

정규밀도함수의 적분의 어려움을 피하고 쉽게 이용할 수 있도록 여러 구간에 대한 면적을 구할 수 있는 표가 필요하게 된다. 그러나 모든 가능한 μ와 σ값에 대하여 그러한 표들을 만들어 놓는다는 것은 불가능하다. 다행스럽게도 모든 정규확

률변수 X를 평균이 0이고 분산이 1인 정규확률변수 Z로 변환시킬 수 있다. 이것은 다음과 같은 변수변환에 의해서 이루어진다.

$$Z = \frac{X-\mu}{\sigma}$$

X가 x값을 취할 때 그에 대응하는 Z의 값은 $z=(x-\mu)/\sigma$로 주어진다. 그러므로, X가 $x=x_1$과 $x=x_2$ 사이의 값을 취한다면 확률변수 Z는 $z_1=(x_1-\mu)/\sigma$와 $z_2=(x_2-\mu)/\sigma$ 사이의 값을 취할 것이다. 따라서, 다음과 같이 평균이 μ이고 분산이 σ^2인 정규확률변수 X가 어떤 구간의 값을 취할 확률은 평균이 0이고 분산이 1인 정규확률변수를 이용하여 구할 수 있다.

$$\begin{aligned} P(x_1 < X < x_2) &= \frac{1}{\sqrt{2\pi}\sigma}\int_{x_1}^{x_2} e^{-\frac{1}{2\sigma^2}(x-\mu)^2}dx = \frac{1}{\sqrt{2\pi}}\int_{z_1}^{z_2} e^{-\frac{1}{2}z^2}\,dz \\ &= \int_{z_1}^{z_2} n(z;0,1)\,dz = P(z_1 < Z < z_2) \end{aligned}$$

정의 6.1

평균이 0이고 분산이 1인 정규확률변수의 분포를 **표준정규분포**(standard normal distribution)라고 한다.

그림 6.8에서 원래의 분포와 변환된 분포의 관계를 볼 수 있다. x_1과 x_2 사이의 X의 모든 값들이 z_1과 z_2 사이의 Z값에 대응하므로, 그림 6.8의 X곡선에서 $x=x_1$과 $x=x_2$ 사이의 면적은 Z곡선하에서 변환된 값 $z=z_1$과 $z=z_2$ 사이의 면적과 같게 된다. 따라서, 정규곡선하에서의 면적을 구하는 데에는 표준정규곡선에 대한 표만 필

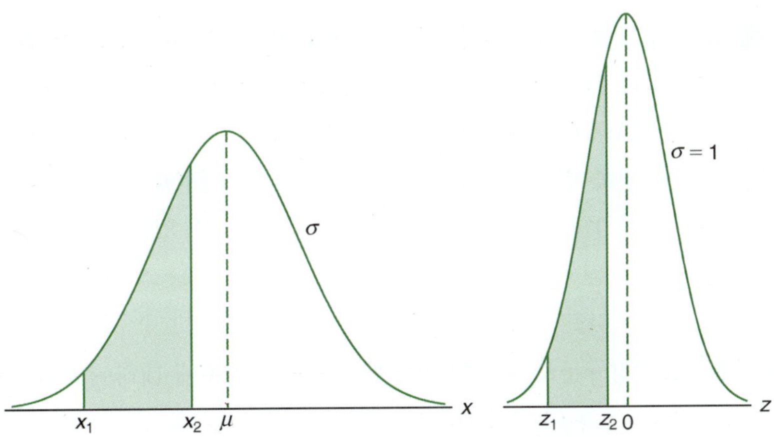

그림 6.8 원래의 정규분포와 변환된 정규분포

요하게 된다.

표 A.3에는 -3.49와 3.49 사이의 z 값들에 대하여 $P(Z<z)$에 대응하는 표준정규곡선하의 면적이 나타나 있다. 이 표를 이용하여 Z가 1.74보다 작을 확률을 구하려면, 먼저 표의 왼쪽 열에서 z가 1.7이 되는 위치를 찾은 다음 그 행을 따라 0.04의 열까지 이동한다. 여기서 0.9591이라는 값을 찾게 되며, 이는 $P(Z<1.74)=0.9591$이 됨을 뜻한다. 주어진 확률에 대응하는 z 값을 찾기 위해서는 위의 과정을 역으로 짚어가면 된다. 예를 들어, 어떤 z 값 왼쪽 면적이 0.2148이라면 z 값은 -0.79가 된다.

예제 6.2 표준정규분포가 주어졌을 때, 다음의 면적을 구하라.

(a) $z=1.84$의 오른쪽 면적

(b) $z=-1.97$과 $z=0.86$ 사이의 면적

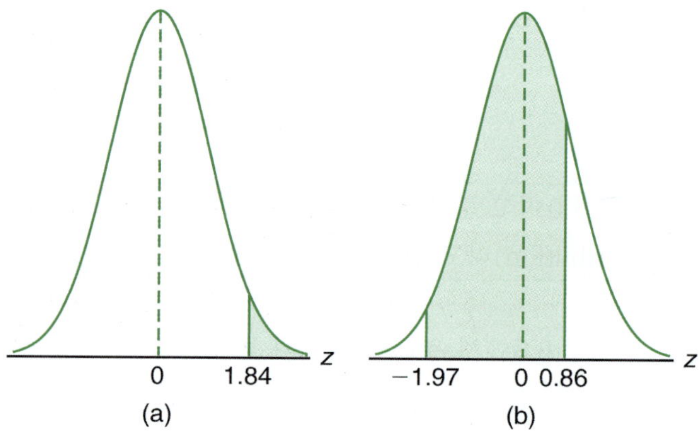

그림 6.9 예제 6.2에 대한 면적

풀이 (a) 그림 6.9(a)에서 보는 바와 같이, $z=1.84$의 오른쪽 면적은 1에서 표 A.3에 나와 있는 $z=1.84$의 왼쪽 면적을 뺀 값과 같으므로 $1-0.9671=0.0329$가 된다.

(b) 그림 6.9(b)에서 보는 바와 같이, $z=-1.97$과 $z=0.86$ 사이의 면적은 $z=0.86$의 왼쪽 면적에서 $z=-1.97$의 왼쪽 면적을 뺀 값과 같다. 표 A.3으로부터 그 면적이 $0.8051-0.0244=0.7807$이 됨을 알 수 있다.

예제 6.3 표준정규분포가 주어졌을 때, 다음 각 경우에 대하여 k 값을 구하라.

(a) $P(z>k)=0.3015$

(b) $P(k<Z<-0.18)=0.4197$

풀이 (a) 그림 6.10(a)에서 보듯이 k값 오른쪽 면적이 0.3015이므로 그 왼쪽 면적은 0.6985임을 알 수 있다. 표 A.3에서 이를 만족하는 값은 $k=0.52$가 된다.

(b) 표 A.3에 의해서 -0.18의 왼쪽 면적은 0.4286이 된다. 그림 6.10(b)에서 보듯이 k와 -0.18 사이의 면적이 0.4197이 되어야 하므로 k값 왼쪽 면적은 $0.4286-0.4197=0.0089$가 되어야만 한다. 그러므로 표 A.3으로부터 $k=-2.37$이 됨을 알 수 있다.

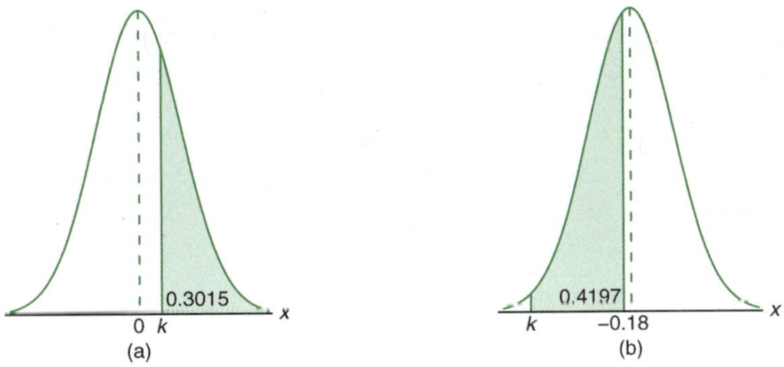

그림 6.10 예제 6.3에 대한 면적

예제 6.4 $\mu=50$이고 $\sigma=10$인 정규분포가 주어졌을 때, X가 45와 62 사이의 값을 취할 확률을 구하라.

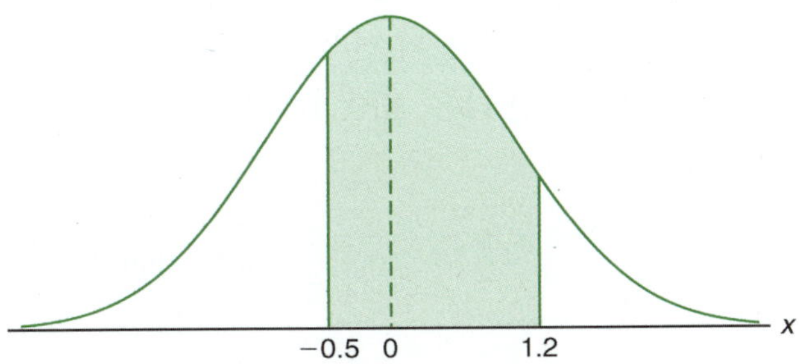

그림 6.11 예제 6.4에 대한 면적

풀이 $x_1=45$와 $x_2=62$에 대응하는 z값은

$$z_1 = \frac{45-50}{10} = -0.5\,, \quad z_2 = \frac{62-50}{10} = 1.2$$

이므로, $P(45 < X < 62)=P(-45 < Z < 1.2)$가 된다.

$P(-0.5 < Z < 1.2)$는 그림 6.11의 그늘진 부분의 면적이 되며, 이 면적은 z=1.2의 왼쪽 면적에서 z=−0.5의 왼쪽 면적을 뺀 값이다. 표 A.3을 사용하여 계산하면 다음과 같다.

$$\begin{aligned} P(45 < X < 62) &= P(-0.5 < Z < 1.2) = P(Z < 1.2) - P(Z < -0.5) \\ &= 0.8849 - 0.3085 = 0.5764 \end{aligned}$$

예제 6.5 μ=300이고 σ=50인 정규분포가 주어졌을 때, X가 362보다 큰 값을 취할 확률을 구하라.

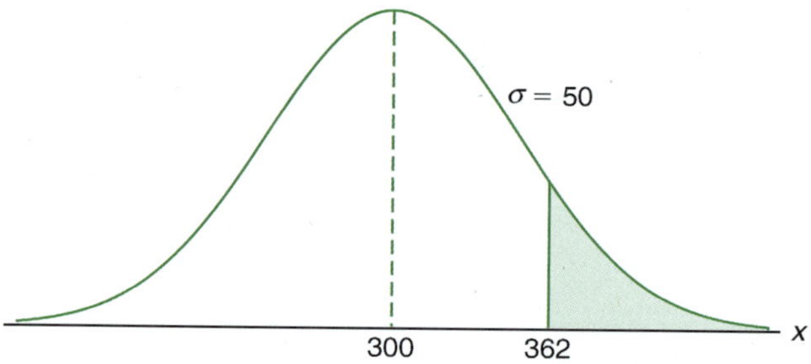

그림 6.12 예제 6.5에 대한 면적

풀이 그림 6.12에서 보는 바와 같이, $P(X > 362)$를 구하기 위해서는 x=362의 오른쪽에 대한 정규곡선 아랫부분의 면적을 구해야 한다. 이것은 먼저 x=362를 그에 대응하는 z값으로 변환한 다음, 표 A.3에서 그 z값 왼쪽 면적을 구하고 1에서 그 값을 뺌으로써 얻어진다.

$$z = \frac{362 - 300}{50} = 1.24$$

그러므로

$$P(X > 362) = P(Z > 1.24) = 1 - P(Z < 1.24) = 1 - 0.8925 = 0.1075$$

체비셰프 정리에 의하면, 확률변수가 평균으로부터 표준편차의 ±2배 이내의 구간의 값들을 취할 확률은 적어도 3/4이다. 만일 확률변수가 정규분포를 한다면, $x_1=\mu-2\sigma$와 $x_2=\mu+2\sigma$에 대응하는 z값들은 다음과 같이 계산할 수 있다.

$$z_1 = \frac{(\mu - 2\sigma) - \mu}{\sigma} = -2, \quad z_2 = \frac{(\mu + 2\sigma) - \mu}{\sigma} = 2$$

그러므로

$$P(\mu - 2\sigma < X < \mu + 2\sigma) = P(-2 < Z < 2) = P(Z < 2) - P(Z < -2)$$
$$= 0.9772 - 0.0228 = 0.9544$$

가 되고, 이것은 체비셰프 정리에 의해 주어지는 것보다 훨씬 정확한 값이 된다.

때때로 표 A.3에 주어진 확률값 사이에 해당되는 확률값에 대한 z값을 구해야 되는 경우가 있다. 편의상 주어진 확률값에 근사한 확률값을 표에서 찾아 해당하는 z값을 선택하지만, 만일 주어진 확률값이 표에 나타나 있는 어느 두 확률의 중간값이면 그에 대응하는 두 개의 z값의 중간값을 선택한다. 예를 들어, 확률 0.7975에 대응하는 z값을 구하고자 할 때, 그 확률이 표 A.3에서 0.7967과 0.7995 사이에 존재하게 되는데, 0.7975가 0.7967에 더 가까우므로 z=0.83을 선택한다. 반면에 주어진 확률이 0.7981이라면 그 값이 0.7967과 0.7995의 중앙에 위치하므로 z=0.835를 선택한다.

바로 앞의 두 예제에서는 x값을 z값으로 변환한 다음 구하고자 하는 면적을 계산함으로써 문제를 풀었다. 예제 6.6에서는 반대로 주어진 확률로부터 z값을 찾은 다음, 공식

$$z = \frac{x - \mu}{\sigma}$$

를 $x=\sigma z+\mu$로 바꾸어 x를 결정하게 된다.

예제 6.6 μ=40이고 σ=6인 정규분포가 주어졌을 때, 다음을 구하라.

(a) 왼쪽 면적이 전체 면적의 45%가 되는 x

(b) 오른쪽 면적이 전체 면적의 14%가 되는 x

풀이 (a) 그림 6.13(a)는 구하고자 하는 x의 왼쪽 면적이 0.45가 되는 경우이다. 왼쪽 면적이 0.45가 되는 z값을 알기 위해 표 A.3으로부터 $P(Z<-0.13)=0.45$가 됨을 알 수 있으므로 z=−0.13이다. 그러므로

$$x = (6)(-0.13) + 40 = 39.22$$

(b) 그림 6.13(b)는 구하고자 하는 x의 오른쪽 면적이 0.14가 되는 경우이다. 여기

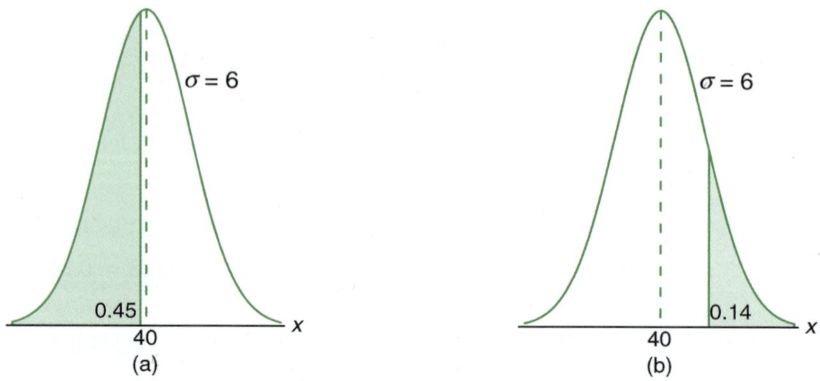

그림 6.13 예제 6.6에 대한 면적

서는 오른쪽 면적이 0.14이므로 그 왼쪽 면적이 0.86이 되는 z값을 찾아야 한다. 역시 표 A.3으로부터 $P(Z<1.08)=0.86$이 됨을 알 수 있으므로

$$x = (6)(1.08) + 40 = 46.48$$

6.4 정규분포의 적용

이제 정규분포를 적용할 수 있는 몇 가지 문제들을 다음 예제에서 살펴보자. 이항확률변수를 정규곡선에 근사시키는 방법은 6.5절에서 다루겠다.

예제 6.7 어느 축전지는 평균수명이 3년이고 표준편차가 0.5년인 것으로 알려져 있다. 축전지의 수명이 정규분포를 따른다고 가정할 때, 임의로 주어진 전지의 수명이 2.3년보다 짧을 확률을 구하라.

풀이 먼저 그림 6.14와 같이 축전지수명의 분포곡선과 구하고자 하는 면적을 그려 보자. $P(X<2.3)$을 구해야 하므로 정규곡선하에서 2.3의 왼쪽 면적을 구해야 한다. 이 확률값은 대응하는 z값의 왼쪽 면적을 찾으면 된다.

$$z = \frac{2.3 - 3}{0.5} = -1.4$$

이므로 표 A.3을 이용하여 다음 결과를 얻을 수 있다.

$$P(X < 2.3) = P(Z < -1.4) = 0.0808$$

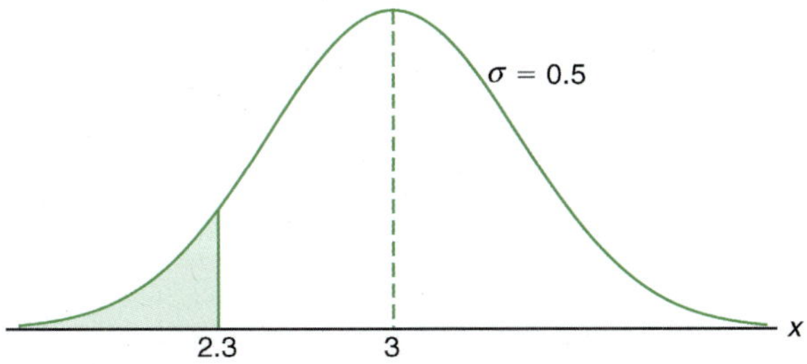

그림 6.15 예제 6.8에 대한 면적

예제 6.8 어느 전기회사에서는 평균수명이 800시간이고 표준편차가 40시간인 정규분포의 수명분포를 가지는 전구를 생산하고 있다. 임의로 선정된 전구의 수명이 778시간과 834시간 사이에 있을 확률을 구하라.

풀이 전구의 수명분포는 그림 6.15와 같다. x_1=778과 x_2=834에 대응하는 z값은 각각

$$z_1 = \frac{778-800}{40} = -0.55\ , \quad z_2 = \frac{834-800}{40} = 0.85$$

이다. 따라서

$$\begin{aligned} P(778 < X < 834) &= P(-0.55 < Z < 0.85) = P(Z < 0.85) - P(Z < -0.55) \\ &= 0.8023 - 0.2912 = 0.5111 \end{aligned}$$

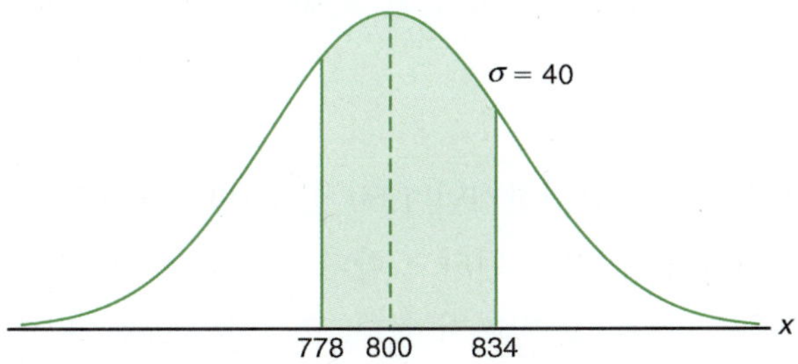

그림 6.15 예제 6.9에 대한 면적

예제 6.9 어느 공정에서 볼베어링의 직경이 매우 중요한 품질특성이 된다. 구매자 측은 직경의 규격한계를 3.0 ± 0.01 cm로 정해 놓고 있다. 따라서, 이 규격한계를 벗어나는 부품은 불합격처리된다. 볼베어링의 직경은 평균이 3.0, 표준편차 0.005인 정규분포를 따른다고 할 때, 생산된 제품 중 불합격으로 처리되는 것은 얼마나 되겠는가?

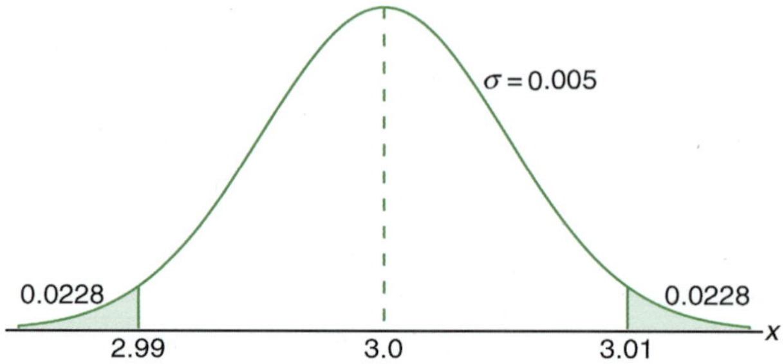

그림 6.16 예제 6.9에 대한 면적

풀이 직경의 분포는 그림 6.16과 같다. 규격한계인 x_1=2.99와 x_2=3.01에 대응되는 z값은 각각

$$z_1 = \frac{2.99 - 3.0}{0.005} = -2.0 \ , \quad z_2 = \frac{3.01 - 3.0}{0.005} = +2.0$$

이 된다. 따라서

$$P(2.99 < X < 3.01) = P(-2.0 < Z < 2.0)$$

표 A.3으로부터 $P(Z < -2.0)0.0228$을 얻게 되고, 정규분포의 대칭성을 이용하면

$$P(Z < -2.0) + P(Z > 2.0) = 2(0.0228) = 0.0456$$

이 된다. 결론적으로 생산된 볼베어링의 4.56%가 불합격품으로 처리된다.

예제 6.10 어떤 치수가 규격한계인 $1.50 \pm d$ 내에 들어오지 않으면 모든 부품을 불합격시키는 평가기준이 사용된다고 한다. 측정값은 평균이 1.50이고 표준편차가 0.2인 정규분포를 따른다고 알려져 있다. 측정값의 95%가 규격한계 내에 들도록 d값을 결정하라.

풀이 표 A.3으로부터

$$P(-1.96 < Z < 1.96) = 0.95$$

를 얻을 수 있으므로,

$$1.96 = \frac{(1.50 + d) - 1.50}{0.2}$$

으로부터

$$d = (0.2)(1.96) = 0.392$$

가 되며, 이 규격에 대한 설명이 그림 6.17에 나타나 있다.

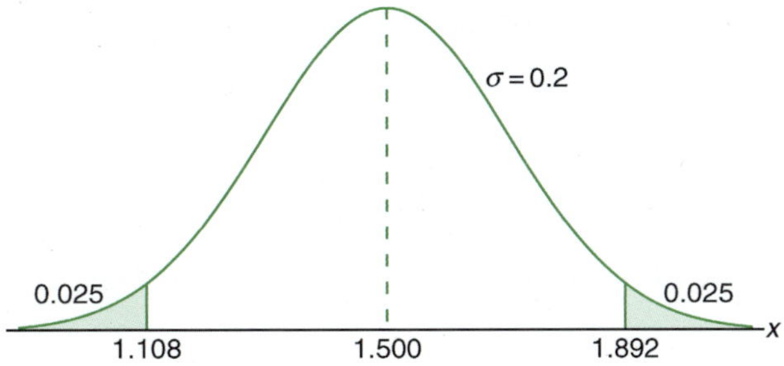

그림 6.17 예제 6.10에서의 규격한계

예제 6.11 평균저항이 40 Ω 이고 표준편차가 2 Ω 인 저항기를 만드는 기계가 있다. 저항이 정규분포를 따른다고 가정할 때, 43 Ω 이 넘는 저항을 가지게 되는 저항기는 몇 퍼센트나 되겠는가?

풀이 구하고자 하는 퍼센트값은 상대도수에 100%를 곱하면 된다. 어떤 구간에 대한 상대도수는 확률변수가 그 구간 안의 값을 취할 확률과 같으므로 그림 6.18에서 x=43의 오른쪽 면적을 알아야만 한다. 이 면적은 x=43을 그에 대응하는 z값으로 변환하여 부록 A.3에서 z값 왼쪽 면적을 구한 다음, 1에서 그 값을 빼면 된다.

$$z = \frac{43 - 40}{2} = 1.5$$

이므로

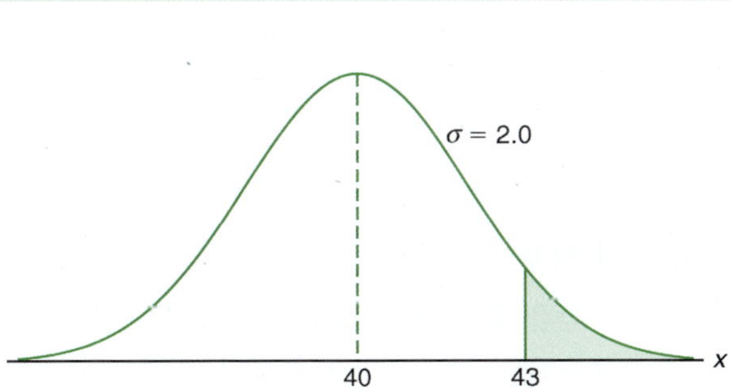

그림 6.18 예제 6.11에 대한 면적

$$P(X > 43) = P(Z > 1.5) = 1 - P(Z < 1.5) = 1 - 0.9332 = 0.0668$$

이다. 따라서, 저항기의 6.68% 가 43 Ω 이 넘는 저항을 가지게 될 것이다.

예제 6.12 예제 6.11 에서 저항의 측정값을 소수 첫째 자리에서 반올림할 때 43 Ω 이 넘는 저항기의 비율을 구하라.

풀이 이 문제는 저항이 42.5 Ω 보다 크고 43.5 Ω 보다 작은 저항기는 모두 43 Ω 의 저항을 가진다고 보는 점에서 예제 6.11 과 다르다. 구하고자 하는 면적은 그림 6.19 에 나타나 있듯이 43.5 오른쪽의 그늘진 영역이다.

$$z = \frac{43.5 - 40}{2} = 1.75$$

이므로

$$P(X > 43.5) = P(Z > 1.75) = 1 - P(Z < 1.75) = 1 - 0.9599 = 0.0401$$

이다. 따라서, 저항의 측정값을 소수 첫째 자리에서 반올림할 때 43 Ω 을 넘는 저항은 4.01% 이다. 이 결과와 예제 6.11 의 결과와의 차이 6.68% − 4.01% = 2.67% 는 43 Ω 보다 크고 43.5Ω 보다 작은 저항을 가지는 저항기의 비율을 나타내고 있다.

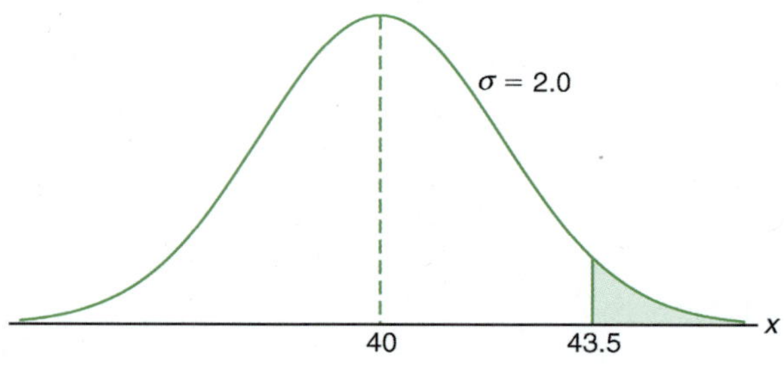

그림 6.19 예제 6.12에 대한 면적

예제 6.13 어느 시험 성적이 평균이 74점이고 표준편차가 7인 정규분포를 따른다고 한다. 12% 의 학생에게 A 학점이 주어졌다면, A 학점을 받은 학생 중 가장 낮은 점수와 B 학점을 받은 학생 중 가장 높은 점수는 각각 얼마나 되겠는가?

풀이 이 문제에서는 해당되는 확률값이 알려져 있기 때문에 z 값을 찾아서 식 $x = \sigma z + \mu$ 를 이용하여 x 값을 결정하면 된다. 그림 6.20 에서 그늘진 0.12 라는 면적은 A 학점을

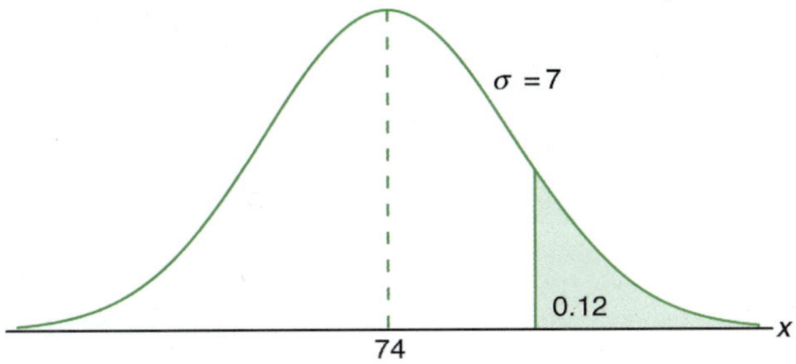

그림 6.20 예제 6.13에 대한 면적

받은 학생들의 비율을 나타낸다. 오른쪽 부분의 면적이 0.12이고, 따라서 왼쪽 부분의 면적이 0.88이 되는 z값이 필요하게 된다. 표 A.3으로부터 $P(Z<1.18)=0.88$임을 알 수 있으므로, 구하는 z값은 1.18이 된다. 따라서

$$x = (7)(1.18) + 74 = 82.26$$

이다. 그러므로, A학점 중 가장 낮은 점수는 83이고 B학점 중 가장 높은 점수는 82가 된다.

예제 6.14 예제 6.13에서 제6십분위수를 구하라.

풀이 제6십분위수를 D_6라 하면 그것은 그림 6.21에 나타난 것과 같이 왼쪽 면적이 총면적의 60%가 되는 x값이 된다. 표 A.3으로부터 $P(Z<0.25)\approx 0.6$이 되므로

$$x=(7)(0.25)+74=75.75$$

가 된다. 그러므로 D_6는 75.75이다. 즉, 성적의 60%가 75점 이하이다.

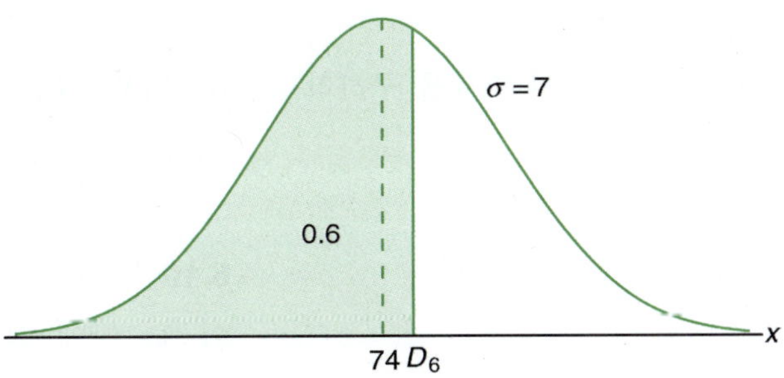

그림 6.21 예제 6.14에 대한 면적

연습문제

6.1 연속형 균일분포에서 다음을 증명하라.

(a) $\mu = \frac{A+B}{2}$

(b) $\sigma^2 = \frac{(B-A)^2}{12}$

6.2 확률변수 X가 1과 5사이의 연속형 균일분포를 따른다고 할 때 조건부 확률 $P(X > 2.5 | X \le 4)$를 구하라.

6.3 어느 공항 로비에 있는 커피자판기에서 하루에 팔리는 커피의 양(단위: 리터)은 $A=7$이고 $B=10$인 연속형 균일분포를 따른다고 한다. 어느 날 하루 동안에 팔리는 커피의 양이 다음과 같을 확률을 구하라.

(a) 많아야 8.8 리터

(b) 7.4 리터 이상 9.5 리터 이하

(c) 최소한 8.5 리터

6.4 버스정류장에 10분 간격으로 버스가 도착한다. 승객이 버스를 기다리는 시간은 연속형 균일분포를 따른다고 한다.

(a) 승객이 7분 이상 기다릴 확률은 얼마인가?

(b) 승객의 대기시간이 2분에서 7분 사이일 확률은 얼마인가?

6.5 표준정규분포에서 다음의 확률을 구하라.

(a) $z=-1.39$의 왼쪽 면적

(b) $z=1.96$의 오른쪽 면적

(c) $z=-2.16$과 $z=-0.65$ 사이의 면적

(d) $z=1.43$의 왼쪽 면적

(e) $z=-0.89$의 오른쪽 면적

(f) $z=-0.48$과 $z=1.74$ 사이의 면적

6.6 표준정규곡선에서 다음과 같을 때 z값을 구하라.

(a) z의 오른쪽 면적이 0.3622

(b) z의 왼쪽 면적이 0.1131

(c) 0과 $z(z>0)$ 사이가 0.4838

(d) $-z$와 $z(z>0)$ 사이가 0.9500

6.7 표준정규분포에서 다음과 같을 때 k값을 구하라.

(a) $P(Z > k)=0.2946$

(b) $P(Z < k)=0.0427$

(c) $P(-0.93 < Z < k)=0.7235$

6.8 $\mu=30, \sigma=6$인 정규분포에서 다음을 구하라.

(a) $x=17$의 오른쪽 면적

(b) $x=22$의 왼쪽 면적

(c) $x=32$와 $x=41$ 사이의 면적

(d) 왼쪽 면적이 80%인 x의 값

(e) 중앙 면적이 75%일 때 양끝 x의 값

6.9 X는 평균이 18, 표준편차가 2.5인 정규분포를 따를 때 다음을 구하라.

(a) $P(X < 15)$

(b) $P(X < k)=0.2236$에서 k값

(c) $P(X > k)=0.1814$에서 k값

(d) $P(17 < X < 21)$

6.10 체비셰프 정리에 의하면 확률변수의 평균이 3σ 안에 있을 확률은 적어도 8/9 이상이다. 확률변수 X가 평균이 μ이고 분산이 σ^2인 정규분포를 따른다면 $P(\mu-3\sigma < X < \mu+3\sigma)$의 정

확한 값은?

6.11 한 컵당 평균 200 mL씩 음료가 나오는 자판기가 있다. 음료의 양은 표준편차가 15 mL인 정규분포를 따른다고 할 때 다음을 구하라.

(a) 224 mL보다 많이 나올 확률

(b) 191에서 209 mL 사이가 나올 확률

(c) 230 mL 용량의 컵을 사용하여 1,000번을 뽑는다면 몇 개의 컵이 넘치겠는가?

(d) 한 컵의 양이 얼마일 때 그 양보다 적을 확률이 25%가 되는가?

6.12 한 빵집에서 시외의 여러 가게로 보내지는 호밀빵의 길이는 평균이 30 cm이고 표준편차가 2 cm라고 한다. 이 빵의 길이는 정규분포를 따른다고 할 때 다음을 구하라.

(a) 31.7 cm보다 길 확률

(b) 29.3에서 33.5 cm 사이일 확률

(c) 25.5 cm보다 작을 확률

6.13 한 연구에 의하면 쥐에게 먹이를 제한하는 대신에 비타민과 단백질이 풍부한 먹이를 제공했을 때 쥐의 수명은 평균 40개월이라고 한다. 쥐의 수명은 표준편차가 6.3개월인 정규분포를 따른다고 할 때 다음을 구하라.

(a) 32개월 이상 살 확률

(b) 28개월 이하 살 확률

(c) 37개월에서 49개월까지 살 확률

6.14 완성된 피스톤링의 내경은 평균이 10 cm이고 표준편차가 0.03 cm인 정규분포를 따른다고 할 때 다음을 구하라.

(a) 내경이 10.075 cm를 초과할 확률

(b) 내경이 9.97에서 10.03 cm 사이일 확률

(c) 내경이 얼마 이하일 때 확률이 15%가 되는가?

6.15 한 변호사가 시외에서 도심의 사무실로 매일 출퇴근을 하고 있다. 통근시간은 평균이 24분, 표준편차가 3.8분인 정규분포를 따른다고 할 때

(a) 통근시간이 최소한 30분이 걸릴 확률을 구하라.

(b) 사무실이 9:00에 문을 열고 매일 8:45에 집을 떠난다면 지각할 확률은 몇 %인가?

(c) 만약 그가 8:35에 집을 떠나고, 8:50부터 9:00 사이에 사무실에서 커피가 서비스된다면 커피서비스를 받지 못할 확률은?

(d) 통근시간의 상위 15%가 되는 값을 구하라.

(e) 3번의 출근 중 2번이 적어도 30분 이상 걸릴 확률을 구하라.

6.16 어느 공급업자가 납품하는 산소의 순도는 평균 99.61%, 표준편차 0.08%인 정규분포를 따른다고 한다.

(a) 산소의 순도가 99.5에서 99.7% 사이일 확률을 구하라.

(b) 정확히 모집단의 하위 5%에 해당하는 산소의 순도는 얼마인가?

6.17 어떤 모터의 수명은 평균 10년이고 표준편차가 2년이다. 생산자는 보증기간 안에 고장이 날 경우 무상으로 교환을 해 준다고 한다. 생산자가 고장으로 모터의 3% 정도만 교환해 주길 원한다면 얼마의 기간 동안 보증을 해 주어야 하는가? 모터의 수명은 정규분포를 따른다고 한다.

6.18 1,000명의 학생들의 키가 평균 174.5 cm

이고 표준편차는 6.9 cm인 정규분포를 따른다. 키는 0.5 cm 단위까지 기록될 때 다음의 키를 가지는 학생의 수를 구하라.

(a) 160 cm 이하

(b) 171.5 cm 이상 182 cm 이하

(c) 정확히 175 cm

(d) 188 cm 이상

6.19 어떤 회사가 지급하는 임금은 시간당 평균 15.90달러, 표준편차는 1.50달러인 정규분포를 따른다고 할 때 다음을 구하라.

(a) 종업원이 받을 임금이 시간당 13.75달러에서 16.22달러 사이일 확률은?

(b) 종업원 중 상위 5%가 받는 임금의 최저금액은?

6.20 푸들 강아지의 몸무게는 평균이 8 kg이고 표준편차가 0.9 kg의 정규분포를 근사적으로 따른다고 한다. 측정값이 0.1 kg 단위까지 기록될 때 다음 확률을 구하라.

(a) 9.5 kg 초과

(b) 8.6 kg 이하

(c) 7.3에서 9.1 kg 사이

6.21 어떤 금속부품의 인장강도는 평균 10,000 kg/cm^{2}이고 표준편차가 100 kg/cm^{2}인 정규분포를 따른다고 한다. 측정값은 50 kg/cm^2 단위까지 기록된다.

(a) 인장강도가 10,150 kg/cm^{2}를 초과할 확률은?

(b) 만약 시방서에 따라 모든 부품의 인장강도가 9,800에서 10,200 kg/cm^2 사이에 있도록 요구된다면 불량률은?

6.22 측정값의 집합이 정규분포를 따른다고 할 때 다음을 구하라.

(a) 평균으로부터의 차이가 1.3σ보다 클 확률

(b) 평균으로부터의 차이가 0.52σ보다 작을 확률

6.23 어떤 대학에 지원한 학생 600명의 IQ는 평균이 115이고 표준편차가 12인 정규분포를 따른다고 한다. 그 대학에서는 최소한 95 이상의 IQ를 요구하고 있다. 이 지원자 중 몇 명이 낙방할 것인가? 단, IQ의 측정값은 소수 첫 자리에서 반올림 되었다.

6.5 이항분포의 정규근사

이항실험에 관련된 확률들은 n이 작을 때 표 A.1이나 식 $b(x\,;\,n, p)$에 의해서 쉽게 얻어질 수 있다. 또한, 이항확률은 많은 컴퓨터패키지에서 쉽게 활용될 수 있다. 이제 이항분포와 정규분포 간의 관계를 알아볼 필요가 있다. 5.5절에서는 n이 매우 크고 p가 0이나 1에 매우 가까울 때 포아송 분포를 이용하여 이항확률의 근사값을 계산하는 것을 알아보았다. 이항분포와 포아송 분포는 모두 이산형이다. 이산형 표본공간의 근사확률 계산에 처음으로 연속형 확률분포인 정규분포를 활용한 예가 예제 6.12에서 설명되었다. 특히 이산형 분포가 종의 형태처럼 대칭일 때 정규분포의

근사가 적절하게 된다. 이론적으로 볼 때, 몇몇 분포는 모수가 어떤 극한점에 접근함에 따라 정규분포에 근접하게 된다. 정규분포는 누적분포표를 쉽게 활용할 수 있기 때문에 아주 유용한 근사분포가 된다. 이제 n이 충분히 크게 되면 정규곡선의 면적을 사용하여 이항분포의 근사값을 계산할 수 있는 정리를 설명하겠다.

정리 6.3

X가 $\mu=np$이고 $\sigma^2=npq$인 이항확률변수이면, $n\to\infty$일 때

$$Z=\frac{X-np}{\sqrt{npq}}$$

의 극한분포는 표준정규분포, 즉 $n(z;0,1)$을 따른다.

이항분포는 n이 크고 p가 0이나 1에 아주 가까운 값이 아닐 때에 $\mu=np$, $\sigma^2=np(1-p)$인 정규분포에 근사될 뿐 아니라, n이 작고 p가 1/2에 가까운 값일 때에도 정규분포로 적절한 근사가 가능하다.

이항분포의 정규근사에 대해 알아보기 위해 먼저 $b(x;15,\ 0.4)$에 대한 히스토그램을 그린 다음, 이항변수 X와 평균과 분산이 같은 정규곡선을 그 위에 겹치게 그려보자. 즉, $\mu=np=(15)(0.4)=6$이고 $\sigma^2=npq=15(0.4)(0.6)=3.6$인 정규곡선을 그릴 수 있다. $b(x;15,\ 0.4)$의 히스토그램과 이에 대응하는 정규곡선이 그림 6.22에 나타나 있다.

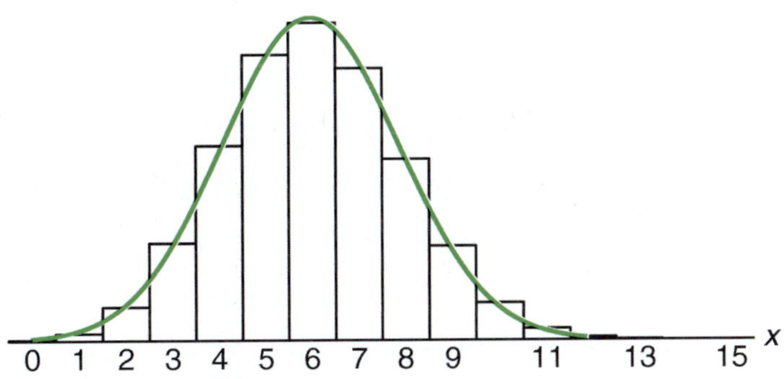

그림 6.22 $b(x;\ 15,\ 0.4)$의 정규근사

이항확률변수 X가 주어진 x값을 취할 확률은 x가 밑변의 중심이 되는 직사각형의 면적과 같다고 생각한다. 예를 들면, X가 4의 값을 취할 확률은 $x=4$가 밑변의 중심이 되는 직사각형의 면적과 같다고 생각한다. 표 A.1 을 사용하여 이 면적을 구해 보면,

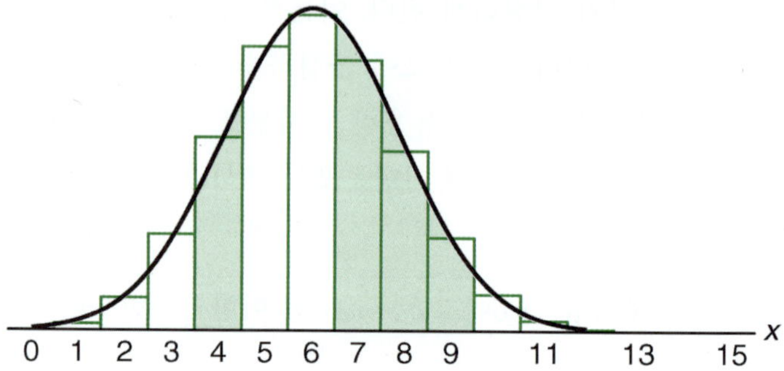

그림 6.23 $b(4;15, 0.4)$와 $\sum_{x=7}^{9} b(x;15, 0.4)$의 정규근사

$$P(X = 4) = b(4; 15, 0.4) = 0.1268$$

이며, 이 값은 그림 6.23에 나타나 있듯이 정규곡선하에서 x_1=3.5와 x_2=4.5 사이의 그늘진 면적에 근사하게 된다. x_1과 x_2에 대응하는 z값을 구해 보면,

$$z_1 = \frac{3.5 - 6}{1.897} = -1.32, \quad z_2 = \frac{4.5 - 6}{1.897} = -0.79$$

이므로 X가 이항확률변수, Z가 표준정규변수이면

$$\begin{aligned} P(X = 4) &= b(4; 15, 0.4) \approx P(-1.32 < Z < -0.79) \\ &= P(Z < -0.79) - P(Z < -1.32) = 0.2148 - 0.0934 = 0.1214 \end{aligned}$$

가 되어, 이 결과는 정확한 확률값 0.1268에 근사하게 된다.

특히 n이 큰 경우 이항분포의 누적확률을 계산하는 데 정규분포는 매우 유용하게 사용될 수 있다. 그림 6.23에서 X가 7에서 9까지의 값을 취할 확률을 구해 보자. 먼저 이항분포를 이용해 정확한 값을 구해 보면

$$\begin{aligned} P(7 \le X \le 9) &= \sum_{x=0}^{9} b(x; 15, 0.4) - \sum_{x=0}^{6} b(x; 15, 0.4) \\ &= 0.9662 - 0.6098 = 0.3564 \end{aligned}$$

이다. 이 값은 밑변의 중심이 각각 x=7, 8, 9인 세 개의 직사각형의 면적의 합과 같다. 정규근사를 할 경우에는 그림 6.23에서 x_1=6.5와 x_2=9.5 사이의 면적(그늘진 부분)을 구하면 된다. x_1과 x_2에 대응하는 z의 값은

$$z_1 = \frac{6.5 - 6}{1.897} = 0.26, \quad z_2 = \frac{9.5 - 6}{1.897} = 1.85$$

이므로

$$\begin{aligned} P(7 \leq X \leq 9) &\approx P(0.26 < Z < 1.85) = P(Z < 1.85) - P(Z < 0.26) \\ &= 0.9678 - 0.6026 = 0.3652 \end{aligned}$$

가 되며, 이 결과는 정확한 값 0.3564와 거의 일치하는 값을 제공해 주고 있다. 정규곡선이 히스토그램에 얼마나 근사할 수 있는가에 달려있는 정확도는 n이 증가함에 따라 함께 증가하게 된다. 이러한 사실은 p가 1/2에 가까운 값이 아니거나 히스토그램이 대칭이 아닐 때에도 성립한다. 그림 6.24와 6.25는 각각 $b(x\ ;\ 6, 0.2)$와 $b(x\ ;\ 15, 0.2)$에 대한 히스토그램을 보여주고 있다. 두 그림에서 n=6일 때보다 n=15일 때 정규곡선이 히스토그램에 더 근사해짐을 명백히 볼 수 있다

이항분포를 정규분포로 근사시키는 경우, 정규곡선에서 어떤 값 x의 왼쪽 면적을 구할 때에는 x 대신 x+0.5로 구하는 것이 더 정확하게 된다. 이것은 이산형 분포를 연속형 분포로 더 적합하게 근사시키기 위해 수정하여 주는 것으로서, +0.5를 **연속성 수정**(continuity correction)이라고 한다.

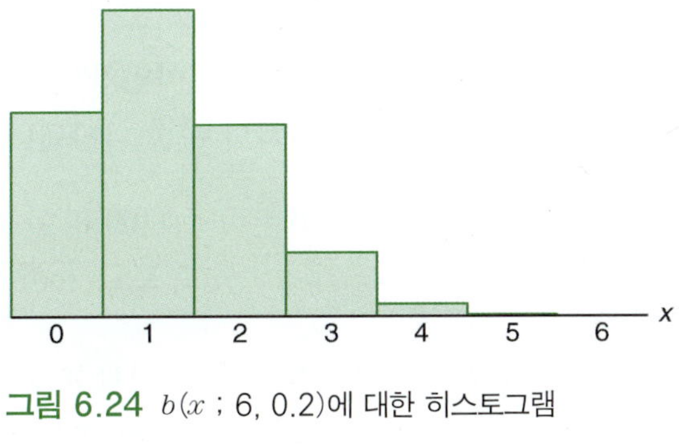

그림 6.24 $b(x\ ;\ 6, 0.2)$에 대한 히스토그램

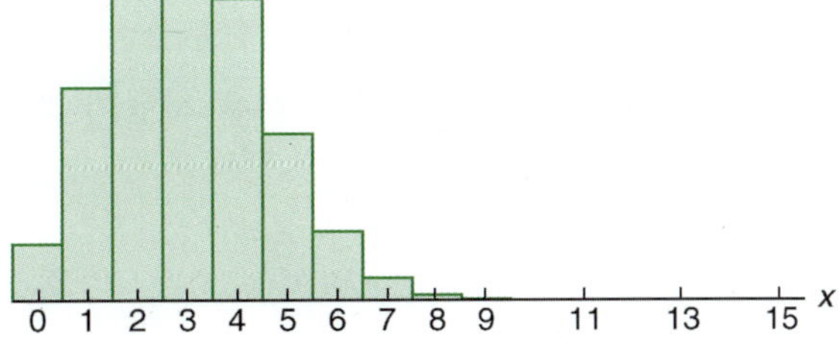

그림 6.25 $b(x\ ;\ 15, 0.2)$에 대한 히스토그램

이항분포의 정규근사 X를 모수 n과 p를 갖는 이항확률변수라고 하자. 그러면 X는 평균이 $\mu=np$이고 분산이 $\sigma^2=npq=np(1-p)$인 정규분포를 근사적으로 따르게 되며,

$$\begin{aligned} P(X \le x) &= \sum_{k=0}^{x} b(k; n, p) \\ &\approx P\left(Z \le \frac{x + 0.5 - np}{\sqrt{npq}}\right) \end{aligned}$$

이다. 이항분포의 정규근사는 np 와 $n(1-p)$가 5 이상일 때 더 적합하게 된다.

지금까지의 결과를 요약해 보면, n이 큰 값이면 근사 결과가 아주 만족스럽고, p가 1/2에 가까운 값일 때에는 n이 작아도 근사 결과가 적당하게 된다.

표 6.1에서 근사값의 정확도를 비교해 볼 수가 있다. 표에는 정규근사값과 실제 누적이항확률이 나와 있다. $p=0.05$와 $p=0.10$인 경우 모두 $n=10$일 때 근사값이 잘 맞지 않음을 알 수 있다. 그러나 $p=0.50$인 경우에는 $n=10$인 경우에도 두 값이 비슷해지고 있다. 한편, $p=0.05$로 고정한 상태에서 $n=20$에서 $n=100$으로 증가시키면 근사의 정확도가 높아지는 것을 볼 수 있다.

예제 6.15 빈혈환자가 회복될 확률은 0.4라고 한다. 100명의 빈혈환자 중에서 회복되는 환자의 수가 30보다 적을 확률은 얼마인가?

풀이 이항변수 X가 회복될 환자의 수를 나타낸다고 하자. $n=100$이므로

$$\mu = np = (100)(0.4) = 40$$
$$\sigma = \sqrt{npq} = \sqrt{(100)(0.4)(0.6)} = 4.899$$

인 정규분포에 근사시켜도 매우 정확한 값을 얻을 수 있다. 구하고자 하는 확률은 $x=29.5$ 왼쪽의 면적이 된다. 29.5에 대응하는 z값은

$$z = \frac{29.5 - 40}{4.899} = -2.14$$

이고, 100명 중 30명보다 적은 사람이 회복될 확률은 그림 6.26의 그늘진 영역이 된다. 그러므로,

$$P(X < 30) \approx P(Z < -2.14) = 0.0162$$

표 6.1 정규근사와 실제누적이항확률

r	$p=0.05, n=10$		$p=0.10, n=10$		$p=0.50, n=10$	
	이항	정규	이항	정규	이항	정규
0	0.5987	0.5000	0.3487	0.2981	0.0010	0.0022
1	0.9139	0.9265	0.7361	0.7019	0.0107	0.0136
2	0.9885	0.9981	0.9298	0.9429	0.0547	0.0571
3	0.9990	1.0000	0.9872	0.9959	0.1719	0.1711
4	1.0000	1.0000	0.9984	0.9999	0.3770	0.3745
5			1.0000	1.0000	0.6230	0.6255
6					0.8281	0.8289
7					0.9453	0.9429
8					0.9893	0.9864
9					0.9990	0.9978
10					1.0000	0.9997

r	$p=0.05$					
	$n=20$		$n=500$		$n=100$	
	이항	정규	이항	정규	이항	정규
0	0.3585	0.3015	0.0769	0.0968	0.0059	0.0197
1	0.7358	0.6985	0.2794	0.2578	0.0371	0.0537
2	0.9245	0.9382	0.5405	0.5000	0.1183	0.1251
3	0.9841	0.9948	0.7604	0.7422	0.2578	0.2451
4	0.9974	0.9998	0.8964	0.9032	0.4360	0.4090
5	0.9997	1.0000	0.9622	0.9744	0.6160	0.5910
6	1.0000	1.0000	0.9882	0.9953	0.7660	0.7549
7			0.9968	0.9994	0.8720	0.8749
8			0.9992	0.9999	0.9369	0.9463
9			0.9998	1.0000	0.9718	0.9803
10			1.0000	1.0000	0.9885	0.9941

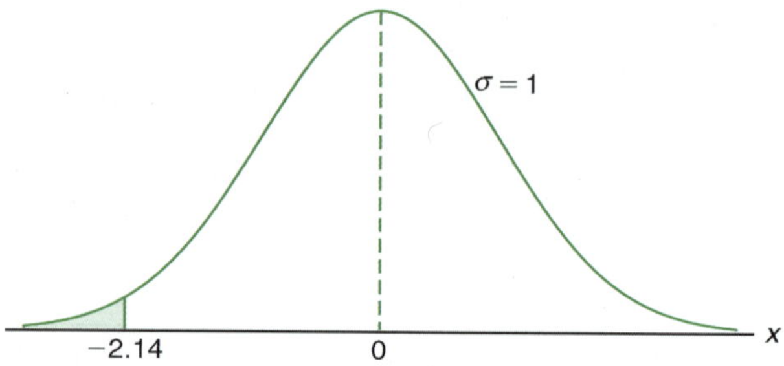

그림 6.26 예제 6.15에 대한 면적

예제 6.16 4개의 보기 중 하나의 정답이 있는 4지선다형 문제 200개가 있다고 하자. 그 시험 문제에 관해서 아무런 지식을 가지고 있지 않은 학생이 200문제 중 80문제의 답을 순전히 추측으로 골랐을 때 그 중 정답이 25개에서 30개까지일 확률은 얼마인가?

풀이 80문제 각각에 대해서 정답을 고를 확률은 $p=1/4$이다. X가 그 학생이 맞춘 정답의 수를 나타낸다고 할 때,

$$P(25 \le X \le 30) = \sum_{x=25}^{30} b(x; 80, 1/4)$$

이다.

$$\mu = np = (80)\left(\frac{1}{4}\right) = 20$$

이고

$$\sigma = \sqrt{npq} = \sqrt{(80)(1/4)(3/4)} = 3.873$$

인 정규곡선에 근사시키면, $x_1=24.5$와 $x_2=30.5$ 사이의 면적을 구하면 된다. 이에 대응하는 z 값은

$$z_1 = \frac{24.5 - 20}{3.873} = 1.16, \quad z_2 = \frac{30.5 - 20}{3.873} = 2.71$$

이므로, 구하고자 하는 확률은 그림 6.27의 그늘진 부분의 면적이 된다. 표 A.3으로부터

$$P(25 \le X \le 30) = \sum_{x=25}^{30} b(x; 80, 0.25) \approx P(1.16 < Z < 2.71)$$
$$= P(Z < 2.71) - P(Z < 1.16) = 0.9966 - 0.8770 = 0.1196$$

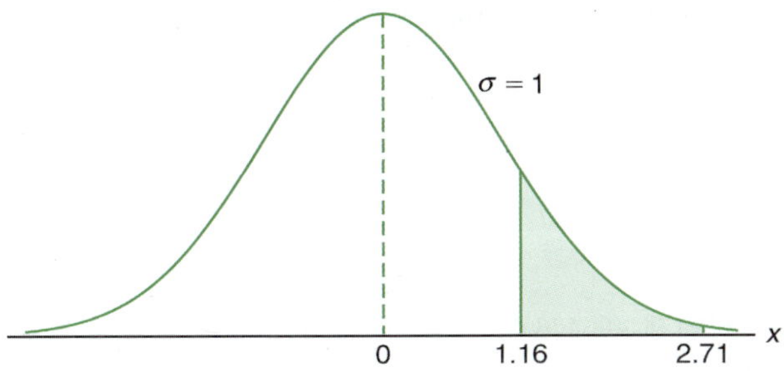

그림 6.27 예제 6.16에 대한 면적

연습문제

6.24 동전을 400회 던졌을 때, 다음의 결과를 정규근사법을 이용하여 구하라.

(a) 앞면이 185에서 210회 나올 확률

(b) 앞면이 정확히 205회 나올 확률

(c) 앞면이 176회 미만 또는 227회 초과되어 나올 확률

6.25 어떤 전자부품 조립공정의 불량률은 1%라고 한다. 품질관리규정상 공정으로부터 100개의 제품을 추출하여 검사했을 때 불량품이 하나도 없다면 그 공정은 관리상태로 지속된다. 이항분포의 정규근사법을 이용하여 다음을 구하라.

(a) 이 공정이 샘플링계획에 의해 관리상태로 지속될 확률은?

(b) 공정의 불량률이 5%로 변화했음에도 관리상태로 지속될 확률은?

6.26 어떤 공정의 불량률이 10%라고 한다. 이 공정에서 임의로 100개의 제품을 추출하였을 때 불량품의 개수가 다음과 같을 확률은?

(a) 13개 초과

(b) 8개 미만

6.27 심장병환자가 수술에 의해 완치될 확률은 0.9라고 한다. 100명의 환자가 심장수술을 받을 때

(a) 84에서 95명이 완치될 확률은?

(b) 86명 미만이 완치될 확률은?

6.28 조지워싱던 대학과 국립건강연구소의 학자에 따르면 75%의 사람들이 진정제는 사람을 차분하고 긴장을 풀게 하는 데 매우 효과적이라고 한다. 임의로 80명을 대상으로 설문조사를 했을 때

(a) 적어도 50명이 이 주장에 동의할 확률은?

(b) 많아야 56명이 이 주장에 동의할 확률은?

6.29 미국인 중 20%가 흰색 전화기를 선호한다고 한다. 1,000대의 전화기를 설치하였을 때

(a) 흰색 전화기가 170에서 185대일 확률은?

(b) 흰색 전화기가 최소 210대 이상 최대 225대를 넘지 않을 확률은?

6.30 어떤 제약회사에서 개발한 신약의 치료율이 80%라고 한다. 이를 검증하기 위하여 100명의 환자에게 신약을 투여하여 75명 이상이 치료된다면 제약회사의 주장을 인정하기로 하였다.

(a) 신약의 치료율이 실제로 0.8일 때 제약회사의 주장이 기각될 확률은?

(b) 신약의 치료율이 실제로 0.7일 때 제약회사의 주장이 채택될 확률은?

6.31 주립학교의 신입생 중 1/6이 다른 주에서 온 학생들이다. 방이 180개인 기숙사에 임의로 신입생들을 배정한다면 최소 1/5이 다른 주에서 온 학생들로 채워질 확률은?

6.32 어떤 제약회사의 피임약의 5%는 효과가 없다고 한다. 200개의 피임약 중에서 10개 미만이 효과가 없을 확률은?

6.33 고속도로순찰대의 통계에 따르면 주말 밤에는 평균 10명의 운전자 중 1명이 음주운전을 한다고 한다. 만약 다음 주 토요일 밤에 400명의 운전자를 임의로 검사한다면 다음과 같은 음주운전자의 수가 적발될 확률은?

(a) 32명 미만

(b) 49명 초과

(c) 적어도 35명 이상 47명 미만

6.34 한 쌍의 주사위를 180번 던졌을 때 얻어지는 두 숫자의 합이 7이 나올 경우가 다음과 같을 때의 확률은?

(a) 적어도 25번

(b) 33에서 41번 사이

(c) 정확히 30번

6.35 어느 회사에서 생산하여 엔진에 사용되는 어떤 부품의 불량률이 5%라고 한다. 이 부품이 100개씩 묶음으로 선적된다고 할 때,

(a) 이 로트에 포함되는 불량 부품이 2개를 초과할 확률은 얼마인가?

(b) 이 로트에 포함되는 불량 부품이 10개를 초과할 확률은 얼마인가?

6.36 항공사에서는 예약만 하고 공항에 나오지 않는 승객들 때문에 실제 좌석보다 많은 항공권을 판매하는 관행이 있다. 이런 승객은 전체 예약 승객의 2%라고 한다. 총 197개의 좌석에 대해 200매의 항공권을 판매하였다면, 좌석 수보다 많은 승객들이 공항에 나올 확률은 얼마인가?

6.37 14세 소년의 콜레스테롤 수준은 평균 170, 표준편차 30인 정규분포를 따른다고 한다.

(a) 어느 14세 소년의 콜레스테롤 수준이 230을 넘을 확률은 얼마인가?

(b) 300명의 14세 소년 중 최소한 8명의 콜레스테롤 수준이 230을 넘을 확률을 구하라.

6.38 텔레마케팅 회사에서 봉투를 자동으로 개봉하는 기계를 사용하고 있는데, 봉투를 기계에 잘못 삽입하면 봉투가 제대로 개봉되지 않으며 이것을 '실패'라고 부른다.

(a) 이 기계의 실패 확률이 0.01이라고 할 때, 20매의 봉투 작업 중 실패가 2번 이상 발생할 확률은 얼마인가?

(b) 이 기계의 실패 확률이 0.01이라고 할 때, 500매의 봉투 작업 중 실패가 9번 이상 발생할 확률을 구하라.

6.6 감마분포와 지수분포

정규분포가 공학과 과학 분야의 많은 문제들을 해결하는 데 사용될 수 있다고 하지만, 여전히 다른 형태의 확률분포가 요구되는 경우가 많이 있다. 이 절에서는 그러한 확률분포 중에서 **감마분포**(gamma distribution)와 **지수분포**(exponential distribution)에 대해 설명하겠다.

지수분포는 감마분포의 특수한 경우로 알려져 있으며, 이 두 분포는 대기이론과 신뢰성 공학 등 여러 분야에서 응용되고 있다. 감마분포라는 이름은 수학의 많은 분야에 나오는 감마함수(gamma function)에서 연유한 것이다. 감마분포에 대해 살펴보기 전에 먼저 **감마함수**와 그것의 몇 가지 중요한 성질들에 대해서 알아보기로 하자.

정의 6.2

> **감마함수**는 $\alpha>0$인 α에 대해서
>
> $$\Gamma(\alpha)=\int_0^{\infty} x^{\alpha-1}e^{-x}\,dx$$
>
> 로 정의된다.

다음은 감마함수의 몇 가지 성질이다.

(a) 양의 정수 n에 대해 $\Gamma(n)=(n-1)(n-2)\cdots(1)\Gamma(1)$.

이를 증명하기 위해 감마함수에서 $u=x^{\alpha-1}$, $dv=e^{-x}dx$로 놓고 부분적분을 하면 다음 결과를 얻을 수 있다.

$$\Gamma(\alpha)=-e^{-x}\,x^{\alpha-1}\Big|_0^{\infty}+\int_0^{\infty} e^{-x}(\alpha-1)x^{\alpha-2}\,dx=(\alpha-1)\int_0^{\infty} x^{\alpha-2}e^{-x}\,dx$$

$\alpha>1$일 경우에 감마함수는 다음과 같이 표현된다.

$$\Gamma(\alpha)=(\alpha-1)\Gamma(\alpha-1)$$

이것을 반복적용해 나가면

$$\Gamma(\alpha)=(\alpha-1)(\alpha-2)\Gamma(\alpha-2)=(\alpha-1)(\alpha-2)(\alpha-3)\Gamma(\alpha-3)$$

과 같이 된다. $\alpha=n$이고 n이 양의 정수이면,

$$\Gamma(n)=(n-1)(n-2)\cdots(1)\Gamma(1)$$

이 된다.

(b) 양의 정수 n에 대해 $\Gamma(n)=(n-1)!$

(c) $\Gamma(1)=1$

(d) $\Gamma(1/2)=\sqrt{\pi}$

정의 6.2에 의해서

$$\Gamma(1) = \int_0^\infty e^{-x}\ dx = 1$$

이므로

$$\Gamma(n) = (n-1)!$$

이 된다. $\Gamma(1/2) = \sqrt{\pi}$가 된다는 감마함수의 중요한 성질에 대한 증명은 연습문제 6.39로 독자들에게 맡겨둔다.

감마분포 연속확률변수 X의 확률밀도함수가

$$f(x;\alpha,\beta) = \begin{cases} \frac{1}{\beta^\alpha \Gamma(\alpha)} x^{\alpha-1} e^{-x/\beta}, & x > 0 \\ 0, & \text{다른 곳에서 (단, } \alpha > 0,\ \beta > 0) \end{cases}$$

과 같이 주어질 때, X는 모수 α, β를 가지는 **감마분포**를 따른다고 한다.

특정한 α, β값에 대한 감마분포의 그래프가 그림 6.28에 나타나 있다. α=1인 특수한 감마분포를 특별히 **지수분포**라고 한다.

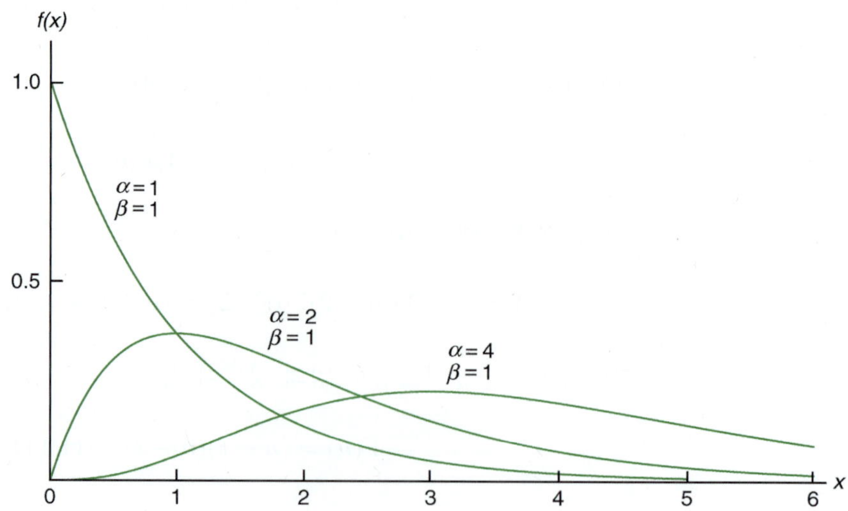

그림 6.28 감마분포

지수분포 연속형 확률변수 X의 밀도함수가

$$f(x;\beta) = \begin{cases} \frac{1}{\beta}e^{-x/\beta}, & x > 0 \\ 0, & \text{다른 곳에서 (단, } \beta > 0) \end{cases}$$

과 같이 주어질 때, X는 모수 β를 가지는 **지수분포**를 따른다고 한다.

정리 6.4

감마분포의 평균과 분산은 다음과 같다.

$$\mu = \alpha\beta, \quad \sigma^2 = \alpha\beta^2$$

정리 6.4에 대한 증명은 부록 A.25에 나와 있다.

따름정리 6.1

지수분포의 평균과 분산은 다음과 같다.

$$\mu = \beta, \quad \sigma^2 = \beta^2$$

포아송 과정과의 관계

먼저 지수분포의 응용에 대하여 생각한 다음에 감마분포를 다루기로 하겠다. 지수분포가 응용되는 가장 중요한 경우는 포아송 과정이 적용되는 상황하에서이다. 포아송 과정으로부터 이산형 확률분포인 포아송 분포가 유도되었음은 잘 알려진 일이다. 어떤 길이의 시간이나 공간에서 특정한 수의 사건이 발생할 확률을 계산하는 데 포아송 분포가 사용된다. 그러나 시간의 길이 또는 공간의 크기가 확률변수가 되는 경우가 많이 있다. 예를 들면, 출퇴근시간에 어느 대도시의 혼잡한 사거리에 도착하는 자동차의 도착시간간격에 관심을 가질 수도 있다. 이 경우에 자동차의 도착은 포아송 사건이 된다.

지수분포와 포아송 과정 사이의 관계는 아주 단순하다. 제5장에서 포아송 분포는 단위시간에 평균적으로 발생하는 사건의 수를 의미하는 하나의 모수 λ에 의하여 정의되었다. 이제 첫 번째 사건이 발생하기까지 소요된 시간을 확률변수로 생각하여 보자. t시간 동안에 하나의 사건도 발생하지 않을 확률을 포아송 분포를 이용하여 계산하면 다음과 같다.

$$p(0;\lambda t) = \frac{e^{-\lambda t}(\lambda t)^0}{0!} = e^{-\lambda t}$$

이제 X를 첫 번째 포아송 사건이 발생하기까지 소요된 시간이라 하자. 첫 번째 사건이 발생하기까지 소요된 시간이 x보다 클 확률은 x시간 내에 포아송 사건이 한 건도 발생하지 않을 확률과 같게 된다. x시간 내에 포아송 사건이 한 건도 발생하지 않을 확률은 다음과 같이 된다.

$$P(X > x) = e^{-\lambda x}$$

또한 X의 누적분포함수는 다음과 같이 주어진다.

$$P(0 \leq X \leq x) = 1 - e^{-\lambda x}$$

이제 X의 누적분포함수를 미분하면, 다음과 같은 $\lambda=\frac{1}{\beta}$인 지수분포의 확률밀도함수를 얻게 된다.

$$f(x) = \lambda e^{-\lambda x}$$

감마분포와 지수분포의 적용

앞에서는 포아송 사건이 발생하기까지 소요되는 시간과 관계된 지수분포의 적용에 대하여 그 개념을 설명하였다. 이제 몇 가지 구체적인 예들을 설명한 후에 감마분포에 대한 설명을 하겠다. 지수분포의 평균을 의미하는 모수 β는 포아송 분포의 모수인 λ의 역수가 된다. 자주 언급되는 포아송 분포의 건망성이란 계속적으로 이어지는 시간간격들에서 발생하는 사건들은 서로 독립적이라는 것을 의미하는 말이다. 모수 β는 사건 간의 평균시간을 나타낸다. 신뢰성 이론에서는 설비의 고장이 포아송 과정으로 설명되는데, 이 경우에 β는 **평균고장간격**(mean time between failure)이 된다. 많은 경우 설비의 고장은 포아송 과정을 따르게 되며, 이러한 문제에 지수분포가 적용된다.

신뢰성 문제에 지수분포를 적용하는 간단한 예를 들어보겠다.

예제 6.17 어떤 부품이 고장 나기까지의 시간(단위: 년)을 나타내는 확률변수를 T라고 하자. 그리고 T는 고장 나기까지의 평균시간이 β=5인 지수분포를 따른다고 하자. 이 부품 5개가 각각 다른 시스템에 설치되었다고 할 때, 8년이 지난 후 적어도 2개의 부품이 여전히 작동하고 있을 확률은 얼마인가?

풀이 하나의 부품이 8년 이상 작동할 확률은 다음과 같다.

$$P(T > 8) = \frac{1}{5}\int_{8}^{\infty} e^{-t/5}\, dt = e^{-8/5} \approx 0.2$$

X가 8년이 지난 후 작동하고 있을 부품의 수를 나타낸다고 하자. 그러면 이항분포를 사용하여

$$P(X \geq 2) = \sum_{x=2}^{5} b(x;5,0.2) = 1 - \sum_{x=0}^{1} b(x;5,0.2) = 1 - 0.7373 = 0.2627$$

이 된다.

지수분포의 건망성

부품의 수명이나 설비의 신뢰성 문제에 널리 사용되는 지수분포는 **건망성**(memoryless) 또는 무기억성이라는 특성을 가지고 있다. 예를 들어, 어떤 전자부품의 수명이 지수분포를 따른다고 할 때 부품의 수명이 t시간 이상 될 확률 $P(X \geq t)$는 다음의 조건부 확률

$$P(X \geq t_0 + t \mid X \geq t_0)$$

와 같게 된다. 즉, 이 부품이 t_0 시간 동안 고장 없이 작동한 후 앞으로 t시간 더 작동할 확률은 이 부품이 애초부터 t시간 이상 작동할 확률과 같다는 것이다. 다시 말해 처음 t_0 시간 동안의 작동에 따른 부품의 마모로 인한 영향은 발생하지 않는다. 따라서, 지수분포는 이러한 건망성이 타당하게 가정될 수 있는 경우에 적당한 분포이다. 그러나 기계부품처럼 점진적으로 일어나는 마모로 인해 고장이 발생하는 경우에는 지수분포보다는 감마분포나 와이블 분포가 더 적절한 분포이다.

감마분포는 여러 다른 분포를 특수한 경우로 가지는 분포라는 점에서 중요하다. 물론 감마분포 자체로도 대기행렬이나 신뢰성 이론에서 중요한 역할을 한다. 지수분포가 포아송 과정에서 하나의 포아송 사건이 발생할 때까지의 시간, 즉 사건과 사건 사이의 시간을 나타내는 분포인 반면, 감마분포는 특정한 횟수만큼의 포아송 사건이 발생할 때까지의 시간을 나타내는 분포이다. 이 특정한 횟수가 감마분포의 모수 α이다. 따라서, 특수한 경우로 $\alpha=1$일 때 감마분포는 지수분포가 된다는 점을 쉽게 이해할 수 있다. 포아송 과정으로부터 지수분포를 유도해 낸 것처럼 감마분포도 유도해 낼 수 있지만 자세한 과정은 독자들에게 맡겨 두도록 하겠다.

예제 6.18 전화교환기에 도착되는 호출신호는 분당 평균이 5회인 포아송 과정을 따른다고 한다. 1분 내에 2번의 호출신호가 도착될 확률을 구하라.

풀이 2번의 호출신호가 도착되기까지 소요된 시간을 X라 하면, 이는 2번의 포아송 사건이 발생되기까지 소요된 시간으로 $\alpha=2$, $\beta=\frac{1}{5}$인 감마분포를 따르는 확률변수이므로, 구하고자 하는 확률은 다음과 같다.

$$P(X \le 1) = \int_0^1 \frac{1}{\beta^2} xe^{-x/\beta}\ dx = 25\int_0^1 xe^{-5x}\ dx = 1 - e^{-5}(1+5) = 0.96$$

예제 6.19 쥐를 이용한 생의학 실험에서는 독극물이 생존시간에 미치는 영향을 살펴보기 위해 용량반응(dose-response) 검사를 이용한다. 연구에 의하면 일정량의 독극물에 대한 생존시간(단위 : 주)은 $\alpha=5$이고 $\beta=10$인 감마분포를 따른다고 한다. 어떤 쥐에 독극물을 주입했을 때 60주 이상 생존하지 못할 확률은 얼마인가?

풀이 생존시간을 확률변수 X라고 하면 구하고자 하는 확률은 다음과 같다.

$$P(X \le 60) = \frac{1}{\beta^5}\int_0^{60} \frac{x^{\alpha-1}e^{-x/\beta}}{\Gamma(5)}\ dx$$

이 적분은 다음의 **불완전 감마함수**(incomplete gamma function)를 이용하면 구할 수 있다.

$$F(x;\alpha) = \int_0^x \frac{y^{\alpha-1}e^{-y}}{\Gamma(\alpha)}\ dy$$

구하고자 하는 확률식에서 $y=x/\beta$, 즉 $x=\beta y$로 놓으면

$$P(X \le 60) = \int_0^6 \frac{y^4 e^{-y}}{\Gamma(5)}\ dy$$

가 되며, 이것은 표 A.22의 불완전 감마함수표에서 $F(6;5)$에 해당하는 것이다. 따라서, 쥐가 60주 이상 생존하지 못할 확률은 다음과 같다.

$$P(X \le 60) = F(6;5) = 0.7150$$

예제 6.20 과거자료로부터 어느 제품에 대한 고객의 불만제기 사이의 시간간격(단위 : 개월)은 $\alpha=2$이고 $\beta=4$인 감마분포를 따른다고 알려져 있다. 최근 품질관리를 철저히 실시

하고 난 후 첫 번째 불만이 발생할 때까지 20개월이 소요되었다. 이것으로부터 품질관리를 철저히 실시한 것이 효과적이었다고 할 수 있는가?

풀이 품질관리 실시 전의 첫 번째 불만제기까지의 시간을 X라고 하자. 질문의 요점은 분포의 모수값은 그대로이면서 $X \geq 20$인 현상이 자주 발생할 만한 일인가에 있다. 예제 6.19의 풀이를 참고하면 구하고자 하는 확률 값은 다음과 같다.

$$P(X \geq 20) = 1 - \frac{1}{\beta^{\alpha}} \int_0^{20} \frac{x^{\alpha-1} e^{-x/\beta}}{\Gamma(\alpha)} dx$$

이전처럼 $y = x/\beta$로 놓으면 표 A.22으로부터 $F(5;2) = 0.96$이므로, 구하고자 하는 확률값은 다음과 같게 된다.

$$P(X \geq 20) = 1 - \int_0^5 \frac{ye^{-y}}{\Gamma(2)} dy = 1 - F(5;2) = 1 - 0.96 = 0.04$$

따라서, 이러한 현상은 자주 발생할 만한 일이 아니며, 품질관리가 효과적이었다고 결론을 내릴 수 있다.

예제 6.21 연습문제 3.31에서 세탁기가 고장 날 때까지의 시간 Y는 다음의 밀도함수를 따른다.

$$f(y) = \begin{cases} \frac{1}{4} e^{-y/4}, & y \geq 0 \\ 0, & \text{다른 곳에서} \end{cases}$$

이것은 $\mu = 4$년인 지수분포이다. 이 세탁기가 6년 이상 고장 나지 않을 확률은 얼마인가? 또한 1년 이내에 고장 날 확률은 얼마인가?

풀이 지수분포의 누적분포함수는 다음과 같다.

$$F(y) = \frac{1}{\beta} \int_0^y e^{-t/\beta}\, dt = 1 - e^{-y/\beta}$$

따라서

$$P(Y > 6) = 1 - F(6) = e^{-3/2} = 0.2231$$

이다. 즉, 6년 이상 고장 나지 않을 확률은 0.2231이고, 6년 이내에 고장 날 확률은 0.7769이다. 또한 1년 이내에 고장 날 확률은 다음과 같다.

$$P(Y < 1) = 1 - e^{-1/4} = 1 - 0.7788 = 0.2212$$

6.7 카이제곱분포

감마분포의 두 번째 특수한 경우는 $\alpha=v/2, \beta=2$로 놓음으로써 얻어진다. 여기서 v는 양의 정수이다. 이렇게 하여 얻어진 확률분포를 **자유도 v인 카이제곱분포**(chi-square distribution)라고 한다.

카이제곱분포 연속확률변수 X의 확률분포가

$$f(x;v)=\begin{cases}\frac{1}{2^{v/2}\Gamma(v/2)}x^{v/2-1}e^{-x/2}, & x>0\\ 0, & \text{다른 곳에서 (단, } v\text{는 양의 정수)}\end{cases}$$

와 같이 주어질 때, X는 자유도 v인 **카이제곱분포**를 따른다고 한다.

카이제곱분포는 통계적 추론에서 중요한 역할을 하게 된다. 제8장에서 다루어지는 내용은 카이제곱분포와 정규분포를 연계시키는 데 사용될 뿐만 아니라, 제9장과 제10장에서 다루게 되는 가설검정과 추정의 기초를 이루게 된다.

정리 6.5

카이제곱분포의 평균과 분산은 다음과 같다.

$$\mu=v, \qquad \sigma^2=2v$$

6.8 베타분포

균일분포를 일반화한 것이 베타분포인데, 먼저 베타함수부터 정의하도록 하자.

정의 6.3

베타함수(beta function)는 다음과 같이 정의되며, 여기에서 $\alpha, \beta>0$이고 $\Gamma(\alpha)$는 감마함수이다.

$$B(\alpha,\beta)=\int_0^1 x^{\alpha-1}(1-x)^{\beta-1}dx=\frac{\Gamma(\alpha)\Gamma(\beta)}{\Gamma(\alpha+\beta)}$$

베타분포 연속형 확률변수 X의 밀도함수가 다음과 같을 때 확률변수 X는 모수가 $\alpha>0$이고 $\beta>0$인 **베타분포**(beta distribution)를 따른다고 한다.

$$f(x)=\begin{cases}\frac{1}{B(\alpha,\beta)}x^{\alpha-1}(1-x)^{\beta-1}, & 0<x<1,\\ 0, & \text{elsewhere}\end{cases}$$

구간 (0,1)의 균일분포는 모수가 $\alpha=1, \beta=1$인 베타분포라는 것을 알 수 있다.

정리 6.6

베타분포의 평균과 분산은 각각 다음과 같다.

$$\mu = \frac{\alpha}{\alpha+\beta} \qquad \sigma^2 = \frac{\alpha\beta}{(\alpha+\beta)^2(\alpha+\beta+1)}$$

따라서 구간 (0,1)의 균일분포의 평균과 분산은 각각 다음과 같다.

$$\mu = \frac{1}{1+1} = \frac{1}{2} \qquad \sigma^2 = \frac{(1)(1)}{(1+1)^2(1+1+1)} = \frac{1}{12}$$

6.9 로그정규분포

로그정규분포 확률변수 $Y=\ln(X)$가 평균 μ이고 표준편차 σ인 정규분포를 따를 때 확률변수 X의 분포를 로그정규분포(lognormal distribution)라고 한다. X의 밀도함수는 다음과 같다.

$$f(x;\mu,\sigma) = \begin{cases} \frac{1}{\sqrt{2\pi}\sigma x} e^{-\frac{1}{2\sigma^2}[\ln(x)-\mu]^2}, & x \geq 0 \\ 0, & x < 0 \end{cases}$$

로그정규분포의 그래프를 그림 6.29에서 볼 수 있다.

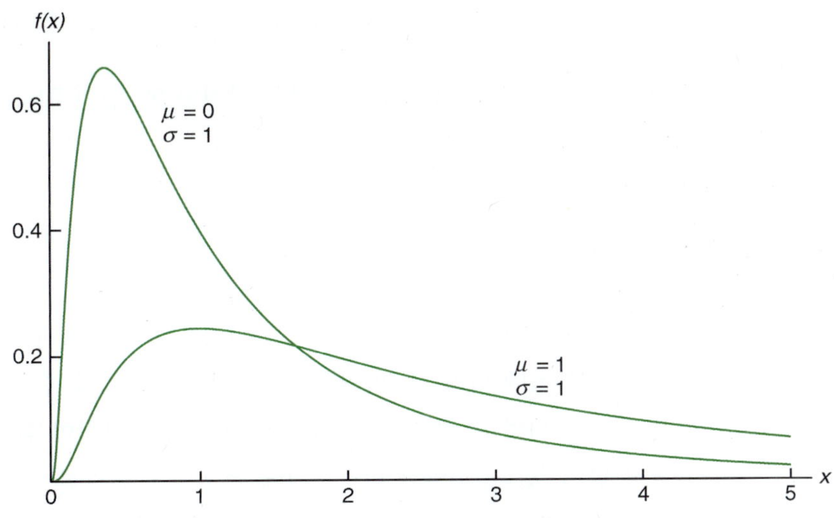

그림 6.29 로그정규분포

정리 6.7 로그정규분포의 평균과 분산은 다음과 같다.

$$\mu = e^{\mu+\sigma^2/2}, \qquad \sigma^2 = e^{2\mu+\sigma^2}(e^{\sigma^2} - 1)$$

예제 6.22 화학공장에서 배출되는 오염물질의 농도(ppm)가 μ=3.2이고 σ=1인 로그정규분포를 따른다고 하자. 농도가 8ppm을 초과할 확률은 얼마인가?

풀이 오염물질의 농도를 X라고 하면,

$$P(X > 8) = 1 - P(X \le 8)$$

이다. 이때 $\ln(X)$는 평균 μ=3.2이고 표준편차 σ=1인 정규분포를 따르므로,

$$P(X \le 8) = \Phi\left[\frac{\ln(8) - 3.2}{1}\right] = \Phi(-1.12) = 0.1314$$

이다. 여기에서 Φ는 표준정규분포의 누적분포함수를 나타낸다. 따라서, 오염물질의 농도가 8ppm을 초과할 확률은 1−0.1314=0.8686이다.

예제 6.23 기관차에 사용되는 어떤 전자제어장치의 수명(단위: 1000마일)은 μ=5.149이고 σ=0.737인 로그정규분포를 따른다고 한다. 수명의 5백분위수를 구하라.

풀이 표 A.3으로부터 $P(Z < -1.645) = 0.0500$이다. 이 장치의 수명을 X라고 하면, $\ln(X)$는 평균 5.149, 표준편차 0.737인 정규분포를 따르므로 X의 5백분위수는

$$\ln(x) = 5.149 + (0.737)(-1.645) = 3.937$$

이다. 따라서 x=51.265이며, 이것은 장치의 5% 만이 51,265마일 이하의 수명을 갖는다는 것을 의미한다.

6.10 와이블 분포

현대 산업기술에 힘입어 오늘날에는 다양한 부품으로 구성된 복잡한 시스템의 개발이 가능해 짐에 따라 시스템의 작동과 안전에 영향을 주는 부품의 신뢰성에 큰 관심을 가지게 되었다. 예를 들어, 퓨즈가 탄다든가, 강철이 휘어진다든가, 열감지장치가 고장 날 수 있다. 동일한 환경조건에 적용되는 동일한 부품이라 할지라도 고장시간이 부품마다 다르고 예측할 수도 없을 것이다. 이에 관련된 문제를 감마분포나 지수

분포를 이용하여 해결할 수도 있지만, 최근에는 그러한 문제를 다룰 때 1939년에 스웨덴의 물리학자 와이블(Weibull)에 의해 고안된 **와이블 분포**(Weibull distribution)를 많이 사용한다.

와이블 분포 연속확률변수 X의 확률분포가

$$f(x;\alpha,\beta)=\begin{cases}\alpha\beta x^{\beta-1}e^{-\alpha x^{\beta}}, & x>0\\ 0, & \text{다른 곳에서}\quad (\text{단}, \alpha>0,\ \beta>0)\end{cases}$$

과 같이 주어질 때, X는 모수 α, β를 가지는 **와이블 분포**를 따른다고 한다.

모수 α를 $\alpha=1$로 하고 β값을 여러 가지로 변화시켰을 때의 와이블 분포의 그래프가 그림 6.30에 나타나 있다. 여기서 그림의 형태가 모수들의 값, 특히 β값에 따라 상당히 달라짐을 알 수 있다. $\beta=1$일 때 와이블 분포는 지수분포가 된다. $\beta>1$인 경우에는 어느 정도 종모양의 그래프가 되어 정규곡선의 형태와 비슷하지만 비대칭임을 알 수 있다.

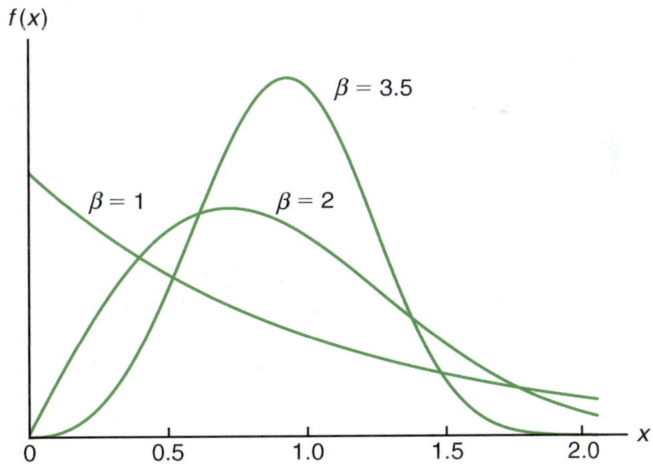

그림 6.30 와이블 분포($\alpha=1$)

정리 6.6 와이블 분포의 평균과 분산은 다음과 같다.

$$\mu=\alpha^{-1/\beta}\Gamma\left(1+\frac{1}{\beta}\right),\quad \sigma^2=\alpha^{-2/\beta}\left\{\Gamma\left(1+\frac{2}{\beta}\right)-\left[\Gamma\left(1+\frac{1}{\beta}\right)\right]^2\right\}$$

감마분포나 지수분포와 마찬가지로 와이블 분포는 부품의 **고장까지의 시간** 혹은 **수명** 등과 같은 신뢰성과 수명시험 문제에 적용된다. 고장까지의 이 시간을 확률밀도함수 $f(t)$를 가지는 연속형 확률변수 T로 표시하기로 하고, $f(t)$는 와이블 분포를 따른다고 하자. 와이블 분포는 지수분포와 달리 건망성 특징을 갖지 않으면서도 매우 유연한 특성을 가지고 있다. 와이블 분포의 누적분포함수는 닫힌 형식(closed form)으로 표현되기 때문에 확률 계산시 유용하게 사용된다.

와이블 분포의 누적분포함수 와이블 분포의 누적분포함수는 다음과 같이 주어진다.

$$F(x) = 1 - e^{-\alpha x^{\beta}}, \quad x \geq 0, \quad \alpha > 0, \quad \beta > 0$$

예제 6.24 어느 제품의 수명(단위: 시간)은 α=0.01이고 β=2인 와이블 분포를 따른다고 한다. 8시간 이전에 이 제품이 고장 날 확률은 얼마인가?

풀이

$$P(X < 8) = F(8) = 1 - e^{-(0.01)8^2} = 1 - 0.5273 = 0.4727$$

와이블 분포의 고장률

부품의 수명을 와이블 분포로 나타낼 때에는 **고장률**(failure rate 또는 hazard rate) 개념이 유용하게 쓰인다. 와이블 분포를 신뢰성 이론에 적용하기 위해, 먼저 부품이나 생산품의 신뢰도를 규정된 조건하에서 최소한 어느 특정시간까지 그 부품이 작동할 확률로 정의하자. 따라서, $R(t)$를 시점 t에서 주어진 부품의 신뢰도로 정의하면 다음과 같이 쓸 수 있다.

$$R(t) = P(T > t) = \int_t^{\infty} f(t)\, dt = 1 - F(t)$$

여기서 $F(t)$는 T의 누적분포이다. 부품이 시간 t까지 작동했을 때, 구간 $T=t$와 $T=t+\Delta t$ 사이에 고장 날 조건부확률은 다음과 같이 주어진다.

$$\frac{F(t+\Delta t) - F(t)}{R(t)}$$

이것을 Δt로 나눈 다음 $\Delta t \to 0$으로 극한을 취하면, $Z(t)$로 표시되는 **고장률**을 다음과 같이 얻게 된다.

$$Z(t) = \lim_{\Delta t \to 0} \frac{F(t+\Delta t) - F(t)}{\Delta t} \frac{1}{R(t)} = \frac{F'(t)}{R(t)} = \frac{f(t)}{R(t)} = \frac{f(t)}{1 - F(t)}$$

와이블 분포의 고장률 와이블 분포의 시간 t 에서의 고장률은 다음과 같다.

$$Z(t) = \alpha\beta t^{\beta-1}, \qquad t > 0$$

고장률의 의미

고장률 $Z(t)$는 부품이 시간 t 까지 고장 나지 않았다고 할 때, t부터 Δt만큼 더 생존할 조건부확률의 변화율을 의미한다. 이 변화율이 증가하는지 감소하는지 여부가 중요한 내용인데, 다음과 같은 경우로 나누어진다.

(a) β=1이면 고장률은 α로서 상수가 된다. 이것은 지수분포인 특수한 경우이며, 이전에 설명한 바 있는 건망성 특성을 나타낸다.
(b) β>1이면 $Z(t)$는 증가함수이며, 부품이 시간에 따라 마모되는 현상을 표현한다.
(c) β<1이면 $Z(t)$는 감소함수이며, 시간이 지남에 따라 오히려 강해지는 것을 의미한다.

예를 들어, 예제 6.24의 제품은 β=2이므로 시간에 따라 마모된다. 이 경우 고장률 함수는 $Z(t)$=0.02t로 주어진다. 반면에 β=3/4이고 α=2인 부품이 있다면 $Z(t)=1.5/t^{1/4}$ 이므로 이 부품은 시간이 지남에 따라 강해진다.

연습문제

6.39 $y=\sqrt{2x}$인 감마함수를 사용하여 $\Gamma(1/2)=\sqrt{\pi}$임을 보여라.

6.40 어떤 도시의 하루 물소비량은 α=2이고 β=3인 감마분포를 따른다. 만약 이 도시의 하루 물소비량이 900만 리터라면, 어느 날 공급부족 현상이 발생할 확률은?

6.41 확률변수 X가 α=2이고 β=1인 감마분포를 따를 때 $P(1.8 < X < 2.4)$를 구하라.

6.42 전열기 수리에 걸리는 시간은 α=2이고

β=1/2인 감마분포를 따른다고 한다.

(a) 전열기 수리시간이 최대 1시간 걸릴 확률을 구하라.

(b) 전열기 수리시간이 최소 2시간 걸릴 확률을 구하라.

6.43 (a) 연습문제 6.40에서 하루 물소비량의 평균과 분산을 구하라.

(b) 하루 물소비량의 확률이 최소 3/4이 되는 구간을 체비셰프 정리를 이용하여 구하라.

6.44 어떤 도시에서 하루 전기사용량(단위: 백만 kW/시간) X는 $\mu=6$이고 $\alpha^2=12$인 감마분포를 따르는 확률변수이다.

(a) α와 β를 구하라.

(b) 하루 전기사용량이 시간당 1200만 kW를 초과할 확률을 구하라.

6.45 한 고객이 식당에서 서비스를 받는 시간은 평균이 4분인 지수분포를 따르는 확률변수이다. 한 고객이 6일 동안 최소 4번의 서비스를 3분 미만에 받을 수 있는 확률은?

6.46 어떤 전기스위치의 수명은 평균이 $\beta=2$인 지수분포를 따른다. 이 스위치 100개가 설치되었다면 다음 해에 최대 30개가 고장 날 확률은?

6.47 보청기용 건전지의 수명(단위: 년)은 $\alpha=1/2$과 $\beta=2$인 와이블 분포를 따르는 확률변수라고 가정하자.

(a) 건전지의 평균수명은 얼마인가?

(b) 건전지의 성능이 2년 후까지 지속될 확률은?

6.48 베타 분포의 평균과 분산을 유도하라.

6.49 확률변수 X가 $\alpha=1$, $\beta=3$인 베타분포를 따른다고 할 때,

(a) X의 평균과 중앙값을 구하라.

(b) X의 분산을 구하라.

(c) $X > 1/3$일 확률을 구하라.

6.50 어떤 상표의 텔레비전이 구입 첫 해에 서비스를 받는 비율이 $\alpha=3$이고 $\beta=2$인 베타분포를 따르는 확률변수일 때, 올해에 팔린 이 상표의 텔레비전이 구입 첫 해에 서비스를 받을 비율이 최소 80% 이상일 확률은?

6.51 자동차 배기통의 수명은 고장률이 $Z(t)=1/\sqrt{t}$인 와이블 분포를 따른다. 배기통이 4년 후에도 계속 사용될 확률을 구하라.

6.52 와이블분포의 평균과 분산을 유도하라.

6.53 생의학연구에 따르면 감마선에 노출된 동물의 생존기간(단위: 주)은 $\alpha=5$이고 $\beta=10$인 감마분포를 따른다고 한다.

(a) 임의로 선택된 실험용 동물의 평균생존기간은?

(b) 생존기간의 표준편차는?

(c) 어떤 동물이 30주 이상 생존할 확률은?

6.54 어떤 유형의 트랜지스터의 수명(단위: 주)은 평균이 10이고 표준편차가 $\sqrt{50}$인 감마분포를 따른다.

(a) 이 트랜지스터의 수명이 길어야 50주일 확률은?

(b) 이 트랜지스터의 수명이 처음 10주를 못 넘길 확률은?

6.55 어떤 컴퓨터 시스템의 반응시간(단위: 초)은 평균이 3인 지수분포를 따른다.

(a) 반응시간이 5초를 초과할 확률은?

(b) 반응시간이 10초를 초과할 확률은?

6.56 어느 회사의 시간당 데이타 사용량(dB)은 $\mu=4, \sigma=2$인 로그정규분포를 따른다고 한다. 한 시간에 270 dB 이상의 데이타를 사용할 확률은 얼마인가?

6.57 연습문제 6.56에서 데이타 사용량의 평균과 표준편차를 구하라.

6.58 어느 사거리에 1분 동안 도착하는 자동차의 수는 평균이 5인 포아송 분포를 따른다.

(a) 1분 동안 사거리에 11대 이상의 자동차가 도착할 확률은 얼마인가?

(b) 10대의 차가 도착하는 데 2분 이상이 소요될 확률은 얼마인가?

6.59 연습문제 6.58에서

(a) 도착 사이의 시간간격이 1분 이상일 확률을 구하라.

(b) 도착 사이의 평균시간간격을 구하라.

6.60 고장률 함수가 $Z(t)=\alpha\beta t^{\beta-1}$, $t>0$이기 위한 필요충분조건은 고장까지의 시간분포가 와이블 분포, 즉 $f(t)=\alpha\beta t^{\beta-1}e^{-\alpha t^{\beta}}$, $t>0$임을 증명하라.

확률변수의 함수 7장

7.1 개론

제5장과 제6장에서는 이산형과 연속형 확률변수의 기본적인 확률분포를 다루었다. 이 분포들은 신뢰성 공학, 품질관리, 그리고 샘플링 등 여러 분야에 걸쳐서 활용이 된다. 이 장에서는 확률변수의 함수의 분포에 대하여 다루게 된다. 일반적인 기법들이 예제와 더불어 설명되며, 특히 확률변수의 선형결합의 분포를 다루는 데 도움이 되는 **적률생성함수**(moment generating function)의 개념도 함께 다루어진다.

7.2 확률변수의 변수변환

통계학에서는 하나 또는 둘 이상의 확률변수로 이루어진 함수의 확률분포를 유도해야 될 경우가 자주 발생한다. 예를 들면, X는 확률분포 $f(x)$인 이산형 확률변수이고 X와 Y 사이에는 $Y=u(X)$라는 1대 1 대응관계가 있다고 하자. 여기서 1대 1 대응관계라고 하는 것은 특정한 x값에 대응되는 y값은 $y=u(x)$라는 하나의 값이고, 반대로 특정한 y값에 대응되는 x값은 $x=w(y)$라는 하나의 값이 되는 것을 의미한다. 단, $w(y)$라는 함수는 $y=u(x)$를 y에 대해 역변환시킨 함수이다. 따라서, 확률변수 X가 $w(y)$값을 가지게 될 때 확률변수 Y는 y값을 가지게 된다. 결론적으로 확률변수 X의 함수인 새로운 확률변수 Y의 확률분포는

$$g(y) = P(Y = y) = P[X = w(y)] = f[w(y)]$$

가 된다.

정리 7.1

> X는 확률분포가 $f(x)$인 **이산형** 확률변수이고, X와 Y 사이에는 $Y=u(X)$라는 1대 1 대응관계가 성립하여 관계식 $y=u(x)$를 x에 대하여 풀면 유일하게 $x=w(y)$로 될 때, Y의 확률분포는
>
> $$g(y) = f[w(y)]$$
>
> 가 된다.

예제 7.1 X의 확률분포가 $f(x)=3/4\,(1/4)^{x-1}$, $x=1, 2, 3, \cdots$인 기하분포를 따를 때 $Y=X^2$의 확률분포를 구하라.

풀이 X가 가질 수 있는 값은 모두 양수이므로 x값과 y값 사이에는 1 대 1 대응관계가 성립된다. 따라서, $y=x^2$을 x에 대해 풀면 $x=\sqrt{y}$가 되어

$$g(y) = \begin{cases} f(\sqrt{y}) = \frac{3}{4}\left(\frac{1}{4}\right)^{\sqrt{y}-1}, & y = 1, 4, 9, \cdots \\ 0, & \text{다른 곳에서} \end{cases}$$

가 된다.

X_1과 X_2는 결합확률분포가 $f(x_1, x_2)$인 두 개의 이산형 확률변수이고, Y_1과 Y_2는 각각 $Y_1=u_1(X_1, X_2)$, $Y_2=u_2(X_1, X_2)$로 정의되는 확률변수라 하며, (x_1, x_2)와 (y_1, y_2)는 서로 1 대 1 대응관계가 있다고 할 때, 새로운 두 확률변수 Y_1과 Y_2의 결합확률분포 $g(y_1, y_2)$를 구하는 문제를 생각해 보자. 여기서 1 대 1 대응관계가 있으므로 $y_1=u_1(x_1, x_2)$와 $y_2=u_2(x_1, x_2)$를 동시에 풀면 유일한 역의 해 $x_1=w_1(y_1, y_2)$, $x_2=w_2(y_1, y_2)$를 얻게 된다. 따라서, X_1이 $w_1(y_1, y_2)$ 값, X_2가 $w_2(y_1, y_2)$ 값을 가지게 됨으로써 확률변수 Y_1과 Y_2는 각각 값 y_1과 y_2를 가지게 된다. 구하고자 하는 Y_1과 Y_2의 결합확률분포는

$$\begin{aligned} g(y_1, y_2) &= P(Y_1 = y_1, Y_2 = y_2) \\ &= P[X_1 = w_1(y_1, y_2), X_2 = w_2(y_1, y_2)] \\ &= f[w_1(y_1, y_2), w_2(y_1, y_2)] \end{aligned}$$

가 된다.

정리 7.2

> X_1과 X_2는 결합확률분포가 $f(x_1, x_2)$인 **이산형** 확률변수이고, (x_1, x_2)와 (y_1, y_2)는 서로 1 대 1로 대응하여 식 $y_1=u_1(x_1, x_2)$와 $y_2=u_2(x_1, x_2)$를 x_1과 x_2에 대하여 풀면 유일하게 $x_1=w_1(y_1, y_2)$와 $x_2=w_2(y_1, y_2)$로 될 때, $Y_1=u_1(X_1, X_2)$와 $Y_2=u_2(X_1, X_2)$라고 정의되는 새로운 확률변수 Y_1과 Y_2의 결합확률분포는
>
> $$g(y_1, y_2) = f[w_1(y_1, y_2), w_2(y_1, y_2)]$$
>
> 가 된다.

정리 7.2는 X_1과 X_2의 결합확률분포가 $f(x_1, x_2)$인 이산형 확률변수이고, 이들의 함수인 새로운 확률변수 $Y_1=u_1(X_1, X_2)$의 분포를 구하고자 할 경우에 매우 유용하게 된다. (x_1, x_2)와 (y_1, y_2) 사이의 서로 1 대 1 대응관계를 유지하면서 두 번째

함수 $Y_2=u_2(X_1, X_2)$를 정의하게 되면 결합확률분포 $g(y_1, y_2)$를 얻게 된다. Y_1의 분포는 $g(y_1, y_2)$의 주변분포가 되고, 이는 $g(y_1, y_2)$에서 y_2가 가질 수 있는 모든 값에 대하여 확률값을 더하면 된다. Y_1의 확률분포를 $h(y_1)$이라 하면

$$h(y_1) = \sum_{y_2} g(y_1, y_2)$$

가 된다.

예제 7.2 X_1과 X_2는 각각 μ_1, μ_2의 모수를 가지는 포아송 분포를 따르는 확률변수로서 서로 독립일 때, 새로운 확률변수 $Y_1=X_1+X_2$의 확률분포를 구하라.

풀이 X_1과 X_2가 서로 독립이므로

$$f(x_1, x_2) = f(x_1)f(x_2) = \frac{e^{-\mu_1}\mu_1^{x_1}}{x_1!}\frac{e^{-\mu_2}\mu_2^{x_2}}{x_2!} = \frac{e^{-(\mu_1+\mu_2)}\mu_1^{x_1}\mu_2^{x_2}}{x_1!x_2!}$$

단, $x_1=0, 1, 2, ..., x_2=0, 1, 2, ...$

가 된다. 이제 두 번째의 확률변수를 $Y_2=X_2$라 하자. Y_1과 Y_2를 역변환하면 $x_1=y_1-y_2$, $x_2=y_2$가 되므로 정리 7.2를 이용하여 Y_1과 Y_2의 결합확률분포를 구하면,

$$g(y_1, y_2) = \frac{e^{-(\mu_1+\mu_2)}\mu_1^{y_1-y_2}\mu_2^{y_2}}{(y_1-y_2)!y_2!}$$

단, $y_1=0, 1, 2, ..., y_2=0, 1, 2, ..., y_1$

이 된다. $x_1 > 0$이므로 $x_1=y_1-x_2$로부터 x_2, 즉 y_2는 y_1보다 작거나 같게 된다. 따라서, Y_1에 대한 주변확률분포를 구하면

$$\begin{aligned} h(y_1) &= \sum_{y_2=0}^{y_1} g(y_1, y_2) = e^{-(\mu_1+\mu_2)} \sum_{y_2=0}^{y_1} \frac{\mu_1^{y_1-y_2}\mu_2^{y_2}}{(y_1-y_2)!y_2!} \\ &= \frac{e^{-(\mu_1+\mu_2)}}{y_1!} \sum_{y_2=0}^{y_1} \frac{y_1!}{y_2!(y_1-y_2)!}\mu_1^{y_1-y_2}\mu_2^{y_2} \\ &= \frac{e^{-(\mu_1+\mu_2)}}{y_1!} \sum_{y_2=0}^{y_1} \binom{y_1}{y_2}\mu_1^{y_1-y_2}\mu_2^{y_2} \end{aligned}$$

이나. 합의 값은 $(\mu_1+\mu_2)^{y_1}$의 이항전개와 같으므로, 결과식은

$$h(y_1) = \frac{e^{-(\mu_1+\mu_2)}(\mu_1+\mu_2)^{y_1}}{y_1!}, \qquad y_1 = 0, 1, 2, \ldots$$

가 된다. 즉, 모수가 μ_1과 μ_2인 포아송 분포를 따르는 서로 독립인 두 확률변수의 합은 $(\mu_1+\mu_2)$의 모수를 가지는 포아송 분포를 따르게 된다.

만일 X가 연속형 확률변수이고 새로운 확률변수 $Y=u(X)$와 1 대 1 대응관계에서 확률변수 Y의 확률분포를 구하기 위해서는 정리 7.3이 요구된다.

정리 7.3

X는 확률분포가 $f(x)$인 **연속형** 확률변수이고, X와 Y 사이에는 $Y=u(X)$라는 1 대 1 대응관계가 성립하여 관계식 $y=u(x)$를 x에 대하여 풀면 유일하게 $x=w(y)$로 될 때, Y의 확률분포는

$$g(y) = f[w(y)]|J|$$

가 된다. 여기서 $J=w'(y)$이며, 이를 **야코비안**(Jacobian)이라고 부른다.

증명 먼저, $y=u(x)$가 그림 7.1에서처럼 증가함수인 경우를 생각해 보자. Y가 a와 b 사이에 오게 되면 확률변수 X는 $w(a)$와 $w(b)$ 사이에 와야 하므로, Y가 a와 b 사이에 속할 확률은

$$P(a < Y < b) = P[w(a) < X < w(b)] = \int_{w(a)}^{w(b)} f(x)\, dx$$

가 된다. 적분변수 x를 y로 변환시키려면 $x=w(y)$의 관계로부터 $dx=w'(y)dy$를 얻게 되고, 이를 적분식에 대입하면

$$P(a < Y < b) = \int_a^b f[w(y)]w'(y)\, dy$$

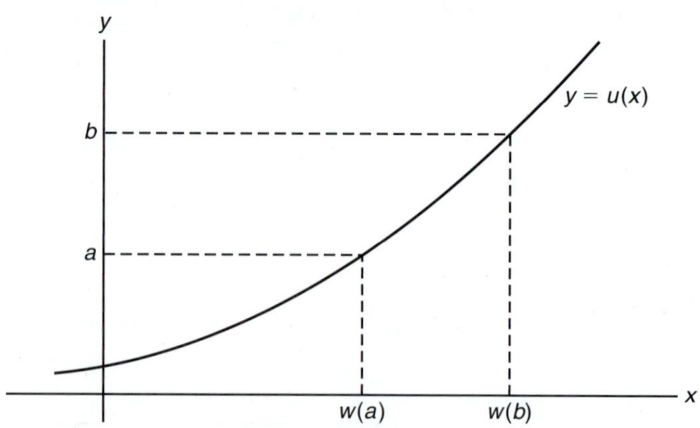

그림 7.1 증가곡선

로 되며, 이 적분값은 y의 범위 안에서 $a < b$인 각각의 경우의 구하고자 하는 확률값이 된다. 따라서, Y의 확률분포 $g(y)$는

$$g(y) = f[w(y)]w'(y) = f[w(y)]J$$

가 된다. 만일 $J=w'(y)$를 증가함수인 곡선 $y=u(x)$에 대한 접선의 기울기의 역수라 하면, $J=|J|$가 되는 것은 당연하다.
이제 $y=u(x)$가 그림 7.2 에서처럼 감소함수인 경우를 생각해 보자.

$$P(a < Y < b) = P[w(b) < X < w(a)] = \int_{w(b)}^{w(a)} f(x)\, dx$$

가 된다. 다시 적분변수를 y로 변환시키면,

$$P(a < Y < b) = \int_{b}^{a} f[w(y)]w'(y)\, dy = \quad \int_{a}^{b} f[w(y)]w'(y)\, dy$$

이므로

$$g(y) = -f[w(y)]w'(y) = -f[w(y)]J$$

가 된다. 그런데 $u(x)$가 감소함수이므로 곡선의 기울기는 음이고 $J=-|J|$이므로, 증가함수인 경우와 마찬가지로

$$g(y) = f[w(y)]|J|$$

가 된다.

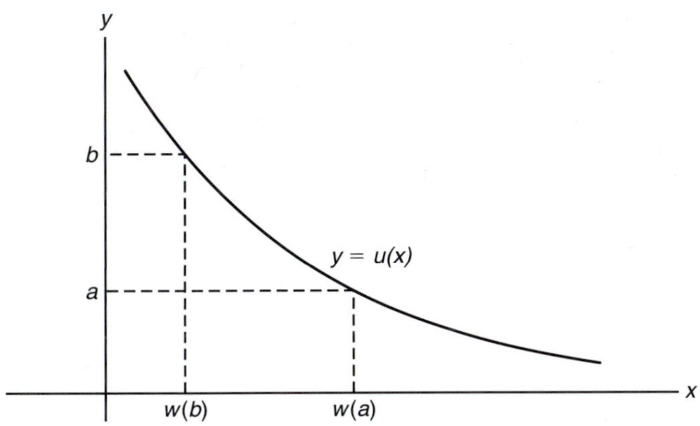

그림 7.2 감소곡선

예제 7.3 X가 연속형 확률변수이고 확률분포 $f(x)$가 다음과 같을 때, 확률변수 $Y=2X-3$의 확률분포를 구하라.

$$f(x) = \begin{cases} \frac{x}{12}, & 1 < x < 5 \\ 0, & \text{다른 곳에서} \end{cases}$$

풀이 $y=2x-3$을 x에 대해 풀면 $x=(y+3)/2$가 되고, $J=w'(y)=dx/dy=1/2$이 된다. 따라서, 정리 7.3을 이용하면

$$g(y) = \begin{cases} \frac{(y+3)/2}{12}\left(\frac{1}{2}\right) = \frac{y+3}{48}, & -1 < y < 7 \\ 0, & \text{다른 곳에서} \end{cases}$$

가 된다.

정리 7.4

> X_1과 X_2는 결합확률분포가 $f(x_1, x_2)$인 **연속형** 확률변수이고, (x_1, x_2)와 (y_1, y_2)는 서로 1대 1로 대응하여 식 $y_1=u_1(x_1, x_2)$와 $y_2=u_2(x_1, x_2)$를 x_1과 x_2에 대하여 풀면 유일하게 $x_1=w_1(y_1, y_2)$와 $x_2=w_2(y_1, y_2)$로 될 때, Y_1과 Y_2의 결합확률분포는
>
> $$g(y_1, y_2) = f[w_1(y_1, y_2), w_2(y_1, y_2)]|J|$$
>
> 가 된다. 여기서 J는 2×2 행렬식으로서
>
> $$J = \begin{vmatrix} \frac{\partial x_1}{\partial y_1} & \frac{\partial x_1}{\partial y_2} \\ \frac{\partial x_2}{\partial y_1} & \frac{\partial x_2}{\partial y_2} \end{vmatrix}$$
>
> 이다.

예제 7.4 X_1과 X_2는 연속형 확률변수이고 결합확률분포가 다음과 같을 때, $Y_1=X_1^2$과 $Y_2=X_1X_2$의 결합확률분포를 구하라.

$$f(x_1, x_2) = \begin{cases} 4x_1x_2, & 0 < x_1 < 1,\ 0 < x_2 < 1 \\ 0, & \text{다른 곳에서} \end{cases}$$

풀이 $y_1=x_1^2$과 $y_2=x_1x_2$를 각각 x_1, x_2에 대해 풀면 $x_1=\sqrt{y_1}$과 $x_2=y_2/\sqrt{y_1}$이 되고,

$$J = \begin{vmatrix} 1/(2\sqrt{y_1}) & 0 \\ -y_2/2y_1^{3/2} & 1/\sqrt{y_1} \end{vmatrix} = \frac{1}{2y_1}$$

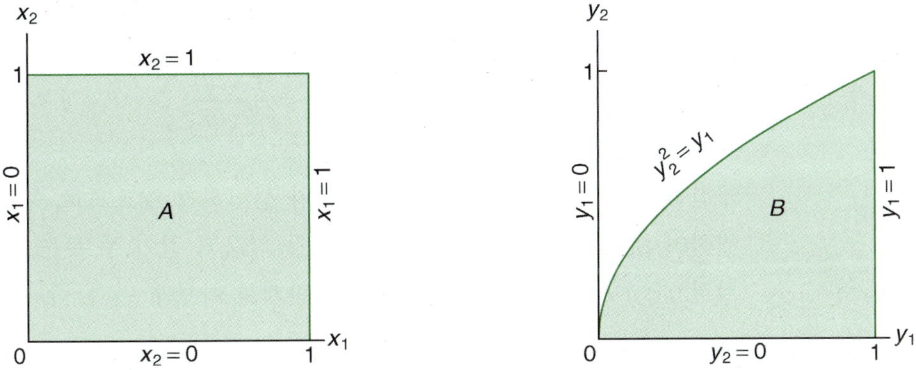

그림 7.3 집합 A와 집합 B의 대응관계

이 된다. x_1x_2평면에서 정의된 점의 집합 A와 대응된 y_1y_2평면에서 정의된 점의 집합 B를 구하기 위하여 $x_1=0, x_2=0, x_1=1$, 그리고 $x_2=1$로 놓으면, 집합 A의 경계선은 $y_1=0, y_2=0, y_1=1, y_2=\sqrt{y_1}$ 또는 $y_2^2=y_1$이 된다. 그림 7.3에 이 두 영역이 잘 설명되어 있다. 즉,

$$A = \{(x_1, x_2) \mid 0 < x_1 < 1,\ 0 < x_2 < 1\}$$

이고

$$B = \{(y_1, y_2) \mid y_2^2 < y_1 < 1,\ 0 < y_2 < 1\}$$

이 되며 서로 1대 1로 대응하게 된다. 따라서, 정리 7.4를 이용하면 Y_1과 Y_2의 결합 확률분포는

$$g(y_1, y_2) = 4(\sqrt{y_1})\frac{y_2}{\sqrt{y_1}}\frac{1}{2y_1} = \begin{cases} \frac{2y_2}{y_1}, & y_2^2 < y_1 < 1,\ 0 < y_2 < 1 \\ 0, & \text{다른 곳에서} \end{cases}$$

가 된다.

이제는 확률변수 X가 연속형이면서 $Y=u(X)$라는 변수변환을 할 때 X와 Y가 서로 1대 1 대응관계를 가지지 못하는 경우의 변수변환에 대해 설명하겠다. 예를 들면, $f(x)$가 $-1<x<2$에서 양의 값을 가지고 나머지 영역에서는 0일 경우, $y=x^2$으로의 변수변환을 생각해 보자. 이 경우 $y=x^2$을 x에 대해서 풀면 $0<y<1$에서는 $x=\pm\sqrt{y}$가 되고, $1<y<4$에서는 $x=\sqrt{y}$가 된다.

구간 $1<y<4$에서는 1대 1 대응관계가 성립하므로 정리 7.3을 이용하여 Y의

확률분포를 다음과 같이 구할 수 있다.

$$g(y) = f[w(y)]|J| = \frac{f(\sqrt{y})}{2\sqrt{y}}, \qquad 1 < y < 4$$

구간 $0<y<1$에서는 1 대 1 대응관계가 성립하지 않으므로, 두 개의 역함수를 얻기 위하여 대응되는 x의 구간 $-1<x<1$을 다음과 같이 두 부분으로 나누어 생각하면, 각각 $0<y<1$인 영역으로 1 대 1 대응관계를 이루게 된다. 즉,

$$x = -\sqrt{y}, \qquad -1 < x < 0$$

과

$$x = \sqrt{y}, \qquad 0 < x < 1$$

이 된다. 따라서, 각각 1 대 1로 대응되는 영역에 대해 앞서 설명한 변수변환방법을 그대로 이용하면 y에 대한 확률분포를 구할 수 있다. 그림 7.4로부터

$$\begin{aligned} P(a < Y < b) &= P(-\sqrt{b} < X < -\sqrt{a}) + P(\sqrt{a} < X < \sqrt{b}) \\ &= \int_{-\sqrt{b}}^{-\sqrt{a}} f(x)\, dx + \int_{\sqrt{a}}^{\sqrt{b}} f(x)\, dx \end{aligned}$$

가 됨을 알 수 있고, 적분변수를 y로 변환시키면

$$\begin{aligned} P(a < Y < b) &= \int_{b}^{a} f(-\sqrt{y})J_1\, dy + \int_{a}^{b} f(\sqrt{y})J_2\, dy \\ &= -\int_{a}^{b} f(-\sqrt{y})J_1\, dy + \int_{a}^{b} f(\sqrt{y})J_2\, dy \end{aligned}$$

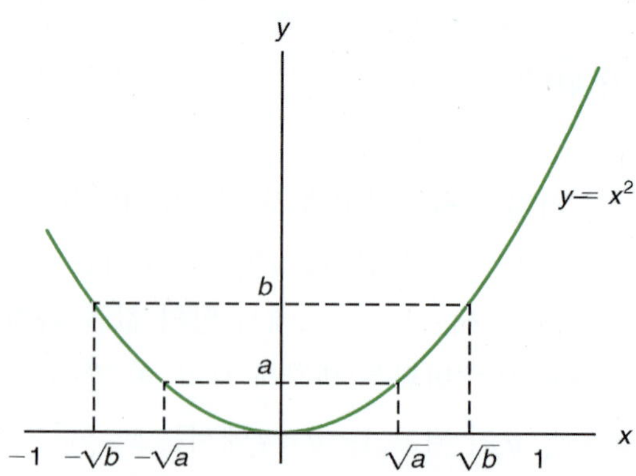

그림 7.4 감소-증가 곡선

가 된다. 단, 여기서

$$J_1 = \frac{d(-\sqrt{y})}{dy} = \frac{-1}{2\sqrt{y}} = -|J_1|$$

$$J_2 = \frac{d(\sqrt{y})}{dy} = \frac{1}{2\sqrt{y}} = |J_2|$$

이다. 따라서

$$P(a < Y < b) = \int_a^b [f(-\sqrt{y})|J_1| + f(\sqrt{y})|J_2|]\ dy$$

가 되며, 또한

$$g(y) = f(-\sqrt{y})|J_1| + f(\sqrt{y})|J_2| = \frac{f(-\sqrt{y}) + f(\sqrt{y})}{2\sqrt{y}}, \qquad 0 < y < 1$$

이 된다. 따라서, 구간 $0<y<4$에 대한 Y의 확률분포는 다음과 같이 된다.

$$g(y) = \begin{cases} \frac{f(-\sqrt{y})+f(\sqrt{y})}{2\sqrt{y}}, & 0 < y < 1 \\ \frac{f(\sqrt{y})}{2\sqrt{y}}, & 1 < y < 4 \\ 0, & \text{다른 곳에서} \end{cases}$$

구간 $0<y<1$에 대하여 $g(y)$를 구할 수 있는 일반화된 절차가 정리 7.5에 요약되었다.

정리 7.5

X는 확률분포 $f(x)$를 가지는 **연속형** 확률변수이고, $Y=u(X)$로 변수변환을 하려고 할 때 X와 Y가 1대 1 대응관계를 만족하지 못한다고 하자. 이 경우 만일 $y=u(x)$와 k개의 역함수 $x_1=w_1(y)$, $x_2=w_2(y), \cdots, x_k=w_k(y)$가 각각 1대 1 대응관계를 가지도록 X의 영역을 k개의 서로 배반인 영역으로 분할시킬 수 있다면, Y의 확률분포는

$$g(y) = \sum_{i=1}^{k} f[w_i(y)]|J_i|$$

가 된다. 단, $J_i = w_i'(y)$, $i = 1, 2, \ldots, k$ 이다.

예제 7.5 X가 평균이 μ, 분산이 σ^2인 정규분포를 따를 때, $Y=(X-\mu)^2/\sigma^2$은 자유도 1인 카이제곱분포를 따름을 증명하라.

풀이 $Z=(X-\mu)/\sigma$라 놓으면, Z는 표준정규분포를 따르게 되므로

$$f(z)=\frac{1}{\sqrt{2\pi}}e^{-z^2/2}, \qquad -\infty<z<\infty$$

가 된다. $Y=(X-\mu)^2/\sigma^2$이 되므로 $y=z^2$을 z에 대해 풀면 $z=\pm\sqrt{y}$가 된다. 만일 z_1과 z_2를 각각 $z_1=-\sqrt{y}$, $z_2=\sqrt{y}$라 하면, $J_1=-1/2\sqrt{y}$가 되고 $J_2=1/2\sqrt{y}$가 된다. 따라서, 정리 7.5를 이용하면 다음과 같이 된다.

$$g(y)=\frac{1}{\sqrt{2\pi}}e^{-y/2}\left|\frac{-1}{2\sqrt{y}}\right|+\frac{1}{\sqrt{2\pi}}e^{-y/2}\left|\frac{1}{2\sqrt{y}}\right|=\frac{1}{\sqrt{2\pi}}y^{1/2-1}e^{-y/2}, \qquad y>0$$

그런데 $g(y)$는 확률밀도함수이므로

$$1=\frac{1}{\sqrt{2\pi}}\int_0^\infty y^{1/2-1}e^{-y/2}\,dy=\frac{\Gamma(1/2)}{\sqrt{\pi}}\int_0^\infty \frac{y^{1/2-1}e^{-y/2}}{\sqrt{2}\Gamma(1/2)}\,dy=\frac{\Gamma(1/2)}{\sqrt{\pi}}$$

가 되고 적분값은 $\alpha=1/2$, $\beta=2$인 감마분포의 면적이 된다. 또한 $\sqrt{\pi}=\Gamma(1/2)$이므로 Y의 확률분포

$$g(y)=\begin{cases}\frac{1}{\sqrt{2}\Gamma(1/2)}y^{1/2-1}e^{-y/2}, & y>0\\ 0, & \text{다른 곳에서}\end{cases}$$

는 자유도 1인 카이제곱분포를 따른다.

7.3 적률과 적률생성함수

이 절에서는 적률생성함수(moment generating function)에 대하여 집중적으로 다루어 보겠다. 이 함수의 목적은 분포의 적률(moment)을 구하는 데에 있다. 그러나 적률생성함수의 가장 중요한 역할은 확률변수의 함수의 분포를 알아내는 데 있다.

만일 $r=0,1,2,3,\cdots$에 대하여 $g(x)=X^r$이라면 정의 7.1에서 얻어지는 기대값은 확률변수 X의 **원점에 대한 r차 적률**(rth moment about the origin)이라고 하고 μ_r'으로 표기한다.

정의 7.1

> 확률변수 X의 **원점에 대한 r 차 적률** μ_r' 은
>
> $$\mu_r' = E(X^r) = \begin{cases} \sum_x x^r f(x), & X\text{가 이산형인 경우} \\ \int_{-\infty}^{\infty} x^r f(x)\, dx, & X\text{가 연속형인 경우} \end{cases}$$
>
> 이다.

원점에 대한 1차와 2차 적률은 각각 $\mu_1' = E(X)$, $\mu_2' = E(X^2)$이므로, 확률변수 X의 평균과 분산은 각각 $\mu = \mu_1'$, $\sigma^2 = \mu_2' - \mu^2$ 이 된다. 확률변수의 적률은 정의 7.1로부터 직접 결정될 수도 있지만, **적률생성함수**를 이용하여 구할 수도 있다.

정의 7.2

> 확률변수 X의 **적률생성함수** $E(e^{tX})$를 $M_X(t)$로 표기하면,
>
> $$M_X(t) - E(e^{tX}) = \begin{cases} \sum_x e^{tx} f(x), & X\text{가 이산형인 경우} \\ \int_{-\infty}^{\infty} e^{tx} f(x)\, dx, & X\text{가 연속형인 경우} \end{cases}$$
>
> 이다.

적률생성함수는 정의 7.2의 식의 합 또는 적분이 수렴할 경우에만 존재하게 된다. 만일 확률변수 X의 적률생성함수가 존재한다면, 이를 이용하여 확률변수 X의 모든 적률을 구할 수 있다.

정리 7.6

> 확률변수 X 의 적률생성함수를 $M_X(t)$라 하면,
>
> $$\left.\frac{d^r M_X(t)}{dt^r}\right|_{t=0} = \mu_r'$$
>
> 이 된다.

증명 $M_X(t)$를 이산형인 경우와 연속형인 경우 각각 t에 대해 r번 미분하면

$$\frac{d^r M_X(t)}{dt^r} = \begin{cases} \sum_x x^r e^{tx} f(x), & X\text{가 이산형인 경우} \\ \int_{-\infty}^{\infty} x^r e^{tx} f(x)\, dx, & X\text{가 연속형인 경우} \end{cases}$$

가 된다. 여기서 $t=0$을 대입하면 두 경우 모두 $E(X^r) = \mu_r'$이 된다.

예제 7.6 확률변수 X가 이항분포를 따를 때 X의 적률생성함수를 구하고, 이를 이용하여 $\mu=np, \sigma^2=npq$가 됨을 증명하라.

풀이 정의 7.2로부터

$$M_X(t)=\sum_{x=0}^{n} e^{tx}\binom{n}{x}p^x q^{n-x}=\sum_{x=0}^{n}\binom{n}{x}(pe^t)^x q^{n-x}$$

이 되고, 이항전개식 $(pe^t+q)^n$을 이용하면

$$M_X(t)=(pe^t+q)^n$$

따라서

$$\frac{dM_X(t)}{dt}=n(pe^t+q)^{n-1}pe^t$$

그리고

$$\frac{d^2M_X(t)}{dt^2}=np[e^t(n-1)(pe^t+q)^{n-2}pe^t+(pe^t+q)^{n-1}e^t]$$

이다. 미분된 두 식에 $t=0$을 대입하면

$$\mu_1'=np,\ \ \mu_2'=np[(n-1)p+1]$$

이 되므로,

$$\mu=\mu_1'=np$$
$$\sigma^2=\mu_2'-\mu^2=np(1-p)=npq$$

로서 제5장에서의 결과와 일치한다.

예제 7.7 확률변수 X가 평균이 μ, 분산이 σ^2인 정규분포를 따를 때, X의 적률생성함수는 $M_X(t)=\exp\left(\mu t+\frac{1}{2}\sigma^2t^2\right)$이 됨을 유도하라.

풀이 정의 7.2로부터

$$\begin{aligned}M_X(t)&=\int_{-\infty}^{\infty}e^{tx}\frac{1}{\sqrt{2\pi}\sigma}\exp\left[-\frac{1}{2}\left(\frac{x-\mu}{\sigma}\right)^2\right]dx\\&=\int_{-\infty}^{\infty}\frac{1}{\sqrt{2\pi}\sigma}\exp\left[-\frac{x^2-2(\mu+t\sigma^2)x+\mu^2}{2\sigma^2}\right]dx\end{aligned}$$

이제 $x^2 - 2(\mu + t\sigma^2)x + \mu^2 = [x - (\mu + t\sigma^2)]^2 - 2\mu t\sigma^2 - t^2\sigma^4$으로 놓으면,

$$M_X(t) = \int_{-\infty}^{\infty} \frac{1}{\sqrt{2\pi}\sigma} \exp\left\{-\frac{[x - (\mu + t\sigma^2)]^2 - 2\mu t\sigma^2 - t^2\sigma^4}{2\sigma^2}\right\} dx$$
$$= \exp\left(\frac{2\mu t + \sigma^2 t^2}{2}\right) \int_{-\infty}^{\infty} \frac{1}{\sqrt{2\pi}\sigma} \exp\left\{-\frac{[x - (\mu + t\sigma^2)]^2}{2\sigma^2}\right\} dx$$

여기서 $w = [x - (\mu + t\sigma^2)]/\sigma$로 치환하면, $dx = \sigma dw$이므로

$$M_X(t) = \exp\left(\mu t + \frac{1}{2}\sigma^2 t^2\right) \int_{-\infty}^{\infty} \frac{1}{\sqrt{2\pi}} e^{-w^2/2}\, dw$$

이 식의 적분부분은 표준정규분포의 면적으로서 1이 되므로,

$$M_X(t) = \exp\left(\mu t + \frac{1}{2}\sigma^2 t^2\right)$$

이 된다.

비록 변수변환에 의한 방법이 여러 개의 확률변수의 함수의 분포를 알아내는 데에 효과적이긴 하지만, 문제의 함수가 여러 개의 독립적인 확률변수의 선형관계로 주어질 때에는 다음에 설명되는 적률생성함수의 특성을 이용하면 편리하다.

정리 7.7 **(유일성 정리)**: 두 확률변수 X와 Y의 적률생성함수가 각각 $M_X(t)$, $M_Y(t)$일 때, 모든 t 값에 대해 $M_X(t)=M_Y(t)$이면 X와 Y는 같은 확률분포를 가진다.

정리 7.8

$$M_{X+a}(t) = e^{at} M_X(t)$$

증명 $M_{X+a}(t) = E[e^{t(X+a)}] = e^{at}E(e^{tX}) = e^{at}M_X(t)$

정리 7.9

$$M_{aX}(t) = M_X(at)$$

증명 $M_{aX}(t) = E[e^{t(aX)}] = E[e^{(at)X}] = M_X(at)$

정리 7.10

확률변수 $X_1, X_2, \cdots, X_n$이 서로 독립이면서 각각의 적률생성함수가 $M_{X_1}(t)$, $M_{X_2}(t), \cdots, M_{X_n}(t)$이고 $Y = X_1 + X_2 + \cdots + X_n$ 이면, Y의 적률생성함수는 $M_Y(t) = M_{X_1}(t)M_{X_2}(t)\cdots M_{X_n}(t)$가 된다.

증명 연속형인 경우에 대해서

$$
\begin{aligned}
M_Y(t) &= E(e^{tY}) = E[e^{t(X_1+X_2+\cdots+X_n)}] \\
&= \int_{-\infty}^{\infty}\cdots\int_{-\infty}^{\infty} e^{t(X_1+X_2+\cdots+X_n)} f(x_1, x_2, \ldots, x_n)\, dx_1\, dx_2\cdots dx_n
\end{aligned}
$$

확률변수들은 서로 독립이므로

$$
f(x_1, x_2, \ldots, x_n) = f_1(x_1)f_2(x_2)\cdots f_n(x_n)
$$

이다. 따라서,

$$
\begin{aligned}
M_Y(t) &= \int_{-\infty}^{\infty} e^{tx_1} f_1(x_1)\, dx_1 \int_{-\infty}^{\infty} e^{tx_2} f_2(x_2)\, dx_2 \cdots \int_{-\infty}^{\infty} e^{tx_n} f_n(x_n)\, dx_n \\
&= M_{X_1}(t)M_{X_2}(t)\cdots M_{X_n}(t)
\end{aligned}
$$

이산형인 경우도 마찬가지 방법으로 증명이 된다.

정리 7.7부터 정리 7.10까지는 적률생성함수를 이해하는 데 핵심적인 내용이 된다. 위에 열거한 정리를 이용해서 예제를 풀어 보기로 하자. 확률변수의 합의 분포를 알아야 되는 경우가 많이 있다. 서로 독립이고 각각의 적률생성함수가 $M_{X_1}(t) = e^{\mu_1(e^t-1)}$과 $M_{X_2}(t) = e^{\mu_2(e^t-1)}$로 주어지는 포아송 분포를 따르는 두 확률변수 X_1과 X_2의 합의 분포를 알아보기 위하여 정리 7.7과 정리 7.10, 그리고 이 절의 연습문제 7.19의 결과를 활용하도록 한다. 정리 7.10을 이용하면 $Y_1 = X_1 + X_2$의 적률생성함수는

$$
M_{Y_1}(t) = M_{X_1}(t)M_{X_2}(t) = e^{\mu_1(e^t-1)}e^{\mu_2(e^t-1)} = e^{(\mu_1+\mu_2)(e^t-1)}
$$

이 되는데, 이는 모수가 $\mu_1+\mu_2$인 포아송 분포의 적률생성함수가 된다. 따라서, 정리 7.7에 의하면, 모수가 각각 μ_1과 μ_2인 포아송 분포를 따르는 서로 독립인 두 확률변수의 합은 모수가 $\mu_1+\mu_2$인 포아송 분포를 따르게 된다.

확률변수의 선형결합

통계학을 응용하고자 할 때 독립된 정규확률변수의 선형결합의 분포를 알아야 되는 경우가 자주 있다. X_1, X_2는 서로 독립이면서 각각 평균이 μ_1, μ_2, 분산이 σ_1^2, σ_2^2을 가지는 정규분포를 따른다고 할 때, $Y = a_1X_1 + a_2X_2$의 분포를 구하여 보자. 정리 7.10과 정리 7.9로부터

$$\begin{aligned} M_Y(t) &= M_{a_1X_1}(t)M_{a_2X_2}(t) \\ &= M_{X_1}(a_1t)M_{X_2}(a_2t) \end{aligned}$$

가 됨을 알 수 있다. 또한, 예제 7.7에서 구한 정규분포의 적률생성함수에 t 대신에 각각 a_1t와 a_2t를 대입하면,

$$\begin{aligned} M_Y(t) &= \exp(a_1\mu_1t + a_1^2\sigma_1^2t^2/2 + a_2\mu_2t + a_2^2\sigma_2^2t^2/2) \\ &= \exp[(a_1\mu_1 + a_2\mu_2)t + (a_1^2\sigma_1^2 + a_2^2\sigma_2^2)t^2/2] \end{aligned}$$

를 얻게 되며, 이는 평균이 $a_1\mu_1 + a_2\mu_2$이고 분산이 $a_1^2\sigma_1^2 + a_2^2\sigma_2^2$인 정규분포의 적률생성함수가 된다. 이때, 이 결과를 n개의 독립인 정규확률변수의 경우로 일반화시키면 정리 7.11을 얻게 된다.

정리 7.11

확률변수 $X_1, X_2, \ldots, X_n$이 서로 독립이면서 각각 평균이 $\mu_1, \mu_2, \ldots, \mu_n$이고 분산이 $\sigma_1^2, \sigma_2^2, \cdots, \sigma_n^2$인 정규분포를 따르면, $Y = a_1X_1 + a_2X_2 + \cdots + a_nX_n$은 평균이 $\mu_Y = a_1\mu_1 + a_2\mu_2 + \cdots + a_n\mu_n$이고 분산이 $\sigma_Y^2 = a_1^2\sigma_1^2 + a_2^2\sigma_2^2 + \cdots + a_n^2\sigma_n^2$인 정규분포를 따른다.

정규분포나 포아송 분포에 있어서 서로 독립인 확률변수의 합의 분포는 역시 같은 분포를 따르게 되는 재현성이 있음이 확인되었다. 카이제곱분포도 이러한 재현성을 가진다.

정리 7.12

확률변수 $X_1, X_2, \ldots, X_n$이 서로 독립이면서 각각 자유도가 $v_1, v_2, \cdots, v_n$인 카이제곱분포를 따른다면, $Y = X_1 + X_2 + \cdots + X_n$은 자유도가 $v = v_1 + v_2 + \cdots + v_n$인 카이제곱분포를 따른다.

증명 정리 7.10에 의해

$$M_Y(t) = M_{X_1}(t)M_{X_2}(t)\cdots M_{X_n}(t)$$

이고, 연습문제 7.21의 결과로부터

$$M_{X_i}(t) = (1-2t)^{-v_i/2}, \qquad i = 1, 2, \ldots, n$$

이다. 그러므로,

$$\begin{aligned} M_Y(t) &= (1-2t)^{-v_1/2}(1-2t)^{-v_2/2}\cdots(1-2t)^{-v_n/2} \\ &= (1-2t)^{-(v_1+v_2+\cdots+v_n)/2} \end{aligned}$$

이 되며, 이는 자유도 $v = v_1 + v_2 + \cdots + v_n$인 카이제곱분포의 적률생성함수이다.

따름정리 7.1

확률변수 $X_1, X_2, ..., X_n$이 서로 독립이면서 평균이 μ, 분산이 σ^2인 정규분포를 따른다면,

$$Y = \sum_{i=1}^{n}\left(\frac{X_i - \mu}{\sigma}\right)^2$$

은 자유도 $v{=}n$인 카이제곱분포를 따른다.

이 따름정리는 예제 7.5에서 설명한 자유도 1인 카이제곱분포를 따르는 n개의 독립인 확률변수의 합이므로, 정리 7.12에 의해 자유도 n인 카이제곱분포가 됨을 알 수 있다. 또한, 따름정리 7.1에서 만일 정규확률변수 X_i가 서로 다른 평균 μ_i와 분산 σ_i^2을 가지더라도, 이들의 표준정규확률변수들의 합 $\sum_{i=1}^{n}\left(\frac{X_i - \mu_i}{\sigma_i}\right)$는 표준정규확률변수의 개수 n을 자유도로 가지는 카이제곱분포를 따르게 됨을 알 수 있다.

따름정리 7.2

확률변수 $X_1, X_2, ..., X_n$이 서로 독립이면서 각각의 평균이 μ_i, 분산이 σ_i^2인 정규분포를 따른다면,

$$Y = \sum_{i=1}^{n}\left(\frac{X_i - \mu_i}{\sigma_i}\right)^2$$

은 자유도 $v{=}n$인 카이제곱분포를 따른다.

연습문제

7.1 X는 다음과 같은 확률분포를 따르는 확률변수이다.

$$f(x) = \begin{cases} \frac{1}{3}, & x = 1, 2, 3 \\ 0, & \text{다른 곳에서} \end{cases}$$

확률변수 $Y=2X-1$의 확률분포를 구하라.

7.2 X는 다음과 같은 확률분포를 따르는 이항 확률변수이다.

$$f(x) = \begin{cases} \binom{3}{x}\left(\frac{2}{5}\right)^x\left(\frac{3}{5}\right)^{3-x}, & x = 0, 1, 2, 3 \\ 0, & \text{다른 곳에서} \end{cases}$$

확률변수 $Y=X^2$의 확률분포를 구하라.

7.3 X_1과 X_2는 다음과 같은 다항분포를 따르는 이산형 확률변수이다.

$$f(x_1, x_2) = \binom{2}{x_1, x_2, 2-x_1-x_2}\left(\frac{1}{4}\right)^{x_1}\left(\frac{1}{3}\right)^{x_2}\left(\frac{5}{12}\right)^{2-x_1-x_2}$$

$$x_1 = 0, 1, 2;\ x_2 = 0, 1, 2;\ x_1 + x_2 \le 2$$

$Y_1 = X_1 + X_2$와 $Y_2 = X_1 - X_2$의 결합확률분포를 구하라.

7.4 X_1과 X_2는 다음과 같은 결합확률분포를 따르는 이산형 확률변수이다.

$$f(x_1, x_2) = \begin{cases} \frac{x_1 x_2}{18}, & x_1 = 1, 2;\ x_2 = 1, 2, 3 \\ 0, & \text{다른 곳에서} \end{cases}$$

확률변수 $Y=X_1X_2$의 확률분포를 구하라.

7.5 X는 다음과 같은 확률분포를 따른다.

$$f(x) = \begin{cases} 1, & 0 < x < 1 \\ 0, & \text{다른 곳에서} \end{cases}$$

확률변수 $Y=-2\ln X$는 자유도 2인 카이제곱분포를 따름을 보여라.

7.6 확률변수 X는 다음과 같은 확률분포를 따른다.

$$f(x) = \begin{cases} 2x, & 0 < x < 1 \\ 0, & \text{다른 곳에서} \end{cases}$$

확률변수 $Y=8X^3$의 확률분포를 구하라.

7.7 평형상태에서 기체분자의 속도는 다음의 확률분포를 따르는 확률변수 V로 나타낼 수 있다고 한다.

$$f(v) = \begin{cases} kv^2 e^{-bv^2}, & v > 0 \\ 0, & \text{다른 곳에서} \end{cases}$$

여기서 k는 적당한 상수이고, b는 절대온도와 분자의 질량에 따라 주어진다. 분자의 운동에너지 $W=mV^2/2$의 확률분포를 구하라.

7.8 자동차에 대한 판매이익(단위: \$5000)은 $Y=X^2$이다. 여기서 확률변수 X는 다음의 밀도함수를 가진다.

$$f(x) = \begin{cases} 2(1-x), & 0 < x < 1 \\ 0, & \text{다른 곳에서} \end{cases}$$

(a) 확률변수 Y의 확률밀도함수를 구하라.

(b) Y의 밀도함수를 사용하여 판매이익이 \$500 이하일 확률을 구하라.

7.9 신장질환으로 치료를 받고 있는 환자의 입원기간(단위: 일)은 확률변수 $Y=X+4$로 나타내어지고, X는 다음과 같은 밀도함수를 가진다.

$$f(x)=\begin{cases}\frac{32}{(x+4)^3}, & x>0\\ 0, & \text{다른 곳에서}\end{cases}$$

(a) 확률변수 Y의 확률밀도함수를 구하라.

(b) Y의 밀도함수를 사용하여 치료를 받고 있는 환자의 입원기간이 8일을 초과할 확률을 구하라.

7.10 초콜릿 1kg 상자에 함유된 크림과 토피의 무게를 각각 확률변수 X, Y로 나타내면 결합확률분포는 다음과 같다.

$$f(x)=\begin{cases}24xy, & 0\le x\le 1,\ 0\le y\le 1,\ x+y\le 1\\ 0, & \text{다른 곳에서}\end{cases}$$

(a) 확률변수 $Z=X+Y$의 확률밀도함수를 구하라.

(b) Z의 밀도함수를 사용하여 한 상자에 크림과 토피 무게의 합이 전체 무게의 1/2 이상 3/4 이하가 될 확률을 구하라.

7.11 어느 날 아침에 탱크에 저장되어 있는 등유량(단위: 1,000L)을 확률변수 Y, 그 날에 판매된 등유량을 확률변수 X라고 하면, 이 변수들의 결합밀도함수는 다음과 같다.

$$f(x,y)=\begin{cases}2, & 0<x<y,\ 0<y<1\\ 0, & \text{다른 곳에서}\end{cases}$$

그 날의 업무마감시간에 저장탱크에 남아 있는 등유의 양에 대한 확률밀도함수를 구하라.

7.12 X_1, X_2는 다음의 확률분포를 따르는 서로 독립인 확률변수라고 하자.

$$f(x)=\begin{cases}e^{-x}, & x>0\\ 0, & \text{다른 곳에서}\end{cases}$$

$Y_1=X_1+X_2$, $Y_2=X_1/(X_1+X_2)$일 때 확률변수 Y_1과 Y_2는 서로 독립임을 보여라.

7.13 저항이 R옴인 도체를 통과하는 전류 I는 다음의 확률분포를 따른다.

$$f(i)=\begin{cases}6i(1-i), & 0<i<1\\ 0, & \text{다른 곳에서}\end{cases}$$

저항은 전류와 독립으로 다음 확률분포를 따를 때

$$g(r)=\begin{cases}2r, & 0<r<1\\ 0, & \text{다른 곳에서}\end{cases}$$

전력 $W=I^2R$의 확률분포를 구하라.

7.14 X는 다음과 같은 확률분포를 따르는 확률변수이다.

$$f(x)=\begin{cases}\frac{1+x}{2}, & -1<x<1\\ 0, & \text{다른 곳에서}\end{cases}$$

확률변수 $Y=X^2$의 확률분포를 구하라.

7.15 X는 다음의 확률분포를 따른다고 한다.

$$f(x)=\begin{cases}\frac{2(x+1)}{9}, & -1<x<2\\ 0, & \text{다른 곳에서}\end{cases}$$

확률변수 $Y=X^2$의 확률분포를 구하라.

7.16 감마분포의 r차 적률이 다음과 같음을 보여라.

$$\mu_r' = \frac{\beta^r \Gamma(\alpha+r)}{\Gamma(\alpha)}$$

[힌트: μ_r'을 정의한 적분에서 $y=x/\beta$로 치환한 다음 그 적분은 감마함수를 사용하여 계산하라.]

7.17 확률변수 X는 다음의 이산형 균일분포를 따른다.

$$f(x;k) = \begin{cases} \frac{1}{k}, & x=1,2,\cdots,k \\ 0, & \text{다른 곳에서} \end{cases}$$

X의 적률생성함수가 다음과 같음을 보여라.

$$M_X(t) = \frac{e^t(1-e^{kt})}{k(1-e^t)}$$

7.18 확률변수 X는 $g(x;p)=pq^{x-1}$, $x=1, 2, 3, \cdots$인 기하분포를 따른다. X의 적률생성함수가 다음과 같음을 보여라.

$$M_X(t) = \frac{pe^t}{1-qe^t}, \qquad t < \ln q$$

그리고 $M_X(t)$를 이용하여 기하분포의 평균과 분산을 구하라.

7.19 확률변수 X는 $p(x;\mu)=e^{-\mu}\mu^x/x!$, $x=0, 1, 2, \ldots$인 포아송 분포를 따른다. X의 적률생성함수가 다음과 같음을 보여라.

$$M_X(t) = e^{\mu(e^t-1)}$$

그리고 $M_X(t)$를 이용하여 포아송 분포의 평균과 분산을 구하라.

7.20 포아송 확률변수 X의 적률생성함수는 다음과 같다.

$$M_X(t) = e^{4(e^t-1)}$$

$P(\mu-2\sigma < X < \mu+2\sigma)$를 구하라.

7.21 자유도가 v인 카이제곱분포의 적률생성함수가 다음과 같음을 보여라

$$M_X(t) = (1-2t)^{-v/2}$$

7.22 연습문제 7.21의 적률생성함수를 사용하여 자유도가 v인 카이제곱분포의 평균과 분산은 각각 v와 $2v$가 됨을 보여라.

7.23 X와 Y가 서로 독립이고 평균이 1인 지수분포를 따를 때 다음의 분포를 구하라.

(a) $U=X+Y$

(b) $V=X/(X+Y)$

7.24 e^{tx}를 매클로린 급수(Maclaurin Series)로 전개한 다음 각 항을 적분하면 다음과 같이 됨을 증명하라.

$$\begin{aligned} M_X(t) &= \int_{-\infty}^{\infty} e^{tx} f(x)\, dx \\ &= 1 + \mu t + \mu_2' \frac{t^2}{2!} + \cdots + \mu_r' \frac{t^r}{r!} + \cdots \end{aligned}$$

확률표본과 표본분포 8장

8.1 확률표본

통계적 실험의 결과는 수치 또는 서술적인 표현으로 나타낼 수 있다. 두 개의 주사위를 던졌을 때 나타내는 눈의 합이 관심사일 경우 결과는 수치로 표현된다. 그러나 학생들의 혈액형검사를 할 때에는 혈액형이 관심사가 되므로 서술적인 표현이 매우 유용하게 된다. 혈액형은 AB, A, B, O형 등의 서술적인 표현에 Rh항원의 유무에 따라 플러스, 마이너스 기호를 첨가한 8가지 방법으로 분류될 수 있다.

이 장에서는 분포 혹은 모집단으로부터의 표본추출(sampling)과 다음 장에서 중요하게 다루어지는 표본평균과 표본분산에 대하여 공부하게 된다. 초고속컴퓨터의 등장으로 과학자들이나 엔지니어들은 그래프기술을 통계적 추론에 활용함으로 통계적 추론의 용도를 더욱 확장할 수 있게 되었다. 통계적 분석을 의사결정의 지침으로 삼고자 하는 경영자들에게 단순한 식에 의한 통계적 추론은 너무나 지루하고 또한 추상적이 되기 때문이다.

모집단과 표본

관심 있는 가능한 모든 관측값의 집합을 **모집단**(population)이라고 부른다. 과거에는 모집단이라는 말은 주로 사람에 관계된 통계적 연구에서만 사용했으나, 요즈음은 대상이 사람이든 동물이든, 혹은 공학적인 시스템으로부터의 결과 등 통계적 관심이 있는 모든 대상에 대해서 모집단이라는 말을 사용한다.

정의 8.1 | **모집단**이란 관심이 있는 대상과 관련된 모든 관측가능한 값의 집합이다.

모집단에서 관측가능한 수를 모집단의 크기(size)라고 한다. 만일 600명의 학생을 대상으로 혈액형을 소사한다면 모집단의 크기는 600이 된다. 또한 한 벌의 카드, 어떤 도시의 거주자들의 키, 또는 어떤 호수의 물고기의 길이 등은 유한모집단이 된다. 그러나 주사위를 계속 던지는 실험, 또는 과거로부터 미래까지 매일매일

기압을 측정하는 것, 그리고 호수의 모든 위치에서의 깊이의 측정자료 등은 무한모집단이 된다. 유한모집단의 경우 모집단의 크기가 상당히 큰 경우에는 이론적으로 무한으로 간주하는 경우도 종종 있다. 대량으로 제조되어 전국적으로 분배되는 어떤 축전지의 수명을 조사하는 경우가 한 예가 될 수 있을 것이다.

모집단에서 각각의 관측값은 확률분포 $f(x)$를 가지는 확률변수 X의 값이 된다. 만일 조립라인으로부터 흘러나오는 제품의 결함을 조사하고자 할 때, 검사결과 양호한 경우를 0이라 하고 결함이 있는 경우를 1이라 하면, 이 모집단의 각 관측값 X는 $b(x;1,p)=p^x q^{1-x}, x=0,1$의 분포를 따르는 베르누이확률변수가 된다. 물론 어느 제품이 불량품이 될 확률 p는 매 시행에 있어 일정하다고 가정한다. 혈액형검사에서 1에서 8까지의 수치가 주어지는 혈액형은 이산형 확률변수가 된다. 한편, 건전지의 수명시험결과값은 예를 들어 정규모집단을 따르는 연속형 확률변수로 가정된다. 이와 같이 모집단의 분포에 따라 이항모집단 또는 정규모집단, 일반적으로는 모집단 $f(x)$라고 쓰기도 한다. 따라서, 확률변수들의 평균, 분산이라 하면 대응되는 모집단의 평균, 분산을 의미하게 된다.

통계학자들은 모집단에 대하여 어떤 결론을 유도하기를 원하지만, 모집단을 구성하는 관측값 전체의 집합을 관측하기는 불가능하다. 예를 들면, 어떤 전구의 평균수명을 결정하기 위해 모든 전구를 시험할 수는 없는 일이고, 또한 모든 관측값을 측정하는 데 소요되는 비용이 엄청나므로 모집단으로부터 표본(sample)을 추출하여 모집단을 추측하는 통계적 추론에 의존할 수밖에 없다.

정의 8.2

표본이란 모집단의 부분집합이다.

모집단에 대한 표본으로부터의 추론이 유효하려면 모집단으로부터 표본을 추출할 때 모집단의 성질을 가장 잘 반영할 수 있도록 해야 한다. 모집단으로부터 추출하기 편리한 원소들만으로 얻어진 표본으로부터의 추론은 오류를 유발시킬 수밖에 없다. 모집단의 특성값을 추정하는 데 있어서 일관되게 과대추정 또는 과소추정이 발생하게 되면, 이 추출과정은 **편의**(bias) 또는 편향되어 있다고 말한다. 이를 제거하기 위해서는 관측들이 무작위로 이루어지고 또 서로 독립인 **확률표본**(random sample)을 선택하는 것이 바람직하다.

모집단 $f(x)$로부터 크기 n인 확률표본을 추출할 때, i번째 표본을 확률변수 X_i, $i=1,2,\cdots,n$으로 나타내기로 하자. 만일 모집단 $f(x)$로부터 동일한 조건하에서 독립적으로 n개의 표본을 추출하였다면, 확률변수 $X_1, X_2, ..., X_n$은 확률표본이 되고 각각 $x_1, x_2, ..., x_n$의 값을 가진다. 또한 n개의 표본추출은 동일한 조건하에서 독립적으로 이루어지기 때문에 $X_1, X_2, ..., X_n$의 확률분포는 각각 $f(x_1), f(x_2), \cdots, f(x_n)$으로 표현되고, 결합확률분포는 $f(x_1, x_2, \cdots, x_n) = f(x_1)f(x_2)\cdots f(x_n)$이 된다.

정의 8.3 서로 독립인 n개의 확률변수 $X_1, X_2, ..., X_n$이 동일한 확률분포 $f(x)$를 따를 때, $X_1, X_2, \cdots, X_n$을 모집단 $f(x)$로부터의 크기 n인 **확률표본**이라 부르고, 결합확률분포는

$$f(x_1, x_2, \cdots, x_n) = f(x_1)f(x_2)\cdots f(x_n)$$

이 된다.

8.2 대표적 통계량

모집단으로부터 표본을 추출하는 목적은 미지의 모집단에 대한 정보를 얻기 위한 것이다. 예를 들어, 특정상표의 커피에 대한 선호도를 알아보고자 할 때 모든 커피 애호가들을 대상으로 전부 조사하기는 불가능하다. 따라서, 이런 경우에 대표본(large sample)을 추출하여 특정커피의 선호도 p에 대한 정보 $\hat{p}$을 조사해야 한다. $\hat{p}$는 참 값 P를 추론하는데 사용된다.

$\hat{p}$는 확률표본의 측정된 값의 함수이므로 표본에 따라 그 값이 달라지게 된다. $\hat{p}$는 확률변수 P에 대한 실제값으로 표본에 따라 달라지는 값이다. 이와 같은 확률변수를 **통계량**(statistic)이라 부른다.

정의 8.4 확률표본을 구성하는 확률변수들의 함수를 **통계량**이라고 한다.

표본의 중심위치

제4장에서 확률분포의 중심과 산포의 측도인 μ와 σ^2을 소개한 바 있는데, 이것들은 모집단의 모수로써 확률표본의 관측치에 의해 영향을 받지 않는 상수들이다. 확률표본에도 이에 대응되는 측도들을 정의할 수 있는데, 가장 널리 사용되는 중심위치의 측도로는 그 중요도의 순서로 볼때, 평균(mean), 중앙값(median), 최빈값(mode)을 들 수 있다. $X_1, X_2, \cdots, X_n$을 크기 n인 확률표본이라고 하자.

(a) 표본평균(sample mean)

$$\bar{X} = \frac{1}{n}\sum_{i=1}^{n} X_i$$

X_1의 값은 x_1, X_2의 값은 x_2 등으로 표시될 때, 통계량 $\bar{X}$의 값은 $\bar{x} = \frac{1}{n}\sum_{i=1}^{n} x_i$로 표시된다. 표본평균이라는 용어는 통계량 $\bar{X}$와 계산값 $\bar{x}$에 공통적으로 사용된다.

(b) 표본중앙값(sample median)

$$\tilde{x} = \begin{cases} x_{(n+1)/2}, & n\text{이 홀수일 때} \\ \frac{1}{2}(x_{n/2} + x_{n/2+1}), & n\text{이 짝수일 때} \end{cases}$$

표본평균과 표본중앙값에 대한 예제는 1.3절에 나와 있다.

(c) 표본최빈값(sample mode)은 가장 많이 발생한 표본값으로 정의된다.

예제 8.1 관측값들이 다음과 같다고 하자.

0.32, 0.53, 0.28, 0.37, 0.47, 0.43, 0.36, 0.42, 0.38, 0.43

0.43이 가장 많이 발생했으므로 표본최빈값이 된다.

제1장에서 설명하였듯이 중심위치의 측도만으로는 표본의 본질을 파악하기에 충분하지 않으므로 표본의 산포에 대한 측도가 필요하게 된다.

표본의 산포

산포를 통하여 관측값들이 평균을 중심으로 어떻게 분포되어 있는가를 알 수가 있다. 평균이나 중앙값은 같아도 측정값들의 산포(variability)가 상당히 다른 두 개의 관측값들의 집합이 있을 수 있다.

두 회사 A와 B에 의해서 제조된 오렌지쥬스 표본에 대한 측정값들(단위: 리터)을 생각해 보자.

표본 A	0.97	1.00	0.94	1.03	1.06
표본 B	1.06	1.01	0.88	0.91	1.14

두 표본의 평균은 1.00리터로 같지만 A회사 쥬스의 용량이 B회사 쥬스의 용량보다 더 일정함을 알 수 있다. 이러한 경우 표본 A가 표본 B보다 평균으로부터의 산포가 더 작다고 한다. 따라서, 오렌지쥬스를 살 때 A회사 제품을 사면 표시된 용량에 더 가까울 것이라는 믿음을 가지게 된다.

확률표본의 산포를 측정하는 가장 중요한 통계량은 표본분산(sample variance), 표본표준편차(sample standard deviation), 표본범위(sample range)이다. 이 장에서는 분산에 대해 살펴본다.

(a) 표본분산

$$S^2 = \frac{1}{n-1}\sum_{i=1}^{n}(X_i - \bar{X})^2 \tag{8.2.1}$$

주어진 확률표본에서 S^2의 계산값은 s^2으로 표시된다. S^2은 관측값들과 이들의 평균과의 편차의 제곱의 평균으로 실제로 정의되지만, 분모를 n 대신 $(n-1)$을 사용하는 이유에 대해서는 통계적 추론에서 다루기로 한다.

예제 8.2 샌디에이고에 있는 상점 중 임의로 4곳을 선택하여 200g짜리 병커피의 가격을 비교해 본 결과 지난 달보다 12, 15, 17, 20센트씩 인상되었다. 가격인상에 대한 이 확률표본의 분산을 구하라.

풀이 표본평균을 계산해 보면 다음과 같다.

$$\bar{x} - \frac{12+15+17+20}{4} = 16 \text{ 센트}$$

따라서,

$$\begin{aligned} s^2 &= \frac{1}{3}\sum_{i=1}^{4}(x_i - 16)^2 = \frac{(12-16)^2 + (15-16)^2 + (17-16)^2 + (20-16)^2}{3} \\ &= \frac{(-4)^2 + (-1)^2 + (1)^2 + (4)^2}{3} = \frac{34}{3} \end{aligned}$$

위의 표본분산식이 산포에 대한 측도라는 점은 잘 나타내고 있지만, 다음 정리에서 제시되는 대안 식이 장점이 많으므로 잘 알아 둘 필요가 있다.

정리 8.1 S^2이 크기 n인 확률표본의 분산이라면 다음과 같이 쓸 수 있다.

$$S^2 - \frac{1}{n(n-1)}\left[n\sum_{i=1}^{n}X_i^2 - \left(\sum_{i=1}^{n}X_i\right)^2\right]$$

증명 정의에 의하여

$$
\begin{aligned}
S^2 &= \frac{1}{n-1}\sum_{i=1}^{n}(X_i-\bar{X})^2 \\
&= \frac{1}{n-1}\sum_{i=1}^{n}(X_i^2-2\bar{X}X_i+\bar{X}^2) \\
&= \frac{1}{n-1}\left[\sum_{i=1}^{n}X_i^2-2\bar{X}\sum_{i=1}^{n}X_i+n\bar{X}^2\right]
\end{aligned}
$$

$\bar{X}$를 $\sum_{i=1}^{n} X_i/n$으로 치환하고 분모, 분자에 n을 곱하면 다음 식을 얻는다.

$$S^2=\frac{1}{n(n-1)}\left[n\sum_{i=1}^{n}X_i^2-\left(\sum_{i=1}^{n}X_i\right)^2\right]$$

제1장에서와 마찬가지로 표본표준편차와 표본범위는 다음과 같이 정의된다.

(b) 표본표준편차

$$S=\sqrt{S^2}$$

(c) 표본범위

X_i 중에서 가장 큰 것을 X_{max}, 가장 작은 것을 X_{min}이라고 할 때

$$R=X_{\text{max}}-X_{\text{min}}$$

예제 8.3 1996년 6월 19일 무스코카 호수에서 임의로 선정된 6명의 낚시꾼들에 의해 잡힌 송어의 수는 3, 4, 5, 6, 6, 7마리였다. 표본분산을 구하라.

풀이 $\sum_{i=1}^{6} x_i^2 = 171,\ \sum_{i=1}^{6} x_i = 31,$ 그리고 $S=6$이 되므로

$$s^2=\frac{1}{(6)(5)}[(6)(171)-(31)^2]=\frac{13}{6}$$

이다. 따라서, 표본표준편차는 $s=\sqrt{13/6}=1.47$이고 표본범위는 $7-3=4$이다.

연습문제

8.1 다음 주어진 표본자료에 대한 모집단을 정의하라.

(a) 리치먼드시의 200가구가 교육위원회선거에서 선호하는 후보자들의 이름을 묻는 전화를 받았다.

(b) 하나의 동전을 100번 던지는 실험에서 뒷면이 34번 나왔다.

(c) 새로운 형태의 테니스화 200켤레를 실험한 결과 평균수명이 4개월이었다.

(d) 어느 변호사가 집에서 사무실까지 오는데 5차례의 서로 다른 경우에 각각 21, 26, 24, 22, 21분이 소요되었다.

8.2 10명의 환자가 진료를 받기 전에 대기실에서 기다린 시간(단위: 분)이 다음과 같았다.

5, 11, 9, 5, 10, 15, 6, 10, 5, 10

(a) 평균을 구하라.

(b) 중앙값을 구하라.

(c) 최빈값을 구하라.

8.3 어떤 자극실험에서 임의로 선정된 9명의 반응시간이 다음과 같았다.

2.5, 3.6, 3.1, 4.3, 2.9, 2.3, 2.6, 4.1, 3.4

(a) 평균을 구하라.

(b) 중앙값을 구하라.

8.4 전몰장병 추도기념일에 주 교통경찰관 8명이 보고한 교통위반딱지가 5, 4, 7, 7, 6, 3, 8, 6장이었다.

(a) 만약 위의 숫자들이 버지니아주 몽고메리구의 교통경찰관 중에서 임의로 선정된 8명에 의한 교통위반딱지를 나타낸다고 할 때 모집단을 정의하라.

(b) 만약 위의 값들이 남부 캐롤라이나주 교통경찰관 중 8명에 의한 교통위반딱지의 수를 나타낸다고 할 때 적당한 모집단을 정의하라.

8.5 임의로 선정된 15명의 학생에 대한 진위형 시험에서 틀린 답의 수가 다음과 같았다.

2, 1, 3, 0, 1, 3, 6, 0, 3, 3, 5, 2, 1, 4, 2

(a) 평균을 구하라.

(b) 중앙값을 구하라.

(c) 최빈값을 구하라.

8.6 임의로 선정된 9명의 종업원의 병가일수는 15, 7, 8, 95, 19, 12, 8, 22, 14일이었다. 이 자료에 대해 평균, 중앙값, 최빈값을 구하라. 어떤 값이 자료의 중심에 가장 좋은 측도가 되겠는가? 그 이유를 설명하라.

8.7 어느 제조공장의 종업원들이 약속한 기부금(단위: 달러)이 다음과 같았다.

100, 40, 75, 15, 20, 100, 75, 50, 30, 10,
55, 75, 25, 50, 90, 80, 15, 25, 45, 100

(a) 평균을 구하라.

(b) 최빈값을 구하라.

8.8 어느 생태학자에 의하면, 가정용 세제에

포함되어 있는 인산염이 하수시설을 통과하여 호수로 유입되면 호수가 늪으로 바뀌게 되고, 결국에는 메말라 버리는 원인이 된다고 한다. 다음 자료는 임의로 선정된 여러 상표의 세제에 대한 것이다.

세제	1회 세탁시 유출되는 인산염량(그램)
A & P Blue Sail	48
Dash	47
Concentrated All	42
Cold Water All	42
Breeze	41
Oxydol	34
Ajax	31
Sears	30
Fab	29
Cold Power	29
Bold	29
Rinso	26

(a) 평균을 구하라.

(b) 중앙값을 구하라.

(c) 최빈값을 구하라.

8.9 연습문제 8.2의 자료를 이용하여 다음을 구하라.

(a) 범위

(b) 표준편차

8.10 연습문제 8.3의 자료를 이용하여 다음을 구하라.

(a) 범위

(b) 분산 [식 (8.2.1)을 이용하라]

8.11 연습문제 8.5의 자료에 대하여 다음의 식을 이용하여 분산을 구하라.

(a) 식 (8.2.1)

(b) 정리 8.1

8.12 무작위로 추출된 8종류의 담배에 대한 타르 함유량(단위: mg)이 다음과 같았다.

7.3, 8.6, 10.4, 16.1, 12.2, 15.1, 14.5, 9.3

(a) 평균을 구하라.

(b) 분산을 구하라.

8.13 무작위로 추출된 20명의 대학 4학년 학생들의 평점이 다음과 같을 때 표준편차를 구하라.

3.2	1.9	2.7	2.4	2.8
2.9	3.8	3.0	2.5	3.3
1.8	2.5	3.7	2.8	2.0
3.2	2.3	2.1	2.5	1.9

8.14 (a) 만약 상수 c가 표본의 각 값에 더해지거나 혹은 각 값으로부터 감해져도 표본분산은 변하지 않음을 보여라.

(b) 만약 표본의 각 관측값에 c를 곱하면 표본분산은 원래 값의 c^2배가 됨을 보여라.

8.15 자료 4, 9, 3, 6, 4, 7의 표본분산은 5.1이다. 이 값과 연습문제 8.14의 결과를 이용하여 다음을 계산하라.

(a) 12, 27, 9, 18, 12, 21의 표본분산

(b) 9, 14, 8, 11, 9, 12의 표본분산

8.16 USC 대학의 미식축구팀은 2004-05 시즌에 벌어진 13경기에서 다음과 같은 점수를 기록하였다.

11 49 32 3 6 38 38 30 8 40 31 5 36

(a) 평균점수를 구하라.

(b) 점수의 중앙값을 구하라.

8.3 표본분포

통계적 추론은 기본적으로 모집단의 모수에 대한 예측과 관련이 있다고 할 수 있다. 예를 들어, 다가오는 선거에서 특정후보에 대한 유권자들의 지지율을 알아보기 위해 거리로 나가서 통행하는 사람들의 의견을 들어 보고, 그것을 근거로 하여 지지율이 60% 라고 주장할 수도 있다. 이때에는 매우 큰 유한모집단에서 확률표본을 추출하여 지지율에 대한 정보를 알아내는 것이다. 다른 예로, 찰스턴시에서 주택을 지을 때 가구당 어느 정도의 돈을 들이는가를 조사하기 위해 현재 집을 짓고 있는 건축업자 30명 중 3명으로부터 이야기를 듣고, 대개 가구당 33만 달러에서 33만 5천 달러 정도 들인다고 예측할 수도 있다. 이 경우에는 매우 작은 유한모집단에서 확률표본을 추출하여 모집단에 대한 정보를 알아내는 것이다. 끝으로, 평균적으로 240 mL씩 음료수를 분배하는 장치를 생각해 보기로 하자. 이 회사의 관리자가 실제로 40개의 음료수병을 임의추출하여 용량을 조사하였더니 평균이 236mL였다. 이 경우에 이 평균값은 이 장치로부터 분배되고 있는 음료수량이 여전히 240mL라고 할 수 있는가의 여부를 결정하는 근거가 된다. 또한 이 경우의 모집단은 무한모집단이 된다.

이 예들에서 보다시피, 모집단에서 추출된 표본으로부터 계산된 통계량을 이용하여 모수에 대한 추정을 하게 된다. 음료수 분배장치의 예에 있어서 비록 표본의 평균이 236mL이지만 표본에 따라 이러한 값도 얻어질 수 있기 때문에, 회사로서는 이 분배기에 의하여 분배되고 있는 음료수의 양은 여전히 240mL가 되리라고 결정하게 된다. 실제로 매 시간마다 표본을 추출하여 그 평균을 계산하여 보면 240mL보다 클 수도 있고 작을 수도 있다. 다만 표본평균이 240mL로부터 크게 벗어날 경우에만 분배기에 대한 조정이 요구된다.

이와 같이, 통계량이란 관측된 표본에 따라 변하는 확률변수로서 확률분포를 가지게 된다.

정의 8.5 통계량의 확률분포를 **표본분포**(sampling distribution)라고 부른다.

$\bar{X}$의 확률분포를 **표본평균의 분포**(sampling distribution of the mean)라고 한다. 통계량의 표본분포는 모집단의 크기, 표본의 크기, 표본추출방법에 따라 달라진다. 이 장의 나머지 부분에서는 자주 사용되는 통계량의 표본분포에 대해 설명하고자 한다.

8.4 표본평균의 분포

평균이 μ, 분산이 σ^2인 정규모집단으로부터 크기 n의 확률표본을 추출했다고 하자. 확률표본 X_i, $i=1, 2, \cdots, n$은 모두 모집단과 동일한 정규분포를 따르게 된다. 이제 앞에서 설명한 정리 7.11을 이용하면

$$\bar{X} = \frac{1}{n}(X_1 + X_2 + \cdots + X_n)$$

의 분포는 평균과 분산이 각각

$$\mu_{\bar{X}} = \frac{1}{n}(\underbrace{\mu + \mu + \cdots + \mu}_{n}) = \mu$$

$$\sigma^2_{\bar{X}} = \frac{1}{n^2}(\underbrace{\sigma^2 + \sigma^2 + \cdots + \sigma^2}_{n}) = \frac{\sigma^2}{n}$$

인 정규분포를 따르게 된다.

또한, 모집단의 분포가 알려져 있지 않을 경우라도 **중심극한정리**(central limit theorem) 에 의하면, 표본의 크기가 상당히 크면 표본평균의 분포는 근사적으로 평균이 μ, 분산이 $\frac{\sigma^2}{n}$인 정규분포를 따르게 됨을 알 수 있다.

정리 8.2

> **중심극한정리** : 평균이 μ이고 분산이 σ^2인 모집단으로부터 크기 n인 확률표본을 추출했을 때, 표본의 평균 $\bar{X}$에 대해서
>
> $$Z = \frac{\bar{X} - \mu}{\sigma/\sqrt{n}}$$
>
> 는 n이 상당히 클 때 표준정규분포 $n(z\,;0,1)$에 접근한다.

일반적으로 n이 30 이상이면 모집단의 분포에 관계 없이 $\bar{X}$에 대한 정규분포로의 근사는 매우 적합하지만, n이 30 미만일 경우에는 모집단의 분포가 정규분포에 유사할 때에만 정규분포로의 근사가 적합하게 된다.

표본의 크기 $n=30$은 중심극한정리를 적용하는 기준이 된다. 그러나 이 정리에서 말하고 있는 것처럼 n이 커짐에 따라 $\bar{X}$는 더욱 정규분포에 근접하게 된다. 그림 8.1은 이 정리의 의미를 나타내고 있는데, $n=1$인 매우 비대칭적인 형태부터 시작해서 n이 커짐에 따라 $\bar{X}$의 분포가 정규분포에 근접하는 모습을 잘 나타내고 있다. 또한 $\bar{X}$의 평균은 표본의 크기에 상관 없이 늘 μ이고, $\bar{X}$의 분산은 n이 커질수록 작

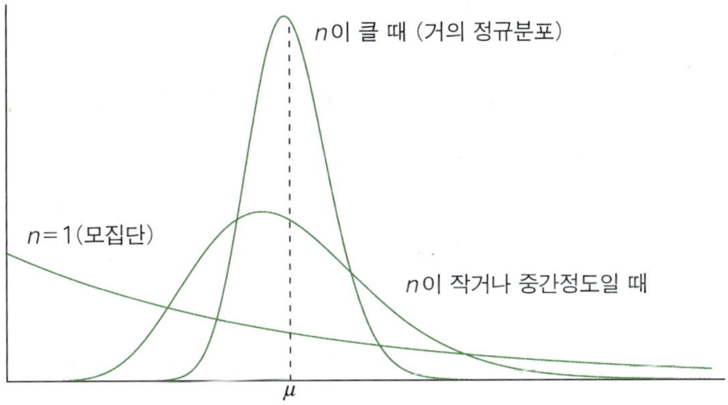

그림 8.1 중심극한정리의 예시 (n의 값이 1일 때, 중간일 때, 클 때)

아진다는 것을 알 수 있다.

예제 8.4 어떤 전구생산공장에서 생산되는 전구의 수명은 평균이 800시간이고, 표준편차가 40시간인 정규분포를 따른다고 알려져 있다. 임의로 추출된 16개의 전구의 평균수명이 775시간 미만일 확률을 구하라.

풀이 $\bar{X}$의 분포는 $\mu_{\bar{X}}=800, \sigma_{\bar{X}}=40/\sqrt{16}=10$인 정규분포를 따르고, 구하고자 하는 확률값은 그림 8.2의 그늘진 영역에 해당된다. $\bar{x}=775$에 대응하는 표준정규계수 z는

$$z = \frac{775 - 800}{10} = -2.5$$

가 되므로, 구하는 확률값은

$$P(\bar{X} < 775) = P(Z < -2.5) = 0.0062$$

가 된다.

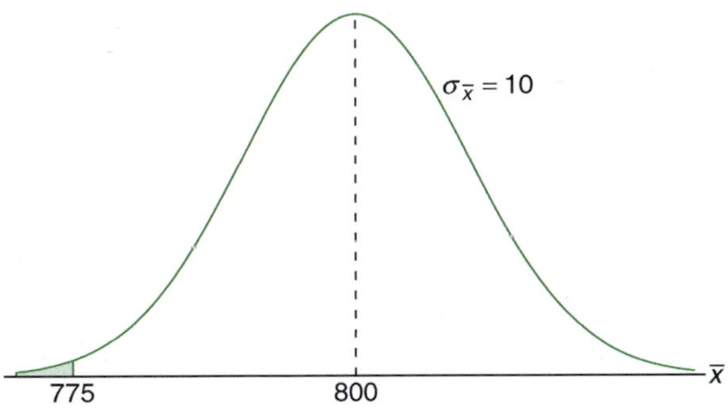

그림 8.2 예제 8.4의 영역

사례연구 8.1 **자동차 부품**: 원통형의 자동차부품을 생산하는 제조공정에서 부품의 직경이 평균적으로 5 mm를 유지하는 것이 매우 중요하다고 한다. 이 공정의 관리기사는 이 부품의 모평균이 5 mm라고 주장하고 있고, 또한 모표준편차는 0.1이라고 알려져 있다고 한다. 이제 임의로 추출된 부품 100개의 평균직경이 5.027 mm였다. 표본으로부터 얻어진 이 정보는 관리기사의 주장에 부합된다고 할 수 있겠는가?

풀이 이 예제는 뒤에서 다루게 되는 전형적인 문제이나 이 곳에서는 가설검정에 관한 공식을 이용하기보다는 기본논리나 원칙에 입각하여 문제를 설명하겠다.

획득된 자료가 관리기사의 주장을 옹호해 주는지는 모평균이 5 mm일 때 이러한 실험에서 이와 같은 자료가 얻어질 가능성에 달려 있다고 하겠다. 즉, 모평균이 5 mm이고 표본의 크기가 100일 때 $\bar{x} \geq 5.027$일 가능성은 얼마나 되겠는가?(그림 8.3) 만일 $\bar{x}=5.027$이 터무니없지만 않다면 관리기사의 주장을 반박할 수 없게 된다. 그와 반대로 이 확률값이 매우 작게 되면 관리기사의 주장은 근거가 없게 된다. 모평균이 5일 때, $\bar{X}$와 모평균과의 편차가 0.027 이하일 확률은 다음과 같이 계산된다.

$$\begin{aligned} P(|\bar{X}-5| \geq 0.027) &= P(\bar{X}-5 \geq 0.027) + P(\bar{X}-5 \leq -0.027) \\ &= 2P\left(\frac{\bar{X}-5}{0.1/\sqrt{100}} \geq 2.7\right) \end{aligned}$$

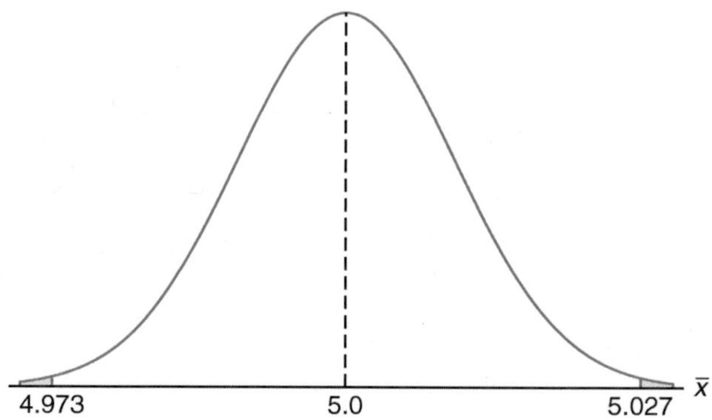

그림 8.3 사례연구 8.1의 영역

모평균이 5 mm라는 관리기사의 주장이 사실이라면, 중심극한 정리에 의해

$$\frac{\bar{X}-5}{0.1/\sqrt{100}}$$

는 $N(0,1)$이 되므로

$$2P\left(\frac{\bar{X}-5}{0.1/\sqrt{100}} \geq 2.7\right) = 2P(Z \geq 2.7) = 2(0.0035) = 0.007$$

이 된다. 계산된 확률값으로 미루어 볼 때 모평균이 5mm라는 관리기사의 주장이 사실일 경우에 $\bar{x}$=5.027이라는 실험결과를 얻는다는 것은 매우 희박하며, 따라서 관리기사의 주장은 신뢰할 수가 없게 된다.

예제 8.5 어느 대학의 두 캠퍼스 사이를 운행하는 셔틀버스의 운행시간은 평균 28분, 표준편차 5분의 분포를 따른다고 한다. 어느 한 주 동안 40번의 운행이 있었다고 할 때, 평균 운행시간이 30분보다 길 확률은 얼마인가? 평균시간은 분단위로 반올림하여 측정된다고 가정한다.

풀이 μ=28, σ=3, n=40일 때 $P(\bar{X} > 30)$을 구하면 된다. 시간은 분 단위로 반올림 측정되므로 $\bar{x}$가 30보다 크다는 것은 $\bar{x} \geq 30.5$와 같다. 따라서

$$P(\bar{X} > 30) = P\left(\frac{\bar{X}-28}{5/\sqrt{40}} \geq \frac{30.5-28}{5/\sqrt{40}}\right) = P(Z \geq 3.16) = 0.0008$$

평균운행시간이 30분을 넘는다는 것은 매우 드문 일이며, 그림 8.4에 그 확률이 표시되어 있다.

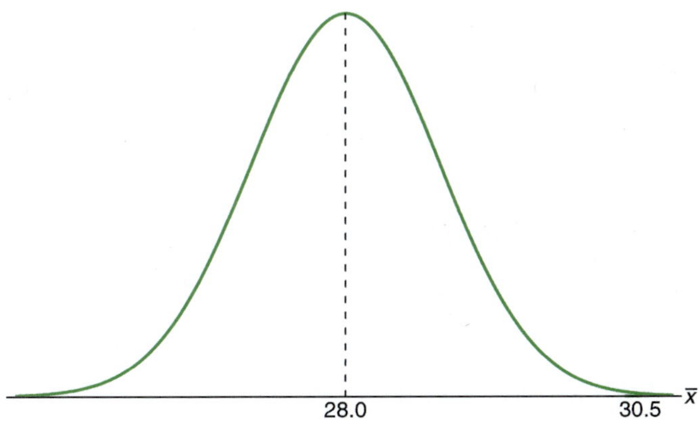

그림 8.4 예제 8.5의 영역

두 표본평균 차이의 분포

지금까지는 사례연구 8.1에서처럼 모집단이 한 개인 경우에 대해 살펴보았다. 다음으로는 두 모집단이 독립이고 각각의 평균이 μ_1, μ_2, 분산이 σ_1^2, σ_2^2인 각 모집단으로부터 각각 크기 n_1, n_2인 표본을 추출했을 때, 이들의 평균 $\bar{X}_1$와 $\bar{X}_2$의 차이는 어떤 분포를 따르는지 살펴보기로 하겠다. 먼저 정리 8.2에 의하면 $\bar{X}_1$와 $\bar{X}_2$는 근사적으로 각각 평균이 μ_1, μ_2, 분산이 σ_1^2/n_1, σ_2^2/n_2인 정규분포를 따르게 됨을 알 수 있다. 그리고 $\bar{X}_1$와 $\bar{X}_2$는 서로 독립이므로 정리 7.11에 의해 $\bar{X}_1 - \bar{X}_2$ 분포는 근사적으로 평균이

$$\mu_{\bar{X}_1-\bar{X}_2} = \mu_{\bar{X}_1} - \mu_{\bar{X}_2} = \mu_1 - \mu_2$$

이고, 분산이

$$\sigma^2_{\bar{X}_1-\bar{X}_2} = \sigma^2_{\bar{X}_1} + \sigma^2_{\bar{X}_2} = \frac{\sigma_1^2}{n_1} + \frac{\sigma_2^2}{n_2}$$

인 정규분포를 따른다.

정리 8.3

> 두 모집단이 서로 독립이고 각각의 평균이 μ_1, μ_2 분산이 σ_1^2, σ_2^2일 때, 각 모집단으로부터 추출된 크기 n_1, n_2인 두 표본의 표본평균의 차이 $\bar{X}_1 - \bar{X}_2$의 분포는 근사적으로 평균이 $\mu_{\bar{X}_1-\bar{X}_2} = \mu_1 - \mu_2$ 이고, 분산이 $\sigma^2_{\bar{X}_1-\bar{X}_2} = \frac{\sigma_1^2}{n_1} + \frac{\sigma_2^2}{n_2}$인 정규분포를 따른다. 그리고
>
> $$Z = \frac{(\bar{X}_1 - \bar{X}_2) - (\mu_1 - \mu_2)}{\sqrt{(\sigma_1^2/n_1) + (\sigma_2^2/n_2)}}$$
>
> 는 근사적으로 표준정규분포를 따른다.

두 표본의 크기 n_1과 n_2가 30 이상이면 두 모집단의 분포에 관계 없이 정규근사는 매우 적합하게 되고, n_1과 n_2가 30보다 작더라도 두 모집단이 명백하게 비정규모집단이 아닌 한 어느 정도는 정규근사가 적합하게 된다. 두 모집단이 모두 정규모집단일 경우에는 표본의 크기에 관계 없이 $\bar{X}_1 - \bar{X}_2$는 정규분포를 따른다.

사례연구 8.2 **페인트 건조 시간:** 두 종류의 페인트를 비교하기 위하여 서로 독립된 두 가지 실험이 수행되었다. A, B 두 종류의 페인트를 사용하여 각각 18개의 시편에 페인트칠을 한

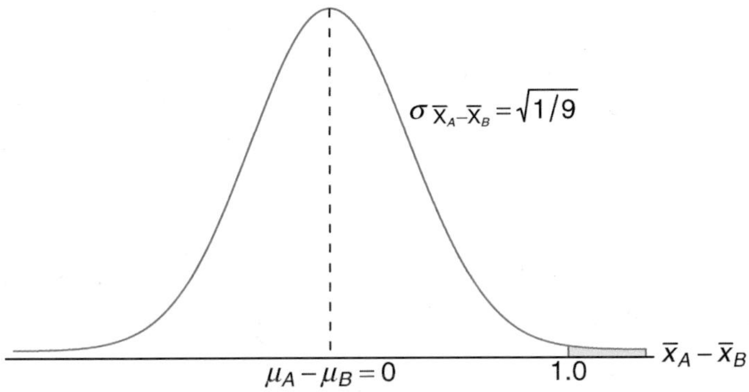

그림 8.5 사례연구 8.2의 영역

후에 각각의 건조시간을 측정하였다. 두 모집단의 표준편차는 똑같이 1.0인 것으로 알려졌다. 두 종류의 페인트의 평균건조시간이 같다고 가정했을 때, $P(\bar{X}_A-\bar{X}_B>1.0)$의 값을 구하라. 단, $n_A=n_B=18$이고 $\bar{X}_A$와 $\bar{X}_B$는 각 표본의 평균건조시간을 의미한다.

풀이 $\bar{X}_A - \bar{X}_B$의 분포는 평균과 분산이 각각

$$\mu_{\bar{X}_A-\bar{X}_B} = \mu_A - \mu_B = 0$$

$$\sigma^2_{\bar{X}_A-\bar{X}_B} = \frac{\sigma_A^2}{n_A} + \frac{\sigma_B^2}{n_B} = \frac{1}{18} + \frac{1}{18} = \frac{1}{9}$$

인 정규분포를 따르게 된다.

그림 8.5에 나타나 있는 확률값을 구하기 위하여 $\bar{X}_A - \bar{X}_B$를 표준정규화시키면,

$$z = \frac{1-(\mu_A-\mu_B)}{\sqrt{1/9}} = \frac{1-0}{\sqrt{1/9}} = 3.0$$

따라서,

$$P(Z>3.0) = 1 - P(Z<3.0) = 1 - 0.9987 = 0.0013$$

위의 계산은 $\mu_A=\mu_B$라는 가정에 근거하고 있다. 그러나 실제로는 이 실험이 두 모집단 평균이 같은지, 즉 $\mu_A=\mu_B$인지를 알아보기 위해 수행되었다고 하자. 만약 두 표본평균이 1시간 또는 그 이상 차이가 난다면, 이것은 두 모평균이 서로 다르다는 결론을 내릴만한 증거가 될 수 있다. 반면에 두 표본평균의 차이가 15분이라고 작게 가정해 보자. 만약 $\mu_A=\mu_B$라면,

$$P[(\bar{X}_A - \bar{X}_B) > 0.25] = P\left(\frac{\bar{X}_A - \bar{X}_B - 0}{\sqrt{1/9}} > \frac{3}{4}\right)$$
$$= P\left(Z > \frac{3}{4}\right) = 1 - P(Z < 0.75) = 1 - 0.7734 = 0.2266$$

이 확률값은 작은 것이 아니므로 15분 정도의 차이는 자주 발생할 만한 일이라는 결론을 내릴 수 있다. 결론적으로 15분 정도의 차이는 두 모평균이 다르다는($\mu_A \neq \mu_B$) 충분한 증거가 될 수 없다.

예제 8.6 A, B 두 회사에서 텔레비전 브라운관을 생산하고 있다. A 회사에서 생산되는 브라운관의 수명은 평균이 6.5년, 표준편차가 0.9년, B 회사에서 생산되는 브라운관의 수명은 평균 6년, 표준편차가 0.8년이라고 알려져 있다. A 회사에서는 36개의 확률표본을 추출하고, B 회사에서는 49개의 확률표본을 추출했을 때, A 회사 제품의 표본평균이 B 회사 제품의 표본평균보다 적어도 1년 이상 길 확률을 구하라.

풀이 정리 8.3에 의하면 $\bar{X}_A - \bar{X}_B$의 분포는 그림 8.6에 나타나는 대로 근사적으로 평균이 $\mu_{\bar{X}_A - \bar{X}_B} = 6.5 - 6.0 = 0.5$이고, 표준편차가 $\sigma_{\bar{X}_1 - \bar{X}_2} = \sqrt{\frac{0.81}{36} + \frac{0.64}{49}} = 0.189$인 정규분포를 따른다. 또한 $\bar{x}_A - \bar{x}_B = 1.0$에 대응하는 z값은 다음과 같다.

$$z = \frac{1.0 - 0.5}{0.189} = 2.65$$

따라서,

$$P(\bar{X}_A - \bar{X}_B \geq 1.0) = P(Z > 2.65) = 1 - P(Z < 2.65)$$
$$= 1 - 0.9960 = 0.0040$$

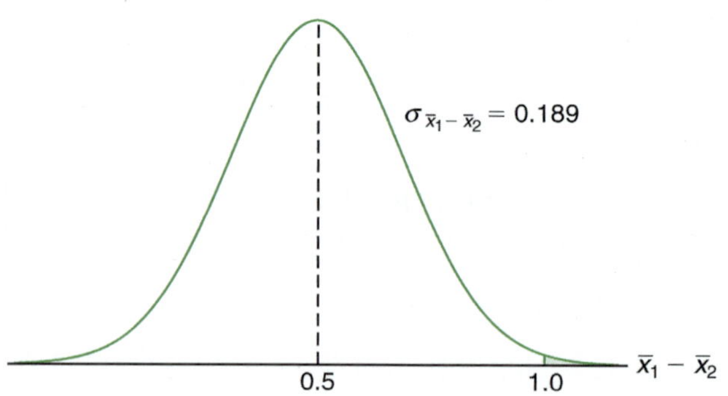

그림 8.6 예제 8.6의 영역

연습문제

8.17 평균이 50이고 표준편차가 5인 정규모집단으로부터 크기 16인 표본을 추출했을 때, 표본평균이 구간 $\mu_{\bar{X}}-1.9\sigma_{\bar{X}}$와 $\mu_{\bar{X}}-0.4\sigma_{\bar{X}}$ 사이에 들어갈 확률을 구하라.

8.18 무한히 큰 모집단으로부터 추출된 크기가 36인 표본평균의 표준편차가 2라고 할 때, 표준편차를 1.2로 줄이려 한다면 표본크기는 얼마로 커져야 하는가?

8.19 평균장력이 78.3 kg이고, 표준편차가 5.6 kg으로 생산되는 실이 있다. 표본의 크기가 다음과 같이 바뀔 때 표본평균의 분산은 어떻게 되겠는가?

(a) 64에서 196으로 증가할 때

(b) 784에서 49로 감소할 때

8.20 다음의 이산형 균일분포로부터 크기 54인 표본을 복원추출하였다. 표본평균이 4.1보다 크고 4.4보다 작을 확률을 구하라. 단, 표본평균은 소수 둘째 자리에서 반올림되는 것으로 가정하라.

$$f(x)=\begin{cases}\frac{1}{3}, & x=2,4,6\\ 0, & \text{다른 곳에서}\end{cases}$$

8.21 어떤 음료자판기는 분배되는 음료의 양이 평균 240 mL이고, 표준편차가 15 mL로 유지되도록 조절되고 있다. 주기적으로 40컵을 추출하여 40컵의 평균값이 구간 $\mu_{\bar{X}}\pm 2\sigma_{\bar{X}}$ 안에 들어오면 그 자판기는 정상적으로 작동되고 있다고 판단되고, 그렇지 않으면 조질을 해 주어야 한다. 이 회사의 관리인이 40컵의 평균이 $\bar{x}=236$ mL로 측정됨을 보고 조절이 필요없다고 판단하였다. 과연 이 결정은 합리적이라고 할 수 있는가?

8.22 1,000명의 신장은 평균이 174.5cm이고 표준편차가 6.9cm인 정규분포를 따른다고 한다. 모집단으로부터 크기 25인 표본을 200회 추출하여 평균을 측정하였다. 단, 표본평균은 소수 둘째 자리에서 반올림되는 것으로 가정하라.

(a) $\bar{X}$의 평균과 표준편차를 구하라.

(b) 표본평균이 172.5에서 175.8cm 안에 포함되는 표본수를 구하라.

(c) 표본평균이 172.0 cm보다 작은 표본수를 구하라.

8.23 체리를 한 번 움켜잡을 때 손에 잡히는 체리의 수 X의 확률분포가 다음과 같다.

x	4	5	6	7
$P(X=x)$	0.2	0.4	0.3	0.1

(a) X의 평균 μ와 분산 σ^2을 구하라.

(b) 36번 시행할 때의 평균 $\bar{X}$의 평균 $\mu_{\bar{X}}$와 분산 $\sigma^2_{\bar{X}}$을 구하라.

(c) 36번 시행할 때의 체리의 평균수가 5.5보다 작게 될 확률을 구하라.

8.24 평균저항이 40옴이고 표준편차가 2옴을 가지는 전기저항기를 만드는 기계가 있다. 36개를 임의추출하였을 때 저항의 합이 1,458옴 이상이 될 확률은?

8.25 어떤 제빵기의 평균수명은 7년이고 표준편차가 1년이라고 한다. 제빵기의 수명이 대략

정규분포를 따른다고 가정할 때 다음을 구하라.

(a) 9개의 표본의 평균수명이 6.4년에서 7.2년 안에 있을 확률

(b) 크기 9인 표본으로부터 계산된 표본평균의 15%가 오른쪽에 위치하는 $\bar{x}$의 값

8.26 어떤 은행원이 고객을 상대하는 시간은 평균이 μ=3.2분이고 표준편차가 σ=1.6분이라고 한다. 64명의 고객을 상대한 은행원의 평균시간이 아래와 같을 확률을 구하라.

(a) 2.7분 이하일 확률

(b) 3.5분 이상일 확률

(c) 3.2분 이상 3.4분 미만일 확률

8.27 어느 화학공장에서 배출되는 오염물질량의 모평균은 0.20g, 표준편차는 0.10g으로 알려져 있다. 모평균이 실제로 0.20g인지 알아보기 위해 50회의 표본을 측정한 결과 표본평균이 0.23g으로 나타났다. 중심극한정리를 이용하여 모평균이 0.20g이라고 할 수 있는지 판단하라.

8.28 평균이 80, 표준편차가 5인 정규분포로부터 크기 25인 첫 번째 표본이 추출되고, 평균이 75, 표준편차가 3인 정규분포로부터 크기 36인 두 번째 표본이 추출되었다. 첫 번째 표본의 평균이 두 번째 표본의 평균보다 3.4 이상 5.9 미만으로 클 확률을 구하라. 단, 표본평균은 소수 둘째 자리에서 반올림되는 것으로 가정한다.

8.29 테리어 종의 개의 신장은 평균이 72cm이고 표준편차가 10cm이며, 푸들 종의 개의 신장은 평균이 28cm이고 표준편차가 5cm라고 한다. 임의로 선정된 64마리 테리어종의 평균키가 임의로 선정된 푸들종 100마리의 평균키보다 최대로 44.2cm까지 클 확률을 구하라.

8.30 어떤 대학 신입생들의 적성검사성적은 평균이 540점이고 표준편차가 50점인 분포를 따른다. 무작위로 32명과 50명의 두 표본을 각각 추출했을 때, 그 두 표본의 평균이 아래와 같을 확률을 구하라.

(a) 20점 이상 차이가 날 확률

(b) 5점과 10점 사이의 차이가 날 확률

8.31 사례연구 8.2에서 각 페인트에 대해 18개씩의 시편을 사용하여 $\bar{x}_A - \bar{x}_B$=1.0의 결과를 얻었다고 하자.

(a) 두 모평균이 같다는 가정하에 이런 결과가 있을 법한 일이라고 생각되는가? 예제 8.8의 풀이를 활용하여 답하라.

(b) 두 모평균이 같다는 가정하에 이 실험을 10,000번 반복하였다면, 10,000번의 실험 중에 두 표본평균의 차이 $\bar{x}_A - \bar{x}_B$가 1.0 또는 그 이상 나오는 경우는 몇 번이나 되겠는가?

8.32 시리얼을 상자에 담는 두 대의 기계 A와 B가 있다. 각 기계로 36상자씩 시리얼을 담아 무게를 측정하였더니 표본평균이 각각 $\bar{x}_A$=4.5온스, $\bar{x}_B$=4.7온스가 나왔다. 제품상자당 무게의 분산은 σ^2=1이라고 한다.

(a) 중심극한정리를 이용하여 $\mu_A=\mu_B$라는 가정하에 다음 확률을 구하라.

$$P(\bar{X}_B - \bar{X}_A \geq 0.2)$$

(b) 실험결과는 두 기계의 모평균이 다르다는 것을 강력하게 뒷받침한다고 할 수 있는가? (a)

의 풀이를 이용하여 설명하라.

8.33 제조공정에서 배출되는 폐수 속의 벤젠은 정부규제로 인해 7950ppm을 초과하지 못하도록 되어 있다. 배출되는 폐수 속의 벤젠을 25회 측정한 결과 표본평균은 7960ppm이었다. 과거의 자료로부터 표준편차는 100ppm으로 알려져 있다.

(a) 모평균이 7950ppm이라는 가정하에 표본평균이 규제한계 7950ppm을 초과할 확률은 얼마인가? 중심극한정리를 이용하여 답하라.

(b) 표본평균이 7960ppm이라는 사실은 모평균이 정부의 규제한계를 초과한다는 증거가 된다고 할 수 있는가? 다음 확률을 계산하여 답하라. 단, 벤젠은 정규분포를 따른다고 가정하라.

$$P(\bar{X} \geq 7960 \mid \mu = 7950)$$

8.34 어느 금속제품에 두 종류의 합금 A와 B가 사용된다. 두 합금별로 시편 30개씩 적재용량(단위 : 톤)을 측정한 결과 다음의 결과를 얻었다. 두 합금 모두 적재용량의 표준편차는 5톤으로 동일하다.

$$\bar{x}_A = 49.5, \quad \bar{x}_B = 45.5; \qquad \bar{x}_A - \bar{x}_B = 4$$

합금 A의 제조업자는 이 결과로부터 $\mu_A > \mu_B$라고 주장하는 반면, 합금 B의 제조업자는 실제로는 두 모평균이 같더라도 $\bar{x}_A - \bar{x}_B = 4$인 결과가 얼마든지 나올 수 있다고 주장한다.

(a) 다음 확률을 계산하여 합금 B의 제조업자의 주장이 틀렸음을 설명하라.

$$P(\bar{X}_A - \bar{X}_B > 4 \mid \mu_A = \mu_B)$$

(b) 실험결과가 합금 A의 우수성을 강력하게 뒷받침한다고 할 수 있는가?

8.35 예제 8.4의 계산결과는 μ=800시간이라는 전제에 의문을 제기하게 하는가? 실제 모평균이 760시간이라면 이런 결과는 얼마나 자주 발생하게 되는가?

8.36 $X_1, X_2, \cdots, X_n$을 양의 값만을 갖는 분포로부터의 표본이라고 하자. 중심극한정리를 이용하여 n이 충분히 크면 $Y = X_1 X_2 \cdots X_n$은 근사적으로 로그정규분포를 따름을 보여라.

8.5 표본분산의 분포

평균이 μ이고 분산이 σ^2인 정규모집단으로부터 크기 n의 표본을 추출했을 때, 표본분산의 통계량 S^2의 값을 얻기 위해 표본분산 s^2을 계산하게 된다. 이제 통계학에서 중요하게 이용되는 통계량 $(n-1)S^2/\sigma^2$의 분포에 대하여 살펴보기로 하겠다.

$$\begin{aligned}
\sum_{i=1}^{n}(X_i - \mu)^2 &= \sum_{i=1}^{n}[(X_i - \bar{X}) + (\bar{X} - \mu)]^2 \\
&= \sum_{i=1}^{n}(X_i - \bar{X})^2 + \sum_{i=1}^{n}(\bar{X} - \mu)^2 + 2(\bar{X} - \mu)\sum_{i=1}^{n}(X_i - \bar{X}) \\
&= \sum_{i=1}^{n}(X_i - \bar{X})^2 + n(\bar{X} - \mu)^2
\end{aligned}$$

양변을 σ^2으로 나누고, $\sum_{i=1}^{n}(X_i-\bar{X})^2$ 을 $(n-1)S^2$으로 대체하면

$$\frac{1}{\sigma^2}\sum_{i=1}^{n}(X_i-\mu)^2 = \frac{(n-1)S^2}{\sigma^2} + \frac{(\bar{X}-\mu)^2}{\sigma^2/n}$$

이 된다. 그런데 따름정리 7.1에서 설명했듯이 $\sum_{i=1}^{n}(X_i-\mu)^2/\sigma^2$은 자유도 n인 카이제곱분포를 따르고, 마찬가지로 $(\bar{X}-\mu)^2/(\sigma^2/n)$은 자유도 1인 카이제곱분포를 따름을 알 수있다. 한편, 이 책에서 증명은 생략하겠지만 두 변수 $\sum_{i=1}^{n}(X_i-\mu)^2/\sigma^2$과 $(\bar{X}-\mu)^2/(\sigma^2/n)$은 서로 독립이라고 알려져 있다. 따라서, $(n-1)S^2/\sigma^2$은 자유도 $(n-1)$인 카이제곱분포를 따름을 알 수 있다.

정리 8.4

분산이 σ^2인 정규모집단으로부터 크기 n인 표본을 추출하였을 때, 표본분산을 S^2이라 하면 통계량

$$\chi^2 = \frac{(n-1)S^2}{\sigma^2} = \sum_{i=1}^{n}\frac{(X_i-\bar{X})^2}{\sigma^2}$$

은 자유도 $v=n-1$인 카이제곱분포를 따른다.

각 표본에 대한 확률변수 χ^2의 값은 다음 식에 의하여 계산된다.

$$\chi^2 = \frac{(n-1)s^2}{\sigma^2}$$

χ^2값이 어떤 특정한 값보다 클 확률은 카이제곱분포곡선에서 특정한 값의 오른쪽 면적과 같아진다. χ^2값이 어떤 특정한 값보다 큰 확률이 α라면, 그림 8.7에서 보

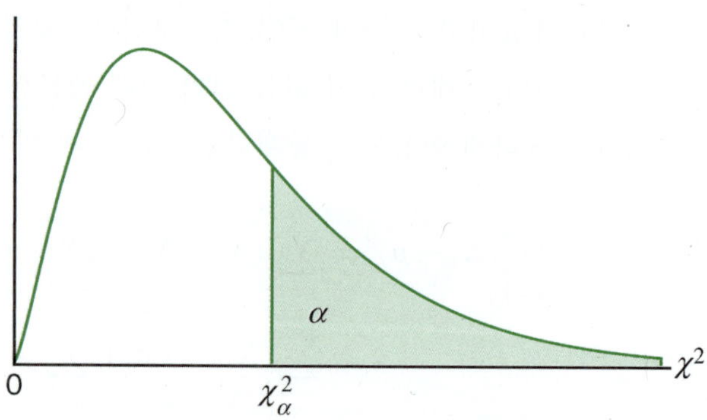

그림 8.7 카이제곱분포 수표값

는 대로 특정한 값을 χ_α^2이라고 나타내는 것이 관례로 되어 있다.

표 A.5를 이용하면 주어진 자유도 v와 α에 대한 χ_α^2값을 얻을 수 있다. 즉, 자유도 $v=7$인 경우 $\alpha=0.05$이면 $\chi_{0.05}^2=14.067$을 표에서 찾을 수 있고, $\alpha=0.95$이면 $\chi_{0.95}^2=2.167$이 된다.

예제 8.7 어떤 자동차배터리 제조업자는 자기회사에서 제조한 배터리의 수명이 평균은 3년, 표준편차는 1년이라고 주장하고 있다. 이 회사에서 제조된 5개의 배터리를 임의로 추출하여 시험한 결과 그 수명이 각각 1.9년, 2.4년, 3.0년, 3.5년, 4.2년이었다. 이 결과를 가지고 제조업자가 주장하는 표준편차가 1년이라는 것을 믿을 수 있는가를 보여라. 배터리의 수명은 정규분포를 따른다고 가정하자.

풀이 먼저 5개의 배터리의 표본분산을 구해 보면

$$s^2 = \frac{(5)(48.26) - (15)^2}{(5)(4)} = 0.815$$

따라서

$$\chi^2 = \frac{(4)(0.815)}{1} = 3.26$$

이 되고, 이는 자유도 4인 카이제곱분포를 따르는 값이 된다. 그런데 자유도 4인 경우 χ^2값의 95%가 0.484와 11.143 사이에 오게 되므로, $\sigma^2=1$로 하여 계산된 χ^2의 값 3.26으로 미루어 볼 때 표준편차가 1년이라는 이 제조업자의 주장은 합당하다고 할 수 있다.

8.6 t 분포

8.4절에서는 중심극한정리의 유용성에 대한 설명과 이를 하나의 모평균의 추정 또는 두 모평균의 차의 추정에 응용하는 내용을 다루었다. 이러한 영역에 중심극한정리와 정규분포를 이용하는 것은 확실히 유용한 일이지만, 이는 어디까지나 모표준편차가 알려져 있을 경우이다. 그러나 실제문제에 있어서는 모분산 σ^2을 알고 있는 경우는 극히 드물다. 이럴 때에는 σ^2의 추정값인 표본분산 S^2을 이용하게 된다. 따라서, 모평균 μ의 추정에 관계되는 통계량으로 $T=(\bar{X}-\mu)/(S/\sqrt{n})$를 얻게 된다.

통계량 T는 표본의 크기가 30 이상이면 근사적으로 표준정규분포를 따른다. 그러나 표본의 크기가 30보다 작은 경우에는 통계량 T의 정확한 분포를 사용하는 것

이 바람직하다. T의 분포를 알아내기 위해 모집단은 정규모집단이라고 가정하자. 그러면 통계량 T는 다음과 같이 나타낼 수 있다.

$$T = \frac{(\bar{X} - \mu)/(\sigma/\sqrt{n})}{\sqrt{S^2/\sigma^2}} = \frac{Z}{\sqrt{V/(n-1)}}$$

여기서 Z는 표준정규분포를 따르는 확률변수이고, V는 자유도 $v=n-1$인 카이제곱분포를 따르는 확률변수로 각각 다음과 같다.

$$Z = \frac{\bar{X} - \mu}{\sigma/\sqrt{n}}$$

$$V = \frac{(n-1)S^2}{\sigma^2}$$

그런데 정규모집단에서 표본을 추출할 경우 $\bar{X}$와 S^2은 서로 독립이므로, Z와 V도 서로 독립이 된다.

정리 8.5

Z와 V가 각각 표준정규확률변수와 자유도 v인 카이제곱확률변수이고, Z와 V가 서로 독립일 때

$$T = \frac{Z}{\sqrt{V/v}}$$

의 확률밀도함수는

$$h(t) = \frac{\Gamma[(v+1)/2]}{\Gamma(v/2)\sqrt{\pi v}} \left(1 + \frac{t^2}{v}\right)^{-(v+1)/2}, \quad -\infty < t < \infty$$

가 되고, 이는 자유도 v인 ***t* 분포**를 따른다.

따름정리 8.1

$X_1, X_2, \cdots, X_n$이 모두 평균이 μ이고 표준편차가 σ인 정규분포를 따르고 서로 독립인 확률변수일 때, 확률변수 $T = \frac{\bar{X}-\mu}{S/\sqrt{n}}$는 자유도가 $v=n-1$인 t 분포를 따른다. 단,

$$\bar{X} = \frac{1}{n}\sum_{i=1}^{n} X_i, \quad S^2 = \frac{1}{n-1}\sum_{i=1}^{n}(X_i - \bar{X})^2$$

t 분포는 1908년 Gosset이 최초로 Student라는 가명으로 발표하였다. 따라서,

이를 **Student *t* 분포**라고 부르기도 한다.

t 분포의 형태는 표준정규분포와 같이 원점을 중심으로 대칭을 이룬다. 다만 표준정규확률변수 Z 값은 $\bar{X}$에 따라 달라지고, T 값은 $\bar{X}$와 S^2에 따라 달라지게 되므로 t 분포의 변화가 더 크게 된다. 그리고 그림 8.8에서 볼 수 있듯이 t 분포에서 자유도가 커질수록 표준정규분포에 접근한다. 표본의 크기 n이 ∞에 접근하면, 두 분포는 일치하게 된다.

표 A.4에 나와 있는 t 분포표값은 그림 8.9에서 볼 수 있듯이 양쪽 면적이 각각 α가 되는 점을 t_α와 $t_{1-\alpha}$로 나타낸다. 그런데 t 분포는 원점을 중심으로 대칭이므로 $t_{1-\alpha}=-t_\alpha$가 된다. 즉, $t_{0.95}=-t_{0.05}$, $t_{0.99}=-t_{0.01}$이 된다.

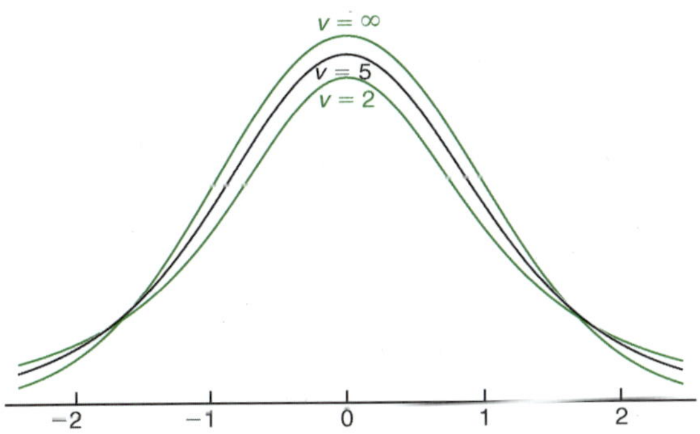

그림 8.8 v=2, 5, 그리고 ∞의 t 분포

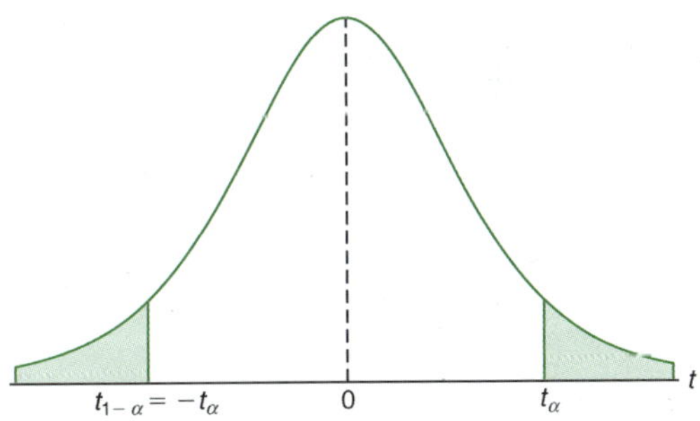

그림 8.9 t 분포의 대칭성

예제 8.8 자유도 14인 t 분포에서 왼쪽 면적이 0.025가 되는 t 값은 오른쪽 면적이 0.975가 되는 t 값과 같게 되므로 $t_{0.975} = -t_{0.025} = -2.145$이다.

예제 8.9 $P(-t_{0.025} < T < t_{0.05})$를 구하라.

풀이 $t_{0.05}$는 t 분포곡선에서 오른쪽 면적이 0.05이고, $-t_{0.025}$는 왼쪽 면적이 0.025이므로 나머지 면적은

$$1-0.05-0.025=0.925$$

이다. 따라서,

$$P(-t_{0.025} < T < t_{0.05}) = 0.925$$

예제 8.10 정규모집단에서 15개의 표본을 추출했을 때, $P(k < T < -1.761) = 0.045$를 만족하는 k값을 구하라.

풀이 자유도 14인 t 분포에서 1.761은 $t_{0.05}$에 대응된다. 따라서, $-t_{0.05}=-1.761$이므로 $k=-t_\alpha$라 하자. 그러면 그림 8.10에서 볼 수 있듯이

$$0.045=0.05-\alpha$$

이므로

$$\alpha=0.005$$

따라서, 자유도 14일 때 이를 만족하는 값을 표 A.4에서 찾으면

$$k = -t_{0.005} = -2.977$$

이 되고, $P(-2.977 < T < -1.761) = 0.045$가 된다.

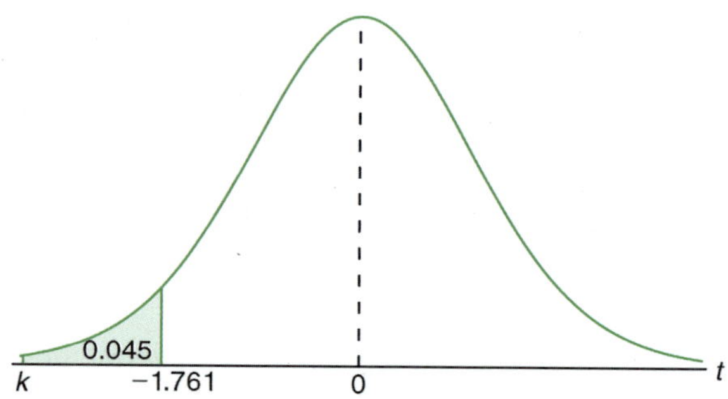

그림 8.10 예제 8.10의 t값

예제 8.11 어떤 화공기사는 어느 배치공정의 수율이 원재료의 리터당 500g이라고 주장하고 있다. 그는 이를 입증하기 위해 매월 25개의 배치를 추출하여 시험을 하였다. 시험결과 계산된 t 값이 $-t_{0.05}$와 $t_{0.05}$ 사이에 있으면 그의 주장이 타당성이 있다고 하기로 한다. 25개 배치의 시험결과 표본평균은 518g이고 표준편차는 40g이었다면 어떤 결론을 낼 수 있겠는가? 단, 모집단은 근사적으로 정규분포를 따른다고 가정하라.

풀이 시험결과를 가지고 t값을 계산하면

$$t = \frac{518 - 500}{40/\sqrt{25}} = 2.25$$

이다. 또한 자유도가 24일 때 $t_{0.05}$=1.711이다. 계산된 t값이 $t_{0.05}$보다 크므로 실제의 수율은 500 g 보다 크다고 할 수 있다.

8.7 F 분포

F 분포는 표본 간의 분산을 비교하는 데 많이 이용되는 분포로 통계량 F는 두 개의 서로 독립된 카이제곱변수를 각각의 자유도로 나눈 비로 나타내진다. 즉,

$$F = \frac{U/v_1}{V/v_2}$$

에서 U와 V는 서로 독립이면서 각각 자유도가 v_1, v_2인 카이제곱확률변수이다. 그러면 F 분포의 확률분포를 유도해 보자.

정리 8.6

확률변수 U와 V는 각각 자유도 v_1, v_2를 가지는 카이제곱분포를 따를 때,

$$F = \frac{U/v_1}{V/v_2}$$

의 확률밀도함수는

$$h(f) = \begin{cases} \frac{\Gamma[(v_1+v_2)/2](v_1/v_2)^{v_1/2}}{\Gamma(v_1/2)\Gamma(v_2/2)} \frac{f^{(v_1/2)-1}}{(1+v_1 f/v_2)^{(v_1+v_2)/2}}, & f > 0 \\ 0, & f \le 0 \end{cases}$$

이 되고, 이는 자유도 v_1, v_2인 ***F* 분포**를 따른다.

F 분포곡선의 형태는 그림 8.11과 같이 두 자유도 v_1과 v_2에 의해 결정된다. 그리고 F 분포에서 자유도는 분자에 있는 카이제곱확률변수의 자유도를 먼저 쓰고, 그 다음으로 분모에 있는 카이제곱확률변수의 자유도를 쓴다.

표 A.6의 F 분포표값에 나와 있는 f_α라는 점은 f_α보다 큰 면적이 α가 된다는 것이다. 이를 그림으로 나타내 보면 그림 8.12과 같다. 예를 들어, 자유도가 6과 10일 때 $f_{0.05}$=3.22가 된다.

정리 8.7

자유도 v_1, v_2에서 f_α값을 $f_\alpha(v_1, v_2)$로 나타낼 때,

$$f_{1-\alpha}(v_1, v_2) = \frac{1}{f_\alpha(v_2, v_1)}$$

이다.

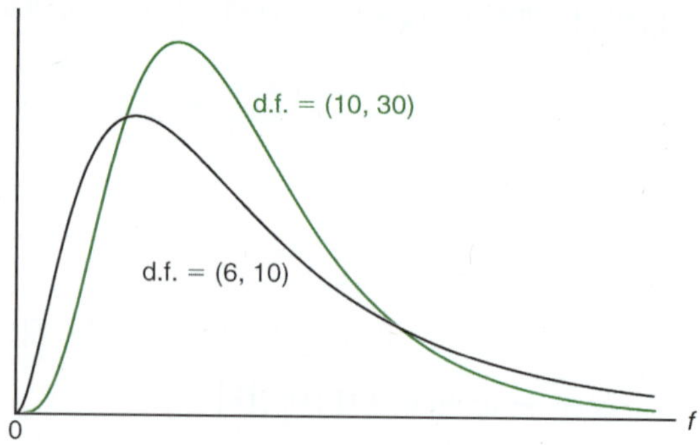

그림 8.11 전형적인 F 분포

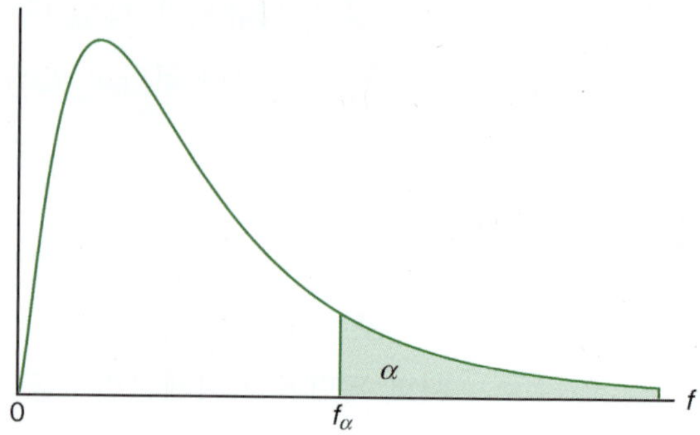

그림 8.12 F 분포의 수표값

예를 들어, 자유도가 6과 10일 때 오른쪽 부분의 면적이 0.95가 되는 f값은

$$f_{0.95}(6,10) = \frac{1}{f_{0.05}(10,6)} = \frac{1}{4.06} = 0.246$$

이 된다.

두 모집단의 모분산이 각각 σ_1^2, σ_2^2으로 알려져 있는 정규모집단에서 크기 n_1, n_2인 표본을 추출했다고 하자. 그러면 정리 8.4에 의해 다음의 χ_1^2과 χ_2^2은 각각의 자유도가 $v_1=n_1-1, v_2=n_2-1$인 카이제곱분포를 따르게 된다.

$$\chi_1^2 = \frac{(n_1-1)S_1^2}{\sigma_1^2}$$

$$\chi_2^2 = \frac{(n_2-1)S_2^2}{\sigma_2^2}$$

또한 $\chi_1^2=U$, $\chi_2^2=V$로 치환하여 정리 8.6을 이용하면 다음의 정리가 성립한다.

정리 8.8

모분산이 각각 σ_1^2, σ_2^2인 정규모집단에서 서로 독립적으로 추출된 크기 n_1, n_2인 표본의 분산을 S_1^2, S_2^2이라고 할 때,

$$F = \frac{S_1^2/\sigma_1^2}{S_2^2/\sigma_2^2} = \frac{\sigma_2^2 S_1^2}{\sigma_1^2 S_2^2}$$

은 자유도 $v_1=n_1-1$과 $v_2=n_2-1$인 F 분포를 따른다.

8.8 분위수와 확률 그림

제 1 장에서는 자료의 성질에 관한 정보를 효과적으로 얻는 데 유용한 경험적 분포가 소개되었다. 예를 들어, 줄기-잎 그림은 자료의 대칭성이나 다른 성질들을 보여주는 데 이용된다. 이 장에서는 모집단의 정보를 얻기 위해 수집된 표본을 취급하게 된다. 흔히 표본의 형태로부터 수집된 자료의 분포에 대한 정보를 얻게 된다. 예를 들어, 제 1 장에서는 점 도표를 이용하여 두 표본의 중심적 경향과 변동성을 살펴보았다.

분포에 대하여는 대부분 정규분포를 가정하였다. 줄기-잎 그림이나 히스토그램과 같은 그래프를 통해 이 가정의 타당성을 알 수 있게 된다. 또한 이 절에서는 **정규확률그림**(normal probability plots)과 **분위수그림**(quantile plots)이 소개된다. 이러한 그래프들은 자료가 추출된 분포가 정규분포를 따르는지에 대한 진단 조사 목적으로 여러 연구 분야에서 다양하게 사용되고 있다.

통계적 분석이란 시스템에 대한 어떤 결론을 도출하는 과정이라고 할 수 있다. 어떤 화학공정에 대해 무엇인가를 알아보려고 할 때 엔지니어는 공정의 변동성으로 어려움에 봉착하게 된다. 생산공정에서 불량품의 수와 관계된 연구에서는 제품제조 방법의 변동성으로 인해 난관에 부딪히게 된다. 표본의 중심위치와 변동성을 나타내는 통계량과 표본들은 앞부분에서 다루었다. 이들 통계량들은 단일척도를 제공하는 반면에 그래프는 그림을 통해 추가적인 정보를 제공하게 된다.

분위수그림

분위수그림의 목적은 제3장에서 소개된 바와 같이 누적분포함수를 표현하는 데 있다.

정의 8.6 표본의 **분위수**(quantile) $q(f)$는 자료값 중에서 $q(f)$보다 작거나 같은 자료값이 차지하는 비율이 f가 되는 값이다.

분위수그림(quantile plot)은 모집단의 특성에 대한 추정이나 이론적 분포를 나타낸다. 표본중앙값은 $q(0.5)$이고, 제 75 백분위수(상위사분위수)는 $q(0.75)$, 하위사분위수는 $q(0.25)$가 된다.

분위수그림은 수직선상에 자료값의 눈금을 매기고 전체 자료 중에서 이 값들보다 작게 되는 자료의 비율을 나타내게 된다. 이 비율은 이론적으로 다음과 같이 계산된다.

$$f_i = \frac{i - \frac{3}{8}}{n + \frac{1}{4}}$$

단, i는 자료들이 작은 값부터 큰 값으로 순위가 매겨졌을 때 그 순위를 나타낸다. 만일 관측값의 순위가 다음과 같다고 하면,

$$y_{(1)} \le y_{(2)} \le y_{(3)} \le \cdots \le y_{(n-1)} \le y_{(n)}$$

분위수그림은 f_i에 대한 $y_{(i)}$의 좌표를 나타낸다. 그림 8.15는 이전에 설명한 페인트통 손잡이의 자료에 대한 분위수그림이다.

상자-수염 그림과는 달리 분위수그림은 모든 관측값을 보여주게 된다. 중앙값과 상, 하위 분위수를 포함한 모든 분위수는 육안으로 어림잡을 수 있다. 예를 들면, 중앙값이 35이고 상위사분위수가 대략 36임을 쉽게 찾아낼 수 있다. 특정한 값 주위의 비교적 큰 묶음의 표시는 기울기가 거의 0에 해당되는 반면에 어떤 범위에서 산만하게 흩어진 자료는 급경사를 이루게 된다. 그림 8.15에서 28과 30 사이에서는 자료가 흩어진 상태를 나타내고 있으나 36과 38사이에서는 상대적으로 조밀하게 되어 있다. 앞으로 제9장과 제10장에서는 상이한 표본을 비교하는 유용한 방법으로서 분위수그림이 사용될 것이다.

자료들이 정규분포로부터 추출되었는지의 여부를 알아내는 것은 매우 중요한

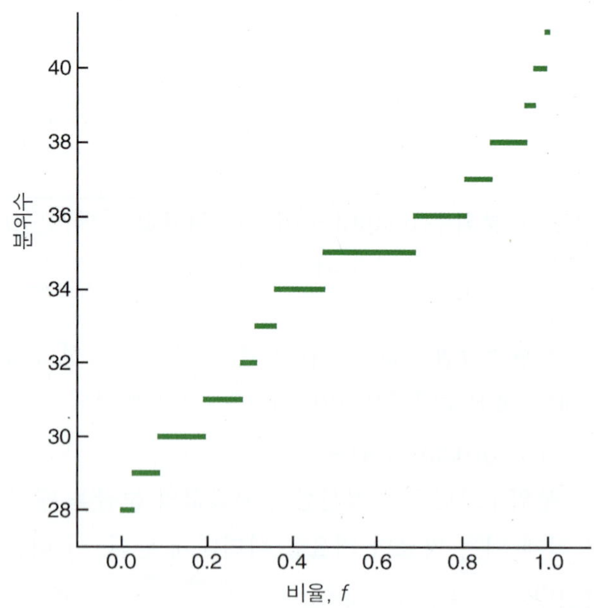

그림 8.15 페인트통 자료에 대한 분위수그림

일이다. 이 절의 앞에서 언급한 바와 같이 자료의 전체 또는 일부 관측값은 서로 독립이고 동일한 분포를 따르는 정규확률변수라는 것을 가정하게 된다. 또한, 앞서 설명한 그림들은 제10장에서 다루어지는 자료의 **적합도검정**(goodness-of-fit test)에 사용될 수도 있다. 제9장부터 제11장까지는 전형적인 통계적 추론의 확장으로서, 정규성으로부터 변동을 검출하는 방법에 대해 집중적으로 논의하게 된다.

정규분위수그림

정규분위수그림(normal quantile-quantile plot)은 정규분포분위수의 이점을 이용하게 된다. 이 방법은 정규분포의 분위수에 대하여 경험적 분위수를 비교하는 것이다. 정규확률변수의 분위수표현은 매우 복잡하다. 이를 근사적으로 나타내는 유용한 식의 하나로 다음과 같은 것이 있다.

$$q_{\mu,\sigma}(f) = \mu + \sigma\{4.91[f^{0.14} - (1-f)^{0.14}]\}$$

σ로 곱해진 중괄호 안의 표현은 $N(0,1)$인 확률변수에 대한 근사식이다. 즉,

$$q_{0,1}(f) = 4.91[f^{0.14} - (1-f)^{0.14}]$$

정의 8.7

> **정규분위수그림**은 $q_{0,1}(f_i)$에 대한 순서통계량(ordered observations) $y_{(i)}$의 그림이다. 단, $f_i = \frac{i-\frac{3}{8}}{n+\frac{1}{4}}$이다.

이들 사이의 관계가 직선으로 나타나게 되면 자료가 정규분포로부터 추출되었음을 의미하게 된다. 수직축에 대한 절편은 모집단의 평균을 나타내며 기울기는 표준편차를 나타낸다. 그림 8.16은 페인트통의 자료에 대한 정규분위수그림을 보여주고 있다.

정규확률그림

정규성으로부터의 변동이 분위수그림으로 얼마나 명확하게 나타나는지를 살펴보기로 하자. 자료의 비대칭성은 결과적으로 기울기를 변화시키게 된다.

확률그림의 개념은 정규분위수그림과는 달리 그림에 명확하게 나타난다. 예를 들면, **정규확률그림**(normal probability plot)에서 수직축은 f를 포함하고 사용된 스케일로 인해 순서자료값에 대해 타점될 때 직선으로 나타나게 된다. 또한, 자료가

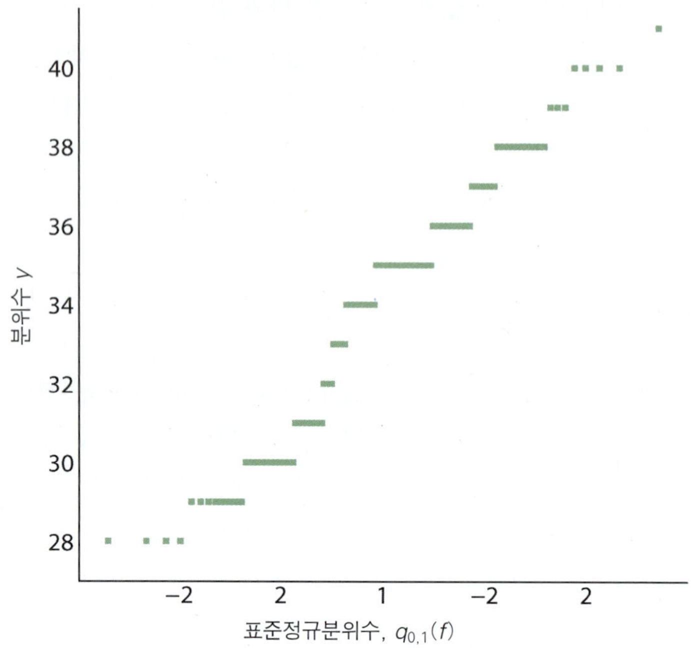

그림 8.16 페인트통의 자료에 대한 정규분위수그림

$N(\mu, \sigma)$로부터 얻어졌다는 가정하에 정규분포의 순서관측값의 기대값이 대신 사용될 수도 있다. 직선은 도식적 척도로서 사용되며 이 절에서 제시되는 도식적 분석방법의 개념이 상이한 표본들을 구별하는 데 도움이 됨을 알 수 있다.

예제 8.12 제10장의 연습문제 10.41의 자료를 생각해 보자. 버지니아 대학 동물학과에서 수행된 한 연구에서 서로 다른 지역의 밀도(평방미터당 유기체의 수)에 대한 다음의 자료가 수집되었다. 비교될 두 표본이 동일한 $N(\mu, \sigma)$ 분포에서 추출되었는지를 결정하는 분석적 방법에 대한 내용은 제10장에서 자세히 다루어진다. 자료는 표 8.1에 나와 있다.

정규분위수그림을 작성하고 두 표본이 동일한 $N(\mu, \sigma)$ 분포에서 추출되었다고 할 수 있는지를 밝혀라.

풀이 그림 8.17은 밀도측정에 대한 정규분위수그림이다. 이 그림은 단일직선과는 다르게 나타나고 있음을 알 수 있다. 지역 1에서 취해진 자료를 보면 분포의 하위부분에 몇몇 값이 나타나 있고, 상위부분에 여러 개의 값이 나타나 있음을 보게 된다. 결론적으로 관측치들이 군집해 있는 것으로 보아 두 표본이 동일한 $N(\mu, \sigma)$ 분포에서 수집된 것이라고는 볼 수 없다.

표 8.1 예제 8.12의 자료

평방미터당 유기체의 수			
지역 1		지역 2	
5,030	4,980	2,800	2,810
13,700	11,910	4,670	1,330
10,730	8,130	6,890	3,320
11,400	26,850	7,720	1,230
860	17,660	7,030	2,130
2,200	22,800	7,330	2,190
4,250	1,130		
15,040	1,690		

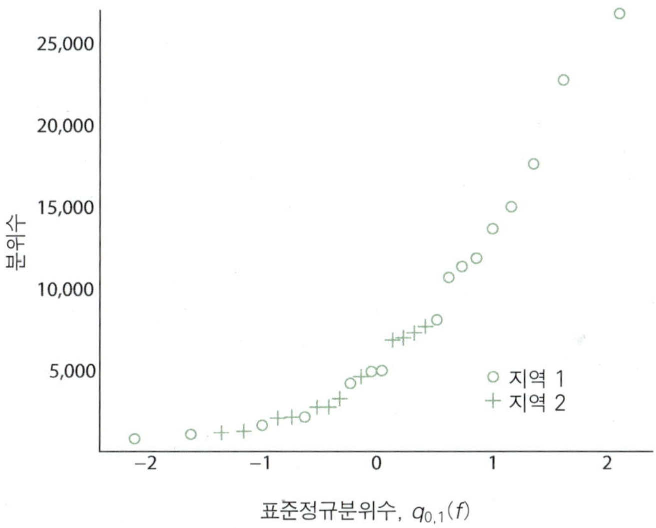

그림 8.17 예제 8.12에 대한 정규분위수그림

연습문제

8.37 카이제곱분포에서 다음 값을 구하라.

(a) v=15일 때 $\chi^2_{0.025}$

(b) v=7일 때 $\chi^2_{0.01}$

(c) v=24일 때 $\chi^2_{0.05}$

8.38 카이제곱분포에서 다음 값을 구하라.

(a) v=5일 때 $\chi^2_{0.005}$

(b) v=19일 때 $\chi^2_{0.05}$

(c) v=12일 때 $\chi^2_{0.01}$

8.39 카이제곱분포에서 다음과 같을 때 χ^2_α 을 구하라.

(a) $v=4$일 때 $P(\chi^2 > \chi^2_\alpha)=0.99$
(b) $v=19$일 때 $P(\chi^2 > \chi^2_\alpha)=0.025$
(c) $v=25$일 때 $P(37.652 < \chi^2 < \chi^2_\alpha)=0.045$

8.40 카이제곱분포에서 다음과 같을 때 χ^2_α을 구하라.
(a) $v=21$일 때 $P(\chi^2 > \chi^2_\alpha)=0.01$
(b) $v=6$일 때 $P(\chi^2 < \chi^2_\alpha)=0.95$
(c) $v=10$일 때 $P(\chi^2_\alpha < \chi^2 < 23.209)=0.015$

8.41 $\sigma^2=6$인 정규분포를 따르는 모집단으로부터 크기 25인 확률표본의 분산 s^2이 아래와 같을 확률을 구하라. 단, 표본분산은 계량값이다.
(a) 9.1보다 클 확률
(b) 3.462와 10.745 사이에 있을 확률

8.42 지난 5년간 신입생들의 배치고사성적은 $\mu=74$, $\sigma^2=8$인 정규분포를 근사적으로 따른다고 한다. 올해 20명의 확률표본의 배치고사성적의 분산 s^2이 20이라면 과거처럼 $\sigma^2=8$이라고 여길 수 있겠는가?

8.43 정규분포를 따르는 모집단으로부터 크기 n인 확률표본의 분산 S^2의 분산은 n이 커짐에 따라 감소됨을 보여라. [힌트: $(n-1)S^2/\sigma^2$의 분산을 구하라.]

8.44 (a) $v=14$일 때 $t_{0.025}$의 값을 구하라.
(b) $v=10$일 때 $-t_{0.10}$의 값을 구하라.
(c) $v=7$일 때 $t_{0.995}$의 값을 구하라.

8.45 (a) $v=7$일 때 $P(T < 2.365)$의 값을 구하라.
(b) $v=24$일 때 $P(T > 1.318)$의 값을 구하라.
(c) $v=12$일 때 $P(-1.356 < T < 2.179)$의 값을 구하라.
(d) $v=17$일 때 $P(T > -2.567)$의 값을 구하라.

8.46 (a) $v=20$일 때 $P(-t_{0.005} < T < t_{0.01})$의 값을 구하라.
(b) $v=20$일 때 $P(T > -t_{0.025})$의 값을 구하라.

8.47 정규분포를 따르는 모집단으로부터 크기 24인 확률표본을 추출하였다. 아래의 경우 k값을 구하라.
(a) $P(-2.069 < T < k)=0.965$
(b) $P(k < T < 2.807)=0.095$
(c) $P(-k < T < k)=0.90$

8.48 한 제조회사에서 전자오락기용 건전지의 수명이 평균 30시간이라고 주장하고 있다. 이 건전지의 평균수명을 유지하기 위해 매달 16개의 건전지를 검사하고 있다. t 값이 $-t_{0.025}$에서 $t_{0.025}$ 사이에 있다면 그 요구를 만족시키고 있다고 판단된다. 표본평균 $\bar{x}=27.5$시간이고 표본표준편차 $s=5$시간이라면 회사는 어떤 결정을 내려야 하는가? 건전지 수명은 근사적으로 정규분포를 따른다고 한다.

8.49 평균이 20이고 분산은 모르는 정규모집단이 있다. 이 모집단으로부터 평균이 24, 표준편차가 4.1이 되는 크기 9인 확률표본을 추출할 수 있겠는가? 만약 그렇지 못하다면 어떤 결론을 내려야 하는가?

8.50 저지방 시리얼을 생산하는 업체에서 자사 제품의 평균 지방 함유량은 0.5g이라고 주장하

고 있다. 이 회사제품 8개의 지방 함유량을 측정한 결과 0.6, 0.7, 0.7, 0.3, 0.4, 0.5, 0.4, 0.2를 얻었다. 정규분포를 가정하였을 때 이 회사의 주장에 동의할 수 있는가?

8.51 F 분포에서

(a) $v_1=7$이고 $v_2=15$일 때 $f_{0.05}$를 구하라.

(b) $v_1=15$이고 $v_2=7$일 때 $f_{0.05}$를 구하라.

(c) $v_1=24$이고 $v_2=19$일 때 $f_{0.01}$을 구하라.

(d) $v_1=19$이고 $v_2=24$일 때 $f_{0.95}$를 구하라.

(e) $v_1=28$이고 $v_2=12$일 때 $f_{0.99}$를 구하라.

8.52 반도체부품에서 납땜된 10곳의 결합력을 측정하였더니 다음과 같았다.

19.8	12.7	13.2	16.9	10.6
18.8	11.1	14.3	17.0	12.5

한편 납땜의 결합력을 증가시키기 위하여 보호막을 씌운 다음에 8곳을 측정하였더니 그 결과는 아래와 같았다.

24.9 22.8 23.6 22.1 20.4 21.6 21.8 22.5

두 모분산이 같은지에 대하여 설명하라.

8.53 두 광산에서 생산되는 석탄의 열량(단위: 백만 칼로리/톤)을 측정하였더니 아래와 같았다.

광산 1 : 8260 8130 8350 8070 8340

광산 2 : 7950 7890 7900 8140 7920 7840

두 모분산이 같다고 볼 수 있겠는가?

8.54 백열등 50개의 가속시험수명(단위: 시간)이 다음과 같다. 이 자료의 분위수그림을 작성하라.

919	1196	785	1126	936	918
1156	920	948	1067	1092	1162
1170	929	950	905	972	1035
1045	855	1195	1195	1340	1122
938	970	1237	956	1102	1157
978	832	1009	1157	1151	1009
765	958	902	1022	1333	811
1217	1085	896	958	1311	1037
702	923				

8.55 리벳 36개의 직경(단위: 1/100인치)이 다음과 같이 측정되었다. 이 자료의 정규분위수그림을 작성하라.

6.72	6.77	6.82	6.70	6.78	6.70	6.62
6.75	6.66	6.66	6.64	6.76	6.73	6.80
6.72	6.76	6.76	6.68	6.66	6.62	6.72
6.76	6.70	6.78	6.76	6.67	6.70	6.72
6.74	6.81	6.79	6.78	6.66	6.76	6.76
6.72						

추정 9장

9.1 개요

앞 장에서는 표본평균과 표본분산에 대한 표본추출의 원리와 자료를 나타내는 다양한 방법들이 중점적으로 다루어졌다. 그 목적은 실험자료로부터 모수에 대한 결론을 도출할 수 있는 기초를 확고히 하자는 데 있었다. 예를 들면, 중심극한정리는 표본평균 $\bar{X}$의 분포에 대한 정보를 제공하는데, 이 분포에는 모평균 μ가 포함되어 있다. 따라서 조사된 표본평균으로부터 μ에 관련된 결론을 얻으려면 표본평균의 분포를 이해하고 있지 않으면 안 될 것이다. 표본분산 S^2이 모분산 σ^2에 적용되는 것도 같은 원리이다. 정규분포의 모분산에 대한 추론도 S^2의 표본분포를 이용하게 된다.

이 장에서는 먼저 통계적 추론의 목적이 개략적으로 다루어진다. 이러한 목적을 달성하기 위하여 **모수추정**(estimation of population parameter)의 문제부터 취급하되, 추정의 대상인 모집단이 하나인 경우와 두 개인 경우로 한정시켜서 추정절차를 전개하고자 한다.

9.2 통계적 추론

제1장에서는 일반적인 통계적 추론의 개념이 논의되었다. **통계적 추론**(statistical inference)은 모집단에 대한 추측이나 귀납적 결론에 도달하는 방법으로 구성된다. 오늘날에는 모집단에서 추출한 확률표본으로부터 얻은 정보에 순전히 근거를 두고 모수를 추정하는 **고전적 방법**(classical method)과 표본으로부터 제공된 정보와 함께 미지모수(unknown parameter)의 확률분포에 대한 사전의 주관적 지식을 이용한 **베이지안 방법**(Bayesian method)으로 구분되고 있다. 이 장에서는 제8장에서 취급했던 표본분포의 이론과 확률표본으로부터 통계량을 계산하여 평균, 비율 및 분산등 미지모수를 추정하는 고전적 방법이 다루어진다.

통계적 추론은 두 개의 핵심분야인 **추정**(estimation)과 **가설검정**(test of hypotheses)으로 분류된다. 이 장에서는 추정론과 이의 적용을, 다음 장에서는 가설검정을 다루기로 한다. 두 방법을 명확히 구별하기 위하여 다음의 예를 생각해 보기로 하자. 어떤 공직 후보자가 자신을 지지하는 전체 유권자의 비율을 확률표본인 100명의 유권자로부터 추정하려고 한다. 이 경우 표본지지율이 전체 유권자의 실제 지지율의 추정값으로 이용될 수 있다. 이 추정값의 정확도를 알기 위해서는 표본비율의 분포에 대한 지식이 요구된다. 이러한 유형의 문제가 추정의 분야에 해당한다.

다음에는 바닥용 광택제로 사용되는 왁스를 비교하고 싶은 경우로서, 어떤 사람이 제품 A가 제품 B보다 표면을 더 매끄럽게 하는가를 알아보려는 문제를 생각해 보자. 분명히 이 사람은 제품 A가 제품 B보다 더 좋다는 가설을 수립할 것이며, 적합한 비교시험을 거친 다음에 이 가설을 채택하거나 또는 기각할 것이다. 이 예에서는 모수를 추정하려는 의도가 없는 반면에 설정한 가설에 대하여 옳은 판단을 내리려는 데 중점을 두고 있다.

9.3 고전적 추정법

어떤 모수 θ의 **점추정값**(point estimate)은 통계량 $\hat{\Theta}$의 값 중 하나인 $\hat{\theta}$이 된다. 예를 들면, μ의 점추정값은 크기 n인 확률표본으로부터 통계량 $\bar{X}$를 계산한 $\bar{x}$가 된다. 마찬가지로 이항실험에서 모비율 p의 점추정값은 $\hat{p}=x/n$가 된다.

오차 없이 모수를 정확히 추정해 주는 추정량은 기대할 수 없다. 통계량 $\bar{X}$가 μ를 정확히 추정할 것으로 예상되지 않지만, μ로부터의 오차가 크지 않을 것이라는 사실은 기대할 수 있다. 특정표본의 경우에는 표본중앙값 $\tilde{X}$를 추정량으로 사용하면 μ에 대한 좀더 근접한 추정치를 얻을 수도 있다. 예를 들어, 모평균이 4인 모집단으로부터 크기 3인 표본을 추출하여 측정한 값이 2, 5, 11이었다고 하자. 모평균 μ의 추정값으로서 표본평균을 이용하면 $\bar{x}=6$, 표본중앙값을 이용하면 $\tilde{x}=5$가 된다. 이 경우 추정량 $\tilde{X}$는 추정량 $\bar{X}$보다 모수에 더 근접한 추정값을 만들어 내고 있다. 반면에 크기 3인 또 다른 표본을 추출하여 측정한 값이 2, 6, 7이었다고 하자. 이번에는 $\bar{x}=5$와 $\tilde{x}=6$이 되어 $\bar{X}$가 더 좋은 추정량이 되고 있다. 이와 같이 모평균 μ의 참값을 모르는 상황에서 추정량 $\bar{X}$와 $\tilde{X}$ 중 어느 것을 선택하는 것이 바람직한가가 앞으로 소개될 내용이다.

불편추정량

추정량의 선택에 기준이 되는 결정함수가 지녀야 할 바람직한 성질은 무엇인가? 어떤 미지의 모수 θ의 점추정값 $\hat{\theta}$을 가지는 추정량을 $\hat{\Theta}$이라고 하자. 확실히, $\hat{\Theta}$의 표본분포의 평균이 추정할 모수와 같아지기를 희망할 것이다. 이러한 성질을 가진 추정량을 **불편추정량**(unbiased estimator)이라고 한다.

정의 9.1

> $\mu_{\hat{\Theta}} = E(\hat{\Theta}) = \theta$ 이면 통계량 $\hat{\Theta}$을 **불편추정량**이라고 부른다.

예제 9.1 표본분산 S^2이 모분산 σ^2의 불편추정량임을 보여라.

풀이 표본분산 S^2의 분자를 풀어 쓰면 다음과 같다.

$$\begin{aligned}\sum_{i=1}^{n}(X_i - \bar{X})^2 &= \sum_{i=1}^{n}[(X_i - \mu) - (\bar{X} - \mu)]^2 \\ &= \sum_{i=1}^{n}(X_i - \mu)^2 - 2(\bar{X} - \mu)\sum_{i=1}^{n}(X_i - \mu) + n(\bar{X} - \mu)^2 \\ &= \sum_{i=1}^{n}(X_i - \mu)^2 - n(\bar{X} - \mu)^2\end{aligned}$$

여기서

$$\begin{aligned}E(S^2) &= E\left[\frac{1}{n-1}\sum_{i=1}^{n}(X_i - \bar{X})^2\right] \\ &= \frac{1}{n-1}\left[\sum_{i=1}^{n}E(X_i - \mu)^2 - nE(\bar{X} - \mu)^2\right] \\ &= \frac{1}{n-1}\left(\sum_{i=1}^{n}\sigma_{X_i}^2 - n\sigma_{\bar{X}}^2\right)\end{aligned}$$

그런데

$$\sigma_{X_i}^2 = \sigma^2, \quad i = 1, 2, \cdots, n$$

이고

$$\sigma_{\bar{X}}^2 = \frac{\sigma^2}{n}$$

이므로,

$$E(S^2) = \frac{1}{n-1}\left(n\sigma^2 - n\frac{\sigma^2}{n}\right) = \sigma^2$$

이 된다.

표본분산 S^2은 모분산 σ^2의 불편추정량이 되지만, 표본표준편차 S는 모표준편차 σ의 불편추정량이 되지 않는다. 그렇지만 표본의 크기가 커지면 이 편의는 무시할 만하다. 분산을 구할 때 n 대신 $\boldsymbol{n-1}$ **로 나누는 이유**는 이렇게 해야 불편추정량이 되기 때문이다.

점추정량의 분산

$\hat{\Theta}_1$과 $\hat{\Theta}_2$가 동일모수 θ의 불편추정량일 경우에는 추정량의 표본분포의 분산이 작은 쪽이 더욱 바람직한 추정량이 된다. 따라서, $\sigma^2_{\hat{\theta}_1} < \sigma^2_{\hat{\theta}_2}$ 일 때 $\hat{\Theta}_1$이 $\hat{\Theta}_2$보다 **더 효율적인 추정량**(more efficient estimator)이라고 한다.

정의 9.2 모수 θ의 가능한 모든 불편추정량들 중에서 가장 작은 분산을 가지는 추정량을 **최대효율 추정량**(most efficient estimator)이라고 부른다.

그림 9.1은 θ를 추정하는 서로 다른 세 개의 추정량 $\hat{\Theta}_1$, $\hat{\Theta}_2$ 및 $\hat{\Theta}_3$의 표본분포를 보여주고 있다. $\hat{\Theta}_1$과 $\hat{\Theta}_2$의 분포는 θ에 중심을 두고 있으므로 불편추정량임이 명백하다. 또한, 추정량 $\hat{\Theta}_1$의 분산이 $\hat{\Theta}_2$의 분산보다 작으므로 더 효율적인 추정량이다. 따라서, 세 개의 추정량 중에서 $\hat{\Theta}_1$을 선택하는 것이 바람직할 것이다.

정규모집단에서는 $\bar{X}$와 $\tilde{X}$ 모두 모평균 μ의 불편추정량이 되지만 $\bar{X}$의 분산이 $\tilde{X}$의 분산보다 작다. 그러므로 중심경향은 추정값 $\bar{x}$와 $\tilde{x}$ 모두 모평균 μ와 같아지지만, 주어진 표본에 대하여 $\bar{x}$가 μ에 더 근접하므로 $\bar{X}$가 $\tilde{X}$보다 효율적인 추정량이 된다.

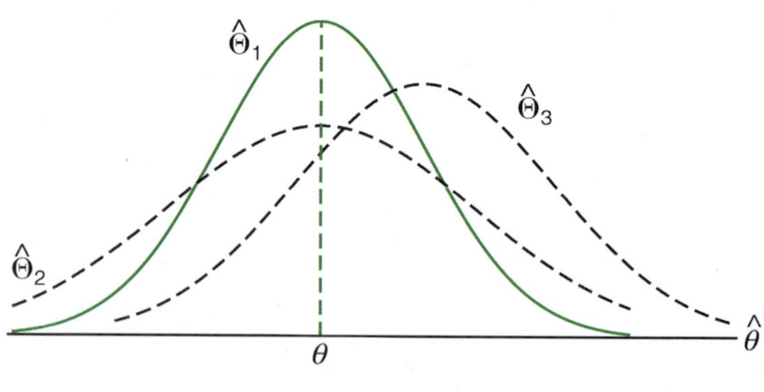

그림 9.1 θ의 서로 다른 추정량의 표본분포들

구간추정

최대효율 불편추정량이더라도 모수를 정확히 추정해 주지는 않는다. 표본의 크기를 크게 할수록 모수추정의 정확성은 증가하지만 추정하려는 모수와 정확히 일치되는 **점추정값**을 기대하기는 어렵다. 그렇기 때문에 모수의 참값이 포함될 구간을 결정하는 것이 더 바람직할 경우도 있다. 이러한 구간을 **구간추정값**(interval estimate)이라고 부른다.

모수 θ의 구간추정값은 구간형태인 $\hat{\theta}_L < \theta < \hat{\theta}_U$로 주어지며, $\hat{\theta}_L$과 $\hat{\theta}_U$는 통계량 $\hat{\Theta}$의 분포와 그 값에 따라서 결정된다. 예를 들면, 신입생 전체의 수능점수의 평균을 추정하고자 몇 명의 학생의 수능점수를 확률표본으로 추출하여 모평균이 포함될 구간을 구했더니 530에서 550이었다고 하자. 이 양 끝값은 표본평균을 계산한 값 $\bar{x}$와 통계량 $\bar{X}$의 표본분포로 결정된 것이다. 표본의 크기를 증가시키면 $\sigma_{\bar{X}}^2 = \sigma^2/n$은 감소하므로 추정값은 모수 μ에 근접하게 되어 더욱 짧은 구간이 된다. 그러므로 구간추정값은 점추정값의 정확성을 그 길이로 나타낸다고 할 수 있다. 기술자는 공정에서 표본을 취하여 구한 표본불량률로부터 모불량률을 파악할 수 있을 것이다. 그러나 구간추정값을 구한다면 더 많은 정보를 얻어낼 수 있다.

구간추정의 의미

일반적으로 표본이 바뀌면 통계량 $\hat{\Theta}$의 값도 변하므로 신뢰구간의 양 끝점에 해당하는 통계량 $\hat{\Theta}_L$과 $\hat{\Theta}_U$의 값인 $\hat{\theta}_L$과 $\hat{\theta}_U$도 변한다. 따라서, 통계량 $\hat{\Theta}_L$과 $\hat{\Theta}_U$는 확률변수가 되므로 $\hat{\Theta}$의 표본분포로부터 $P(\hat{\Theta}_L < \theta < \hat{\Theta}_U)$가 어떤 작은 양의 값과 같게 되는 $\hat{\Theta}_L$과 $\hat{\Theta}_U$를 결정할 수 있다. 예를 들어, $0 < \alpha < 1$일 때

$$P(\hat{\Theta}_L < \theta < \hat{\Theta}_U) = 1 - \alpha$$

를 만족시키는 $\hat{\Theta}_L$과 $\hat{\Theta}_U$를 찾는다면 확률표본이 만들어내는 구간에 θ가 포함될 확률은 $1-\alpha$가 된다. 선택된 표본으로부터 계산된 구간 $\hat{\theta}_L < \theta < \hat{\theta}_U$를 $100(1-\alpha)\%$ **신뢰구간**(confidence interval), $1-\alpha$를 **신뢰계수**(confidence coefficient)또는 **신뢰수준**(confidence level 또는 degree of confidence), 그리고 양 끝점 $\hat{\theta}_L$과 $\hat{\theta}_U$를 각각 **신뢰하한** 및 **신뢰상한**(lower and upper confidence limits)이라고 부른다. 따라서, $\alpha=0.05$이면 95% 신뢰구간이 되며, $\alpha=0.01$이면 더 넓은 99% 신뢰구간이 된다. 신뢰구간이 넓어질수록 그 구간에 미지모수가 포함될 확신도 커진다. 물론 텔레비전용 반도체의 평균수명에 대한 추정에서는 “신뢰수준 95% 로 6년에서 7년일 것이다”

가 "신뢰수준 99%로 3년에서 10년일 것이다" 보다 더 바람직하다. 신뢰수준도 높으면서 신뢰구간이 좁은 것이 이상적이지만, 표본의 크기에 제약을 받는 경우에는 어느 정도 신뢰수준을 낮추지 않으면 신뢰구간은 좁아지지 않는다.

다음 각 절에서는 특정한 사례를 이용하여 점추정과 구간추정의 개념이 설명된다. 모수에 대한 정보를 획득하는 데 점추정과 구간추정은 서로 방법상에 차이가 있지만, 구간추정량은 점추정량에 바탕을 두고 있다는 점을 유의하면 좋을 것이다. 다음 절에서는 $\bar{X}$가 μ의 매우 합리적인 점추정량이 됨을 보일 것이다. 결론적으로 μ에 대한 신뢰구간의 추정량은 $\bar{X}$의 표본분포를 어느 정도 이해했느냐에 달려 있다고 할 수 있다.

9.4 단일 모평균의 추정

통계량 $\bar{X}$의 표본분포는 μ에 중심을 두고 있을 뿐 아니라 그 분산이 다른 어떤 μ의 추정량의 분산보다도 작기 때문에 μ를 추정하는 경우에 많이 사용되고 있다. 따라서 μ의 점추정값으로 표본평균 $\bar{x}$가 이용된다. 표본의 크기를 크게 취하면 $\bar{X}$의 분산은 작아진다는 관계를 설명해 주고 있는 것이 $\sigma_{\bar{X}}^2 = \sigma^2/n$이었음을 상기해 보기 바란다. 그러므로 n이 크게 되면 $\bar{x}$는 매우 정확한 μ의 추정값이 될 것이다.

양측 신뢰구간

이번에는 μ의 구간추정값을 생각해 보기로 하자. 정규모집단으로부터 표본을 추출하거나, 또는 비정규모집단으로부터 충분히 큰 표본을 추출하면 μ의 신뢰구간은 $\bar{X}$의 표본분포를 이용하여 구할 수 있다.

중심극한정리에 의해서 $\bar{X}$의 표본분포는 평균이 $\mu_{\bar{X}} = \mu$, 표준편차가 $\sigma_{\bar{X}} = \sigma/\sqrt{n}$인 근사적인 정규분포가 됨을 기대할 수 있다. 표준정규분포에서 오른쪽 면적이 $\alpha/2$를 나타내는 z값을 $z_{\alpha/2}$라고 하면 그림 9.2로부터 다음 사실을 알 수 있다.

$$P(-z_{\alpha/2} < Z < z_{\alpha/2}) = 1 - \alpha$$

에서 Z를

$$Z = \frac{\bar{X} - \mu}{\sigma/\sqrt{n}}$$

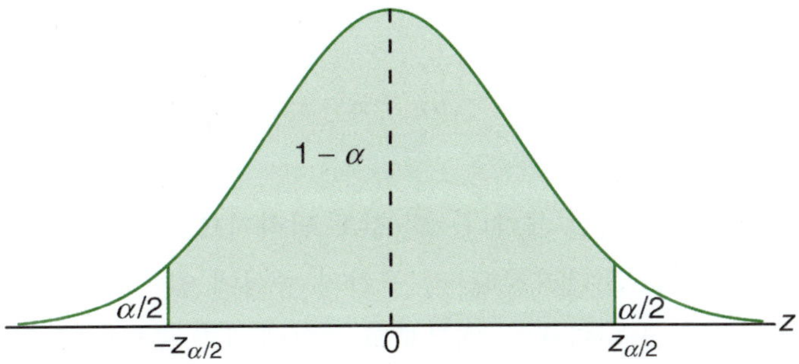

그림 9.2 $P(-z_{\alpha/2} < Z < z_{\alpha/2}) = 1 - \alpha$

로 대입하면,

$$P\left(-z_{\alpha/2} < \frac{\bar{X} - \mu}{\sigma/\sqrt{n}} < z_{\alpha/2}\right) = 1 \quad \alpha$$

가 된다. 부등식의 각 항에 $\sigma/\sqrt{n}$을 곱하고 $\bar{X}$를 뺀 다음에 -1을 곱하면 다음 식이 얻어진다.

$$P\left(\bar{X} - z_{\alpha/2}\frac{\sigma}{\sqrt{n}} < \mu < \bar{X} + z_{\alpha/2}\frac{\sigma}{\sqrt{n}}\right) = 1 - \alpha$$

따라서, 분산 σ^2을 아는 모집단으로부터 크기 n인 확률표본을 추출하여 표본평균 $\bar{x}$를 계산하면 다음과 같은 $100(1-\alpha)\%$ 신뢰구간을 얻을 수 있다.

μ의 신뢰구간 (σ를 아는 경우)

모분산 σ^2이 알려진 모집단으로부터 추출된 크기 n인 확률표본의 평균을 $\bar{x}$라고 하면, μ의 $100(1-\alpha)\%$ 신뢰구간은 다음과 같이 주어진다.

$$\bar{x} - z_{\alpha/2}\frac{\sigma}{\sqrt{n}} < \mu < \bar{x} + z_{\alpha/2}\frac{\sigma}{\sqrt{n}}$$

단, $z_{\alpha/2}$는 오른쪽 면적이 $\alpha/2$인 z값이다.

비정규모집단으로부터 추출된 소표본으로는 정확한 신뢰수준을 기대할 수 없다. 그렇지만 표본의 크기가 $n \geq 30$이고 모집단의 분포가 너무 치우친 모양만 아니라면 표본이론에 의해 좋은 결과가 보증된다.

9.3절에서 정의된 확률변수 $\hat{\Theta}_L$과 $\hat{\Theta}_U$의 값은 명백히 다음과 같이 신뢰한계가

된다.

$$\hat{\theta}_L = \bar{x} - z_{\alpha/2}\frac{\sigma}{\sqrt{n}}, \qquad \hat{\theta}_U = \bar{x} + z_{\alpha/2}\frac{\sigma}{\sqrt{n}}$$

표본이 바뀔 때마다 $\bar{x}$의 값도 달라지므로 그림 9.3에서 보는 것처럼 모수 μ의 구간추정값도 달라진다. 각 구간의 중심에 있는 점들은 확률표본으로 구한 점추정값의 위치를 나타낸다. 대부분의 구간에 μ가 포함되어 있으나 그렇지 않은 경우도 있다. 각 신뢰구간의 폭은 오직 $z_{\alpha/2}$에 따라 결정되기 때문에 동일하다. 따라서, 표본의 크기가 일정하면 미지의 모수 μ를 포함하는 구간은 $z_{\alpha/2}$의 값이 클수록, 즉 신뢰수준을 높일수록 넓어짐을 알 수 있다.

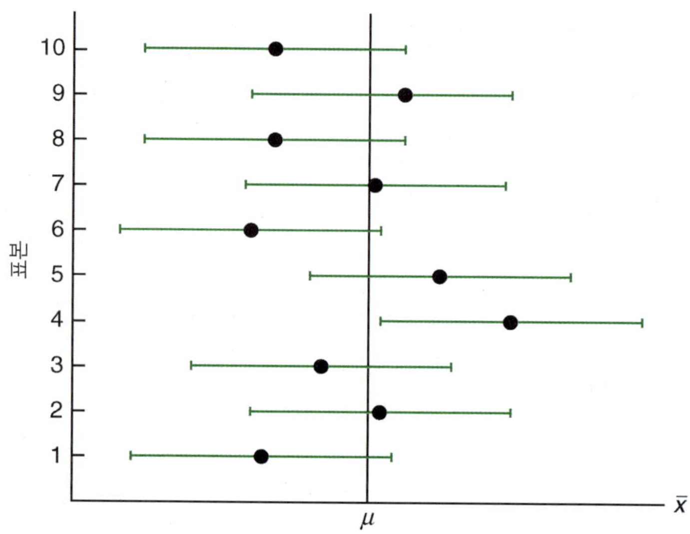

그림 9.3 서로 다른 표본에 의한 μ의 구간추정값

예제 9.2 어떤 하천의 36곳으로부터 1 m^3당 아연농도(단위: gr)를 측정한 후 평균을 구했더니 2.6이었다. 이 하천의 아연농도의 평균에 대한 95% 및 99% 신뢰구간을 구하라. 단, 모표준편차는 0.3이라고 한다.

풀이 μ의 점추정값은 $\bar{x}=2.6$이다. 표준정규분포의 오른쪽 면적이 0.025일 때 $z_{0.025}=1.960$이다(표 A.3 참조). 따라서 95% 신뢰구간은

$$2.6 - (1.960)\left(\frac{0.3}{\sqrt{36}}\right) < \mu < 2.6 + (1.960)\left(\frac{0.3}{\sqrt{36}}\right)$$

이것은

$$2.50 < \mu < 2.70$$

이 되고, 99% 신뢰구간은 $z_{0.005}$=2.576이므로

$$2.6 - (2.576)\frac{0.3}{\sqrt{36}} < \mu < 2.6 + (2.576)\frac{0.3}{\sqrt{36}}$$

이 되며, 간단히 하면

$$2.47 < \mu < 2.73$$

이 된다. 이 결과로부터 μ의 신뢰구간은 정확도를 높일수록 더 넓어짐을 알 수 있다.

점추정값의 정확성은 $100(1-\alpha)\%$ 신뢰구간으로부터 평가될 수 있다. 실제로 μ가 신뢰구간의 중심값이면 $\bar{x}$는 오차 없이 μ를 추정한 것이 된다. 그렇지만 추정할 때마다 추정값 $\bar{x}$는 정확히 μ와 일치되지 않고 오차가 생긴다. 이 오차의 크기는 μ와 $\bar{x}$ 간의 차이의 절대값이며, 이 값이 $z_{\alpha/2}\sigma/\sqrt{n}$을 초과하지 않게 됨을 $100(1-\alpha)\%$ 로 확신할 수 있다. 이러한 사실은 그림 9.4로부터 쉽게 알 수 있다.

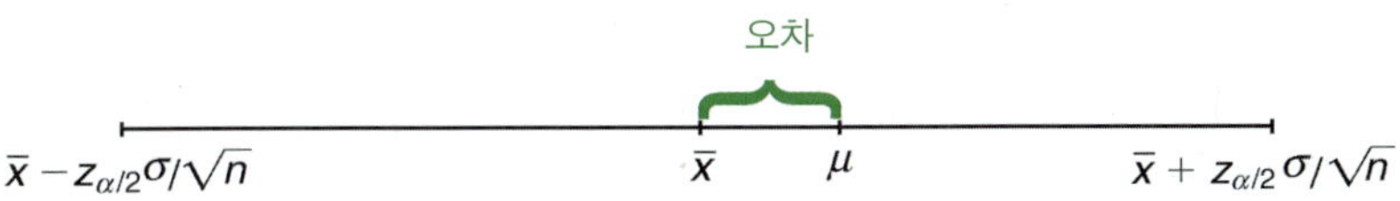

그림 9.4 $\bar{x}$로 μ를 추정할 때의 오차

정리 9.1 μ의 추정값으로 $\bar{x}$가 사용될 경우, 오차가 $z_{\alpha/2}\sigma/\sqrt{n}$을 초과하지 않는다고 $100(1-\alpha)\%$ 로 확신할 수 있다.

예제 9.2의 결과를 설명하면 표본평균 $\bar{x}$=2.6은 μ의 참값과 0.1 이하의 오차를 가지고 있음을 95% 로, 0.13 이하의 오차를 가지고 있음을 99% 로 확신할 수 있다.

μ를 추정함에 있어서 오차를 특정한 값 e보다 적어지도록 보증하는 데 필요한 표본의 크기는 어떻게 구해야 하는가? 이 경우에는 정리 9.1에서 $z_{\alpha/2}\,\sigma/\sqrt{n}=e$를 만족시키는 표본의 크기 n을 구하면 된다. 이 식으로부터 n을 구할 수 있는 다음 공식이 얻어진다.

정리 9.2

> μ의 추정값으로 $\bar{x}$가 사용될 경우, 표본의 크기가 다음과 같을 때 오차는 특정한 값 e를 초과하지 않는다고 $100(1-\alpha)\%$ 로 확신할 수 있다.
>
> $$n = \left(\frac{z_{\alpha/2}\sigma}{e}\right)^2$$

표본의 크기 n을 구할 때에는 소수점 이하의 값은 올려서 그 다음 자연수로 정한다. 이 원칙이 준수됨으로써 신뢰수준이 $100(1-\alpha)\%$ 이하로 떨어지지 않음을 보증할 수 있다.

엄밀히 말하면 정리 9.2의 공식은 표본을 추출하려는 모집단의 분산을 아는 경우에만 적용될 수 있다. 그렇지 않을 경우에는 미리 $n \geq 30$인 예비표본을 추출하여 σ의 추정값으로 사용할 수 있다. 그러면 정리 9.2의 공식에서 σ를 표본에서 구한 s로 대체함으로써 원하는 정확도가 유지되는 데 필요한 표본의 크기를 근사적으로 결정할 수 있다.

예제 9.3 앞에서 다룬 예제 9.2에서 95%의 확신을 가지고 μ의 추정값이 0.05 이하의 오차를 가지는 데 필요한 표본의 크기는 얼마인가?

풀이 모표준편차가 σ=0.3이므로 정리 9.2에 의해서 표본의 크기는

$$n = \left[\frac{(1.960)(0.3)}{0.05}\right]^2 = 138.3$$

이 된다. 따라서 확률표본의 크기는 139가 되며 이로부터 구한 추정값 $\bar{x}$가 μ로부터 0.05 이내에 있음을 95%로 확신할 수 있다.

단측 신뢰구간

지금까지는 양측(two-sided) 신뢰구간에 대해 다루었으나 상한이나 하한 중 한쪽 경계만이 필요한 경우도 있다. 예를 들어, 금속의 인장강도에 관심이 있다면 하한만을, 강물의 평균 수은농도에 관심이 있다면 상한만을 구해도 상관없을 것이다.

단측(one-sided) 신뢰구간은 양측 신뢰구간과 동일한 방법으로 유도해 낼 수 있다. 중심극한정리와 정규분포로부터 다음 식을 얻을 수 있고,

$$P\left(\frac{\bar{X}-\mu}{\sigma/\sqrt{n}} < z_\alpha\right) = 1-\alpha$$

이것으로부터

$$P(\mu > \bar{X} - z_\alpha \sigma/\sqrt{n}) = 1 - \alpha$$

를 얻을 수 있다. 또한 같은 방법으로 $P\left(\frac{\bar{X}-\mu}{\sigma/\sqrt{n}} > -z_\alpha\right) = 1 - \alpha$ 로부터 다음 식이 유도된다.

$$P(\mu < \bar{X} + z_\alpha \sigma/\sqrt{n}) = 1 - \alpha$$

μ의 단측 신뢰한계 (σ를 아는 경우) 분산 σ^2인 모집단으로부터 추출한 크기 n인 표본의 평균을 $\bar{X}$라고 할 때, μ에 대한 $100(1-\alpha)\%$ 단측 신뢰한계는 다음과 같다.

단측 신뢰상한 (upper one-sided bound) : $\bar{x} + z_\alpha \sigma/\sqrt{n}$

단측 신뢰하한 (lower one-sided bound) : $\bar{x} - z_\alpha \sigma/\sqrt{n}$

예제 9.4 어느 심리검사에서 임의로 선정된 25명의 반응시간(단위: 초)을 측정하는 검사가 수행되었다. 과거의 경험으로부터 이러한 종류의 자극에 대한 반응시간은 정규분포를 따르며, 분산은 $4\sec^2$으로 알려져 있다. 측정결과 피실험자들의 평균반응시간은 6.2초였다. 반응시간에 대한 95% 단측 신뢰상한을 구하라.

풀이 반응시간의 95% 단측 신뢰상한은 다음과 같다.

$$\begin{aligned}\bar{x} + z_\alpha \sigma/\sqrt{n} &= 6.2 + (1.645)\sqrt{4/25} = 6.2 + 0.658 \\ &= 6.858\end{aligned}$$

따라서 평균반응시간이 6.858초보다 짧음을 95%로 확신 할 수 있다.

한편 모분산을 모를 때 모평균을 추정하려는 경우도 자주 있다. 정규분포로부터 확률표본을 취하면 다음의 확률변수

$$T = \frac{\bar{X} - \mu}{S/\sqrt{n}}$$

는 자유도가 $n-1$인 t 분포를 따른다는 사실을 제8장에서 확인하였다. σ를 모르는 이러한 상황에서도 T를 이용하면 μ에 대한 신뢰구간을 구할 수 있다. 그 절차는 σ

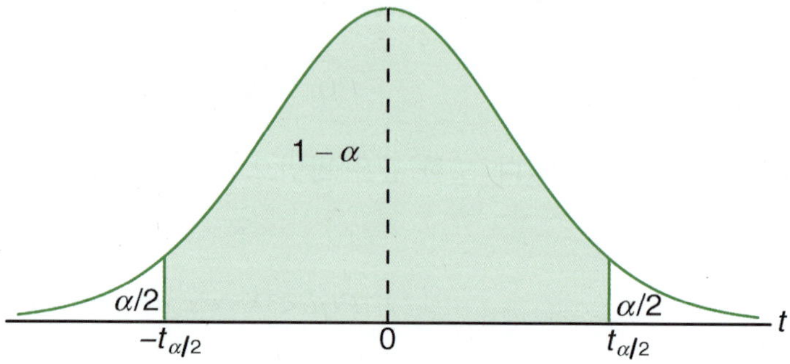

그림 9.5 $P(-t_{\alpha/2} < T < t_{\alpha/2}) = 1 - \alpha$

를 S로, 표준정규분포를 t 분포로 대체하는 것 이외에는 σ를 아는 경우와 동일하다. 그림 9.5로부터 다음 사실을 확인할 수 있다.

$$P(-t_{\alpha/2} < T < t_{\alpha/2}) = 1 - \alpha$$

여기서, $t_{\alpha/2}$는 자유도가 $n-1$인 t 분포의 오른쪽 면적이 $\alpha/2$인 t값이다. t 분포는 좌우대칭이므로 왼쪽 면적이 $\alpha/2$인 t값은 $-t_{\alpha/2}$이다. T를 대치시키면 다음과 같이 된다.

$$P\left(-t_{\alpha/2} < \frac{\bar{X} - \mu}{S/\sqrt{n}} < t_{\alpha/2}\right) = 1 - \alpha$$

이 부등식에서 $S/\sqrt{n}$을 곱하고 $\bar{X}$를 뺀 다음에 -1을 곱하면 다음의 결과가 얻어진다.

$$P\left(\bar{X} - t_{\alpha/2}\frac{S}{\sqrt{n}} < \mu < \bar{X} + t_{\alpha/2}\frac{S}{\sqrt{n}}\right) = 1 - \alpha$$

따라서, 크기가 n인 확률표본을 추출하여 평균 $\bar{x}$와 표준편차 s를 계산하면 μ의 $100(1-\alpha)\%$ 신뢰구간을 구할 수 있다.

μ의 신뢰구간 (σ를 모르는 경우) 모분산 σ^2이 알려지지 않은 정규모집단으로부터 추출된 확률표본의 평균과 표준편차를 $\bar{x}$와 s라고 하면, μ의 $100(1-\alpha)\%$ 신뢰구간은 다음과 같이 주어진다.

$$\bar{x} - t_{\alpha/2}\frac{s}{\sqrt{n}} < \mu < \bar{x} + t_{\alpha/2}\frac{s}{\sqrt{n}}$$

여기서, $t_{\alpha/2}$는 자유도가 $n-1$인 t 분포의 오른쪽 면적이 $\alpha/2$인 t값이다.

지금까지 신뢰구간을 계산할 때에는 σ를 아는 경우와 모르는 경우로 구분하였다. 즉, σ를 알 때에는 중심극한정리를, σ를 모를 때에는 확률변수 T의 표본분포를 이용하였다. 그러나 t 분포를 이용한 경우의 표본은 정규분포로부터 추출된 것이라는 전제조건에 근거하였다. 분포가 근사적으로 종모양이면 σ^2을 모르더라도 t 분포를 이용하여 신뢰구간을 계산하면 매우 좋은 결과를 기대할 수 있다.

모표준편차 σ를 모를 때 μ에 대한 $100(1-\alpha)\%$ 단측 신뢰상한과 신뢰하한은 각각 다음과 같이 얻을 수 있다.

$$\bar{x} + t_{\alpha}\frac{s}{\sqrt{n}}\ , \qquad \bar{x} - t_{\alpha}\frac{s}{\sqrt{n}}$$

여기서, t_{α}는 t 분포의 오른쪽 면적이 α인 t값을 말한다.

예제 9.5 황산이 들어 있는 용기들 중에서 7통을 표본추출하여 황산용량을 측정하였더니 9.8, 10.2, 10.4, 9.8, 10.0, 10.2, 9.6 리터였다. 모집단이 정규분포를 근사적으로 따른다고 가정하고 모평균 μ의 95% 신뢰구간을 구하라.

풀이 주어진 자료로부터 표본평균과 표준편차를 계산하면 $\bar{x}=10.0$과 $s=0.283$이 된다. 표 A.4에서 자유도 $v=6$일 때 $t_{0.025}=2.447$을 찾을 수 있다. 따라서, μ의 95% 신뢰구간을 구하면

$$10.0 - (2.447)\left(\frac{0.283}{\sqrt{7}}\right) < \mu < 10.0 + (2.447)\left(\frac{0.283}{\sqrt{7}}\right)$$

이 되고, 간단히 하면

$$9.74 < \mu < 10.26$$

이 된다.

대표본 신뢰구간

모집단의 정규성을 보증할 수 없고, σ를 모르는 경우조차도 표본의 크기가 $n \geq 30$인 조건만 충족되면 σ를 s로 대체한 다음 식을 신뢰구간으로 이용할 수 있다.

$$\bar{x} \pm z_{\alpha/2}\frac{s}{\sqrt{n}}$$

이것을 종종 **대표본 신뢰구간**(large sample confidence interval)이라고 한다. 이 결과에 대한 정당성의 근거는 표본의 크기가 30 이상이면 s는 σ에 근접하여 중심극한정리가 유지된다는 가정에 두고 있다. 따라서, 근사 정도를 더 좋게 하려면 표본의 크기를 크게 해야만 할 것이다.

예제 9.6 임의로 선정한 고등학생 500명의 수능성적을 조사한 결과 평균 501점, 표준편차 112점이었다. 수능성적의 평균에 대한 99% 신뢰구간을 구하라.

풀이 표본의 크기가 크므로 정규분포로 근사하여도 무리가 없다. 표 A.3으로부터 $z_{0.005}=2.575$이므로 평균에 대한 99% 신뢰구간은

$$501 \pm (2.575)\left(\frac{112}{\sqrt{500}}\right) = 501 \pm 12.9$$

즉, $488.1 < \mu < 513.9$이다.

9.5 점추정값의 표준오차

지금까지 점추정과 구간추정의 목적을 명확히 구별해 왔다. 전자는 일련의 실험자료로부터 추출된 하나의 값을 구하는 것이고, 후자는 모수가 '포함'되었으리라는 구간을 신뢰수준 $100(1-\alpha)\%$로 구하는 것이다.

이러한 두 추정방법에는 점추정량의 표본분포가 공통으로 관련되어 있다. 예를 들어, σ를 알 때 μ의 추정량 $\bar{X}$를 생각해 보자. 앞에서 언급했듯이 불편추정량의 좋고 나쁨의 척도는 그것의 분산에 관계된다고 하였다. $\bar{X}$의 분산은 다음과 같이 주어진다.

$$\sigma_{\bar{X}}^2 = \frac{\sigma^2}{n}$$

따라서 $\bar{X}$의 표준편차, 즉 **표준오차**(standard error)는 $\sigma/\sqrt{n}$이 된다. 간단히 말해서 어떤 추정량의 표준오차는 표준편차 자체이다. $\bar{X}$의 경우에 신뢰한계는

$$\bar{x} \pm z_{\alpha/2}\frac{\sigma}{\sqrt{n}}$$

이며, 다음과 같이 다시 쓸 수 있다.

$$\bar{x} \pm z_{\alpha/2}\ \text{s.e.}(\bar{x})$$

여기서 s.e.는 표준오차이다. 여기에서 중요한 점은 μ에 대한 신뢰구간의 폭은 표준오차라고 하는 점추정량의 '품질'에 따라 결정된다는 점이다. σ를 모르는 정규분포로부터 표본추출이 되는 경우에는 σ를 s로 대체하면 추정된 표준오차 $s/\sqrt{n}$가 얻어진다. 따라서 μ의 신뢰한계는 다음과 같이 주어진다.

μ에 대한 신뢰한계 (σ를 모르는 경우)

$$\bar{x} \pm t_{\alpha/2}\frac{s}{\sqrt{n}} = \bar{x} \pm t_{\alpha/2}\widehat{\text{s.e.}}(\bar{x})$$

9.6 예측구간

9.4절과 9.5절의 점추정과 구간추정을 통하여 정규모집단이나 비정규모집단의 미지의 모수인 μ에 대한 정보를 얻을 수 있다. 그러나 어떤 때에는 모평균보다는 **미래관측치**(future observation)를 예측하는 것이 필요한 경우가 있다. 예를 들어, 금속부품을 생산하는 공정이 있는데, 인장강도가 이 부품의 중요한 품질특성이라고 하자. 만약 어느 고객이 이 부품 **하나**만을 구입하고자 한다면, 그는 평균인장강도의 신뢰구간보다는 자신이 구입하는 **부품 하나의 인장강도**에 대해 알고 싶어할 것이다. 이러한 필요성에 의해 만들어진 개념이 **예측구간**(prediction interval)이다.

모평균은 모르고 모분산은 아는 정규모집단에서 표본을 추출했다고 하자. 미래관측치에 대한 점추정량은 당연히 $\bar{X}$가 되고, 8.4절로부터 $\bar{X}$의 분산은 σ^2/n이다. 그런데 미래관측치를 예측하기 위해서는 평균의 변동뿐만 아니라 **미래관측치의 변동도** 고려해야 한다. 미래관측치를 x_0, 표본평균을 $\bar{x}$라고 하면 이 둘은 서로 독립이고 미래관측치 x_0의 분산은 σ^2이므로,

$$z = \frac{x_0 - \bar{x}}{\sqrt{\sigma^2 + \sigma^2/n}} = \frac{x_0 - \bar{x}}{\sigma\sqrt{1 + 1/n}}$$

는 표준정규분포를 따른다. 따라서, 다음 식의 Z 대신 위의 z를 대입하고 x_0를 가운데로 위치시키면 미래 관측치 x_0에 대한 예측구간을 얻을 수 있다.

$$P(-z_{\alpha/2} < Z < z_{\alpha/2}) = 1 - \alpha$$

$$\bar{x} - z_{\alpha/2}\sigma\sqrt{1 + 1/n} < x_0 < \bar{x} + z_{\alpha/2}\sigma\sqrt{1 + 1/n}$$

미래관측치의 예측구간 (σ를 아는 경우) 모평균은 모르고 모분산은 아는 정규모집단으로부터의 미래관측치 x_0에 대한 $100(1-\alpha)\%$ **예측구간**은 다음과 같이 주어진다.

$$\bar{x} - z_{\alpha/2}\sigma\sqrt{1+1/n} < x_0 < \bar{x} + z_{\alpha/2}\sigma\sqrt{1+1/n}$$

예제 9.7 이자율이 내려감에 따라 은행의 모기지(mortgage) 대출이 늘어나고 있다. 최근 모기지 대출 50건의 평균대출액은 \$257,300이었으며, 모표준편차는 \$25,000로 알려져 있다. 모기지 대출을 위해 방문한 다음 번 고객의 대출액에 대한 95% 예측구간을 구하라.

풀이 다음 고객의 대출액에 대한 점예측치는 $\bar{x}$=\$257,300이다. 따라서, 다음 대출액에 대한 95% 예측구간은 $z_{0.025}$=1.960이므로

$$257300-(1.960)(25000)\sqrt{1+1/50} < x_0 < 257300+(1.960)(25000)\sqrt{1+1/50}$$

으로부터 (\$207,812.43, \$306,787.57)이다.

위의 경우와 달리 모표준편차를 모르는 경우에는 t 분포를 이용하여 다음과 같은 예측구간을 구할 수 있다.

미래관측치의 예측구간 (σ를 모르는 경우) 모평균과 모분산을 모르는 정규모집단으로부터의 미래관측치 x_0에 대한 $100(1-\alpha)\%$ **예측구간**은 다음과 같이 주어진다.

$$\bar{x} - t_{\alpha/2}s\sqrt{1+1/n} < x_0 < \bar{x} + t_{\alpha/2}s\sqrt{1+1/n}$$

여기서, $t_{\alpha/2}$는 자유도가 $v=n-1$인 t 분포에서 오른쪽 꼬리면적이 $\alpha/2$인 t 값이다.

단측 예측구간(one-sided prediction interval) 역시 구할 수 있으며, 큰 미래관측치에는 예측상한이, 그리고 작은 미래관측치에는 예측하한이 다음과 같이 각각 적용될 수 있다.

$$\bar{x} + t_{\alpha}s\sqrt{1+1/n}\ , \qquad \bar{x} - t_{\alpha}s\sqrt{1+1/n}$$

예제 9.8 지방을 제거한 살코기 함유량이 95%라고 표기된 소고기 30포를 표본추출하여 살코기 함유량을 측정한 결과 평균 96.2%, 표준편차 0.8%였다. 정규모집단을 가정하

여 새로운 소고기 한 포의 살코기 함유량에 대한 99% 예측구간을 구하라.

풀이 자유도가 29이므로 $t_{0.005}$=2.756이고, 따라서 99% 예측구간은

$$96.2-(2.756)(0.8)\sqrt{1+\frac{1}{30}}<x_0<96.2+(2.756)(0.8)\sqrt{1+\frac{1}{30}}$$

로부터 (93.96, 98.44)이다.

특이점의 검출

극단값 또는 **특이점**(outlier)은 예측구간을 이용하면 쉽게 검출해 낼 수 있다. 특이점을 쉽게 설명하면, 분석대상 모집단과는 다른 모집단으로부터 추출된 관측치라고 할 수 있다. 이때 예측구간은 확률 $1-\alpha$로 다음 관측치를 포함하는 구간이므로, **만약 다음 관측치가 측정 결과 예측구간을 벗어난다면 그 관측치는 특이점으로 간주할 수 있을 것이다.** 따라서, 예제 9.8에서 소고기 한 포를 새로 측정한 결과 함유량이 구간 (93.96, 98.44)를 벗어난다면 이것은 특이점으로 생각할 수 있다.

9.7 공차한계

9.6절에서 살펴본 바와 같이 기술자나 과학자들에게는 모수추정에 흥미를 가지기보다는 예측구간처럼 관측값 또는 측정값 하나하나가 어디에 위치할 것인가에 더 관심이 있다. 그러나 신뢰구간이나 예측구간 외에도 널리 활용되는 세 번째 유형의 구간이 하나 더 있다. 한 부품이 어떤 치수로 제조되고 있을 때 기술자는 이 치수의 규격은 알고 있으나 치수의 평균에는 거의 관심을 가지지 않는다. 또한 9.6절과는 달리 개개 관측값보다는 모집단의 대다수가 어디에 위치하는가에 더욱 관심을 가질 수도 있을 것이다. 제품의 규격이 중요한 경우, 관리자의 입장에서는 개개의 **다음 관측값보다는** 장기적인 공정의 성능에 더욱 관심을 가지게 된다. 즉, 공정에서 생산되는 제품들의 대다수를 포함하는 구간을 알고 싶어하는 것이다.

이러한 구간을 구하는 한 가지 방법은 측정값의 일정비율에 대한 신뢰구간을 정하는 것이다. 이러한 사실을 가장 잘 이해할 수 있는 방법은 모평균 μ와 모분산 σ^2을 아는 정규분포로부터 확률표본이 추출되는 상황을 생각해 보는 것이다. 모집단의 중앙부분 95%를 포함하는 한계는 명백히 다음과 같이 주어진다.

$$\mu\pm 1.960\sigma$$

이것을 **공차구간**(tolerance interval) 또는 허용구간이라고 부르며, 측정값 중 95%를 정확히 포함한다. 그렇지만 실제로 μ와 σ를 거의 모르기 때문에 다음 식을 적용해야만 한다.

$$\bar{x} \pm ks$$

물론 이 구간은 확률변수이므로 부정확하다. 결국 $\bar{x} \pm ks$ 한계에 어떤 특정비율이 항상 포함되리라고는 기대할 수 없기 때문에 $100(1-\gamma)\%$ 신뢰구간이라는 개념이 도입된다. 따라서, 다음과 같은 정의를 할 수 있다.

공차한계 평균 μ와 표준편차 σ를 모르는 측정값들이 정규분포를 따르는 경우의 공차한계(tolerance limits)는 $\bar{x} \pm ks$로 주어진다. 여기서, k는 측정값이 주어진 한계에 포함되는 비율이 적어도 $1-\alpha$임을 $100(1-\gamma)\%$로 확신할 수 있도록 정해지는 값이다.

$1-\alpha = 0.90, 0.95, 0.99$; $\gamma = 0.05, 0.01$이고 표본의 크기 n의 범위가 2에서 300까지일 때 k값은 표 A.7에 있다.

예제 9.9 예제 9.8에서 살코기 함유량이 95%인 포장 분포의 90%를 포함하는 95% 공차한계를 구하라.

풀이

예제 9.8에서 $n=30$, 표본평균은 96.2%, 표본표준편차는 0.8%이었다. 표 A.7로부터 $k=2.14$이므로 $\bar{x} \pm ks = 96.2 \pm (2.14)(0.8)$이 되고, 따라서 공차한계는 각각 94.5와 97.9가 된다.

신뢰구간, 예측구간 및 공차구간의 차이점

앞에서 설명한 세 가지 유형의 구간들은 서로 차이점을 가지고 있는데, 계산과정은 단순하지만 그 의미는 혼동하기 쉽다. 실제 응용시 이 세 구간은 의미가 매우 다르기 때문에 서로 바꾸어 사용하면 안 된다.

신뢰구간은 **모평균**에 관심이 있는 경우에만 해당된다. 연습문제 9.13의 핀 생산공정의 경우, 고객들은 로크웰 경도의 규격을 정해 놓고 규격에 미달하는 핀은 구매하지 않으려고 할 것이다. 이 경우 모평균은 관심의 대상이 아니며, 로크웰 경도값의 대부분이 어디에 위치하는가를 아는 것이 더욱 중요하게 된다. 따라서, 여기에서는 공차한계를 구해야 하며, 만일 공차한계가 규격 안에 포함된다면 우수한 공정이라고 할 수 있을 것이다.

공차한계는 신뢰구간과 어느 정도 관련이 있다. 사실상, 측정값의 95% 를 포함하는 $100(1-\alpha)\%$ 공차구간은 이 정규모집단의 **가운데 95% 부분**에 대한 신뢰구간으로 생각할 수도 있다. 단측 공차한계(one-sided tolerance limits)의 경우도 마찬가지이다. 예를 들어, 로크웰 경도의 예에서 "최소한 측정값의 99% 가 그 한계 이상이 됨을 99% 로 확신할 수 있는" 공차한계에 관심이 있다면 그 한계는 $\bar{x}-ks$의 형태가 된다.

예측구간은 하나의 관측치에 대한 경계를 구하는 경우에 사용된다. 평균은 관심사가 아니며, 모집단의 대부분이 어디에 위치하는가도 직접적인 관심사가 아니다. 그보다는 하나의 관측치의 위치에 관심이 있는 것이다.

사례연구 9.1 원통형의 금속봉을 생산하는 기계가 있다. 9개를 표본으로 추출하여 직경을 측정한 결과 1.01, 0.97, 1.03, 1.04, 0.99, 0.98, 0.99, 1.01, 1.03 cm를 얻었으며, 계산 결과 표본평균과 표본표준편차는 각각 $\bar{x}=1.0056$, $s=0.0246$이었다. 금속봉의 직경은 정규분포를 따른다고 가정하여 다음 세 가지 형태의 구간을 구하라.

(a) 직경의 평균에 대한 99% 신뢰구간을 구하라.

(b) 생산된 금속봉 하나의 직경에 대한 99% 예측구간을 구하라.

(c) 금속봉 생산품의 95% 를 포함하는 99% 공차한계를 구하라.

풀이 (a) 직경의 평균에 대한 99% 신뢰구간은

$$\bar{x} \pm t_{0.005}s/\sqrt{n} = 1.0056 \pm (3.355)(0.0246/3) = 1.0056 \pm 0.0275.$$

즉, (0.9781, 1.0331)이다.

(b) 미래 관측치 하나에 대한 99% 예측구간은

$$\bar{x} \pm t_{0.005}s\sqrt{1+1/n} = 1.0056 \pm (3.355)(0.0246)\sqrt{1+1/9},$$

즉, (0.9186, 1.0926)이다.

(c) 표 A.7로부터 $n=9$, $1-\gamma=0.99$, $1-\alpha=0.95$일 때 $k=4.550$이므로 99% 공차한계는

$$\bar{x} + ks = 1.0056 \pm (4.550)(0.0246),$$

즉, (0.8937, 1.1175)이다. 다시 말해 구간 (0.8937, 1.1175)가 직경분포의 가운데 95% 를 포함할 것이라고 99% 로 확신할 수 있다.

연습문제

9.1 UCLA의 한 연구원은 쥐들에게 젖을 뗀 시점부터 하루에 필요한 칼로리 중 40%를 줄여서 키워 본 결과 수명이 거의 25% 연장되었다고 주장하고 있다. 과거 연구결과 수명연장의 표준편차는 5.8개월이라고 한다. 실험대상이 될 쥐의 평균수명연장과 모평균과의 차이가 2개월 이내로 됨을 99%로 확신할 수 있기 위해서는 몇 마리의 실험용 쥐가 필요한가?

9.2 전구를 제조하는 전기회사가 있다. 전구의 수명은 근사적으로 정규분포를 따르며 표준편차가 40시간이라고 한다. 전구 30개를 표본추출하여 평균수명을 구했더니 780시간이었다. 이 회사에서 생산되는 전구의 수명(모평균)에 대한 96% 신뢰구간을 구하라.

9.3 심장박동 조절장치에 사용되는 커넥터를 생산하는 공정에서 75개를 표본추출하여 길이를 측정한 결과 평균 0.310인치였다. 커넥터의 길이는 모표준편차가 0.0015인 정규분포를 따른다고 할 때 모평균의 95% 신뢰구간을 구하라.

9.4 표본추출된 50명의 학생들의 평균신장이 174.5 cm, 표준편차 6.9 cm이었다.

(a) 학생들의 신장의 모평균에 대한 98% 신뢰구간을 구하라.

(b) 전체 학생의 평균신장을 174.5 cm라고 추정한다면 98%의 확신으로 오차의 크기는 얼마라고 할 수 있는가?

9.5 버지니아주에서 100명의 자가운전자를 표본추출하여 연간주행거리를 조사했더니 평균 23,500 km, 표준편차 3,900 km이었다. 주행거리는 정규분포를 따른다고 한다.

(a) 자가운전자의 연간평균주행거리의 99% 신뢰구간을 구하라.

(b) 연간주행거리의 모평균을 23,500km로 추정한다면 99%의 확신으로 오차가 얼마라고 할 수 있는가?

9.6 연습문제 9.2에서 표본평균이 실제 모평균으로부터 10시간 이내에 있다는 것을 96%로 확신할 수 있는 표본의 크기를 구하라.

9.7 연습문제 9.3에서 표본평균이 실제 모평균으로부터 0.0005인치 이내에 있다는 것을 95%로 확신할 수 있는 표본의 크기를 구하라.

9.8 강판에 세 개의 구멍을 뚫는 데 소요되는 작업시간을 정하려고 한다. 실험을 통해서 이 작업시간의 σ는 40초라고 결론이 얻어졌다면, 표본평균이 모평균으로부터 15초 이내에 있다는 것을 95%로 확신할 수 있으려면 표본의 크기는 얼마로 정해야 되는가?

9.9 국립보건원의 Bowen 박사와 런던 대학의 영양학교수 Yudben 박사의 연구결과에 따르면, 규칙적으로 당분이 많은 음식물을 섭취하면 치아손상, 심장질환 및 기타 수명감소를 유발하는 질병의 원인이 된다고 한다. Alpha Bits라는 시리얼을 20통 표본추출하여 당분을 측정하였더니 평균이 11.3 mg, 표준편차가 2.45 mg이었다.

Alpha Bits에 포함된 당분의 모평균에 대한 95% 신뢰구간을 구하라.

9.10 비서학교 졸업생 12명을 표본추출하여 분당 타자수를 조사했더니 평균이 79.3타, 표준편차가 7.8타로 나타났다. 분당 타자수는 근사적으로 정규분포를 따른다고 할 때 분당 타자수의 모평균에 대한 95% 신뢰구간을 구하라.

9.11 원통형 금속봉을 생산하고 있는 기계가 있다. 금속봉 9개를 표본추출하여 그 지름을 측정하였더니 다음과 같았다(단위: cm).

1.01, 0.97, 1.03, 1.04, 0.99,
0.98, 0.99, 1.01, 1.03

금속봉의 지름이 정규분포를 근사적으로 따른다고 할 때 지름의 모평균에 대한 99% 신뢰구간을 구하라.

9.12 초콜릿 10개를 표본추출하여 열량을 측정한 결과 평균 230칼로리, 표준편차 15칼로리였다. 정규분포를 가정하여 이 초콜릿 열량의 모평균에 대한 99% 신뢰구간을 구하라.

9.13 핀 12개를 표본추출하여 머리부분의 로크웰 경도를 측정하였더니 평균이 48.5, 표준편차가 1.5이었다. 로크웰 경도가 정규분포를 근사적으로 따른다고 할 때, 핀 머리부분의 로크웰 경도에 대한 모평균의 90% 신뢰구간을 구하라.

9.14 다음 자료는 어떤 상표의 페인트 건조시간(단위: 시간)에 대한 것이다.

3.4	2.5	4.8	2.9	3.6
2.8	3.3	5.6	3.7	2.8
4.4	4.0	5.2	3.0	4.8

이 측정값을 정규분포로부터 추출된 확률표본으로 가정할 때, 다음번 실험의 건조시간에 대한 95% 예측구간을 구하라.

9.15 연습문제 9.5에서 연간주행거리의 99% 예측구간을 구하라.

9.16 연습문제 9.10에서 분당 타자수에 대한 95% 예측구간을 구하라.

9.17 연습문제 9.9에서 Alpha-Bits 한 통에 대한 95% 예측구간을 구하라.

9.18 연습문제 9.13에서 측정값의 90%를 포함하는 95% 공차구간을 구하라.

9.19 어느 약제 25병에 들어 있는 아스피린 함유량을 검사한 결과 평균 325.05mg, 표준편차 0.5mg으로 나타났다. 정규분포를 가정하여 이 약제의 아스피린 함유량의 90%를 포함하는 95% 공차구간을 구하라.

9.20 연습문제 9.11에서 직경의 95%를 포함하는 95% 공차한계를 구하라.

9.21 버지니아 대학 연구팀이 제임스강의 인 함유량을 알아보기 위해 15군데에서 시료를 채취하여 분석한 결과 평균 3.84mg, 표준편차 3.07mg이었다. 정규분포를 가정하여 95% 단측 예측상한을 구하라. 또한 모집단의 95% 이상을 포함하는 95%

단측 공차상한(upper tolerance limit)을 구하라. 이 두 한계가 의미하는 바를 설명하라.

9.22 무명실 50가닥의 인장강도를 측정한 결과 평균 78.3kg, 표준편차 5.6kg이었다. 정규분포를 가정하여 95% 단측 예측하한을 구하라. 또한 인장강도 측정치의 99% 이상을 포함하는 95% 단측 공차하한(lower tolerance limit)을 구하라.

9.23 생산자의 입장에서 연습문제 9.22에서 구하는 한계값들이 평균인장강도의 신뢰구간보다 중요한 이유는 무엇인가?

9.24 연습문제 9.22에서 무명실의 구매자가 인장강도는 최소 62kg 이상이어야 한다고 규정했다고 하자. 생산자는 인장강도가 62kg보다 작은 제품이 최대 5%면 만족한다. 인장강도 측정치의 95% 이상을 포함하는 99% 단측 공차하한을 구하여 두 사람의 거래에 문제가 없을지 판단하라.

9.25 연습문제 9.14에서 16번째 건조시간을 측정한 결과 6.9시간을 얻었다고 할 때 이 관측치가 특이점(outlier)인지 판단하라.

9.26 연습문제 9.13에서 생산자는 생산된 핀의 5%만이 로크웰 경도 44.0 이하라고 주장한다고 하자. 공차한계를 계산하여 이 주장을 판단하라.

9.27 사례연구 9.1에서 다음과 같이 좀 더 많은 표본 측정값들이 얻어졌다고 하자.

1.01, 0.97, 1.03, 1.04, 0.99, 0.98, 1.01, 1.03,
0.99, 1.00, 1.00, 0.99, 0.98, 1.01, 1.02, 0.99

정규모집단을 가정하여 다음을 계산하고 그 결과를 사례연구와 비교하라.

(a) 직경의 평균에 대한 99% 신뢰구간을 구하라.

(b) 생산된 금속봉 하나의 직경에 대한 99% 예측구간을 구하라.

(c) 금속봉 생산품의 95%를 포함하는 99% 공차한계를 구하라.

9.28 9.3절에서 최대효율 추정량에 대한 개념을 소개한 바 있는데, 이것은 추정량들이 편의된 경우를 고려하지 않고 있다. 다음의 **평균제곱오차**(MSE)를 생각해 보자.

$$MSE = E[(\hat{\Theta} - \theta)^2]$$

MSE는 직관적으로 논리적이며 편의된 경우를 고려하기 때문에 두 추정량을 비교할 때 자주 사용된다. MSE가 다음과 같이 표현될 수 있음을 보여라.

$$\begin{aligned} MSE &= E[\hat{\Theta} - E(\hat{\Theta})]^2 + [E(\hat{\Theta} - \theta)]^2 \\ &= Var(\hat{\Theta}) + [Bias(\hat{\Theta})]^2 \end{aligned}$$

9.29 $S'^2 = \sum_{i=1}^{n}(X_i - \bar{X})^2/n$ 은 σ^2의 편의추정량임을 증명하라.

9.30 연습문제 9.29에서

(a) S'^2의 편의는 무엇인가?

(b) S'^2의 편의는 $n \to \infty$일 때 0으로 접근함을 보여라.

9.31 확률변수 X를 이항확률변수라고 할 때,

(a) $\hat{P} = X/n$은 p의 불편추정량임을 증명하라.

(b) $P' = \frac{X+\sqrt{n}/2}{n+\sqrt{n}}$는 p의 편의추정량임을 증명

하라.

9.32 연습문제 9.31(b)에서 추정량 P'은 $n \to \infty$ 이면 불편추정량이 됨을 보여라.

9.33 정규모집단을 가정할 때 S^2과 연습문제 9.29의 S'^2 중 무엇이 더 효율적인 추정량인가? [힌트 : 정리 8.4와 자유도 v인 카이제곱분포의 분산이 $2v$임을 이용하라.]

9.34 연습문제 9.28에서 설명한 MSE를 이용하여

$$\frac{MSE(S^2)}{MSE(S'^2)}$$

을 계산하고 어느 추정량이 더 효율적인지 결정하라.

9.8 두 모평균 차이의 추정

두 모집단의 모평균과 모분산을 각각 μ_1, μ_2 및 σ_1^2, σ_2^2이라고 할 때 두 모평균 차이 $\mu_1 - \mu_2$의 점추정량은 통계량 $\bar{X}_1 - \bar{X}_2$로 주어진다. 따라서, $\mu_1 - \mu_2$의 점추정값으로는 두 모집단으로부터 각각 표본의 크기 n_1과 n_2인 확률표본을 추출하여 계산한 표본평균의 차이 $\bar{x}_1 - \bar{x}_2$가 이용된다.

정리 8.3에 의하여 $\bar{X}_1 - \bar{X}_2$의 표본분포는 근사적으로 평균이 $\mu_{\bar{X}_1 - \bar{X}_2} = \mu_1 - \mu_2$, 표준편차가 $\sigma_{\bar{X}_1 - \bar{X}_2} = \sqrt{\sigma_1^2/n_1 + \sigma_2^2/n_2}$인 정규분포를 따른다. 그러므로, 다음의 표준정규확률변수가 $-z_{\alpha/2}$와 $z_{\alpha/2}$ 사이에 있을 확률은 $1-\alpha$가 된다.

$$Z = \frac{(\bar{X}_1 - \bar{X}_2) - (\mu_1 - \mu_2)}{\sqrt{\sigma_1^2/n_1 + \sigma_2^2/n_2}}$$

그림 9.2로부터

$$P(-z_{\alpha/2} < Z < z_{\alpha/2}) = 1 - \alpha$$

이므로, 윗식에 Z를 대치시키면 다음과 같이 된다.

$$P\left(-z_{\alpha/2} < \frac{(\bar{X}_1 - \bar{X}_2) - (\mu_1 - \mu_2)}{\sqrt{\sigma_1^2/n_1 + \sigma_2^2/n_2}} < z_{\alpha/2}\right) = 1 - \alpha$$

이 식이 바로 $\mu_1 - \mu_2$의 $100(1-\alpha)\%$ 신뢰구간이 된다.

$\mu_1 - \mu_2$의 신뢰구간 (σ_1^2, σ_2^2를 아는 경우)

분산이 각각 σ_1^2과 σ_2^2으로 알려진 두 모집단으로부터 추출된 확률표본의 크기가 n_1과 n_2이고, 서로 독립인 이들 확률표본의 평균을 각각 $\bar{x}_1, \bar{x}_2$라고 하면, $\mu_1 - \mu_2$의

$100(1-\alpha)\%$ 신뢰구간은

$$(\bar{x}_1 - \bar{x}_2) - z_{\alpha/2}\sqrt{\frac{\sigma_1^2}{n_1} + \frac{\sigma_2^2}{n_2}} < \mu_1 - \mu_2 < (\bar{x}_1 - \bar{x}_2) + z_{\alpha/2}\sqrt{\frac{\sigma_1^2}{n_1} + \frac{\sigma_2^2}{n_2}}$$

이 된다. 여기서, $z_{\alpha/2}$는 표준정규분포에서 오른쪽 면적이 $\alpha/2$가 되는 z 값이다.

정규모집단에서 표본을 추출하는 경우 이 신뢰구간은 정확한 구간이 된다. 그러나 표본의 크기가 어느 정도 큰 경우에는 비정규모집단이더라도 중심극한정리에 의해서 근사적인 신뢰구간이 된다.

실험조건과 실험단위

두 모평균의 차이를 구간추정하는 경우에 자료를 수집하는 데 있어서 실험조건을 고려하지 않으면 안 된다. 모평균이 μ_1과 μ_2인 두 분포에서 서로 독립인 확률표본을 추출한다고 가정하는데, 실험조건은 될 수 있는 한 이러한 이상적인 가정에 부합되도록 만들어 주는 것이 중요하다. 그렇기 때문에 실험계획을 수립할 필요가 있으며, 이러한 종류의 실험에는 소위 실험단위(experimental unit)가 존재한다. 이것은 실험오차를 발생시키는 실험의 일부분으로서 모분산 σ^2에도 영향을 끼친다. 의약품연구에서의 실험단위는 환자나 의약품 자체가 된다. 농사시험에서의 실험단위는 토지별 구획이 된다. 화학실험에서는 원료량이 실험단위가 될 수 있다. 따라서, 이러한 실험단위들 간의 차이로 인한 영향이 실험결과에 최소로 반영되도록 실험계획을 수립하는 것이 중요하다. 두 모집단을 정의한 조건들을 실험단위에 랜덤하게 할당시킬 수 있다면 실험단위의 치우침으로 인한 영향은 실험결과에 포함되지 않는다. 이 내용은 가설검정을 다룰 때 다시 설명될 것이다.

예제 9.10 A형과 B형 엔진 간의 연비(miles/gallon)를 비교하는 실험이 수행되었다. 사용된 휘발유와 기타 실험조건은 동일한 상태로 주행시험을 A형 엔진에 대하여 50회, B형 엔진에 대하여 75회 수행한 결과, 평균연비는 각각 $\bar{x}_A=36$과 $\bar{x}_B=42$로 나타났다. A형과 B형 엔진의 연비의 모평균을 각각 μ_A와 μ_B라고 할 때 $\mu_B-\mu_A$의 96% 신뢰구간을 구하라. 단, A형과 B형 엔진의 연비의 모표준편차는 각각 6과 8로 알려져 있다.

풀이 $\mu_B-\mu_A$의 점추정값은 $\bar{x}_B-\bar{x}_A=42-36=6$이 된다. 표 A.3으로부터 $\alpha=0.04$일 때 $z_{0.02}=2.05$이므로 96% 신뢰구간은

$$6 - 2.05\sqrt{\frac{64}{75} + \frac{36}{50}} < \mu_B - \mu_A < 6 + 2.05\sqrt{\frac{64}{75} + \frac{36}{50}}$$

즉,

$$3.43 < \mu_B - \mu_A < 8.57$$

이 된다.

두 모평균의 차이를 추정하기 위해서는 σ_1^2과 σ_2^2을 알고 있어야만 위의 절차를 적용할 수 있다. 비교되는 두 모집단의 모분산은 모르지만 정규분포를 근사적으로 따른다고 할 경우에는 단일표본에 의한 모평균의 추정처럼 t 분포를 적용할 수 있다. 모집단의 정규성을 보증할 수 없으면 σ_1과 σ_2를 대표본(즉, 30 이상)으로부터 구한 s_1과 s_2로 대체하면 된다. 이때의 신뢰구간은 근사구간이 된다.

두 모분산을 모르지만 같은 경우

σ_1^2과 σ_2^2을 모르지만 같은 경우를 고려해 보자. $\sigma_1^2=\sigma_2^2=\sigma^2$이라고 놓으면 다음과 같은 표준정규확률변수를 얻을 수 있다.

$$Z = \frac{(\bar{X}_1 - \bar{X}_2) - (\mu_1 - \mu_2)}{\sqrt{\sigma^2[(1/n_1) + (1/n_2)]}}$$

정리 8.4에 의해서 두 확률변수 $(n_1-1)S_1^2/\sigma^2$과 $(n_2-1)S_2^2/\sigma^2$은 각각 자유도 n_1-1과 n_2-1인 카이제곱분포가 된다. 이 두 확률변수의 합은 각각의 확률표본이 독립적으로 얻어지므로 다음과 같이 자유도 $v=n_1+n_2-2$인 카이제곱분포가 된다.

$$V = \frac{(n_1-1)S_1^2}{\sigma^2} + \frac{(n_2-1)S_2^2}{\sigma^2} = \frac{(n_1-1)S_1^2 + (n_2-1)S_2^2}{\sigma^2}$$

Z와 V는 서로 독립임을 보일 수 있으므로 정리 8.5에 의해서 다음의 통계량

$$T = \frac{(\bar{X}_1 - \bar{X}_2) - (\mu_1 - \mu_2)}{\sqrt{\sigma^2[(1/n_1) + (1/n_2)]}} \Big/ \sqrt{\frac{(n_1-1)S_1^2 + (n_2-1)S_2^2}{\sigma^2(n_1 + n_2 - 2)}}$$

은 자유도 $v = n_1 + n_2 - 2$인 t 분포가 된다.

미지인 공통분산 σ^2의 점추정값은 두 표본분산을 합동(pooling)시킴으로써 얻

을 수 있다. 이 합동추정량을 S_p^2으로 놓으면 다음과 같다.

분산의 합동추정량

$$S_p^2 = \frac{(n_1-1)S_1^2 + (n_2-1)S_2^2}{n_1+n_2-2}$$

T 통계량에서 σ^2을 S_p^2으로 대체하면

$$T = \frac{(\bar{X}_1 - \bar{X}_2) - (\mu_1 - \mu_2)}{S_p\sqrt{(1/n_1)+(1/n_2)}}$$

와 같이 간단히 표현된다. 이 T 통계량을 이용하여

$$P(-t_{\alpha/2} < T < t_{\alpha/2}) = 1-\alpha$$

인 관계를 만족시킬 수 있는데, 여기서 $t_{\alpha/2}$는 자유도 $v=n_1+n_2-2$인 t 분포의 오른쪽 면적이 $\alpha/2$인 t값이다. 이 부등식에 T를 대치시키면

$$P\left[-t_{\alpha/2} < \frac{(\bar{X}_1 - \bar{X}_2) - (\mu_1 - \mu_2)}{S_p\sqrt{(1/n_1)+(1/n_2)}} < t_{\alpha/2}\right] = 1-\alpha$$

가 되며, 표본평균의 차이 $\bar{x}_1 - \bar{x}_2$와 분산의 합동추정값을 다음 식

$$s_p^2 = \frac{(n_1-1)s_1^2 + (n_2-1)s_2^2}{n_1+n_2-2}$$

을 이용하여 계산하면 $\mu_1-\mu_2$의 $100(1-\alpha)\%$ 신뢰구간이 얻어진다. 이 s_p^2의 값은 자유도를 가중치로 하여 두 표본분산 s_1^2과 s_2^2이 가중평균된 것임을 알 수 있다.

$\mu_1-\mu_2$의 신뢰구간 ($\sigma_1^2=\sigma_2^2$이며 모르는 경우)

모분산은 모르지만 같다고 볼 수 있는 두 근사정규모집단으로부터 서로 독립인 크기 n_1과 n_2의 확률표본에 대한 평균을 각각 $\bar{x}_1$와 $\bar{x}_2$라고 하면 $\mu_1-\mu_2$의 $100(1-\alpha)\%$ 신뢰구간은

$$(\bar{x}_1 - \bar{x}_2) - t_{\alpha/2}s_p\sqrt{\frac{1}{n_1}+\frac{1}{n_2}} < \mu_1 - \mu_2 < (\bar{x}_1 - \bar{x}_2) + t_{\alpha/2}s_p\sqrt{\frac{1}{n_1}+\frac{1}{n_2}}$$

이 된다. 여기서, s_p는 모표준편차의 합동추정값이고, $t_{\alpha/2}$는 자유도 $v=n_1+n_2-2$인 t 분포의 오른쪽 면적이 $\alpha/2$인 t값이다.

예제 9.11 앨라배마주에서 수행된 특정 생화학물질과 무척추동물군의 서식 간의 관계에 대한 조사보고서가 환경오염학술지에 게재되었다. 조사목적 중의 하나는 산성화된 광산 폐수에 의한 수질오염을 여러 무척추동물의 다양성 지수로 평가하는 데 있다. 다양성 지수가 높을수록 수질오염은 적음을 의미한다. 이 조사연구를 위하여 배출구에서 멀리 떨어진 하류지역과 가까운 상류지역이 독립된 두 표본으로 선정되었다. 하류에서 12개월, 상류에서 10개월 동안 수집된 표본으로부터 구한 다양성 지수의 평균값은 $\bar{x}_1 = 3.11$과 $\bar{x}_2 = 2.04$, 표준편차는 $s_1 = 0.771$과 $s_2 = 0.448$이었다. 두 지역의 수질오염의 모평균 차이에 대한 90% 신뢰구간을 구하라. 단, 두 지역의 수질오염은 근사적으로 모분산이 같은 정규분포를 따른다고 가정한다.

풀이 하류와 상류지역의 다양성 지수에 대한 모평균을 각각 μ_1과 μ_2로 나타내면 $\mu_1 - \mu_2$의 점추정값은 $\bar{x}_1 - \bar{x}_2 = 3.11 - 2.04 = 1.07$이 된다. 공통분산 σ^2의 합동추정값 s_p^2은

$$s_p^2 = \frac{(n_1-1)s_1^2 + (n_2-1)s_2^2}{n_1+n_2-2} = \frac{(11)(0.771^2)+(9)(0.448^2)}{12+10-2} = 0.417$$

이 된다. 따라서, s_p=0.646이 되며 표 A.4에서 α=0.1, 자유도 v=n_1+n_2−2=12+10−2=20일 때의 t값은 $t_{0.05}$=1.725이다. 이들 값을 이용하여 $\mu_1-\mu_2$의 90% 신뢰구간을 구하면

$$1.07 - (1.725)(0.646)\sqrt{\frac{1}{12}+\frac{1}{10}} < \mu_1 - \mu_2 < 1.07 + (1.725)(0.646)\sqrt{\frac{1}{12}+\frac{1}{10}}$$

이 되며, 간단히 하면

$$0.593 < \mu_1 - \mu_2 < 1.547$$

이 된다.

신뢰구간의 해석

모수가 단일한 경우의 신뢰구간은 모수에 대한 오차범위로 생각할 수 있다. 그렇다면 신뢰구간에 포함된 값에 대해서는 실험자료로 주어진 의미 있는 값으로 간주되어야 할 것이다. 두 모평균의 차이인 경우에는 두 평균을 비교하는 차원까지 해석이 가능해진다. 예를 들면, 두 모평균의 차이 $\mu_1-\mu_2$의 값이 0보다 크다는 확신이 높으면 오류에 대한 걱정 없이 $\mu_1 > \mu_2$라고 추측될 수 있다. 예를 들어, 예제 9.11에서 두

지역의 다양성 지수값에 대한 모평균의 차이는 0.593~1.547 사이에 포함되어 있을 것이라고 90% 로 확신하고 있다. 두 신뢰한계가 양의 값을 가진다는 것은 하류지역의 지수가 상류지역의 그것보다 평균적으로 크다는 사실을 지적해 주는 것이다.

표본의 크기가 같은 경우

σ_1과 σ_2는 모르지만 σ로 같다고 볼 경우에 $\mu_1-\mu_2$의 신뢰구간을 구하기 위해서는 모집단들이 정규분포를 따른다는 가정이 전제조건이 된다. 모집단이 이러한 등분산과 정규성의 가정에 약간 위배된다 하더라도 신뢰구간에 대한 신뢰 정도는 심각하게 변화되지 않는다(표본분산에 의한 정보를 근거로 미지의 두 모분산이 같은가의 여부를 검정하는 방법은 제10장에서 제시될 것이다). 모분산이 상당히 다르더라도 모집단이 정규분포이고 $n_1=n_2$이면 여전히 합리적인 결과를 얻을 수 있다. 그러므로, 실험을 계획할 때에는 표본의 크기가 같도록 설계해 줄 필요가 있다.

두 모분산을 모르고 같지도 않은 경우

미지의 두 모분산이 다를 경우에 $\mu_1-\mu_2$의 구간추정값을 구하는 문제를 생각해 보자. 이때 자주 이용되는 통계량은

$$T' = \frac{(\bar{X}_1 - \bar{X}_2) - (\mu_1 - \mu_2)}{\sqrt{(S_1^2/n_1) + (S_2^2/n_2)}}$$

이며, 이 통계량은 다음의 자유도 v를 가지는 근사적인 t 분포를 따른다.

$$v = \frac{(s_1^2/n_1 + s_2^2/n_2)^2}{[(s_1^2/n_1)^2/(n_1-1)] + [(s_2^2/n_2)^2/(n_2-1)]}$$

이 자유도 v는 대부분 정수로 계산되지 않으므로 소수점 이하를 잘라버린 값이 사용된다. 통계량 T'은 근사적으로

$$P(-t_{\alpha/2} < T' < t_{\alpha/2}) \approx 1 - \alpha$$

를 만족시키며, T'을 대치시키면 다음과 같은 최종결과가 얻어진다.

$\mu_1-\mu_2$의 신뢰구간 ($\sigma_1^2 \neq \sigma_2^2$이며 모르는 경우)

분산을 모르며 같지도 않은 두 근사정규분포로부터 각각 크기 n_1과 n_2인 서로 독립인 표본을 추출하여 평균과 분산을 각각 $\bar{x}_1$, s_1^2과 $\bar{x}_2$, s_2^2이라고 하면 $\mu_1-\mu_2$의

$100(1-\alpha)\%$ 근사신뢰구간은

$$(\bar{x}_1 - \bar{x}_2) - t_{\alpha/2}\sqrt{\frac{s_1^2}{n_1} + \frac{s_2^2}{n_2}} < \mu_1 - \mu_2 < (\bar{x}_1 - \bar{x}_2) + t_{\alpha/2}\sqrt{\frac{s_1^2}{n_1} + \frac{s_2^2}{n_2}}$$

으로 주어지며, 여기서 $t_{\alpha/2}$는 다음의 자유도를 가지는 오른쪽 면적이 $\alpha/2$인 t값이다.

$$v = \frac{(s_1^2/n_1 + s_2^2/n_2)^2}{[(s_1^2/n_1)^2/(n_1-1)] + [(s_2^2/n_2)^2/(n_2-1)]}$$

모든 $\mu_1 - \mu_2$의 신뢰구간은 단일 모평균의 신뢰구간처럼 동일한 형식을 취한다. 즉,

$$\text{점추정값} \ \pm \ t_{\alpha/2}\ \widehat{\text{s.e.}}\ (\text{점추정값})$$

또는

$$\text{점추정값} \ \pm \ z_{\alpha/2}\ \text{s.e.}\ (\text{점추정값})$$

이다. 예를 들면, $\sigma_1 = \sigma_2 = \sigma$인 경우에 $\bar{x}_1 - \bar{x}_2$의 표준오차의 추정값은

$$s_p\sqrt{1/n_1 + 1/n_2}$$

가 되며, $\sigma_1^2 \neq \sigma_2^2$인 경우에는

$$\widehat{\text{s.e.}}(\bar{x}_1 - \bar{x}_2) = \sqrt{\frac{s_1^2}{n_1} + \frac{s_2^2}{n_2}}$$

이 된다.

예제 9.12 제임스강의 두 유역에서 측정된 인 함유량 간에 차이가 있는지를 추정하기 위하여 버지니아 대학 동물학과에서 하수오염에 따른 하천생태계의 영양분보유력과 무척추동물군의 반응에 대한 연구를 수행하였다. 유역 1과 2에서 각각 15개와 12개의 표본을 취하여 인 함유량을 측정(단위: mg/L)한 결과, 평균과 표준편차가 각각 3.84, 3.07과 1.49, 0.80으로 나타났다. 두 유역에서 인 함유량의 모평균의 차이에 대한 95% 신뢰구간을 구하라. 단, 표본은 분산이 다른 두 정규모집단에서 추출되었다고 가정하라.

풀이 유역 1의 n_1-15에 의한 표본평균과 표본표준편차는 $\bar{x}_1=3.84$와 $s_1=3.07$이고, 유역 2의 $n_2=12$에 의한 결과는 $\bar{x}_2=1.49$와 $s_2=0.80$이다. $\mu_1-\mu_2$의 정확한 95% 신뢰구간을 원하지만 두 모분산이 미지이고 또한 같지 않으므로, 다음과 같이 자유도를 계

산한다.

$$v = \frac{(3.07^2/15 + 0.80^2/12)^2}{[(3.07^2/15)^2/14] + [(0.80^2/12)^2/11]} = 16.3 \approx 16$$

$\mu_1 - \mu_2$의 점추정값은 $\bar{x}_1 - \bar{x}_2 = 3.84 - 1.49 = 2.35$가 되고, 95% 근사신뢰구간은 표 A.4에서 α=0.05, v=16일 때 $t_{0.025}$=2.120이므로

$$2.35 - 2.120\sqrt{\frac{3.07^2}{15} + \frac{0.80^2}{12}} < \mu_1 - \mu_2 < 2.35 + 2.120\sqrt{\frac{3.07^2}{15} + \frac{0.80^2}{12}}$$

이 되며, 이 식을 간단히 하면

$$0.60 < \mu_1 - \mu_2 < 4.10$$

이 된다.

9.9 대응관측값

표본이 독립되어 있지 않으며 두 모집단의 분산이 같지 않은 두 모평균의 차이에 대한 추정절차를 생각해 보자. 여기서 고려될 상황은 매우 특별한 경우로 자료가 대응되어 얻어지는 실험이다. 앞 절에서 설명된 상황과 다른 점은 두 모집단의 조건이 실험단위에 랜덤하게 할당되지 않는다는 사실이다. 오히려 균질한 각 실험단위는 두 모집단의 조건을 모두 수용하기 때문에 각 실험단위에서 얻어지는 관측값은 **대응관측값**(paired observations)이 된다.

예를 들면, 새로운 체중조절용 식품의 효과에 대한 실험을 15명에게 수행했을 때, 실험 전과 후의 체중은 마치 두 표본에서 얻은 정보와 같다. 여기서 두 모집단에 해당하는 것은 '실험 전의 체중'과 '실험 후의 체중'이며, 실험단위는 개개인이 된다. 이 경우 관측값이 대응으로 얻어지는 것은 당연하다. 체중조절용 식품의 효과를 결정하기 위하여 대응으로 된 관측값의 차이를 $d_1, d_2, \cdots, d_n$이라고 놓자. 이 차이는 평균이 $\mu_D = \mu_1 - \mu_2$이고, 분산이 σ_D^2인 정규분포의 확률변수 $D_1, D_2, \cdots, D_n$의 값이라고 가정한다. σ_D^2은 표본으로 계산한 차이의 분산 s_d^2으로 추정되고, μ_D의 점추정량은 $\bar{D}$가 된다.

대응비교의 필요성

실험에서 대응관측값을 얻는 기술은 여러 응용 분야에서 적용할 수 있는 하나의 전략에 해당된다고 볼 수 있다. 제10장의 가설검정과 제12장의 일원배치법에서 이런 개념이 밝혀질 것이다. 상대적으로 균질한 실험단위를 선택하여 각 단위에서 두 모집단의 상태를 측정하면 '실험오차분산'(이 경우 σ_D^2에 해당)은 감소된다. i번째 대응관측은

$$D_i = X_{1i} - X_{2i}$$

로 구성된다. 두 관측값은 동일한 실험단위에서 얻어지므로 서로 독립이 아니다. 즉,

$$Var(D_i) = Var(X_{1i} - X_{2i}) = \sigma_1^2 + \sigma_2^2 - 2Cov(X_{1i}, X_{2i})$$

가 된다. 직관적으로 동일한 실험단위 내에서 관측된 두 관측값의 오차 간에는 서로 유사성을 가지므로 σ_D^2의 감소를 기대할 수 있다. 이 사실은 위 식에 그대로 나타나 있다. 즉, 실험단위가 균질하면 위 식의 공분산은 양의 값이 되어 분산이 줄어들게 된다. 결론적으로 실험단위 내가 균질하며, 실험단위마다 차이가 클수록 대응관측값의 차이에 대한 신뢰구간은 그렇지 않은 경우보다 더 '품질'이 좋게 된다. 신뢰구간의 성능은 $\bar{D}$의 표준오차, 즉 $\sigma_D/\sqrt{n}$에 좌우된다는 점을 명심해야 한다. 앞에서도 지적했듯이 대응으로 관측값을 취하는 의도는 σ_D를 감소시키려는 데 있다.

대응비교의 장단점

대응관측값을 취한 경우와 그렇지 않은 경우의 신뢰구간을 비교해 보면 장단점이 있음을 알 수 있다. 대응으로 관측값을 취한 경우는 실제로 분산이 줄어들어 점추정값의 표준오차를 감소시키지만, 단일표본문제로 축소되어 오히려 자유도는 작아진다. 이에 따라 표준오차에 곱하는 $t_{\alpha/2}$도 조정되며, 따라서 대응비교법은 역효과적일 수도 있다. 대응에 의해 분산(σ_D^2)이 별로 줄어들지 않는다면 대응비교법은 분명히 역효과적일 것이다.

대응으로 관측값을 얻는 또다른 예는 IQ, 연령, 혈통 등과 같이 유사한 특성을 가진 n쌍의 피실험자를 선정하여 각각 비교항목의 측정값을 얻는 경우로, 한 명은 X_1값이 얻어지는 곳에, 다른 한 명은 X_2값이 얻어지는 곳에 랜덤하게 배치하는 방법이다. 여기서 X_1과 X_2는, 예를 들어 IQ가 같은 두 학생 중 한 학생을 전통적 교수법으로 강의하는 학급에, 다른 학생을 새로운 교수법으로 강의하는 학급에 랜덤하

게 배정한 경우에 각 학생이 교수법에 따라 취득한 점수를 나타낸다.

μ_D의 $100(1-\alpha)\%$ 신뢰구간은 다음 관계로부터 설정된다.

$$P(-t_{\alpha/2} < T < t_{\alpha/2}) = 1 - \alpha$$

단,

$$T = \frac{\overline{D} - \mu_D}{S_d / \sqrt{n}}$$

이며, $t_{\alpha/2}$는 자유도가 $n-1$인 t 분포값이다.

따라서, 위의 부등식에서 T를 대치시키고 정리하면 다음과 같이 $\mu_D=\mu_1-\mu_2$의 $100(1-\alpha)\%$ 신뢰구간이 얻어진다.

$\mu_D = \mu_1 - \mu_2$의 신뢰구간 (대응비교)

정규분포를 따르는 모집단으로부터 n개의 대응표본을 추출하여 그 차이의 표본평균과 표본표준편차를 각각 $\bar{d}$와 s_d라고 하면 $\mu_D=\mu_1-\mu_2$의 $100(1-\alpha)\%$ 신뢰구간은

$$\bar{d} - t_{\alpha/2}\frac{s_d}{\sqrt{n}} < \mu_D < \bar{d} + t_{\alpha/2}\frac{s_d}{\sqrt{n}}$$

가 된다. 단, $t_{\alpha/2}$는 자유도 $n-1$인 t 분포의 오른쪽 면적이 $\alpha/2$인 t 분포값이다.

예제 9.13 고엽제에 노출되었을 가능성이 있는 베트남 참전군인 20명을 대상으로 신체 내 다이옥신 수치를 검사한 결과, 혈장과 지방조직의 다이옥신 수치가 다음 표 9.1에 나와 있다. μ_1과 μ_2를 각각 혈장과 지방조직의 다이옥신 수치의 모평균이라고 할 때, $\mu_1-\mu_2$의 95% 신뢰구간을 구하라. 이 차이는 근사적인 정규분포를 따른다고 가정하라.

풀이 대응관측값들이므로 $\mu_1-\mu_2=\mu_D$라고 놓으면 μ_D의 점추정치는 $\bar{d}=-0.87$이다. 또한

$$s_d = \sqrt{\frac{1}{n-1}\sum_{i=1}^{n}(d_i - \bar{d})^2} = \sqrt{\frac{168.4220}{19}} = 2.9773$$

이다. 표 A.4에서 $\alpha=0.05$, 자유도 $v=n-1=19$일 때 $t_{0.025}=2.093$이므로 95% 신뢰구간은

표 9.1 예제 9.13의 자료

참전군인	혈장 내 다이옥신 수치	지방 내 다이옥신 수치	d_i	참전군인	혈장 내 다이옥신 수치	지방 내 다이옥신 수치	d_i
1	2.5	4.9	−2.4	11	6.9	7.0	−0.1
2	3.1	5.9	−2.8	12	3.3	2.9	0.4
3	2.1	4.4	−2.3	13	4.6	4.6	0.0
4	3.5	6.9	−3.4	14	1.6	1.4	0.2
5	3.1	7.0	−3.9	15	7.2	7.7	−0.5
6	1.8	4.2	−2.4	16	1.8	1.1	0.7
7	6.0	10.0	−4.0	17	20.0	11.0	9.0
8	3.0	5.5	−2.5	18	2.0	2.5	−0.5
9	36.0	41.0	−5.0	19	2.5	2.3	0.2
10	4.7	4.4	0.3	20	4.1	2.5	1.6

$$-0.8700-(2.093)\left(\frac{2.9773}{\sqrt{20}}\right)<\mu_D<-0.8700+(2.093)\left(\frac{2.9773}{\sqrt{20}}\right)$$

이고, 이를 정리하면 $-2.2634<\mu_D<0.5234$이다. 따라서, 혈장과 지방조직 사이에 다이옥신 수치의 유의한 차이는 없다고 할 수 있다.

연습문제

9.35 모표준편차가 각각 $\sigma_1=5$와 $\sigma_2=3$인 두 정규모집단으로부터 크기가 $n_1=25$와 $n_2=36$인 확률표본을 추출하여 표본평균을 구했더니 각각 $\bar{x}_1=80$과 $\bar{x}_2=75$이었다. $\mu_1-\mu_2$의 94% 신뢰구간을 구하라.

9.36 동일한 시험조건하에서 두 종류 나사의 인장력을 비교하는 시험이 각각 50회씩 실시되었다. 그 결과 제품 A의 표본평균과 표본표준편차는 각각 78.3 kg과 5.6 kg으로, 제품 B는 각각 87.2 kg과 6.3 kg으로 나타났다. 두 모평균의 차이에 대한 95% 신뢰구간을 구하라.

9.37 금속에 어떤 처리를 하느냐에 따라 세척 공정에서 제거되는 금속량에 차이가 나는가를 알아보기 위한 실험이 실시되었다. 100개의 금속을 확률표본으로 추출하여 어떤 처리를 하지 않고 24시간 동안 수조에 담가 놓은 후 제거된 금속량을 측정하였더니 평균 12.2 mm, 표준편차 1.1 mm가 얻어졌다. 또다른 200개의 확률표본에는 어떤 처리를 하고 같은 시간 동안 수조에 담가 놓은 후 제거된 금속량을 측정하였더니 평균 9.1 mm, 표준편차 0.9 mm가 얻어졌다. 두 모평균의 차이에 대한 98% 신뢰구간을 구하라. 이 처리가 금속을 제거한다고 할 수 있는가?

9.38 어떤 화학반응공정에서 어떤 촉매가 수율에 영향을 더 많이 주는가를 비교하기 위한 실험을 실시하였다. 12개의 배치(batch)에는 촉매 1을, 10개의 배치에는 촉매 2를 사용하여 수율을 측정하였더니 표본평균은 각각 85와 81로, 표본표준편차는 각각 4와 5로 계산되었다. 두 모집단 간의 수율의 차이에 대한 90% 신뢰구간을 구하라. 단, 두 모집단의 수율의 분산은 모르지만 같으며 각각 정규분포를 근사적으로 따른다고 가정한다.

9.39 학생들이 3학기용 이론물리학과 4학기용 실험물리학 중에서 어느 강좌를 수강하는 것이 좋은가를 선택하려고 한다. 지난번 이론물리학을 신청한 12명 학생들의 평균점수는 84점, 표준편차는 4점이었으며, 실험물리학을 신청한 18명의 평균과 표준편차는 각각 77점과 6점이었다. 두 강좌의 평균점수의 차이에 대한 99% 신뢰구간을 구하라. 단, 두 모집단의 모분산은 같으며 정규분포를 근사적으로 따른다고 가정한다.

9.40 나무는 진균류에게 당분을 제공하고 진균류는 나무에게 무기물을 제공하는 공생관계를 알아보기 위한 연구가 수행되었다. 토질, 일사량 및 수분을 똑같은 상태로 유지시킨 온실에서 진균류를 넣은 참나무 묘목 20그루가 시험재배되었다. 이 과정에서 묘목의 절반에는 질소가 공급되지 않았으며, 그 나머지 묘목에는 $NaNO_3$ 상태로 질소 368ppm이 공급되었다. 140일 후에 참나무줄기의 무게(단위: g)를 측정하였더니 다음과 같았다.

질소공급을 받은 묘목과 그렇지 않은 묘목의 줄기무게의 차이에 대한 95% 신뢰구간을 구하라. 단, 두 모집단의 분산은 모르지만 같으며 각각 정규분포를 따른다고 가정한다.

질소 미공급	질소 공급
0.32	0.26
0.53	0.43
0.28	0.47
0.37	0.49
0.47	0.52
0.43	0.75
0.36	0.79
0.42	0.86
0.38	0.62
0.43	0.46

9.41 다음 자료는 무작위로 선정된 피부질환자들에게 두 가지 약물치료법으로 치료한 시점부터 완치될 때까지 걸린 시간(단위 : 일)을 기록한 결과이다.

약물치료법 1	약물치료법 2
$n_1=14$	$n_2=16$
$\bar{x}_1=17$	$\bar{x}_2=19$
$s_1^2=1.5$	$s_2^2=1.8$

두 약물치료법에 의한 완치기간의 $\mu_1-\mu_2$에 대한 99% 신뢰구간을 구하라. 단, 두 모집단은 정규분포를 따르며 모분산은 같은 것으로 가정한다.

9.42 디젤엔진을 사용한 두 종류의 유사한 소형트럭의 연비를 비교하기 위하여 각각 90 km/h로 정속주행시험을 한 결과가 대중과학잡지에 특집으로 보도되었는데, 그 결과를 정리하면 다음과 같다.

폭스바겐	도요타
$n_1=12$대 $\bar{x}_1=16$km/L $s_1=1.0$km/L	$n_1=10$대 $\bar{x}_2=11$km/L $s_2=0.8$km/L

두 소형트럭의 연비의 차이에 대한 90% 신뢰구간을 구하라. 단, 각 소형트럭의 연비는 분산이 같은 정규분포를 근사적으로 따른다고 가정한다.

9.43 어떤 택시회사에서 A 회사와 B 회사의 타이어 중 어느 것을 구매할 것인가를 결정하려고 한다. 두 회사의 타이어를 비교하기 위하여 완전히 마모되어 사용할 수 없을 때까지의 주행거리를 측정하는 실험이 실시되었다. 각 타이어별로 측정된 주행거리에 대하여 정리한 자료는 아래와 같다.

A 회사 타이어	B 회사 타이어
$n_A=12$대 $\bar{x}_A=36{,}300$km $s_A=5{,}000$km	$n_B=12$대 $\bar{x}_B=38{,}100$ km $s_B=6{,}100$ km

$\mu_A-\mu_B$의 95% 신뢰구간을 구하라. 단, 두 모집단은 정규분포를 근사적으로 따른다고 가정되나 분산은 같지 않은 것으로 여겨진다.

9.44 연습문제 9.43에서 두 회사 타이어를 8대 택시의 뒷바퀴에 한 개씩 무작위로 장착하여 같은 실험을 한 결과, 아래와 같이 주행거리가 측정되었다고 한다. $\mu_A-\mu_B$의 99% 신뢰구간을 구하라. 단, 주행거리의 차이는 정규분포를 근사적으로 따른다고 가정한다(단위: km).

택시	A 회사 타이어	B 회사 타이어
1	34,400	36,700
2	45,500	46,800
3	36,700	37,700
4	32,000	31,100
5	48,400	47,800
6	32,800	36,400
7	38,100	38,900
8	30,100	31,500

9.45 정부에서 두 종류의 신품종 밀에 대한 수확량을 비교하기 위하여 9개 대학의 농학과에 실험을 의뢰하였다. 두 신품종 밀은 각 대학 농업시험장의 동일한 구역에서 각각 시험재배되었으며, 다음과 같이 수확량이 얻어졌다.

품종	대학								
	1	2	3	4	5	6	7	8	9
1	38	23	35	41	44	29	37	31	38
2	45	25	31	38	50	33	36	40	43

두 신품종 밀의 수확량의 차이에 대한 95% 신뢰구간을 구하라. 단, 수확량의 차이는 정규분포를 근사적으로 따른다고 가정한다. 또한 이 문제에서 측정값이 대응으로 얻어진 이유를 설명하라.

9.46 다음 자료는 두 영화사가 제작한 필름의 상영시간이다.

영화사	상영시간(분)
I	103 94 110 87 98
II	97 82 123 92 175 88 118

두 영화사가 제작한 필름상영시간의 차이에 대한 90% 신뢰구간을 구하라. 단, 상영시간은 정규

분포를 근사적으로 따른다고 가정한다.

9.47 다음은 1997년 Fortune 잡지에 실린 것으로, 1996년 이전 10년과 1996년 당해 연도의 투자수익률을 10개 회사에 대해 정리한 것이다. 투자수익률 변화에 대한 95% 신뢰구간을 구하라.

회사	투자수익률	
	1986-95년	1996년
Coca-Cola	29.8%	43.3%
Mirage Resorts	27.9%	25.4%
Merck	22.1%	24.0%
Microsoft	44.5%	88.3%
Johnson & Johnson	22.2%	18.1%
Intel	43.8%	131.2%
Pfizer	21.7%	34.0%
Procter & Gamble	21.9%	32.1%
Berkshire Hathaway	28.3%	6.2%
S&P 500	11.8%	20.3%

9.48 자동차회사에서 두 종류의 배터리를 시험한 결과, 다음과 같은 수명자료를 얻었다.

배터리 A	배터리 B
$n_A=20$	$n_B=20$
$\bar{x}_A=32.91$	$\bar{x}_B=30.47$
$s_A=1.57$	$s_B=1.74$

각 배터리의 수명은 정규분포를 따르며, 두 배터리 수명의 모분산은 같다고 가정한다.

(a) $\mu_A-\mu_B$의 95% 신뢰구간을 구하라.

(b) (a)의 결과로부터 어떤 배터리를 선택해야 하는지 판단하라.

9.49 두 종류의 페인트의 건조시간을 15번씩 측정한 결과가 다음과 같다.

페인트 A	페인트 B
3.5 2.7 3.9 4.2 3.6	4.7 3.9 4.5 5.5 4.0
2.7 3.3 5.2 4.2 2.9	5.3 4.3 6.0 5.2 3.7
4.4 5.2 4.0 4.1 3.4	5.5 6.2 5.1 5.4 4.8

건조시간은 정규분포를 따르며 두 페인트 건조시간의 모분산은 같다고 가정하여, 평균건조시간의 차이 $\mu_B-\mu_A$에 대한 95% 신뢰구간을 구하라.

9.50 당뇨에 걸린 쥐에 인슐린을 두 수준(소량, 다량)으로 투입하여 그 효과 수치를 측정한 결과가 다음과 같이 정리되었다.

소량 투여 : $n_1=8 \quad \bar{x}_1=1.98 \quad s_1=0.51$
다량 투여 : $n_2=13 \quad \bar{x}_2=1.30 \quad s_2=0.35$

두 분산은 같다고 가정하여 효과 수치의 차이에 대한 95% 신뢰구간을 구하라.

9.10 단일 모비율의 추정

이항실험에서 n회의 시행 중 성공횟수를 X라고 하면 모비율 p의 점추정량은 통계량 $\hat{P}=X/n$으로 주어진다. 따라서, 표본비율 $\hat{p}=x/n$이 모비율의 점추정값으로 이용된다.

미지의 모비율 p가 0과 1에 너무 가깝지 않다면 p의 신뢰구간은 $\hat{P}$의 표본분포를 이용하여 수립될 수 있다. 이항실험에서 실패를 0, 성공을 1로 나타내면 성공횟수

x는 단지 0과 1로만 구성되는 n개 값의 합으로 해석될 수 있으며, 이때 $\hat{p}$은 n개 값의 표본평균과 꼭 같다. n이 충분히 크면 중심극한정리에 의해서 $\hat{P}$은 평균이

$$\mu_{\hat{P}} = E(\hat{P}) = E\left(\frac{X}{n}\right) = \frac{np}{n} = p$$

이고, 분산이

$$\sigma^2_{\hat{P}} = \sigma^2_{X/n} = \frac{\sigma^2_X}{n^2} = \frac{npq}{n^2} = \frac{pq}{n}$$

인 정규분포를 근사적으로 따른다. 그러므로, 다음 관계가 성립한다.

$$P(-z_{\alpha/2} < Z < z_{\alpha/2}) = 1 - \alpha$$

여기서 Z는

$$Z = \frac{\hat{P} - p}{\sqrt{pq/n}}$$

이며, $z_{\alpha/2}$는 오른쪽 면적이 $\alpha/2$가 되는 표준정규분포의 값이다. Z를 대입하고 다시 쓰면

$$P\left(-z_{\alpha/2} < \frac{\hat{P} - p}{\sqrt{pq/n}} < z_{\alpha/2}\right) = 1 - \alpha$$

가 된다. 윗식을 p에 대하여 정리하면 다음과 같이 된다.

$$P\left(\hat{P} - z_{\alpha/2}\sqrt{\frac{pq}{n}} < p < \hat{P} + z_{\alpha/2}\sqrt{\frac{pq}{n}}\right) = 1 - \alpha$$

n이 크면 p를 점추정값 $\hat{p} = x/n$으로 대체하더라도 오차는 거의 발생하지 않으므로 다음과 같이 근사식을 얻을 수 있다.

$$P\left(\hat{P} - z_{\alpha/2}\sqrt{\frac{\hat{p}\hat{q}}{n}} < p < \hat{P} + z_{\alpha/2}\sqrt{\frac{\hat{p}\hat{q}}{n}}\right) \approx 1 - \alpha$$

한편, $\{-a < x < a\}$는 $\{x^2 < a^2\}$과 같다는 점을 이용하여 다음의 식

$$-z_{\alpha/2} < \frac{\widehat{P} - p}{\sqrt{pq/n}} < z_{\alpha/2}$$

을 p에 관한 2차 부등식으로 변환하여 풀면 다음과 같은 좀 더 정교한 신뢰구간을 얻을 수 있다.

$$\frac{\hat{p}+\frac{z_{\alpha/2}^2}{2n}}{1+\frac{z_{\alpha/2}^2}{n}} \pm \frac{z_{\alpha/2}}{1+\frac{z_{\alpha/2}^2}{n}}\sqrt{\frac{\hat{p}\hat{q}}{n}+\frac{z_{\alpha/2}^2}{4n^2}}$$

따라서, 크기 n인 확률표본에서 표본비율 $\hat{p} = x/n$을 계산하면 p의 $100(1-\alpha)\%$ 근사신뢰구간이 다음과 같이 얻어진다.

대표본일 경우의 p의 신뢰구간 크기 n의 확률표본에서 성공률을 $\hat{p}$, 실패율을 $\hat{q}=1-\hat{p}$이라고 하면 이항모수 p의 근사적인 $100(1-\alpha)\%$ 신뢰구간은(공식 1)

$$\hat{p}-z_{\alpha/2}\sqrt{\frac{\hat{p}\hat{q}}{n}} < p < \hat{p}+z_{\alpha/2}\sqrt{\frac{\hat{p}\hat{q}}{n}}$$

또는 (공식 2)

$$\frac{\hat{p}+\frac{z_{\alpha/2}^2}{2n}}{1+\frac{z_{\alpha/2}^2}{n}} - \frac{z_{\alpha/2}}{1+\frac{z_{\alpha/2}^2}{n}}\sqrt{\frac{\hat{p}\hat{q}}{n}+\frac{z_{\alpha/2}^2}{4n^2}} < p < \frac{\hat{p}+\frac{z_{\alpha/2}^2}{2n}}{1+\frac{z_{\alpha/2}^2}{n}} + \frac{z_{\alpha/2}}{1+\frac{z_{\alpha/2}^2}{n}}\sqrt{\frac{\hat{p}\hat{q}}{n}+\frac{z_{\alpha/2}^2}{4n^2}}$$

이 된다. 단, $z_{\alpha/2}$는 오른쪽 면적이 $\alpha/2$가 되는 표준정규분포의 값이다.

만약 n이 작고 미지의 모비율 p가 0과 1에 근접한 값으로 생각되는 경우에는 앞에서 수립된 신뢰구간은 사용될 수 없다. 이 신뢰구간을 안전하게 사용하기 위해서는 $n\hat{p} \geq 5$와 $n\hat{q} \geq 5$의 조건을 만족해야 한다. 이 추정방법은 다음의 예제 9.14에 보인 것처럼 초기하분포를 이항분포로 근사시키는 경우에도 적용될 수 있다.

공식 2를 이용하면 좀 더 정확한 결과를 얻을 수 있으나 계산이 복잡한데다 표본의 크기가 충분히 크면 그 차이가 거의 없어지므로 공식 1이 실용적으로 널리 사용된다.

예제 9.14 캐나다의 해밀턴시에 있는 가구 중에서 텔레비전을 소유한 500가구를 확률표본으로 추출하여 HBO 방송을 시청하는지를 조사하였다. 그 결과 x=340가구가 시청하는 것으로 나타났다. 이 도시의 실제 시청률에 대한 95% 신뢰구간을 구하라.

풀이 p의 점추정값은 $\hat{p}$=340/500=0.68이 된다. 표 A.3에서 $z_{0.025}$=1.960이므로 공식 1

을 이용한 p의 95% 신뢰구간은

$$0.68 - 1.960\sqrt{\frac{(0.68)(0.32)}{500}} < p < 0.68 + 1.960\sqrt{\frac{(0.68)(0.32)}{500}}$$

가 되며, 간단히 정리하면

$$0.6391 < p < 0.7209$$

가 된다.

공식 2를 이용하는 경우에는 다음의 식으로부터

$$\frac{0.68 + \frac{1.96^2}{(2)(500)}}{1 + \frac{1.96^2}{500}} \pm \frac{1.96}{1 + \frac{1.96^2}{500}}\sqrt{\frac{(0.68)(0.32)}{500} + \frac{1.96^2}{(4)(500^2)}} = 0.6786 \pm 0.0408$$

$0.6378 < p < 0.7194$를 얻을 수 있다. 이 경우 n=500으로 충분히 크므로 두 결과에 거의 차이가 없음을 알 수 있다.

p가 $100(1-\alpha)\%$ 신뢰구간의 중심값이면 추정값 $\hat{p}$은 p를 오차 없이 추정한 것이 된다. 그러나 대부분의 경우 추정값 $\hat{p}$은 정확히 p와 같지 않기 때문에 점추정값에는 오차가 포함되어 있다. 이 오차의 크기는 그림 9.6에서 보는 것처럼 $\hat{p}$과 p의 차이로 표현되며, $z_{\alpha/2}\sqrt{\hat{p}\hat{q}/n}$이 초과되지 않을 것임을 $100(1-\alpha)\%$로 확신할 수 있다.

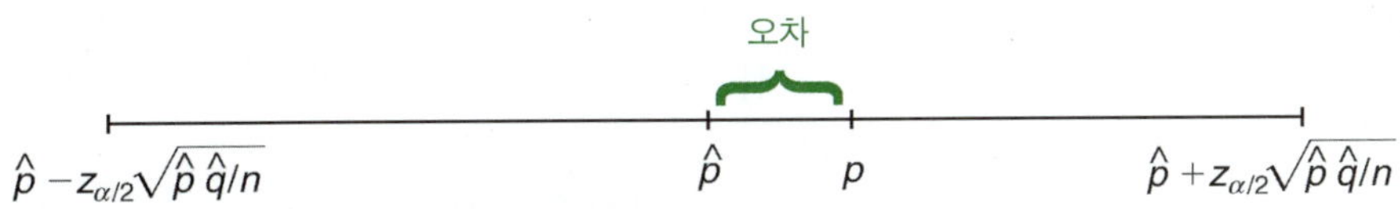

그림 9.6 $\hat{p}$으로 p를 추정할 때의 오차

정리 9.3 p의 점추정값을 $\hat{p}$이라고 하면 그 오차가 $z_{\alpha/2}\sqrt{\hat{p}\hat{q}/n}$을 초과하지 않을 것임을 $100(1-\alpha)\%$로 확신할 수 있다.

예제 9.14에서는 표본비율 $\hat{p}$=0.68이 모비율 p로부터 0.04 이상 떨어져 있지 않음을 95%로 확신할 수 있다.

표본크기의 결정

p를 추정할 때 발생하는 오차가 특정한 값 e를 초과하지 않음을 보증할 수 있는 표본의 크기를 결정해 보자. 정리 9.3에 의해서 $z_{\alpha/2}\sqrt{\hat{p}\hat{q}/n}=e$를 만족시키는 n을 구하면 된다.

정리 9.4 p의 점추정값을 $\hat{p}$이라고 하면 오차가 특정한 값 e를 초과하지 않을 것임을 $100(1-\alpha)\%$로 확신할 수 있는 표본의 크기는 근사적으로 다음과 같이 결정된다.

$$n=\frac{z_{\alpha/2}^2\hat{p}\hat{q}}{e^2}$$

표본으로부터 계산된 $\hat{p}$을 이용하여 표본의 크기 n을 구한다는 점에서 정리 9.4는 약간 잘못되었다고 할 수 있다. 표본을 취하지 않고 개략적인 p값을 추정할 수 있으면 $\hat{p}$ 대신 이 추정값을 사용하여 n을 결정할 수도 있다. 이러한 추정값도 얻을 수 없으면 크기 $n\geq 30$인 예비표본의 $\hat{p}$을 사용할 수 있다. 그런 다음 정리 9.4를 이용하면 원하는 정확도를 만족시키는 데 필요한 표본의 크기를 개략적으로 결정할 수 있다. 표본의 크기는 항상 자연수가 되어야 하므로 소수점 이하의 값은 무조건 올려야 한다.

예제 9.15 예제 9.14에서 p의 추정값이 참값으로부터 0.02 이내에 있음을 95%로 확신할 수 있는 표본의 크기를 구하라.

풀이 예비표본 500개로 구한 추정값 $\hat{p}$=0.68을 정리 9.4에 대입하면 표본의 크기는

$$n=\frac{(1.960)^2(0.68)(0.32)}{(0.02)^2}=2089.8\approx 2090$$

이 된다. 따라서, 크기 2090의 확률표본을 추출하여 p의 추정값으로 삼는다면 이 표본비율과 모비율의 참값과의 차이는 0.02 이내로 됨을 95% 확신할 수 있다.

특정한 신뢰수준하에서 표본의 크기를 결정할 경우에는 p의 추정값을 알고 있어야 가능한데, 그렇지 못할 상황도 있다. 이 경우에는 n의 상한값을 결정할 수 있는 다음의 방법을 이용한다. p는 0과 1 사이의 값이므로 $\hat{p}\hat{q}=\hat{p}(1-\hat{p})$은 1/4 이하라는 성질을 이용하면 된다. 이를 증명하면,

$$\hat{p}(1-\hat{p}) = -(\hat{p}^2-\hat{p}) = \frac{1}{4} - (\hat{p}^2-\hat{p}+\frac{1}{4}) = \frac{1}{4} - \left(\hat{p}-\frac{1}{2}\right)^2$$

이므로 $\hat{p}$=1/2일 때를 제외하고는 항상 1/4보다 작다. 따라서, 실제로는 p값이 1/2이 아닐 때 정리 9.4의 n을 구하는 공식에 $\hat{p}$=1/2을 대입하여 구한 표본의 크기는 실제의 p값을 대입하여 구한 값보다 항상 커진다. 결과적으로 신뢰수준은 증가된다.

정리 9.5

p의 점추정값을 $\hat{p}$이라고 하면 오차가 특정한 값 e를 초과하지 않음을 적어도 $100(1-\alpha)\%$로 확신할 수 있는 표본의 크기는 다음과 같다.

$$n = \frac{z_{\alpha/2}^2}{4e^2}$$

예제 9.16 예제 9.14에서 p의 추정값이 참값으로부터 0.02 이내에 있음을 적어도 95%로 확신할 수 있는 표본의 크기는 얼마인가?

풀이 이 문제는 예제 9.15와 다르게 p의 추정값을 구하기 위한 예비표본조차 없는 경우로 볼 수 있다. 따라서, 정리 9.5를 이용하여 표본의 크기를 구하면

$$n = \frac{(1.960)^2}{(4)(0.02)^2} = 2401$$

을 얻는다. 이 표본의 크기 2401로 구한 추정값을 사용하면 오차가 0.02보다 크지 않음을 적어도 95%로 확신할 수 있다. 예제 9.15와 9.16의 결과로부터 예비표본이나 과거경험으로부터 p에 관한 정보를 얻을 수 있다면, 요구되는 정확도를 유지하면서 표본의 크기를 줄일 수 있다는 사실을 알 수 있다.

9.11 두 모비율 차이의 추정

이제부터 두 이항모수 p_1과 p_2의 차이를 추정하는 문제를 생각해 보기로 하자. 예를 들어, 관심 있는 두 모집단의 흡연자의 비율을 각각 p_1, p_2라고 하자. 여기서 두 모비율의 차이를 추정하려고 한다. 우선, 각각 평균이 n_1p_1과 n_2p_2, 분산이 $n_1p_1q_1$과 $n_2p_2q_2$인 두 이항모집단으로부터 크기 n_1과 n_2인 확률표본을 독립적으로 추출하여 흡연자의 수를 x_1과 x_2로 놓으면, 표본비율은 $\hat{p}_1=x_1/n_1$과 $\hat{p}_2=x_2/n_2$가 된다. 두 모비율의 차이 p_1-p_2의 점추정량은 통계량 $\hat{P}_1-\hat{P}_2$로 주어진다. 따라서, 표본비율의 차이 $\hat{p}_1-\hat{p}_2$가 p_1-p_2의 점추정값으로 이용될 것이다.

p_1-p_2의 신뢰구간은 $\hat{P}_1-\hat{P}_2$의 표본분포로부터 수립될 수 있다. 9.10절에서 $\hat{P}_1$과 $\hat{P}_2$는 각각 평균이 p_1과 p_2, 분산이 p_1q_1/n_1과 p_2q_2/n_2인 정규분포를 근사적으로 따른다는 것을 알았다. 두 모집단으로부터 독립적으로 표본이 추출되기 때문에 확률변수 $\hat{P}_1$과 $\hat{P}_2$는 서로 독립이며, 정리 7.11에 의해서 $\hat{P}_1-\hat{P}_2$는 평균이

$$\mu_{\hat{P}_1-\hat{P}_2}=p_1-p_2$$

이고, 분산이

$$\sigma^2_{\hat{P}_1-\hat{P}_2}=\frac{p_1q_1}{n_1}+\frac{p_2q_2}{n_2}$$

인 정규분포를 근사적으로 따른다. 그러므로

$$P(-z_{\alpha/2}<Z<z_{\alpha/2})=1-\alpha$$

이며, 여기에서 Z는

$$Z=\frac{(\hat{P}_1-\hat{P}_2)-(p_1-p_2)}{\sqrt{p_1q_1/n_1+p_2q_2/n_2}}$$

이고, $z_{\alpha/2}$는 표준정규분포의 오른쪽 면적이 $\alpha/2$가 되는 값이다. 윗식에 Z를 대입하면

$$P\left[-z_{\alpha/2}<\frac{(\hat{P}_1-\hat{P}_2)-(p_1-p_2)}{\sqrt{p_1q_1/n_1+p_2q_2/n_2}}<z_{\alpha/2}\right]=1-\alpha$$

가 된다. 이 부등식을 정리한 후 p_1, p_2, q_1, q_2의 추정값으로 $\hat{p}_1=x_1/n_1$, $\hat{p}_2=x_2/n_2$, $\hat{q}_1=1-\hat{p}_1$, $\hat{q}_2=1-\hat{p}_2$를 대입하면, 다음과 같이 p_1-p_2의 근사적인 $100(1-\alpha)\%$ 신뢰구간이 얻어진다. 이 경우에도 $n_1\hat{p}_1\geq 5$, $n_1\hat{q}_1\geq 5$, $n_2\hat{p}_2\geq 5$, $n_2\hat{q}_2\geq 5$인 조건을 모두 만족시켜야만 적용될 수 있다.

---

p_1-p_2의 신뢰구간 (대표본인 경우)

크기 n_1과 n_2인 확률표본에서 성공비율을 $\hat{p}_1$과 $\hat{p}_2$, 실패비율을 $\hat{q}_1=1-\hat{p}_1$과 $q_2=1-\hat{p}_2$라고 하면, 두 이항모수의 차이 p_1-p_2의 근사적인 $100(1-\alpha)\%$ 신뢰구간은

$$(\hat{p}_1-\hat{p}_2)-z_{\alpha/2}\sqrt{\frac{\hat{p}_1\hat{q}_1}{n_1}+\frac{\hat{p}_2\hat{q}_2}{n_2}}<p_1-p_2<(\hat{p}_1-\hat{p}_2)+z_{\alpha/2}\sqrt{\frac{\hat{p}_1\hat{q}_1}{n_1}+\frac{\hat{p}_2\hat{q}_2}{n_2}}$$

로 주어지며, $z_{\alpha/2}$는 표준정규분포의 오른쪽 면적이 $\alpha/2$가 되는 값이다.

예제 9.17 어느 공장에서 부품조립순서에 따른 불량률을 현재의 방법과 새로운 방법에 대하여 비교하여 그 결과에 따라 조립순서를 변경하려고 한다. 현재의 방법으로 조립된 1,500개의 부품을 조사하였더니 불량품이 75개, 새로운 방법에 의해 조립된 2,000개의 부품 중에서는 불량품이 80개로 나타났다. 현 방법과 새 방법의 불량률 차이에 대한 90% 신뢰구간을 구하라.

풀이 현 방법과 새 방법의 모불량률을 각각 p_1과 p_2로 놓자. 그러면 $\hat{p}_1=75/1500=0.05$, $\hat{p}_2=80/2000=0.04$가 되므로 p_1-p_2의 점추정값은 $\hat{p}_1-\hat{p}_2=0.05-0.04=0.01$이 된다. 표 A.3에서 $z_{0.05}=1.645$를 찾을 수 있으므로 90% 신뢰구간은

$$1.645\sqrt{\frac{(0.05)(0.95)}{1500}+\frac{(0.04)(0.96)}{2000}}=0.0117$$

을 신뢰구간 공식에 대입하면

$$-0.0017 < p_1 - p_2 < 0.0217$$

이 된다. 이 구간에는 0이 포함되어 있기 때문에 새로운 방법에 의한 불량률이 현재의 불량률보다 유의하게 감소되었다고는 할 수 없다.

지금까지 제시된 모든 신뢰구간들은

$$\text{점추정치} \pm K\,\text{s.e.}\ (\text{점추정치})$$

와 같은 형태로 표현되며, 여기에서 K는 t값이나 z값을 나타내는 상수이다. 추정하는 모수가 평균, 평균의 차이, 비율, 혹은 비율의 차이인 경우 모두 이러한 형태를 갖게 되는데, 그것은 t 분포나 Z 분포의 모양이 대칭적이기 때문이다. 그러나 9.12절과 9.13절에서 설명될 분산이나 분산의 비율에 대한 추정의 경우에는 더 이상 이런 대칭적인 신뢰구간으로 표현되지 않는다.

연습문제

다음의 연습문제들에서 단일 모비율의 추정에 관한 문제를 풀 때에는 다른 언급이 없는 한 공식 1을 사용하라.

9.51 난방연료로 어떤 것을 사용하고 있는가를 알아보기 위하여 1,000가구를 확률표본으로 선택하여 조사하였더니 228가구가 기름을 사용하는 것으로 밝혀졌다. 기름난방을 하는 전체 가구

비율에 대한 99% 신뢰구간을 공식 1과 2를 이용하여 구하라.

9.52 어떤 공정에서 크기 100개의 부품을 확률표본으로 추출하여 검사한 결과 8개가 불량품으로 확인되었다. 공정의 모불량률에 대한 95% 신뢰구간을 공식 1과 2를 이용하여 구하라.

9.53 (a) 새로운 통합법률안에 대한 찬성률을 조사하기 위하여 유권자 200명을 확률표본으로 선정하여 조사하였더니 114명이 찬성하는 것으로 나타났다. 이를 근거로 전체 유권자의 찬성률에 대한 96% 신뢰구간을 구하라.
(b) 통합법률안의 찬성률이 0.57 정도로 추정된다면 96%의 확신으로 오차의 크기가 얼마라고 할 수 있는가?

9.54 MP3 플레이어 생산업체에서 제품 500대를 대상으로 시험한 결과 15대가 불량인 것으로 나타났다. 이 제품의 양품 비율에 대한 90% 신뢰구간을 구하라.

9.55 단거리용 소형로켓에 적용될 새로운 발사시스템을 개발하고 있다. 현 발사시스템의 성공확률은 0.8이다. 새로운 시스템으로 발사실험을 40회 한 결과, 34회가 성공적이었다.
(a) 성공률 p의 95% 신뢰구간을 구하라.
(b) 새로운 시스템이 현 시스템보다 더 우수하다고 결론을 내릴 수 있는가?

9.56 어떤 유전학자가 아프리카남성의 순환기질환에 관심을 가지고 있다. 100명의 아프리카남성을 확률표본으로 선택하여 조사하였더니 24명이 순환기질환자로 판명되었다.
(a) 아프리카남성의 순환기질환율에 대한 99% 신뢰구간을 구하라.
(b) 아프리카남성의 순환기질환율이 0.24로 추정된다면 99% 확신으로 오차의 크기가 얼마라고 할 수 있는가?

9.57 (a) Roanoke Times & World News지의 전화여론조사에 따르면 성인 1,600명 중 2/3가 우주정거장개발계획은 국가를 위한 훌륭한 투자라고 지지한다고 한다. 우주정거장개발에 대한 미국성인들의 지지율에 대한 95% 신뢰구간을 구하라.
(b) 우주정거장개발에 대한 미국성인들의 지지율이 2/3로 추정된다면 95% 확신으로 오차의 크기가 얼마라고 할 수 있는가?

9.58 연습문제 9.57에서 1,600명의 성인 중 32%가 우주정거장개발계획은 과학적 탐사에 중점을 두어야 한다고 응답하였다고 한다. 추정된 비율과 모비율 p의 차이가 2% 이내로 됨을 95%로 확신하기 위해서는 몇 명의 성인을 표본추출해야 하는가?

9.59 연습문제 9.53에서 표본의 찬성률과 전유권자의 찬성률의 차이가 0.02 이내로 됨을 96%로 확신하는 데 필요한 표본의 크기는 몇 명이 되어야 하는가?

9.60 연습문제 9.51에서 표본비율이 전체 가구의 기름사용률(모비율)과의 차이가 0.05 이내로 됨을 99%로 확신하는 데 필요한 가구의 수(표본의 크기)를 구하라.

9.61 연습문제 9.52에서 표본불량률과 모불량률의 차이가 0.05 이내로 됨을 98%로 확신하려면 몇 개의 부품을 추출해야 하는가?

9.62 워싱턴 대학의 연구팀에 따르면 녹차나 우롱차를 장기간 마시면 불소가 충분히 공급되어 충치예방을 할 수 있다고 한다. 주민들이 지방정부에 불소가 포함된 수돗물을 공급해 달라는 민원을 신청하였다. 표본에 의한 요청률과 전체 주민의 실제 요청률과의 차이가 1% 이내가 됨을 적어도 99% 이내로 추정하기 위해서는 몇 명의 주민이 조사되어야 하겠는가?

9.63 어떤 도시에서 수도물에 불소를 넣어 공급하는 것에 대한 찬성률을 추정하기 위한 조사가 수행되었다. 표본에 의한 찬성률과 도시 전체의 실제 찬성률과의 차이가 1% 이내로 됨을 적어도 95%로 확신하기 위해서는 몇 명이 조사되어야 하는가?

9.64 핵발전소건설에 대한 찬반 유무를 추정하기 위하여 어떤 도시의 거주자들을 조사하려고 한다. 표본에 의한 찬성률과 거주자 전체의 실제 찬성률의 차이가 0.04 이내로 됨을 적어도 95%로 확신할 수 있으려면 몇 명을 조사해야 하는가?

9.65 어떤 의사가 남성과 여성의 순환기질환율을 알아보기 위하여 각각 1,000명을 대상으로 조사하였다. 진단해 본 결과 남성환자는 250명, 여성환자는 275명으로 판명되었다. 남성과 여성의 순환기질환율의 차이에 대한 95% 신뢰구간을 구하라.

9.66 10개의 공과대학을 표본조사한 결과 전기공학과에는 250명의 학생 중 여학생이 80명, 화학공학과에는 175명의 학생 중 40명이 여학생이었다. 이 두 학과의 여학생 비율의 차이에 대한 90% 신뢰구간을 구하라. 두 비율 간에 유의한 차이가 있는지 판단하라.

9.67 예방접종이 어떤 질병에 효과가 있는가를 조사하기 위한 동물실험이 수행되었다. 쥐 1,000마리는 예방접종을 하지 않은 군으로, 500마리는 예방접종을 한 군으로 분류하여 실험한 결과 1년 후에 각각 120 마리와 98마리의 쥐가 질병에 감염되었다. 예방접종을 하지 않은 쥐의 감염률과 예방접종을 한 쥐의 감염률을 각각 p_1과 p_2라고 할 때 $p_1 - p_2$의 90% 신뢰구간을 구하라.

9.68 원예학과의 한 연구원이 발아실험을 하였다. 5°C에서는 20개의 씨앗 중 10개가, 15°C에서는 20개의 씨앗 중 15개가 발아되었다. 두 온도에서의 발아율 차이에 대한 95% 신뢰구간을 구하고, 유의한 차이가 있는지 판단하라.

9.69 어느 프로농구팀에 대한 학생들의 선호도를 조사하였더니 한 조사에서는 1,000명 중 274명이 좋아하는 것으로 나타났다. 같은 팀에 대하여 다른 조사에서는 760명 중 240명이 좋아하는 것으로 조사되었다. 이 프로농구팀에 대한 두 조사의 팬확보율의 차이에 대한 95% 신뢰구간을 구하고, 유의한 차이가 있는지 판단하라.

9.70 USA Today 신문에 따르면 지방 TV 방송국 편집진의 여성비율이 1990년에는 33.7%, 1994년에는 36.2%였다고 한다. 편집진으로 20

명이 새로 입사했다고 가정하자.

(a) 각 연도였다면 여성이었을 사람의 수를 각각 구하라.

(b) 1994년의 여성비율이 1990년에 비해 높다고 할 수 있는지 95% 신뢰구간을 구하여 판단하라.

9.12 단일 모분산의 추정

분산이 σ^2인 정규모집단으로부터 크기 n인 표본을 취하여 표본분산 s^2을 구하면 이것은 통계량 S^2의 값 하나를 얻은 것과 같다. 이렇게 얻은 표본분산은 σ^2의 점추정값으로 이용되므로 통계량 S^2은 σ^2의 점추정량이 된다.

σ^2의 구간추정값은 다음의 통계량을 이용하면 구할 수 있다.

$$\chi^2 = \frac{(n-1)S^2}{\sigma^2}$$

정리 8.4에 의하면, 표본이 정규분포로부터 추출된 것이라면 통계량 χ^2은 자유도 $n-1$인 카이제곱분포를 따른다. 따라서 그림 9.7에서 보는 것처럼 다음 관계가 성립됨을 알 수 있다.

$$P(\chi^2_{1-\alpha/2} < \chi^2 < \chi^2_{\alpha/2}) = 1 - \alpha$$

여기서, $\chi^2_{1-\alpha/2}$과 $\chi^2_{\alpha/2}$은 자유도 $n-1$인 카이제곱분포에서 오른쪽 면적이 각각 $1-\alpha/2$와 $\alpha/2$가 되는 값이다. 윗식에 확률변수 χ^2을 대입하면

$$P\left[\chi^2_{1-\alpha/2} < \frac{(n-1)S^2}{\sigma^2} < \chi^2_{\alpha/2}\right] = 1 - \alpha$$

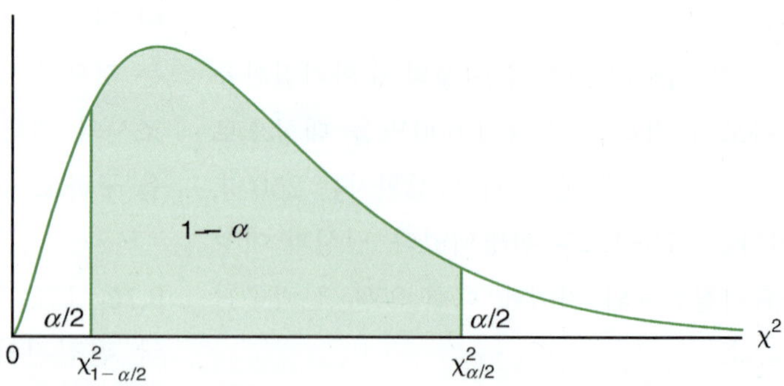

그림 9.7 $P(\chi^2_{1-\alpha/2} < \chi^2 < \chi^2_{\alpha/2}) = 1 - \alpha$

가 된다. 부등식의 각 항을 $(n-1)S^2$으로 나누고 역수를 취하면

$$P\left[\frac{(n-1)S^2}{\chi^2_{\alpha/2}} < \sigma^2 < \frac{(n-1)S^2}{\chi^2_{1-\alpha/2}}\right] = 1-\alpha$$

가 된다. 따라서, 크기 n인 확률표본을 추출하여 표본분산 s^2을 계산하면 σ^2의 $100(1-\alpha)\%$ 신뢰구간이 구해진다.

σ^2의 신뢰구간 정규분포로부터 크기 n인 확률표본의 분산을 s^2이라고 하면 σ^2의 $100(1-\alpha)\%$ 신뢰구간은 다음과 같다.

$$\frac{(n-1)s^2}{\chi^2_{\alpha/2}} < \sigma^2 < \frac{(n-1)s^2}{\chi^2_{1-\alpha/2}}$$

여기서, $\chi^2_{1-\alpha/2}$과 $\chi^2_{\alpha/2}$은 자유도 $n-1$인 카이제곱분포의 오른쪽 면적이 각각 $1-\alpha/2$와 $\alpha/2$가 되는 값이다.

모표준편차 σ의 $100(1-\alpha)\%$ 근사 신뢰구간은 σ^2 의 신뢰상한과 하한에 제곱근을 취하여 얻어진다.

예제 9.18 다음은 어떤 회사에서 판매하는 잔디씨 10봉지의 무게를 측정한 값이다(단위: g).

46.4, 46.1, 45.8, 47.0, 46.1, 45.9, 45.8, 46.9, 45.2, 46.0

이 회사에서 판매하는 모든 잔디씨 봉지의 무게의 분산에 대한 95% 신뢰구간을 구하라. 단, 잔디씨 봉지의 무게는 정규분포를 따른다고 한다.

풀이 우선 측정값 10개의 표본분산을 구하면 다음과 같다.

$$s^2 = \frac{n\sum_{i=1}^{n} x_i^2 - (\sum_{i=1}^{n} x_i)^2}{n(n-1)}$$

$$= \frac{(10)(21,273.12)-(461.2)^2}{(10)(9)} = 0.286$$

다음에 표 A.5에서 $\alpha=0.05$, 자유도 $v=9$일 때 $\chi^2_{0.025}=19.023$과 $\chi^2_{0.975}=2.700$을 찾으면 σ^2의 95% 신뢰구간은

$$\frac{(9)(0.286)}{19.023} < \sigma^2 < \frac{(9)(0.286)}{2.700}$$

이 되며, 간단히 정리하면

$$0.135 < \sigma^2 < 0.953$$

이 된다.

9.13 두 모분산 비의 추정

두 모분산의 비 σ_1^2/σ_2^2의 점추정값은 두 표본분산의 비 s_1^2/s_2^2으로 주어진다. 따라서, 통계량 S_1^2/S_2^2은 σ_1^2/σ_2^2의 점추정량이 된다.

두 정규모집단의 분산을 각각 σ_1^2과 σ_2^2이라고 하면 σ_1^2/σ_2^2의 구간추정값은 다음 통계량을 이용하여 구할 수 있다.

$$F = \frac{\sigma_2^2 S_1^2}{\sigma_1^2 S_2^2}$$

정리 8.8에 의하면 확률변수 F는 자유도 $v_1=n_1-1$, $v_2=n_2-1$인 F 분포를 따른다. 따라서, 그림 9.8에서 보는 것처럼 다음 관계가 성립한다.

$$P[f_{1-\alpha/2}(v_1, v_2) < F < f_{\alpha/2}(v_1, v_2)] = 1 - \alpha$$

여기서, $f_{1-\alpha/2}(v_1, v_2)$와 $f_{\alpha/2}(v_1, v_2)$는 자유도가 v_1, v_2인 F 분포에서 오른쪽 면적이 각각 $1-\alpha/2$와 $\alpha/2$가 되는 값이다. 위의 부등식에 F를 대입하면 다음과 같이 된다.

$$P\left[f_{1-\alpha/2}(v_1, v_2) < \frac{\sigma_2^2 S_1^2}{\sigma_1^2 S_2^2} < f_{\alpha/2}(v_1, v_2)\right] = 1 - \alpha$$

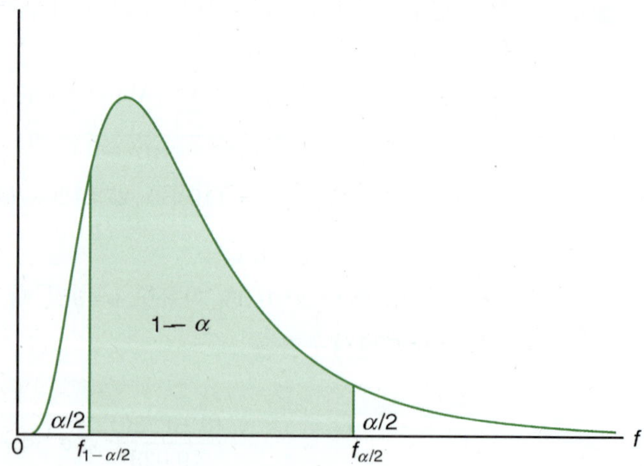

그림 9.8 $P[f_{1-\alpha/2}(v_1, v_2) < F < f_{\alpha/2}(v_1, v_2)] = 1 - \alpha$

이 부등식의 각 항을 S_1^2/S_2^2으로 나누고 역수를 취하면 다음과 같이 된다.

$$P\left[\frac{S_1^2}{S_2^2}\frac{1}{f_{\alpha/2}(v_1,v_2)} < \frac{\sigma_1^2}{\sigma_2^2} < \frac{S_1^2}{S_2^2}\frac{1}{f_{1-\alpha/2}(v_1,v_2)}\right] = 1-\alpha$$

정리 8.7의 결과에 따라 $f_{1-\alpha/2}(v_1, v_2)$는 $1/f_{\alpha/2}(v_2, v_1)$과 같으므로 다음과 같이 다시 쓸 수 있다.

$$P\left[\frac{S_1^2}{S_2^2}\frac{1}{f_{\alpha/2}(v_1,v_2)} < \frac{\sigma_1^2}{\sigma_2^2} < \frac{S_1^2}{S_2^2}f_{\alpha/2}(v_2,v_1)\right] = 1-\alpha$$

이 결과로부터 두 정규모집단에서 독립적으로 추출된 크기 n_1과 n_2인 확률표본의 표본분산 비 s_1^2/s_2^2을 계산하면 두 모분산의 비 σ_1^2/σ_2^2에 대한 $100(1-\alpha)\%$ 신뢰구간이 얻어진다.

σ_1^2/σ_2^2의 신뢰구간

두 정규모집단에서 독립적으로 추출한 크기 n_1과 n_2인 확률표본의 분산을 각각 s_1^2과 s_2^2이라고 하면 σ_1^2/σ_2^2의 $100(1-\alpha)\%$ 신뢰구간은

$$\frac{s_1^2}{s_2^2}\frac{1}{f_{\alpha/2}(v_1,v_2)} < \frac{\sigma_1^2}{\sigma_2^2} < \frac{s_1^2}{s_2^2}f_{\alpha/2}(v_2,v_1)$$

이다. 여기서 $f_{\alpha/2}(v_1, v_2)$와 $f_{\alpha/2}(v_2, v_1)$은 각각 자유도가 $v_1=n_1-1$, $v_2=n_2-1$과 $v_2=n_2-1$, $v_1=n_1-1$인 F 분포에서 오른쪽 면적이 $\alpha/2$가 되는 값이다.

9.12절에서와 같이 두 모표준편차의 비 σ_1/σ_2의 $100(1-\alpha)\%$ 근사 신뢰구간은 σ_1^2/σ_2^2의 신뢰상하한에 제곱근을 취하면 얻어진다.

예제 9.19 제임스강의 유역 1과 2에서 인 함유량을 측정하여 두 모평균의 차이를 추정한 예제 9.12의 자료를 이용하여 유역 1과 2의 인 함유량의 모분산 비 σ_1^2/σ_2^2의 98% 신뢰구간을 구하라. 또, 두 모표준편차의 비 σ_1/σ_2의 98% 신뢰구간도 구하라. 단, σ_1^2과 σ_2^2은 각각 유역 1과 2의 인 함유량의 모분산이다.

풀이 예제 9.12에서 $n_1=15$, $n_2=12$, $s_1=3.07$, $s_2=0.80$이었다. 98% 신뢰구간을 구하려면 α값은 0.02가 되므로, 표 A.6으로부터 보간법을 이용하면 $f_{0.01}(14, 11) \approx 4.30$과 $f_{0.01}(11, 14) \approx 3.87$을 얻을 수 있다. 따라서, σ_1^2/σ_2^2의 98% 신뢰구간은

$$\frac{3.07^2}{0.80^2}\left(\frac{1}{4.30}\right) < \frac{\sigma_1^2}{\sigma_2^2} < \frac{3.07^2}{0.80^2}(3.87)$$

이 되며, 간단히 정리하면

$$3.425 < \frac{\sigma_1^2}{\sigma_2^2} < 56.991$$

이 된다. 한편, 이 신뢰구간의 상한과 하한값에 대하여 제곱근을 취하면 σ_1/σ_2의 98% 신뢰구간은 다음과 같이 얻어진다.

$$1.851 < \frac{\sigma_1}{\sigma_2} < 7.549$$

이 신뢰구간에는 1이 포함되어 있지 않으므로, 예제 9.12에서 가정했던 $\sigma_1 \neq \sigma_2$ 또는 $\sigma_1^2 \neq \sigma_2^2$은 옳다고 할 수 있다.

연습문제

9.71 어떤 자동차용 배터리 제조업자는 자사제품은 평균수명이 3년이고 분산은 1년이라고 주장하고 있다. 이를 입증하기 위해서 5개의 배터리를 확률표본으로 추출하여 수명시험을 한 결과 1.9, 2.4, 3.0, 3.5, 4.2 년으로 나타났다. 이를 기초로 σ^2의 95% 신뢰구간을 구하고, $\sigma^2=1$이라는 주장이 타당한가를 검토하라. 단, 배터리수명은 정규분포를 근사적으로 따른다고 가정한다.

9.72 20명의 학생을 확률표본으로 추출하여 수학과목으로 배치고사를 본 결과 $\bar{x}=72$, $s^2=16$으로 나타났다. 점수는 정규분포를 근사적으로 따른다고 가정할 때 σ^2의 98% 신뢰구간을 구하라.

9.73 연습문제 9.9에서 σ^2의 95% 신뢰구간을 구하라.

9.74 연습문제 9.11에서 σ^2의 99% 신뢰구간을 구하라.

9.75 연습문제 9.12에서 σ의 99% 신뢰구간을 구하라.

9.76 연습문제 9.13에서 σ의 90% 신뢰구간을 구하라.

9.77 연습문제 9.42에서 σ_1과 σ_2를 각각 폭스바겐과 도요타 소형트럭의 연비의 표준편차라고 할 때, σ_1/σ_2의 98% 신뢰구간을 구하라.

9.78 연습문제 9.43에서 σ_1^2/σ_2^2의 90% 신뢰구간을 구하라. 또한 $\sigma_1^2 \neq \sigma_2^2$으로 가정했던 것이 타당한지도 검토하라.

9.79 연습문제 9.46에서 σ_1^2/σ_2^2의 90% 신뢰구간을 구하라. 또한 $\sigma_1^2=\sigma_2^2$으로 가정했던 것이 타당한지도 검토하라.

9.80 연습문제 9.49에서 σ_A^2/σ_B^2의 95% 신뢰구간을 구하라. 분산이 같다는 가정이 타당한지도 검토하라.

9.14 최대우도추정법

지금까지 모수추정량들은 직관적으로 생각했던 것들과 다르지 않았다. 추정량 $\bar{X}$가 모평균 μ의 추정량으로 사용되는 것은 확실히 합리적이다. σ^2의 점추정량 S^2의 장점이 불편성에 있다는 사실도 9.3절에서 강조되었다. 이항모수 p의 점추정량으로서 표본비율이 이용되었는데, 이것 역시 평균의 관점이며 상식에 배치되지 않는다. 그러나 적합한 추정량이 무엇인가에 대하여 전혀 명백하지 않은 상황도 많이 있다. 이 절에서는 여러 가지 추정법의 원리 중에서 **최대우도추정법**(method of maximum likelihood)을 다루기로 한다.

최대우도추정법은 모든 통계적 추론에서 추정에 관한 것으로는 가장 중요한 접근방법 중 하나이다. 여기서 이 방법에 대한 모든 내용을 전개하지는 않을 것이다. 그것보다는 최대우도추정법에 대한 기본개념을 전달하는 동시에 이 장에서 설명된 추정문제와 관련된 예들을 보이고자 한다.

우도함수

명칭이 의미하듯이 최대우도추정법은 **우도함수**(likelihood function)를 최대화하는 것이다. 우도함수를 가장 효과적으로 이해하기 위해서 모수가 하나인 이산형 분포를 예로 들어 설명하자. $X_1, X_2, \cdots, X_n$을 이산형 확률분포 $f(x, \theta)$로부터 취한 독립적인 확률변수라고 하자. 여기서 θ는 이 분포의 모수이다. 그러면 확률변수들의 결합분포는

$$\begin{aligned} L(x_1, x_2, \ldots, x_n; \theta) &= f(x_1, x_2, \ldots, x_n; \theta) \\ &= f(x_1, \theta) f(x_2, \theta) \cdots f(x_n, \theta) \end{aligned}$$

가 된다. 이 결합분포를 우도함수라고 한다. 우도함수의 변수는 x가 아니라 θ임에 주의해야 한다. $x_1, x_2, \cdots, x_n$을 표본의 값이라고 놓자. 이산형 확률변수인 경우의 해석은 분명하다. 표본의 우도, 즉 $L(x_1, x_2, \cdots, x_n; \theta)$는 결합확률

$$P(X_1 = x_1, X_2 = x_2, \ldots, X_n = x_n | \theta)$$

가 된다. 다시 말하면, 이것은 표본값 $x_1, x_2, \cdots, x_n$을 얻을 확률이다. 이산형인 경우의 최대우도추정량은 이 결합확률, 즉 표본의 우도를 최대화시키는 것이 된다.

조립라인에서 부품 3개를 검사하는 예를 생각해 보자. 부품들은 양 또는 불량으로 판정되기 때문에 베르누이 과정이 적용된다. 부품 3개를 시험하였더니 첫 번

째와 두 번째 부품은 불량품, 세 번째 부품은 양품으로 판정되었다. 조립공정에서 불량률 p의 추정에 관심이 있다고 할 때, 이 예에 대한 표본의 우도는 $q=1-p$라고 하면

$$p \cdot p \cdot q = p^2 q = p^2 - p^3$$

이 된다. 최대우도추정법을 이용하면 우도를 최대화시키는 p의 추정값을 얻을 수 있다. 즉, 위의 우도를 p로 미분한 것을 0으로 놓고 p값을 구하면

$$\hat{p} = \frac{2}{3}$$

임을 쉽게 알 수 있다.

물론, 이 경우 $\hat{p}=2/3$은 표본불량률이며 불량률로서 합리적인 추정량이 되고 있다. 여기서 최대우도추정법의 원리는, 표본에 근거한 모수의 합리적인 추정량은 "그 표본을 얻을 수 있는 확률을 최대화시키는 모수값"이라는 것을 이해해야 한다. 우도는 표본값들을 관측할 결합확률이므로 이러한 해석은 이산형인 경우에 해당된다.

정의 9.3

확률밀도함수(연속형) 또는 확률질량함수(이산형) $f(x,\theta)$로부터 독립적인 관측값 $x_1, x_2, \cdots, x_n$이 주어질 때, 최대우도추정량 $\hat{\theta}$은 다음의 우도함수를 최대화시키는 것이다.

$$L(x_1, x_2, \ldots, x_n; \theta) = f(x_1, \theta) f(x_2, \theta) \cdots f(x_n, \theta)$$

우도함수의 최대값을 구할 경우에는 종종 우도함수에 자연로그를 취하면 편리하다. 포아송 분포의 모수 μ에 대한 최대우도추정값을 구하는 다음의 예를 보기로 하자.

예제 9.20 다음과 같은 확률질량함수를 가지는 포아송 분포를 생각해 보자.

$$f(x|\mu) = \frac{e^{-\mu}\mu^x}{x!}, \quad x = 0, 1, 2, \ldots.$$

확률표본 $x_1, x_2, \cdots, x_n$을 이 분포로부터 독립적으로 얻어진 것으로 가정할 때, μ의 최대우도추정값은 무엇인가?

풀이 우도함수는

$$L(x_1, x_2, \ldots, x_n; \mu) = \prod_{i=1}^{n} f(x_i|\mu) = \frac{e^{-n\mu}\mu^{\sum_{i=1}^{n} x_i}}{\prod_{i=1}^{n} x_i!}$$

가 되고, 이 식의 양변에 자연로그를 취하고 μ로 편미분하면 다음과 같이 된다.

$$\ln L(x_1, x_2, \ldots, x_n; \mu) = -n\mu + \sum_{i=1}^{n} x_i \ln \mu - \ln \prod_{i=1}^{n} x_i!$$

$$\frac{\partial \ln L(x_1, x_2, \ldots, x_n; \mu)}{\partial \mu} = -n + \sum_{i=1}^{n} \frac{x_i}{\mu}$$

최대우도추정값 μ을 구하기 위해 윗식을 0으로 놓고 μ에 대하여 정리하면

$$\hat{\mu} = \sum_{i=1}^{n} \frac{x_i}{n} = \bar{x}$$

가 얻어진다. μ는 포아송 분포(제5장 참조)의 평균이므로 표본평균은 확실히 합리적인 추정량임에 틀림이 없다.

다음 예제에서는 모수가 두 개일 경우에 최대우도추정법을 이용하여 추정값을 구하는 방법을 보일 것이다. 이 방법 역시 우도함수를 동시에 최대화시키는 모수값을 찾는 것이다.

예제 9.21 $x_1, x_2, \cdots, x_n$을 $N(\mu, \sigma)$인 정규분포로부터 추출한 확률표본이라고 할 때, μ와 σ^2의 최대우도추정량을 구하라.

풀이 정규분포의 우도함수는

$$L(x_1, x_2, \ldots, x_n; \mu, \sigma^2) = \frac{1}{(2\pi)^{n/2}(\sigma^2)^{n/2}} \exp\left[-\frac{1}{2}\sum_{i=1}^{n}\left(\frac{x_i - \mu}{\sigma}\right)^2\right]$$

이 되고, 양변에 자연로그를 취하고 μ와 σ^2으로 편미분하면

$$\ln L(x_1, x_2, \ldots, x_n; \mu, \sigma^2) = -\frac{n}{2}\ln(2\pi) - \frac{n}{2}\ln \sigma^2 - \frac{1}{2}\sum_{i=1}^{n}\left(\frac{x_i - \mu}{\sigma}\right)^2$$

$$\frac{\partial \ln L}{\partial \mu} = \sum_{i=1}^{n} \left(\frac{x_i - \mu}{\sigma^2} \right), \qquad \frac{\partial \ln L}{\partial \sigma^2} = -\frac{n}{2\sigma^2} + \frac{1}{2(\sigma^2)^2} \sum_{i=1}^{n} (x_i - \mu)^2$$

이 된다. 윗식을 0으로 놓으면

$$\sum_{i=1}^{n} x_i - n\mu = 0 , \qquad n\sigma^2 = \sum_{i=1}^{n} (x_i - \mu)^2$$

이 얻어진다. 따라서, μ와 σ^2에 대하여 정리하면 최대우도추정량은

$$\hat{\mu} = \frac{1}{n} \sum_{i=1}^{n} x_i = \bar{x}$$

$$\hat{\sigma}^2 = \frac{1}{n} \sum_{i=1}^{n} (x_i - \bar{x})^2$$

2차 미분행렬을 계산해 보면 위에서 구한 해들이 우도함수를 최대화한다는 것을 확인할 수 있다.

모분산 σ^2의 최대우도추정량과 이 장 앞부분에서 전개했던 불편추정량 S^2과의 차이점을 살펴보는 것도 흥미로운 일이다. 두 추정량의 분자는 같지만 불편추정량의 분모는 자유도 $n-1$이고 최대우도추정량은 n이다. 따라서, 최대우도추정량은 불편성의 원리를 만족시키지 못하고 있다. 그렇지만 최대우도추정량은 매우 중요한 점근성질(asymptotic property)을 가지고 있다.

예제 9.22 10마리의 쥐에 암세포를 주사한 후 다시 항암제를 투여하여 생존시간(개월)을 기록한 결과 14, 17, 27, 18, 12, 8, 22, 13, 19, 12개월을 얻었다. 수명은 지수분포를 따른다고 가정하여 평균생존시간에 대한 최대우도추정치를 구하라.

풀이 제6장으로부터 지수분포의 밀도함수는 다음과 같다.

$$f(x;\beta) = \begin{cases} \frac{1}{\beta} e^{-x/\beta}, & x > 0 \\ 0, & \text{다른 곳에서} \end{cases}$$

따라서, 크기 10인 표본에 대한 로그 우도함수는

$$\ln L(x_1, x_2, \ldots, x_{10}; \beta) \quad = -10 \ln \beta - \frac{1}{\beta} \sum_{i=1}^{10} x_i$$

이다. 구하는 모수 β로 편미분한 후 0으로 놓고 정리하면

$$\frac{\partial \ln L}{\partial \beta} = -\frac{10}{\beta} + \frac{1}{\beta^2}\sum_{i=1}^{10} x_i = 0$$

$$\hat{\beta} = \frac{1}{10}\sum_{i=1}^{10} x_i = \bar{x} = 16.2$$

로그 우도함수를 2차 미분하고 위에서 구한 $\hat{\beta}$값을 대입하면 음수가 되므로, 모평균의 최대우도추정량은 표본평균 $\bar{x}$이다.

예제 9.23 다음의 밀도함수로부터 표본 12, 11.2, 13.5, 12.3, 13.8, 11.9가 추출되었다. 분포의 모수 θ에 대한 최대우도추정치를 구하라.

$$f(x;\theta) = \begin{cases} \frac{\theta}{x^{\theta+1}}, & x > 1 \\ 0, & \text{다른 곳에서}, \ \theta > 0 \end{cases}$$

풀이 우도함수는

$$L(x_1, x_2, \ldots, x_{10}; \theta) = \prod_{i=1}^{n} \frac{\theta}{x_i^{\theta+1}} = \frac{\theta^n}{(\prod_{i=1}^{n} x_i)^{\theta+1}}$$

이므로 로그를 취하면

$$\ln L(x_1, x_2, \ldots, x_{10}; \theta) = n\ln(\theta) - (\theta+1)\sum_{i=1}^{n} \ln(x_i)$$

이다. 모수 θ로 편미분하여 0으로 놓고 정리하면

$$0 = \frac{\partial \ln L}{\partial \theta} = \frac{n}{\theta} - \sum_{i=1}^{n} \ln(x_i)$$

$$\hat{\theta} = \frac{n}{\sum_{i=1}^{n} \ln(x_i)}$$

$$= \frac{6}{\ln(12)+\ln(11.2)+\ln(13.5)+\ln(12.3)+\ln(13.8)+\ln(11.9)} = 0.3970$$

$\ln L$을 2차 미분하면 $-n/\theta^2 < 0$이므로 우도함수는 $\hat{\theta}$에서 최대값을 갖는다.

최대우도추정의 특징

최대우도추정의 원리를 완전히 설명하기에는 이 책의 범위를 벗어나지만 통계적 추론에서 항상 핵심적 주제로 대두되고 있다. 최대우도추정법을 이용하려면 적합한 추정량을 결정하는 데 필요한 분포에 대한 지식을 상당히 갖추고 있지 않으면 안 된다. 즉, 이 방법은 분포에 대한 근본적 지식 없이는 적용될 수 없다. 최대우도추정량이 불편성을 반드시 만족시키지 않는다는 사실은 예제 9.21에서 알았다. 최대우도추정량은 극한에서 불편성을 만족시킨다. 즉, 최대우도추정량의 편의 정도는 표본의 크기를 크게 할수록 0으로 수렴한다. 이 장 첫머리에서 추정량의 분산과 직접 관련된 효율성의 개념을 설명하였다. 따라서, 최대우도추정량은 극한에서 바람직한 성질, 즉 효율성을 가짐을 알 수 있다. 더 자세한 내용은 Lehman의 저서를 참고하기 바란다.

연습문제

9.81 성공확률 p를 모수로 한 베르누이 과정에서 n회의 독립시행을 $x_1, x_2, \cdots, x_n$이라고 하자. 즉, r회의 성공확률은 $\binom{n}{r}p^r(1-p)^{n-r}$로 주어진다. 모수 p의 최대우도추정량을 유도하라.

9.82 6.9절의 로그정규분포로부터 표본 $x_1, x_2, \cdots, x_n$을 얻었다고 하자.

(a) 우도함수를 구하라.

(b) 모수 μ와 σ^2에 대한 최대우도추정량을 구하라.

9.83 6.6절의 감마분포로부터 표본 $x_1, \cdots, x_n$을 얻었다고 하자. 모수 α의 값이 5로 알려져 있을 때 모수 β에 대한 최대우도추정량을 구하라.

9.84 다음의 와이블 분포에 대해 표본 $x_1, x_2, \cdots, x_n$을 얻었다고 하자.

$$f(x) = \begin{cases} \alpha\beta x^{\beta-1}e^{-\alpha x^{\beta}}, & x > 0 \\ 0, & \text{다른 곳에서} \end{cases}$$

(a) 우도함수를 구하라.

(b) 모수 α와 β에 대한 최대우도추정량을 구할 수 있는 식을 유도하라.

9.85 균일분포 $U(0,\theta)$, $\theta > 0$로부터 표본 $x_1, \cdots, x_n$을 얻었을 때 θ에 대한 최대우도추정량을 구하라.

9.86 6.6절의 감마분포로부터 표본 $x_1, x_2, \cdots, x_n$을 얻었다고 하자.

(a) 우도함수를 구하라.

(b) 모수 α와 β에 대한 최대우도추정량을 구할 수 있는 식을 유도하라.

9.87 무좀이 있는 사람이 무좀약을 바르고 나았다고 하자. 이것은 치료될 확률이 p인 다음의 베르누이 분포

$$f(x) = p^x q^{1-x}, \quad x = 0, 1$$

에서 표본이 x=1로 주어진 것으로 생각할 수 있다. $\hat{p}$=1.0이 p의 최대우도추정치임을 보여라.

9.88 5.4절의 음이항분포로부터 표본 x를 얻었다고 하자. k가 주어졌을 때 p에 대한 최대우도추정량을 구하라.

가설검정

10장

10.1 통계적 가설

과학자나 기술자들이 직면하고 있는 문제는 제9장에서 설명한 모수추정보다는 자료를 근거로 하여 어떤 과학적 시스템에 대한 결론을 도출할 수 있는 의사결정절차를 수립하는 데 있다. 예를 들면, 의학자가 커피를 마시는 것이 암에 걸릴 위험성을 증가시키는가를 실험결과에 근거하여 결정하려는 것, 기술자가 두 계측기의 정확성에 차이가 있는가를 표본자료를 근거로 결정하려는 것, 또는 사회학자가 사람의 혈액형과 눈동자의 색깔은 독립적 관계인지를 결정하기 위해서 적절한 자료를 수집하려는 경우 등이다. 이와 같이 과학자나 기술자는 시스템에 대하여 그 무엇을 가정하거나 추측하고 있다. 또한 이러한 가정이나 추측들에는 실험자료가 사용되어야 하며 이 자료에 근거하여 의사결정이 이루어 져야 한다. 따라서 추측은 통계적 가설로 수립될 수 있으며, 이와 함께 통계적 가설을 채택 또는 기각하는 절차는 통계적 추론의 중요한 부분을 차지한다. 우선 **통계적 가설**(statistical hypothesis)의 의미부터 정의하기로 하자.

정의 10.1 **통계적 가설**이란 단일 또는 여러 모집단에 관한 주장 또는 가정이다.

통계적 가설의 진위 여부는 모집단 전체를 조사하지 않는 한 100% 확실하게 알 수 없다. 그러나 많은 경우에 있어서 모집단 전체를 조사한다는 것은 현실적으로 불가능하다. 따라서, 모집단으로부터 확률표본을 추출하고, 이 표본에 포함된 정보를 이용하여 통계적 가설을 뒷받침할 수 있는 증거를 찾게 된다. 즉, 표본에서 얻은 정보가 가설과 일치하지 않으면 그 가설을 기각한다.

가설검정에서의 확률의 역할

가설검정에 의한 의사결정시 '잘못된 결론을 내릴 확률'에 주의해야 한다. 예를 들면, "어떤 공정의 불량률 p는 0.1이다"를 기술자가 가정한 추측(가설)이라고 하자.

이 주장을 확인하기 위하여 제품 100개를 검사하였더니 12개가 불량품으로 판정되었다고 하자. 이 증거만으로 가설 $p=0.1$을 반박하기에 곤란하며, 따라서 이 가설은 기각되지 않는다. 그렇지만 이 표본의 증거만으로 $p=0.12$ 심지어 $p=0.15$까지 반박되지 않을 수도 있다. 결론적으로 말하자면, 가설의 기각은 **표본의 증거에 의해 가설을 반박할 수 있다**는 것을 의미한다. 바꾸어 말해서, 가설의 기각은 그 가설이 사실이라면 얻어질 확률이 아주 작은 증거가 표본에서 나타났다는 것을 의미한다. 예를 들면, 앞서의 불량률에 대한 가설에서 100개의 제품 중 20개가 불량품으로 밝혀졌다면, 확률적으로 그 가설을 기각할 수 있는 증거는 충분하게 된다. 왜냐 하면, 모불량률이 $p=0.1$인 공정이라면 제품 100개 중 불량품이 20개 이상 나타날 확률은 근사적으로 0.002에 가까운 작은 값이 되기 때문이다. 잘못된 결론이 내려질 위험이 극히 적기 때문에 가설 $p=0.1$을 기각해도 안심이 된다는 생각에서이다. 다시 말하면, 가설의 기각은 설정된 가설을 제외시키려는 것이다. 반면에 가설의 채택, 더 정확하게 말하자면 가설의 기각 실패가 다른 가능성들을 제외시키는 것이 아니라는 점을 인식하는 것이 매우 중요하다. 결과적으로 확고부동한 결론은 가설이 기각될 때 확립된다고 할 수 있다.

어느 과학자가 자신의 주장을 강하게 뒷받침하려는 데 관심을 두고 있다면, 가설이 기각됨으로써 자신의 주장이 옹호되기를 바랄 것이다. "커피를 마시는 것이 암 발생률을 증가시킨다"는 주장을 강력하게 제기한 의학연구자가 자신의 주장에 대한 증거를 확인하기 위해 서는 "커피를 많이 마시는 것이 암 발생률을 증가시키지 않는다"고 가설을 세워야 한다. 결국 주장은 가설의 기각을 통하여 관철된다. 마찬가지로 두 계측기 중 한 계측기가 다른 계측기에 비해 더 정확하다는 주장을 뒷받침하기 위하여 기술자는 "두 계측기의 정확도에는 차이가 없다"는 가설을 검정하게 된다. 위의 예는 연구자가 가설검정에 의해 자신의 실험결과를 주장하고자 할 때에는 **가설의 서술**(statement of the hypothesis)이 매우 중요하다는 것을 의미한다.

귀무가설과 대립가설

가설검정은 **귀무가설**(null hypothesis)이란 용어의 정의로부터 시작된다. 귀무가설은 검정하려는 어떤 가설에 해당하며 H_0로 표시된다. H_0를 기각하면 H_1으로 표시되는 **대립가설**(alternative hypothesis)이 채택된다. 가설검정의 원리를 이해하기 위해서는 귀무가설과 대립가설의 서로 다른 역할을 잘 이해하는 것이 매우 중요하다. 대립가설 H_1은 일반적으로 알고자하는 질문이나 검정하려는 이론 등을 나타내므로 이것을 잘 규정해야 한다. 귀무가설 H_0는 H_1을 무효화하는 것으로서, 논리적으로는 H_1에 상반되는 것이라고 할 수 있다. 가설검정을 통해 분석자는 다음의 두 결론 중 하나를 선택하게 된다.

H_0 기각 : 자료로부터 충분한 증거가 얻어졌으므로 H_1을 지지함.

H_0 기각 못함 : 자료로부터 충분한 증거가 얻어지지 않았음.

이 결론에는 'H_0 채택' 이라는 용어가 사용되지 않는다는 점을 주의해야 한다. H_0에 기술된 주장은 H_1에서 주장하는 새로운 아이디어나 가설과는 반대로 '현재 상태'를 나타낸다. 위의 공정 불량률 예에서 제기되는 문제는 공정의 불량률이 더 이상 0.10이 아니고 이보다는 클 것 같다는 것이다. 이 경우의 가설들은 다음과 같이 쓰면 될 것이다.

$$H_0:\ p = 0.10$$
$$H_1:\ p > 0.10$$

제품 100개 중 12개의 불량품이 나온 것으로는 $p=0.10$을 반박할 수 없고, 따라서 결론은 'H_0 기각 못함' 이 된다. 그러나 100개 중에서 20개의 불량품이 나왔다면, H_1을 맞는 것으로 보고 'H_0 기각' 이라는 결론을 내리게 될 것이다.

가설검정은 과학기술계에서 널리 사용되는 방법이지만, 이 방법을 가장 잘 묘사하는 것은 아마도 법정 재판일 것이다. 이 경우 귀무가설과 대립가설은 다음과 같다.

H_0 : 피고는 무죄

H_1 : 피고는 유죄

피고가 기소된 것은 유죄가 의심스럽기 때문이지만, 명백한 증거로 H_1이 채택되기 전까지는 귀무가설 H_0는 그대로 유지된다. 그러나 이 경우 'H_0 기각 못함' 이라는 결론이 내려지더라도 이것이 피고가 무죄라는 것을 의미하는 것은 아니며, 단지 유죄로 선고할 만한 충분한 증거가 없다는 것을 의미할 뿐이다. 따라서, 배심원은 H_0를 채택하는 것이 아니라 H_0를 기각하지 못하는 것이다.

10.2 통계적 가설의 검정

모집단에 대한 통계적 가설을 검정하는 과정에 사용되는 개념을 설명하기 위하여 다음의 예를 들어 보자. 현재 사용되는 감기백신은 예방효과가 25%이며, 2년 동안 지속된다고 알려져 있다. 새로 개발된 감기백신의 예방효과를 검증하기 위하여 20명을 무작위로 추출하여 예방접종을 하였다. 사실상 이러한 연구를 수행할 때에는 새로운 백신의 접종대상은 수천 명이 되어야 하지만, 여기서는 통계적 가설검정을 수행하는 절차를 보이기 위하여 20명으로 하였다. 새로운 백신을 접종한 사람 중에서 8명을 초과하여 2년 동안 감기에 걸리지 않았다면 새로운 백신은 현재 사용되는 백신보다 더 효과적이라고 여길 것이다. 여기서 감기에 걸리지 않은 사람이 8명을 초과한다는 기준은 어느 정도 임의적이긴 하지만, 현재의 백신이 20명 중 5명 정도가 예방효과가 있을 것으로 기대되므로 설득력이 있는 기준이 될 수 있다. 또한, 여기서 검정하려는 귀무가설은 "새로운 백신의 효과는 현재 백신의 효과와 같다"가 되며, 이에 대한 대립가설은 "새로운 백신이 실제로 현재의 백신보다 더 효과적이다"가 된다. 이것은 주어진 시행의 성공확률인 이항모수가 대립가설 $p > 1/4$에 대하여 귀무가설 $p=1/4$을 검정하는 것과 동일하다. 이것을 표현하면 다음과 같이 된다.

$$H_0:\ p = 0.25$$
$$H_1:\ p > 0.25$$

검정통계량

결론을 내릴 때 근거가 되는 **검정통계량**(test statistic)은 새로운 백신을 접종한 표본에서 예방효과가 있는 사람의 수 X가 된다. 이 X는 0부터 20까지의 값을 가지며, 이 값을 8과 같거나 작을 경우와 8보다 클 경우로 나누어 보자. 그러면 8보다 큰 모든 값은 **기각역**(critical region)이 되며, 기각역의 경계값을 **기각값**(critical value)이라고 부른다. 따라서, 이 예에서 기각값은 8이 됨을 알 수 있다. 그러므로, $x > 8$이면 H_0를 기각하고 $x \le 8$이면 H_0를 기각하지 않는다. 이러한 결정기준을 나타내면 그림 10.1과 같다.

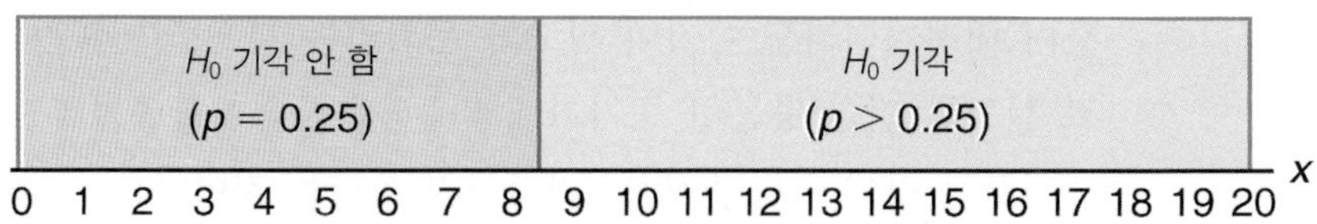

그림 10.1 $p > 0.25$에 대한 $p=0.25$의 검정의 결정기준

제 1 종 과오를 범할 확률

지금까지 설명한 결정절차에는 두 가지 잘못된 결론 중 어느 하나를 범할 가능성이 있다. 예를 들면, 사실은 새로운 백신과 현재의 백신의 효과에는 차이가 없음에도 불구하고, 새로운 백신을 접종한 특정한 표본 20명 중에서 8명을 초과하여 2년 동

안 감기에 걸리지 않았다는 결과 때문에 새로운 백신이 현재의 백신보다 더 효과적이라고 주장할 수도 있다. 따라서, 이 경우에는 사실은 H_0가 참인데도 H_0를 기각하는 과오를 범하는 것이 된다. 이러한 과오를 **제 1 종 과오**(type I error) 또는 **제 1 종 오류**라고 부른다.

정의 10.2 귀무가설이 참일 때 이를 기각하는 것을 **제 1 종 과오**라고 한다.

한편, 사실은 새로운 백신이 현재의 백신의 효과보다 좋은데도 불구하고, 새로운 백신을 접종한 특정한 표본 20명 중에서 8명 이하가 2년 동안 감기에 걸리지 않았다는 결과 때문에 새로운 백신이 현재의 백신보다 효과적이지 못하다고 주장할 수도 있다. 이 경우에는 사실은 H_0가 거짓인데 H_0를 기각하지 않고 있다. 이러한 과오를 **제 2 종 과오**(type II error) 또는 **제 2 종 오류**라고 부른다.

정의 10.3 귀무가설이 거짓일 때 이를 기각하지 않는 것을 **제 2 종 과오**라고 한다.

따라서, 어떤 가설검정에서 결정의 옳고 그름을 판단할 때에는 표 10.1과 같이 네 가지 가능한 상황이 나타나게 된다.

표 10.1 통계적 가설검정시 발생가능한 상황

	H_0가 참일 때	H_0가 거짓일 때
H_0 기각 안 함	옳은 결정	제 2 종 과오
H_0 기각	제 1 종 과오	옳은 결정

제 1 종 과오를 범할 확률을 **유의수준**(level of significance)이라고 하며 α로 나타낸다. 앞의 예에서 제 1 종 과오는 사실은 새로운 백신과 현재의 백신의 효과는 같은데도 불구하고 20명 중에서 8명을 초과하여 새로운 백신으로 효과를 볼 때 발생할 것이다. 따라서, X를 적어도 2년 동안 감기에 걸리지 않은 사람수라고 하면 제 1 종 과오의 크기 α는 다음과 같이 구해진다.

$$
\begin{aligned}
\alpha &= P(\text{ 제1종 과오 }) = P\left(X > 8 \mid p = \frac{1}{4}\right) = \sum_{x=9}^{20} b\left(x; 20, \frac{1}{4}\right) \\
&= 1 - \sum_{x=0}^{8} b\left(x; 20, \frac{1}{4}\right) = 1 - 0.9591 = 0.0409
\end{aligned}
$$

따라서, 이 예는 귀무가설 p=1/4이 유의수준 α=0.0409에서 검정된다고 말할 수 있다. 때로는 유의수준을 **검정의 크기**(size of the test)라고도 부른다. 검정의 크기가 0.0409 정도로 매우 작기 때문에 제1종 과오를 범할 가능성은 거의 없다고 할 수 있다. 따라서, 현재의 시장에서 판매되는 백신과 동일한 성분을 갖는 새로운 백신이 판매되더라도 20명 중에서 8명을 초과하여 면역을 가질 가능성은 거의 기대하기 어렵다는 결론에 도달한다.

제2종 과오를 범할 확률

제2종 과오를 범할 확률 β는 대립가설이 특정한 값으로 설정되지 않으면 계산할 수 없다. 대립가설 p=1/2에 대한 귀무가설 p=1/4을 검정할 경우, 귀무가설이 거짓일 때 H_0를 기각하지 않는 확률을 계산할 수 있다. 앞의 예에서 p=1/2일 때 20명 중 8명 이하가 면역을 가질 확률은 다음과 같이 계산된다.

$$\beta = P(\text{제2종 과오}) = P\left(X \leq 8 \mid p = \frac{1}{2}\right)$$
$$= \sum_{x=0}^{8} b\left(x; 20, \frac{1}{2}\right) = 0.2517$$

비교적 큰 이 확률값은 새로운 백신이 사실은 현재의 백신보다 효과가 더 좋은데도 검정결과로 인하여 새로운 백신이 기각될 가능성의 정도를 의미한다. 이상적인 검정은 제1종 및 2종 과오가 모두 작아지도록 설계된 것이다.

검정을 수행하는 사람은 새로운 백신의 효과가 비싼 가격에 비해 의미를 가질 만큼 월등히 높지 않을 경우에는 제2종 과오를 범하려고 할 수도 있다. 즉, p의 참값이 적어도 0.7인 경우에만 제2종 과오를 억제하려 한다고 하자. 그러면 p=0.7일 때 β의 크기는 다음과 같이 구해진다.

$$\beta = P(\text{제2종 과오}) = P(X \leq 8 \mid p = 0.7)$$
$$= \sum_{x=0}^{8} b(x; 20, 0.7) = 0.0051$$

제2종 과오를 범할 확률이 이처럼 작기 때문에 새로운 백신의 효과가 70% 일 때 귀무가설이 기각되지 않는 경우는 거의 없을 것이다. p의 참값이 1에 가까워질수록 β값은 0으로 감소한다.

α, β, 표본크기의 역할

검정하는 사람이 대립가설 $p=1/2$가 사실일 경우에 범할 수 있는 제2종 과오의 크기 0.2517조차도 범하지 않으려 한다고 하자. 이것은 β의 감소를 원하는 것이 되므로 기각역의 크기를 증가시키면 목적을 달성할 수 있다. 예를 들어, 앞의 예에서 기각값을 7명을 초과하는 것으로 변경시키면 7보다 큰 모든 값은 기각역에 해당되고, 7보다 같거나 작은 모든 값은 비기각역에 해당된다. 대립가설 $p=1/2$에 대하여 귀무가설 $p=1/4$을 검정하면 α와 β값은

$$\alpha = \sum_{x=8}^{20} b\left(x; 20, \frac{1}{4}\right) = 1 - \sum_{x=0}^{7} b\left(x; 20, \frac{1}{4}\right) = 1 - 0.8982 = 0.1018$$

$$\beta = \sum_{x=0}^{7} b\left(x; 20, \frac{1}{2}\right) = 0.1316$$

이 된다.

기각값이 변함에 따라 제1종 과오를 범할 확률이 0.0409에서 0.1018로 증가된 반면에, 제2종 과오를 범할 확률은 0.2517에서 0.1316으로 감소되었다. 이 사실로부터 표본의 크기를 일정하게 할 때, 어느 한쪽 과오의 확률이 감소되면 다른 한쪽 과오의 확률은 증가된다는 것을 알 수 있다. 다행스럽게도 **제1종 및 2종 과오를 범할 확률은 표본의 크기를 증가시키면 동시에 감소시킬 수 있다.** 이를 확인하기 위하여 앞의 예에서 확률표본의 크기를 20명에서 100명으로 증가시켜서 새로운 백신을 접종하였다고 하자. 이 중에서 36명을 초과하여 예방효과를 보았다면 귀무가설 $p=1/4$은 기각되고 대립가설 $p>1/4$이 채택된다고 하자. 지금은 기각값이 36이므로 기각역은 36을 초과하는 모든 값으로, 비기각역은 36과 같거나 작은 모든 값으로 구성된다.

이 경우의 제1종 과오를 범할 확률을 구하기 위하여 정규근사법을 이용하면

$$\mu = np = (100)\left(\frac{1}{4}\right) = 25$$

$$\sigma = \sqrt{npq} = \sqrt{(100)(1/4)(3/4)} = 4.33$$

이 되므로, 그림 10.2의 $x=36.5$보다 큰 부분의 면적이 제1종 과오 α가 된다. 이 면적을 구하기 위하여 $x=36.5$를 표준화시키면

$$z = \frac{36.5 - 25}{4.33} = 2.66$$

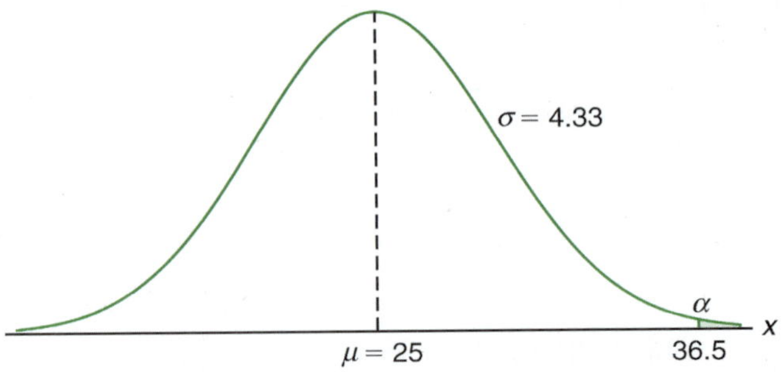

그림 10.2 제1종 과오의 확률

이 된다.

따라서, α 값은 표 A.3을 이용하면 다음과 같이 구해진다.

$$\alpha = P(\text{제1종 과오}) = P\left(X > 36 \mid p = \frac{1}{4}\right) \approx P(Z > 2.66)$$
$$= 1 - P(Z < 2.66) = 1 - 0.9961 = 0.0039$$

한편, H_0가 거짓이고 H_1이 참으로서 p=1/2이면 정규근사법으로 제2종 과오의 확률을 구할 수 있다. 즉,

$$\mu = np = (100)(1/2) = 50$$
$$\sigma = \sqrt{npq} = \sqrt{(100)(1/2)(1/2)} = 5$$

이므로 H_1이 참일 때 비기각역에 떨어질 확률은 그림 10.3에서 알 수 있듯이 x=36.5의 왼쪽 면적을 구하면 된다. 따라서 x=36.5를 표준화하면

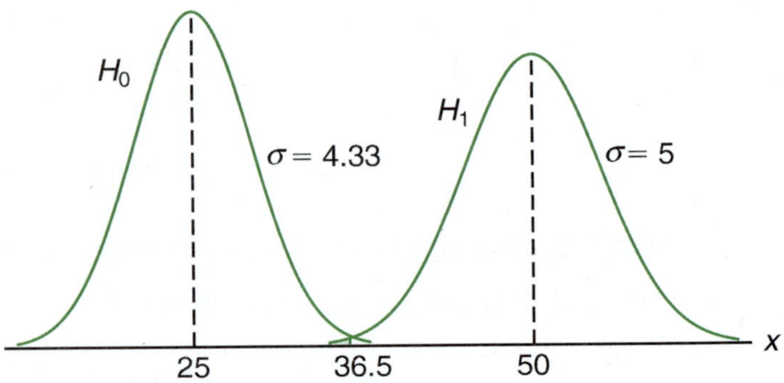

그림 10.3 제2종 과오의 확률

$$z = \frac{36.5 - 50}{5} = -2.7$$

이므로, 제2종 과오의 크기는

$$\beta = P(\text{제2종 과오}) = P\left(X \le 36 \mid p = \frac{1}{2}\right) \approx P(Z < -2.7) = 0.0035$$

가 된다. 이 결과로부터 표본의 크기를 크게 했을 때 제1종 및 2종 과오는 그렇지 않을 때보다 매우 적게 발생하고 있음을 분명히 알 수 있다.

위의 예의 결과는 가설검정을 할 때 어떠한 전략을 수립하는 것이 좋은가를 강조하고 있다. 귀무가설과 대립가설을 설정한 다음에는 검정의 민감도를 고려하는 것이 중요하다. 즉, 고정된 α에 대하여 H_0가 사실이 아닐 때 잘못되어 H_0가 채택되는 확률(즉, β의 값)을 합리적으로 결정해야 한다. 이와 같은 방식으로 α와 β의 합리적인 균형을 이루게 되는 표본의 크기를 구할 수 있다.

연속형 확률변수의 예

지금까지 설명한 검정의 개념은 이산형인 경우이지만 연속형인 경우에도 그대로 적용된다. 어떤 대학교 남학생의 평균체중은 68kg이라는 귀무가설과 68kg이 아니라는 대립가설을 가정해 보자. 즉,

$$H_0: \mu = 68\text{kg}$$
$$H_1: \mu \ne 68\text{kg}$$

을 검정하려고 한다. 이 경우의 대립가설은 $\mu < 68$ 또는 $\mu > 68$의 가능성을 포함하고 있다.

표본을 추출했을 때 표본평균의 값이 가설로 설정한 68에 가까우면 H_0에, 68보다 크거나 또는 작으면 H_1에 유리한 증거로 작용될 것이다. 이 경우의 검정통계량은 표본평균이 된다. 검정통계량의 기각역을 $\bar{x} < 67$ 또는 $\bar{x} > 69$라고 하자. 그러면 비기각역은 $67 \le \bar{x} \le 69$가 된다. 이에 대한 결정기준은 그림 10.4와 같다. 대립가설 $\mu \ne 68$에 대한 귀무가설 $\mu = 68$을 검정할 때, 제1종 과오와 제2종 과오를 범할 확률을 구하기 위하여 그림 10.4의 결정기준을 이용하기로 하자.

체중의 모표준편차는 $\sigma = 3.6$이라고 가정한다. 그리고 크기 $n = 36$의 확률표본을 추출한다면, 표본평균 $\bar{X}$의 분포는 중심극한정리에 의해서 평균이 68, 표준편차가

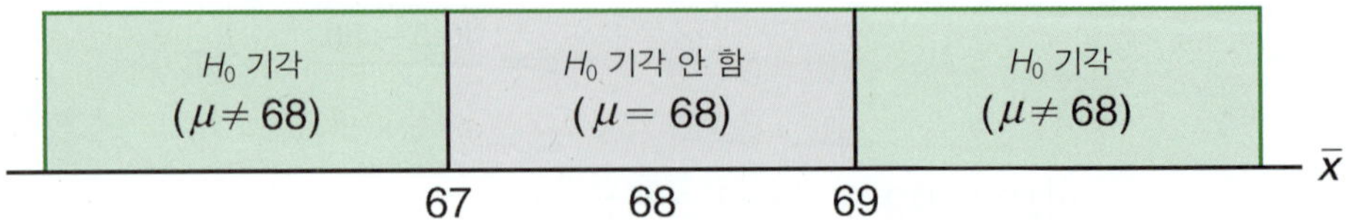

그림 10.4 기각역

$\sigma_{\bar{x}} = \sigma / \sqrt{n} = 3.6/6 = 0.6$인 정규분포를 따를 것이다.

제 1 종 과오를 범할 확률 또는 유의수준은 그림 10.5의 그늘진 부분의 면적이 된다. 따라서, 이를 식으로 나타내면

$$\alpha = P(\bar{X} < 67 \mid \mu = 68) + P(\bar{X} > 69 \mid \mu = 68)$$

이 된다. H_0가 참일 때 $\bar{x}_1 = 67$과 $\bar{x}_2 = 69$를 표준화시키면, z 값은 각각

$$z_1 = \frac{67 - 68}{0.6} = -1.67\,, \quad z_2 = \frac{69 - 68}{0.6} = 1.67$$

이 된다. 그러므로, 제 1 종 과오를 범할 확률은

$$\alpha = P(Z < -1.67) + P(Z > 1.67) = 2P(Z < -1.67) = 0.0950$$

이 된다. 이 결과는 귀무가설이 참일 때 크기가 $n=36$인 표본으로 검정한다면 $H_0: \mu = 68$ kg이 기각될 확률은 0.0950이라는 것을 의미한다. 한편, α를 감소시키기 위해서는 표본의 크기를 크게 하거나 비기각역을 넓히면 가능해진다. 먼저 표본의 크기를 $n=36$에서 $n=64$로 증가시킨 다음에 α의 변화를 살펴보기로 하자. $n=64$일 때 $\bar{X}$의 표준편차는 $\sigma_{\bar{x}} = 3.6/\sqrt{64} = 0.45$가 되므로, 위와 같이 H_0가 참일 때 $\bar{x}_1 = 67$과 $\bar{x}_2 = 69$를 표준화시키면, z 값은 각각

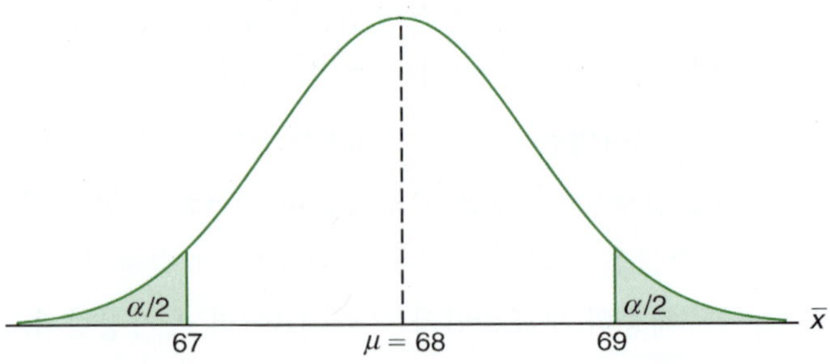

그림 10.5 $H_0: \mu = 68$, $H_1: \mu \neq 68$의 기각역

$$z_1 = \frac{67-68}{0.45} = -2.22\,, \quad z_2 = \frac{69-68}{0.45} = 2.22$$

가 된다. 따라서 제 1 종 과오를 범할 확률은

$$\alpha = P(Z < -2.22) + P(Z > 2.22) = 2P(Z < -2.22) = 0.0264$$

가 되어 n=36일 때의 제 1 종 과오를 범할 확률보다 감소됨을 알 수 있다.

단순히 α만을 감소시키는 것은 효과적인 검정을 보증할 수 없는 불충분한 방법이며, 대립가설을 여러 가지로 변경하여 β를 평가해야만 한다. 예를 들어, 모평균의 참값이 $\mu \geq 70$ 또는 $\mu \leq 66$ 일 때 H_0를 기각해야 한다면, 제 2 종 과오를 범할 확률은 가설 μ=70 또는 μ=66에 대해서 계산되어야 한다. 이 경우는 대칭이므로 대립가설 μ=70이 참일 때 귀무가설 μ=68을 기각하지 않는 확률만 고려하면 된다. 따라서, 제 2 종 과오는 H_1이 참일 때 표본평균 $\bar{x}$가 67과 69 사이에서 얻어지면 발생한다. 그러므로, 그림 10.6에서 보는 것처럼 제 2 종 과오를 범할 확률은

$$\beta = P(67 \leq \bar{X} \leq 69 \mid \mu = 70)$$

이 된다. H_1이 참일 때 $\bar{x}_1$=67과 $\bar{x}_2$=69를 표준화하면, z 값은 각각

$$z_1 = \frac{67-70}{0.45} = -6.67, \quad z_2 = \frac{69-70}{0.45} = -2.22$$

이므로, 제 2 종 과오를 범할 확률은

$$\begin{aligned}\beta &= P(-6.67 < Z < -2.22) = P(Z < -2.22) - P(Z < -6.67) \\ &= 0.0132 - 0.0000 = 0.0132\end{aligned}$$

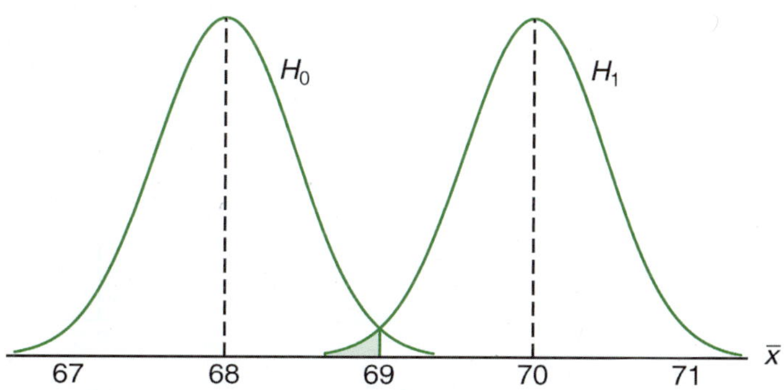

그림 10.6 $H_0: \mu$ =68, $H_1: \mu$ =70 일 때의 제 2 종 과오

가 된다.

한편, 대립가설 $\mu=66$이 참일 때의 β값은 $\mu=70$의 경우와 대칭이므로 역시 0.0132가 된다. $\mu<66$ 또는 $\mu>70$의 가능한 모든 값에서도 β값은 $\mu=66$ 또는 $\mu=70$일 때보다 더 작아지므로 H_0가 거짓일 때 이 가설을 기각하지 않을 기회는 거의 없게 된다.

제2종 과오를 범할 확률은 μ의 참값이 가설로 설정한 값에 가까워질수록 급격히 증가한다. 물론 제2종 과오가 발생하는 것이 별로 문제되지 않는 상황도 있다. 예를 들면, 대립가설 $\mu=68.5$가 참인데도 불구하고 $\mu=68$이라고 결론이 날 때가 그런 경우인데, 이것은 μ의 참값과 가설로 설정된 값의 차이가 작기 때문이다. 이러한 과오를 범할 확률은 $n=64$일 때 더 커지게 된다. 그림 10.7에서 이러한 사실을 알 수 있으며, 구체적으로

$$\beta = P(67 \le \bar{X} \le 69 \mid \mu = 68.5)$$

로 계산된다. $\mu=68.5$가 참일 때 $\bar{x}_1=67$과 $\bar{x}_2=69$를 표준화하면, z 값은 각각

$$z_1 = \frac{67-68.5}{0.45} = -3.33, \quad z_2 = \frac{69-68.5}{0.45} = 1.11$$

이므로, 제2종 과오를 범할 확률은

$$\begin{aligned}\beta = P(-3.33 < Z < 1.11) &= P(Z < 1.11) - P(Z < -3.33) \\ &= 0.8665 - 0.0004 = 0.8661\end{aligned}$$

이 된다.

지금까지 예를 통하여 설명한 중요한 원리를 요약하면 다음과 같다.

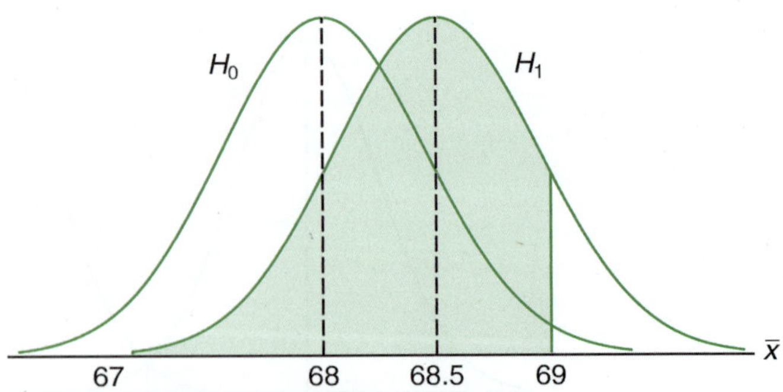

그림 10.7 $H_0: \mu=68$, $H_1: \mu=68.5$일 때의 제2종 과오

가설검정의 주요 성질

1. 제1종 과오와 제2종 과오는 서로 관련되어 있다. 일반적으로 한쪽 확률이 감소하면 다른 한쪽 확률은 증가한다.
2. 기각값을 조정하면 기각역의 크기나 제1종 과오를 범할 확률은 변한다.
3. 표본의 크기 n을 크게 하면 α와 β를 동시에 감소시킬 수 있다.
4. 귀무가설이 거짓이면 β는 모수의 참값이 가설로 설정된 값에 접근할 때 최대가 된다. 모수의 참값이 가설로 설정된 값에서 멀어질수록 β값은 작아진다.

과오확률과 관련된 가장 중요한 개념의 하나가 **검정력**(power of a test)이다.

정의 10.4 **검정력**이란 대립가설이 참일 때 H_0를 기각하는 확률이다.

검정력은 $1-\beta$로 계산되며 **여러 종류의 검정법을 비교 평가하는 기준이 된다.** $H_0: \mu=68\text{kg}$과 $H_1: \mu \neq 68\text{kg}$을 검정한 앞의 예에서 비기각역이 $67 \le \bar{x} \le 69$로 제한된 경우를 가지고 민감도를 평가해 보자. 즉, $\mu=68.5\text{kg}$이 사실일 때 H_0를 기각하는 확률이 검정력이 된다. 이때의 제2종 과오를 범할 확률은 $\beta=0.8661$이었다. 따라서, 검정력은 $1-0.8661=0.1339$가 된다. 이 결과는 μ가 68.5일 때 H_0는 단지 13.39%의 경우만이 기각될 것임을 의미한다. 결국 평균 68과 68.5의 차이의 식별을 원한다면 이 검정은 바람직하지 못하다고 할 수 있다. 바람직한 검정력(예를 들면 0.8보다 큰)을 얻기 위해서는 표본의 크기나 α를 증가시켜야 한다.

지금까지 가설검정의 원리와 정의를 살펴 보았다. 다음 절에서는 여러 종류의 가설과 모수에 대한 가설검정을 다룰 것이다. 우선 단측 및 양측가설의 차이점부터 살펴보자.

단측검정과 양측검정

다음과 같이 대립가설이 단측(one-sided)인 통계적 가설검정을 **단측검정**(one-tailed test)이라고 한다.

$$H_0:\ \theta = \theta_0$$
$$H_1:\ \theta > \theta_0$$

또는

$$H_0:\ \theta = \theta_0$$
$$H_1:\ \theta < \theta_0$$

앞 절에서 가설의 **검정통계량**을 언급하였는데, 일반적으로 대립가설 $\theta > \theta_0$의 기각역은 검정통계량의 오른쪽에 위치하며, 대립가설 $\theta < \theta_0$의 기각역은 검정통계량의 왼쪽에 위치한다. 어떤 점에서 부등호는 기각역이 위치하는 방향을 가리킨다고 할 수 있다. 10.2절의 백신실험에서 대립가설 $p > 1/4$에 대한 귀무가설 $p=1/4$을 검정하는 데 단측검정이 사용되었다. 보통 단측가설의 기각역은 명백하다. 이것을 이해하기 위해서는 검정통계량의 분포를 그려보고 대립가설을 뒷받침하는 증거가 어느 곳에 나타나야 되는가를 주목해야 한다.

다음과 같이 대립가설이 양측(two-sided)인 통계적 가설검정을 **양측검정**(two-tailed test)이라고 한다.

$$H_0:\ \theta = \theta_0$$
$$H_1:\ \theta \neq \theta_0$$

기각역은 검정통계량의 분포에서 양측 끝부분의 확률이 같은 두 지역으로 나뉜다. 이때의 대립가설 $\theta \neq \theta_0$는 $\theta < \theta_0$ 또는 $\theta > \theta_0$를 의미한다. 학생체중의 예에서 양측가설 $\mu \neq 68\,\text{kg}$에 대한 귀무가설 $\mu = 68\,\text{kg}$을 검정하는 데 양측검정이 사용되었다.

귀무가설과 대립가설의 선택

귀무가설 H_0는 대개의 경우 등호로 나타내진다. 이렇게 함으로써 제1종 과오를 범할 확률이 조정될 수 있다. 그러나 'H_0 기각 못함' 이라는 결정이 내려지는 경우, 모수의 참값은 H_0에서 등호로 설정한 값이 아닌 비기각역의 다른 값이 될 가능성도 있다. 예를 들어, 앞의 백신 예에서 대립가설이 H_1: $p > 1/4$ 이었는데, 이 경우 'H_0 기각 못함' 이라는 결정이 내려진다면 이것은 p의 참값이 (H_0에서 등호로 설정된 1/4이 아니고) 1/4보다는 작은 어떤 값일 가능성을 배제할 수 없다는 것이다. 그렇지만 단측검정의 경우 귀무가설보다는 대립가설을 어떻게 설정하느냐가 가장 중요한 문제임은 당연하다.

단측검정에 해당하는가 또는 양측검정에 해당하는가는 귀무가설 H_0가 기각될 때 내려지는 판정에 따라서 정해진다. 예를 들면, 신약의 약효가 현재 판매 중인 약보다 우수하다는 대립가설에 대하여 신약의 약효는 현재의 약보다 떨어진다는 귀무가설을 검정한다면, 이 경우의 검정은 기각역이 대립가설에 의해서 오른쪽에 위치한 단측검정이 된다. 그러나 새로운 교수법과 전통적 교수법을 비교하는 경우의 대립가설은 새로운 교수법이 전통적 교수법보다 나쁘든지 또는 좋든지가 될 것이므로, 이 검정은 기각역이 검정통계량의 분포의 오른쪽과 왼쪽에 위치한 양측검정이 된다.

예제 10.1 어떤 시리얼 제조업자가 자사제품의 지방 함량의 평균 μ는 1.5mg을 넘지 않는다고 주장하고 있다. 이 주장을 검정하기 위한 귀무가설과 대립가설을 설정하고, 기각역이 어디에 위치하는가를 결정하라.

풀이 제조업자의 주장은 μ가 1.5mg보다 많아야만 기각되며, μ가 1.5mg과 같거나 적으면 기각되지 않는다. 따라서, 이 주장을 검정하기 위한 가설은

$$H_0\colon\ \mu = 1.5\text{ mg}$$
$$H_1\colon\ \mu > 1.5\text{ mg}$$

으로 수립된다. 검정을 실시한 결과 H_0를 기각하지 못하는 경우, 모평균은 1.5mg이 아닌 이보다 작은 값일 가능성을 배제할 수 없다. 이 검정은 단측검정이기 때문에 부등호 $>$는 기각역이 검정통계량 $\bar{X}$의 분포의 오른쪽에만 위치하고 있다는 것을 가리켜 주고 있다.

예제 10.2 한 부동산 중개인이 현재 건축 중인 단독주택의 60%가 방이 3개인 집이라고 주장하고 있다. 이 주장을 검정하기 위하여 표본으로 다량의 신축된 주택을 추출하여 방이 3개인 비율을 조사하였다. 이 비율을 검정통계량으로 사용할 경우에 귀무가설과 대립가설을 설정하고 기각역의 위치도 결정하라.

풀이 검정통계량의 값이 p=0.6보다 크거나 또는 작으면 중개인의 주장은 기각된다. 따라서,

$$H_0\colon\ p = 0.6$$
$$H_1\colon\ p \neq 0.6$$

을 검정하면 된다. 기각역은 대립가설에 의해서 검정통계량 $\hat{P}$의 분포양측으로 나누어지므로 양측검정에 해당된다.

10.3 *P*값을 이용한 가설검정

검정통계량이 이산형인 가설검정에서는 기각역을 임의로 선택할 수 있을 뿐만 아니라 그 크기도 결정할 수 있다. α가 너무 크면 기각값을 조정함으로써 줄일 수도 있다. 또한 검정력이 떨어지는 것을 방지하기 위하여 표본의 크기를 증가시킬 수도 있다.

통계적 분석에서는 오래 전부터 α의 값을 0.05 또는 0.01로 정하고 이에 대한 기각역을 사용해 왔다. 물론 H_0를 기각하느냐 아니냐는 기각역에 따라 좌우된다고

할 수 있다. 예를 들어, 양측검정에서 유의수준 α를 0.05로 하고 검정통계량은 정규분포를 따르는 것으로 본다면, 표본으로부터 구한 검정통계량의 z값과 기각역과의 관계는

$$z > 1.960, \ z < -1.960$$

이 된다. 여기서 1.960은 표 A.3에서 $z_{0.025}$에 해당하는 값이다. z값이 기각역에 떨어지면 "검정통계량의 값은 유의하다"고 말할 수 있다. 예를 들면, 가설이

$$H_0: \ \mu = 10$$
$$H_1: \ \mu \neq 10$$

일 때 H_0가 기각된다면 "평균은 10과 유의한 차이가 있다"고 말할 수 있다.

유의수준의 선정

유의수준 α를 사전에 선정하는 것은 제1종 과오를 범할 위험의 최대값을 제한하기 위해서이다. 그렇지만 이러한 방법은 검정통계량의 값이 기각역에 가까이 나타났을 경우에는 충분한 설명이 되지 못한다. 예를 들면, $H_0: \ \mu = 10$, $H_1: \ \mu \neq 10$을 검정함에 있어서 z=1.87이 얻어졌다고 가정해 보자. 엄밀히 말하면 이 값은 α=0.05로 유의하지 않다. 그러나 만약 H_0가 기각되더라도 제1종 과오를 범할 위험은 별로 심각할 정도는 아니다. 왜냐 하면 이 위험의 크기를 다음과 같이 P라고 계산하면

$$P = 2P(Z > 1.87 \mid \mu = 10) = 2(0.0307) = 0.0614$$

정도로 적으므로 α=0.05와 크게 차이가 나지 않기 때문이다. 결국, 0.0614란 값은 μ=10이 참일 때 z값이 1.87 이상 될 확률이다. 비록 z=1.87이 α=0.05의 수준에서 H_0가 기각될 결과만큼 강력한 증거는 아니더라도 사용자에게는 상당히 중요한 정보가 된다. α=0.05 또는 0.01을 계속 이용해 온 것은 오랫동안 기준으로 정해져서 관례화된 결과일 뿐이다.

***P* 값**(P-value)**은 응용통계학 분야에서 광범위하게 사용되어 왔다.** 이 방법은 사용자에게 확률로 표현된 대안을 제공하여 '기각' 또는 '기각 안 함'을 결정할 수 있도록 해 준다. z값이 통상의 기각역으로 떨어질 때 P값을 계산하면 사용자는 중요한 정보를 얻을 수 있다. 예를 들어, α=0.05인 양측검정에서 z값이 2.73이었을 때 P값을 계산하면

$$P = 2P(Z > 2.73 \mid \mu = 10) = 2(0.0032) = 0.0064$$

가 되므로 사용자는 이 정보로부터 0.05보다 상당히 작은 수준에서 유의하다는 사실을 알게 된다. 이 결과로부터 이해할 수 있는 것은 H_0가 참일 때 $z=2.73$의 값이 얻어지는 일은 극히 드문 사건이라는 사실이다. 이 값은 수치 그대로 10,000번의 실험에서 64번 발생하는 정도의 크기이다.

P값의 의미

P값을 이해할 수 있는 아주 간단한 방법은 서로 상이한 두 표본을 타점해 보는 것이다. 2종류의 부식방지용 코팅재료를 비교하는 경우를 생각해 보자. 금속시편을 10개씩 취하여 각각 재료 1과 재료 2로 코팅한 후 표면적의 부식 정도를 측정하였다. "두 표본은 $\mu=10$인 동일한 분포로부터 취해진 것이다"를 가설로 놓자. 그리고 모분산은 1.0이라고 하면 이 문제는 가설

$$H_0\colon\ \mu_1 = \mu_2 = 10$$

을 검정하는 것이 된다. 그림 10.8에서 보는 것처럼 타점된 자료는 귀무가설하의 분포상에 위치해 있다. 그림에서 기호 "×"는 재료 1을, 기호 "○"는 재료 2를 나타낸다고 하자. 이 자료들을 보면 귀무가설이 빈빅되고 있음을 분명하게 알 수 있다. 그러면 이러한 사실이 어떻게 하나의 수치로 요약될 수 있을까? **P값은 이 두 표본이 동일한 분포로부터 얻어졌다고 할 때 이러한 모습의 자료가 나올 확률로 생각할 수 있다.** 이 확률은 분명히 아주 작을 것이다. 이렇게 작은 P값을 가지기 때문에 H_0를 기각하고 모평균들은 유의하게 다르다는 결론을 내릴 수 있다.

거의 모든 컴퓨터 패키지에서 가설검정의 결과를 검정통계량의 값과 함께 P값을 제공하기 때문에 의사결정의 도구로서 P값을 이용하는 것은 현실적으로 매우 유용하다고 할 수 있다.

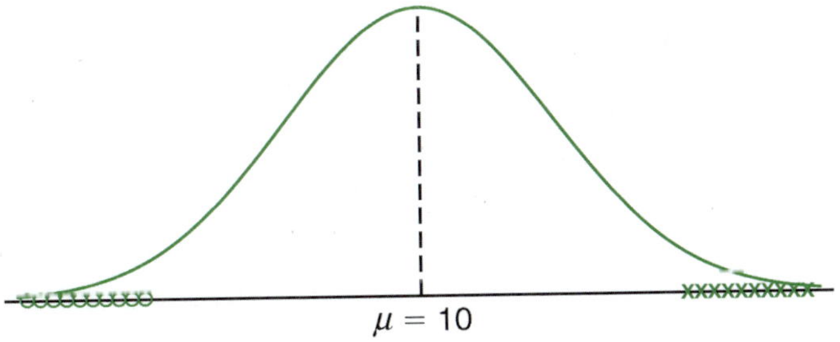

그림 10.8 평균이 다른 두 모집단으로부터 얻어진 듯한 자료

정의 10.5 P값은 측정된 검정통계량의 값이 유의하게 되는 최저(유의)수준이다.

전통적인 검정법과 P값 검정법의 차이

이제 검정절차를 정리해 보자. 그러나 이에 앞서 유의수준 α를 고정시킨 전통적인 방법과 P값을 이용한 방법 사이의 차이를 이해할 수 있어야 한다. P값을 이용하는 경우 고정된 유의수준 대신 계산된 P값과 분석자의 주관적인 판단에 근거하여 기각 여부를 결정한다. P값은 컴퓨터 패키지에서 쉽게 구할 수 있지만 전체적인 개념을 이해하기 위해서는 이 두 방법을 잘 알고 있을 필요가 있다. 다음은 전통적인 방법과 P값을 이용한 방법의 절차를 요약한 것이다.

유의수준을 고정시킨 전통적인 방법

1. 귀무가설과 대립가설을 설정한다.
2. 유의수준 α를 정한다.
3. 적절한 검정통계량을 정하고, 유의수준에 해당하는 기각역을 설정한다.
4. 검정통계량값을 계산하여 기각역에 속하면 H_0를 기각하고, 그렇지 않으면 H_0를 기각하지 않는다.
5. 과학적 또는 공학적 결론을 내린다.

유의성 검정 (P값의 이용)

1. 귀무가설과 대립가설을 설정한다.
2. 적절한 검정통계량을 정한다.
3. 계산된 검정통계량값에 따른 P값을 구한다.
4. P값과 과학적 지식을 바탕으로 결론을 내린다.

연습문제

10.1 어떤 종류의 치즈에 대하여 적어도 국민의 30%가 알레르기반응을 일으킨다는 가설을 검정한다고 하자. 제1종 과오와 제2종 과오를 설명하라.

10.2 한 사회학자는 좀더 많은 사람들이 안전벨트를 착용하도록 하는 훈련과정의 효과에 관심을 가지고 있다고 하자.

(a) 훈련과정이 효과적이지 못하다고 결론을 내리는 제1종 과오를 범했다면 어떠한 내용의 가설을 검정한 것인가?

(b) 훈련과정이 효과적이라고 결론을 내리는 제2종 과오를 범했다면 어떠한 내용의 가설을 검정한 것인가?

10.3 어떤 대기업이 고용평등법 위반으로 제소되었다.

(a) 한 배심원의 유죄평결이 제1종 과오를 범했다면 어떤 가설이 검정되었겠는가?

(b) 한 배심원의 유죄평결이 제2종 과오를 범했다면 어떤 가설이 검정되었겠는가?

10.4 어느 섬유생산업체는 주문한 원자재가 늦게 도착할 확률이 $p=0.6$이라고 생각하고 있다. 10번의 주문 중에서 3번 이하가 늦게 도착하면 귀무가설 $p=0.6$을 대립가설 $p<0.6$에 대해 기각하려고 한다. 이항분포를 이용하여 다음을 구하라.

(a) 모비율의 참값이 $p=0.6$일 때 제1종 과오를 범할 확률을 구하라.

(b) 대립가설이 $p=0.3$, $p=0.4$, $p=0.5$일 때 제2종 과오를 범할 확률을 구하라.

10.5 50번의 주문에 대해 기각역을 $x \le 24$로 설정하여 연습문제 10.4를 다시 구하라. 단, x는 늦게 도착한 주문의 수이며 정규분포로 근사하라.

10.6 소도시에 살고 있는 대졸학력의 성인비율이 $p=0.6$으로 추정되었다. 이 가설을 검정하기 위하여 15명의 성인을 확률표본으로 추출하였다. 표본에서 대졸자의 수가 6명에서 12명이면 귀무가설 $p=0.6$을 기각하지 않고, 그렇지 않으면 $p \neq 0.6$이라고 결론을 내린다고 한다.

(a) $p=0.6$이라고 가정할 때 이항분포를 이용하여 α를 계산하라.

(b) 대립가설이 $p=0.5$와 $p=0.7$일 때 β를 계산하라.

(c) 이 검정과정은 바람직하다고 할 수 있겠는가?

10.7 200명의 성인을 표본추출하고 채택역을 $110 \le x \le 130$으로 하였을 경우에 연습문제 10.6을 다시 구하라. 단, x는 표본에서 대졸자의 수이며, 정규근사를 이용하라.

10.8 '관절염으로부터의 구원'이란 책에서, 저자는 뉴질랜드산 조개에서 추출한 성분으로 치료하면 관절염 환자 중 40% 이상이 고통완화의 효과를 볼 수 있다고 주장하고 있다. 이 주장을 검정하기 위하여 7명의 환자에게 조개추출물을 투여하였다. 3명 이상이 고통완화의 효과를 본다면 $p=0.4$의 귀무가설을 기각하지 않고, 그 외에는 $p<0.4$로 결론을 내리려고 한다.

(a) $p=0.4$라고 가정할 때 α를 계산하라.

(b) 대립가설 $p=0.3$이 참일 때 β를 계산하라.

10.9 세탁용구를 제조판매하는 업체에서는 신제품을 사용하면 얼룩의 70% 이상이 제거된다고 주장한다. 이 주장을 확인하기 위하여 무작위로 12곳의 얼룩을 선정하여 11곳 보다 적게 제거되면 귀무가설 $p=0.7$을 기각하지 않고, 그 외에는 $p>0.7$로 결론을 내리려고 한다.

(a) $p=0.7$로 가정할 때 α를 계산하라.

(b) 대립가설 $p=0.9$가 참일 때 β를 계산하라.

10.10 얼룩 100곳에 대하여 기각역을 $x>82$로 할 경우에 연습문제 10.9를 다시 구하라. 단, x는 제거된 얼룩의 수이다.

10.11 70명의 관절염 환자에게 조개에서 추출한 성분을 투여하고 기각역을 $x<24$로 할 경우에 연습문제 10.8을 다시 구하라. 단, x는 효과를 본 환자의 수이다.

10.12 어떤 도시에서 '도로보수용 휘발유세 4% 인상안'에 대하여 유권자 400명에게 설문하였다. 인상안에 찬성하는 사람이 220명 초과 260명 미만으로 조사되면 유권자의 60%가 찬성하는 것으로 결론내리려고 한다.

(a) 유권자의 60%가 인상안에 찬성한다고 할 때 제1종 과오를 범할 확률을 구하라.

(b) 실제로 유권자의 48%만이 인상안에 찬성한다고 할 때 제2종 과오를 범할 확률을 구하라.

10.13 연습문제 10.12에서 채택역이 214명 초과 266명 미만으로 조정되었을 때, 감소된 α값과 이에 따라 증가되는 β값을 구하라.

10.14 낚시도구 제조업자가 새로 개발된 낚싯줄의 전단강도가 평균 15kg, 표준편차 0.5kg이라고 주장하고 있다. 대립가설 $\mu<15$kg에 대한 귀무가설 $\mu=15$kg을 검정하기 위하여 50개의 낚싯줄을 시험하였다. 기각역이 $\bar{x}<14.9$로 정해졌다.

(a) H_0가 사실일 때 제1종 과오를 범할 확률을 구하라.

(b) 대립가설 $\mu=14.8$과 $\mu=14.9$가 참일 때 β를 계산하라.

10.15 청량음료제조기에서 담겨지는 음료량은 평균 200mL, 표준편차 15mL인 정규분포를 따른다고 한다. 이 기계는 주기적으로 9병을 취하여 평균용량을 계산한 결과에 따라 관리되고 있다. $\bar{x}$가 $191<\bar{x}<209$구간에 얻어지면 기계는 정상가동 중이라고 생각되며, 그 외의 값이 얻어지면 $\mu\neq 200$mL라고 결론을 내리려고 한다.

(a) $\mu=200$mL일 때 제1종 과오를 범할 확률을 구하라.

(b) $\mu=215$mL일 때 제2종 과오를 범할 확률을 구하라.

10.16 크기 $n=25$인 표본을 취하였을 때 연습문제 10.15를 다시 계산하라. 단, 기각역은 동일하다.

10.17 새롭게 개발된 경화법에 의한 시멘트의 압축강도는 평균 5,000kg/cm^2, 표준편차 120kg/cm^{2}라고 한다. 대립가설 $\mu<5000$에 대하여 귀무가설 $\mu=5000$을 검정하기 위해 시멘트 제품 50개가 시험되었다. 기각역은 $\bar{x}<4970$으로 정해졌다.

(a) H_0가 사실일 때 제1종 과오를 범할 확률을 구하라.

(b) 대립가설 $\mu=4970$과 $\mu=4960$이 참일 때 β를 구하라.

10.18 대립가설의 μ의 값을 변화시키면서 이때마다 H_0가 채택되는 확률을 타점하여 곡선으로 연결하면 **검사특성곡선**(operating characteristic curve; OC curve)을 얻을 수 있다. 검사특성곡선은 산업계에 응용될 때 검정기준의 특성을 보여주기 위하여 널리 활용되고 있다. 연습문제 10.15를 참조하여 다음과 같이 μ의 값이 변화할 때 H_0가 채택될 확률을 구하고, OC 곡선을 그려라.

184, 188, 192, 196, 200, 204, 208, 212, 216

10.4 단일 모평균의 검정

모분산을 아는 경우

이 절에서는 단일 모평균에 대한 가설검정을 다루기로 한다. 평균이 μ이고, 분산이 $\sigma^2>0$인 분포로부터 추출된 확률표본을 $X_1, X_2, \cdots\cdots, X_n$이라고 하자. 그리고 다음 가설을 검정한다고 하자.

$$H_0: \mu = \mu_0$$
$$H_1: \mu \neq \mu_0$$

이것은 양측검정에 해당하며 적합한 검정통계량은 확률변수 $\bar{X}$에 근거되어야 한다. 제8장에서 표본의 크기가 대표본인 경우에 확률변수 $\bar{X}$는 X의 분포에 관계 없이 근사적으로 평균 μ와 분산 σ^2/n인 정규분포를 따른다는 중심극한정리를 소개하였다. 따라서 $\mu_{\bar{x}}=\mu$와 $\sigma_{\bar{x}}^2=\sigma^2/n$이 된다. 기각역은 표본평균 $\bar{x}$를 계산한 것을 근거로 결정될 수 있다.

$\bar{X}$의 표준화

$\bar{X}$를 표준화하면 다음과 같이 표준정규확률변수 Z가 된다.

$$Z=\frac{\bar{X}-\mu}{\sigma/\sqrt{n}}$$

H_0하에서, 즉 $\mu=\mu_0$이면 $\sqrt{n}(\bar{X}-\mu_0)/\sigma$는 $N(0, 1)$분포를 따르므로, 다음 관계식

$$P\left(-z_{\alpha/2} \leq \frac{\bar{X}-\mu_0}{\sigma/\sqrt{n}} \leq z_{\alpha/2}\right) = 1-\alpha$$

는 비기각역을 나타내는 데 이용될 수 있다. 여기서 기각역은 제1종 과오의 확률 α를 조정하기 위하여 설정되었다는 사실에 유념해야 한다. H_1을 뒷받침하기 위해서는 검정통계량의 분포양측에 증거가 나타나야 한다. 따라서, $\bar{x}$의 값을 구하고, 이를 이용한 검정통계량 z의 값이 다음의 기각역에 속하면 H_0를 기각한다.

단일 모평균의 검정통계량 (모분산을 아는 경우)

$$z=\frac{\bar{x}-\mu_0}{\sigma/\sqrt{n}} > z_{\alpha/2} \text{ 또는 } z=\frac{\bar{x}-\mu_0}{\sigma/\sqrt{n}} < -z_{\alpha/2}$$

만일 $-z_{\alpha/2} \leq z \leq z_{\alpha/2}$이면 H_0를 기각하지 않는다. H_0의 기각은 대립가설 $\mu \neq \mu_0$의

채택을 의미한다. 이러한 기각역의 정의에 의해서 $\mu=\mu_0$가 사실일 때 H_0를 기각할 확률이 α가 되는 것은 분명하다.

기각역을 z로 나타내는 것이 이해하기 쉬우나 이 기각역을 계산된 평균 $\bar{x}$와 연관하여 나타낼 수 있다. 즉, $\bar{x}<a$ 또는 $\bar{x}>b$이면 H_0를 기각한다. 단,

$$a=\mu_0-z_{\alpha/2}\frac{\sigma}{\sqrt{n}}\ ,\quad b=\mu_0+z_{\alpha/2}\frac{\sigma}{\sqrt{n}}$$

이다. 따라서, 유의수준 α에서 확률변수 z와 $\bar{x}$의 기각값은 그림 10.9와 같이 된다.

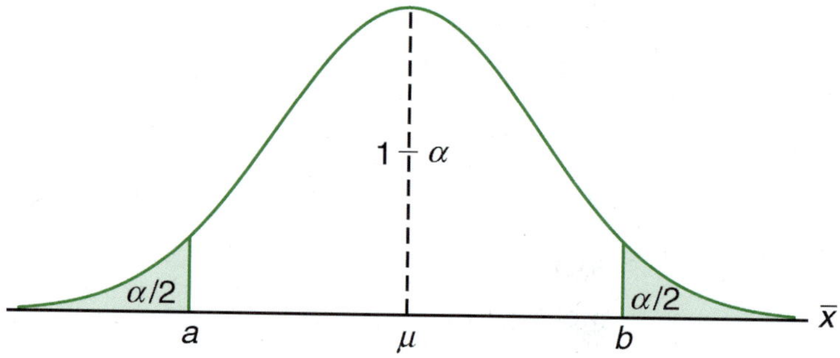

그림 10.9 $H_0: \mu=\mu_0,\ H_1: \mu\neq\mu_0$의 기각역

모평균에 대한 단측검정에 이용되는 검정통계량은 양측검정의 검정통계량과 똑같다. 다만 기각역이 표준정규분포의 한쪽에만 위치하는 것만 다를 뿐이다. 예를 들면, 다음 가설을 검정하는 경우를 생각해 보자.

$$H_0:\ \mu=\mu_0$$
$$H_1:\ \mu>\mu_0$$

z값이 클수록 H_1에 유리한 증거가 될 것이다. H_0의 기각은 z값이 z_α보다 클 때 나타나는 결과이다. 만일 대립가설이 $H_1: \mu<\mu_0$이면 기각역은 왼쪽에 위치하며 $z<-z_\alpha$일 때 H_0가 기각된다. 단측검정의 경우 귀무가설을 $H_0: \mu\leq\mu_0$나 $H_0: \mu\geq\mu_0$처럼 쓸 수도 있으나, 일반적으로는 $H_0: \mu=\mu_0$와 같이 나타낸다.

예제 10.3 미국사람의 평균수명을 알아보기 위하여 사망자 100명을 표본으로 추출하여 조사하였더니 평균 71.8년으로 나타났다. 모표준편차를 8.9년으로 가정할 때, 현재의 평균수명은 70년보다 길다고 할 수 있는가를 유의수준 $\alpha=0.05$로 검정하라.

풀이 1. $H_0: \mu = 70$ 년

2. $H_1: \mu > 70$ 년

3. $\alpha = 0.05$

4. 기각역 : $z > 1.645$, 단, $z = \frac{\bar{x} - \mu_0}{\sigma/\sqrt{n}}$

5. 계산 : $\bar{x} = 71.8$ 년이고 $\sigma = 8.9$ 년이므로, $z = \frac{71.8-70}{8.9/\sqrt{100}} = 2.02$ 가 된다

6.결론 : H_0를 기각한다. 즉, 현재의 평균수명은 70년보다 길다고 판정한다.

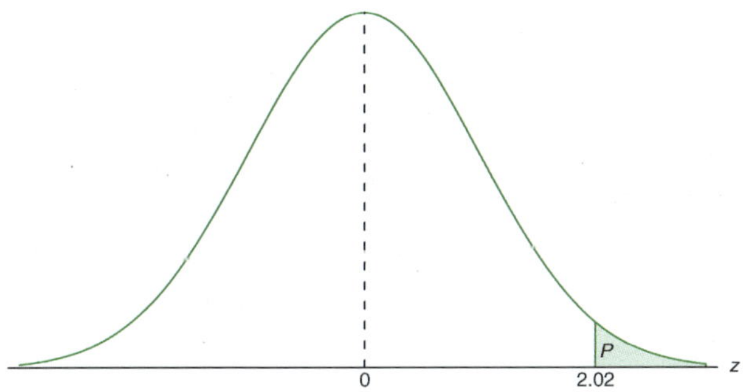

그림 10.10 예제 10.3의 P값

예제 10.3의 $z=2.02$에 해당하는 P값은 그림 10.10의 그늘진 부분에 해당하므로, 표 A.3을 이용하면

$$P = P(Z > 2.02) = 0.0217$$

이 얻어진다. 이 결과로부터 H_1에 대한 증거는 유의수준 0.05로 시사되는 것보다 더욱 강력함을 알 수 있다.

예제 10.4 스포츠용구 제조업자가 인조낚싯줄을 개발하였다. 그리고 신제품의 평균인장강도와 표준편차는 각각 8kg과 0.5kg이라고 주장하고 있다. 이 주장을 확인하기 위하여 낚싯줄 50개를 표본으로 추출하여 강도시험을 한 결과 평균인장강도는 7.8kg으로 나타났다. 유의수준 $\alpha=0.01$로 검정하라.

풀이 1. $H_0: \mu = 8$kg

2. $H_1: \mu \neq 8$kg

3. $\alpha = 0.01$

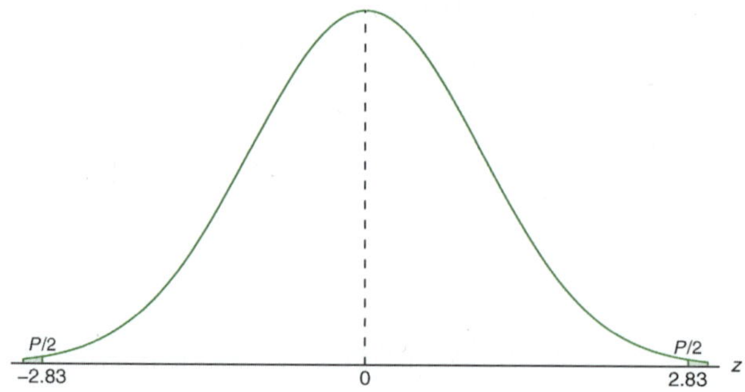

그림 10.11 예제 10.4의 P값

4. 기각역 : $z < -2.576$ 또는 $z > 2.576$, 단, $z = \frac{\bar{x}-\mu_0}{\sigma/\sqrt{n}}$

5. 계산 : $\bar{x}$=7.8kg이고 n=50이므로, $z = \frac{7.8-8}{0.5/\sqrt{50}} = -2.83$이 된다.

6. 결론 : H_0를 기각한다. 즉, 현재의 평균인장강도는 8kg이 아니고 8kg보다 약하다고 판정한다.

예제 10.4는 양측검정이므로 P값은 그림 10.11에서 z=−2.83의 왼쪽 그늘진 부분의 2배가 된다. 따라서, 표 A.3을 이용하면

$$P = P(|Z| > 2.83) = 2P(Z < -2.83) = 0.0046$$

이 얻어진다. 따라서 0.01보다 더 적은 유의수준에서 귀무가설 μ=8kg은 기각된다.

검정과 구간추정의 관계

지금쯤은 가설검정이 제9장의 구간추정과 매우 밀접한 관계를 가지고 있다는 사실을 알게 되었을 것이다. 구간추정은 문제의 모수가 속해 있을 구간을 합리적으로 구하는 것이었다. 모평균 μ에 대하여 σ^2을 아는 경우의 가설검정과 구간추정에 사용된 확률변수는 똑같이

$$Z = \frac{\bar{X}-\mu}{\sigma/\sqrt{n}}$$

이었다. 유의수준 α에서 H_0: $\mu = \mu_0$, H_1: $\mu \neq \mu_0$를 검정한다는 것은 μ의 $100(1-\alpha)\%$ 신뢰구간을 구하여 이 구간 내에 μ_0가 포함되지 않으면 H_0를 기각한

다는 것과 동일하다. 즉, μ_0가 신뢰구간 내에 있으면 귀무가설은 기각되지 않는다. 이러한 동일성은 매우 직관적이며 확인도 간단하다. 유의수준 α에서 측정된 $\bar{x}$로 H_0를 기각시키지 못하는 것은

$$-z_{\alpha/2} \le \frac{\bar{x}-\mu_0}{\sigma/\sqrt{n}} \le z_{\alpha/2}$$

를 의미하며, 이 부등식은 다음 식과 동일하게 된다.

$$\bar{x} - z_{\alpha/2}\frac{\sigma}{\sqrt{n}} \le \mu_0 \le \bar{x} + z_{\alpha/2}\frac{\sigma}{\sqrt{n}}$$

이처럼 가설검정과 신뢰구간의 동일성은 두 모평균의 차이, 분산 및 두 분산비 등에도 똑같이 적용된다. 결국 통계적 추론에서 구간추정과 가설검정은 별개의 방법이 아니고 같은 것이다. 예를 들어, 예제 9.2에서 모평균의 95% 신뢰구간은 (2.50, 2.70)이었다. 똑같은 표본정보를 이용하여 μ의 양측검정을 할 경우 검정통계량의 값이 2.50과 2.70 사이에서 얻어지면 귀무가설은 기각되지 않게 된다.

모분산을 모르는 경우

모분산 σ^2을 모르는 경우의 모평균 μ를 검정할 때에는 구간추정처럼 t 분포가 이용된다. 엄밀히 말하면, t 분포는 다음의 가정하에 구간추정과 가설검정에 적용된다. 확률변수 $X_1, X_2, \cdots, X_n$을 μ와 σ^2이 미지인 정규분포로부터 추출된 확률표본이라고 하면, 확률변수 $\sqrt{n}(\bar{X}-\mu)/S$는 자유도가 $n-1$인 t 분포를 따른다. 이 검정방법은 검정통계량의 σ가 추정값 S로, 표준정규분포가 t 분포로 대체된 것을 제외하면 σ가 알려진 경우와 같다. 따라서, 다음과 같은 양측가설

$$H_0:\ \mu = \mu_0$$
$$H_1:\ \mu \ne \mu_0$$

에서 σ^2을 모를 때 사용되는 검정통계량은

t 검정통계량 (모분산을 모를 때)

$$t = \frac{\bar{x}-\mu_0}{s/\sqrt{n}}$$

가 되며, 유의수준 α에서 t 통계량의 값이 $t_{\alpha/2,n-1}$보다 크거나, 또는 $-t_{\alpha/2,n-1}$보다 작으면 H_0는 기각된다.

t 분포는 0을 중심으로 대칭이므로 양측검정의 기각역은 σ를 아는 경우와 유사하다. 한편, $H_1: \mu > \mu_0$일 때 기각역은 $t > t_{\alpha,n-1}$이 되고, $H_1: \mu < \mu_0$ 일 때 기각역은 $t < -t_{\alpha,n-1}$ 이 된다.

예제 10.5 에디슨전기연구소에서 발표한 진공청소기 사용으로 인한 각 가정의 연평균전력사용량은 46kwh였다. 12가정을 표본추출하여 진공청소기의 연간전력사용량을 조사하였더니 평균이 42kwh, 표준편차가 11.9kwh로 나타났다. 유의수준 0.05로 진공청소기의 연평균전력사용량이 46kwh보다 적은지를 검정하라. 단, 전력사용량은 정규분포를 따르는 것으로 가정한다.

풀이

1. $H_0: \mu = 46\,\text{kwh}$
2. $H_1: \mu < 46\,\text{kwh}$
3. $\alpha = 0.05$
4. 기각역 : $t < -1.796$, 단, $t = \frac{\bar{x}-\mu_0}{s/\sqrt{n}}$ 이며 자유도는 11
5. 계산 : $\bar{x} = 42\,\text{kwh}$, $s = 11.9\,\text{kwh}$ 및 $n = 12$이므로 t 통계량과 P값은

$$t = \frac{42 - 46}{11.9/\sqrt{12}} = -1.16$$

$$P = P(T < -1.16) \approx 0.135$$

가 된다.

6. 결론 : H_0를 기각하지 않는다. 가정용 진공청소기의 연평균전력사용량은 46보다 유의할 정도로 적지 않다고 판정한다.

T 검정의 활용

이제는 단일 모평균에 대하여 양측 t 검정과 σ를 s로 대체한 μ의 신뢰구간이 동일하다는 사실을 짐작할 수 있을 것이다. 예제 9.5로 이 내용을 살펴보기로 하자. 가설 $H_0: \mu = \mu_0$가 $\alpha = 0.05$에서 기각되지 않으려면, 검정통계량의 값이 가정된 황산의 평균용량 μ_0의 신뢰구간에 포함되는가의 여부로 검토할 수 있다. 이것은 "표본정보에 근거할 때 모평균을 9.74와 10.26 사이의 값으로 보는 것은 불합리하지 않다"는 설명과 일치하게 된다.

한편, 정규성에 대한 가정도 언급될 필요가 있다. σ를 알 경우에 표준정규확률변수 Z를 이용한 검정통계량이나 신뢰구간은 중심극한정리에 의한다는 사실은 앞

에서 지적하였다. 물론 엄밀히 말하면 σ를 모르면 중심극한정리와 이에 근거한 표준정규분포는 적용될 수 없다. 제8장에서 t 분포에 대한 이론을 전개하였다. 이때, $X_1, X_2, \cdots, X_n$에 대한 중요한 가정은 정규성이었다. 따라서, 검정이나 신뢰구간을 구할 때 표본을 정규모집단으로부터 추출한 것이 아니면 t 분포는 사용될 수 없다. 실제로 드물게는 σ를 알고 있는 경우로 가정하고 이용되기도 한다. 그렇지만 예비실험으로 구한 결과를 추정값으로 이용하는 것이 매우 바람직하다. 이 경우에 여러 통계학 교재에서는 표본의 크기가 $n \geq 30$을 만족시키면 다음의 검정통계량

$$z = \frac{\bar{x} - \mu_0}{\sigma/\sqrt{n}}$$

에서 σ를 s로 대체하여도 표준정규분포표의 Z값을 적합한 기각역으로 사용할 수 있다고 기술하고 있다. 여기에는 중심극한정리와 $s \approx \sigma$의 의미가 함축되어 있다. 그렇다면 그 결과는 근사값으로 간주되어야 한다. 따라서, Z분포로부터 계산된 P값 0.15는 0.12 혹은 0.17이 될 수도 있으며, 계산된 신뢰구간도 95% 구간보다 오히려 93% 구간이 될 수도 있다. 그러면 $n \leq 30$인 상황은 어떻게 해야 하는가? s가 σ에 근사되는 것을 믿을 수도 없고, 그렇다고 추정값의 부정확성을 참작하기 위하여 신뢰구간을 좀더 넓히거나 기각값을 더 큰 값으로 정할 수도 없을 것이다. 이러한 문제점을 극복한 것이 t 분포의 값이며, 표본이 정규분포로부터 추출된 경우라면 정확한 값이 된다.

소표본의 경우 정규분포로부터 추출되지 않았다는 사실을 탐지하는 것은 어렵다(이 문제의 처리방법은 이 장의 마지막 부분에서 적합도 검정으로 설명된다). 따라서, 확률변수 $X_1, X_2, \cdots, X_n$이 종모양의 분포를 따른다고 볼 수 있으면 t 분포가 검정 또는 신뢰구간에 매우 적합하다. 제13장의 비모수적 방법을 참조하여 확인하기 바란다.

컴퓨터를 이용한 T검정의 출력

단일표본에 대한 t 검정의 결과를 컴퓨터 출력으로 살펴보는 것도 흥미로운 일이다. pH측정기의 치우침을 검정하기 위하여 어떤 중성물질(pH=7.0)을 측정하였더니 아래와 같은 pH값이 얻어졌다.

7.07 7.00 7.10 6.97 7.00 7.03 7.01 7.01 6.98 7.08

이를 검정하기 위한 가설은

```
pH-meter
  7.07   7.00   7.10   6.97   7.00   7.03   7.01   7.01   6.98   7.08
MTB > Onet 'pH-meter'; SUBC>   Test 7.

One-Sample T: pH-meter Test of mu = 7 vs not = 7
Variable  N    Mean    StDev  SE Mean       95% CI            T     P
pH-meter 10 7.02500 0.04403  0.01392 (6.99350, 7.05650) 1.80 0.106
```

그림 10.12 MINITAB에 의한 출력

$$H_0: \mu = 7.0$$
$$H_1: \mu \neq 7.0$$

이 된다. 컴퓨터 패키지 MINITAB을 이용하여 출력된 결과는 그림 10.12에 나타나 있다. 이 표로부터 평균은 $\bar{y}$=7.0250, StDev는 표본표준편차로 s=0.044, SE Mean은 평균의 추정된 표준오차로서 $s/\sqrt{n} = 0.0139$임을 알 수 있다. t값은 (7.0250−7)/0.0139=1.80이다. P값이 0.106이므로 결정이 쉽지 않다. 즉, H_0는 기각되지 않으나(α=0.05 또는 0.10에서), **pH 측정기의 치우침은 없다고 결론을 내리기도 곤란하다.** 표본의 크기가 10개인 소표본이기 때문이다. 적정한 표본의 크기를 구하는 방법은 10.6절에서 논의된다.

10.5 두 모평균 차이의 검정

검정과 신뢰구간 사이의 관계와 제9장에서 논의된 내용을 생각하면서 이 절을 살펴보기로 하자. 두 모평균의 차이에 대한 검정은 과학자나 기술자들에게 있어서 중요한 분석도구가 된다. 실험의 실시 등에 관한 사항은 9.8절에서 설명한 내용과 거의 유사하다. 평균과 분산이 각각 μ_1, σ_1^2과 μ_2, σ_2^2인 두 모집단으로부터 크기가 n_1, n_2인 확률표본이 추출되었다고 하자. 그러면 다음의 확률변수는 표준정규분포를 따른다.

$$Z = \frac{(\bar{X}_1 - \bar{X}_2) - (\mu_1 - \mu_2)}{\sqrt{\sigma_1^2/n_1 + \sigma_2^2/n_2}}$$

또한 $\sigma_1 = \sigma_2 = \sigma$이면 위의 통계량은 다음과 같이 간단히 된다.

$$Z = \frac{(\bar{X}_1 - \bar{X}_2) - (\mu_1 - \mu_2)}{\sigma\sqrt{1/n_1 + 1/n_2}}$$

위의 두 통계량은 두 모평균에 대한 검정절차를 전개하는 데 기본이 된다.

두 모평균의 차이에 대한 귀무가설은 일반적으로 다음과 같이 나타낼 수 있다.

$$H_0\colon \mu_1 - \mu_2 = d_0$$

대립가설은 단측 또는 양측이 되며, 사용될 분포는 H_0하에서 검정통계량의 분포가 된다. $\bar{x}_1$와 $\bar{x}_2$값이 계산되고 σ_1과 σ_2는 알려져 있으므로, 검정통계량은

$$z = \frac{(\bar{x}_1 - \bar{x}_2) - d_0}{\sqrt{\sigma_1^2/n_1 + \sigma_2^2/n_2}}$$

가 된다. $H_1\colon \mu_1 - \mu_2 \neq d_0$에 대하여 $z > z_{\alpha/2}$ 또는 $z < -z_{\alpha/2}$이면 H_0는 기각된다. $H_1\colon \mu_1 - \mu_2 > d_0$가 성립할 경우의 기각역은 H_1을 뒷받침하는 증거로 z값이 크게 나타날 때이므로 오른쪽에 위치하게 된다.

두 모분산을 모르지만 같은 경우

두 모평균 차이의 검정을 할 경우에 모분산을 모르는 상황이 많이 있다. 이 경우에 두 모집단이 정규분포를 따르며 $\sigma_1 = \sigma_2 = \sigma$로 간주될 수 있으면, **합동 t 검정**(pooled t-test)이 이용된다. 검정통계량은 다음과 같이 주어진다(9.8절 참조).

합동 t 검정통계량

$$t = \frac{(\bar{x}_1 - \bar{x}_2) - d_0}{s_p\sqrt{1/n_1 + 1/n_2}}$$

단,

$$s_p^2 = \frac{s_1^2(n_1 - 1) + s_2^2(n_2 - 1)}{n_1 + n_2 - 2}$$

이 통계량은 자유도 $v = n_1 + n_2 - 2$인 t 분포를 따르므로 양측가설검정의 비기각역은

$$-t_{\alpha/2, n_1+n_2-2} \le t \le t_{\alpha/2, n_1+n_2-2}$$

가 된다. 단측가설검정인 경우에는 $H_1\colon \mu_1 - \mu_2 > d_0$일 때 $t > t_{\alpha, n_1+n_2-2}$가 만족되면 $H_0\colon \mu_1 - \mu_2 = d_0$를 기각한다.

예제 10.6 두 강재의 마모량을 비교하기 위한 실험이 실시되었다. 강재 1과 강재 2에 대하여 각각 12회 및 10회씩 시험한 결과 강재 1의 마모량은 평균이 85, 표본표준편차가

4였고, 강재 2에서는 81과 5로 나타났다. 강재 1의 마모량이 강재 2의 그것보다 2 이상 심한지를 유의수준 0.05로 검정하라. 단, 두 모집단은 분산이 같은 정규분포를 근사적으로 따른다고 한다.

풀이 1. H_0: $\mu_1 - \mu_2 = 2$

2. H_1: $\mu_1 - \mu_2 > 2$

3. $\alpha = 0.05$

4. 기각역 : $t > 1.725$, 단, $t = \frac{(\bar{x}_1 - \bar{x}_2) - d_0}{s_p\sqrt{1/n_1 + 1/n_2}}$ 는 자유도 v=20이다.

5. 계산 :

$$\bar{x}_1 = 85, \quad s_1 = 4, \quad n_1 = 12$$
$$\bar{x}_2 = 81, \quad s_2 = 5, \quad n_2 = 10$$

이 된다. 따라서 표 A.4로부터

$$s_p = \sqrt{\frac{(11)(16) + (9)(25)}{12 + 10 - 2}} = 4.478$$

$$t = \frac{(85 - 81) - 2}{4.478\sqrt{1/12 + 1/10}} = 1.04$$

$$P = P(T > 1.04) \approx 0.16$$

6. 결론 : H_0를 기각하지 않는다. 강재 1의 마모량이 강재 2의 그것보다 2단위 만큼 크다고 할 수는 없다.

두 모분산을 모르고 같지도 않은 경우

두 모분산을 모르고 서로 같다고 가정하기도 어려운 경우에는 제9장에서 설명한 다음의 통계량이 근사적인 t 분포를 한다는 점을 이용한다.

$$T' = \frac{(\bar{X}_1 - \bar{X}_2) - d_0}{\sqrt{s_1^2/n_1 + s_2^2/n_2}}$$

이 분포의 자유도는 근사적으로 다음과 같다.

$$v = \frac{(s_1^2/n_1 + s_2^2/n_2)^2}{(s_1^2/n_1)^2/(n_1 - 1) + (s_2^2/n_2)^2/(n_2 - 1)}$$

따라서, 위의 통계량을 계산하여 $-t_{\alpha/2,v} \le t' \le t_{\alpha/2,v}$이면 H_0를 기각하지 않는다. 합동 t검정에서처럼 단측검정의 경우에는 단측 기각역을 설정한다.

대응관측값의 검정

두 모평균 차이의 t 검정 또는 구간추정을 실시할 때 주의해야 할 몇 가지 사항은 실험계획의 기본개념에 대한 것이다. 처리에 해당하는 두 모집단의 조건은 실험단위에 무작위로 할당되어야 한다. 이것은 실험단위 사이의 계통적 차이로 말미암아 실험결과가 치우치게 얻어질 가능성을 방지하자는 데 있다. 다시 말하면, 두 평균 간의 유의한 차이가 모집단 조건의 차이에 의한 것인지, 실험단위에 의한 것인지를 구별하기 위함이다. 예를 들어, 9.9절의 연습문제 9.40을 생각해 보자. 여기서 실험단위는 20그루의 묘목에 해당한다. 이 중 10그루에는 질소처리를 하고 나머지에는 질소처리를 하지 않았다. 질소처리된 묘목과 그렇지 않은 묘목은 묘목들 간의 계통적인 차이가 실험결과인 줄기무게의 차이에 영향을 끼치지 않도록 무작위로 할당되어야 할 것이다.

예제 10.6에서 강재 22개는 임의의 순서로 측정되어야 한다. 순서대로 마모측정을 하면 시간상으로 인접해서 측정된 값들은 유사한 결과를 나타낼 가능성이 있으므로 이를 방지할 필요가 있다. **실험단위에서 계통적 차이**가 예상되지 않는다 하더라도, 무작위 할당은 이러한 문제를 방지하도록 해 준다.

제9장에서 논의된 대응으로 얻어진 자료에 대한 두 평균에 관한 검정도 할 수 있다. 대응으로 얻어진 자료에서 $\mu_1-\mu_2$의 신뢰구간은 다음의 확률변수에 근거하게 된다.

$$T = \frac{\bar{D} - \mu_D}{S_d/\sqrt{n}}$$

여기서 $\overline{D}$와 S_d는 실험단위별 자료의 차이에 대한 표본평균과 표준편차를 나타내는 확률변수이다. 합동 t 검정처럼 각 모집단은 정규분포를 따르는 것으로 가정된다. 대응으로 된 자료의 문제는 그 차이 $d_1, d_2, \cdots, d_n$을 사용하게 되면, 단일표본의 문제로 축소된다. 따라서, 가설도 다음과 같이 된다.

$$H_0\text{:}\ \ \mu_D = d_0$$

계산된 검정통계량은 다음과 같이 주어진다.

$$t = \frac{\overline{d} - d_0}{s_d/\sqrt{n}}$$

기각역은 자유도 $n-1$인 t 분포를 이용하여 정하면 된다.

사례연구 10.1 버지니아 대학 연구소에서는 근육이완제인 숙시니콜린이 혈액 중의 안드로겐호르몬의 순환에 미치는 영향을 조사하기 위하여 야생흰꼬리사슴을 대상으로 실험을 하였다. 화살에 맞으면 자동으로 숙시니콜린이 주사되도록 만들어진 총을 사용하여 사슴을 포획한 즉시 경정맥에서 혈액표본을 채혈하여 안드로겐호르몬을 측정하고, 30분 후에 다시 채혈하여 측정한 후에 방면하였다. 이런 방법으로 15마리를 대상으로 포획 당시의 안드로겐호르몬 수준과 30분이 경과된 후의 수준을 측정한 결과는 다음과 같다(단위: ng/mL).

표 10.2 사례연구 10.1의 자료

흰꼬리사슴	안드로겐호르몬 수준		
	포획 당시	30분 경과 후	d_i
1	2.76	7.02	4.26
2	5.18	3.10	−2.08
3	2.68	5.44	2.76
4	3.05	3.99	0.94
5	4.10	5.21	1.11
6	7.05	10.26	3.21
7	6.60	13.91	7.31
8	4.79	18.53	13.74
9	7.39	7.91	0.52
10	7.30	4.85	−2.45
11	11.78	11.10	−0.68
12	3.90	3.74	−0.16
13	26.00	94.03	68.03
14	67.48	94.03	26.55
15	17.04	41.70	24.66

포획 당시와 30분 경과 후의 안드로겐호르몬의 모집단은 근사적으로 정규분포를 따른다고 가정할 때, 숙시니콜린으로 30분 동안 신체활동이 억제된 후의 안드로겐호르몬 농도는 변화되었는가를 유의수준 0.05로 검정하라.

풀이 포획 당시와 30분 경과 후의 안드로겐호르몬 농도의 모평균을 각각 μ_1과 μ_2로 놓으면 검정절차는 다음과 같다.

1. H_0: $\mu_1 = \mu_2$ 또는 $\mu_D = \mu_1 - \mu_2 = 0$
2. H_1: $\mu_1 \neq \mu_2$ 또는 $\mu_D = \mu_1 - \mu_2 \neq 0$
3. α=0.05
4. 기각역 : $t < -2.145$와 $t > 2.145$이다. 단, $t = \frac{\bar{d}-d_0}{s_D/\sqrt{n}}$이며 자유도 v=14이다.
5. 계산 : d_i의 표본평균과 표준편차는 $\bar{d} = 9.848$과 $s_d = 18.474$이므로, 검정통계량값은

$$t = \frac{9.848 - 0}{18.474/\sqrt{15}} = 2.06$$

이 된다.
6. 결론 : 유의수준 0.05에서 t 통계량은 유의하지 않으나 $P = P(|T| > 2.06) \approx 0.06$이므로, 평균안드로겐호르몬의 수준에는 차이가 있다는 어느 정도의 증거가 나타남을 알 수 있다.

대응으로 된 자료인 경우에는 제9장에서 신뢰구간의 설명에서처럼 처리와 실험단위 간에 교호작용이 없도록 하는 것이 중요하다. 교호작용이 없다는 것은 실험단위의 효과가 두 치리의 효과와 같다는 것을 의미한다. 사례연구 10.1에서 사슴(실험단위)의 효과는 포획 당시나 30분이 경과한 후나 같다는 것을 가정하고 있다.

대응 t 검정의 컴퓨터 출력

그림 10.13에는 사례연구 10.1에 대한 SAS 출력을 나타내고 있다. 두 표본의 차이가 0보다 유의하게 큰가를 보는 검정이므로 단일표본 t 검정의 경우와 출력 형태가 동일하다는 것을 알 수 있다.

```
                Analysis Variable : Diff

 N          Mean      Std Error     t Value     Pr > |t|
---------------------------------------------------------
15     9.8480000      4.7698699        2.06       0.0580
---------------------------------------------------------
```

그림 10.13 사례연구 10.1에 대한 SAS 출력

검정절차의 요약

다음의 표 10.3에는 단일표본과 두 표본인 경우의 모평균에 대한 검정절차가 요약되어 있다. 모집단이 정규분포이나 모분산이 서로 다르면서 모르는 경우에는 제9장에서 설명한 바 있는 통계량을 이용하여 근사적인 t 검정을 수행한다.

표 10.3 모평균에 대한 가설 검정의 요약

귀무가설	검정통계량	대립가설	기각역
$\mu=\mu_0$	$z=\frac{\bar{x}-\mu_0}{\sigma/\sqrt{n}}$; σ 기지	$\mu<\mu_0$ $\mu>\mu_0$ $\mu\neq\mu_0$	$z<-z_\alpha$ $z>z_\alpha$ $z<-z_{\alpha/2}$ 또는 $z>z_{\alpha/2}$
$\mu=\mu_0$	$t=\frac{\bar{x}-\mu_0}{s/\sqrt{n}}$; $v=n-1$, σ 미지	$\mu<\mu_0$ $\mu>\mu_0$ $\mu\neq\mu_0$	$t<-t_\alpha$ $t>t_\alpha$ $t<-t_{\alpha/2}$ 또는 $t>t_{\alpha/2}$
$\mu_1-\mu_2=d_0$	$z=\frac{(\bar{x}_1-\bar{x}_2)-d_0}{\sqrt{\sigma_1^2/n_1+\sigma_2^2/n_2}}$; σ_1, σ_2 기지	$\mu_1-\mu_2<d_0$ $\mu_1-\mu_2>d_0$ $\mu_1-\mu_2\neq d_0$	$z<-z_\alpha$ $z>z_\alpha$ $z<-z_{\alpha/2}$ 또는 $z>z_{\alpha/2}$
$\mu_1-\mu_2=d_0$	$t=\frac{(\bar{x}_1-\bar{x}_2)-d_0}{s_p\sqrt{1/n_1+1/n_2}}$; $v=n_1+n_2-2$, $\sigma_1=\sigma_2$이나 미지 $s_p^2=\frac{(n_1-1)s_1^2+(n_2-1)s_2^2}{n_1+n_2-2}$	$\mu_1-\mu_2<d_0$ $\mu_1-\mu_2>d_0$ $\mu_1-\mu_2\neq d_0$	$t<-t_\alpha$ $t>t_\alpha$ $t<-t_{\alpha/2}$ 또는 $t>t_{\alpha/2}$
$\mu_1-\mu_2=d_0$	$t'=\frac{(\bar{x}_1-\bar{x}_2)-d_0}{\sqrt{s_1^2/n_1+s_2^2/n_2}}$; $v=\frac{(s_1^2/n_1+s_2^2/n_2)^2}{\frac{(s_1^2/n_1)^2}{n_1-1}+\frac{(s_2^2/n_2)^2}{n_2-1}}$; $\sigma_1\neq\sigma_2$이고 미지	$\mu_1-\mu_2<d_0$ $\mu_1-\mu_2>d_0$ $\mu_1-\mu_2\neq d_0$	$t'<-t_\alpha$ $t'>t_\alpha$ $t'<-t_{\alpha/2}$ 또는 $t'>t_{\alpha/2}$
$\mu_D=d_0$ 대응관측	$t=\frac{\bar{d}-d_0}{s_d/\sqrt{n}}$; $v=n-1$	$\mu_D<d_0$ $\mu_D>d_0$ $\mu_D\neq d_0$	$t<-t_\alpha$ $t>t_\alpha$ $t<-t_{\alpha/2}$ 또는 $t>t_{\alpha/2}$

10.6 표본크기의 결정

표본의 크기, 유의수준 α 및 검정력의 상호관계를 10.2절에서 설명하였다. 표본의 크기는 대부분 실험계획단계에서 미리 결정된다. 표본의 크기는 유의수준 α와 대립가설을 고정시킨 상태에서 검정력을 달성하기 위하여 결정된다.

모분산 σ^2을 알고 있을 때 다음 가설을 유의수준 α로 검정하는 경우를 살펴보

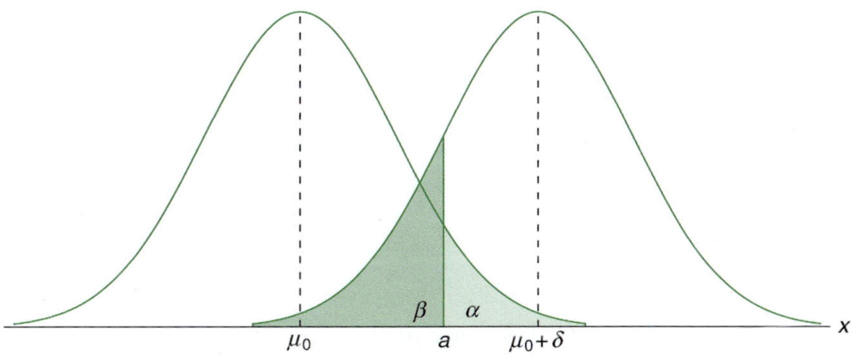

그림 10.14 $\mu=\mu_0+\delta$에 대한 $\mu=\mu_0$의 검정

기로 하자.

$$H_0: \ \mu = \mu_0$$
$$H_1: \ \mu > \mu_0$$

특정한 가설, 즉 $\mu=\mu_0+\delta$에 대한 검정력은 다음 식으로 구해지며 그림 10.14와 같다.

$$1-\beta = P(\bar{X} > a \mid \mu = \mu_0 + \delta)$$

여기서 β를 구하면 다음과 같다.

$$\begin{aligned}\beta &= P(\bar{X} < a \mid \mu = \mu_0 + \delta) \\ &= P\left[\frac{\bar{X}-(\mu_0+\delta)}{\sigma/\sqrt{n}} < \frac{a-(\mu_0+\delta)}{\sigma/\sqrt{n}} \;\middle|\; \mu = \mu_0+\delta\right]\end{aligned}$$

대립가설 $\mu=\mu_0+\delta$하에서 다음 통계량은 표준정규확률변수 Z가 된다.

$$\frac{\bar{X}-(\mu_0+\delta)}{\sigma/\sqrt{n}}$$

따라서 β는 다음과 같이 표현될 수 있다.

$$\beta = P\left(Z < \frac{a-\mu_0}{\sigma/\sqrt{n}} - \frac{\delta}{\sigma/\sqrt{n}}\right) = P\left(Z < z_\alpha - \frac{\delta}{\sigma/\sqrt{n}}\right)$$

이 식으로부터 다음의 관계가 성립된다.

$$-z_\beta = z_\alpha - \frac{\delta\sqrt{n}}{\sigma}$$

따라서 위의 관계식으로부터 표본의 크기 n 을 구하면,

$$n = \frac{(z_\alpha + z_\beta)^2\sigma^2}{\delta^2}$$

이 된다. 대립가설이 $\mu < \mu_0$일 경우의 표본의 크기에 대한 결과는 역시 똑같게 된다.

양측검정인 경우의 특정한 대립가설에 대한 검정력 $1-\beta$는 표본의 크기가 다음과 같을 때 얻어진다.

$$n \approx \frac{(z_{\alpha/2} + z_\beta)^2\sigma^2}{\delta^2}$$

예제 10.7 어떤 대학 남학생들의 체중에 대한 다음의 가설을 유의수준 $\alpha=0.05$로 검정하려고 한다. 단, 체중의 모표준편차는 $\sigma=5$ kg으로 알려져 있다고 가정한다.

$$H_0:\ \mu = 68 \text{ kg}$$
$$H_1:\ \mu > 68 \text{ kg}$$

체중의 참평균이 69 kg일 때 검정력이 0.95가 되도록 표본의 크기를 결정하라.

풀이 $\alpha=\beta=0.05$이므로 $z_\alpha=z_\beta=1.645$가 된다. 대립가설 $\mu=69$에 대하여 $\delta=1$이므로 표본의 크기는 다음과 같이 계산된다.

$$n = \frac{(1.645 + 1.645)^2(25)}{1} = 270.6$$

따라서, μ의 참값이 69 kg일 때 귀무가설이 기각될 확률이 95%가 되기 위해서는 표본의 크기는 271명이 되어야 한다.

두 모집단의 경우

두 모평균을 비교할 때에도 특정한 검정력을 확보하는 데 필요한 표본의 크기 $n=n_1=n_2$를 단일 모평균의 방법과 유사하게 구할 수 있다. 예를 들어, σ_1과 σ_2를 알고 있을 때 다음의 양측가설을 검정한다고 하자.

$$H_0\text{: } \mu_1 - \mu_2 = d_0$$
$$H_1\text{: } \mu_1 - \mu_2 \neq d_0$$

특정한 가설, 즉 $\mu_1 - \mu_2 = d_0 + \delta$에 대한 검정력은 다음 식으로 구해지며 그림 10.15와 같다.

$$1 - \beta = P(|\bar{X}_1 - \bar{X}_2| > a \mid \mu_1 - \mu_2 = d_0 + \delta)$$

여기서 β를 구하면 다음과 같다.

$$\begin{aligned}\beta &= P(-a < \bar{X}_1 - \bar{X}_2 < a \mid \mu_1 - \mu_2 = d_0 + \delta) \\ &= P\left[\frac{-a - (d_0 + \delta)}{\sqrt{(\sigma_1^2 + \sigma_2^2)/n}} < \frac{(\bar{X}_1 - \bar{X}_2) - (d_0 + \delta)}{\sqrt{(\sigma_1^2 + \sigma_2^2)/n}} \right.\\ &\qquad \left. < \frac{a - (d_0 + \delta)}{\sqrt{(\sigma_1^2 + \sigma_2^2)/n}} \mid \mu_1 - \mu_2 = d_0 + \delta\right]\end{aligned}$$

대립가설 $\mu_1 - \mu_2 = d_0 + \delta$하에서 다음 통계량은 표준정규확률변수 Z가 된다.

$$\frac{\bar{X}_1 - \bar{X}_2 - (d_0 + \delta)}{\sqrt{(\sigma_1^2 + \sigma_2^2)/n}}$$

또한 귀무가설하에서 다음의 식이 성립하므로,

$$-z_{\alpha/2} = \frac{-a - d_0}{\sqrt{(\sigma_1^2 + \sigma_2^2)/n}}, \quad z_{\alpha/2} = \frac{a - d_0}{\sqrt{(\sigma_1^2 + \sigma_2^2)/n}}$$

β는 다음과 같이 표현될 수 있다.

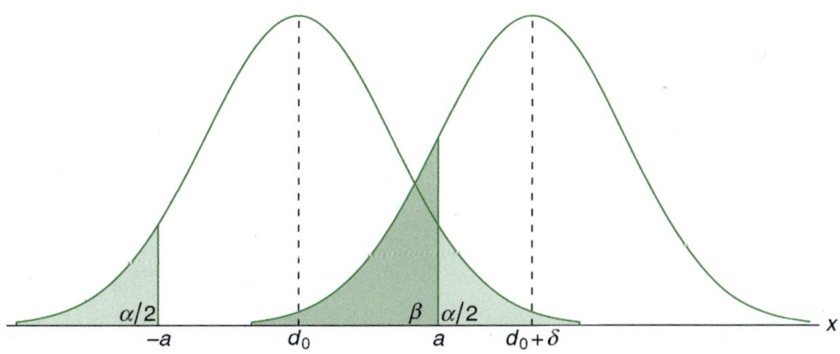

그림 10.15 $\mu_1 - \mu_2 = d_0 + \delta$에 대한 $\mu_1 - \mu_2 = d_0$의 검정

$$\beta = P\left[-z_{\alpha/2} - \frac{\delta}{\sqrt{(\sigma_1^2+\sigma_2^2)/n}} < Z < z_{\alpha/2} - \frac{\delta}{\sqrt{(\sigma_1^2+\sigma_2^2)/n}}\right]$$

이것으로 부터 다음의 관계가 성립하므로,

$$-z_\beta \approx z_{\alpha/2} - \frac{\delta}{\sqrt{(\sigma_1^2+\sigma_2^2)/n}}$$

표본의 크기는 다음과 같다.

$$n \approx \frac{(z_{\alpha/2}+z_\beta)^2(\sigma_1^2+\sigma_2^2)}{\delta^2}$$

같은 방법으로 $n=n_1=n_2$일 때 단측검정에 대한 표본의 크기는 다음과 같이 구해진다.

$$n = \frac{(z_\alpha+z_\beta)^2(\sigma_1^2+\sigma_2^2)}{\delta^2}$$

한편, 모분산을 모를 경우에는 표본의 크기를 직접 구할 수 없다. 참값 $\mu=\mu_0+\delta$에 대한 가설 $\mu=\mu_0$를 검정하는 데 이용되는 통계량

$$\frac{\bar{X}-(\mu_0+\delta)}{S/\sqrt{n}}$$

는 t 분포를 따르지 않고 **비중심 t 분포**(noncentral t-distribution)를 따르게 된다. 그러나 σ의 추정값이 유용하거나 δ가 σ의 배수일 때 비중심 t 분포를 근거로 작성된 표를 이용하여 적절한 표본의 크기를 결정할 수 있다. 표 A.8에서는 다음의 식과 관련하여 α와 β를 조절하는 데 필요한 표본의 크기를 구할 수 있다.

$$\Delta = \frac{|\delta|}{\sigma} = \frac{|\mu-\mu_0|}{\sigma}$$

표 A.9에서는 다음 식과 관련하여 두 모분산을 모르지만 같다고 가정될 때, 두 표본의 검정에서 α와 β를 조절하는 데 필요한 표본의 크기 $n=n_1=n_2$를 구할 수 있다.

$$\Delta = \frac{|\delta|}{\sigma} = \frac{|\mu_1-\mu_2-d_0|}{\sigma}$$

예제 10.8 수율에 영향을 미치는 두 촉매를 비교하기 위해 다음의 가설에 대한 t 검정을 α=0.05로 실시하려고 한다.

$$H_0:\ \mu_1 = \mu_2$$
$$H_1:\ \mu_1 \neq \mu_2$$

두 촉매 간의 차이가 0.8σ임을 0.9의 확률로 탐지하는 데 필요한 표본의 크기를 구하라. 단, 각 촉매에 따른 수율의 분산은 동일하다고 여겨진다.

풀이 이 검정은 양측검정이며 α=0.05, β=0.10이므로, 표 A.9를 이용하면

$$\Delta = \frac{|0.8\sigma|}{\sigma} = 0.8$$

이다. 따라서, 필요한 표본의 크기는 n=34가 된다.

10.7 그래프를 이용한 평균비교

제1장에서는 자료를 그래프로 표시하는 데 중점을 두었다. 일련의 실험자료를 요약하는 방법으로 줄기-잎 그림과 상자-수염 그림, 8.8절에서는 분위수그림과 정규분위수그림 등이 사용되었다. 대부분의 컴퓨터 패키지도 자료처리결과를 그래프로 출력하고 있다. 또 다른 형태의 자료분석(예: 회귀분석, 분산분석 등)에서도 그래프방법이 더욱 유용하게 사용된다.

가설검정에 이용되는 그래프방법은 검정절차를 대신할 수는 없다. H_0 또는 H_1을 뒷받침하는 증거로서 적합한 것은 검정통계량의 값이다. 그럼에도 불구하고 그림으로 자료를 나타내는 것은 내용을 단번에 파악할 수 있으며, 동시에 분석자가 판단을 내리는 데 중요한 역할을 하기 때문이다. 때때로 그림으로 분석함으로써 유의한 차이가 왜 발생했는가를 밝힐 수도 있다. 그래프방법을 통하여 중요한 가정에 반하는 사항들이 드러날 수도 있다.

평균을 비교하기 위하여 두 상자-수염 그림을 그려 보면 뚜렷한 차이를 알아낼 수 있다. 상자-수염 그림에서 상자는 자료의 제25백분위수, 제75백분위수 및 중앙값(median)을, 수염의 양 끝점은 최대값과 최소값을 표시한다. 이 절의 연습문제 10.40을 생각해 보자. 임신부를 흡연자군과 비흡연자군으로 나누어 혈장의 아스코르빈산수준을 측정하였다. 두 군별로 상자-수염 그림을 그린 것이 그림 10.16이다. 이 그림에서 두 가지 사실이 뚜렷하게 나타난다. 즉, 표본평균의 차이는 무시될 수 있을 정도로 보이나 산포는 어느 정도 차이가 있는 것처럼 보인다. 물론 이 경우에

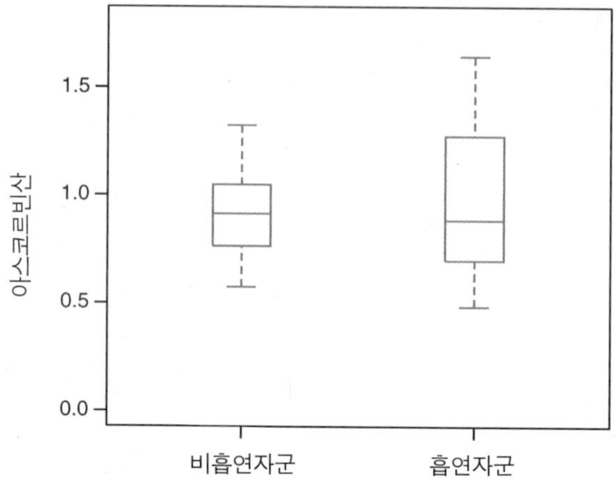

그림 10.16 혈장 아스코르빈산의 상자-수염 그림

표본의 크기는 같지 않다는 것을 염두에 두어야 한다.

9.9절의 연습문제 9.40을 생각해 보자. 그림 10.17은 절반의 묘목에는 질소처리를, 나머지에는 질소처리를 하지 않은 경우의 상자-수염 그림을 그린 것이다. 이 그림으로부터 질소처리를 하지 않은 묘목군의 산포가 더 작게 나타난 것을 알 수 있다. 두 상자 그림이 겹쳐지지 않은 것은 두 묘목군의 평균줄기무게 사이에 유의한 차이가 있음을 시사하고 있다. 또한 이 그림은 질소처리로 줄기무게뿐만 아니라 줄기무게 간의 산포도 증가되었음을 보여주고 있다.

두 상자-수염 그림으로부터 평균 간의 유의한 차이를 알아낼 수 있는 확실한

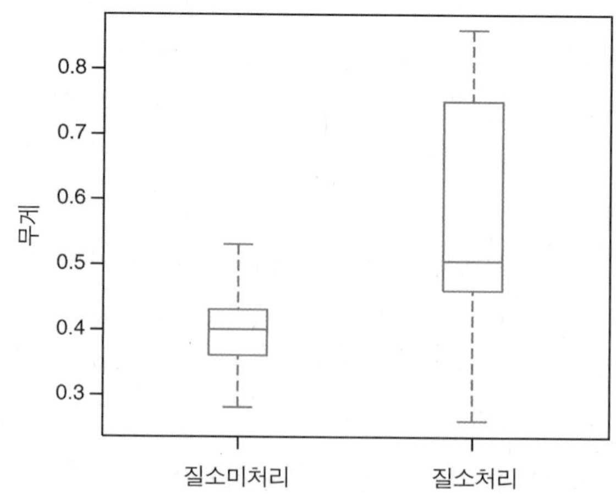

그림 10.17 묘목자료의 상자-수염 그림

규칙은 없다. 한 표본의 제25백분위선이 다른 표본의 중앙값선을 초과하면 평균 간의 유의한 차이가 있다고 개략적으로 판단한다.

2표본 *T* 검정의 컴퓨터 출력

9.9절의 연습문제 9.40의 자료에 대하여 다음의 가설을 검정하자.

$$H_0: \mu_{질소} = \mu_{무질소}$$
$$H_0: \mu_{질소} > \mu_{무질소}$$

SAS 패키지를 이용하여 계산한 결과가 그림 10.18과 같다. 각 표본에 대하여 표본 표준편차와 표준오차가 계산되었다. 두 모집단의 분산이 같은 경우와 같지 않은 경우의 t 통계량이 각각 나타나 있다. 그림 10.17의 상자-수염 그림으로부터 등분산(equal variance) 가정은 위배됨을 알 수 있다. P값이 0.0229이므로 두 평균은 같지 않음을 알 수 있다. 이 결과는 그림 10.17에서 진단한 정보와 일치하고 있다. 이 경우 $n_1 = n_2$이므로 t와 t'은 같게 된다.

```
                    TTEST Procedure
Variable Weight
     Mineral       N      Mean     Std Dev Std Err
No nitrogen       10   0.3990      0.0728   0.0230
   Nitrogen       10   0.5650      0.1867   0.0591

Variances         DF     t Value     Pr > |t|
     Equal        18        2.62       0.0174
   Unequal      11.7        2.62       0.0229

              Test the Equality of Variances
Variable    Num DF      Den DF      F Value     Pr > F
  Weight         9           9         6.58     0.0098
```

그림 10.18 SAS를 이용한 두 평균 차이의 출력

연습문제

10.19 캘리포니아 의대의 한 연구보고에 의하면 쥐에게 필요한 열량의 40%를 비타민과 단백질로 바꾸어 제공하면 평균수명이 32개월에서 40개월로 연장된다고 한다. 이러한 특별먹이로 64마리에게 실험하였더니 평균수명이 38개월, 표준편차가 5.8개월로 조사되었다. $\mu < 40$이라

는 주장을 P값을 이용하여 검정하라.

10.20 팝콘 64봉지의 무게를 측정한 결과, 평균 5.23온스, 표준편차 0.24온스였다. 대립가설 $\mu < 5.5$온스에 대해 귀무가설 $\mu = 5.5$온스를 유의수준 0.05로 검정하라.

10.21 어느 전기회사에서 제조되는 전구의 수명은 평균이 800시간, 표준편차가 40시간이고 근사적으로 정규분포를 따른다고 한다. 임의로 추출된 30개의 전구의 평균수명이 788시간이었다. 대립가설 $\mu \neq 800$시간에 대한 귀무가설 $\mu = 800$시간을 P값을 이용하여 검정하라.

10.22 초월명상을 하는 남성 225명의 주당 명상시간을 조사하였더니 평균 8.5시간, 표준편차 2.25시간이었다. 초월명상을 하는 남성들은 일주일에 8시간 이상 명상을 한다고 할 수 있는지 P값을 이용하여 답하라.

10.23 어떤 용기에 들어 있는 특정윤활유의 평균용량은 10L라는 가설을 검정하기 위해 임의로 10통을 추출하여 용량을 조사하였더니 다음과 같이 측정되었다. 유의수준 0.01로 검정하라. 단, 용량은 정규분포를 따른다고 한다.

10.2, 9.7, 10.1, 10.3, 10.1,
9.8, 9.9, 10.4, 10.3, 9.8

10.24 과거 어느 대학 여학생의 신장은 평균이 162.5cm, 표준편차가 6.9cm였다고 한다. 이제 50명의 여대생을 표본으로 추출하여 신장을 측정한 결과, 평균이 165.2cm였다면 평균신장은 변했다고 할 수 있는가를 P값을 이용하여 답하라. 단, 표준편차는 동일하다고 가정한다.

10.25 자동차의 연간주행거리는 20,000km보다 크다고 한 영업사원이 주장한다. 이를 검정하기 위하여 100대의 자동차를 임의로 추출하여 연간주행거리를 조사하였더니 평균이 23,500km, 표준편차가 3,900km였다. 이 영업사원의 주장이 타당한지를 P값을 이용하여 답하라.

10.26 한 의학연구결과에 따르면 염분섭취량이 많으면 악성종양이나 위암 그리고 편두통에 걸릴 위험성이 높다고 한다. 사람의 일일필요염분량은 220mg이라고 한다. 대부분 곡물로 조리한 한 끼 식단에 포함된 염분량은 이 기준량을 초과한다고 한다. 유사한 곡물로 짜여진 20개 식단을 표본추출하여 염분량을 측정하였더니 평균이 244mg, 표준편차가 24.5mg이었다. 한 끼 식단에 포함된 염분량이 220mg보다 크다고 할 수 있는지를 유의수준 0.05로 검정하라. 단, 염분량은 정규분포를 따른다고 한다.

10.27 콜로라도 대학의 연구에 의하면 달리기가 노인의 RMR(relative metabolic rate) (%), 즉 에너지 대사율을 증가시킨다고 한다. 조사 결과 달리기를 하는 노인 30명의 평균 RMR은 운동을 하지 않는 노인 30명의 평균 RMR 보다 34.0% 더 높았고, 표준편차는 각각 10.5%와 10.2%였다. 달리기를 하면 RMR이 유의하게 증가한다고 할 수 있는지 P값을 이용하여 답하라. 단, RMR 비율은 정규분포를 따르고 분산은 같다고 가정하라.

10.28 면사와 아세테이트에 대하여 각각 25조

각씩 수분 흡수율을 측정하였더니 평균은 20과 12, 표준편차는 1.5와 1.25였다. 면사의 흡수율이 아세테이트보다 높다고 할 수 있는지 유의수준 0.05로 검정하라. 단, 흡수율은 정규분포를 따르고 분산은 같다고 가정하라.

10.29 과거의 고3학생의 모의고사에서 시험완료시간은 평균 35분으로 정규확률변수를 따르는 것으로 분석되었다. 20명 학생에게 이 시험을 치르게 하여 끝마칠 때까지 걸린 시간을 측정한 결과, 평균이 33.1분, 표준편차가 4.3분으로 나타났다. 대립가설 $\mu<35$분에 대한 귀무가설 $\mu=35$분을 유의수준 0.05로 검정하라.

10.30 표준편차가 $\sigma_1=5.2$인 정규모집단으로부터 크기 $n_1=25$의 확률표본을 추출하여 $\bar{x}_1=81$을 얻었다. 표준편차가 $\sigma_2=3.4$인 또 다른 정규모집단으로부터 크기 $n_2=36$의 확률표본을 추출하여 $\bar{x}_2=76$을 얻었다. 대립가설 $\mu_1 \neq \mu_2$에 대한 귀무가설 $\mu_1=\mu_2$를 P값을 이용하여 검정하라.

10.31 어떤 제조업자는 섬유 A의 인장력이 섬유 B보다 적어도 12kg을 초과한다고 주장한다. 이 주장을 검정하기 위하여 각각 50개씩 섬유를 동일조건하에서 시험하였다. 그 결과 섬유 A의 평균은 86.7kg, 표준편차가 6.28kg이었고, 섬유 B의 평균은 77.8kg, 표준편차는 5.61kg이었다. 유의수준 0.05로 제조업자의 주장을 검정하라.

10.32 연구중심대학과 기타대학의 통계학 교수에 대하여 각각 200명의 연봉을 조사하였더니 평균은 \$70,750와 \$65,200, 표준편차는 \$6,000와 \$5,000였다. 연구중심대학의 연봉이 기타대학보다 \$2,000 높다고 할 수 있는지 유의수준 0.01로 검정하라.

10.33 어떤 물질의 농도가 높을수록 화학반응 속도가 빨라지는가를 알아보기 위한 실험을 실시하였다. 이 물질의 농도를 1.5mole/L로 하여 반응실험을 15회 실시한 결과, 평균반응속도(단위: micromole / 30분)는 7.5, 표준편차는 1.5를 얻었다. 한편, 이 물질의 농도를 2.0mole/L로 하여 반응실험을 12회 실시한 결과, 평균반응속도는 8.8, 표준편차는 1.2로 측정되었다. 이 물질의 농도증가로 평균반응속도가 0.5보다 크게 빨라졌다고 할 수 있는가? 두 모집단은 분산이 같고 근사적으로 정규분포를 따르는 것으로 가정하여 유의수준 0.01로 답하라.

10.34 물리학 강좌에 실험이 포함되면 이해가 더 잘 되는가를 알기 위한 연구가 진행되었다. 실험이 없는 3시간짜리 강좌와 실험이 포함된 4시간짜리 강좌에 임의로 학생들이 수강하도록 한 결과, 4시간짜리 강좌에 수강한 11명은 평균 85점, 표준편차 4.7점을 받았고, 3시간짜리 강좌에 수강한 17명은 평균 79점, 표준편차 6.1점을 받았다. 실험이 포함된 4시간짜리 강좌에서 받은 점수가 3시간짜리 강좌보다 평균 8점 이상 높다고 말할 수 있겠는가? P값을 이용하여 답하라. 단, 모집단들은 모분산이 같고 근사적으로 정규분포를 따른다고 한다.

10.35 새로이 개발된 혈청이 백혈병 치료에 효과가 있는지를 확인하기 위하여 이 병에 걸린 9마리의 쥐를 선정하여 5마리에게는 새로운 혈청을 투여하고 4마리에게는 투여를 하지 않았다.

실험을 착수한 시점부터 생존기간을 조사하였더니 다음과 같았다(단위: 년).

혈청투여함	2.1	5.3	1.4	4.6	0.9
혈청투여 안 함	1.9	0.5	2.8	3.1	

새로운 혈청치료제는 효과가 있다고 말할 수 있는가를 유의수준 0.05로 검정하라. 단, 두 분포는 분산이 같고 근사적으로 정규분포를 따른다고 한다.

10.36 어느 자동차회사에서는 신모델차에 장착할 타이어를 A와 B 중에서 선정하려고 한다. 마모되어 폐타이어가 될 때까지 주행시험을 각각 12회씩 실시한 결과는 다음과 같았다.

제품 A : $\bar{x}_1=37{,}900\text{km}$, $s_1=5{,}100\text{km}$
제품 B : $\bar{x}_2=39{,}800\text{km}$, $s_2=5{,}900\text{km}$

두 타이어의 품질에는 차이가 없다는 것을 P값을 이용하여 검정하라. 단, 두 모집단은 모분산이 같으며 근사적으로 정규분포를 따른다고 한다.

10.37 연습문제 9.42에서 폭스바겐 자동차의 연비가 도요타의 그것보다 평균 4km/L 이상 더 주행한다는 가설을 유의수준 0.10으로 검정하라.

10.38 캘리포니아 대학의 한 연구자는 젖을 뗀 직후부터 열량을 40% 줄인 특별한 먹이를 공급하면 쥐의 수명이 약 8개월 연장된다고 주장한다. 특별한 먹이는 비타민과 단백질로 영양가를 높인 것이다. 보통 먹이로 사육된 쥐 10마리의 평균수명은 32.1개월, 표준편차가 3.2개월이었으며, 특별한 먹이로 사육된 쥐 15마리의 평균수명은 37.6개월, 표준편차가 2.8개월이었다. 수명연장은 8개월보다 작다는 대립가설에 대하여 특별한 먹이로 사육된 쥐의 평균수명이 보통 먹이로 사육된 쥐보다 8개월 더 늘어났다는 귀무가설을 유의수준 0.05로 검정하라. 단, 보통 및 특별 먹이로 인한 수명분포는 분산이 같고 근사적으로 정규분포를 따른다고 한다.

10.39 다음 자료는 두 영화사가 제작한 영화의 상영시간을 나타낸 것이다.

영화사	상영시간(분)						
1	102	86	98	109	92		
2	81	165	97	134	92	87	114

영화사 2의 평균상영시간이 영화사 1보다 10분 이상 초과된다고 할 수 있는가를 유의수준 0.10으로 검정하라. 단, 두 영화사의 상영시간은 분산이 같지 않고 근사적으로 정규분포를 따른다고 한다.

10.40 임신 중에 혈장 내 아스코르빈산의 수준이 흡연자군과 비흡연자군에 따라 차이가 있는지를 알기 위한 실험이 실시되었다. 임신 3개월이 지난 15세에서 32세 사이의 건강한 임신부 32명이 연구대상으로 선정되었다. 각 군별 혈액표본으로부터 아스코르빈산을 측정한 결과(단위: mg/100 mL)는 다음과 같았다.

혈장 내 아스코르빈산 양					
비흡연자군				흡연자군	
0.97	1.16	0.72	0.86	0.48	0.71
1.00	0.85	0.81	0.58	0.98	0.68
0.62	0.57	1.32	0.64	1.18	1.36
1.24	0.98	0.99	1.09	0.78	1.64
0.90	0.92	0.74	0.78		
0.88	1.24	0.94	1.18		

흡연자군과 비흡연자군 간의 아스코르빈산 수준에 차이가 있다는 결론을 내릴 만한 충분한 증거가 있는가? 각각의 자료는 분산이 같지 않은 정규모집단으로부터 얻어진 것으로 가정하고, P값을 이용하여 답하라.

10.41 버지니아 대학 동물학과에서는 하수오염에 따른 하천생태계에 관한 연구에서 로어노크강 지류에 위치한 두 유역의 유기체밀도에 유의한 차이가 있는지를 알아보려고 한다. 아래의 자료는 두 유역에서 측정한 유기체밀도(단위: 마리/m^2)이다.

세곱미터당 유기체수			
유역 1		유역 2	
5030	4980	2800	2810
13700	11910	4670	1330
10730	8130	6890	3320
11400	26850	7720	1230
860	17660	7030	2130
2200	22800	7330	2190
4250	1130		
15040	1690		

유의수준 0.05로 두 유역의 평균밀도는 같다고 할 수 있겠는가? 각 표본의 자료는 분산이 다른 정규모집단으로부터 얻어졌다고 가정하라.

10.42 철 함유량을 추정할 때 화학적 분석과 X선 형광분석 사이에 차이가 발생하는지를 알기 위하여 철을 함유한 시편 5개를 표본으로 실험을 하였다. 철 함유량을 측정하기 위하여 표본을 둘로 쪼갠 다음에 한 부표본에는 화학적 분석법을, 다른 부표본에는 X선 형광분석법을 적용하였다. 다음 자료는 각 분석법에 따른 철 함유량을 나타낸 것이다. 두 분석법은 평균적으로 같은 결과를 나타내는가에 대하여 유의수준 0.05로 검정하라. 단, 모집단은 정규분포를 따른다고 가정하라.

분석법	표본				
	1	2	3	4	5
X선 분석	2.0	2.0	2.3	2.1	2.4
화학적 분석	2.2	1.9	2.5	2.3	2.4

10.43 15명의 남자 대학생을 대상으로 피로하지 않은 상태와 피로한 상태에서 외부자극에 반응을 나타내기까지의 시간을 측정한 기록이 다음과 같았다고 한다.

피실험자	피로하지 않은 상태	피로한 상태
1	158	91
2	92	59
3	65	215
4	98	226
5	33	223
6	89	91
7	148	92
8	58	177
9	142	134
10	117	116
11	74	153
12	66	219
13	109	143
14	57	164
15	85	100

피로한 상태에서는 신체기능조절능력이 떨어진다고 할 수 있겠는가? 단, 모집단은 정규분포를 따른다고 가정하라.

10.44 버지니아 대학 식품영양학과에서는 햄의 저장 전후의 소르빈산(방부제) 잔류량(단위: ppm / 햄)을 비교하는 실험을 실시하였다. 저장 전의 햄을 소르빈산 용액으로 처리한 즉시 소르빈산 잔류량을 측정하고, 저장 후 60일이 경과한 다음 다시 소르빈산 잔류량을 측정한 결과가 표와 같았다.

햄조각	저장 전	저장 후
1	224	116
2	270	96
3	400	239
4	444	329
5	590	437
6	660	597
7	1400	689
8	680	576

소르빈산 잔류량은 저장기간에 영향을 받는다고 말할 수 있는지를 유의수준 0.05로 답하라. 단, 모집단은 정규분포를 따르는 것으로 가정하라.

10.45 일반형 타이어를 사용하고 있는 택시회사에서 연료절약을 위하여 레이디얼 타이어로 교체하려고 한다. 우선 12대의 택시에 레이디얼 타이어를 장착하고 규정된 실험코스를 주행하였다. 다음에 운전자의 교체 없이 동일한 차에 일반형 타이어를 장착하고 똑같은 주행시험을 하였다. 리터당 주행거리(단위: km)는 다음과 같았다.

레이디얼 타이어를 장착한 자동차의 연료소모량이 일반형 타이어를 장착한 자동차의 그것보다 더 적다고 할 수 있는지를 P값을 이용하여 검정하라. 단, 두 모집단은 정규분포를 따른다고 가정하라.

택시	레이디얼 타이어	일반형 타이어
1	4.2	4.1
2	4.7	4.9
3	6.6	6.2
4	7.0	6.9
5	6.7	6.8
6	4.5	4.4
7	5.7	5.7
8	6.0	5.8
9	7.4	6.9
10	4.9	4.7
11	6.1	6.0
12	5.2	4.9

10.46 새로운 식이요법을 통해 2주 내에 평균 4.5 kg을 감량할 수 있다는 주장이 제기되었다. 7명의 여성이 이 식이요법을 하였고 2주후의 체중이 다음과 같이 기록되었다. 식이요법이 체중을 4.5 kg 감소시킨다는 귀무가설에 대해 체중감량이 4.5 kg 미만이라는 대립가설을 t분포를 이용하여 검정하라. 체중감량은 근사적으로 정규분포를 따른다고 가정하고, P값을 이용하라.

여성	식이요법 전	식이요법 후
1	58.5	60.0
2	60.3	54.9
3	61.7	58.1
4	69.0	62.1
5	64.0	58.5
6	62.6	59.9
7	56.7	54.4

10.47 연습문제 10.20에서 모평균의 참값이 5.20일 때 검정력이 0.90이 되게 하려면 표본의 크기는 얼마나 되어야 하는가? 단, $\sigma=0.24$이다.

10.48 연습문제 10.19에서 모평균의 참값이 35.9개월일 때 제2종 과오를 범할 확률을 0.10

35.9개월일 때 제2종 과오를 범할 확률을 0.10이 되게 하려면 표본의 크기는 얼마나 되어야 하는가? 단, 수명의 분포는 근사적으로 정규분포를 따르고 σ=5.8개월이라고 한다.

10.49 연습문제 10.24에서 평균신장의 참값이 162.5 cm에서 3.1 cm만큼 차이가 날 때 검정력이 0.95가 되려면 α=0.02일 때 표본의 크기는 얼마이어야 하는가?

10.50 연습문제 10.31에서 섬유 A와 B의 차이가 8 kg일 때 검정력이 0.95가 되려면 표본의 크기는 얼마이어야 하는가?

10.51 연습문제 10.22에서 평균명상시간의 참값이 가설로 지정된 값보다 1.2σ 만큼 초과할 때 검정력이 0.80이 되려면 α=0.05일 때 표본의 크기는 얼마나 되어야 하는가?

10.52 $H_0: \mu=14$, $H_1: \mu \neq 14$에 대하여 α=0.05로 t 검정을 하려고 한다. 모평균이 14에서 0.5만큼 차이가 날 때 H_0를 기각하지 않는 확률을 0.10으로 하려면 필요한 표본의 크기는 얼마이어야 하는가? 단, σ의 추정값은 예비표본으로부터 1.25로 알려져 있다.

10.53 버지니아 대학 수의예과에서는 수술용 칼의 온도상태에 따라 절개시의 상처의 강도가 달라지는가를 알아보기 위하여 실험을 실시하였다. 실험용 개 8마리의 복부를 열온과 냉온의 칼로 각각 절개하여 강도를 측정한 결과가 다음과 같았다.

실험용 개	칼의 온도	강도	칼의 온도	강도
1	Hot	5120	Cold	8200
2	Hot	10000	Cold	8600
3	Hot	10000	Cold	9200
4	Hot	10000	Cold	6200
5	Hot	10000	Cold	10000
6	Hot	7900	Cold	5200
7	Hot	510	Cold	885
8	Hot	1020	Cold	460

(a) 열온과 냉온의 칼에 의한 절개부위의 강도에 유의한 차이가 있는가를 검정하기 위한 가설을 설정하라.

(b) 설정된 가설에 대하여 대응관측값에 대한 t 검정을 실시하되 P값을 이용하여 답하라.

10.54 일산화탄소에 노출된 공기가 호흡능력에 영향을 주는가를 알기 위한 실험이 9명의 피실험자를 대상으로 실시되었다. 피실험자의 1분 동안의 호흡수를 CO를 노출시킨 방과 그렇지 않은 방에서 조사하였다. 다음은 각 방에서 피실험자의 분당 호흡수를 측정한 자료이다.

피실험자	CO 노출	CO 비노출
1	30	30
2	45	40
3	26	25
4	25	23
5	34	30
6	51	49
7	46	41
8	32	35
9	30	28

두 환경에서의 평균호흡수는 같다는 가설에 대하여 정규분포를 가정하여 유의수준 0.05로 단측검정을 실시하라.

10.8 단일 모비율의 검정

비율에 관한 가설검정은 많은 분야에서 이용되고 있다. 정치가가 차기선거에서 자신의 지지율이 얼마나 될 것인가에 관심을 가지는 것이나 모든 제조업체가 출하제품의 불량률에 관심을 가지는 것, 또 도박꾼들이 기대하는 결과가 나타날 비율에 따라 돈을 거는 것 등이 예가 될 수 있다.

여기에서는 이항실험의 성공률이 어떤 특정한 값과 같은지를 검정하는 문제를 다루게 된다. 즉, 이항분포의 모수가 p일 때 $H_0: p=p_0$를 검정하는 문제이다. 대립가설은 단측 또는 양측가설로서 $p<p_0$, $p>p_0$ 또는 $p \neq p_0$ 중 하나가 될 것이다.

통계량 $\hat{p}=X/n$를 사용할 수도 있겠지만, 이러한 의사결정기준의 근거가 되는 적합한 확률변수는 이항확률변수 X가 된다. X의 값이 평균 $\mu=np_0$와 상당히 차이가 나면 귀무가설은 기각될 것이다. X는 이산형 확률변수이므로 특정한 α값과 일치하는 기각역이 설정되기는 어렵다. 이러한 이유로 소표본의 문제인 경우에는 P값을 이용하는 것이 좋다. 즉, 다음의 가설

$$H_0:\ p=p_0$$
$$H_1:\ p<p_0$$

를 검정할 때에는 다음과 같이 이항분포를 이용하여 P값을 구하게 된다.

$$P=P(X \le x \mid p=p_0)$$

단, x는 크기 n인 표본에서 성공횟수를 의미한다. P값이 α보다 같거나 작으면 유의수준 α 에서 이 검정은 유의하므로 H_0를 기각한다. 같은 방법으로 다음의 가설

$$H_0:\ p=p_0$$
$$H_1:\ p>p_0$$

를 유의수준 α에서 검정할 때에도 다음의 P값

$$P=P(X \ge x \mid p=p_0)$$

를 계산하여, 이 값이 α와 같거나 작으면 H_0를 기각하게 된다. 마지막으로 다음의 가설

$$H_0:\ p=p_0$$
$$H_1:\ p \neq p_0$$

를 유의수준 α에서 검정할 때에는 $x < np_0$이면

$$P = 2P(X \leq x \mid p = p_0)$$

로 P값을 계산하고, $x > np_0$이면

$$P = 2P(X \geq x \mid p = p_0)$$

로 P값을 계산하여, 계산된 P값이 α 이하이면 H_0를 기각하게 된다.

비율의 검정 (소표본의 경우)

1. H_0: $p = p_0$

2. H_1: $p < p_0$, $p > p_0$ 또는 $p \neq p_0$

3. 유의수준 α를 선정한다.

4. 검정통계량 : 모비율 $p=p_0$인 이항분포를 따르는 확률변수 X가 된다.

5. 계산 : 성공횟수 x를 구하고 P값을 계산한다.

6. 결론 : P값에 근거하여 판정한다.

예제 10.9 한 건축업자의 주장에 의하면 현재 리치먼드시에 신축된 모든 주택의 70%에는 냉난방설비가 되어 있다고 한다. 이 도시에 신축된 주택 15채를 무작위로 추출하여 조사한 결과 8채에 냉난방설비가 되어 있었다면, 건축업자의 주장에 동의할 수 있겠는가? 단, 유의수준은 0.10으로 하라.

풀이

1. H_0: $p = 0.7$
2. H_1: $p \neq 0.7$
3. $\alpha = 0.10$
4. 검정통계량 : $p=0.7$과 $n=15$인 이항확률변수 X
5. 계산 : $x=8$과 $np_0=(15)(0.7)=10.5$이므로, 표 A.1을 이용하여 P값을 구하면 다음과 같다.

$$P = 2P(X \leq 8 \mid p = 0.7) = 2\sum_{x=0}^{8} b(x; 15, 0.7) = 0.2622 > 0.10$$

6. 결론 : H_0를 기각하지 않는다. 건축업자의 주장을 의심할 만한 충분한 이유는 없다고 판정한다.

5.2절에서 n이 작을 경우의 이항확률은 확률분포함수나 표 A.1을 이용하여 구

할 수 있었다. n이 클 경우에는 근사값을 구하게 된다. 가설로 설정된 p_0값이 0 또는 1에 매우 근접하면 모수 $\mu=np_0$인 포아송 분포가 이용될 수 있다. 그러나 n이 크고 p_0가 극단적으로 0 또는 1에 가깝지 않을 경우에는 모수 $\mu=np_0$와 $\sigma^2=np_0q_0$를 가지는 정규분포를 이용하면 더 정확한 값을 구할 수 있다. 정규근사를 이용하여 $H_0: p=p_0$를 검정할 때의 z값은

$$z=\frac{x-np_0}{\sqrt{np_0q_0}}=\frac{\hat{p}-p_0}{\sqrt{p_0q_0/n}}$$

로 표준정규확률변수 Z의 값 중 하나가 된다. 따라서, 유의수준 α에서 양측검정의 기각역은 $z<-z_{\alpha/2}$ 또는 $z>z_{\alpha/2}$가 된다. 또한, 대립가설이 $p<p_0$일 때의 기각역은 $z<-z_\alpha$, 대립가설이 $p>p_0$일 때의 기각역은 $z>z_\alpha$가 된다.

예제 10.10 보통 약국에서 제조되는 신경안정제의 효과는 60% 라고 한다. 신경과민으로 고통받고 있는 성인 100명을 무작위로 추출하여 새로 개발된 약을 복용하게 한 결과 70명이 효과를 보았다고 한다. 새로운 약이 기존의 약보다 효과가 더 크다고 할 수 있는지를 유의수준 0.05로 검정하라.

풀이

1. H_0: $p=0.6$
2. H_1: $p>0.6$
3. $\alpha=0.05$
4. 기각역 : $z>1.645$
5. 계산 : $x=70$, $n=100$, $\hat{p}=70/100=0.7$이므로

$$z=\frac{0.7-0.6}{\sqrt{(0.6)(0.4)/100}}=2.04,\quad P=P(Z>2.04)=0.0207<0.05$$

가 된다.

6. 결론 : H_0를 기각하고 새로운 약의 효과가 더 크다고 판정한다.

10.9 두 모비율 차이의 검정

두 비율이 같은지를 검정해야 되는 상황도 자주 발생하게 된다. 예를 들어, 어느 주의 전체의사 중 소아과의사의 비율이 다른 주의 소아과의사 비율과 같은지를 알아보려는 경우가 이에 해당된다. 흡연자와 비흡연자의 폐암발생률을 비교하는 것도 이러한 상황에 속한다.

일반적으로, 두 비율 또는 이항모수가 같다는 귀무가설을 검정하게 된다. 즉, 대립가설인 $p_1 < p_2$, $p_1 > p_2$ 또는 $p_1 \neq p_2$ 중 하나에 대하여 귀무가설 $p_1 = p_2$를 검정하게 된다. 이것은 대립가설을 $p_1 - p_2 < 0$, $p_1 - p_2 > 0$ 또는 $p_1 - p_2 \neq 0$ 중 하나로 나타내고, 귀무가설을 $p_1 - p_2 = 0$으로 나타내는 것과 똑같다. 이 경우 의사결정의 근거로 사용되는 통계량은 확률변수 $\hat{P}_1 - \hat{P}_2$가 된다. 두 이항모집단으로부터 크기 n_1과 n_2인 표본을 각각 독립적으로 추출하고, 두 표본의 성공률 $\hat{P}_1$과 $\hat{P}_2$를 계산한다.

$p_1 - p_2$의 신뢰구간을 구하였을 때, n이 충분히 크면 점추정량 $\hat{P}_1 - \hat{P}_2$는 평균과 분산이 다음과 같고 근사적으로 정규분포를 따르게 됨을 설명하였다.

$$\mu_{\hat{P}_1 - \hat{P}_2} = p_1 - p_2$$

$$\sigma^2_{\hat{P}_1 - \hat{P}_2} = \frac{p_1 q_1}{n_1} + \frac{p_2 q_2}{n_2}$$

그러므로, 다음의 표준정규확률변수를 이용하여 기각역을 구할 수 있다.

$$Z = \frac{(\hat{P}_1 - \hat{P}_2) - (p_1 - p_2)}{\sqrt{p_1 q_1/n_1 + p_2 q_2/n_2}}$$

만일 H_0가 사실이라면, $p_1 = p_2 = p$와 $q_1 = q_2 = q$(p와 q는 공통인 값)라고 놓을 수 있으므로 윗식은 다음과 같이 된다.

$$Z = \frac{\hat{P}_1 - \hat{P}_2}{\sqrt{pq(1/n_1 + 1/n_2)}}$$

Z값을 계산하려면 제곱근 안에 있는 모수 p와 q를 추정해야만 한다. 두 표본의 자료를 합동시켜 다음과 같이 모수 p의 **합동추정값**(pooled estimates)을 구한다.

$$\hat{p} = \frac{x_1 + x_2}{n_1 + n_2}$$

여기서 x_1과 x_2는 각각 두 표본의 성공횟수이다. 따라서 p를 $\hat{p}$으로, q를 $\hat{q} = 1 - \hat{p}$으로 대입한 다음의 식으로부터 $p_1 = p_2$**를 검정하기 위한** z**값**을 구할 수 있게 된다.

$$z = \frac{\hat{p}_1 - \hat{p}_2}{\sqrt{\hat{p}\hat{q}(1/n_1 + 1/n_2)}}$$

유의수준 α에서 대립가설이 $p_1 \neq p_2$이면, 기각역은 $z < -z_{\alpha/2}$와 $z > z_{\alpha/2}$가 된다. 한편, 대립가설이 $p_1 < p_2$이면 기각역은 $z < -z_\alpha$, 대립가설이 $p_1 > p_2$이면 기각역은 $z > z_\alpha$가 된다.

예제 10.11 어떤 도시의 외곽지역에 건설예정인 화학공장건설안에 대하여 시와 인접지역주민들을 대상으로 찬반투표를 실시하여, 시와 인접지역주민들의 지지율 사이에 유의한 차이가 있는지를 알아보려고 한다. 만일 공장건설안에 찬성하는 유권자가 시에서는 200명 중 120명, 인접지역에서는 500명 중 240명으로 나타났다면, 시에서의 유권자의 지지율이 인접지역의 지지율보다 높다고 할 수 있겠는가? 단, 유의수준은 0.05로 하라.

풀이 시와 인접지역주민들의 공장건설안에 대한 지지율의 참값을 p_1과 p_2로 놓자.

1. H_0: $p_1 = p_2$
2. H_1: $p_1 > p_2$
3. $\alpha = 0.05$
4. 기각역 : $z > 1.645$
5. 계산 :

$$\hat{p}_1 = \frac{x_1}{n_1} = \frac{120}{200} = 0.60, \quad \hat{p}_2 = \frac{x_2}{n_2} = \frac{240}{500} = 0.48$$

$$\hat{p} = \frac{x_1 + x_2}{n_1 + n_2} = \frac{120 + 240}{200 + 500} = 0.51$$

그러므로,

$$z = \frac{0.60 - 0.48}{\sqrt{(0.51)(0.49)(1/200 + 1/500)}} = 2.9$$

$$P = P(Z > 2.9) = 0.0019$$

가 된다.

6. 결론 : H_0를 기각한다. 시에서의 유권자의 지지율이 인접지역주민들의 지지율보다 높다고 할 수 있다.

연습문제

10.55 어느 파스타전문가의 주장에 의하면 파스타애호가의 40%가 라자냐를 선호한다고 한다. 이 주장을 검정하기 위하여 무작위로 20명의 파스타애호가를 선정하여 조사한 결과 9명이 라자냐를 선호한다고 응답하였다면 어떤 결론을 내릴 수 있겠는가? 단, 유의수준은 0.05로 하라.

10.56 과거에는 성인의 40%가 사형제도를 찬성하였다고 한다. 최근에 15명의 성인을 표본추출하여 설문한 결과 8명이 사형제도를 찬성하는

것으로 나타났다. 사형제도에 대한 현재의 지지율이 과거보다 증가했다고 볼 수 있는지를 유의수준 0.05로 검정하라.

10.57 방어용 미사일시스템인 신형 레이더장비의 격추모의실험을 300회 실시한 결과 250회 성공하였을 때, 신형 시스템의 격추확률은 0.8을 초과하지 않는다는 주장을 유의수준 0.04로 검정하라.

10.58 어느 지역의 주민 중 적어도 60%가 인접도시와의 통합안을 지지하고 있다고 믿어진다. 임의로 추출된 유권자 200명 중에서 110명만이 이 통합안을 지지한다면 어떤 결론을 내려야 하겠는가? 유의수준 0.05로 답하라.

10.59 어느 정유회사의 주장에 따르면 어떤 도시의 가정 중 1/5이 기름난방을 한다고 한다. 무작위로 1,000가정을 추출하여 조사한 결과 136가정이 기름난방을 하고 있는 것으로 조사되었다. 이 결과로 정유회사 측의 주장이 타당하다고 할 수 있는지를 P값을 이용하여 답하라.

10.60 어떤 대학에서는 많아야 25%의 학생이 자전거로 통학을 하는 것으로 추정하고 있다. 임의로 90명의 학생을 추출하여 조사한 결과 28명이 자전거로 통학을 하는 것으로 조사되었다면, 이 추정값이 믿을 만한지를 유의수준 0.05로 답하라.

10.61 어느 유명한 제약회사에서는 겨울철의 유행성 감기치료제로 자사가 개발한 새로운 감기약을 이틀만 복용하면 낫는다고 주장하고 있다. 이러한 주장을 확인하기 위하여 감기에 걸린 어린이 120명에게 새로운 감기약을 복용시켰더니 이틀 후에 29명이 치료되었다. 한편, 감기에 걸린 또 다른 어린이 280명에게는 새로운 감기약을 복용시키지 않았으나 이틀 후에 56명이 나았다고 한다. 이 임상결과는 제약회사 측의 주장을 뒷받침한다고 볼 수 있겠는가?

10.62 미네소타 대학의 연구결과에 의하면 커피열매가 20% 섞인 사료를 쥐에게 먹였더니 피실험쥐의 25%에서 암세포가 발생하였다고 한다. 이제 동일한 사료로 48마리의 쥐에게 실험한 결과 16마리에서 암세포가 발견되었다면, 암의 발생비율이 증가되었다고 할 수 있는지를 유의수준 0.05로 검정하라.

10.63 원자력발전소의 건설에 대한 어떤 도시와 교외거주자의 지지율조사에서 임의로 추출된 도시거주자 100명 중에서는 63명이, 교외거주자 125명 중에서는 59명이 원자력발전소의 건설을 지지하는 것으로 나타났다. 도시거주자와 교외거주자들 간의 지지율에는 유의한 차이가 있다고 할 수 있는지를 P값을 이용하여 검정하라.

10.64 국립인구조사국에서는 아직 자녀가 없는 25세에서 29세의 기혼여성 두 그룹을 대상으로 앞으로 자녀를 가질 계획인가에 대하여 설문하였다. 그 결과 결혼생활이 2년 미만인 그룹에서는 300명 중 240명이, 결혼생활이 5년된 그룹에서는 400명 중 288명이 앞으로 자녀를 가질 계획이 있다고 응답하였다. 결혼생활이 2년 미만인 그룹에서 자녀를 원하는 비율이 결혼생활이 5년된 그룹의 비율보다 높다고 할 수 있는지를 P값

을 이용하여 검정하라.

10.65 도시지역의 성인여성 200명 중 20명이, 그리고 농촌지역의 성인여성 150명 중 10명이 유방암에 걸린 것으로 조사되었다면, 도시지역의 발병률이 더 높다고 할 수 있는지 유의수준 0.05로 답하라.

10.66 그룹과제: 먼저 학생들을 두 명씩 짝을 지어 나눈다. 그리고 이 대학 학생들의 최소한 25%가 1주일에 2시간 넘게 운동을 한다고 가정하자. 50명의 학생들을 표본 추출하여 1주일에 최소한 2시간은 운동을 하는지 조사한 후, P값을 이용하여 이 가설을 검정하라.

10.10 모분산의 검정

이 절에서는 모분산 또는 모표준편차에 대한 가설검정을 살펴보기로 한다. 분산에 대한 검정의 필요성을 찾는 것은 그리 어려운 일이 아니다. 예를 들면, 기술자나 과학자들은 제품이나 공정의 측정결과가 고객이 지정한 규격 내에 들어오는 것을 보여주어야 하는 문제와 늘 직면하고 있다. 물론, 공정의 변동이 충분히 작으면 규격은 만족될 수 있다. 또한 어떤 방법이나 공정 간의 재현성 또는 변동성을 비교실험할 경우에도 분산에 대한 검정이 초점이 된다. 특히, 두 모평균의 차이에 대한 t 검정을 수행하기 전에 두 모분산의 검정이 실시되는데, 이것은 등분산가정이 위배되는가를 미리 확인하기 위함이다.

먼저 대립가설인 $\sigma^2 < \sigma_0^2$, $\sigma^2 > \sigma_0^2$ 또는 $\sigma^2 \neq \sigma_0^2$ 중 하나에 대하여 모분산 σ^2이 특정한 값 σ_0^2과 같다는 귀무가설 H_0를 검정하는 문제부터 생각해 보기로 하자. 검정통계량은 제9장에서 σ^2의 신뢰구간을 구축하는 데 사용되었던 정리 8.4의 카이제곱통계량과 똑같다. 그러므로, 표본이 추출된 모집단이 정규분포를 따른다고 가정하면, 귀무가설 $\sigma^2 = \sigma_0^2$을 검정하는 카이제곱통계량의 값은 다음 식으로 주어진다.

$$\chi^2 = \frac{(n-1)s^2}{\sigma_0^2}$$

여기서 n은 표본의 크기, s^2은 표본분산, 그리고 σ_0^2은 귀무가설에 의한 σ^2의 값이다. H_0가 사실이면 χ^2은 자유도 $v=n-1$인 카이제곱분포의 값을 가지게 된다. 따라서, 유의수준 α에서 양측검정의 기각역은 $\chi^2 < \chi^2_{1-\alpha/2}$ 또는 $\chi^2 > \chi^2_{\alpha/2}$이 된다. 대립가설이 $\sigma^2 < \sigma_0^2$이면 기각역은 $\chi^2 < \chi^2_{1-\alpha}$이고, $\sigma^2 > \sigma_0^2$이면 $\chi^2 > \chi^2_{\alpha}$이 된다.

정규성 가정의 중요성

일반적으로 여러 검정법들을 비롯한 응용통계학의 분석절차들은 정규성 가정에 의존하고 있다. 이러한 정규성 가정에 덜 민감한 절차를 **로버스트 절차**(robust procedure)라고 한다. 모분산 검정에 이용되는 χ^2 검정은 정규성에 매우 민감한, 즉 검정의 성패가 정규성에 크게 의존하는 절차이다. 따라서 정규분포가 아닌 경우에는 P값이 실제와는 매우 다르게 나타날 수 있으며, P값에 의해 H_1을 채택하는 경우 실제로 P값이 유의해서라기보다는 정규성이 만족되지 않아서 발생하는 결과일 수도 있는 것이다. 그러므로 χ^2 검정을 사용할 때에는 특별한 주의가 필요하다.

예제 10.12 자동차용 축전지 제조업자의 주장에 따르면 그가 제조하는 축전지의 수명은 표준편차가 0.9년인 정규분포를 근사적으로 따른다고 한다. 이 축전지 10개를 임의추출하여 수명을 측정하였더니 표준편차가 1.2년으로 나타났다. 축전지수명의 표준편차가 $\sigma > 0.9$년이라고 할 수 있는지를 유의수준 0.05로 검정하라.

풀이

1. H_0: $\sigma^2 = 0.81$
2. H_1: $\sigma^2 > 0.81$
3. $\alpha = 0.05$
4. 기각역 : 그림 10.19에서 보듯이 $\chi^2 > 16.919$이면 귀무가설은 기각되며, 다음의 검정통계량은 자유도 v=9인 카이제곱분포를 따른다.

$$\chi^2 = \frac{(n-1)s^2}{\sigma_0^2}$$

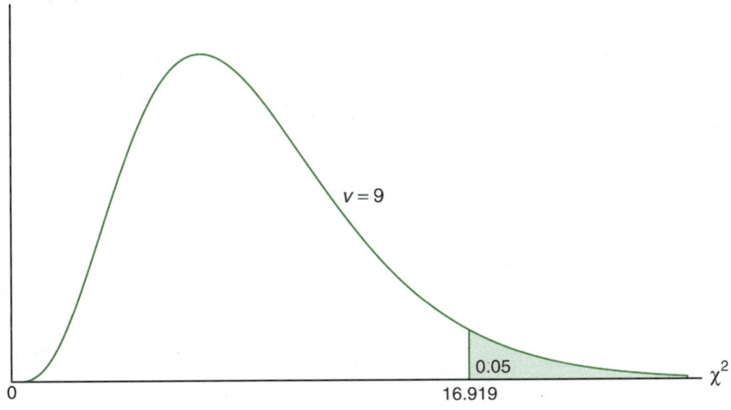

그림 10.19 $H_1 : \sigma^2 > 0.81$의 기각역

5. 계산 : $s^2 = 1.44$, $n = 10$ 이므로

$$\chi^2 = \frac{(9)(1.44)}{0.81} = 16.0, \qquad P \approx 0.07$$

이 된다.

6. 결론 : χ^2 통계량은 유의수준 0.05 에서 유의하지 않다. 그렇지만, $\sigma > 0.9$ 라는 증거는 약간 있다고 할 수 있다.

이제부터 두 모집단의 분산 σ_1^2과 σ_2^2이 같은가를 검정하는 문제를 생각해 보기로 하자. 즉, 대립가설인 $\sigma_1^2 < \sigma_2^2$, $\sigma_1^2 > \sigma_2^2$ 또는 $\sigma_1^2 \neq \sigma_2^2$ 중 하나에 대하여 $\sigma_1^2 = \sigma_2^2$인 귀무가설 H_0를 검정하고자 한다. 크기 n_1과 n_2인 두 확률표본이 독립적으로 얻어질 때 $\sigma_1^2=\sigma_2^2$**을 검정하기 위한** f **값**은 다음과 같다.

$$f = \frac{s_1^2}{s_2^2}$$

여기서, s_1^2과 s_2^2은 두 표본으로부터 계산된 표본분산의 값이다. 두 모집단이 근사적으로 정규분포를 따르고 귀무가설이 사실이면, 정리 8.8 에 의하여 $f = s_1^2/s_2^2$은 자유도 $v_1 = n_1 - 1$과 $v_2 = n_2 - 1$인 F 분포의 값을 가지게 된다. 그러므로, 대립가설이 단측인 $\sigma_1^2 < \sigma_2^2$과 $\sigma_1^2 > \sigma_2^2$이면, 기각역은 각각 $f < f_{1-\alpha}(v_1, v_2)$와 $f > f_\alpha(v_1, v_2)$가 된다. 대립가설이 양측인 $\sigma_1^2 \neq \sigma_2^2$ 이면, 기각역은 $f < f_{1-\alpha/2}(v_1, v_2)$ 또는 $f > f_{\alpha/2}(v_1, v_2)$가 된다.

예제 10.13 예제 10.6 의 두 재료의 마모량 차이에 대한 검정에서는 두 모분산을 같다고 가정하였다. 이 가정이 정당한지를 유의수준 0.10 으로 검정하라.

풀이 σ_1^2과 σ_2^2을 각각 재료 1 과 2 의 마모량의 모분산이라고 하자.

1. H_0: $\sigma_1^2 = \sigma_2^2$
2. H_1: $\sigma_1^2 \neq \sigma_2^2$
3. $\alpha = 0.10$
4. 기각역 : 그림 10.20 에서 보듯이 $f_{0.05}(11, 9) = 3.11$과 또한 정리 8.7 을 이용하여

$$f_{0.95}(11, 9) = \frac{1}{f_{0.05}(9, 11)} = 0.34$$

를 구할 수 있다. 그러므로, $f < 0.34$ 또는 $f > 3.11$이면 귀무가설은 기각된다. 여기서 $f = s_1^2/s_2^2$의 자유도는 v_1=11과 v_2=9이다.

5. 계산 : $s_1^2 = 16$, $s_2^2 = 25$이므로 $f = \frac{16}{25} = 0.64$를 얻는다.
6. 결론 : H_0를 기각하지 않는다. 두 모분산이 다르다는 증거는 충분하지 않다고 판정한다.

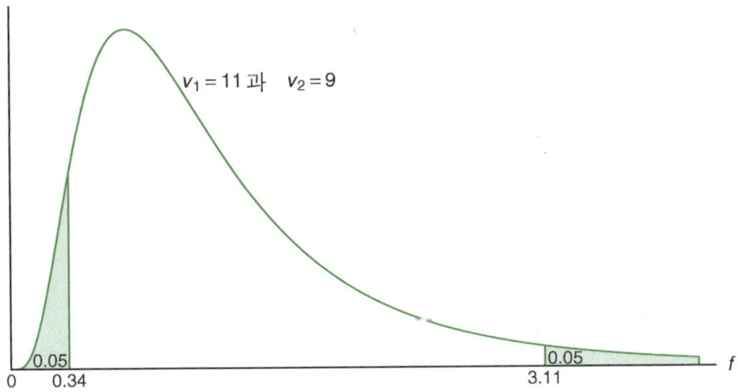

그림 10.20 $H_1 : \sigma_1^2 \neq \sigma_2^2$의 기각역

SAS를 이용한 F검정

그림 10.18은 두 모평균을 비교하기 위한 t검정결과를 나타내고 있다. 그림 10.17의 상자-수염 그림은 두 모분산이 동일하지 않다는 것을 나타내고 있으며, 따라서 t' 통계량을 적용해야 한다. 또한 SAS 출력에서 가설 $H_0 : \sigma_1 = \sigma_2$에 대한 P값이 0.0098로 나왔는데, 이것은 질소를 사용할 때 더욱 변동이 커진다는 증거이다.

연습문제

10.67 특정한 윤활유통의 용량은 분산이 0.03리터인 정규분포를 따른다고 알려져 있다. 연습문제 10.23에 있는 10개의 자료를 이용하여 대립가설 $\sigma^2 \neq 0.03$에 대한 귀무가설 $\sigma^2 = 0.03$을 P값을 이용하여 검정하라.

10.68 과거경험에 의하면 고3 학생들이 규정된 시험문제를 푸는 데 소요되는 시간은 표준편차가 6분인 정규확률변수를 따른다고 한다. 20명의 학생을 표본추출하여 시험문제를 푸는 데 소요된 시간을 측정하였더니 표준편차가 4.51분이었다. 대립가설 $\sigma < 6$에 대하여 귀무가설 $\sigma = 6$을 유의수준 0.05로 검정하라.

10.69 땅콩 64봉지를 검사한 결과 봉지당 평균 24.17ppm, 분산 4.25ppm의 프로톡신이 검출되었다. 대립가설 $\sigma^2 \neq 4.2$ppm에 대해 귀무가설 $\sigma^2=4.2$ppm을 P값을 이용하여 검정하라.

10.70 과거자료에 의하면 대도시의 근로자들이 자원구조대에 기부한 금액은 표준편차가 1.4달러인 정규확률변수를 따르는 것으로 나타났다. 시위생국의 공무원 12명이 구조대에 기부한 금액의 표준편차가 1.75달러였다면, 시위생국 전 공무원이 기부한 금액의 표준편차는 이 도시의 전체 근로자가 기부한 금액의 표준편차보다 크다고 할 수 있는지를 유의수준 0.01로 검정하라.

10.71 소프트음료분배기로 분배된 내용물의 분산이 1.15데시리터를 초과하면 분배기에 이상이 있는 것으로 보고 있다. 이 분배기로부터 분배된 소프트음료 25병의 내용물을 조사한 결과 분산이 2.03데시리터였다. 유의수준 0.05로 분배기에 이상이 있다고 볼 수 있겠는가? 단, 내용물은 근사적으로 정규분포를 따른다고 한다.

10.72 **대표본에 의한 $\sigma^2=\sigma_0^2$의 검정** : $n \geq 30$이면 표본분포가 근사적으로 표준정규분포를 따르는 확률변수의 값을 다음과 같이 계산하여 $\sigma^2=\sigma_0^2$ 또는 $\sigma=\sigma_0$를 검정할 수 있다.

$$z = \frac{s - \sigma_0}{\sigma_0/\sqrt{2n}}$$

(a) 예제 10.4의 자료를 참고하여 대립가설 $\sigma \neq 10.0$년에 대한 귀무가설 $\sigma=10.0$년을 유의수준 0.05로 검정하라.

(b) 디젤엔진이 장착된 신형 자동차의 주행거리(km / 5L)분포의 분산은 6기통 가솔린엔진을 장착한 동종의 자동차의 주행거리(km/5L)분포의 분산 $\sigma^2=6.25$보다 작다고 여겨지고 있다. 디젤엔진이 장착된 자동차 72대를 주행시험한 결과 분산이 4.41이었다면, 가솔린엔진 자동차의 분산보다 작다고 할 수 있는지를 유의수준 0.05로 검정하라.

10.73 동일한 부품을 조립하는 데 걸리는 시간이 남녀 간에 차이가 있는지를 비교하기 위한 실험이 실시되었다. 과거경험에 의하면 조립시간의 분포는 남녀 모두 근사적으로 정규분포를 따르나 여성의 조립시간의 분산이 남성의 그것보다 작다고 한다. 11명의 남성과 14명의 여성을 대상으로 조립시간을 측정한 결과는 다음과 같았다.

남성	여성
$n_1=11$	$n_2=14$
$s_1=6.1$	$s_2=5.3$

대립가설 $\sigma_1^2 > \sigma_2^2$에 대한 귀무가설 $\sigma_1^2 = \sigma_2^2$을 P값을 이용하여 검정하라.

10.74 연습문제 10.41에서 두 지역의 제곱미터당 유기체수의 분산을 각각 σ_1^2과 σ_2^2이라고 하자. 대립가설 $\sigma_1^2 \neq \sigma_2^2$에 대한 귀무가설 $\sigma_1^2 = \sigma_2^2$을 유의수준 0.05로 검정하라.

10.75 연습문제 10.39에서 영화사 1과 2의 상영시간의 분산을 각각 σ_1^2과 σ_2^2으로 하자. 대립가설 $\sigma_1^2 \neq \sigma_2^2$에 대한 귀무가설 $\sigma_1^2 = \sigma_2^2$을 P값을 이용하여 검정하라.

10.76 대기오염도를 측정하는 실험에서 일산화

황의 측정에 사용되는 두 종류의 측정기의 산포가 같은지를 알아보려고 한다. 다음의 자료는 두 측정기로 측정된 일산화황값이다.

측정기 A	0.86	0.82	0.75	0.61	0.89	0.64	0.81	0.68	0.65
측정기 B	0.87	0.74	0.63	0.55	0.76	0.70	0.69	0.57	0.53

두 측정기의 측정값들은 각각 근사적으로 정규분포를 따른다고 한다. 대립가설 $\sigma_A \neq \sigma_B$에 대한 귀무가설 $\sigma_A = \sigma_B$를 P값을 이용하여 검정하라.

10.77 두 생산라인에서 제조되는 간장소스에 함유된 알코올성분을 비교하는 실험을 수행하였다. 1일 8회 검사한 자료가 다음과 같았다.

생산라인 1	0.48	0.39	0.42	0.52	0.40	0.48	0.52	0.52
생산라인 2	0.38	0.37	0.39	0.41	0.38	0.39	0.40	0.39

생산라인 1에서의 알코올 함유량은 생산라인 2에서처럼 일관되지는 않은 것으로 생각된다. 대립가설 $\sigma_1 \neq \sigma_2$에 대한 귀무가설 $\sigma_1 = \sigma_2$를 P값을 이용하여 검정하라.

10.78 자동차가 배출하는 탄화수소의 양은 지난 1980년대에 극적으로 감소되었다고 한다. 이러한 사실을 확인하기 위하여 1980년과 1990년에 제조된 자동차에 대하여 공회전시 배출되는 탄화수소의 양을 비교하는 연구가 수행되었다. 연도별로 당해년도형 자동차 20대씩을 무작위로 선정하여 탄화수소의 배출량을 측정한 자료가 다음과 같다(단위 : ppm).

1980년도 형				1990년도 형			
141	359	247	940	140	160	20	20
882	494	306	210	223	60	20	95
105	880	200	223	360	70	220	400
188	940	241	190	217	58	235	380
300	435	241	380	200	175	85	65

대립가설 $\sigma_{1980} \neq \sigma_{1990}$에 대한 귀무가설 $\sigma_{1980} = \sigma_{1990}$을 검정하라. 정규분포를 가정하고 P값을 이용하라.

10.11 적합도 검정

지금까지는 모평균 μ, 모분산 σ^2 및 모비율 p와 같은 모수의 통계적 가설검정을 다루었다. 이제부터는 어떤 모집단이 특정한 분포를 따르는지를 검정하여 보겠다. 이러한 검정의 원리는 표본에서 얻어진 관측값의 발생도수가 가설로 설정된 분포로부터 얻어진 기대도수와 어느 정도 적합하는가에 그 근거를 두게 된다.

주사위를 던지는 실험을 예를 들어 설명하기로 하겠다. 주사위가 공정하게 만들어졌다고 가정하면, 이 가정은 시행의 결과로 나타나는 윗면의 숫자의 분포가 다음과 같은 이산형 균일분포를 따른다는 가설을 검정하는 것과 같게 된다.

$$f(x) = \frac{1}{6}, \quad x = 1, 2, ..., 6$$

주사위를 120번 던졌을 때 윗면에 나타난 숫자들이 기록되었다고 하자. 만일 주사위가 공정하게 만들어졌다면, 주사위의 각 면은 이론적으로 20회씩 나타날 것으로 기대될 것이다. 실험의 결과가 표 10.4와 같다고 하자.

표 10.4 주사위를 120번 던졌을 때 각 숫자의 도수

눈금	1	2	3	4	5	6
관측도수	20	22	17	18	19	24
기대도수	20	20	20	20	20	20

관측도수와 이에 대응하는 기대도수를 비교하면 차이가 발생한다. 이 차이가 표본추출에 의한 우연한 변동으로 판단되면 주사위는 공정하게 만들어졌다고 결론을 내리게 되고, 그렇지 않으면 주사위는 공정하게 만들어지지 않았고 시행결과의 분포도 균일분포를 따르지 않는다고 결론을 내리게 된다. 일반적으로 실험의 가능한 결과들을 범주(cell) 또는 칸이라고 한다. 따라서 주사위를 던지는 앞의 예에서의 범주는 6개가 된다. k개의 범주를 포함하는 실험에서 결정기준의 근거로 사용될 수 있는 적합한 통계량은 다음과 같다.

적합도 검정 관측도수와 기대도수 사이의 **적합도 검정**(goodness-of-fit test)은 다음의 값에 따라 결정된다.

$$\chi^2 = \sum_{i=1}^{k} \frac{(o_i - e_i)^2}{e_i}$$

여기서 χ^2은 근사적으로 자유도 $v=k-1$인 카이제곱분포를 따르는 확률변수의 값이다. o_i와 e_i는 각각 i번째 범주의 관측도수와 기대도수이다.

적합도 검정에 이용되는 카이제곱분포의 자유도는 $k-1$개의 범주의 도수가 자유롭게 결정되면 나머지 한 범주의 도수는 자동적으로 결정되기 때문에 $k-1$이 된다.

관측도수가 이에 상응하는 기대도수와 거의 같게 되면 χ^2의 값은 작아지게 되고 가정된 분포에 매우 적합하게 되는 반면에, 관측도수와 기대도수가 현저히 다르면 χ^2의 값은 크게 되어 적합도는 떨어지게 된다. 따라서, 적합도가 좋으면 H_0를 기각

하지 않게 되고, 적합도가 떨어지면 H_0를 기각하게 된다. 그러므로 기각역은 카이제곱분포의 오른쪽 부분에 위치하게 된다. 유의수준이 α일 때 기각역은 $\chi^2 > \chi^2_\alpha$이 되며, 기각값 χ^2_α의 값은 표 A.5로부터 구할 수 있다. 이 경우 **각각의 기대도수가 적어도 5 이상이 되지 않으면 안 된다**. 이러한 제약을 만족시키지 않을 경우에는 인접한 계급끼리 합하여 기대도수가 5 이상이 되도록 할 수 있으나 자유도는 줄어들게 된다.

주사위 예의 결과인 표 10.4에 대한 검정통계량 χ^2값은 다음과 같다.

$$\chi^2 = \frac{(20-20)^2}{20} + \frac{(22-20)^2}{20} + \frac{(17-20)^2}{20} + \frac{(18-20)^2}{20} + \frac{(19-20)^2}{20} + \frac{(24-20)^2}{20} = 1.7$$

이때의 기각값 $\chi^2_{0.05}$=11.070은 표 A.5에서 자유도 v=5일 때의 값으로 검정통계량 χ^2=1.7보다 크다. 따라서, H_0는 기각되지 않는다. 즉, 주사위가 불공정하게 만들어졌다고 하기에는 그 증거가 충분하지 않다고 결론을 내린다.

두 번째 예로서 표 1.7에 주어진 배터리수명의 도수분포가 평균 μ=3.5, 표준편차 σ=0.7인 정규분포를 근사적으로 따른다는 가설을 검정하여 보자. 모두 7개 계급의 기대도수는 가설로 설정된 정규분포로부터 각 계급의 경계값 사이의 면적을 계산하여 구할 수 있다. 각 계급의 기대도수는 표 10.5와 같다.

표 10.5 정규성을 가정한 관측 및 기대도수

계급구간	o_i	e_i
1.45 – 1.95	2 } 7	0.5 } 8.5
1.95 – 2.45	1	2.1
2.45 – 2.95	4	5.9
2.95 – 3.45	15	10.3
3.45 – 3.95	10	10.7
3.95 – 4.45	5 } 8	7.0 } 10.5
4.45 – 4.95	3	3.5

예를 들어, 네 번째 계급의 하한 및 상한경계값에 해당하는 z값은

$$z_1 = \frac{2.95-3.5}{0.7} = -0.79, \quad z_2 = \frac{3.45-3.5}{0.7} = -0.07$$

이고, 표 A.3으로부터 z_1=−0.79와 z_2=−0.07 사이의 면적을 구하면

$$\begin{aligned}\text{면적} &= P(-0.79 < Z < -0.07) = P(Z < -0.07) - P(Z < -0.79)\\ &= 0.4721 - 0.2148 = 0.2573\end{aligned}$$

이 된다. 따라서, 네 번째 계급의 기대도수는 $e_4 = (0.2573)(40) = 10.3$이 된다. 기대도수는 소수점 이하 첫째 자리까지 구하는 것이 관례이다.

첫 번째 계급의 기대도수는 정규분포곡선에서 경계값 1.95 이하의 면적을 계산하여 구할 수 있다. 마지막 계급의 기대도수는 경계값 4.45 이상의 면적을 계산하여 이 값과 총 도수를 곱하면 얻을 수 있다. 기타 다른 계급의 기대도수도 같은 방법으로 구할 수 있다. 표 10.5에서 기대도수가 5보다 작은 경우에는 인접한 계급이 합쳐진 사실을 주목하기 바란다. 결국 총 계급의 개수는 7에서 4로 감소되었고 자유도도 v=3으로 감소되었다. 또한 χ^2의 값을 계산하면 다음과 같다.

$$\chi^2 = \frac{(7-8.5)^2}{8.5} + \frac{(15-10.3)^2}{10.3} + \frac{(10-10.7)^2}{10.7} + \frac{(8-10.5)^2}{10.5} = 3.05$$

계산된 χ^2의 값이 유의수준 0.05에서 자유도 3일 때의 기각값 $\chi^2_{0.05}$=7.815보다 작으므로 귀무가설은 기각되지 않는다. 따라서 배터리수명의 분포는 평균 μ=3.5, 표준편차 σ=0.7인 정규분포에 잘 적합된다고 결론을 내릴 수 있다.

수집된 자료가 어떤 특정한 분포로부터 얻어진 것이라는 가정에 따라 여러 통계적 절차가 좌우되기 때문에 카이제곱분포를 이용한 적합도 검정은 매우 중요한 역할을 하고 있다. 앞에서 이미 보았듯이 정규성에 대한 가정은 매우 자주 이용되고 있다.

카이제곱분포를 이용한 정규성 검정보다 좀더 강력한 검정이 있는데, 그 중 한 방법이 **Geary 검정**이다. 이 검정은 모표준편차 σ의 두 개의 추정량에 의한 비로 이루어진 매우 단순한 통계량에 근거를 두고 있다. 확률표본 $X_1, X_2, \cdots, X_n$이 정규분포 $N(\mu, \sigma)$로부터 추출된 것으로 가정하고 다음의 비를 고려하여 보자.

$$U = \frac{\sqrt{\pi/2}\sum_{i=1}^{n}|X_i - \bar{X}|/n}{\sqrt{\sum_{i=1}^{n}(X_i - \bar{X})^2/n}}$$

윗식에서 분모는 분포가 정규분포를 따르는지에 관계 없이 합리적인 σ의 추정량이고, 분자는 분포가 정규분포를 따르지만 정규성을 벗어나면 σ가 과소 또는 과대추정될 가능성이 있을 때 σ의 추정량으로 적합한 것이다. 따라서 U의 값이 1.0과 상당히 차이가 나게 되면 이는 정규성 가설이 기각되어야 함을 뜻하게 된다.

대표본의 경우 U의 근사정규성에 근거한 검정은 합리적인 방법이라고 할 수 있다. 검정통계량은 U를 표준화한 것으로 다음과 같다.

$$Z = \frac{U-1}{0.2661/\sqrt{n}}$$

이 검정의 기각역은 양측으로 주어지며, 자료로부터 계산된 z 값이

$$-z_{\alpha/2} < Z < z_{\alpha/2}$$

이면 정규성 가설은 기각되지 않는다. Geary 검정에 대한 자세한 내용은 참고문헌을 참조하기 바란다.

10.12 독립성 검정

분류된 두 변수들 간의 독립 여부를 검정하는 데에도 10.11절에서 설명한 카이제곱 검정의 절차가 이용될 수 있다. 새 조세법안에 대한 일리노이주 유권자들의 의견은 그들의 소득수준과 독립인가를 알아보는 경우를 생각해 보자. 등록된 유권자 가운데 1,000명을 임의로 선정하여 소득수준에 따라 저소득층, 평균소득층 및 고소득층으로, 새 조세법안에 대한 의견에 따라 찬성과 반대로 분류하였다. 조사된 관측도수는 표 10.6과 같으며, 이처럼 작성된 표를 **분할표**(contingency table)라고 한다.

행이 r개, 열이 c개인 분할표를 $r \times c$ 분할표라고 부른다. 표 10.6에서 행과 열의 합계를 **주변도수**(marginal frequencies)라고 한다. 새 조세법안에 대한 유권자의 의견과 그들의 소득수준과는 독립이라는 귀무가설 H_0의 기각 여부는 표 10.6에서 각 범주 6개의 관측도수가 H_0가 사실이라는 가정하의 각 범주의 기대도수에 얼마나 잘 적합하는가에 따라 결정된다. 이러한 기대도수를 구하기 위하여 다음 사상들을 정의하기로 한다.

L : 저소득층에서 선정된 유권자
M : 평균소득층에서 선정된 유권자
H : 고소득층에서 선정된 유권자
F : 새 조세법안을 찬성하는 유권자
A : 새 조세법안을 반대하는 유권자

따라서 주변도수를 이용한 각 사상의 확률은 다음과 같이 추정된다.

$$P(L) = \frac{336}{1000}, \quad P(M) = \frac{351}{1000}, \quad P(H) = \frac{313}{1000}$$
$$P(F) = \frac{598}{1000}, \quad P(A) = \frac{402}{1000}$$

표 10.6 2×3 분할표

조세 법안	소득수준			합계
	저소득층	평균소득층	고소득층	
찬성	182	213	203	598
반대	154	138	110	402
합계	336	351	313	1000

한편, 귀무가설 H_0가 사실일 때 다음과 같이 된다.

$$\begin{aligned}
P(L \cap F) &= P(L)P(F) = \left(\frac{336}{1000}\right)\left(\frac{598}{1000}\right) \\
P(L \cap A) &= P(L)P(A) = \left(\frac{336}{1000}\right)\left(\frac{402}{1000}\right) \\
P(M \cap F) &= P(M)P(F) = \left(\frac{351}{1000}\right)\left(\frac{598}{1000}\right) \\
P(M \cap A) &= P(M)P(A) = \left(\frac{351}{1000}\right)\left(\frac{402}{1000}\right) \\
P(H \cap F) &= P(H)P(F) = \left(\frac{313}{1000}\right)\left(\frac{598}{1000}\right) \\
P(H \cap A) &= P(H)P(A) = \left(\frac{313}{1000}\right)\left(\frac{402}{1000}\right)
\end{aligned}$$

각각의 기대도수는 각 범주의 발생확률에 총 관측도수를 곱하여 구한다. 전과 마찬가지로 기대도수는 소수점 이하 한 자리까지 구한다. 따라서, H_0가 사실일 때 표본으로 선정된 유권자 가운데 새 조세법안을 찬성하는 저소득층 유권자의 기대도수는 다음과 같이 구할 수 있다.

$$\left(\frac{336}{1000}\right)\left(\frac{598}{1000}\right)(1000) = \frac{(336)(598)}{1000} = 200.9$$

임의의 범주에 대한 기대도수를 구하는 일반식은 다음과 같다.

$$\text{기대도수} = \frac{(\text{열의 합계}) \times (\text{행의 합계})}{\text{총 합계}}$$

표 10.7에서 각 범주의 기대도수는 관측도수 옆에 있는 괄호 안의 값이며, 각 행 또는 열의 기대도수의 합계는 주변도수가 된다. 이 검정문제에서의 자유도는 주변도수와 총 도수가 주어졌을 때 자유롭게 채워질 수 있는 범주의 개수와 같으므로

표 10.7 관측도수와 기대도수

조세 법안	소득수준			합계
	저소득층	평균소득층	고소득층	
찬성	182 (200.9)	213 (209.9)	203 (187.2)	598
반대	154 (135.1)	138 (141.1)	110 (125.8)	402
합계	336	351	313	1000

2가 된다. 다음의 간단한 식을 이용하여 자유도를 정확히 계산할 수 있다.

$$v = (r-1)(c-1)$$

따라서, 독립성 검정(test for independence)을 위한 이 예에서의 자유도는 $v=(2-1)(3-1)=2$가 됨을 알 수 있다.

독립성 검정 $r \times c$ 분할표에서 모든 rc개의 범주에 대하여 다음 통계량을 계산한다.

$$\chi^2 = \sum_i \frac{(o_i - e_i)^2}{e_i}$$

이 통계량은 귀무가설이 사실일 때 자유도 $v = (r-1)(c-1)$인 카이제곱분포를 따르므로, 유의수준 α에서 $\chi^2 > \chi^2_\alpha$이면 귀무가설을 기각하고, 그렇지 않으면 귀무가설을 기각하지 않는다.

이 식에 앞의 예를 적용하면 다음의 결과를 얻게 된다.

$$\chi^2 = \frac{(182-200.9)^2}{200.9} + \frac{(213-209.9)^2}{209.9} + \frac{(203-187.2)^2}{187.2} + \frac{(154-135.1)^2}{135.1} + \frac{(138-141.1)^2}{141.1} + \frac{(110-125.8)^2}{125.8} = 7.85$$

$$P \approx 0.02$$

표 A.5에서 자유도 $v=(2-1)(3-1)=2$에 대하여 $\chi^2_{0.05}=5.991$이므로 귀무가설은 기각된다. 즉, 새 조세법안에 대한 유권자의 의견과 그들의 소득수준은 독립이라고 할 수 없다.

여기서 기억해야 할 중요한 사실은 판정의 근거로 이용한 통계량은 카이제곱분포에 근사해야만 된다. 계산된 χ^2값은 각 범주의 도수에 따라 좌우되므로 이산적이 된다. 연속형 카이제곱분포는 자유도가 1보다 클 때 이산형 표본분포인 χ^2에 아주 잘 근사된다. 따라서, 자유도가 1인 2×2 분할표에서는 **Yates의 연속성 수정**(correction for continuity)을 해주어야 한다. 수정된 정확한 공식은 다음과 같이 된다.

$$\chi^2(\text{수정}) = \sum_i \frac{(|o_i - e_i| - 0.5)^2}{e_i}$$

한편, 각 범주의 기대도수가 크면 연속성 수정을 하거나 하지 않거나 그 결과는 거의 같다. 기대도수가 5부터 10 사이이면 Yates의 연속성 수정을 해 주어야 하며, 기대도수가 5보다 작으면 Fisher-Irwin의 정확검정(exact test)이 이용되어야 한다. 그러나 대표본을 추출하면 Fisher-Irwin 검정을 할 필요가 없게 된다.

10.13 동질성 검정

10.12절의 독립성 검정에서는 확률표본으로 1,000명의 유권자를 선정하여 분할표를 작성할 때, 행과 열의 합계는 실험결과에 따라 결정되었다. 10.12절의 방법이 적용되는 또 다른 형태의 문제는 행과 열의 합계가 미리 결정된 경우이다. 예를 들어, 북캐롤라이나주의 유권자 중에서 미리 민주당원 200명, 공화당원 150명 그리고 자유당원 150명을 선정하고, 이들로부터 낙태금지법안에 대하여 찬성, 반대 또는 기권 여부를 조사하는 경우가 전형적인 예이다. 이렇게 조사된 결과가 표 10.8처럼 나타났다고 하자.

이 경우에는 독립성 검정보다는 오히려 각 행안의 모비율은 같은지를 검정하는 것이 의의가 있게 된다. 즉, 낙태금지법안에 대하여 민주당원, 공화당원 및 자유당원의 지지율, 반대율, 그리고 기권율이 각각 같다는 가설을 검정하게 된다. 이것은 결국 낙태금지법안에 대하여 세 부류의 유권자들의 의견이 동일한지를 결정하는 것이 된다. 이러한 검정을 **동질성 검정**(test for homogeneity)이라고 한다.

표 10.8 관측도수

낙태금지 법안	소속 정당			합계
	민주당원	공화당원	자유당원	
찬성	82	70	62	214
반대	93	62	67	222
기권	25	18	21	64
합계	200	150	150	500

동질성을 가정할 때, 각 범주의 기대도수는 해당하는 행과 열의 합계를 곱한 다음에 총 합계로 나누어 구한다. 전과 마찬가지로 이 분석에 이용되는 검정통계량은 카이제곱통계량이다. 표 10.8의 자료를 이용한 다음 예를 가지고 동질성 검정의 절차를 설명하기로 한다.

예제 10.14 표 10.8의 자료를 참조하여 낙태금지법안에 대한 의견은 각 소속정당별로 동일하다는 가설을 유의수준 0.05로 검정하라.

풀이

1. H_0 : 낙태금지법안에 대한 민주당원, 공화당원 및 자유당원의 찬성, 반대 또는 기권 비율은 동일하다.
2. H_1 : 낙태금지법안에 대한 민주당원, 공화당원 및 자유당원의 찬성, 반대 또는 기권 비율 중 적어도 하나는 동일하지 않다.
3. $\alpha=0.05$
4. 기각역 : $\chi^2 > 9.488$이다. 단, 자유도는 $v=(3-1)(3-1)=4$이다.
5. 계산 : 각 범주의 기대도수를 구하는 공식을 이용하여 4 범주의 기대도수만 구하면 된다. 나머지 기대도수는 뺄셈에 의해서 구해진다. 각 범주의 관측 및 기대도수는 표 10.9와 같다. 검정통계량을 계산하면 다음과 같이 된다.

$$\begin{aligned}\chi^2 &= \frac{(82-85.6)^2}{85.6}+\frac{(70-64.2)^2}{64.2}+\frac{(62-64.2)^2}{64.2}\\ &\quad+\frac{(93-88.8)^2}{88.8}+\frac{(62-66.6)^2}{66.6}+\frac{(67-66.6)^2}{66.6}\\ &\quad+\frac{(25-25.6)^2}{25.6}+\frac{(18-19.2)^2}{19.2}+\frac{(21-19.2)^2}{19.2}\\ &=1.53\end{aligned}$$

6. 결론 : H_0를 기각하지 않는다. 낙태금지법안에 대한 민주당원, 공화당원 및 자유당원의 찬성, 반대 또는 기권 비율은 다르다고 결론을 내릴 만한 충분한 증거가 없다.

표 10.9 관측 및 기대도수

낙태금지 법안	소속 정당			합계
	민주당원	공화당원	자유당원	
찬성	82 (85.6)	70 (64.2)	62 (64.2)	214
반대	93 (88.8)	62 (66.6)	67 (66.6)	222
기권	25 (25.6)	18 (19.2)	21 (19.2)	64
합계	200	150	150	500

여러 모비율의 검정

동질성 검정에 사용되는 카이제곱통계량은 k개의 이항모수가 동일한 값을 가지는지를 검정할 때에도 이용될 수 있다. 이것은 10.9절에서 제시된 두 모비율 차이를 결정하기 위한 검정방법이 k개의 모비율 간의 차이를 결정하는 검정으로 확장된 것에 불과하다. 따라서, 모비율은 모두 같지는 않다는 대립가설 H_1에 대하여 다음과 같이 표현되는 귀무가설을 검정하는 것이 된다.

$$H_0: \ p_1 = p_2 = \cdots = p_k$$

이 검정을 수행하기 위하여 우선 k개의 모집단으로부터 각각 서로 독립인 크기 n_1, n_2, $\cdots$, n_k의 확률표본을 추출하여 관측한 결과를 표 10.10에서처럼 $2\times k$ 분할표에 배열하게 된다.

표 10.10 k개의 독립적인 이항표본

	표본			
	1	2	$\cdots$	k
성공	x_1	x_2	$\cdots$	x_k
실패	n_1-x_1	n_2-x_2	$\cdots$	n_k-x_k

확률표본의 크기가 미리 결정되어 있거나 무작위로 결정될 경우의 검정절차는 동질성 검정 또는 독립성 검정과 일치한다. 그러므로 각 범주의 기대도수는 전과 동일하게 계산되며, 다음의 카이제곱통계량이 검정통계량이 된다.

$$\chi^2 = \sum_i \frac{(o_i - e_i)^2}{e_i}$$

자유도는 $v=(2-1)(k-1)=k-1$이 된다.

기각역은 $\chi^2 > \chi^2_\alpha$의 형태가 되며, 이에 따라서 H_0에 대한 결론을 내릴 수 있게 된다.

예제 10.15 일일 3교대작업을 하고 있는 어떤 공장에서 작업교대별로 불량률이 같은지를 결정하기 위하여 자료를 수집하였더니 아래와 같이 나타났다.

표 10.11 예제 10.15의 자료

	작업교대별		
	낮작업	저녁작업	야간작업
불량품	45	55	70
양품	905	890	870

각 작업교대별로 불량률은 모두 같은지를 유의수준 0.025로 검정하라.

풀이 p_1, p_2, p_3를 각각 낮작업, 저녁작업, 야간작업의 불량률의 참값이라고 놓자.

1. $H_0: \ p_1 = p_2 = p_3$
2. $H_1: \ p_1, p_2, \ p_3$는 모두 같지는 않다.
3. $\alpha = 0.025$
4. 기각역 : $\chi^2 > 7.378$, 단, 자유도는 v=2이다.
5. 계산 : 관측도수 o_1=45와 o_2=55에 상응하는 기대도수를 구하면

$$e_1 = \frac{(950)(170)}{2835} = 57.0, \quad e_2 = \frac{(945)(170)}{2835} = 56.7$$

이 된다. 다른 모든 기대도수는 표 10.12에서 보는 것처럼 뺄셈에 의해 계산된다. 따라서, 검정통계량과 P값을 계산하면 다음과 같다.

$$\chi^2 = \frac{(45-57.0)^2}{57.0} + \frac{(55-56.7)^2}{56.7} + \frac{(70-56.3)^2}{56.3} + \frac{(905-893.0)^2}{893.0} + \frac{(890-888.3)^2}{888.3} + \frac{(870-883.7)^2}{883.7} = 6.29$$

$$P \approx 0.04$$

6. 결론 : α=0.025에서 H_0가 기각되지 않는다. 그럼에도 불구하고 P값을 살펴보면 작업교대별로 불량률이 모두 같다고 결론을 내리기에는 위험이 따를 수 있음을 알 수 있다.

표 10.12 관측 및 기대도수

	작업교대별			합계
	낮작업	저녁작업	야간작업	
불량품	45 (57.0)	55 (56.7)	70 (56.3)	170
양품	905 (893.0)	890 (888.3)	870 (883.7)	2665
합계	950	945	940	2835

10.14 사례연구

서로 다른 재질인 합금 A와 합금 B의 파괴강도를 비교하여 합금 B의 파괴강도가 높으면 구입가격이 비싸더라도 합금 B를 구입하려고 한다. 이 절에서는 이러한 비교분석을 컴퓨터출력과 그래프분석 등을 이용하여 다루게 된다.

각 합금으로 제조된 빔을 20개씩 시료로 추출하여 빔 양 끝에 일정한 힘을 가해 빔의 편향을 0.001인치 단위로 측정하였으며, 그 결과는 표 10.13과 같았다.

표 10.13 사례연구의 자료

합금 A	88	82	87	79	85	90	84	88	83	89
	80	81	81	85	83	87	82	80	79	78
합금 B	75	81	80	77	78	81	86	78	77	84
	82	78	80	80	78	76	83	85	76	79

기술자가 두 합금을 비교할 때 평균강도와 복원력이 주요 관심사항이 된다. 먼저 t 검정과 F 검정에 전제되는 모집단의 정규성 가정이 성립하는지를 확인해야 한다. 이를 확인하기 위하여 두 합금의 시료의 측정값을 이용하여 정규사분위그림을 그린 것이 그림 10.21과 10.22이다.

이 두 그림을 통하여 정규성 가정이 크게 벗어나지 않음을 알 수 있다. 그림

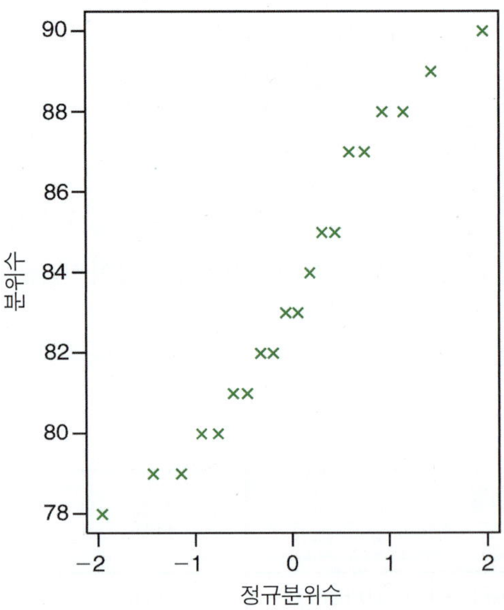

그림 10.21 합금 A의 정규사분위그림

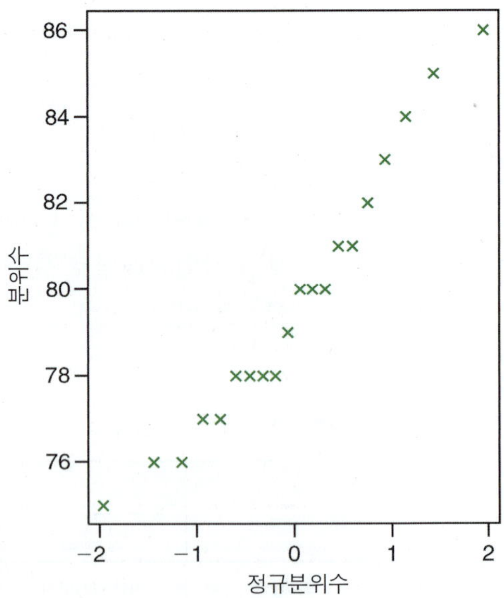

그림 10.22 합금 B의 정규사분위그림

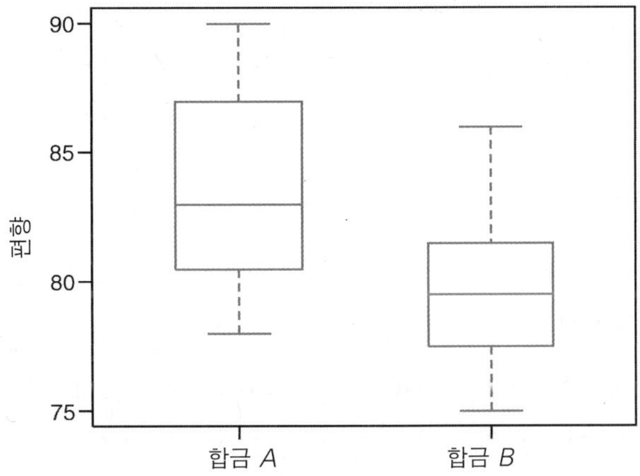

그림 10.23 두 합금의 상자-수염 그림

10.23은 두 합금의 강도에 대한 상자-수염 그림이다. 이 그림에서 두 합금의 편향의 변동에 있어서는 눈에 뜨일 만한 차이는 없어 보인다. 그렇지만 그래프상으로 볼 때 합금 B의 평균이 작아보인다. 즉, 적어도 그래프상으로 합금 B가 강한 것으로 나타나 있다. 두 합금의 표본평균과 표준편차는 각각 다음과 같다.

$$\bar{y}_A = 83.55, \quad s_A = 3.663; \qquad \bar{y}_B = 79.70, \quad s_B = 3.097$$

그림 10.24는 통계패키지 SAS를 이용한 PROC t 검정결과의 출력인데, 이를 해석하면 다음과 같다. F 검정의 결과는 분산에는 유의한 차이가 없음을 말해 주고 있으며(P=0.4709), 다음의 가설에 대한 검정통계량(t=3.59, P=0.0009)에 따르면 H_0가 기각되고, 그래프에 의한 해석결과와 일치하게 된다.

$$H_0:\ \mu_A = \mu_B$$
$$H_1:\ \mu_A > \mu_B$$

```
                   The TTEST Procedure
     Alloy              N      Mean   Std Dev    Std Err
   Alloy A             20     83.55    3.6631     0.8191
   Alloy B             20      79.7    3.0967     0.6924

     Variances          DF      t Value      Pr > |t|
     Equal              38         3.59        0.0009
     Unequal            37         3.59        0.0010
                  Equality of Variances
       Num DF       Den DF      F Value      Pr > F
           19           19         1.40      0.4709
```

그림 10.24 합금자료의 SAS 출력

여기서는 F 검정의 결과에 따라 두 표본분산을 합동시킨 t 검정이 이용되었다. 따라서, 이러한 분석결과에 근거하여 합금 B가 구입되어야 할 것으로 여겨진다.

통계적 유의와 기술적 또는 과학적 유의

앞의 사례연구의 비교결과에 대하여 통계학자들은 매우 흡족하게 생각하는 반면에, 기술자들은 또 다른 난제에 부닥치게 된다. 분석결과는 분명히 합금 B를 이용하는 것으로 나타났다. 그렇지만 강도의 차이가 가격을 더 지불할 만큼 충분한 가치가 있겠는가? 이러한 사항이 종종 통계학자들이 간과하기 쉬운 핵심문제가 되고 있다. 즉, 통계적 유의와 기술적 또는 과학적 유의 사이의 차이점이 그것이다. 여기서 평균편향의 차이는 $\bar{y}_A - \bar{y}_B = 0.00385$인치이다. 좀더 완벽한 분석을 하려면, 이 차이가 향후 초과비용을 정당화하기에 충분한지를 결정해야만 한다. 이러한 내용은 경제성 공학 분야의 문제가 된다. 통계적으로 유의한 차이란 단지 자료에 의해서 표본평균의 차이가 우연하게 발생할 가능성이 거의 없다는 것을 의미할 뿐이다. 이것은 모평균의 차이가 크게 유의하다는 것을 의미하지는 않는다. 예를 들면, 10.4절의 컴퓨터 출력은 pH측정기가 치우쳐 있다는 것을 보이기 위해 이용되었다. 그러나 표본의 측정값들 사이의 변동은 아주 작게 나타났다. 이 사실로부터 기술자의 입장에서는 7.00으로부터의 편차가 작기 때문에 pH측정기는 적당하다고 결정할 수도 있는 것이다.

연습문제

10.79 땅콩, 헤이즐넛, 캐슈 및 피칸을 5:2:2:1 비율로 혼합하는 기계가 있다. 혼합된 열매 500개가 담겨진 통조림깡통을 정량분석하였더니, 땅콩이 269, 헤이즐넛이 112, 캐슈가 74, 그리고 피칸이 45개씩 들어 있었다. 이 기계는 각 열매를 5:2:2:1의 비율로 혼합시키는가에 대하여 유의수준 0.05로 검정하라.

10.80 어떤 학기의 통계학 강좌의 학점이 다음과 같이 조사되었다.

학점	A	B	C	D	F
도수	14	18	32	20	16

학점의 분포는 균일분포를 따르는가를 유의수준 0.05로 검정하라.

10.81 주사위를 180번 던져서 다음과 같은 결과를 얻었다.

x	1	2	3	4	5	6
도수	28	36	36	30	27	23

주사위는 공정하게 만들어졌는가를 유의수준 0.01로 검정하라.

10.82 빨간 공깃돌 5개, 푸른 공깃돌 3개가 들어 있는 항아리에서 3개를 무작위로 뽑아 빨간 공깃돌의 개수 X를 기록하고, 다시 항아리에 집어 넣는 실험을 112회 반복한 결과가 다음과 같이 나타났다.

x	0	1	2	3
도수	1	31	55	25

이 사료가 초기하분포 $h(x\,;\,8, 3, 5)$, $x=0, 1, 2, 3$에 적합한가를 유의수준 0.05로 검정하라.

10.83 앞면이 나타날 때까지 동전을 던지는 실험을 하였다. 앞면이 나타날 때까지의 던진 횟수를 X라고 놓고 256회 반복실험을 한 결과가 다음과 같이 나타났다.

x	1	2	3	4	5	6	7	8
도수	136	60	34	12	9	1	3	1

관측된 X의 분포가 기하분포 $g(x\,;\,1/2)$, $x=1, 2, 3, \cdots$에 적합한가를 유의수준 0.05로 검정하라.

10.84 연습문제 1.18을 참조하여 관측된 각 범주의 도수와 상응하는 $\mu=65$와 $\sigma=21$인 정규분포의 기대도수 사이의 적합도를 유의수준 0.05로 검정하라.

10.85 연습문제 1.19를 참조하여 관측된 각 범주의 도수와 상응하는 $\mu=1.8$과 $\sigma=0.4$인 정규분포의 기대도수 사이의 적합도를 유의수준 0.01로 검정하라.

10.86 흡연 정도와 고혈압은 서로 독립적인 관계에 있는가를 알아보는 실험을 하였다. 180명을 조사한 결과 다음과 같이 나타났다.

	비흡연자	보통 흡연자	골초
고혈압	21	36	30
정상	48	26	19

"흡연 정도와 고혈압의 유무와는 독립이다"는 가설을 유의수준 0.05로 검정하라.

10.87 90명의 성인을 대상으로 성별로 주당 TV 시청시간을 조사하였더니 다음과 같이 나타났다.

TV 시청 시간	성별	
	남	여
25시간 이상	15	29
25시간 미만	27	19

TV 시청시간은 남녀의 성별과 독립인지를 유의수준 0.01로 검정하라.

10.88 퇴직한 기혼남성 200명을 대상으로 학력과 자녀수를 조사하였더니 다음과 같았다.
자녀수는 가장의 학력과 무관한지를 유의수준 0.05로 검정하라.

학력	자녀수		
	0~1	2~3	4 이상
중졸	14	37	32
고졸	19	42	17
대졸	12	17	10

10.89 어떤 유형의 범죄발생건수가 대도시의 각 지역마다 다른지를 알아보기 위한 조사가 수행되었다. 특별히 조사대상으로 선정된 범죄는 폭행, 강도, 절도 및 살인이었다. 다음 자료는 지난 1년 동안 대도시의 네 지역에서 발생한 범죄 발생건수이다.

지역	범죄유형			
	폭행	강도	절도	살인
1	162	118	451	18
2	310	196	996	25
3	258	193	458	10
4	280	175	390	19

범죄발생건수가 대도시의 각 지역과는 무관한지를 유의수준 0.01로 검정하라.

10.90 국민건강학술지에 게재된 존스홉킨스 대학의 연구결과에 따르면 과부가 홀아비보다 더 오래 산다고 한다. 100명의 과부와 100명의 홀아비를 대상으로 배우자의 사망 이후에 생존한 연수를 조사한 자료가 다음과 같았다.

생존년수	과부	홀아비
5년 미만	25	39
5년~10년	42	40
10년 초과	33	21

배우자의 사망 이후 생존년수에 대한 과부와 홀아비의 비율이 같은지를 유의수준 0.05로 검정하라.

10.91 다음 자료는 1,000가구를 대상으로 네 기간 동안 조사한 생활수준이다.

기간	생활수준			합계
	좋아짐	같다	나빠짐	
1980년 1월	72	144	84	300
5월	63	135	102	300
9월	47	100	53	200
1981년 1월	40	105	55	200

각 생활수준의 범주 내에서 가구의 비율이 각 기간마다 동일한지를 P값을 이용하여 검정하라.

10.92 어떤 대학진료소에서 세 가지 기침치료제의 완화 정도를 알아보기 위한 실험이 수행되었다. 50명의 학생에게 각각의 치료제를 투여한 다음에 완화 정도를 조사하였더니 표와 같이 나타났다.

완화 정도	기침치료제		
	NyQuil	Robitussin	Triaminic
전혀 없음	11	13	9
약간 완화	32	28	27
완전 완화	7	9	14

세 가지 기침치료제의 효능이 모두 동일한가를 P값을 이용하여 검정하라.

10.93 공립학교에서의 기도의식에 대한 여론을 알아보기 위한 조사가 버지니아의 네 지역에서 이루어졌다. 다음 표는 Craig 지역의 부모 200명, Giles 지역의 부모 150명, Franklin 지역의 부모 100명, 그리고 Montgomery 지역의 부모 100명의 입장을 조사한 결과이다.

입장	지역			
	Craig	Giles	Franklin	Montgomery
찬성	65	66	40	34
반대	42	30	33	42
무응답	93	54	27	24

공립학교에서의 기도의식에 대한 네 지역 간의 입장이 동일한가를 P값을 이용하여 검정하라.

10.94 스쿨버스운행에 대한 유권자들의 입장을 알아보기 위한 조사가 인디애나, 켄터키, 그리고 오하이오 주에서 실시되었다. 각 주에서 200명의 유권자를 대상으로 입장을 조사한 결과는 다음과 같았다.

주	유권자의 입장		
	지지	반대	무응답
인디애나	82	97	21
켄터키	107	66	27
오하이오	93	74	33

각 입장에 대한 유권자들의 비율은 각 주마다 동일하다는 귀무가설을 유의수준 0.05로 검정하라.

10.95 다가오는 선거에서 두 명의 주지사후보에 대한 유권자들의 성향을 알아보기 위한 조사가 두 도시에서 실시되었다. 각 도시에서 500명의 유권자를 대상으로 조사한 결과는 다음과 같았다.

유권자의 성향	도시	
	리치먼드	노퍽
후보 A 지지	204	225
후보 B 지지	211	198
미결정	85	77

유권자들의 후보 A 지지율, 후보 B 지지율 및 미결정 비율은 각 도시마다 동일하다는 귀무가설을 유의수준 0.05로 검정하라.

10.96 주부들의 연속극시청률을 추정하기 위하여 조사한 결과, 덴버에서는 200명 중 52명, 피닉스에서는 150명 중 316명, 그리고 로체스터에서는 150명 중 37명의 주부가 정규적으로 시청하는 것으로 나타났다. 세 도시에서 연속극을 시청하는 주부들의 모비율 사이에는 차이가 없다는 가설을 유의수준 0.05로 검정하라.

단순선형회귀와 상관 11장

11.1 개론

변수들 사이에 고유한 관계가 존재할 때 이러한 변수들 간의 문제를 해결해야 하는 상황이 자주 있다. 예를 들면, 공장폐수의 타르성분은 화학공정의 소입온도와 관련되어 있을 수 있다. 이러한 경우에 관심의 대상이 되는 사항은 실험을 통하여 얻은 정보로부터 여러 수준의 소입온도에 따른 타르 함량을 추정할 수 있는 예측방법을 개발하는 일이 될 것이다. 물론 소입온도를 동일하게 놓고 여러 번 실험하는 경우에도 배출되는 타르 함량은 동일하지 않을 가능성은 매우 높다. 이것은 마치 같은 용량의 엔진을 장착한 자동차로 실험하여도 연비가 달리 나온다거나, 동일한 지역의 동일한 면적을 갖는 주택들의 가격이 동일하지 않은 것과 매우 비슷하다. 이들 예에서 타르 함량, 자동차의 연비, 주택의 가격은 **종속변수**(dependent variable) 또는 **반응**(response)이 되고, 소입온도, 엔진용량, 주택의 면적은 **독립변수**(independent variable) 또는 **회귀변수**(regressor)가 된다. 반응 Y와 회귀변수 x 사이의 적당한 관계 중 하나는 그림 11.1에 나와 있는

$$Y = \beta_0 + \beta_1 x$$

와 같은 선형관계 형태이며, 여기에서 β_0는 **절편**(intercept)이고 β_1은 **기울기**(slope)가 된다.

만약 이 관계가 정확하다면, 이것은 **확정적**(deterministic) 관계가 되고 두 변수 사이에는 확률적인 요소가 전혀 없게 된다. 그러나 위의 예는 물론 다른 여타의 과학적, 공학적 현상들에서 변수들 사이의 관계는 확정적인 관계가 아니다. 즉, x를 동일하게 하여도 Y의 값이 늘 동일하게 나오지는 않는다. 따라서 위와 같은 변수들 사이의 관계에서 확률적인 관계가 중요한 문제가 되는데, **회귀분석**(regression analysis)을 이용하면 Y와 x 사이의 최선의 관계와 그 관계의 강도, 그리고 회귀변수 x의 값이 주어졌을 때 반응 Y의 값을 예측할 수 있는 방법을 알 수 있다.

실제로는 회귀변수의 수가 2개 이상인 경우가 많다. 즉, Y를 **설명하는 데 도움을 주는** 독립변수가 두 개 이상인 경우가 많다. 예를 들어, 주택가격이 반응인 경우

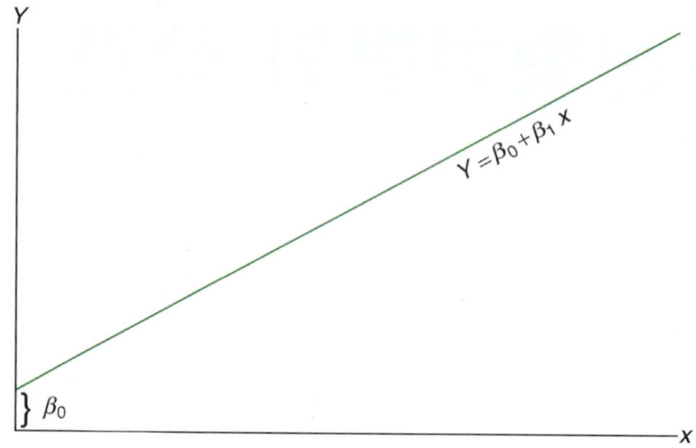

그림 11.1 선형적인 관계

주택의 년수가 주택의 가격을 설명하는 데 기여한다고 생각된다면, 가격(Y), 면적(x_1), 년수(x_2) 사이에

$$Y=\beta_0+\beta_1 x_1+\beta_2 x_2$$

와 같은 다중회귀구조를 설정해 볼 수 있을 것이다. 이와 같이 회귀변수가 여러 개인 경우를 **다중회귀**(multiple regression), 하나인 경우를 **단순회귀**(simple regression)라고 한다.

이 장에서는 회귀변수가 하나인 **단순선형회귀**(simple linear regression)를 다룬다. 크기 n인 확률표본을 집합 $\{(x_i, y_i); i=1, 2, \cdots, n\}$으로 나타내자. x의 값을 동일하게 놓고 여러 번 측정한다면 y의 값은 변할 것으로 기대되므로, 순서쌍의 y_i 값은 어떤 확률변수 Y_i의 값으로 생각할 수 있다.

11.2 단순선형회귀모형

회귀분석이라는 용어는 변수들 사이의 관계가 확정적이지 않은 상황에 사용된다는 것을 이미 밝힌 바 있다. 다시 말해서 변수들 사이의 관계식에는 **랜덤성분**(random component)이 있다는 것이다. 이 랜덤성분은 분석자들이 측정하지 못하고 이해하지 못하는 부분들을 고려할 수 있게 해 준다. 사실 선형식 $Y=\beta_0+\beta_1 x$는 잘 알지 못할 뿐만 아니라 훨씬 복잡한 현상을 단순화하고 근사하여 표현한 것이다. 예를 들어, 반응 Y=타르 함량, x=소입온도로 놓은 이전의 예에서 $Y=\beta_0+\beta_1 x$는 x의 제한된 범위에서만 성립하는 근사적인 관계식인지도 모른다. 대개 복잡하면서 알 수 없는 구조를 단순화하여 선형적인 모형으로 표현하는 경우가 많다. 여기에서 선형이라는 것은 β_0, β_1 등과 같은 **모수**들이 선형적인 관계라는 뜻이다. 이러한 선형적인 구조는 단순하면서도 본질적으로 경험적인 것이어서 **경험적 모형**(empirical model)이라고 부른다.

Y와 x 사이의 관계를 분석하기 위해서는 **통계적 모형**(statistical model)이 필요하게 된다. 모형은 자료가 얻어지는 과정에 대해 우리가 가정하는 이상적인 상황을 재현하기 위해서 사용된다. 모형은 n쌍의 (x, y)값으로 이루어진 자료의 집합 $\{(x_i, y_i); i=1, 2, \cdots, n\}$을 포함하고 있어야 한다. 그리고 y_i값은 랜덤성분이 개입된 선형구조를 통해 x_i값에 의해 결정된다는 점을 명심해야 한다. 어떤 통계적 모형을 사용하는가는 확률변수 Y가 x와 랜덤성분에 따라 어떻게 움직이는가와 관계가 있다. 또한 모형은 랜덤성분의 통계적 특성에 대한 가정도 포함하고 있어야 한다. 단순선형회귀에 대한 통계적 모형은 다음과 같다.

단순선형 회귀모형 반응 Y가 독립변수 x와 다음의 식

$$Y = \beta_0 + \beta_1 x + \epsilon$$

위와 같은 관계를 가지는 모형을 단순선형회귀모형이라고 한다. 여기에서 β_0와 β_1은 각각 미지의 절편과 기울기 모수이며, ϵ은 $E(\epsilon) = 0$이고 $Var(\epsilon) = \sigma^2$인 확률변수이다. σ^2은 오차분산(error variance) 또는 잔차분산(residual variance)이라고 부른다.

위의 모형을 보면 몇 가지 명확한 사실을 알 수 있다. ϵ이 확률변수이므로 Y 역시 확률변수이다. 회귀변수 x의 값은 확률변수가 아니며 거의 오차 없이 측정된다. 종종 **랜덤오차**(random error) 또는 **랜덤교란**(random disturbance)이라고 부르는 ϵ의 분산은 일정한 상수이다. 이러한 가정을 종종 **동질적**(homogeneous) 분산가정이라고 부른다. 랜덤오차 ϵ으로 인해 확정적 모형이 아닌 확률적 모형이 되는 것이다. 그리고 $E(\epsilon) = 0$이라는 사실은 어떤 특정한 x값에서 y값들은 **참회귀선**(true regression line) 또는 **모회귀선**(population regression line) $y=\beta_0+\beta_1 x$를 중심으로 분포한다는 것을 의미한다. 만약 모형이 적절하면, 즉 다른 회귀변수가 더 이상 필요 없고 선형성이 주어진 자료의 범위 내에서 잘 맞는 것이라면, 모회귀선을 중심으로 양과 음의 오차가 나타나는 것은 합리적인 현상이다. 실제로 β_0와 β_1은 알려져 있지 않으며 자료로부터 추정해야 한다는 점을 명심해야 한다. 또한 위의 모형은 본질적으로 개념적인 것이어서 실제 ϵ값들을 관찰할 수는 없으며, 따라서 참회귀선을

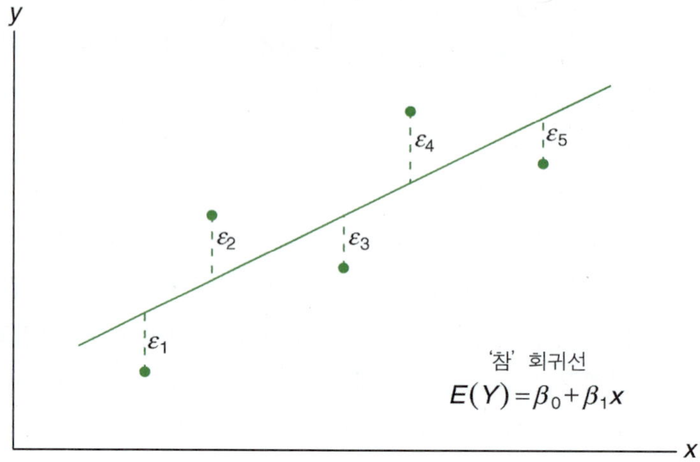

그림 11.2 참회귀선을 중심으로 산재해 있는 $n=5$개의 가상적인 (x, y) 자료

그려낼 수 없고, 다만 존재한다고 가정하여 추정된 회귀선을 그릴 수 있을 뿐이다. 그림 11.2는 $n=5$개의 가상적인 (x, y) 자료가 참회귀선을 중심으로 산재해 있는 모습을 나타내고 있다. 그림 11.2에 보이는 직선은 실제로 사용되는 직선이 아니고, 단지 모형에 대한 가정이 의미하는 바를 나타내고 있는 것이라는 점에 주의해야 한다.

적합회귀선

회귀분석에서 중요한 일은 소위 **회귀계수**(regression coefficient)라고 부르는 모수 β_0와 β_1을 추정하는 것이다. 이 모수를 추정하는 방법은 다음 절에서 설명된다. 이제 β_0의 추정치를 b_0, β_1의 추정치를 b_1이라고 표기하자. 그러면 추정회귀선 또는 **적합회귀선**(fitted regression line)은

$$\hat{y} = b_0 + b_1 x$$

로 주어지고, 여기에서 $\hat{y}$은 예측값 또는 적합값(fitted value)을 나타낸다. 당연히 적합선(fitted line)은 참회귀선의 추정치이다. 다량의 자료가 있다면 적합선은 참회귀선에 근접하리라는 것을 기대할 수 있다. 다음은 공해연구에서 적합선을 이용하는 방법을 예시해 보기로 한다.

수질오염관리 분야에서 관심을 불러 일으키는 문제 중의 하나가 피혁산업의 피혁가공폐수이다. 피혁가공폐수에는 화학적 산소요구량, 휘발성 고형체 그리고 기타 오염도가 높은 화학 물질들이 많이 포함되어 있는 것이 특징이다. 표 11.1은 버지니

아 대학에서 수행된 연구에서 화학처리된 공장폐수의 표본 33개로부터 얻어진 실험자료이다. 표본 33개에 대하여 x는 전체 고형체의 감소율(%)이고, y는 화학적 산소요구량의 감소율(%)이다.

그림 11.3은 표 11.1의 자료를 **산점도**(scatter diagram)로 타점한 것이다. 이 산점도에서 점들은 직선적인 경향이 있으므로 두 변수 사이에는 선형관계가 있다고 보여진다.

그림 11.3의 산점도상에는 적합회귀선과 가상적인 참회귀선이 함께 그려져 있다. 이 예제는 11.3절에서 추정법을 설명할 때 다시 이용될 것이다.

표 11.1 고형체와 화학적 산소요구량의 감소율

고형체 x (%)	화학적 산소 요구량 y (%)	고형체 x (%)	화학적 산소 요구량 y (%)
3	5	36	34
7	11	37	36
11	21	38	38
15	16	39	37
18	16	39	36
27	28	39	45
29	27	40	39
30	25	41	41
30	35	42	40
31	30	42	44
31	40	43	37
32	32	44	44
33	34	45	46
33	32	46	46
34	34	47	49
36	37	50	51
36	38		

모형의 가정에 대한 고찰

위에서 제시된 단순선형회귀모형이 소위 참회귀선과 어떻게 관련되어 있는지 그림으로 살펴보는 것도 도움이 될 것이다. 그림 11.2에서 ϵ_i의 그래프상에서의 위치뿐만 아니라 ϵ_i의 정규성 가정이 의미하는 바를 도시하여 그림을 확장해 보기로 한다.

단순선형회귀모형에서 $n=6$개의 일정한 간격으로 떨어져 있는 x값이 있고, 각

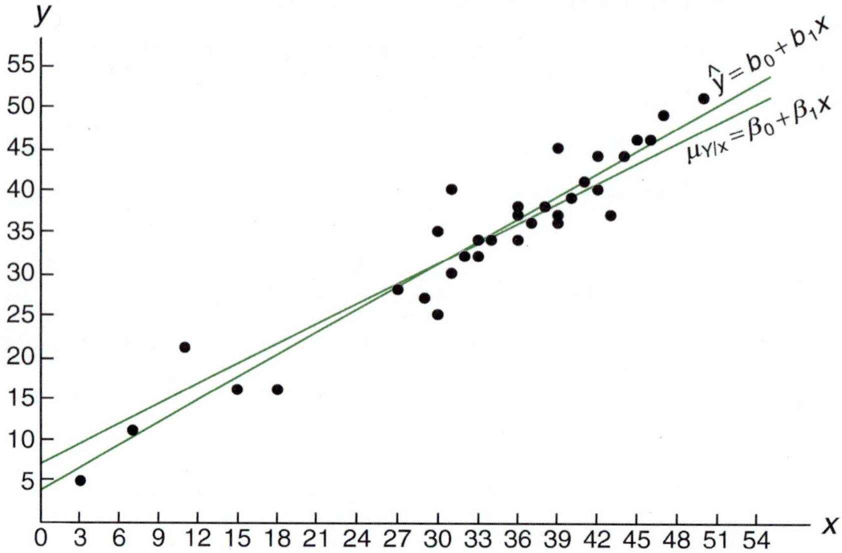

그림 11.3 산점도와 회귀선

x값에 하나의 y값이 있다고 가정하자. 그림 11.4의 그래프는 회귀모형과 이 모형에 대한 가정을 분명하게 나타내고 있다. 그래프의 직선은 참회귀선을 나타낸다. 도시된 점들은 직선을 중심으로 산재해 있는 실제 (y, x) 점들을 나타낸다. 각 점은 분포의 중심, 즉 y의 평균이 회귀직선상에 있는 정규분포로부터 얻어진 점이다. 이것은 $E(Y)=\beta_0+\beta_1 x$이므로 충분히 예측할 수 있었던 사실이다. 따라서 참회귀선은 **반응의 평균들을 통과**하고, 실제 관측값은 평균값을 중심으로 분포하게 된다. 또한 모

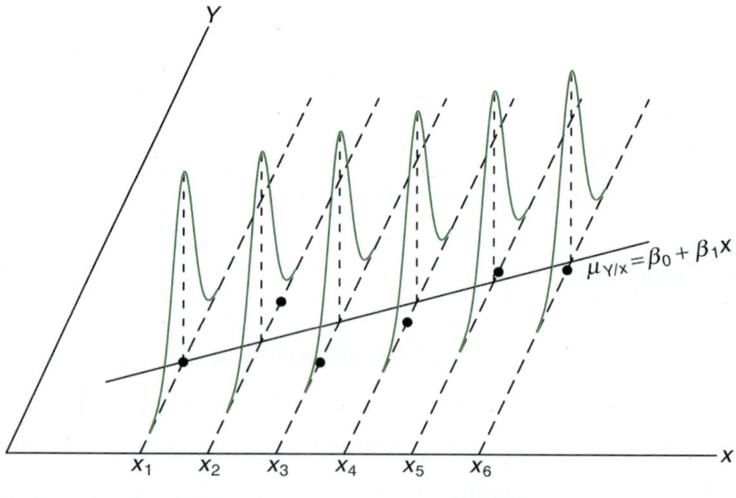

그림 11.4 참회귀선 주위의 관측값들

든 분포는 동일하게 분산 σ^2을 갖는다. 물론 y의 값과 회귀직선상의 점, 즉 평균 사이의 편차는 ϵ이 된다. 이것은

$$y_i - E(Y_i) = y_i - (\beta_0 + \beta_1 x_i) = \epsilon_i.$$

이므로 당연한 사실이다. 따라서, x의 값이 주어지면 Y와 이에 대응하는 ϵ은 모두 분산 σ^2을 갖는다.

여기서 참회귀선이 확률변수 Y의 평균을 통과한다는 점을 재확인하기 위해 참회귀선을 $\mu_{Y|x}=\beta_0+\beta_1 x$로 표기하기로 한다.

11.3 최소제곱법과 적합모형

이 절에서는 회귀선을 추정하여 자료에 적합시키는 방법을 살펴보기로 한다. 이것은 β_0의 추정치 b_0와 β_1의 추정치 b_1을 구하는 것과 같은 의미이다. 물론 직합선으로부터 예측치를 구할 수 있고, 선형관계의 강도와 적합모형의 적절성 등에 관한 정보도 얻을 수 있다. 최소제곱추정법을 알아보기 전에 먼저 **잔차**(residual)의 개념을 알아보는 것이 중요하다. 잔차란 근본적으로 모형 $\hat{y}=b_0+b_1 x$를 적합시킬 때 생기는 오차이다.

잔차 회귀자료 $\{(x_i, y_i);\ i=1, 2, \cdots, n\}$과 적합모형 $\hat{y}_i=b_0+b_1 x_i$가 주어졌을 때, i번째 잔차 e_i는

$$e_i = y_i - \hat{y}_i, \quad i = 1, 2, \cdots, n$$

으로 주어진다.

당연히 잔차가 크면 모형의 적합성은 좋지 않다고 할 수 있다. 반대로 잔차가 작으면 적합성이 좋다는 신호이다. 잔차의 정의로부터 다음과 같은 흥미로운 관계식을 얻을 수 있다.

$$y_i = b_0 + b_1 x_i + e_i$$

이때, 잔차 e_i와 개념적인 모형오차 ε_i는 명확하게 구분되어야 한다. 모형오차 ε_i는 관측될 수 없는 반면, 잔차 e_i는 관측될 수 있을 뿐만 아니라 전체 분석과정에서 매우 중요한 역할을 한다.

그림 11.5에는 자료에 적합된 직선 $\hat{y}=b_0+b_1 x$와 모형 $\mu_{Y|x}=\beta_0+\beta_1 x$를 나타낸

직선이 그려져 있다. 물론 β_0와 β_1은 미지의 모수이다. 적합된 직선은 통계적 모형에 의해서 만들어 낸 직선의 추정값이다. 직선 $\mu_{Y|x}=\beta_0+\beta_1 x$는 알려져 있는 것이 아니라는 점을 명심하자.

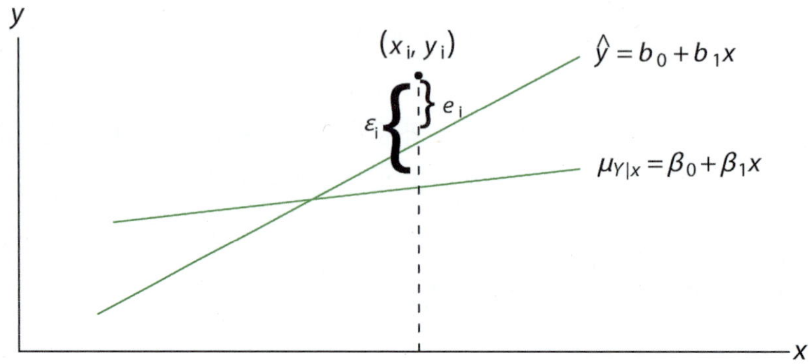

그림 11.5 ϵ_i와 잔차 e_i의 비교

최소제곱법

β_0와 β_1의 추정값 b_0와 b_1은 **잔차제곱합**(residual sum of squares)을 최소화시키는 것으로 구할 수 있다. 잔차제곱합은 회귀직선에 대한 **오차제곱합**(error sum of squares)이라고도 부르며, 기호로는 SSE로 나타낸다. 모수 β_0와 β_1을 추정하는 이러한 방법을 **최소제곱법** 또는 **최소자승법**(method of least squares)이라고 부른다. SSE를 수식으로 표현하면

$$SSE=\sum_{i=1}^{n}e_i^2=\sum_{i=1}^{n}(y_i-\hat{y}_i)^2=\sum_{i=1}^{n}(y_i-b_0-b_1x_i)^2$$

이 된다. 이 SSE를 최소화하기 위하여 b_0와 b_1으로 각각 편미분하면

$$\frac{\partial(SSE)}{\partial b_0}=-2\sum_{i=1}^{n}(y_i-b_0-b_1x_i),\quad \frac{\partial(SSE)}{\partial b_1}=-2\sum_{i=1}^{n}(y_i-b_0-b_1x_i)x_i$$

가 된다. 이 편미분된 식을 각각 0으로 놓고 정리하면 다음의 방정식이 얻어지는데, 이 식을 **정규방정식**(normal equations)이라고 부른다.

$$nb_0+b_1\sum_{i=1}^{n}x_i=\sum_{i=1}^{n}y_i,\quad b_0\sum_{i=1}^{n}x_i+b_1\sum_{i=1}^{n}x_i^2=\sum_{i=1}^{n}x_iy_i$$

따라서, 이 정규방정식을 b_0와 b_1에 대하여 연립으로 풀면 해가 구해진다.

회귀계수의 추정 표본 $\{(x_i, y_i); i=1, 2, \cdots, n\}$이 주어졌을 때 회귀계수 β_0와 β_1의 최소제곱추정값 (least suqares estimates) b_0와 b_1은 다음 공식으로 계산된다.

$$b_1 = \frac{n\sum_{i=1}^{n} x_i y_i - \left(\sum_{i=1}^{n} x_i\right)\left(\sum_{i=1}^{n} y_i\right)}{n\sum_{i=1}^{n} x_i^2 - \left(\sum_{i=1}^{n} x_i\right)^2} = \frac{\sum_{i=1}^{n}(x_i - \bar{x})(y_i - \bar{y})}{\sum_{i=1}^{n}(x_i - \bar{x})^2}$$

$$b_0 = \frac{\sum_{i=1}^{n} y_i - b_1 \sum_{i=1}^{n} x_i}{n} = \bar{y} - b_1\bar{x}.$$

예제 11.1 표 11.1의 오염자료를 이용하여 추정된 회귀직선을 구하라.

풀이

$$\sum_{i=1}^{33} x_i = 1104,\ \sum_{i=1}^{33} y_i = 1124,\ \sum_{i=1}^{33} x_i y_i = 41,355,\ \sum_{i=1}^{33} x_i^2 = 41,086$$

이므로, b_0와 b_1을 구하면

$$b_1 = \frac{(33)(41{,}355) - (1104)(1124)}{(33)(41{,}086) - (1104)^2} = 0.903643$$

$$b_0 = \frac{1124 - (0.903643)(1104)}{33} = 3.829633$$

이 된다. 따라서, 추정된 회귀직선은

$$\hat{y} = 3.8296 + 0.9036x$$

가 되는데, 계수들의 값은 소수점 이하 5번째 자리에서 반올림된 값이다.

예제 11.1의 회귀직선을 이용하면 전체 고형체의 감소율이 30%일 때 화학적 산소요구량의 감소율은 31%가 될 것으로 예측할 수 있다. 화학적 산소요구량의 감소율이 31%란 의미는 모평균 $\mu_{Y|30}$의 추정값, 또는 전체 고형체의 감소율이 30%일 때의 새로운 관측값에 대한 추정값으로 해석될 수 있다. 그렇지만 이러한 추정값

에는 오차가 수반된다. 실험이 관리되어 모든 고형체의 감소율이 30% 가 되더라도 화학적 산소요구량의 감소율은 정확히 31% 로 측정되지는 않는다. 표 11.1 에 기록된 원자료에서 전체 고형체의 감소율이 30% 일 때 실제로 측정된 화학적 산소요구량의 감소율은 25% 와 35% 로 나타났음을 보여주고 있다.

최소제곱의 의미

최소제곱법은 적합선과 자료의 점들 사이가 근접하게 되도록 적합선을 만들어내는 방법이다. 근접성을 측정하는 방법에는 여러 가지가 있다. 예를 들어, $\sum_{i=1}^{n} |y_i - \hat{y}_i|$ 나 $\sum_{i=1}^{n} |y_i - \hat{y}_i|^{1.5}$ 을 최소화하여 b_0 와 b_1 을 정할 수도 있을 것이다. 두 가지 모두 적절한 방법이다. 최소제곱법뿐만 아니라 이 두 방법을 통해 잔차들이 작아지도록 할 수 있다. 잔차는 ε값들의 실현치라는 점을 기억해야 한다. 그림 11.6 은 잔차들을 나타내고 있다. 적합선상의 점들은 예측값들이므로 잔차는 점에서 직선까지의 수직편차가 된다. 따라서, 최소제곱법이란 점에서 직선까지의 **수직편차의 제곱합이 최소**가 되는 직선을 만들어내는 방법이라고 할 수 있다.

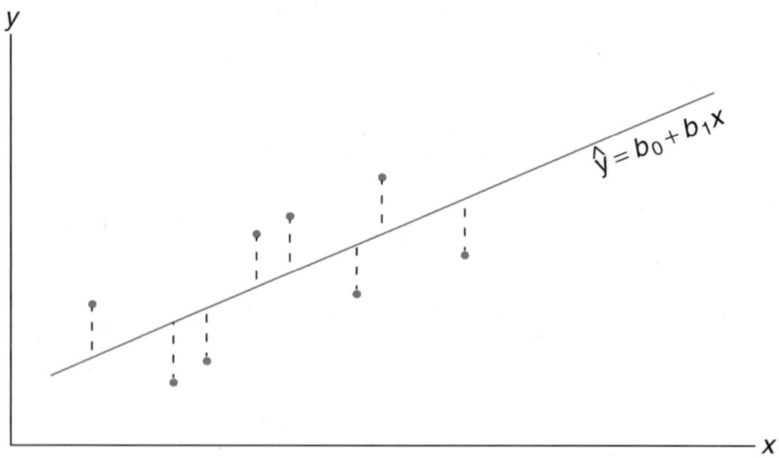

그림 11.6 잔차

연습문제

11.1 다음 자료는 25명의 남자를 대상으로 팔의 힘과 들어 올리는 힘을 조사한 결과이다.

개인	팔의 힘 x	들어 올리는 힘 y
1	17.3	71.7
2	19.3	48.3
3	19.5	88.3
4	19.7	75.0
5	22.9	91.7
6	23.1	100.0
7	26.4	73.3
8	26.8	65.0
9	27.6	75.0
10	28.1	88.3
11	28.2	68.3
12	28.7	96.7
13	29.0	76.7
14	29.6	78.3
15	29.9	60.0
16	29.9	71.7
17	30.3	85.0
18	31.3	85.0
19	36.0	88.3
20	39.5	100.0
21	40.4	100.0
22	44.3	100.0
23	44.6	91.7
24	50.4	100.0
25	55.9	71.1

(a) 회귀직선 $\mu_{Y|x}=\beta_0+\beta_1 x$의 β_0와 β_1을 추정하라.

(b) $\mu_{Y|30}$의 점추정값을 구하라.

(c) 팔의 힘 x에 대해 잔차를 표시하고, 그 의미를 말하라.

11.2 다음은 9명 학생의 중간고사성적(x)과 기말고사성적(y)이다.

x	77	50	71	72	81	94	96	99	67
y	82	66	78	34	47	85	99	99	68

(a) 회귀직선을 추정하라.

(b) 중간고사에서 85점을 받은 학생이 있다면 이 학생의 기말고사점수를 추정하라.

11.3 다음은 여러 수준의 온도에 따라 물 100 g 속에 용해된 혼합물의 양을 측정한 자료이다.

온도 x(℃)	혼합물의 양 y(grams)		
0	8	6	8
15	12	10	14
30	25	21	24
45	31	33	28
60	44	39	42
75	48	51	44

(a) 회귀직선을 구하라.

(b) 산점도상에 회귀직선을 그려라.

(c) 온도가 50°C일 때 물 100 g 속에 용해된 혼합물의 양을 추정하라.

11.4 계측기의 보정을 위해 압력을 가하고 눈금을 읽은 결과가 다음과 같이 기록되었다.

압력 x (lb/inch^2)	눈금기록 y
10	13
10	18
10	16
10	15
10	20
50	86
50	90
50	88
50	88
50	92

(a) 회귀직선식을 구하라.

(b) 눈금기록이 54일 때 $\hat{x}=(54-b_0)/b_1$을 이용하여 압력을 추정하라.

11.5 다음은 어떤 공정에서 여러 수준의 온도에 따라 당분으로 변화된 양을 측정한 결과이다.

온도 x	1.0	1.1	1.2	1.3	1.4	1.5	1.6	1.7	1.8	1.9	2.0
당분 y	8.1	7.8	8.5	9.8	9.5	8.9	8.6	10.2	9.3	9.2	10.5

(a) 회귀직선을 추정하라.

(b) 온도가 1.75일 때 당분으로 변화된 양을 추정하라.

(c) 잔차를 표시하고, 그 의미를 말하라.

11.6 다음은 어떤 금속시편에 정상적인 외력을 가할 때 나타나는 전단응력을 실험한 자료이다(단위: kg/ cm^2).

정상 외력(x)	전단응력(y)
26.8	26.5
25.4	27.3
28.9	24.2
23.6	27.1
27.7	23.6
23.9	25.9
24.7	26.3
28.1	22.5
26.9	21.7
27.4	21.4
22.6	25.8
25.6	24.9

(a) 회귀직선 $\mu_{Y|x}=\beta_0+\beta_1 x$의 β_0와 β_1을 추정하라.

(b) 정상적인 외력이 24.5kg/cm^{2}일 때 전단응력을 추정하라.

11.7 반응 y와 회귀변수 x의 자료가 다음과 같을 때 요구사항에 답하라.

y	*x*	*y*	*x*
76	123	70	109
62	55	37	48
66	100	82	138
58	75	88	164
88	159	43	28

(a) 산점도를 그려라. 단순선형회귀모형이 적절하다고 생각하는가?

(b) 선형회귀직선을 구하라.

(c) 산점도상에 회귀직선을 그려라.

11.8 모든 신입생에 대하여 수학과목의 반 배치를 위한 시험을 실시하여 35점 미만의 점수를 받으면 정규과정에서 수강할 수 없고 예비학습과정을 거쳐야 한다고 한다. 정규과정에서 수강한 20명 학생의 배치고사점수와 기말고사점수가 다음과 같았다.

배치고사	기말고사	배치고사	기말고사
50	53	90	54
35	41	80	91
35	61	60	48
40	56	60	71
55	68	60	71
65	36	40	47
35	11	55	53
60	70	50	68
90	79	65	57
35	59	50	79

(a) 산점도를 그려라.

(b) 배치고사점수로 기말고사점수를 추정할 수

있는 회귀직선을 구하라.

(c) 산점도상에 추정된 회귀직선을 그려라.

(d) 기말고사성적 60점 미만을 낙제로 한다면, 정규과정 수강을 위한 배치고사성적은 최소한 몇 점 이상이어야 하는가?

11.9 어떤 도매상에서 주당 광고비와 상품매출액과 어떤 관계에 있는가를 알기 위하여 조사를 하였더니 다음과 같은 자료가 얻어졌다.

주당 광고비 ($)	매출액 ($)
40	385
20	400
25	395
20	365
30	475
50	440
40	490
20	420
50	560
40	525
25	480
50	510

(a) 산점도를 그려라.

(b) 주당 광고비 지출액으로부터 매출액을 추정할 수 있는 회귀직선을 구하라.

(c) 주당 광고비가 $35일 때 매출액을 추정하라.

(d) 잔차를 표시하고, 그 의미를 설명하라.

11.10 다음 자료는 어떤 자동차모델의 중고가격을 조사한 것이다.

비선형회귀식 $\hat{z}=cd^{w}$을 이용하여 $\mu_{z|w}=\gamma\delta^{w}$형의 곡선에 적합시켜라.

[힌트 : $\ln\hat{z}=\ln c+(\ln d)w=b_0+b_1w$로 변환하라.]

사용년수 (w)	가격 ($)
1	6350
2	5695
2	5750
3	5395
5	4985
5	4895

11.11 엔진의 추진력(y)은 배출가스온도(x)의 함수이다. 다음의 자료에 대한 요구사항에 답하라.

y	x	y	x
4300	1760	4010	1665
4650	1652	3810	1550
3200	1485	4500	1700
3150	1390	3008	1270
4950	1820		

(a) 산점도를 그려라.

(b) 선형회귀직선을 구하고 산점도상에 그려라.

11.12 어느 화학공장에서 대기온도 x가 전력소모량 y에 미치는 영향을 조사하기 위해 다음과 같은 자료를 얻었다.

y (BTU)	x (℉)	y (BTU)	x (℉)
250	27	265	31
285	45	298	60
320	72	267	34
295	58	321	74

(a) 산점도를 그려라.

(b) 회귀직선을 구하라.

(c) 대기온도가 65℉일 때 전력소모량을 예측하라.

11.13 다음 자료는 강수량과 이에 따른 공기 중

오염물질이 제거된 양을 측정한 것이다.

일일강수량 x (0.01 cm)	오염물질 제거량 y (mg / m^3)
4.3	126
4.5	121
5.9	116
5.6	118
6.1	114
5.2	118
3.8	132
2.1	141
7.5	108

(a) 일일강수량으로부터 오염물질의 제거량을 예측할 수 있는 회귀직선을 구하라.

(b) 일일강수량이 x=4.8일 때 오염물질의 제거량을 추정하라.

11.14 어느 대학에서 교수들이 지난 5년간 학술회의에 참석한 횟수(x)와 그 기간 중에 학술지에 투고한 논문의 수(y)를 조사한 결과 다음의 자료를 얻었다.

$$n = 12, \quad \bar{x} = 4, \quad \bar{y} = 12$$
$$\sum_{i=1}^{n} x_i^2 = 232, \quad \sum_{i=1}^{n} x_i y_i = 318$$

단순선형회귀직선을 구하라. 학술회의에 많이 참가할수록 논문을 많이 쓴다고 할 수 있는가?

11.4 최소제곱추정량의 성질

다음 회귀직선의 모형에서 오차항은 평균이 0이고 분산이 σ^2인 확률변수라고 가정한다.

$$Y_i = \beta_0 + \beta_1 x_i + \epsilon_i$$

여기에 각 ϵ_i는 동일한 분산 σ^2을 가지며 $\epsilon_1, \epsilon_2, \cdots, \epsilon_n$은 실험마다 서로 독립이라는 가정을 추가하기로 하자. ϵ_i에 대한 이러한 가정하에 β_0와 β_1의 추정량의 평균과 분산을 구해 보기로 하자.

중요한 것은 b_0와 b_1의 값은 n개의 관측값에 의하여 구해진 모수 β_0와 β_1의 추정값이라는 사실이다. x값을 동일한 값으로 고정시켜서 반복실험하여 얻은 반응값으로 β_0와 β_1의 추정값을 구해 보면 그 값은 매번 달라질 것이다. 따라서, 이렇게 얻어진 추정값들은 확률변수 B_0와 B_1의 값으로 간주될 수 있다.

x의 값이 고정되어 있으므로 B_0와 B_1의 값은 y의 값, 보다 엄밀히 말하면 확률변수 $Y_1, Y_2, \cdots, Y_n$의 값이 변하는 데 따라 좌우된다. ϵ_i의 분포에 대한 가정에 의해 Y_i (i=1, 2, $\cdots$, n)는 평균이 $\mu_{Y|x_i} = \beta_0 + \beta_1 x_i$이고 분산이 모두 σ^2, 즉 $\sigma^2_{Y|x_i} = \sigma^2$ (i=1, 2, $\cdots$, n)인 독립적인 확률변수들이다.

추정량의 평균과 분산

이어서 추정량 B_1이 β_1의 불편추정량임과 B_0와 B_1의 분산이 어떻게 되는가를 보일 것이다. 이 결과는 앞으로 절편과 기울기에 대한 가설검정이나 신뢰구간추정에 필요한 이론을 전개하는 출발점이 될 것이다.

다음과 같은 수식으로 표현되는 추정량

$$B_1 = \frac{\sum_{i=1}^{n}(x_i-\bar{x})(Y_i-\bar{Y})}{\sum_{i=1}^{n}(x_i-\bar{x})^2} = \frac{\sum_{i=1}^{n}(x_i-\bar{x})Y_i}{\sum_{i=1}^{n}(x_i-\bar{x})^2}$$

는 $\sum_{i=1}^{n} c_iY_i$의 형태이며, 여기서 c_i는

$$c_i = \frac{x_i-\bar{x}}{\sum_{i=1}^{n}(x_i-\bar{x})^2}, \quad i = 1, 2, \ldots, n$$

이다. 따라서, 정리 7.11에 의해 B_1은 모평균 μ_{B1}이

$$\mu_{B_1} = E(B_1) = \frac{\sum_{i=1}^{n}(x_i-\bar{x})E(Y_i)}{\sum_{i=1}^{n}(x_i-\bar{x})^2} = \frac{\sum_{i=1}^{n}(x_i-\bar{x})(\beta_0+\beta_1x_i)}{\sum_{i=1}^{n}(x_i-\bar{x})^2} = \beta_1$$

이 되며, 모분산 $\sigma^2_{B_1}$이

$$\sigma^2_{B_1} = \frac{\sum_{i=1}^{n}(x_i-\bar{x})^2\sigma^2_{Y_i}}{\left[\sum_{i=1}^{n}(x_i-\bar{x})^2\right]^2} = \frac{\sigma^2}{\sum_{i=1}^{n}(x_i-\bar{x})^2}$$

인 정규분포를 따른다.

한편, 확률변수 B_0는 평균과 분산이 각각

$$\mu_{B_0} = \beta_0, \ \ \sigma^2_{B_0} = \frac{\sum_{i=1}^{n}x_i^2}{n\sum_{i=1}^{n}(x_i-\bar{x})^2}\sigma^2$$

인 정규분포를 따른다. 이 두 결과로부터 **β_0와 β_1의 최소제곱추정량은 모두 불편추정량임**을 알 수 있다.

전체 변동의 분할과 σ^2의 추정

한편, β_0와 β_1에 대한 추론은 B_0와 B_1의 분산식에 포함되어 있는 모수 σ^2의 추정값을 알아야 가능해진다. 모수 σ^2은 모형오차분산으로서 회귀직선 주위의 우연변동 또는 실험오차변동이 반영된 것이다. 앞으로 전개될 내용에서 다음 기호를 이용하면 편리해진다.

$$S_{xx} = \sum_{i=1}^{n}(x_i - \bar{x})^2, \quad S_{yy} = \sum_{i=1}^{n}(y_i - \bar{y})^2, \quad S_{xy} = \sum_{i=1}^{n}(x_i - \bar{x})(y_i - \bar{y})$$

그러면 오차제곱합은 다음과 같이 간단하게 표현된다.

$$\begin{aligned} SSE &= \sum_{i=1}^{n}(y_i - b_0 - b_1 x_i)^2 = \sum_{i=1}^{n}[(y_i - \bar{y}) - b_1(x_i - \bar{x})]^2 \\ &= \sum_{i=1}^{n}(y_i - \bar{y})^2 - 2b_1\sum_{i=1}^{n}(x_i - \bar{x})(y_i - \bar{y}) + b_1^2\sum_{i=1}^{n}(x_i - \bar{x})^2 \\ &= S_{yy} - 2b_1 S_{xy} + b_1^2 S_{xx} = S_{yy} - b_1 S_{xy}, \end{aligned}$$

여기서 마지막 단계의 결과는 $b_1 = S_{xy}/S_{xx}$를 대입하여 얻어진 것이다.

정리 11.1

σ^2의 불편추정량은 다음과 같다.

$$s^2 = \frac{SSE}{n-2} = \sum_{i=1}^{n}\frac{(y_i - \hat{y}_i)^2}{n-2} = \frac{S_{yy} - b_1 S_{xy}}{n-2}$$

평균제곱오차와 σ^2의 추정

정리 11.1을 보면 σ^2의 추정량에 대한 어떤 직관을 얻을 수 있다. 모수 σ^2은 Y값과 그 평균 $\mu_{Y|x}$ 사이의 편차의 제곱, 즉 Y와 $\beta_0+\beta_1 x$ 사이의 편차제곱을 측정한다. 물론 $\beta_0+\beta_1 x$는 $\hat{y}=b_0+b_1x$로 추정된다. 따라서, 분산 σ^2은 적합선상에서 관측값 y_i와 추정평균 $\hat{y}_i$ 사이의 편차를 제곱함으로써 가장 적절하게 추정될 수 있다고 생각할 수 있다. 그러므로 회귀분석이 아닌 일반적인 상황에서 $(y_i-\bar{y})^2$으로 분산을 구하는 것과 똑같이 $(y_i-\hat{y}_i)^2$을 이용하여 분산을 구할 수 있다. 다시 말해서, 일반적인 상황에서는 $\bar{y}$로 평균을 추정하고, 회귀분석을 하는 상황에서는 $\hat{y}_i$로 y_i의 평균을 추

정한다는 것이다. 그런데 $n-2$로 나누는 이유는 무엇일까? $n-2$는 σ^2의 추정량 s^2의 자유도이다. 일반적인 상황에서는 하나의 모수 μ를 $\bar{y}$로 추정하기 때문에 n에서 자유도 1을 뺀 반면, 회귀분석 상황에서는 두 개의 모수 β_0와 β_1을 각각 b_0와 b_1으로 추정하므로 n에서 자유도 2를 뺀다. 따라서 모수 σ^2의 추정량은

$$s^2 = \sum_{i=1}^{n}(y_i - \hat{y}_i)^2/(n-2)$$

이며, 이 식은 잔차의 제곱을 $n-2$로 나누어 평균을 구하는 형태이므로 **평균제곱오차**(mean squared error)라고 부른다.

11.5 회귀계수의 추론

예측을 목적으로 x와 Y 사이의 선형관계를 추정하는 것 외에 기울기와 절편에 대한 추론에 관심이 있을 수 있다. β_0와 β_1에 대한 가설검정과 신뢰구간의 구축이 가능하려면 추가로 $\epsilon_i(i=1, 2, \cdots, n)$는 정규분포를 따른다는 가정이 필요하다. 이 가정은 $Y_1, Y_2, \cdots, Y_n$도 각각 확률분포 $n(y_i; \beta_0+\beta_1 x_i, \sigma)$를 따르는 것을 의미한다.

11.4절로부터 B_1이 정규분포를 따름을 알 수 있다. 정규성 가정하에서 정리 8.4의 결과와 유사한 방법으로 통계량 $(n-2)S^2/\sigma^2$은 확률변수 B_1과 독립이며 자유도 $n-2$인 카이제곱분포를 따른다는 것도 밝힐 수 있다. 따라서, 정리 8.5에 의해서 다음의 통계량

$$T = \frac{(B_1 - \beta_1)/(\sigma/\sqrt{S_{xx}})}{S/\sigma} = \frac{B_1 - \beta_1}{S/\sqrt{S_{xx}}}$$

는 자유도 $n-2$인 t 분포를 따른다. 이 통계량은 회귀계수 β_1의 $100(1-\alpha)\%$ 신뢰구간을 구축하는 데 이용된다.

β_1의 신뢰구간 회귀직선 $\mu_{Y|x}=\beta_0+\beta_1 x$에서 β_1의 $100(1-\alpha)\%$ 신뢰구간은 다음 식으로 주어진다.

$$b_1 - t_{\alpha/2}\frac{s}{\sqrt{S_{xx}}} < \beta_1 < b_1 + t_{\alpha/2}\frac{s}{\sqrt{S_{xx}}}$$

여기서, $t_{\alpha/2}$는 자유도 $n-2$인 t 분포의 값이다.

예제 11.2 표 11.1의 오염자료를 이용한 회귀직선 $\mu_{Y|x}=\beta_0+\beta_1 x$에서 β_1의 95% 신뢰구간을 구하라.

풀이 예제 11.1에서 $S_{xx}=4152.18$, $S_{xy}=3752.09$였다. 추가로 y의 제곱합을 구하면 $S_{yy}=3713.88$이 된다. 한편 $b_1=0.903643$이므로 σ^2의 불편추정량의 값, 즉 불편추정값은 다음과 같이 계산된다.

$$s^2 = \frac{S_{yy} - b_1 S_{xy}}{n-2} = \frac{3713.88 - (0.903643)(3752.09)}{31} = 10.4299$$

그러므로 제곱근을 취하면 $s=3.2295$를 얻는다. 표 A.4에서 자유도 31에 대한 t값을 구하면 근사적으로 $t_{0.025} \approx 2.045$가 된다. 따라서, β_1의 95% 신뢰구간은

$$0.903643 - \frac{(2.045)(3.2295)}{\sqrt{4152.18}} < \beta_1 < 0.903643 + \frac{(2.045)(3.2295)}{\sqrt{4152.18}}$$

가 되며, 간단히 정리하면

$$0.8012 < \beta_1 < 1.0061$$

이 된다.

기울기에 대한 가설검정

적당한 대립가설에 대한 귀무가설 $H_0 : \beta_1=\beta_{10}$를 검정하는 경우에도 자유도 $n-2$인 t 분포를 따르는 다음 통계량이 이용된다.

$$t = \frac{b_1 - \beta_{10}}{s/\sqrt{S_{xx}}}$$

다음 예제를 통하여 이 검정방법을 예시하기로 하자.

예제 11.3 예제 11.1에서 추정된 $b_1=0.903643$을 이용하여 대립가설 $\beta_1 < 1.0$에 대한 귀무가설 $\beta_1=1.0$을 검정하라.

풀이

$$H_0 : \beta_1=1.0$$
$$H_1 : \beta_1 < 1.0$$

$$t = \frac{0.903643 - 1.0}{3.2295/\sqrt{4152.18}} = -1.92$$

자유도 $n-2=31$일 때 $P \approx 0.03$

결론: t값은 유의수준 0.03에서 유의하므로 $\beta_1 < 1.0$이라고 생각할 수 있다.

기울기에 대한 중요한 t 검정 하나는 다음의 가설에 대한 검정이다.

$$H_0:\ \beta_1 = 0$$
$$H_1:\ \beta_1 \neq 0$$

귀무가설이 기각되지 않는다면 x와 $E(y)$ 사이에는 유의한 선형관계가 존재하지 않는다는 결론을 내릴 수 있다. 예제 11.1의 자료를 산점도로 그려보면 선형관계가 존재하는 것으로 보인다. 그러나 σ^2이 커서 상당한 '잡음'이 자료에 들어있는 경우에는 그림으로는 명확한 정보를 얻지 못할 수도 있다. 이때, 검정을 통해 H_0가 기각된다면 유의한 선형관계가 존재한다는 결론을 내릴 수 있을 것이다.

그림 11.7은 예제 11.1의 자료에 대해 다음의 가설에 대한 t 검정을 수행한 MINITAB 출력결과이다.

$$H_0:\ \beta_1 = 0$$
$$H_1:\ \beta_1 \neq 0$$

회귀계수(Coef), 표준오차(SE Coef), t값(T), P값(P)의 결과에 의해 귀무가설은 기각된다. 즉, 화학적 산소요구량과 고형체의 감소율 사이에는 유의한 선형적인 관계가 존재한다. 여기에서 검정통계량은 다음과 같이 계산된다.

$$t = \frac{\text{계수}}{\text{표준오차}} = \frac{b_1}{s/\sqrt{S_{xx}}}$$

```
Regression Analysis: COD versus Per_Red
The regression equation is COD = 3.83 + 0.904 Per_Red

Predictor      Coef  SE Coef      T      P
Constant      3.830    1.768   2.17  0.038
Per_Red     0.90364  0.05012  18.03  0.000

S = 3.22954   R-Sq = 91.3%   R-Sq(adj) = 91.0%
Analysis of Variance
Source          DF      SS      MS       F      P
Regression       1  3390.6  3390.6  325.08  0.000
Residual Error  31   323.3    10.4
Total           32  3713.9
```

그림 11.7 예제 11.1에 대한 MINITAB 출력결과

귀무가설($H_0 : \beta_1 = 0$)을 기각할 수 없다는 것은 Y와 x 사이에 선형적인 관계가 없다는 것을 의미한다. 그림 11.8은 이 결론이 의미하는 바를 나타내고 있다. 그림 (a)에서처럼 x의 변화가 Y의 변화에 거의 영향을 주지 않는 경우를 의미하는 반면에, 그림 (b)에서처럼 실제 관계는 비선형임을 나타내는 것일 수도 있다.

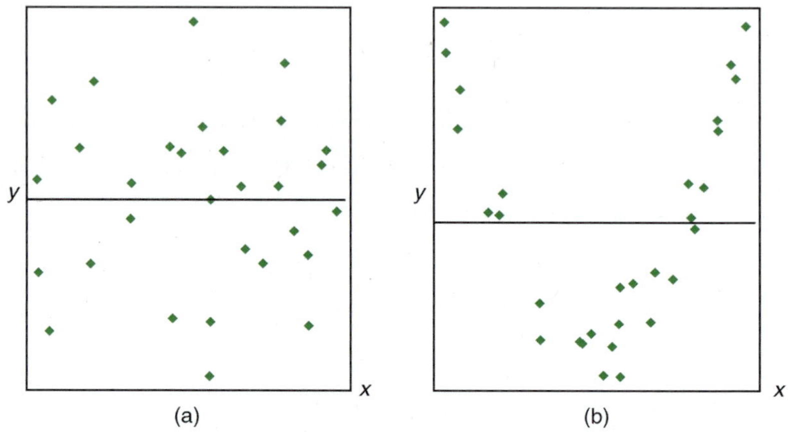

그림 11.8 귀무가설이 기각되지 않는 경우

귀무가설($H_0 : \beta_1 = 0$)이 기각된다는 것은 모형에 있는 x의 1차(선형)항에 의해 Y의 변동의 상당 부분이 설명될 수 있다는 것을 의미한다. 이때의 가능한 경우가 그림 11.9에 나타나 있다. 그림 (a)에서처럼 귀무가설의 기각은 실제로 선형적인 관계를 의미할 수도 있는 반면, 그림 (b)에서처럼 선형적인 효과가 있기는 하지만 그것보다는 1차항을 보완하는 2차항과 같은 다항식 모형이 더 적합할 수도 있다는 것을 의미할 수도 있다.

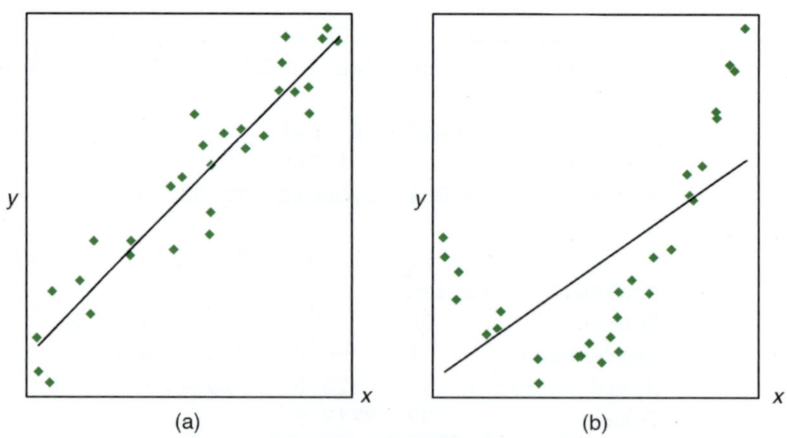

그림 11.9 귀무가설이 기각되는 경우

절편에 대한 통계적 추론

회귀계수 β_0의 신뢰구간과 가설검정은 확률변수 B_0가 정규분포를 따른다는 사실로부터 수립될 수 있다. 다음 통계량

$$T = \frac{B_0 - \beta_0}{S\sqrt{\sum_{i=1}^{n} x_i^2/(nS_{xx})}}$$

가 자유도 $n-2$인 t 분포를 따른다는 사실을 어렵지 않게 보일 수 있으며, 이 T 통계량으로부터 β_0의 $100(1-\alpha)\%$ 신뢰구간을 구할 수 있다.

β_0의 신뢰구간 회귀직선 $\mu_{Y|x}=\beta_0+\beta_1 x$에서 모수 β_0의 $100(1-\alpha)\%$ 신뢰구간은 다음과 같이 주어진다.

$$b_0 - t_{\alpha/2}\frac{s}{\sqrt{nS_{xx}}}\sqrt{\sum_{i=1}^{n} x_i^2} < \beta_0 < b_0 + t_{\alpha/2}\frac{s}{\sqrt{nS_{xx}}}\sqrt{\sum_{i=1}^{n} x_i^2}$$

여기서, $t_{\alpha/2}$는 자유도 $n-2$인 t 분포의 값이다.

예제 11.4 표 11.1의 자료에 근거한 회귀직선 $\mu_{Y|x}=\beta_0+\beta_1 x$에서 β_0의 95% 신뢰구간을 구하라.

풀이 예제 11.1과 11.2에서 이미 $S_{xx}=4152.18$과 $s=3.2295$를 구했다. 한편,

$$\sum_{i=1}^{n} x_i^2 = 41,086, \quad b_0 = 3.829633$$

이므로 표 A.4로부터 자유도가 31일 때 근사적으로 $t_{0.025}\approx 2.045$를 찾을 수 있다. 따라서, β_0의 95% 신뢰구간은

$$3.829633 - \frac{(2.045)(3.2295)\sqrt{41,086}}{\sqrt{(33)(4152.18)}} < \beta_0 < 3.829633 + \frac{(2.045)(3.2295)\sqrt{41,086}}{\sqrt{(33)(4152.18)}}$$

이 되고, 간단히 정리하면

$$0.2131 < \beta_0 < 7.4461$$

이 된다.

한편 적당한 대립가설에 대한 귀무가설 $H_0:\beta_0=\beta_{00}$를 검정하려면 자유도가 $n-2$인 다음의 통계량

$$t=\frac{b_0-\beta_{00}}{s\sqrt{\sum_{i=1}^{n}x_i^2/(nS_{xx})}}$$

를 이용하면 된다.

예제 11.5 예제 11.1에서 추정된 $b_0=3.829633$값을 이용하여 대립가설 $\beta_0\neq 0$에 대한 귀무가설 $\beta_0=0$을 유의수준 0.05로 검정하라.

풀이

$$H_0:\ \beta_0=0$$
$$H_1:\ \beta_0\neq 0$$

$$t=\frac{3.829633-0}{3.2295\sqrt{41,086/((33)(4152.18))}}=2.17$$

자유도 31일 때 $P\approx 0.038$이므로 $\beta_0\neq 0$이라고 결론을 내린다. 이때, 검정통계량값은 그림 11.7의 MINITAB 결과에서 Coef/SE Coef임에 주목하자. SE Coef는 절편 추정값의 표준오차이다.

적합품질의 측도 : 결정계수

그림 11.7에서 R-Sq로 표시된 항의 값이 91.3%로 주어졌는데, 이것은 **결정계수**(coefficient of determination)라고 부르는 R^2의 값을 나타낸다. 이 값은 **적합모형에 의해 설명된 변동의 비율**에 대한 측도이다. 11.8절에서 회귀분석에 분산분석법을 이용하는 방법을 설명하게 되는데, 분산분석법에서는 오차제곱합 $SSE=\sum_{i=1}^{n}(y_i-\hat{y}_i)^2$과 **총수정제곱합**(total corrected sum of squares) $SST=\sum_{i=1}^{n}(y_i-\bar{y}_i)^2$을 활용한다.

SST는 반응값의 변동, 즉 이상적으로는 모형에 의해 모두 설명될 수 있는 변동을 나타내고, SSE는 오차에 의한 변동, 즉 **설명되지 않는 변동**을 나타낸다. 당연히 $SSE=0$이면 모든 변동은 모형에 의해 설명된다. 설명되는 변동의 양은 $SST-SSE$이고, 결정계수 R^2은

$$R^2 = 1 - \frac{SSE}{SST}$$

로 정의된다. 만약 적합이 완벽하다면 모든 잔차는 0이므로 R^2=1.0이 된다. 그러나 만약 SSE가 SST보다 약간만 작다면 $R^2 \approx 0$이 될 것이다. 그림 11.7의 결정계수값은 반응값인 화학적 산소요구량의 변동의 91.3%가 모형의 적합에 의해 설명된다는 것을 의미한다.

그림 11.10은 좋은 적합($R^2 \approx 1.0$)을 나타내는 그림 (a)와 나쁜 적합($R^2 \approx 0$)을 나타내는 그림 (b)를 예시하고 있다.

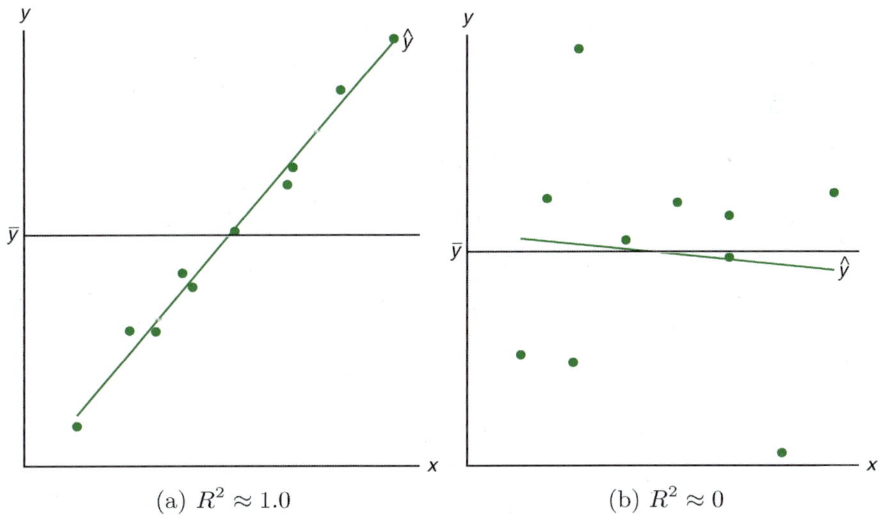

그림 11.10 좋은 적합과 나쁜 적합

결정계수 사용시의 주의점

결정계수 R^2은 단순한 형태로 인해 자주 사용되고 있으나 그 의미를 해석할 때 함정에 빠질 수도 있으므로 주의해야 한다. R^2의 신뢰도는 자료의 크기와 적용형태에 달려 있다. 결정계수값의 범위가 $0 \le R^2 \le 1$인 것은 명백하고, 적합이 완벽하면, 즉 모든 잔차값이 0이면 1이 된다. 그러면 결정계수로서 무난한 값은 얼마인가? 이것은 대답하기 어려운 질문이다. 화학자가 초정밀장비의 보정을 하는 경우라면 매우 높은 R^2값(아마도 0.99 이상)이 필요할 것이고, 행동과학연구에서라면 0.70 정도만 되어도 다행으로 생각할 것이다. 경험이 풍부한 분석자는 주어진 상황에서 어느 정도가 충분한 값인지 감을 잡을 수 있다. 당연히 과학적 현상에 대한 연구시에는 더욱 정밀도가 요구될 것이다.

동일한 자료에 대해 여러 회귀모형을 비교하는 용도로 결정계수를 사용하는 것은 위험하다. 모형에 추가로 항을 넣으면, 즉 추가로 회귀변수를 넣으면 SSE는 감소하고 따라서 R^2은 증가하게 된다. 최소한 감소하지는 않는다. 이것은 **과대적합**(overfitting)에 의해, 즉 모형에 지나치게 많은 항을 넣음으로써 R^2값을 인위적으로 높일 수 있다는 것을 의미한다. 따라서, 항을 추가하면 R^2이 증가된다고 해서 그 추가항이 필요하다는 것을 의미하는 것은 아니다. 사실 단순한 모형이 우수한 모형일 수 있다. 여기에서 강조하고자 하는 것은 R^2만을 고려하여 모형을 선정해서는 안 된다는 것이다.

11.6 예측

선형회귀를 수립하는 목적 중 또 다른 하나는 독립변수값에서의 반응값을 예측하려는 데 있다. 이 절에서는 예측과 관련된 오차에 초점이 맞추어질 것이다.

추정식 $\hat{y}=b_0+b_1x$는 $x=x_0$에서의 **평균반응**(mean response) $\mu_{Y|x_0}$를 예측하거나 또는 추정하는 데 이용될 뿐만 아니라, $x=x_0$일 때 변수 Y_0의 값인 y_0의 예측에도 이용된다. 예측오차는 평균을 예측할 때보다 하나의 값을 예측할 때 더 크리라는 점을 예상할 수 있다. 이것은 결국 예측하려는 값의 구간폭에 영향을 미칠 것이다.

그러면 이제부터 $x=x_0$일 때 $\mu_{Y|x_0}$의 신뢰구간을 구해 보기로 하자. 이 경우에는 점추정량 $\hat{Y}_0=B_0+B_1x_0$가 $\mu_{Y|x_0}=\beta_0+\beta_1x_0$의 추정에 이용된다. $\hat{Y}_0$의 표본분포는 평균이

$$\mu_{Y|x_0} = E(\hat{Y}_0) = E(B_0 + B_1x_0) = \beta_0 + \beta_1x_0 = \mu_{Y|x_0}$$

이고, 분산이

$$\sigma^2_{\hat{Y}_0} = \sigma^2_{B_0+B_1x_0} = \sigma^2_{\bar{Y}+B_1(x_0-\bar{x})} = \sigma^2\left[\frac{1}{n} + \frac{(x_0-\bar{x})^2}{S_{xx}}\right]$$

인 정규분포가 됨을 보일 수 있다. 윗식에서는 $Cov(\overline{Y}, B_1)=0$임을 이용하였다. 따라서, 평균반응 $\mu_{Y|x_0}$의 $100(1-\alpha)\%$ 신뢰구간은 다음의 통계량

$$T = \frac{\hat{Y}_0 - \mu_{Y|x_0}}{S\sqrt{1/n + (x_0-\bar{x})^2/S_{xx}}}$$

로부터 구축될 수 있다. 이 통계량 T는 자유도가 $n-2$인 t 분포를 따른다.

$\mu_{Y|x_0}$의 신뢰구간

평균반응 $\mu_{Y|x_0}$의 $100(1-\alpha)\%$ 신뢰구간은 다음과 같이 주어

$$\hat{y}_0 - t_{\alpha/2} s\sqrt{\frac{1}{n} + \frac{(x_0 - \bar{x})^2}{S_{xx}}} < \mu_{Y|x_0} < \hat{y}_0 + t_{\alpha/2} s\sqrt{\frac{1}{n} + \frac{(x_0 - \bar{x})^2}{S_{xx}}}$$

여기서, $t_{\alpha/2}$는 자유도가 $n-2$인 t 분포의 값이다.

예제 11.6 표 11.1의 자료를 이용하여 x_0=20% 일 때 평균반응 $\mu_{Y|x_0}$의 95% 신뢰구간을 구하라.

풀이 추정된 회귀직선으로부터 x_0=20% 일 때의 추정값은

$$\hat{y}_0 = 3.829633 + (0.903643)(20) = 21.9025$$

가 된다. 또한 $\bar{x} = 33.4545$, $S_{xx} = 4152.18$, $s = 3.2295$, 그리고 자유도가 31일 때 $t_{0.025} \approx 2.045$이므로 $\mu_{Y|20}$의 95% 신뢰구간은

$$21.9025 - (2.045)(3.2295)\sqrt{\frac{1}{33} + \frac{(20 - 33.4545)^2}{4152.18}} < \mu_{Y|20}$$
$$< 21.9025 + (2.045)(3.2295)\sqrt{\frac{1}{33} + \frac{(20 - 33.4545)^2}{4152.18}}$$

이 되며, 간단히 정리하면

$$20.1071 < \mu_{Y|20} < 23.6979$$

가 된다. 따라서, 고형체의 감소율이 20% 일 때 화학적 산소요구량의 모수는 20.1071%에서 23.6979% 사이에 있음을 95%로 확신할 수 있다.

x_0값을 변화시키면 예제 11.6의 신뢰구간처럼 $\mu_{Y|x_0}$에 대한 모든 신뢰구간을 구할 수 있다. 그림 11.11에서는 원자료, 추정된 회귀직선, 그리고 $Y|x$의 평균에 대한 신뢰한계가 함께 그려져 있다.

예측구간

종종 결과를 혼동하거나 해석을 잘못하는 또다른 형태의 구간으로는 미래에 관측될 반응값에 대한 **예측구간**(prediction interval)이 있다. 실제로 많은 경우에 예측구간

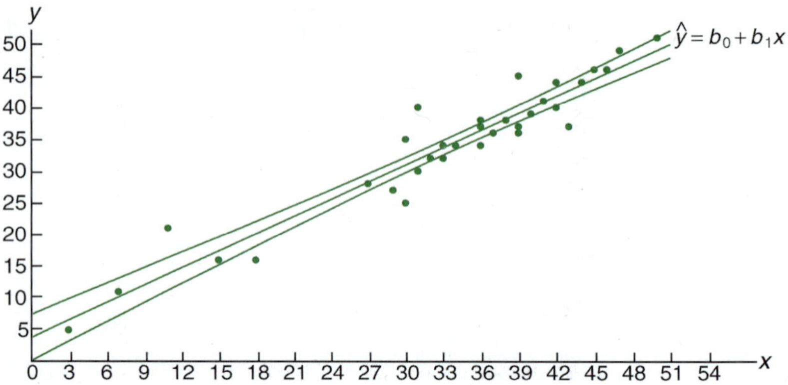

그림 11.11 $Y|x$ 의 평균에 대한 신뢰한계

은 과학자나 기술자에게 있어서 평균에 대한 신뢰구간보다 오히려 더 관심있는 구간이라고 할 수 있다. 11.1절의 타르성분과 소입온도의 예처럼, 특정 온도에서 평균 타르성분을 추정하려고 할 뿐만 아니라, 주어진 온도에서 타르성분의 양을 예측하는 데 따르는 오차를 반영한 구간을 구하는 일에도 관심이 있는 것이다.

변수 Y_0의 한 값 y_0에 대한 예측구간을 구하려면, $x=x_0$에서 반복된 표본으로부터 계산되어 회귀직선으로부터 얻어지는 $\hat{y}_0$와 실제값 y_0 사이에 발생하는 차이의 분산을 추정할 필요가 있다. 따라서, $\hat{y}_0-y_0$는 확률변수 $\hat{Y}_0-Y_0$의 한 값이라고 생각할 수 있다. $\hat{Y}_0-Y_0$의 표본분포는 평균이

$$\mu_{\hat{Y}_0-Y_0} = E(\hat{Y}_0 - Y_0) = E[B_0 + B_1x_0 - (\beta_0 + \beta_1 x_0 + \epsilon_0)] = 0$$

이고, 분산이

$$\sigma^2_{\hat{Y}_0-Y_0} = \sigma^2_{B_0+B_1x_0-\epsilon_0} = \sigma^2_{\bar{Y}+B_1(x_0-\bar{x})-\epsilon_0} = \sigma^2\left[1 + \frac{1}{n} + \frac{(x_0-\bar{x})^2}{S_{xx}}\right]$$

인 정규분포를 따른다. 따라서, 예측값 y_0의 $100(1-\alpha)\%$ 예측구간은 자유도가 $n-2$인 t 분포를 따르는 다음의 통계량으로부터 구축될 수 있다.

$$T = \frac{\hat{Y}_0 - Y_0}{S\sqrt{1 + 1/n + (x_0-\bar{x})^2/S_{xx}}}$$

y_0의 예측구간 하나의 반응값 y_0에 대한 $100(1-\alpha)\%$ 예측구간은 다음과 같이 주어진다.

$$\hat{y}_0 - t_{\alpha/2}s\sqrt{1+\frac{1}{n}+\frac{(x_0-\bar{x})^2}{S_{xx}}} < y_0 < \hat{y}_0 + t_{\alpha/2}s\sqrt{1+\frac{1}{n}+\frac{(x_0-\bar{x})^2}{S_{xx}}}$$

여기서, $t_{\alpha/2}$는 자유도가 $n-2$인 t 분포의 값이다.

신뢰구간의 개념과 예측구간의 개념은 분명하게 구별이 된다. 신뢰구간의 개념은 지금까지 이 책에서 설명되었던 모수의 신뢰구간개념과 동일하다. 실제로 $\mu_{Y|x_0}$는 모수이다. 그렇지만 예측구간은 모수가 포함될 확률이 $1-\alpha$인 구간이 아니고, 확률변수 Y_0의 값 y_0가 포함될 확률이 $1-\alpha$인 구간이다.

예제 11.7 표 11.1의 자료를 이용하여 x_0=20%일 때 y_0의 95% 예측구간을 구하라.

풀이 $n=33$, $x_0=20$, $\bar{x}=33.4545$, $\hat{y}_0=21.9025$, $S_{xx}=4152.18$, $s=3.2295$, 그리고 자유도가 31일 때 $t_{0.025}\approx 2.045$이므로, y_0의 95% 예측구간은

$$21.9025-(2.045)(3.2295)\sqrt{1+\frac{1}{33}+\frac{(20-33.4545)^2}{4152.18}} < y_0$$
$$< 21.9025+(2.045)(3.2295)\sqrt{1+\frac{1}{33}+\frac{(20-33.4545)^2}{4152.18}}$$

이 되고, 간단히 정리하면

$$15.0585 < y_0 < 28.7464$$

가 된다.

그림 11.12에는 화학적 산소요구량의 자료와 평균반응의 신뢰구간, 그리고 개개의 반응값에 대한 예측구간이 함께 그려져 있다. 회귀직선 주위에 평균반응에 대한 신뢰구간이 더 좁게 나타나고 있음을 알 수 있다.

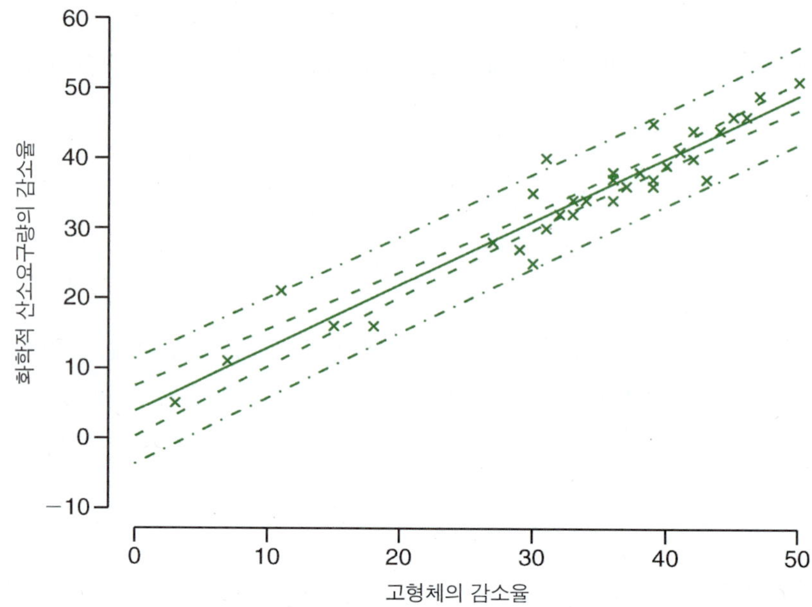

그림 11.12 화학적 산소요구량자료의 신뢰구간 및 예측구간(내부의 신뢰대(confidence band)는 평균반응의 신뢰구간을, 외부의 신뢰대는 미래 반응값의 예측구간을 각각 나타낸다.)

연습문제

11.15 연습문제 11.1에서

(a) s^2을 구하라.

(b) 대립가설 $\beta_1 \neq 0$에 대한 귀무가설 $\beta_1=0$을 유의수준 0.05로 검정하고 결론을 내려라.

11.16 연습문제 11.2에서

(a) s^2을 구하라.

(b) β_0의 95% 신뢰구간을 구하라.

(c) β_1의 95% 신뢰구간을 구하라.

11.17 연습문제 11.5에서

(a) s^2을 구하라.

(b) β_0의 95% 신뢰구간을 구하라.

(c) β_1의 95% 신뢰구간을 구하라.

11.18 연습문제 11.6에서

(a) s^2을 구하라.

(b) β_0의 99% 신뢰구간을 구하라.

(c) β_1의 99% 신뢰구간을 구하라.

11.19 연습문제 11.3에서

(a) s^2을 구하라.

(b) β_0의 99% 신뢰구간을 구하라.

(c) β_1의 99% 신뢰구간을 구하라.

11.20 연습문제 11.8에서 대립가설 $\beta_0 < 10$에 대한 귀무가설 $\beta_0=10$을 유의수준 0.05로 검정하라.

11.21 연습문제 11.9에서 대립가설 $\beta_1 < 6$에 대한 귀무가설 $\beta_1=6$을 유의수준 0.025로 검정하라.

11.22 연습문제 11.16(a)의 s^2값을 이용하여 연습문제 11.2에서 $\mu_{Y|85}$의 95% 신뢰구간을 구하라.

11.23 연습문제 11.18(a)에서 구한 s^2의 결과를 이용하여 연습문제 11.6에서

(a) $x=24.5$일 때 평균전단강도의 95% 신뢰구간을 구하라.

(b) $x=24.5$일 때 전단강도의 예측값 한 개에 대한 95% 예측구간을 구하라.

11.24 연습문제 11.17(a)에서 구한 s^2의 결과를 이용하여, 회귀직선과 평균반응 $\mu_{Y|x}$의 95% 신뢰대(confidence band)를 연습문제 11.5의 자료를 이용하여 그려라.

11.25 연습문제 11.17(a)에서 구한 s^2의 결과를 이용하여 연습문제 11.5의 $x=1.6$에서 변화된 당분량에 대한 95% 신뢰구간을 구하라.

11.26 연습문제 11.19(a)에서 구한 s^2의 결과를 이용하여 연습문제 11.3에서

(a) 온도가 50°C일 때 100 g의 물에 용해되는 평균화학성분에 대한 99% 신뢰구간을 구하라.

(b) 온도가 50°C일 때 100 g의 물에 용해되는 화학성분에 대한 99% 예측구간을 구하라.

11.27 자동차의 무게(단위: 파운드, wt)와 연비(단위: mpg)에 대한 회귀관계를 알아보기 위해 자료를 수집하여 분석한 결과가 Consumer Reports 잡지에 발표된 바 있다. 이 자료에 대한 SAS 출력결과가 그림 11.13에 나와 있다.

(a) 무게가 4000파운드인 자동차의 연비를 추정하라.

(b) Honda사에서는 무게 2440파운드인 자사 Civic 승용차의 연비가 30 mpg 이상이라고 주장하고 있다. 회귀분석결과를 볼 때 이 주장은 믿을 만한가? 그 이유는?

(c) Toyota사에서는 무게 3390파운드인 Lexus ES300의 이상적인 연비 목표를 18 mpg으로 두고 있다. 이 목표치는 현실적이라고 보

Root MSE	1.48794	R-Square	0.9509
Dependent Mean	21.50000	Adj R-Sq	0.9447

Parameter Estimates

Variable	DF	Parameter Estimate	Standard Error	t Value	Pr > |t|
Intercept	1	44.78018	1.92919	23.21	<.0001
WT	1	-0.00686	0.00055133	-12.44	<.0001

MODEL	WT	MPG	Predict	LMean	UMean	Lpred	Upred	Residual
GMC	4520	15	13.7720	11.9752	15.5688	9.8988	17.6451	1.22804
Geo	2065	29	30.6138	28.6063	32.6213	26.6385	34.5891	-1.61381
Honda	2440	31	28.0412	26.4143	29.6681	24.2439	31.8386	2.95877
Hyundai	2290	28	29.0703	27.2967	30.8438	25.2078	32.9327	-1.07026
Infiniti	3195	23	22.8618	21.7478	23.9758	19.2543	26.4693	0.13825
Isuzu	3480	21	20.9066	19.8160	21.9972	17.3062	24.5069	0.09341
Jeep	4090	15	16.7219	15.3213	18.1224	13.0158	20.4279	-1.72185
Land	4535	13	13.6691	11.8570	15.4811	9.7888	17.5493	-0.66905
Lexus	3390	22	21.5240	20.4390	22.6091	17.9253	25.1227	0.47599
Lincoln	3930	18	17.8195	16.5379	19.1011	14.1568	21.4822	0.18051

그림 11.13 연습문제 11.27의 SAS 출력결과

여지는가?

11.28 주어진 제약조건으로 인해 **회귀직선이 원점을 통과해야만 하는** 경우가 있다. 즉, 회귀모형이

$$Y_i = \beta x_i + \epsilon_i, \quad i = 1, 2, \ldots, n$$

으로 주어지고 절편이 0이므로 모수는 하나만 추정하면 된다. 이러한 모형을 **원점회귀모형**(regression through the origin model)이라고 부른다. 요구사항에 답하라.

(a) 기울기에 대한 최소제곱추정량이 다음과 같음을 보여라.

$$b_1 = \left(\sum_{i=1}^{n} x_i y_i\right) \Big/ \left(\sum_{i=1}^{n} x_i^2\right)$$

(b) $\sigma_{B_1}^2 = \sigma^2 \Big/ \left(\sum_{i=1}^{n} x_i^2\right)$임을 증명하라.

(c) (a)에서 구한 b_1이 β_1의 불편추정량임을 보여라.

11.29 자료가 다음과 같이 주어졌다.

y	x
7	2
50	15
100	30
40	10
70	20

(a) 자료를 산점도로 그려라.

(b) 원점회귀직선식을 구하라.

(c) 산점도상에 회귀직선을 그려라.

(d) σ^2의 추정량에 대한 일반적인 공식을 y_i와 기울기 b_1으로 표현되는 공식으로 구하라.

(e) $Var(\hat{y}_i)$, $i=1, 2, \cdots, n$에 대한 공식을 구하라.

(f) 평균반응에 대한 95% 신뢰대를 그려라.

11.30 연습문제 11.29의 자료에 대해 $x=25$일 때의 95% 예측구간을 구하라.

11.7 회귀모형의 선택

독립변수가 한 개인 회귀모형에 대하여 전개된 지금까지의 대부분의 내용은 모형이 적절히 선택되었다는 가정, 즉 $\mu_{Y|x}$는 x와 선형관계에 있다는 가정에 근거하였다. 모형에서는 고려되지 않았으나 반응결과에 영향을 미치는 다른 독립변수들이 존재한다면 좋은 예측값을 기대할 수 없을 것이다. 더욱이 $\mu_{Y|x}$와 x의 실제 관계구조가 변수영역에서 극단적으로 비선형이면 예측은 확실히 부정확한 것이 된다.

그렇지만 모형이 선형적이 아니거나 모형의 실제 구조를 모르더라도 단순선형회귀모형은 자주 이용되고 있다. 특히 x의 범위가 좁을 경우 이 방법은 타당성을 가진다. 따라서, 이 경우의 모형은 관심영역에서 사실을 적합하게 묘사하는 근사적인 것이라고 기대된다. 그렇지만 부적합한 모형을 사용하면 문제가 발생할 수 있음에도 주의해야 한다. 예를 들면, 실제 모형에서 x는 한 개가 아니고 그 이상이며 선형인 관계, 즉

$$\mu_{Y|x_1,x_2} = \beta_0 + \beta_1 x_1 + \beta_2 x_2,$$

임에도 불구하고 회귀직선모형을 적용하여 β_1의 추정값을 최소제곱추정값 $b_1 = S_{xy}/S_{xx}$로 구했다면, 이 값은 x_1만이 고려된 편의추정값(biased estimates)이 된다. 이 편의는 추가된 계수 β_2에 의해 발생한다. 또한, σ^2의 추정값 s^2에도 추가된 변수로 인하여 편의가 발생하게 된다.

11.8 선형회귀의 분산분석법

추정된 회귀직선의 성능은 종종 **분산분석법**(analyisis of variance, ANOVA)으로 검증된다. 이 방법은 종속변수의 총제곱합을 의미있는 성분으로 분해하는 체계적인 절차이다. 제12장에서 심도 있게 논의될 분산분석은 여러 응용 분야에서 이용되고 있는 효과적인 기법이다.

이제 (x_i, y_i)의 형태로 n개의 실험자료를 얻어서 회귀직선이 추정되었다고 가정하자. 11.4절에서 σ^2을 추정할 때 다음 관계식이 수립되었다.

$$S_{yy} = b_1 S_{xy} + SSE.$$

이 등식을 정보가 더 많이 나타나도록 달리 표현하면

$$\sum_{i=1}^{n}(y_i - \bar{y})^2 = \sum_{i=1}^{n}(\hat{y}_i - \bar{y})^2 + \sum_{i=1}^{n}(y_i - \hat{y}_i)^2$$

이 된다. 이 식은 y의 **총수정제곱합**(total corrected sum of squares)이 의미 있는 두 성분으로 분해된 것이다. 이렇게 분해된 것을 기호로

$$SST = SSR + SSE$$

라고 놓자. 우변의 첫 번째 성분은 **회귀제곱합**(regression sum of squares)이라고 하며 회귀모형으로 설명이 가능한 y의 변동의 크기가 반영된 것이다. 두 번째 성분은 익히 알려진 오차제곱합이며 회귀직선에 대한 변동이 반영된 것이다.

이제 다음 가설의 검정에 관심을 두고 있다고 가정하자.

$$H_0: \ \beta_1 = 0$$
$$H_1: \ \beta_1 \neq 0$$

여기서 귀무가설은 모형이 $\mu_{Y|x} = \beta_0$임을 뜻하는 것이다. 즉, Y의 변동은 x의 값과

무관하게 발생하는 우연변동의 결과이다. 이 상황은 그림 11.10(b)에 나와 있다. 이러한 귀무가설하에서 SSR/σ^2과 SSE/σ^2는 각각 자유도가 1과 $n-2$이며, 서로 독립인 카이제곱확률변수의 값이 됨을 보일 수 있다. 따라서, 정리 7.12에 의해서 SST/σ^2는 자유도가 $n-1$인 카이제곱확률변수의 값이 된다. 위의 가설을 검정하려면

$$f = \frac{SSR/1}{SSE/(n-2)} = \frac{SSR}{s^2}$$

을 계산하여 $f > f_\alpha(1, n-2)$이면 유의수준 α로 H_0를 기각하면 된다.

이러한 계산결과는 표 11.2에 보인 **분산분석표**(analysis of variance table)로 요약된다. 분산분석표에서 제곱합을 각각의 자유도로 나눈 것을 관례적으로 **평균제곱**(mean squares)이라고 부른다.

표 11.2 $\beta_1=0$을 검정하기 위한 분산분석표

변동요인	제곱합	자유도	평균제곱	f
회 귀	SSR	1	SSR	SSR/s^2
오 차	SSE	$n-2$	$s^2=SSE/(s-2)$	
합 계	SST	$n-1$		

귀무가설이 기각되면, 즉 F 통계량의 값이 기각값 $f_\alpha(1, n-2)$를 벗어나면 **추정된 직선모형에 의한 반응의 변동은 유의한 양**이라고 결론을 내린다. 만약 F 통계량의 값이 비기각역에 속하면 이 자료로 추정된 모형을 뒷받침하기에는 그 증거가 충분하지 못하다고 결론을 내린다.

11.5절에서 다음 통계량

$$T = \frac{B_1 - \beta_{10}}{S/\sqrt{S_{xx}}}$$

는 가설

$$H_0\colon\ \beta_1 = \beta_{10}$$
$$H_1\colon\ \beta_1 \neq \beta_{10}$$

를 검정하는 데 이용되었다. 여기서 T는 자유도가 $n-2$인 t 분포를 따른다. 유의수준 α에서 $|t| > t_{\alpha/2}$이면 귀무가설은 기각된다. 그런데 위의 가설을 검정하는 데 이용된 T 통계량의 값은 $\beta_{10}=0$일 때

$$H_0\colon\ \beta_1 = 0$$
$$H_1\colon\ \beta_1 \neq 0$$

$$t = \frac{b_1}{s/\sqrt{S_{xx}}}$$

가 되는데, 이것은 표 11.2의 검정과 동일하다. 즉, 귀무가설은 반응에서의 변동이 단지 우연에 기인한 것이라는 주장이다. 분산분석에서는 t 분포보다 F 분포가 이용된다. 양측검정의 경우 두 방법은 동일하다. 즉, 위의 T 통계량의 값을 제곱하면

$$t^2 = \frac{b_1^2 S_{xx}}{s^2} = \frac{b_1 S_{xy}}{s^2} = \frac{SSR}{s^2}$$

이 되므로, 이 결과는 분산분석에서 이용된 f값과 같다. 자유도 v인 t 분포와 자유도 1과 v 인 F 분포 사이에는

$$t^2 = f(1, v)$$

인 기본적인 관계가 성립하기 때문이다. 물론 F 검정은 양측검정에만 적용되는 반면, t 검정은 단측검정과 양측검정에 모두 적용될 수 있다.

단순선형회귀의 컴퓨터 출력

표 11.1의 화학적 산소요구량자료를 다시 생각해 보자. 그림 11.14와 11.15는 MINITAB 소프트웨어를 이용한 컴퓨터 출력이다. t-ratio 열의 출력결과는 귀무가설에서 모수의 값이 0일 때 검정통계량의 값이다. 용어 'Fit'는 $\hat{y}$값을 나타내며 보통 **적합값**이라고 불린다. 용어 'SE Fit'는 평균반응값에 대한 신뢰구간을 계산하는 데 이용된다. 또한 'R-Sq'는 R^2으로서 $(SSR/SST)\times 100$으로 계산되며 회귀직선으로 설명이 가능한 y의 변동비율을 나타낸다. 또한, 평균반응에 대한 신뢰구간과 미래 관측값에 대한 예측구간도 나와 있다.

11.9 회귀직선의 선형성 검정(반복이 있는 경우)

어떤 유형의 실험상황에서는 각각의 x 값에서 측정값을 반복해서 얻을 수 있는 경우가 있다. β_0와 β_1을 추정하기 위해서는 이처럼 반복측정을 할 필요는 없지만 모형의 적합성에 대한 정보량은 많이 얻을 수 있다. 실제로, 반복된 측정값을 얻었다면

```
 The regression equation is COD = 3.83 + 0.904 Per_Red
 Predictor      Coef  SE Coef       T      P
  Constant     3.830    1.768    2.17  0.038
   Per_Red 0.90364  0.05012   18.03  0.000
S = 3.22954    R-Sq = 91.3%    R-Sq(adj) = 91.0%
             Analysis of Variance
 Source            DF       SS       MS        F      P
 Regression         1   3390.6   3390.6   325.08  0.000
 Residual Error 31   323.3     10.4
 Total             32   3713.9

Obs  Per_Red      COD      Fit   SE Fit   Residual   St Resid
  1      3.0    5.000    6.541    1.627     -1.541      -0.55
  2     36.0   34.000   36.361    0.576     -2.361      -0.74
  3      7.0   11.000   10.155    1.440      0.845       0.29
  4     37.0   36.000   37.264    0.590     -1.264      -0.40
  5     11.0   21.000   13.770    1.258      7.230       2.43
  6     38.0   38.000   38.168    0.607     -0.168      -0.05
  7     15.0   16.000   17.384    1.082     -1.384      -0.45
  8     39.0   37.000   39.072    0.627     -2.072      -0.65
  9     18.0   16.000   20.095    0.957     -4.095      -1.33
 10     39.0   36.000   39.072    0.627     -3.072      -0.97
 11     27.0   28.000   28.228    0.649     -0.228      -0.07
 12     39.0   45.000   39.072    0.627      5.928       1.87
 13     29.0   27.000   30.035    0.605     -3.035      -0.96
 14     40.0   39.000   39.975    0.651     -0.975      -0.31
 15     30.0   25.000   30.939    0.588     -5.939      -1.87
 16     41.0   41.000   40.879    0.678      0.121       0.04
 17     30.0   35.000   30.939    0.588      4.061       1.28
 18     42.0   40.000   41.783    0.707     -1.783      -0.57
 19     31.0   30.000   31.843    0.575     -1.843      -0.58
 20     42.0   44.000   41.783    0.707      2.217       0.70
 21     31.0   40.000   31.843    0.575      8.157       2.57
 22     43.0   37.000   42.686    0.738     -5.686      -1.81
 23     32.0   32.000   32.746    0.567     -0.746      -0.23
 24     44.0   44.000   43.590    0.772      0.410       0.13
 25     33.0   34.000   33.650    0.563      0.350       0.11
 26     45.0   46.000   44.494    0.807      1.506       0.48
 27     33.0   32.000   33.650    0.563     -1.650      -0.52
 28     46.0   46.000   45.397    0.843      0.603       0.19
 29     34.0   34.000   34.554    0.563     -0.554      -0.17
 30     47.0   49.000   46.301    0.881      2.699       0.87
 31     36.0   37.000   36.361    0.576      0.639       0.20
 32     50.0   51.000   49.012    1.002      1.988       0.65
 33     36.0   38.000   36.361    0.576      1.639       0.52
```

그림 11.14 MINITAB을 이용한 화학적 산소요구량자료의 단순선형회귀 출력결과 (1)

모형의 적합성을 검토하기 위한 검정을 할 수 있다.

k개의 서로 다른 x의 값, 즉 $x_1, x_2, \cdots, x_k$를 이용하여 크기가 n인 확률표본의 측정값을 얻는 방법은 다음과 같다. x_1에 상응하는 확률변수 Y_1의 반복측정값을 n_1개, x_2에 상응하는 확률변수 Y_2의 반복측정값을 n_2개, $\cdots$, x_k에 상응하는 확률변수 Y_k의 반복측정값을 n_k개씩 얻으면 확률표본의 크기는 $n = \sum_{i=1}^{k} n_i$가 된다. 그리고

Obs	Fit	SE Fit	95% CI	95% PI
1	6.541	1.627	(3.223, 9.858)	(-0.834, 13.916)
2	36.361	0.576	(35.185, 37.537)	(29.670, 43.052)
3	10.155	1.440	(7.218, 13.092)	(2.943, 17.367)
4	37.264	0.590	(36.062, 38.467)	(30.569, 43.960)
5	13.770	1.258	(11.204, 16.335)	(6.701, 20.838)
6	38.168	0.607	(36.931, 39.405)	(31.466, 44.870)
7	17.384	1.082	(15.177, 19.592)	(10.438, 24.331)
8	39.072	0.627	(37.793, 40.351)	(32.362, 45.781)
9	20.095	0.957	(18.143, 22.047)	(13.225, 26.965)
10	39.072	0.627	(37.793, 40.351)	(32.362, 45.781)
11	28.228	0.649	(26.905, 29.551)	(21.510, 34.946)
12	39.072	0.627	(37.793, 40.351)	(32.362, 45.781)
13	30.035	0.605	(28.802, 31.269)	(23.334, 36.737)
14	39.975	0.651	(38.648, 41.303)	(33.256, 46.694)
15	30.939	0.588	(29.739, 32.139)	(24.244, 37.634)
16	40.879	0.678	(39.497, 42.261)	(34.149, 47.609)
17	30.939	0.588	(29.739, 32.139)	(24.244, 37.634)
18	41.783	0.707	(40.341, 43.224)	(35.040, 48.525)
19	31.843	0.575	(30.669, 33.016)	(25.152, 38.533)
20	41.783	0.707	(40.341, 43.224)	(35.040, 48.525)
21	31.843	0.575	(30.669, 33.016)	(25.152, 38.533)
22	42.686	0.738	(41.181, 44.192)	(35.930, 49.443)
23	32.746	0.567	(31.590, 33.902)	(26.059, 39.434)
24	43.590	0.772	(42.016, 45.164)	(36.818, 50.362)
25	33.650	0.563	(32.502, 34.797)	(26.964, 40.336)
26	44.494	0.807	(42.848, 46.139)	(37.704, 51.283)
27	33.650	0.563	(32.502, 34.797)	(26.964, 40.336)
28	45.397	0.843	(43.677, 47.117)	(38.590, 52.205)
29	34.554	0.563	(33.406, 35.701)	(27.868, 41.239)
30	46.301	0.881	(44.503, 48.099)	(39.473, 53.128)
31	36.361	0.576	(35.185, 37.537)	(29.670, 43.052)
32	49.012	1.002	(46.969, 51.055)	(42.115, 55.908)
33	36.361	0.576	(35.185, 37.537)	(29.670, 43.052)

그림 11.15 MINITAB을 이용한 화학적 산소요구량자료의 단순선형회귀 출력결과 (2)

다음의 기호를 정의하자.

$$y_{ij} = \text{확률변수 } Y_i \text{의 } j\text{번째 측정값}$$

$$y_{i.} = T_{i.} = \sum_{j=1}^{n_i} y_{ij}$$

$$\bar{y}_{i.} = \frac{T_{i.}}{n_i}$$

예를 들면, Y가 $x=x_4$에서 3번 반복측정되었다면 $n_4=3$이 되고, 이 측정값은 각각 y_{41}, y_{42}, y_{43}으로 나타낼 수 있으므로 $T_{4.} = y_{41} + y_{42} + y_{43}$이 된다.

적합결여의 개념

오차제곱합은 두 부분으로 구성되는데, 주어진 x값에서 Y값들 사이의 변동과 **적합결여**(lack of fit)라고 부르는 성분이 그것이다. 첫 번째 성분은 거의 우연변동 또는 **순실험오차**(pure experimental error)가 반영된 부분이고, 두 번째 성분은 고차항으로 인하여 발생된 체계적 변동부분이다. 여기에서는 x가 선형 또는 1차식이 아닌 다른 고차항으로 인한 적합결여부분을 의미한다. 일반적으로 선형모형을 선택할 때에는 두 번째 성분, 즉 적합결여부분은 존재하지 않는다고 가정하므로, 오차제곱합은 완전히 랜덤오차에만 영향을 받는다는 사실에 주목해야 한다. 이 경우의 $s^2 = SSE/(n-2)$는 σ^2의 불편추정값이 된다. 그렇지만 모형이 데이터를 합당하게 적합시키지 못하면 오차제곱합은 커지므로 σ^2의 불편추정값이 되지 않는다. 모형이 데이터를 적합시키는가 적합시키지 못하는가에 관계 없이 반복측정값을 얻을 수 있으면 σ^2의 불편추정값은 k개의 서로 다른 x값 각각에 대하여 다음 식

$$s_i^2 = \frac{\sum_{j=1}^{n_i}(y_{ij} - \bar{y}_{i.})^2}{n_i - 1}, \quad i = 1, 2, \ldots, k$$

를 계산하고 이 분산들을 합동(pooling)시킴으로써 얻을 수 있다. 즉,

$$s^2 = \frac{\sum_{i=1}^{k}(n_i - 1)s_i^2}{n-k} = \frac{\sum_{i=1}^{k}\sum_{j=1}^{n_i}(y_{ij} - \bar{y}_{i.})^2}{n-k}$$

이 된다. s^2의 분자는 **순실험오차를 측정한 부분**이다. 오차제곱합을 순오차와 적합결여의 두 성분으로 분해하는 계산절차는 다음과 같다.

적합결여 제곱합의 계산

1. 순오차제곱합을 다음 식으로 계산한다.

$$\sum_{i=1}^{k}\sum_{j=1}^{n_i}(y_{ij} - \bar{y}_{i.})^2$$

이 제곱합의 자유도는 $n-k$이고 평균제곱 s^2은 σ^2의 불편추정값이 된다.

2. 오차제곱합 SSE에서 순오차제곱합을 빼면 적합결여로 인한 제곱합을 얻을 수 있다. 이때의 자유도는 $(n-2)-(n-k)=k-2$가 된다.

반복측정된 회귀문제의 가설검정에 필요한 계산과정을 분산분석표로 요약하면 표 11.3과 같이 된다.

표 11.3 회귀의 선형성 검정에 대한 분산분석표

변동요인	제곱합	자유도	평균제곱	F
회 귀	SSR	1	SSR	$\frac{SSR}{s^2}$
오 차	SSE	$n-2$		
적합결여	$SSE - SSE(\text{pure})$	$k-2$	$\frac{SSE-SSE(\text{pure})}{k-2}$	$\frac{SSE-SSE(\text{pure})}{s^2(k-2)}$
순오차	$SSE(\text{pure})$	$n-k$	$s^2 = \frac{SSE(\text{pure})}{n-k}$	
합 계	SST	$n-1$		

그림 11.16과 11.17은 '정확한 모형'과 '부정확한 모형'의 상황을 표본점을 이용하여 그림으로 나타낸 것이다. 그림 11.16을 보면 $\mu_{Y|x}$는 직선상에 모두 위치하고 있으며, 가정된 선형모형과는 적합결여부분이 전혀 없어서 회귀직선 주위의 표본변동은 반복측정값들 사이의 변동, 즉 순오차변동 자체가 됨을 알 수 있다. 그림 11.17을 보면 $\mu_{Y|x}$는 분명히 직선상에 있지 않으며, 선형모형을 잘못 선택한 결과로 인한 적합결여가 회귀직선 주위의 변동에 많은 부분 책임이 있음을 알 수 있다.

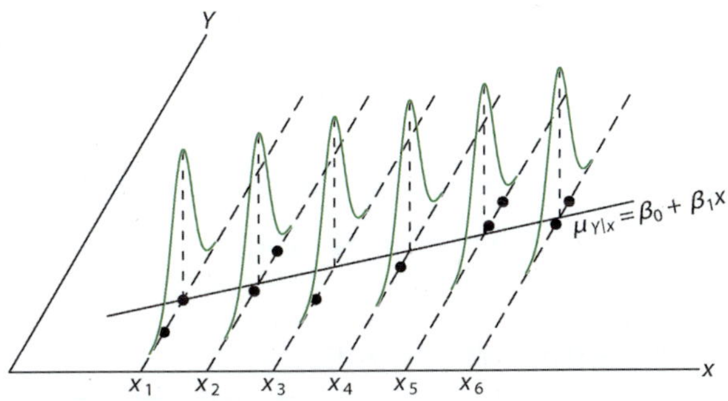

그림 11.16 적합결여성분이 없는 정확한 선형모형

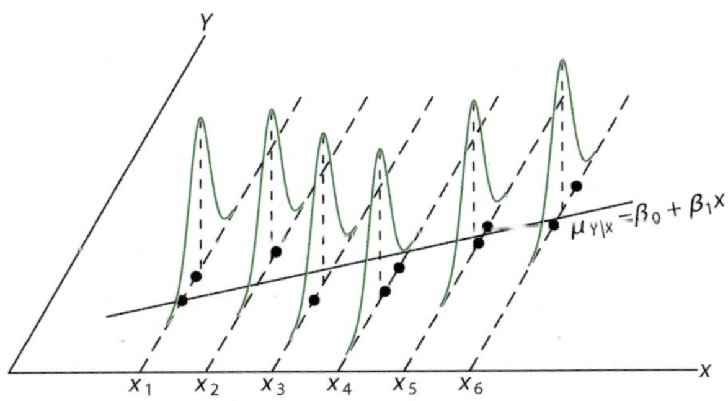

그림 11.17 적합결여성분이 있는 부정확한 선형모형

적합결여의 검출

회귀분석을 적용할 때 적합결여의 개념은 상당히 중요하다. 복잡한 문제일수록 실험을 계획하거나 구축하는 데 핵심적으로 설명되어야 할 사항은 적합결여에 관한 문제이다. 가정된 모형이 정확한 것인지 또는 어느 정도 적합하게 표현된 것인지를 항상 확신할 수는 없다. 다음 예제를 통하여 오차제곱합이 어떻게 순오차와 적합결여를 나타내는 두 성분으로 분해되는가를 보이고자 한다. 모형의 적합성은 유의수준 α에서 적합결여평균제곱을 s^2으로 나눈 값과 $f_\alpha(k-2, n-k)$를 비교함으로써 검정된다.

예제 11.8 여러 온도에서 화학반응의 수율이 다음과 같이 측정되었다.

표 11.4 예제 11.8의 자료

y(%)	x(℃)	y(%)	x(℃)
77.4	150	88.9	250
76.7	150	89.2	250
78.2	150	89.7	250
84.1	200	94.8	300
84.5	200	94.7	300
83.7	200	95.9	300

선형모형 $\mu_{Y|x}=\beta_0+\beta_1 x$를 추정하고 적합결여검정을 하라.

풀이 계산결과가 표 11.5에 나와 있다.

표 11.5 수율과 온도자료에 대한 분산분석표

변동요인	제곱합	자유도	평균제곱	F	P값
회귀	509.2507	1	509.2507	1531.58	< 0.0001
오차	3.8660	10			
적합결여	1.2060	2	0.6030	1.81	0.2241
순오차	2.6600	8	0.3325		
합계	513.1167	11			

결론: 총제곱합을 분해한 결과, 선형모형에 의한 변동은 유의하며 적합결여로 인한 변동은 유의하지 않음이 밝혀졌다. 따라서, 회귀모형에는 1차식보다 높은 고차식을 고려할 필요가 없으므로 귀무가설은 기각되지 않는다.

적합결여검정에 대한 컴퓨터 출력

그림 11.18에는 예제 11.8에 대한 SAS 출력결과가 나와 있다. 자유도 2인 'LOF'는 2차항과 3차항이 모형에 기여하는 부분을 나타내며, P값이 0.22이므로 선형(1차) 모형은 적절하다고 할 수 있다.

```
Dependent Variable: yield
                                        Sum of
 Source                   DF           Squares     Mean Square     F Value     Pr > F
 Model                     3       510.4566667     170.1522222      511.74     <.0001
 Error                     8         2.6600000       0.3325000
 Corrected Total          11       513.1166667
              R-Square      Coeff Var       Root MSE     yield Mean
              0.994816       0.666751       0.576628       86.48333
 Source                   DF         Type I SS     Mean Square     F Value     Pr > F
 temperature               1       509.2506667     509.2506667     1531.58     <.0001
 LOF                       2         1.2060000       0.6030000        1.81     0.2241
```

그림 11.18 예제 11.8에 대한 SAS 출력결과

연습문제

11.31 연습문제 11.3에서 회귀의 선형성을 유의수준 0.05로 검정하라.

11.32 연습문제 11.8에서 회귀의 선형성을 검정하고 설명하라.

11.33 원점을 지나는 선형식 $\mu_{Y|x}=\beta x$를 생각해 보자.

(a) 다음 자료로부터 원점을 지나는 회귀직선을 추정하라.

x	0.5	1.5	3.2	4.2	5.1	6.5
y	1.3	3.4	6.7	8.0	10.0	13.2

(b) 회귀직선이 원점을 지나는지를 모른다고 가정하자. 선형모형 $\mu_{Y|x}=\beta_0+\beta_1 x$를 추정하고 대립가설 $\beta_0 \neq 0$에 대한 귀무가설 $\beta_0=0$을 유의수준 0.10으로 검정하라.

11.34 연습문제 11.5에서 대립가설 $\beta_1 \neq 0$에 대한 귀무가설 $\beta_1=0$을 유의수준 0.05로 분산분석법을 이용하여 검정하라.

11.35 다음 자료는 반응온도(x)가 화학공정의 변환비율(y)에 미치는 영향을 기록한 것이다. 단순선형회귀를 구하고, 모형이 적절한지 적합결여검성을 하라.

관측번호	온도 x(℃)	변환비율 y(%)
1	200	43
2	250	78
3	200	69
4	250	73
5	189.65	48
6	260.35	78
7	225	65
8	225	74
9	225	76
10	225	79
11	225	83
12	225	81

11.36 반도체연구에서 방사체(emitter)의 확산시간(drive-in time)과 주입량(dose)을 회귀변수로, 이득(gain)을 반응변수로 하는 회귀모형을 설정하기 위하여 다음의 자료를 수집하였다.

관측번호	확산시간 x_1(분)	주입량 x_2(이온$\times 10^{14}$)	이득 y
1	195	4.00	1004
2	255	4.00	1636
3	195	4.60	852
4	255	4.60	1506
5	255	4.20	1272
6	255	4.10	1270
7	255	4.60	1269
8	195	4.30	903
9	255	4.30	1555
10	255	4.00	1260
11	255	4.70	1146
12	255	4.30	1276
13	255	4.72	1225
14	340	4.30	1321

(a) 확산시간과 이득이 선형적인 관계인지 $H_0: \beta_1=0$을 검정하라. 여기에서 β_1은 회귀변수의 기울기이다.

(b) 선형관계가 적절한지 적합결여검정을 하라.

(c) 주입량과 이득이 선형적인 관계인지 판단하라. 어떤 회귀변수가 이득을 더 잘 예측하는가?

11.37 유기인산염(OP) 제재화합물은 살충제로 광범위하게 사용되고 있다. 중요한 것은 OP에 노출된 동물들이 받게 될 영향이다. 이를 조사하기 위하여 버지니아 대학의 어류 및 야생동물학과에서 '야생동물에 대한 유기인산염 살충제의 영향' 이란 실험을 수행하였다(1983). 실험용 쥐들은 나이와 기타 조건이 비슷한 암놈 5마리를 한 실험군으로 하여 모두 25마리를 대상으로 하였다. 이 중 4개의 실험군의 쥐에게는 OP 살충제를 투여하고 나머지 한 실험군에게는 투여하지 않았다. OP를 투여한 후 반응(y)으로는 뇌의 활동을 측정하였으며, OP 투여량을 늘릴수록 뇌의 활동은 약화될 것으로 예측하였다. 이러한 실험의 결과가 다음과 같이 얻어졌다.

실험용 쥐	투여량 x (mg/kg 체중)	활동 y (moles/L/m)
1	0.0	10.9
2	0.0	10.6
3	0.0	10.8
4	0.0	9.8
5	0.0	9.0
6	2.3	11.0
7	2.3	11.3
8	2.3	9.9
9	2.3	9.2
10	2.3	10.1
11	4.6	10.6
12	4.6	10.4
13	4.6	8.8
14	4.6	11.1
15	4.6	8.4
16	9.2	9.7
17	9.2	7.8
18	9.2	9.0
19	9.2	8.2
20	9.2	2.3
21	18.4	2.9
22	18.4	2.2
23	18.4	3.4
24	18.4	5.4
25	18.4	8.2

(a) 모형 $Y_i = \beta_0 + \beta_1 x_i + \epsilon_i, \quad i = 1, 2, \ldots, 25$ 를 이용하여 β_0와 β_1의 최소제곱추정값을 구하라.

(b) 오차를 적합결여와 순오차로 분해한 분산분석표를 작성하라. 적합결여가 유의수준 0.05로 유의한지를 판단하고 그 결과를 해석하라.

11.38 다음은 금속기어(gear)를 화학물질에 담근시간과 그 후 기어피치(pitch)의 탄소 함유량을 측정한 결과이다.

담근시간	피치의 탄소 함유량	담근시간	피치의 탄소 함유량
0.58	0.013	1.17	0.021
0.66	0.016	1.17	0.019
0.66	0.015	1.17	0.021
0.66	0.016	1.20	0.025
0.66	0.015	2.00	0.025
0.66	0.016	2.00	0.026
1.00	0.014	2.20	0.024
1.17	0.021	2.20	0.025
1.17	0.018	2.20	0.024
1.17	0.019		

(a) 담근시간(x)과 탄소 함유량(y)에 대한 단순선형회귀모형을 구하라. $H_0 : \beta_1 = 0$을 검정하라.

(b) (a)에서 가설이 기각되었다면 선형모형이 적절한 것인지 판단하라.

11.39 온도와 불순물 비율 간의 관계를 조사한 결과 다음 자료를 얻었다.

(a) 선형회귀모형을 구하라.

(b) 온도가 −273도에 접근함에 따라 불순물 비율이 증가하는 것으로 보이는가?

(c) R^2을 구하라.

(d) 이상의 정보로부터 선형모형은 적절하다고 할 수 있는가? 이 질문에 더 나은 답변을 하기 위해서는 어떤 정보가 추가적으로 필요한가?

온도(°C)	불순물 비율
−260.5	.425
−255.7	.224
−264.6	.453
−265.0	.475
−270.0	.705
−272.0	.860
−272.5	.935
−272.6	.961
−272.8	.979
−272.9	.990

11.40 미국의 도시들에 대해 인구(단위 : 백만 명)와 오존농도(단위 : ppb/시간)를 측정한 결과 다음 자료를 얻었다.

오존농도 y	인구 x
126	0.6
135	4.9
124	0.2
128	0.5
130	1.1
128	0.1
126	1.1
128	2.3
128	0.6
129	2.3

(a) 오존농도와 인구 사이의 선형회귀모형을 구하라. ANOVA를 이용하여 $H_0 : \beta_1 = 0$을 검정하라.

(b) 적합결여검정을 하라. 검정결과로 볼 때 선형모형은 적절한가?

(c) F 검정의 순오차평균제곱을 이용하여 (a)의 가설을 검정하라. 이때 결과가 달라지는가?

각 검정법의 장점을 말하라.

11.41 연도별로 공기 중의 질소산화물을 측정한 결과가 다음과 같다.

연도	질소산화물	연도	질소산화물
1978	0.73	1989	5.07
1979	2.55	1990	3.95
1980	2.90	1991	3.14
1981	3.83	1992	3.44
1982	2.53	1993	3.63
1983	2.77	1994	4.50
1984	3.93	1995	3.95
1985	2.03	1996	5.24
1986	4.39	1997	3.30
1987	3.04	1998	4.36
1988	3.41	1999	3.33

(a) 자료를 산점도로 그려라.

(b) 선형회귀모형을 구하고 R^2을 구하라.

(c) 시간을 따라 질소산화물이 어떤 추세를 보인다고 할 수 있는가?

11.42 열매의 양(y)과 나무의 밀도(x) 사이의 관계를 알아보기 위해 x의 각 수준에서 네 번 반복 실험한 결과 다음과 같은 자료가 수집되었다. 단순선형회귀모형이 적절하다고 판단되는가?

구획당 나무의 수 x(그루)	열매의 양 y(g)			
10	12.6	11.0	12.1	10.9
20	15.3	16.1	14.9	15.6
30	17.9	18.3	18.6	17.8
40	19.2	19.6	18.9	20.0

11.10 비선형 자료의 선형화방법

지금까지 독립변수가 한 개일 때 회귀모형을 수립하는 내용을 다루어 왔다. 다시 말하면, 모형수립과정에서 x와 y 모두 선형형태로 모형이 구성되는 것을 가정하고 있다. 그렇지만 x 또는 y만, 또는 둘 모두 선형모형과 달리 비선형인 경우도 있다. 과학적인 연구에서 이론적으로 비선형이 되거나, 자료를 간단히 타점해 보면 변수를 재표현할 필요성이 있음을 알게 해 주는 경우도 많이 있다. 자료를 2차원 평면에 타점해 보면 변수들의 실제 관계가 드러나므로, 단순선형회귀인 경우에는 **변환**(transformation)의 필요성을 간단히 알아볼 수 있다.

x 또는 y가 변환된 모형을 **비선형회귀모형**(nonlinear regression model)으로 간주해서는 안 된다. 일반적으로 모수에 대해 선형인 회귀모형은 선형으로 간주된다. 예를 들어 자료의 복잡성 또는 다른 과학적 정보로 인하여 **x^*에 대해 y^*를 회귀시킨다**고 가정해 보자. 여기서 x^*와 y^*는 원래의 변수 x와 y를 변환시킨 것이다. 따라서, 변환된 모형

$$y_i^* = \beta_0 + \beta_1 x_i^* + \epsilon_i$$

는 모수 β_0와 β_1이 선형이므로 선형모형이 된다. 11.2절에서 11.9절까지 설명된 내용은 y_i와 x_i가 y_i^*와 x_i^*로 대체된 것일 뿐 변함이 없다. 간단하고 유용한 예를 들면 다음과 같이 주어지는 로그-로그 모형이 있다.

$$\log y_i = \beta_0 + \beta_1 \log x_i + \epsilon_i$$

이 모형은 x와 y에 대해 선형이 아니지만 모수에 대해 선형이기 때문에 선형모형으로 취급된다. 반면, 실제로 비선형모형의 예를 들면 다음과 같다.

$$y_i = \beta_0 + \beta_1 x^{\beta_2} + \epsilon_i$$

여기서, β_0와 β_1뿐만 아니라 모수 β_2도 추정되어야 할 것이다. 이 모형은 β_2에 대해 선형이 아니다.

표 11.6 선형화를 위한 변환

함수	적절한 변환	단순선형회귀의 형태
지수함수 : $y = \beta_0 e^{\beta_1 x}$	$y^* = \ln y$	x에 대한 y^*의 회귀
멱함수 : $y = \beta_0 x^{\beta_1}$	$y^* = \log y$; $x^* = \log x$	x^*에 대한 y^*의 회귀
역함수 : $y = \beta_0 + \beta_1(\frac{1}{x})$	$x^* = \frac{1}{x}$	x^*에 대한 y의 회귀
쌍곡선함수 : $y = \frac{x}{\beta_0 + \beta_1 x}$	$y^* = \frac{1}{y}$; $x^* = \frac{1}{x}$	x^*에 대한 y^*의 회귀

모형의 적합성과 예측력을 향상시킬 수 있는 변환방법에는 여러 가지가 있다. 변환에 대한 전반적인 내용은 Myers의 저서(참고문헌)를 참조하기 바란다. 여기서는 몇 개만 선택하여 진단용으로 사용될 수 있는 그래프로 표현된 것만을 보인다. 표 11.6을 보자. 몇 개의 함수가 지시된 변환을 통하여 선형회귀가 될 수 있도록 y와 x의 관계를 나타내주고 있다. 또한 단순선형회귀가 되도록 종속 및 독립변수가 구분되어 있다. 그림 11.9는 표 11.6에 설명된 것을 그래프로 나타낸 것이다. 이 그래프는 x에 대한 y의 측정값을 그린 산점도로부터 변환을 선택하는 데 도움이 될 것이다.

변수변환의 의미

예를 제시하기 전에 우선 두 가지 중요한 점을 짚고 넘어가기로 하자. 첫째, 변환시에는 모형을 정확히 표현해야 한다. 이 점이 매우 자주 소홀히 여겨지고 있다. 변환

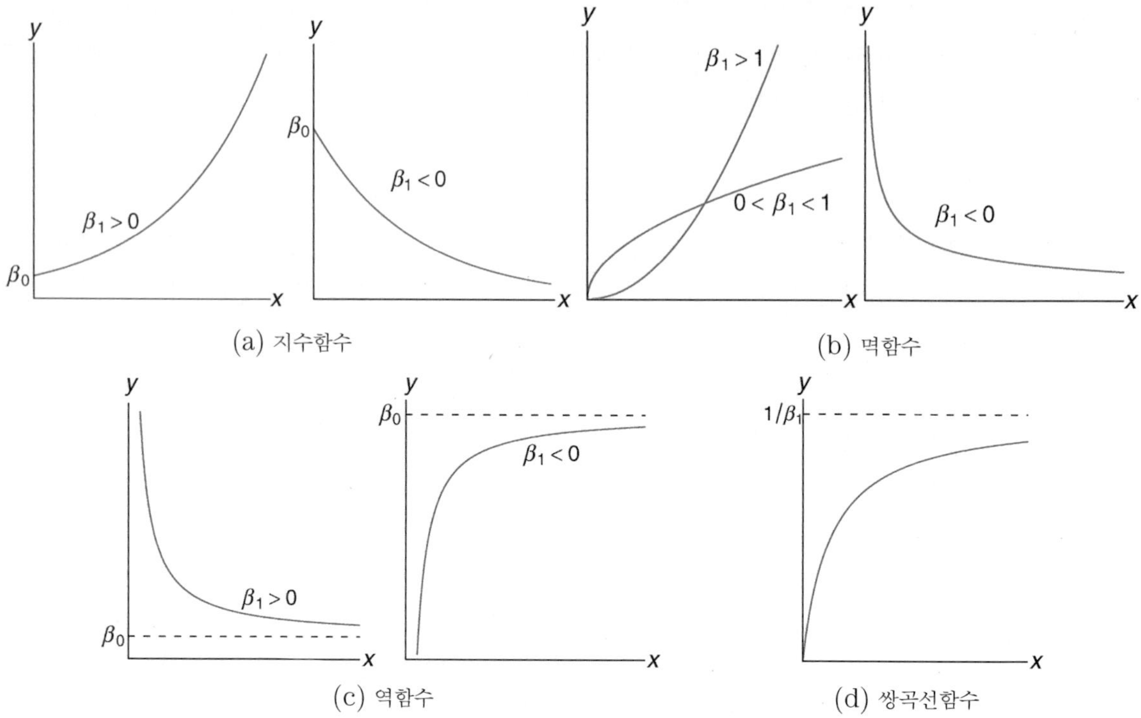

그림 11.19 표 11.6의 함수를 나타낸 그래프

전과 후의 모형에 대해 신경쓰지 않고 그저 변환을 하는 경우가 많다. 지수모형이 좋은 예이다. 변수를 변환하기 전의 모형인

$$y_i = \beta_0 e^{\beta_1 x_i} \cdot \epsilon_i$$

는 '오차항이 곱해진 모형'이지만, 변수를 변환하면 '오차항이 더해진 모형'으로 만들 수 있다. 즉, 양변에 자연로그를 취하면

$$\ln y_i = \ln \beta_0 + \beta_1 x_i + \ln \epsilon_i$$

가 된다. 따라서 정규성 가정 등의 기본적인 가정들은 $\ln \epsilon_i$에 대해 해야 하는 것이다. 이러한 예를 든 것은 변환이라는 것을 단지 대수적으로 조작한 후 오차항을 덧붙이는 것으로 생각해서는 안 된다는 점을 상기시키기 위한 것이다. 변수변환을 통해 '오차항이 더해진' 적절한 모형이 가능하기 위해서는 변수변환 전의 모형이 전혀 다른 오차구조를 가져야 하는 경우가 자주 있다.

둘째, 변환 후의 개선된 정도를 측정하는 척도의 원리를 정확히 알고 사용해야 한다. 분명한 비교척도로는 물론 R^2과 잔차의 평균제곱 s^2이 이용된다. 반응 y가 변

환되지 않으면 명백히 s^2과 R^2이 변환의 유용성을 측정하는 데 이용될 수 있다. 변환 전과 후의 모형 모두에서 잔차의 단위는 동일할 것이다. 그러나 y가 변환되었을 때 변환된 모형의 성능기준은 변환되지 않은 단위의 잔차에 근거해야만 한다. 그래야만 적합한 비교가 되기 때문이다.

예제 11.9 부피 V가 여러 상태에 있을 때의 기체압력 P가 표 11.7과 같이 측정되었다.

이상적인 기체의 법칙은 $PV^{\gamma}=C$(단, γ와 C는 상수)인 함수로 주어진다. 상수 γ와 C를 추정하라.

표 11.7 예제 11.9의 자료

V(cm^3)	50	60	70	90	100
P(kg/cm^3)	64.7	51.3	40.5	25.9	7.8

풀이 모형 $P_iV_i^{\gamma}=C\cdot\varepsilon_i$의 양변에 자연로그를 취하면

$$\ln P_i = \ln C - \gamma \ln V_i + \epsilon_i^*, \quad i = 1, 2, 3, 4, 5$$

인 선형모형으로 변환된다. 여기서 $\epsilon_i^* = \ln \epsilon_i$이다. 이렇게 변환된 데이터를 이용한 단순선형회귀의 결과는 다음과 같이 얻어진다.

$$\text{절편 : } \widehat{\ln C} = 14.7589, \ \hat{C} = 2,568,862.88$$

$$\text{기울기 : } \hat{\gamma} = 2.65347221$$

다음은 이 회귀분석에서 얻어진 정보들이다.

P_i	V_i	$\ln P_i$	$\ln V_i$	$\widehat{\ln P_i}$	$\hat{P}_i$	$e_i=P_i-\hat{P}_i$
64.7	50	4.16976	3.91202	4.37853	79.7	-15.0
51.3	60	3.93769	4.09434	3.89474	49.1	2.2
40.5	70	3.70130	4.24850	3.48571	32.6	7.9
25.9	90	3.25424	4.49981	2.81885	16.8	9.1
7.8	100	2.05412	4.60517	2.53921	12.7	-4.9

그림 11.20에는 변환되기 전의 압력과 부피의 자료를 타점한 그림과 여기에 회귀식을 나타낸 곡선이 나타나 있다.

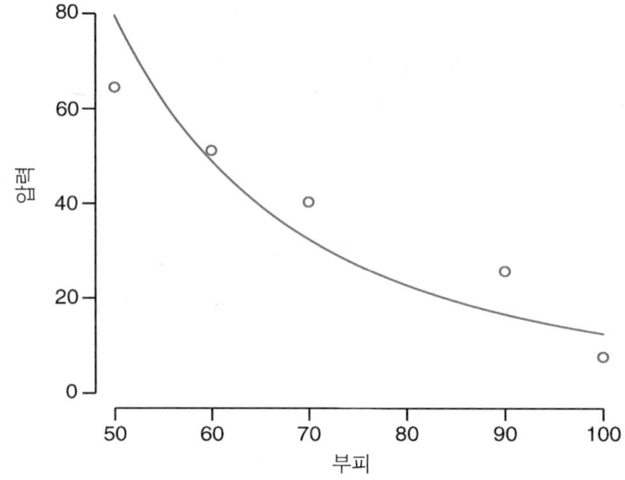

그림 11.20 압력과 부피자료 및 적합된 회귀

잔차그림의 활용

독립변수가 한 개일 때 원래의 자료를 타점해 보면 데이터에 적합되는 모형의 본질을 결정하는 데 많은 도움을 얻을 수 있다. 모형진단을 위한 타점에서 얻어지는 이점은 모형의 형태를 탐지하는 것뿐만은 아니다. 제10장에서 유의성 검정과 관련된 대부분의 내용처럼 타점법을 이용하면 모형의 가정이 위배되어 있는지를 눈으로 확인하거나 탐지할 수 있다. 회귀모형의 많은 내용이 모형의 오차 ϵ_i에 대한 가정을 필요로 한다는 점을 상기하자. 사실 ϵ_i는 독립적인 확률변수로 $N(0, \sigma)$라고 가정되고 있다. 물론 ϵ_i의 실현값은 관측되지 않는다. 그렇지만 잔차 $e_i = y_i - \hat{y}_i$은 회귀선의 적합 정도에 따라 발생하는 오차이므로 ϵ_i를 그대로 반영하고 있다. 이상적으로 타점된 잔차의 모양은 그림 11.21에 그려진 것처럼 나타나야 한다. 즉, 잔차는 0을

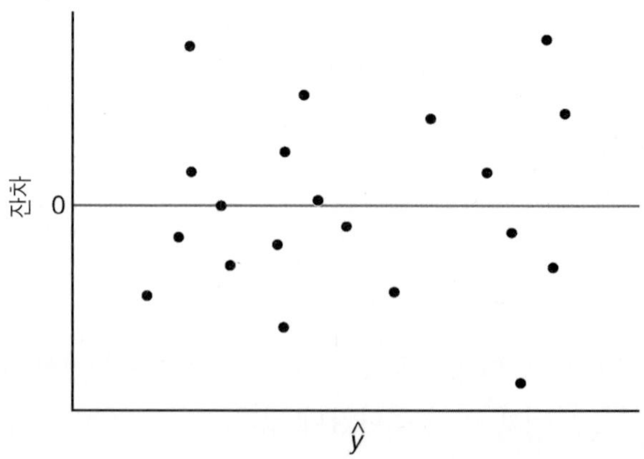

그림 11.21 이상적인 잔차그림

중심으로 랜덤하게 타점되어야만 한다.

동일하지 않은 분산

회귀분석에서 분산이 동일하다는 가정은 매우 중요하다. 이 가정이 위배되었는지는 잔차를 타점해봄으로써 탐지할 수 있다. 과학실험에서 얻어진 자료를 분석해 보면 독립변수가 증가할수록 오차분산도 증가하는 현상이 일반적이다. 오차분산이 커지면 잔차도 커지므로, 그림 11.22와 같이 잔차가 타점되면 분산이 동일하지 않다는 증거가 된다.

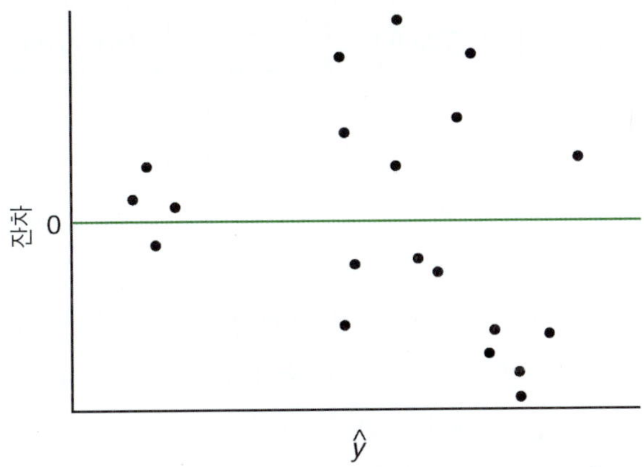

그림 11.22 오차분산이 동일하지 않은 잔차그림

정규확률그림

가설검정과 신뢰구간의 추정을 할 때 모형의 오차는 정규분포를 따른다는 가정이 전제된다. ϵ_i에 대응되는 잔차는 타점된 모양을 통하여 가정의 극단적인 위배를 탐지할 수 있다. 제8장에서 정규분위수그림과 정규확률지에 대하여 간단히 설명하였다. 다음 절의 사례연구에서는 이러한 잔차의 타점에 대하여 예시된다.

11.11 사례연구

상업용 목제품을 제조하는 데 있어서 중요한 것은 목제품의 밀도와 강성(stiffness) 사이의 관계를 추정하는 일이다. 톱밥을 압축해서 만든 새로운 합판이 기존의 목제품보다 쉽게 가공되는지를 실험을 통하여 알려고 한다. 표 11.8은 여러 종류의 목재

표 11.8 압축합판 30장의 밀도와 강성

밀도 x	강성 y	밀도 x	강성 y	밀도 x	강성 y
9.50	14,814.00	17.40	43,243.00	25.60	96,305.00
8.40	17,502.00	15.00	25,319.00	23.40	104,170.00
9.80	14,007.00	15.20	28,028.00	24.40	72,594.00
11.00	19,443.00	16.40	41,792.00	23.30	49,512.00
8.30	7,573.00	16.70	49,499.00	19.50	32,207.00
9.90	14,191.00	15.40	25,312.00	21.20	48,218.00
8.60	9,714.00	15.00	26,222.00	22.80	70,453.00
6.40	8,076.00	14.50	22,148.00	21.70	47,661.00
7.00	5,304.00	14.80	26,751.00	19.80	38,138.00
8.20	10,728.00	13.60	18,036.00	21.30	53,045.00

톱밥을 이용한 압축합판의 역학적 성질에 대한 조사에서, 밀도를 입방피트당 8에서 26파운드까지 변화시켜서 제조된 합판 30장을 표본으로 추출하여 강성을 평방인치당 파운드로 측정한 결과이다.

우선 자료의 적합과 이 장에서 논의된 추론방법을 이용하는 것에 초점을 맞추기로 하고, 이어서 회귀의 기울기에 대한 가설검정뿐만 아니라 신뢰구간 또는 예측구간의 추정을 하기로 한다. 그림 11.23은 원자료를 이용한 산점도 위에 단순선형회귀직선을 그린 것이다.

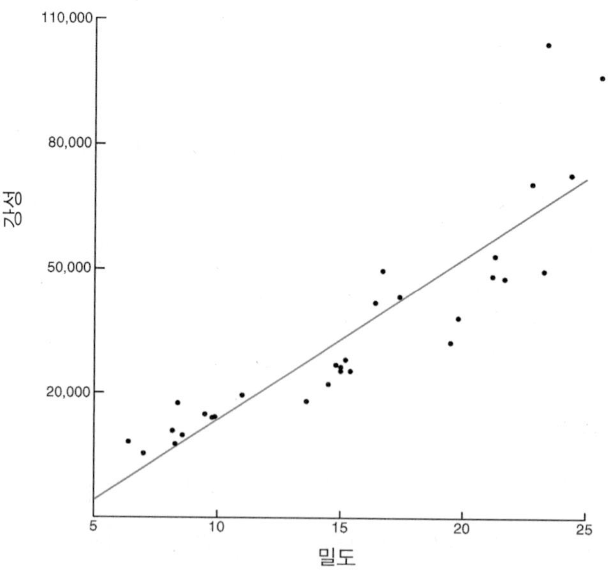

그림 11.23 목재밀도자료의 산점도

자료에 적합된 단순선형모형은

$$\hat{y} = -25,433.739 + 3,884.976x \quad (R^2 = 0.7975)$$

이며, 잔차를 계산하여 타점한 것은 그림 11.24이다. 이 잔차의 타점된 모양을 보면 전혀 이상적이지 않다. 즉, 0을 중심으로 랜덤하게 타점되어 있지 않다. 실제로 양과 음의 값이 군락을 형성하고 있는 것으로 볼 때 자료는 곡선에 더 적합할 것으로 판단된다.

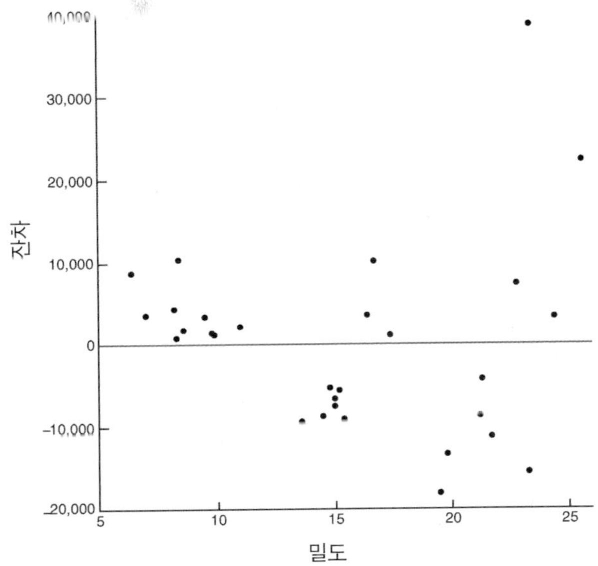

그림 11.24 목재밀도자료의 잔차

오차가 정규분포를 따른다는 가정을 확인하기 위하여 잔차에 대한 정규확률그림을 그려 보았다. 이 그림은 8.8절에서 논의된 형태의 그림으로서, 종축은 잔차가 타점되었을 때 직선이 되도록 경험적 분포함수를 나타낸 것이다. 그림 11.25가 잔차의 정규확률그림을 나타낸 것이다. 정규확률그림에는 기대되었던 직선이 나타나지 않고 있다. 이 결과는 단순회귀모형을 선택한 것이 잘못되었다는 사실을 또다시 확인해 주고 있다.

여기서는 잔차그림과 산점도 자체만으로도 어느 정도 복잡한 모형이 보다 적합할 것이라는 사실을 시사해 주고 있다. 한 가지 적절한 모형은 자연로그로 변환시킨 모형이다. 다시 말하면, x에 대한 $\ln y$의 회귀로 변환시키는 것이다. 이 변환된 결과에 적합된 회귀선은

$$\widehat{\ln y} = 8.257 + 0.125x \quad (R^2 = 0.9016)$$

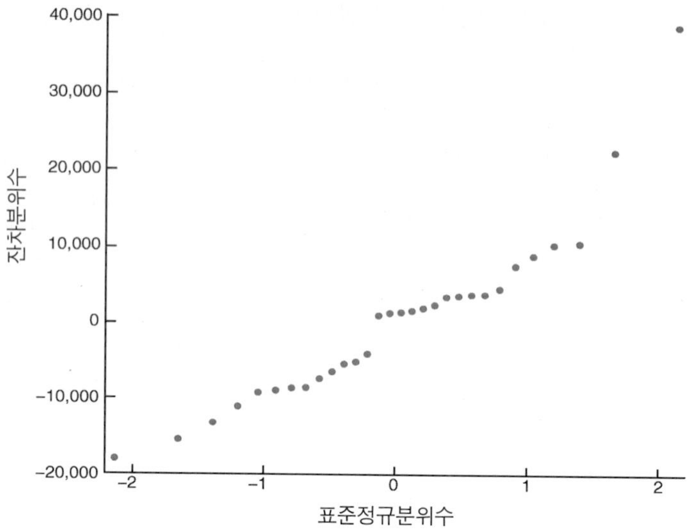

그림 11.25 목재밀도자료의 잔차의 정규확률그림

가 된다. 변환된 모형이 더 적합한지 파악하기 위하여 강성에 대한 잔차를 타점한 그림 11.26과 그림 11.27을 생각해 보자(즉, $y_i - \text{antilog}(\widehat{\ln y})$). 그림 11.26을 보면 잔차가 0의 주위에서 랜덤한 양상과 비슷하게 나타나 있음을 볼 수 있다. 또한 그림 11.27을 보면 좀더 직선에 가까운 모양임을 확실히 알 수 있다. 이 사실과 함께 R^2의 값이 더 큰 것으로 보아 변환된 모형이 변환 전 모형보다 더 적합하다는 사실을 알 수 있다.

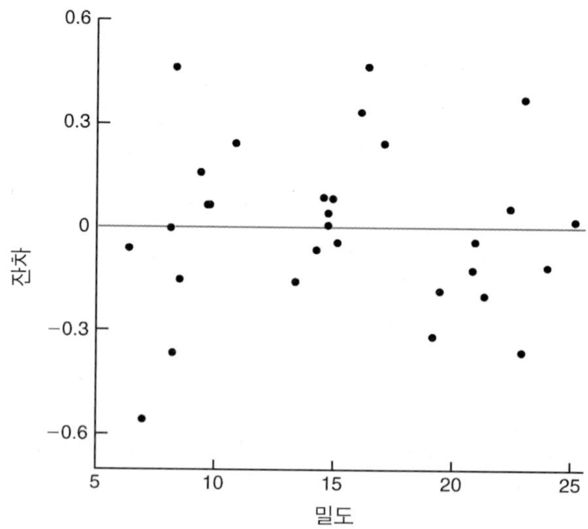

그림 11.26 로그변환시킨 목재밀도자료의 잔차

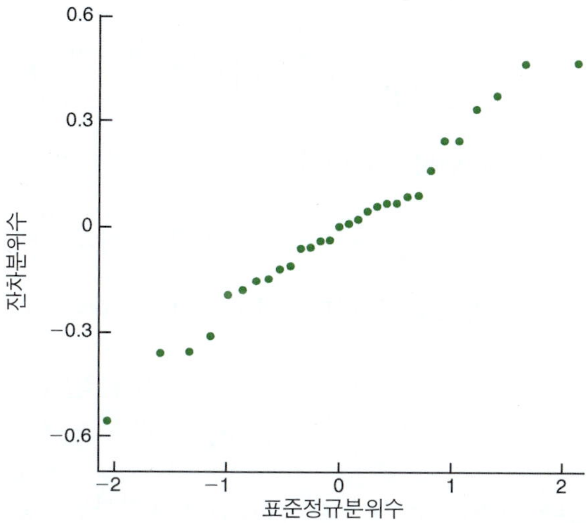

그림 11.27 로그변환된 목재밀도자료의 잔차의 정규확률그림

11.12 상관분석

지금까지 독립변수 x는 확률변수가 아니고 물리적 또는 과학적 변수라고 가정해 왔다. 사실 이런 관계에서 x는 **수학적 변수**(mathematical variable)가 되며, 표본추출과정에서는 무시될 만한 오차로 측정된다. 회귀분석기법을 적용하는 대부분의 경우에 X와 Y는 모두 확률변수이고, 측정값 $\{(x_i, y_i); i=1, 2, \cdots, n\}$은 결합밀도함수가 $f(x, y)$인 모집단으로부터 얻어진 것으로 가정하는 것이 보다 현실적이다. 이제부터 두 변수 X와 Y 사이의 관계를 측정하는 문제를 생각해 보자. 예를 들면, 어른의 신체에서 특정한 뼈의 길이와 둘레를 X와 Y라고 하면 X가 크면 Y도 큰지 등을 결정한다거나, 중고차의 사용년수를 X로, 중고가격을 Y로 나타내면 X가 증가할 때 Y가 감소하고 X가 감소할 때 Y가 증가하는지를 결정하는 것 등이다. **상관분석**(correlation analysis)은 두 변수 사이의 이러한 관계 정도를 **상관계수**(correlation coefficient)로 측정하는 방법이다.

이론적으로는 고정된 X값에서 Y의 조건부분포 $f(y|x)$는 평균이 $\mu_{Y|x}=\beta_0+\beta_1 x$이고 분산이 $\sigma^2_{Y|x}=\sigma^2$인 정규분포를 따르며, X도 평균이 μ_X, 분산이 σ^2_X인 정규분포를 따른다고 가정한다. 그러면 X와 Y의 결합밀도는 $-\infty < x < \infty$, $-\infty < y < \infty$에서 다음과 같이 주어진다.

$$f(x, y) = n(y|x; \beta_0 + \beta_1 x, \sigma) n(x; \mu_X, \sigma_X)$$

$$= \frac{1}{2\pi\sigma_x\sigma}\exp\left\{-\frac{1}{2}\left[\left(\frac{y-\beta_0-\beta_1 x}{\sigma}\right)^2+\left(\frac{x-\mu_X}{\sigma_X}\right)^2\right]\right\}$$

이제 X를 랜덤오차 ε과는 독립인 확률변수라 하고, 확률변수 Y를

$$Y = \beta_0 + \beta_1 X + \epsilon$$

으로 나타내기로 하자. 랜덤오차 ε의 평균은 0이므로, Y의 평균과 분산은 각각

$$\mu_Y = \beta_0 + \beta_1\mu_X$$
$$\sigma_Y^2 = \sigma^2 + \beta_1^2\sigma_X^2$$

이 된다. 이 β_0와 σ^2을 위의 $f(x, y)$에 대입하면 $-\infty < x < \infty$, $-\infty < y < \infty$에서 다음과 같이 **이변량정규분포**(bivarate normal distribution)가 얻어진다.

$$f(x,y) = \frac{1}{2\pi\sigma_X\sigma_Y\sqrt{1-\rho^2}}$$
$$\times\exp\left\{-\frac{1}{2(1-\rho^2)}\left[\left(\frac{x-\mu_X}{\sigma_X}\right)^2-2\rho\left(\frac{x-\mu_X}{\sigma_X}\right)\left(\frac{y-\mu_Y}{\sigma_Y}\right)+\left(\frac{y-\mu_Y}{\sigma_Y}\right)^2\right]\right\}$$

여기서

$$\rho^2 = 1-\frac{\sigma^2}{\sigma_Y^2} = \beta_1^2\frac{\sigma_X^2}{\sigma_Y^2}$$

이다.

상수 ρ를 **모상관계수**(population correlation coefficient)라고 하며 이변량자료분석문제에서는 핵심적 역할을 한다. 한편, 상관계수의 해석과 상관과 회귀 사이의 차이점을 이해하는 것도 중요한 일이다. 회귀란 용어는 앞에서 사용했던 의미와 같다. 사실 $\mu_{Y|x}=\beta_0+\beta_1 x$로 주어진 직선은 앞에서와 같이 회귀직선이라고 부르며, β_0와 β_1의 추정값은 11.3절에서 구한 결과와 동일하다. 모상관계수 ρ의 값은 $\beta_1=0$일 때 0이 된다. 즉, 회귀직선은 수평선이 되며, X에 대한 정보가 Y를 예측하는 데 전혀 도움이 되지 않는다.

Y의 분산 $\sigma_Y^2=\sigma^2+\beta_1^2\sigma_X^2$에서 $\sigma_Y^2 \geq \sigma^2$이므로 $\rho^2 \leq 1$을 만족해야만 한다. 따라서, 모상관계수의 범위는 $-1 \leq \rho \leq 1$이 된다. 모상관계수 ρ가 ± 1의 값을 가질 경우는 $\sigma^2=0$일 때뿐이다. 이 경우의 두 변수 사이는 완전한 선형관계를 가진다. 따라서, ρ값이 $+1$이면 양의 기울기를 가지는 완전한 선형관계를, ρ값이 -1이면 음

의 기울기를 가지는 완전한 선형관계를 의미한다. 따라서, 모상관계수 ρ의 표본추정값이 1에 가까운 값이면 X와 Y 사이는 선형관계를 의미하며, 반면에 0에 가까운 값이면 무상관이거나 거의 상관이 없음을 뜻한다.

모상관계수 ρ의 표본추정값을 구하려면 11.4절에서 오차제곱합이

$$SSE = S_{yy} - b_1 S_{xy}$$

로 주어졌던 사실을 기억해야 한다. 이 식의 양변을 S_{yy}로 나누고 S_{xy}를 $b_1 S_{xx}$로 대체하면 다음 관계식이 얻어진다.

$$b_1^2 \frac{S_{xx}}{S_{yy}} = 1 - \frac{SSE}{S_{yy}}$$

위의 식에서 $b_1^2 S_{xx}/S_{yy}$의 값은 $b_1=0$일 때 0이 된다. 이러한 경우는 표본점들이 선형관계가 아닐 때 발생한다. 그런데 $S_{yy} > SSE$이므로 $b_1^2 S_{xx}/S_{yy}$는 0과 1 사이에 틀림없이 존재한다. 결론적으로 $b_1\sqrt{S_{xx}/S_{yy}}$의 범위는 -1에서 $+1$까지 변하며, 이 값이 음이면 기울기가 음인 직선에, 양이면 기울기가 양인 직선에 해당한다. 한편, $SSE=0$일 때 $b_1\sqrt{S_{xx}/S_{yy}}$의 값은 -1 또는 $+1$이 되며, 모든 표본점이 직선상에 위치할 때 발생한다. 그러므로, 표본자료에서 완전한 선형관계로 나타나는 경우는 $b_1\sqrt{S_{xx}/S_{yy}} = \pm 1$일 때이다. $b_1\sqrt{S_{xx}/S_{yy}}$의 크기는 r로 나타내며 모상관계수 ρ의 추정값으로 이용된다. 이 추정값 r을 **표본상관계수**(sample correlation coefficient) 또는 **피어슨 곱적률상관계수**(Pearson product-moment correlation coefficient)라고 한다.

상관계수 두 변수 X와 Y 사이의 선형관계의 측도 ρ는 다음 식으로 주어지는 **표본상관계수** r로 추정된다.

$$r = b_1\sqrt{\frac{S_{xx}}{S_{yy}}} = \frac{S_{xy}}{\sqrt{S_{xx}S_{yy}}}$$

표본상관계수 r의 값이 -1과 $+1$ 사이에 있을 때에는 해석에 주의해야 한다. 예를 들어, r의 값이 0.3과 0.6이라는 것은 단지 둘 모두 양의 상관관계라는 사실과 어느 하나가 다른 것보다 선형관계에 있어서 어느 정도 더 강하다는 것만을 의미한다. $r=0.6$일 때의 선형관계가 $r=0.3$일 때보다 2배가 된다고 결론을 내리는 것은 잘못이다. 반면에 표본상관계수를 제곱하여

$$r^2 = \frac{S_{xy}^2}{S_{xx}S_{yy}} = \frac{SSR}{S_{yy}}$$

로 나타낼 때 r^2을 **표본결정계수**(sample coefiicient of determination)라고 하며, x에 대한 Y의 회귀로 설명되는 SSR이 총제곱합 S_{yy} 중에서 차지하는 비율을 의미한다. 따라서, 상관계수가 0.6이란 의미는 Y의 총제곱합 중에서 0.36, 즉 36% 만이 X와의 선형관계로 설명된다는 것을 나타낸다.

예제 11.10 나무의 조직과 역학적 특성 간의 상관관계를 조사하는 실험이 실시되었다. 실험대상나무로 미송 29그루를 무작위로 선정하여 밀도와 파괴계수를 측정한 결과는 다음과 같았다. 표본상관계수를 구하고 해석하라.

표 11.9 예제 11.10의 자료

밀도 x(g/cm^3)	파괴계수 y(kPa)	밀도 x(g/cm^3)	파괴계수 y(kPa)
0.414	29186	0.581	85156
0.383	29266	0.557	69571
0.399	26215	0.550	84160
0.402	30162	0.531	73466
0.442	38867	0.550	78610
0.422	37831	0.556	67657
0.466	44576	0.523	74017
0.500	46097	0.602	87291
0.514	59698	0.569	86836
0.530	67705	0.544	82540
0.569	66088	0.557	81699
0.558	78486	0.530	82096
0.577	89869	0.547	75657
0.572	77369	0.585	80490
0.548	67095		

풀이 주어진 자료로부터 각 변동을 구하면

$$S_{xx} = 0.11273, \quad S_{yy} = 11,807,324,805, \quad S_{xy} = 34,422.27572$$

가 되므로, 표본상관계수는

$$r = \frac{34,422.27572}{\sqrt{(0.11273)(11,807,324,805)}} = 0.9435$$

가 된다. 표본상관계수가 0.9345 정도면 X와 Y 사이의 선형관계는 아주 좋다고 할 수 있다. 따라서, 표본결정계수는 r^2=0.8902이므로 Y의 변동 중 약 89% 가 X와의 선형관계로 설명된다고 말할 수 있다.

이제부터 모상관계수의 검정을 다루어 보기로 하자. 적합한 대립가설에 대한 가설 ρ=0을 검정하는 것은 단순선형회귀모형에서 β_1=0을 검정하는 것과 동일하므로, 자유도 $n-2$인 t 분포나 자유도 1과 $n-2$인 F 분포를 이용한 11.8절의 절차가 적용될 수 있다. 그렇지만 분산분석의 절차를 원하지 않고 단지 표본상관계수만을 이용하고자 한다면 다음으로 주어지는

$$t = \frac{b_1}{s/\sqrt{S_{xx}}}$$

를 사용하되 아래와 같이 변형시킨 t값을 사용하면 보다 편리하다.

$$t = \frac{r\sqrt{n-2}}{\sqrt{1-r^2}}$$

여기서 t값은 전과 마찬가지로 자유도가 $n-2$인 t 분포를 따르는 통계량 T의 값이다.

예제 11.11 예제 11.10의 데이터를 이용하여 두 변수 사이에는 선형관계가 없다는 가설을 검정하라.

풀이

1. H_0: $\rho = 0$
2. H_1: $\rho \neq 0$
3. $\alpha = 0.05$
4. 기각역 : $t < -2.052$ 또는 $t > 2.052$
5. 계산 : $t = \frac{0.9435\sqrt{27}}{\sqrt{1-0.9435^2}} = 14.79$, $P < 0.0001$
6. 결론 : 선형관계가 없다는 귀무가설을 기각한다.

한편, 보다 일반적인 가설 $\rho=\rho_0$를 검정할 경우에는 표본정보를 이용하면 쉽게 수행된다. X와 Y가 이변량정규분포를 따르면

$$\frac{1}{2}\ln\left(\frac{1+r}{1-r}\right)$$

은 평균이 $\frac{1}{2}\ln\frac{1+\rho}{1-\rho}$, 분산이 $1/(n-3)$인 정규분포를 근사적으로 따르는 확률변수의 값이 된다. 따라서, 가설 $\rho=\rho_0$의 검정은

$$z=\frac{\sqrt{n-3}}{2}\left[\ln\left(\frac{1+r}{1-r}\right)-\ln\left(\frac{1+\rho_0}{1-\rho_0}\right)\right]$$
$$=\frac{\sqrt{n-3}}{2}\ln\left[\frac{(1+r)(1-\rho_0)}{(1-r)(1+\rho_0)}\right]$$

를 계산한 다음에 표준정규분포의 기각값과 비교하면 된다.

예제 11.12 예제 11.10의 데이터를 이용하여 대립가설 $\rho>0.9$에 대한 귀무가설 $\rho=0.9$를 유의수준 0.05로 검정하라.

풀이

1. H_0: $\rho=0.9$
2. H_1: $\rho>0.9$
3. $\alpha=0.05$
4. 기각역 : $z>1.645$
5. 계산 :
$$z=\frac{\sqrt{26}}{2}\ln\left[\frac{(1+0.9435)(0.1)}{(1-0.9435)(1.9)}\right]=1.51,\quad P=0.0655$$
6. 결론 : 귀무가설은 기각되지 않지만 상관계수가 0.9를 초과할 가능성은 약간 존재한다고 볼 수 있다.

상관분석에 의해서 얻어진 결과도 선형회귀의 문제처럼 가정된 모형에 대해서만 적합한 것임을 지적하지 않을 수 없다. 지금까지 X와 Y는 이변량정규분포를 따르며, x가 주어졌을 때 Y의 평균은 x와 선형관계에 있다고 가정하였다. 선형성에 대한 가정이 적합한 것인지는 실험데이터를 예비적으로 타점해 보면 도움이 된다. 표본상관계수의 값이 0에 가까이 나타나는 것은 그림 11.28(a)에서처럼 자료가 랜덤하게 나타날 때이며, 인과관계가 아주 적거나 전혀 없음을 의미한다. 중요한 것은 두 변수 간 상관계수는 이들의 선형관계의 척도라는 사실이다. 즉, $r=0$은 선형성이 결여된 것을 의미하는 것이지 관계가 결여된 것을 의미하는 것은 아니다. 따라서, 그림 11.28(b)에 나타난 것처럼 뚜렷한 2차 함수관계가 X와 Y 사이에 존재하더라도 상관계수는 여전히 선형관계가 없음을 나타내는 0의 값으로 얻어질 수 있다.

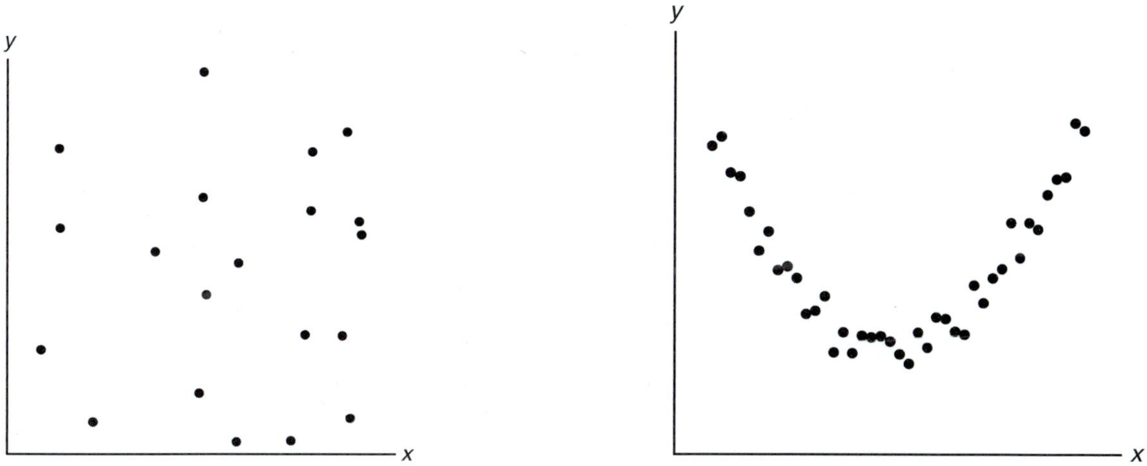

(a) 관계가 존재하지 않음　　(b) 인과관계가 존재함

그림 11.28 무상관 $(r=0)$인 산점도

연습문제

11.43 랜덤하게 선정된 6명의 학생에 대한 다음의 수학과 영어 점수 사이의 상관계수를 구하고 해석하라.

수학점수	70	92	80	74	65	83
영어점수	74	84	63	87	78	90

1144 연습문제 11.1에서 x와 y가 이변량정규분포를 따른다고 가정하자.

(a) r을 계산하라.

(b) 대립가설 $\rho \neq 0$에 대한 귀무가설 $\rho=0$을 유의수준 0.05로 검정하라.

11.45 연습문제 11.13에서 x와 y가 이변량정규분포를 따른다고 가정하자.

(a) r을 계산하라.

(b) 대립가설 $\rho < -0.5$에 대한 귀무가설 $\rho = -0.5$를 유의수준 0.025로 검정하라.

(c) 제거된 오염물질량의 변동 중 몇 퍼센트가 일일강수량의 차이로 설명되는가?

11.46 연습문제 11.43에서 대립가설 $\rho \neq 0$에 대한 귀무가설 $\rho=0$을 유의수준 0.05로 검정하라.

11.47 다음 데이터는 신생아의 체중과 가슴둘레를 측정한 것이다.

체중 (kg)	가슴둘레(cm)	체중 (kg)	가슴둘레(cm)
2.75	29.5	4.32	27.7
2.15	26.3	2.31	28.3
4.41	32.2	4.30	30.3
5.52	36.5	3.71	28.7
3.21	27.2		

(a) r을 계산하라.

(b) 대립가설 $\rho > 0$에 대한 귀무가설 $\rho=0$을 유의수준 0.01로 검정하라.

(c) 가슴둘레의 변동 중 몇 퍼센트가 체중의 차이로 설명되는가?

실험계획과 분산분석 12장

12.1 분산분석의 개념

제9장과 제10장에서 다룬 추정 및 가설검정에서는 각각의 경우가 많아야 두 개의 모집단 모수에 관한 것이었다. 예를 들어, 분산이 동일하나 미지인 두 개의 정규모집단으로부터의 독립적인 표본을 이용하여 두 모집단의 평균이 같은가를 검정할 경우, σ^2의 합동추정값(pooled estimate)을 구하는 것이 필요하였다.

이와 같은 두 개의 표본에 관한 추론은 소위 **일원배치문제**(one-factor problem)의 특별한 경우이다. 예를 들어, 연습문제 10.35에서 생쥐들을 두 표본으로 나누어 한 표본은 백혈병치료를 위해 새로운 혈청치료를 받게 하고, 다른 표본은 치료를 하지 않은 후 생존시간을 기록하였다. 이러한 경우 하나의 **인자**(factor), 즉 **처리**(treatment)에 대한 실험이라 하고, 인자에는 두 개의 **수준**(level)이 있다고 말한다. 만약 표본추출과정에서 여러 가지의 비교되는 처리를 적용하고 싶다면 좀더 많은 생쥐표본이 필요할 것이다. 이러한 경우에는 하나의 인자에 두 개 이상의 수준을 가지게 되고, 따라서 두 개 이상의 표본이 필요하게 될 것이다.

표본의 수가 $k>2$인 문제에서는 k개의 모집단에서 k개의 표본을 추출한다고 가정한다. 모집단평균에 대한 검정을 다루는 가장 보편적인 절차는 **분산분석**(analysis of variance, ANOVA)이라고 부르는 기법이다. 만약 독자가 회귀이론에 관한 내용을 공부하였다면 분산분석은 새로운 내용은 아니다. 회귀분석에서 총제곱합(total sum of square)을 회귀에 의한 부분과 오차에 의한 부분으로 나누기 위해 분산분석법을 사용한 바 있다.

어느 산업현장실험에서 기술자가 5개의 서로 다른 콘크리트 골재에 따라 콘크리트의 평균수분흡수율이 어떻게 변하는가에 관심이 있다고 하자. 표본들은 48시간 동안 습기에 노출되었다. 각 골재에 대해 6개의 표본을 실험하기로 결정하여 총 30개의 표본을 실험하였다. 얻어진 자료는 표 12.1에 기록되어 있다.

이 상황에 대한 모형은 다음과 같이 생각될 수 있을 것이다. 평균이 각각 μ_1, μ_2, $\cdots$, μ_5인 5개의 모집단에서 각각 6개씩 추출한 관측값이 있다. 우리가 검정하고자 하는 것은 다음과 같다.

표 12.1 콘크리트 골재의 수분흡수율

	골재					
	1	2	3	4	5	
	551	595	639	417	563	
	457	580	615	449	631	
	450	508	511	517	522	
	731	583	573	438	613	
	499	633	648	415	656	
	632	517	677	555	679	
합	3,320	3,416	3,663	2,791	3,664	16,854
평균	553.33	569.33	610.50	465.17	610.67	561.80

$$H_0 : \mu_1 = \mu_2 = \cdots = \mu_5$$

H_1 : 평균들이 모두 같지는 않다.

또한, 이들 5개의 모평균들에 대한 개별적인 비교에도 관심이 있을 수 있다.

자료의 변동요인

분산분석절차에서는 골재유형별 평균 사이의 변동이 (1) 골재 유형 내에서의 흡수율 관측값 사이의 변동과, (2) 골재 유형에 따른 변동, 즉 골재의 화학적 성분의 차이에 따른 변동으로 설명될 수 있다고 가정한다. **골재 내 변동**(within-aggregate variation)은 물론 여러 원인에 의해 발생한다. 어쩌면 습도와 온도조건이 실험을 통해 완전히 일정하게 유지되지 않았는지도 모른다. 사용된 원료들 사이에 어느 정도의 이질성이 존재하였을 수도 있다. 어쨌든 표본 내 변동을 **우연**(chance) 또는 **우발변동**(random variation)으로 생각할 수 있으며, 분산분석의 한 가지 목표는 5개의 표본평균들 사이의 차이가 우발변동에만 의한 것인지 또는 실제로 골재 유형에 따른 체계적인 변동에 의한 것인지 결정하는 것이다.

이 시점에서 전술한 문제에 관한 많은 예리한 질문들이 제기될 수 있다. 예를 들어, 각 골재에 대해 얼마나 많은 표본을 실험해야 하는가? 이것은 끊임없이 실무자들을 괴롭혀 온 질문이다. 또한, 표본 내 변동이 너무 커서 통계적 절차로는 체계적 차이를 검출하기 힘든 경우에는 어떻게 하는가? 변동에 대한 외부요인을 체계적으로 통제하여 우리가 우발적 변동이라고 부르는 부분으로부터 분리할 수 있는가?

이러한 질문들과 더불어 다른 질문들에 대해 이 후의 절들에서 그 해답을 찾아보도록 할 것이다.

12.2 실험계획의 전략

제9장과 제10장에서 두 표본인 경우에 대한 추정 및 검정의 개념이 실험수행방법의 측면에서 설명된 바 있다. 이것은 넓게 보면 실험계획법(design of experiments)의 범주에 해당된다. 예를 들어, 제10장에서 논의된 **합동 t 검정**(pooled t-test)이라고 불리는 검정에 있어서 인자수준(생쥐 예제에서의 처리)이 실험단위(생쥐)에 대해 랜덤하게 할당되었다고 가정하였다. 실험단위(experimental unit)의 개념은 제9장과 제10장에서 논의되었고, 예제를 통해 예시된 바 있다. 간단하게 말하면, 실험단위는 과학적 연구에 있어서 **실험오차를 발생시키는 이질성**(heterogeneity)**을 제공**하는 단위(생쥐, 환자, 콘크리트 견본, 시간 등)를 말한다. 랜덤할당은 체계적 할당에 의해 발생할 수도 있는 편의(bias)를 제거한다. 목표는 실험단위의 이질성에 의해 야기되는 위험을 인자수준에 걸쳐 균일하게 배분하는 것이다. 랜덤할당은 모형에 의해 가정되는 조건들에 가장 잘 부합된다. 12.7절에서는 실험의 **블록화**(blocking)에 대해 논의한다. 블록화의 개념은 제9장과 제10장에서 **대응**(pairing)을 통해 평균들을 비교함으로써, 즉 실험단위를 **블록**(block)이라고 하는 균질한 쌍들(pairs)로 분할시킴으로써 설명된 바 있다. 그런 다음 인자수준 또는 처리를 블록 내에서 랜덤하게 할당한다. 블록화의 목적은 유효한 실험오차를 줄이는 것이다. 이 장에서는 분산분석을 주요 분석도구로 사용하여 대응을 좀더 큰 블록크기로 자연스럽게 확장한다.

12.3 일원배치의 분산분석

k개의 모집단으로부터 각각 크기 n인 확률표본(random sample)을 추출하였다고 하자. k개의 서로 다른 모집단은 서로 다른 처리 또는 그룹과 같은 한 가지 기준에 의해 분류된다. **처리**(treatment)라고 하는 용어는 서로 다른 골재, 서로 다른 실험자, 서로 다른 비료, 서로 다른 지역 등 여러 가지 구분들을 의미하기 위해 일반적으로 사용된다.

k개의 모집단은 평균이 각각 $\mu_1, \mu_2, \cdots, \mu_k$이고 동일한 분산 σ^2을 가지는 독립적인 정규분포를 따른다고 가정한다. 12.2절에서 지적하였듯이 이 가정들은 랜덤화와 매우 잘 부합한다. 이제 다음의 가설을 검정하기 위한 적절한 방법을 찾으려고 한다.

$$H_0: \mu_1 = \mu_2 = \cdots = \mu_k$$
$$H_1: \text{평균들이 모두 같지는 않다.}$$

y_{ij}를 i번째 처리의 j번째 관측값이라고 하고, 표 12.2와 같이 자료를 배열하자. 여기에서 Y_{i}는 i번째 처리의 관측값의 합, $\bar{y}_{i.}$는 i번째 처리의 관측값의 평균, $Y_{..}$는 nk개 관측값의 합, 그리고 $\bar{y}_{..}$는 nk개 관측값의 평균이다.

표 12.2 *k*개의 확률표본

	처리						
	1	2	⋯	i	⋯	k	
	y_{11} y_{12} $\vdots$ y_{1n}	y_{21} y_{22} $\vdots$ y_{2n}	$\cdots$ $\cdots$ $\cdots$	y_{i1} y_{i2} $\vdots$ y_{in}	$\cdots$ $\cdots$ $\cdots$	y_{k1} y_{k2} $\vdots$ y_{kn}	
합	$Y_{1.}$	$Y_{2.}$	$\cdots$	$Y_{i.}$	$\cdots$	$Y_{k.}$	$Y_{..}$
평균	$\bar{y}_{1.}$	$\bar{y}_{2.}$	$\cdots$	$\bar{y}_{i.}$	$\cdots$	$\bar{y}_{k.}$	$\bar{y}_{..}$

일원배치 분산분석모형

각 관측값은 다음의 형태로 쓸 수 있다.

$$Y_{ij} = \mu_i + \epsilon_{ij}$$

여기에서 ϵ_{ij}는 i번째 표본의 j번째 관측값이 해당 처리평균으로부터 벗어난 편차를 의미한다. ϵ_{ij}항은 랜덤오차(random error)를 나타내며, 회귀모형에서의 오차항과 같은역할을 한다. 자주 쓰이는 이 등식의 또다른 형태는 $\sum_{i=1}^{k} \alpha_i = 0$이라는 제약조건 아래 $\mu_i = \mu + \alpha_i$를 대입하여 얻을 수 있다. 따라서,

$$Y_{ij} = \mu + \alpha_i + \epsilon_{ij}$$

라고 쓸 수 있으며, 단 μ는 μ_i들의 **총평균**(grand mean)이다. 즉

$$\mu = \frac{1}{k} \sum_{i=1}^{k} \mu_i$$

이고, α_i를 i번째 처리의 **효과**(effect)라고 부른다.

k개 모집단의 평균들이 모두 같다는 귀무가설에 대해, 최소한 두 개의 평균은 서로 다르다는 대립가설은 이제 다음의 가설로 대치될 수 있을 것이다.

$$H_0 : \alpha_1 = \alpha_2 = \cdots = \alpha_k = 0$$
$$H_1 : \alpha_i \text{는 모두 } 0 \text{은 아니다.}$$

총변동의 분해

검정은 동일한 모분산 σ^2에 대한 두 개의 독립적인 추정값의 비교에 근거하여 수행될 것이다. 이 추정값들은

$$\sum_{i=1}^{k}\sum_{j=1}^{n}(y_{ij} - \bar{y}_{..})^2$$

으로 표시되는 총변동(total variability)을 두 개의 요소로 나눔으로써 얻어진다.

정리 12.1

제곱합등식: $\sum_{i=1}^{k}\sum_{j=1}^{n}(y_{ij} - \bar{y}_{..})^2 = n\sum_{i=1}^{k}(\bar{y}_{i.} - \bar{y}_{..})^2 + \sum_{i=1}^{k}\sum_{j=1}^{n}(y_{ij} - \bar{y}_{i.})^2$

이후부터는 제곱합항들을 다음의 기호로 구분하는 것이 편리할 것이다.

변동의 분류

$SST = \sum_{i=1}^{k}\sum_{j=1}^{n}(y_{ij} - \bar{y}_{..})^2 =$ 총제곱합(총변동)

$SSA = n\sum_{i=1}^{k}(\bar{y}_{i.} - \bar{y}_{..})^2 =$ 처리제곱합(처리 간 변동)

$SSE = \sum_{i=1}^{k}\sum_{j=1}^{n}(y_{ij} - \bar{y}_{i.})^2 =$ 오차제곱합(오차변동)

그러면 제곱합등식은 다음 식과 같이 기호로 표현할 수 있다.

$$SST = SSA + SSE$$

이 등식은 처리 간(between-treatment) 변동과 처리 내(within-treatment) 변동이 총제곱합에 어떻게 더해지는지 보여준다. 또한 **SSA와 SSE의 기대값**을 분석

함으로써 더욱 많은 사실을 알아낼 수 있다. 궁극적으로 우리는 분산의 추정값으로부터 어떤 비율을 개발하여 모집단 평균들의 동일성을 검정하고자 한다.

정리 12.2

$$E(SSA) = (k-1)\sigma^2 + n\sum_{i=1}^{k}\alpha_i^2$$

만약 H_0가 사실이라면, σ^2의 추정량은 자유도가 $k-1$임에 근거하여 다음과 같이 주어진다.

처리평균제곱 (treatment mean square)

$$s_1^2 = \frac{SSA}{k-1}$$

만약 H_0가 사실이어서 정리 12.2의 각 α_i가 0이라면

$$E\left(\frac{SSA}{k-1}\right) = \sigma^2$$

이므로, s_1^2은 σ^2의 불편추정량이 된다. 그러나 H_1이 사실이라면

$$E\left(\frac{SSA}{k-1}\right) = \sigma^2 + \frac{n}{k-1}\sum_{i=1}^{k}\alpha_i^2$$

이므로, s_1^2은 σ^2에 체계적 효과에 의한 변동을 나타내는 항을 추가로 더한 것을 추정하게 된다.

두 번째의 독립적인 σ^2의 추정량은 자유도 $k(n-1)$에 근거하여 다음의 친숙한 공식으로 주어진다.

오차평균제곱 (error mean square)

$$s^2 = \frac{SSE}{k(n-1)}$$

추정량 s^2은 귀무가설의 사실 여부에 관계 없이 불편추정량이 된다. 이때 중요한 점은 제곱합의 구분에 따라 자료의 총변동뿐만 아니라 총자유도도 나뉜다는 사실이다. 즉,

$$nk - 1 = k - 1 + k(n-1)$$

평균의 동일성 검정

H_0가 사실일 때, 다음의 비

$$f=\frac{s_1^2}{s^2}$$

은 자유도가 $(k-1,\ k(n-1))$인 F 분포를 따르는 확률변수 F의 값이 된다. H_0가 사실이 아닐 때 s_1^2이 σ^2을 과대추정하므로, 기각역이 분포의 오른쪽 꼬리부분인 단측검정이 된다. 따라서, 귀무가설 H_0는

$$f > f_\alpha[k-1, k(n-1)]$$

을 만족할 때 유의수준 α에서 기각된다.

또 다른 방법인 P값 접근법에서는 H_0의 기각 여부를 다음 값에 의해 결정한다.

$$P = P[f[k-1, k(n-1)] > f]$$

분산분석 문제의 계산은 보통 표 12.3과 같은 형태로 요약된다.

표 12.3 일원배치 분산분석표

변동요인	제곱합	자유도	평균제곱	f 값
처리	SSA	$k-1$	$s_1^2 = \frac{SSA}{k-1}$	$\frac{s_1^2}{s^2}$
오차	SSE	$k(n-1)$	$s^2 = \frac{SSE}{k(n-1)}$	
합	SST	$kn-1$		

예제 12.1 시멘트 골재에 따른 수분흡수율에 관한 표 12.1의 자료에 대해 유의수준 0.05로 가설 $\mu_1=\mu_2=\cdots=\mu_5$를 검정하라.

풀이

1. H_0: $\mu_1=\mu_2=\cdots=\mu_5$
2. H_1: 평균들이 모두 같지는 않다.
3. $\alpha=0.05$
4. 기각역 : $f>2.76$(자유도 $v_1=4$, $v_2=25$)
5. 계산 :

$$SST = 209,377$$
$$SSA = 85,356$$
$$SSE = 209,377 - 85,356 = 124,021$$

이 결과와 나머지 계산결과가 그림 12.1의 SAS 출력결과에 나타나 있다.

6. 결론 : H_0를 기각하고 골재의 평균흡수율이 같지 않다고 판정한다. $f=4.30$ 일 때의 P값은 0.01 보다 작다.

```
                          The GLM Procedure
Dependent Variable: moisture

                                                 Sum of
Source               DF          Squares    Mean Square    F Value    Pr > F
Model                 4       85356.4667     21339.1167       4.30    0.0088
Error                25      124020.3333      4960.8133
Corrected Total      29      209376.8000

  R-Square      Coeff Var       Root MSE     moisture Mean
  0.407669       12.53703       70.43304          561.8000

Source               DF        Type I SS    Mean Square    F Value    Pr > F
aggregate             4      85356.46667    21339.11667       4.30    0.0088
```

그림 12.1 표 12.1의 자료에 대한 SAS 출력결과

분산분석에 덧붙여 각 골재에 대한 상자그림이 그림 12.2에 나와 있다. 그림을 보면 골재들의 흡수율이 모두 동일하지 않은 것이 명백해 보인다. 특히 골재 4는 다른 것들과는 뚜렷하게 구별된다. 좀 더 자세한 분석 내용은 연습문제 12.21에 나와 있다.

실제로 실험을 하다 보면 가끔 관측값이 누락될 수도 있다. 예를 들어, 실험하던 동물이 죽거나, 재료가 손상을 입거나, 인간피실험자가 연구로부터 탈퇴하기도 한다. 이 경우에도 제곱합공식을 약간 수정하면 위에서 살펴본 동일한 표본크기에 관한 공식을 그대로 적용할 수 있다. 이제 k개의 확률표본들의 크기를 각각 $n_1, n_2, \cdots, n_k$라고 하자.

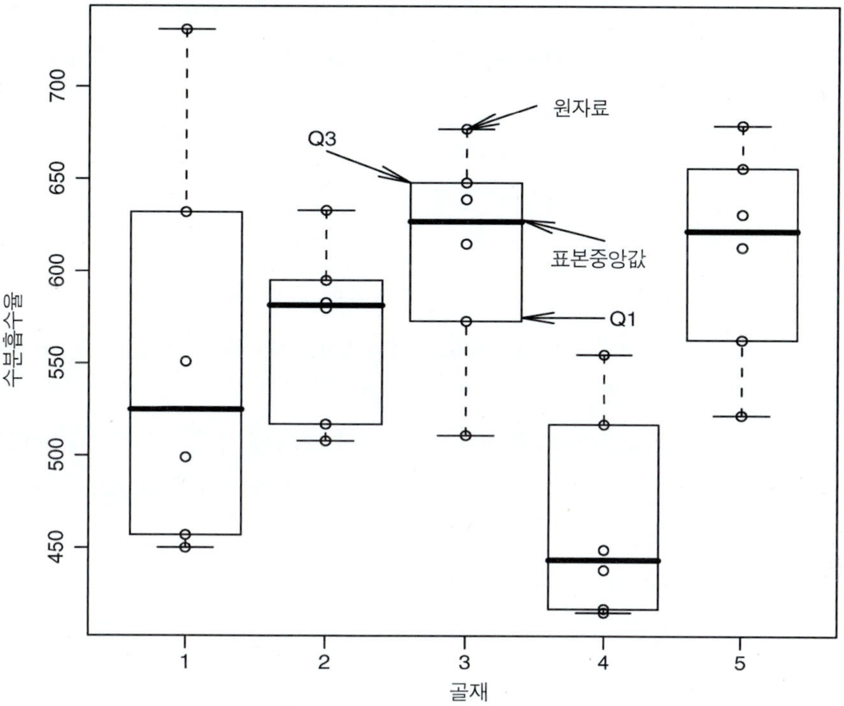

그림 12.2 골재의 수분흡수율에 대한 상자그림

표본크기가 다른 경우의 제곱합

$$SST = \sum_{i=1}^{k}\sum_{j=1}^{n_i}(y_{ij} - \bar{y}_{..})^2,\ SSA = \sum_{i=1}^{k} n_i(\bar{y}_{i.} - \bar{y}_{..})^2,\ SSE = SST - SSA$$

자유도는 전과 같이 나누어진다. 즉, $\sum_{i=1}^{k} n_i = N$ 이라고 할 때, SST 에 대한 자유도는 $N-1$, SSA 는 $k-1$, SSE 는 $N-1-(k-1)=N-k$ 이다.

예제 12.2 버지니아 대학에서 수행된 어느 연구에서는 의사의 처방하에 항경련치료를 받은 발작증이 있는 아동에 대해 혈청 내 알칼리 인산 효소 활성도(Bessey-Lowry 단위)를 측정하였다. 연구에 참가한 45명의 아동을 투여 치료제에 따라 다음의 네 그룹으로 나누었다.

G-1 : 대조군(control, 항경련치료를 받지 않았고 발작증을 일으킨 적이 없음)
G-2 : 페노바르비탈(phenobarbital)
G-3 : 카르바마제핀(carbamazepine)
G-4 기타 항경련제.

각 피실험자의 혈청 내 알칼리 인산 효소 활성도가 표 12.4에 정리되었다. 4개 그룹의 평균혈청 내 알칼리 인산 효소 활성도가 같다는 가설에 대해 유의수준 0.05로 검정하라.

풀이

1. $H_0: \mu_1=\mu_2=\mu_3=\mu_4$
2. H_1: 평균들이 모두 같지는 않다.
3. $\alpha=0.05$
4. 기각역 : $f > 2.836$(표 A.6에서 보간)
5. 계산 : $Y_{1.} = 1460.25$, $Y_{2.} = 440.36$, $Y_{3.} = 842.45$, $Y_{4.} = 707.41$, $Y_{..} = 3450.47$. 분산분석표는 그림 12.3에 주어져 있다.
6. 결론 : H_0를 기각하고 4개 그룹의 혈청 내 평균알칼리 인산 효소 활성도가 모두 같지는 않다고 판정한다. 이때 P값은 0.022이다.

표 12.4 혈청 내 알칼리 인산 효소 활성도

그룹				
G-1		G-2	G-3	G-4
49.20	97.50	97.07	62.10	110.60
44.54	105.00	73.40	94.95	57.10
45.80	58.05	68.50	142.50	117.60
95.84	86.60	91.85	53.00	77.71
30.10	58.35	106.60	175.00	150.00
36.50	72.80	0.57	79.50	82.90
82.30	116.70	0.79	29.50	111.50
87.85	45.15	0.77	78.40	
105.00	70.35	0.81	127.50	
95.22	77.40			

일원배치법의 분산분석에 관한 논의를 마치면서 표본크기가 동일하지 않은 경우에 비해 동일한 경우가 가지는 장점을 요약하면 다음과 같다. 첫 번째 장점은 k개 모집단의 등분산가정이 약간 위배되더라도 f비값이 민감하게 변하지 않는다는 것이다. 두 번째로, 표본크기가 동일하면 제2종 과오를 범할 확률을 최소화할 수 있다.

12.4 등분산검정

표본의 크기가 동일하면 k개 정규모집단의 등분산가정이 약간 위배되더라도 분산분석으로부터 얻어진 f비가 민감하게 변하지는 않지만, 그래도 주의를 기울여 분산

```
One-way ANOVA: G-1, G-2, G-3, G-4

Source  DF     SS    MS     F      P
Factor   3  13939  4646  3.57  0.022
Error   41  53376  1302
Total   44  67315

S = 36.08   R-Sq = 20.71%   R-Sq(adj) = 14.90%

                               Individual 95% CIs For Mean Based on
                               Pooled StDev
Level   N    Mean  StDev   --+---------+---------+---------+-------
G-1    20   73.01  25.75              (----*-----)
G-2     9   48.93  47.11   (-------*-------)
G-3     9   93.61  46.57                  (-------*-------)
G-4     7  101.06  30.76                    (--------*--------)
                           --+---------+---------+---------+-------
                            30        60        90       120

Pooled StDev = 36.08
```

그림 12.3 표 12.4의 자료에 대한 MINITAB 분석결과

의 동일성에 관한 예비검정을 하는 것이 좋을 것이다. 만약 모분산의 동일성이 상당히 의심스럽다면 표본의 크기가 다를 경우에는 이러한 검정이 특히 필요할 것이다. 그러므로, 다음과 같은 가설의 검정에 대해 생각해 보자.

$$H_0\text{:}\ \sigma_1^2 = \sigma_2^2 = \cdots = \sigma_k^2$$

H_1: 분산들이 모두 같지는 않다.

이제 사용하게 될 **Bartlett 검정**은 표본크기가 동일할 때, 표본분포가 정확한 기각값(critical value)을 제공하는 통계량을 기반으로 한다. 동일한 표본크기에 관한 이러한 기각값은 표본의 크기가 동일하지 않은 경우에도 매우 정확한 근사값으로 사용될 수 있다.먼저, 크기 $n_1, n_2, \cdots, n_k$, $\sum_{i=1}^{k} n_i = N$인 표본으로부터의 표본분산 $s_1^2, s_2^2, \ldots, s_k^2$을계산한다. 다음, 이 표본분산들로부터 합동추정값

$$s_p^2 = \frac{1}{N-k}\sum_{i=1}^{k}(n_i - 1)s_i^2$$

을 계산한다. 이때,

$$b = \frac{[(s_1^2)^{n_1-1}(s_2^2)^{n_2-1}\cdots(s_k^2)^{n_k-1}]^{1/(N-k)}}{s_p^2}$$

는 **Bartlett 분포**를 따르는 확률변수 B의 값이 된다. $n_1 = n_2 = \cdots = n_k = n$인 특별한 경우에는 만약

$$b < b_k(\alpha; n)$$

이면 유의수준 α로 H_0를 기각하며, 여기에서 $b_k(\alpha; n)$은 Bartlett 분포의 왼쪽 꼬리 부분의 면적이 α가 되는 기각값이다. 표 A.10에는 α=0.01과 0.05, k=2, 3, ⋯, 10 그리고 3에서 100까지의 숫자 중 몇 개의 n값에 대한 기각값 $b_k(\alpha; n)$이 나와 있다.

표본크기가 동일하지 않은 경우에는

$$b_k(\alpha; n_1, n_2, \ldots, n_k) \approx \frac{n_1 b_k(\alpha; n_1) + n_2 b_k(\alpha; n_2) + \cdots + n_k b_k(\alpha; n_k)}{N}$$

를 계산하여

$$b < b_k(\alpha; n_1, n_2, \ldots, n_k)$$

이면 유의수준 α로 귀무가설을 기각한다. 이 경우에도 표본크기 $n_1, n_2, \cdots, n_k$에 대한 기각값 $b_k(\alpha; n_i)$는 표 A.10으로부터 얻을 수 있다.

예제 12.3 Bartlett 검정을 이용하여 예제 12.2의 4개 그룹의 모분산이 동일한지 유의수준 0.01로 검정하라.

풀이

1. H_0: $\sigma_1^2 = \sigma_2^2 = \sigma_3^2 = \sigma_4^2$
2. H_1: 분산들이 모두 같지는 않다.
3. $\alpha = 0.01$
4. 기각역: 예제 12.2로부터, $n_1 = 20$, $n_2 = 9$, $n_3 = 9$, $n_4 = 7$, $N = 45$, $k = 4$. 따라서,

$$\begin{aligned} b &< b_4(0.01; 20, 9, 9, 7) \\ &\approx \frac{(20)(0.8586) + (9)(0.6892) + (9)(0.6892) + (7)(0.6045)}{45} \\ &= 0.7513 \end{aligned}$$

이면 귀무가설을 기각한다.

5. 계산 : 먼저

$$s_1^2 = 662.862,\ s_2^2 = 2219.781,\ s_3^2 = 2168.434,\ s_4^2 = 946.032$$

이므로 합동추정값은

$$s_p^2 = \frac{(19)(662.862) + (8)(2219.781) + (8)(2168.434) + (6)(946.032)}{41}$$
$$= 1301.861$$

따라서,

$$b = \frac{[(662.862)^{19}(2219.781)^8(2168.434)^8(946.032)^6]^{1/41}}{1301.861} = 0.8557$$

6. 결론 : 귀무가설을 기각하지 않고, 4개 그룹의 모분산이 유의하게 다르지 않다고 판정한다.

등분산검정에 Bartlett 검정이 가장 많이 사용되지만 다른 방법도 사용할 수 있다. Cochran에 의한 방법은 계산이 간단하지만 표본크기가 동일한 경우에만 적용할 수 있다. **Cochran 검정**은 특히 하나의 분산이 다른 분산들보다 훨씬 큰지를 검정하는 데 유용하다. 사용되는 통계량은

$$G = \frac{\text{가장 큰 } S_i^2}{\sum_{i=1}^{k} S_i^2}$$

이고, 만약 $g > g_\alpha$이면 등분산가설이 기각되는데, 여기에서 g_α값은 표 A.11에서 찾을 수 있다.

Cochran 검정을 예시하기 위해 콘크리트 골재의 수분흡수율에 관한 표 12.1의 자료를 생각해 보자. 예제 12.1의 분산분석에서 등분산가정이 정당화될 수 있을까? 자료로부터

$$s_1^2 = 12,134,\ s_2^2 = 2303,\ s_3^2 = 3594,\ s_4^2 = 3319,\ s_5^2 = 3455$$

그러므로,

$$g = \frac{12,134}{24,805} = 0.4892$$

이고, 이 값은 표에서 찾은 $g_{0.05}$=0.5065보다 작다. 따라서 등분산가정이 타당하다고 결론을 내릴 수 있다.

연습문제

12.1 고무봉인제조에 있어 6대의 기계가 고려되고 있다. 이 기계들을 제품의 인장강도를 기준으로 비교하고자 한다. 기계에 따라 인장강도에 차이가 있는지 알아보기 위해 각 기계에서 4개의 제품을 확률표본으로 추출하였다. 다음 자료는 $kg/cm^2 \times 10^{-1}$으로 측정한 인장강도 측정값이다.

기계					
1	2	3	4	5	6
17.5	16.4	20.3	14.6	17.5	18.3
16.9	19.2	15.7	16.7	19.2	16.2
15.8	17.7	17.8	20.8	16.5	17.5
18.6	15.4	18.9	18.9	20.5	20.1

6대의 기계 사이에 평균인장강도가 유의하게 다른지 유의수준 0.05로 분산분석을 수행하라.

12.2 다음 자료는 38도 이상의 열이 난 25명의 환자에 대해 5종류의 진통제를 투여하여 진통시간을 기록한 것이다. 분산분석을 통해 5종류의 진통제의 진통시간이 같은지 유의수준 0.05로 검정하라.

진통제				
A	B	C	D	E
5.2	9.1	3.2	2.4	7.1
4.7	7.1	5.8	3.4	6.6
8.1	8.2	2.2	4.1	9.3
6.2	6.0	3.1	1.0	4.2
3.0	9.1	7.2	4.0	7.6

12.3 미국 남부 마케팅협회의 학술대회(1975)에서 발표된 어느 논문에서는 슈퍼마켓의 선반높이가 애완견 통조림의 판매에 미치는 영향이 연구되었다. 어느 작은 슈퍼마켓에서 8일간에 걸쳐 Arf표 애완견 통조림 하나에 대해 무릎높이, 허리높이, 눈높이의 선반을 대상으로 실험이 수행되었다. 하루 중 통조림의 선반높이를 3개 중 하나로 랜덤하게 바꾸었다. 진열대의 나머지 부분은 이 특정지역의 고객들에게 잘 알려진 통조림과 잘 알려지지 않은 통조림을 섞어 놓았다. Arf표 통조림의 일일매출액(단위: 100달러)이 3종류의 선반높이에 대해 다음과 같이 얻어졌다.

선반높이		
무릎높이	허리높이	눈높이
77	88	85
82	94	85
86	93	87
78	90	81
81	91	80
86	94	79
77	90	87
81	87	93

선반높이에 따라 이 통조림의 일일평균매출액이 유의하게 다른가? 유의수준 0.01로 검정하라.

12.4 자유서식하는 흰꼬리사슴에 약을 투여하여 부동화(immobilization)시키면 사슴을 자세히 관찰하여 값진 생리적 정보를 얻을 수 있다.

버지니아 대학에서 1976년에 수행한 어느 연구에서, 야생생물학자들은 3종의 부동화제(不動化劑)에 대해 '압도(knockdown)' 시간(약을 주사한 시점부터 부동화될 때까지의 시간)을 측정하였다. 이 경우 부동화란 동물이 더 이상 서 있을 수 없을 정도로 근육통제를 할 수 없는 시점으로 정의한다. 30마리의 흰꼬리 숫사슴에 대해 랜덤하게 세 가지 처리를 할당하였다. 그룹 A에는 5mg의 염화숙시닐콜린(succinylcholine chloride, SCC)액을, 그룹 B에는 8mg의 SCC 분말을, 그리고 그룹 C에는 200mg의 염산펜사이클리딘(phencyclidine hydrochloride)을 각각 투여하였다. 분단위로 측정한 압도시간은 다음과 같이 기록되었다. 3종류의 부동화제에 따라 평균압도시간에 차이가 있는지 유의수준 0.01로 분산분석을 수행하라.

그룹		
A	B	C
11	10	4
5	7	4
14	16	6
7	7	3
10	7	5
7	5	6
23	10	8
4	10	3
11	6	7
11	12	3

12.5 쥐조충(條蟲, Hymenolepis diminuta)의 미토콘드리아효소인 NAPH:NAD 수소전이제(transhydro-genase)는 NADPH에서 NAD로 선이시키는 데에 수소와 촉매작용을 하며 NADH를 만들어 낸다. 이 효소는 조충의 무산소대사(anaerobic metabolism)에 극히 중요한 역할을 하는 것으로 알려져 있으며, 이것이 원기(原基)를 미토콘드리아막에 걸쳐 전이시키는 원기교환펌프(pump)의 역할을 하는지도 모른다는 가설이 최근에 제기되어 왔다. 1983년에 보울링 그린 주립대학에서 수행한 어느 연구에서는 이 효소가 구조변화, 즉 형상변화를 견디는 능력을 평가하였다. NADP 농도의 변동에 의해 일어나는 효소활성(活性, activity)의 변화는 구조변화이론을 지지하는 것으로 해석될 수 있을 것이다. 이 효소는 조충의 미토콘드리아내막에 위치하고 있다. 이 조충들을 균질하게 한 후 일련의 원심분리를 통하여 효소를 분리하였다. 그런 다음 다양한 농도의 NADP를 분리된 효소용액에 첨가하여 그 혼합물을 섭씨 56도의 수조에서 3분간 배양시켰다. 마지막으로 이중광선분광광도계(dual beam spectrophotometer)에서 그 효소를 분석하였으며, 다음 결과는 단백질의 nanomoles / min / mg 단위로 측정한 효소 활성이다.

NADP 농도(nm)				
0	80	160	360	
11.01	11.38	11.02	6.04	10.31
12.09	10.67	10.67	8.65	8.30
10.55	12.33	11.50	7.76	9.48
11.26	10.08	10.31	10.13	8.89
			9.36	

네 가지 농도에 대해 평균활성이 같은지 유의수준 0.01로 검정하라.

12.6 세 가지 유기화학용제의 흡수율을 측정한 결과 다음의 표와 같이 정리되었다.

(단위: mole 비율)

방향족		클로랄 액체		에스테르		
1.06	0.95	1.58	1.12	0.29	0.43	0.06
0.79	0.65	1.45	0.91	0.06	0.51	0.09
0.82	1.15	0.57	0.83	0.44	0.10	0.17
0.89	1.12	1.16	0.43	0.55	0.53	0.17
1.05				0.61	0.34	0.60

세 용제의 평균흡수율에 유의한 차이가 있는지 P값을 이용하여 검정하라. 어느 용제를 사용하는 것이 좋은가?

12.7 화학비료인 인산 마그네슘 암모니아($MgNH_4PO_4$)는 식물성장에 필요한 영양소를 효과적으로 공급해 주는 것으로 알려져 있다. 이 비료의 화합물은 물에 매우 잘 녹기 때문에 토지에 직접 뿌리거나 화분에 심으면서 성장토와 섞어서 사용한다. 조지메이슨 대학에서 1980년에 수행한 어느 연구에서는 국화의 수직성장에 근거한 최적비료양에 대해 조사하였다. 40개의 국화 묘목을 10개씩 4개 그룹으로 나누었다. 각 그룹은 균일한 성장배양기(培養基)가 함유된 비슷한 화분에 심어졌다. 각 그룹에 대해 부셀(bushel)당 그램으로 측정된 $MgNH_4PO_4$를 농도를 증가시키며 투여하였다. 이 4개 그룹은 일정한 조건하에 4주 동안 온실에서 재배되었다. 각 처리와 이에 대응하는 센티미터단위의 성장변화가 다음 표에 나와 있다.

처리			
50 g / bu	100 g / bu	200 g / bu	400 g / bu
13.2	16.0	7.8	21.0
12.4	12.6	14.4	14.8
12.8	14.8	20.0	19.1
17.2	13.0	15.8	15.8
13.0	14.0	17.0	18.0
14.0	23.6	27.0	26.0
14.2	14.0	19.6	21.1
21.6	17.0	18.0	22.0
15.0	22.2	20.2	25.0
20.0	24.4	23.2	18.2

$MgNH_4PO_4$의 농도가 국화키의 평균성장에 영향을 준다고 유의수준 0.05로 결론 내릴 수 있는가? 최적의 $MgNH_4PO_4$ 농도는 얼마인가?

12.8 연습문제 12.7의 자료에 대해 유의수준 0.05로 Bartlett 등분산검정을 수행하라.

12.9 연습문제 12.5의 자료에 대해 유의수준 0.01로 Bartlett 등분산검정을 수행하라.

12.10 연습문제 12.4의 자료에 대해 유의수준 0.01로 Cochran 등분산검정을 수행하라.

12.11 연습문제 12.6의 자료에 대해 유의수준 0.05로 Bartlett 등분산검정을 수행하라.

12.5 대비에 의한 분석

일원배치법의 분산분석에서는 단지 처리평균이 동일하다는 가설의 기각여부만을 알 수 있다. 보통의 경우 실험자는 더욱 깊은 내용을 알고 싶을 것이다. 예를 들어,

예제 12.1에서 귀무가설을 기각하여 평균이 모두 같지는 않다고 결론을 내렸지만 그 차이가 골재들 중 어디에서 발생하는지는 알 수 없었다. 기술자는 골재 1과 2, 그리고 골재 3과 5는 비슷한 흡수성을 가지고 있다고 사전에 감을 가지고 있었을 수도 있다. 그러나 이 두 그룹 사이의 차이를 조사하는 것도 흥미로운 일이다. 그러면 다음과 같은 가설을 검정해 보는 것이 적절할 것이다.

$$H_0:\ \mu_1+\mu_2-\mu_3-\mu_5=0$$
$$H_1:\ \mu_1+\mu_2-\mu_3-\mu_5\neq 0$$

가설이 모집단의 평균에 대한 선형식으로 표현되었고 계수의 합이 0임에 주목하자.

정의 12.1

다음의 형태와 같은 선형식

$$\omega=\sum_{i=1}^{k}c_i\mu_i$$

를 처리평균들의 **대비**(contrast 또는 comparison)라고 부른다. 단, $\sum_{i=1}^{k}c_i=0$이다.

실험자는 처리평균들의 대비의 유의성을 검정함으로써, 즉 다음과 같은 형태의 가설을 검정함으로써 다중비교를 수행할 수 있다.

대비검정

$$H_0:\ \sum_{i=1}^{k}c_i\mu_i=0$$

$$H_1:\ \sum_{i=1}^{k}c_i\mu_i\neq 0$$

단, $\sum_{i=1}^{k}c_i=0$이다.

검정은 먼저 표본평균들의 대비를 다음과 같이 계산함으로써 수행된다.

$$w=\sum_{i=1}^{k}c_i\bar{y}_{i.}$$

이때, $\bar{Y}_{1.},\bar{Y}_{2.},\cdots,\bar{Y}_{k}$은 각각 평균이 $\mu_1,\ \mu_2,\ \cdots,\ \mu_k$이고 분산이 $\sigma_1^2/n_1,\sigma_2^2/n_2,\cdots,\sigma_k^2/n_k$

인 정규분포를 따르는 독립적인 확률변수들이므로, 정리 7.11 에 의해 w 는 평균이

$$\mu_W = \sum_{i=1}^{k} c_i \mu_i$$

이고, 분산이

$$\sigma_W^2 = \sigma^2 \sum_{i=1}^{k} \frac{c_i^2}{n_i}$$

인 정규확률변수 W의 값이 된다. 그러므로, H_0가 사실일 때 $\mu_W=0$이고, 예제 7.5 에 의해 통계량

$$\frac{W^2}{\sigma_W^2} = \frac{\left(\sum_{i=1}^{k} c_i \bar{Y}_{i.}\right)^2}{\sigma^2 \sum_{i=1}^{k} (c_i^2/n_i)}$$

은 자유도가 1 인 카이제곱확률변수가 된다. 이제 유의수준 α에서 가설검정은

대비 검정통계량

$$f = \frac{\left(\sum_{i=1}^{k} c_i \bar{y}_{i.}\right)^2}{s^2 \sum_{i=1}^{k} (c_i^2/n_i)} = \frac{\left[\sum_{i=1}^{k} (c_i Y_{i.}/n_i)\right]^2}{s^2 \sum_{i=1}^{k} (c_i^2/n_i)} = \frac{SSw}{s^2}$$

를 계산하여 수행되는데, 여기에서 f는 자유도가 $(1, N-k)$인 F 분포를 따르는 확률변수 F의 값이고

$$SSw = \frac{\left[\sum_{i=1}^{k} (c_i Y_{i.}/n_i)\right]^2}{\sum_{i=1}^{k} (c_i^2/n_i)}$$

이다. 표본크기가 n으로 모두 같을 때에는

$$SSw = \frac{\left(\sum_{i=1}^{k} c_i Y_{i.}\right)^2}{n \sum_{i=1}^{k} c_i^2}$$

이다. SSw는 **대비제곱합**(contrast sum of squares)이라고 부르며, SSA 중 대비에 의해 설명되는 부분을 나타낸다.

이 제곱합을 이용하여 대비 $\sum_{i=1}^{k} c_i\mu_i = 0$이라는 가설을 검정하게 될 것이다. 종종 여러 대비의 검정, 특히 선형독립인, 즉 직교하는 대비의 검정에 관심이 있을 수 있다. 따라서, 다음과 같은 정의가 필요해진다.

정의 12.2

두 개의 대비

$$\omega_1 = \sum_{i=1}^{k} b_i\mu_i\ , \quad \omega_2 = \sum_{i=1}^{k} c_i\mu_i$$

는 $\sum_{i=1}^{k} b_ic_i/n_i = 0$일 때, 또는 n_i가 n으로 모두 같을 경우에는 $\sum_{i-1}^{k} b_ic_i = 0$일 때, **직교**(orthogonal)한다고 말한다.

만약에 w_1과 w_2가 직교하면 SSw_1과 SSw_2는 SSA의 요소로서 각각의 자유도는 1이 된다. 만약 대비들이 서로 직교한나면 자유도 $k-1$을 가지는 처리제곱합은 최대 $k-1$개의 독립적인 자유도 1인 대비제곱합들로 나누어질 수 있으며, 다음 등식을 만족한다.

$$SSA = SSw_1 + SSw_2 + \cdots + SSw_{k-1}$$

예제 12.4 예제 12.1에서 직교하는 대비

$$\omega_1 = \mu_1 + \mu_2 - \mu_3 - \mu_5, \qquad \omega_2 = \mu_1 + \mu_2 + \mu_3 - 4\mu_4 + \mu_5$$

에 대응하는 대비제곱합들을 구하고 적절한 유의성 검정을 하라. 이 경우 두 개의 그룹 (1, 2)와 (3, 5)를 사전에 비교하는 것이 관심사이다. 한 가지 중요하고 독립적인 대비는 골재들의 집합 (1, 2, 3, 5)와 골재 4의 비교이다.

풀이 $(1)(1)+(1)(1)+(-1)(1)+(0)(-4)+(-1)(1)=0$이므로 분명히 두 대비는 직교한다. 두 번째 대비는 골재 (1, 2, 3, 5)와 골재 4의 비교를 나타낸다. 이들 두 개의 대비와 직교하는 다음과 같은 두 개의 대비를 추가로 쓸 수 있다.

$$\omega_3 = \mu_1 - \mu_2 \ \ (\text{골재 1 대 골재 2})$$
$$\omega_4 = \mu_3 - \mu_5 \ \ (\text{골재 3 대 골재 5})$$

표 12.1의 자료로부터,

$$SSw_1 = \frac{(3320 + 3416 - 3663 - 3664)^2}{6[(1)^2 + (1)^2 + (-1)^2 + (-1)^2]} = 14,553$$

$$SSw_2 = \frac{[3320 + 3416 + 3663 + 3664 - 4(2791)]^2}{6[(1)^2 + (1)^2 + (1)^2 + (1)^2 + (-4)^2]} = 70,035$$

좀더 자세한 분산분석표는 표 12.5에 나와 있다. 두 개의 대비제곱합을 더하면 거의 골재에 대한 제곱합과 같음을 알 수 있다. 골재에 따라 흡수도는 유의하게 차이가 있으나 대비 w_1은 가까스로 유의하다. 그러나 w_2에 대한 f 값 14.12는 매우 유의하고, 따라서 가설

$$H_0\colon\ \mu_1 + \mu_2 + \mu_3 + \mu_5 = 4\mu_4$$

는 기각된다.

직교대비에 의해 실험자는 처리변동을 독립적인 요소들로 나눌 수 있다. 보통의 경우 실험자는 그 자신이 관심을 가지고 있는 대비가 있을 것이다. 위의 예제가 그러한 경우로서, 사전에 골재 (1, 2)와 (3, 5)의 흡수도가 다를 것이라고 생각하였지만 검정결과 매우 유의하지는 않은 것으로 나타났다. 그러나 두 번째 비교를 통해 골재 4가 나머지들에 비해 '특출난' 것으로 판명되었다. 이 경우에서는 네 개의 가능한 독립적인 비교들 중 두 개가 처리변동의 대부분을 차지하므로 SSA를 완전하게 나눌 필요는 없었다.

그림 12.4는 SAS 출력결과로서, 모든 직교대비를 나타내고 있다. 네 개의 대비제곱합을 더하면 골재제곱합이 된다는 점에 주목하자. 또한 뒤의 두 대비(1과 2, 3과 5)는 유의하지 않다는 것을 나타내고 있다.

표 12.5 직교대비를 사용한 분산분석

변동요인	제곱합	자유도	평균제곱	f 값
골재	85,356	4	21,339	4.30
$(1,2)$ 대 $(3,5)$	$\{14,553$	$\{1$	$\{14,533$	2.93
$(1,2,3,5)$ 대 4	$70,035$	1	$70,035$	14.12
오차	124,021	25	4,961	
합	209,377	29		

12.6 다중비교

분산분석은 평균들의 동일성을 검정하는 효과적인 기법이다. 그러나 만약 귀무가설을 기각하고 대립가설 "모든 평균이 같지는 않다"를 받아들였을 때 어떤 모평균이 같고 어떤 것이 다른지는 여전히 알 수 없다.

12.5절에서 인자수준들, 즉 처리들의 집합을 서로 비교하기 위해 직교대비를 사용하는 방법에 대해 설명하였다. 직교성 개념에 의해 실험자는 독립적인 대비들에 대한 검정을 할 수 있다. 따라서, 처리 간 변동 SSA는 자유도가 1인 요소들로 나누어질 수 있고, 그런 다음 이 변동의 일정부분들을 특정한 대비로 나타낼 수 있다. 그러나 어떤 경우에는 대비를 사용하는 것이 적절하지 않을 수도 있다. 종종 처리들 간의 몇 개의(어떤 때에는 모든 가능한) **대응비교**(paired comparison)에 관심이 있을 수 있다. 사실상, 하나의 대응비교는 하나의 단순대비(simple contrast)로, 즉 모든 $i \neq j$에 대한 검정

$$H_0:\ \mu_i - \mu_j = 0$$
$$H_1:\ \mu_i - \mu_j \neq 0$$

```
                          The GLM Procedure
Dependent Variable: moisture
                                    Sum of
 Source                  DF        Squares    Mean Square   F Value   Pr > F
 Model                    4     85356.4667     21339.1167      4.30   0.0088
 Error                   25    124020.3333      4960.8133
 Corrected Total         29    209376.8000

        R-Square      Coeff Var      Root MSE     moisture Mean
        0.407669       12.53703      70.43304          561.8000

 Source                  DF      Type I SS     Mean Square     F Value     Pr > F
 aggregate                4    85356.46667     21339.11667        4.30     0.0088

 Source                  DF    Type III SS     Mean Square     F Value     Pr > F
 aggregate                4    85356.46667     21339.11667        4.30     0.0088

 Contrast                DF    Contrast SS     Mean Square     F Value     Pr > F
 (1,2,3,5) vs. 4          1    70035.00833     70035.00833       14.12     0.0009
 (1,2) vs. (3,5)          1    14553.37500     14553.37500        2.93     0.0991
 1 vs. 2                  1      768.00000       768.00000        0.15     0.6973
 3 vs. 5                  1        0.08333         0.08333        0.00     0.9968
```

그림 12.4 직교대비의 SAS 검정결과

으로 볼 수 있다. 특별히 복잡한 대비를 사전에 알고 있지 않다면 평균들 간의 모든 가능한 대응비교는 매우 유익할 것이다. 예를 들어, 표 12.1의 골재자료에 대해 다음 검정을 하고자 한다고 가정하자.

$$H_0\colon\ \mu_1 - \mu_5 = 0$$
$$H_1\colon\ \mu_1 - \mu_5 \neq 0$$

이 검정은 F 검정, t 검정, 또는 신뢰구간을 이용하여 수행될 수 있다. t 검정법에서는

$$t = \frac{\bar{y}_{1.} - \bar{y}_{5.}}{s\sqrt{2/n}}$$

라고 놓으며, 여기에서 s는 오차평균제곱의 제곱근이고 n=6은 처리당 표본크기이다. 이 경우,

$$t = \frac{553.33 - 610.67}{\sqrt{4961}\sqrt{1/3}} = -1.41$$

이다. 자유도 25인 t 검정에 대한 P값은 0.17이다. 따라서, H_0를 기각할 충분한 증거가 없다.

t 검정과 F 검정의 관계

앞에서는 제10장에서 논의한 방법에 따라 합동 t 검정을 사용하는 방법에 대해 설명하였다. 합동추정값은 총 5개의 표본에 걸쳐 혼합된 자유도를 이용하기 위해 오차평균제곱으로부터 계산한다. 또한 우리는 하나의 대비를 검정하였다. 즉, t값을 제곱한 결과는 정확히 이전 절에서 설명되었던 대비검정을 위한 f 값이 된다는 사실에 주목해야 한다. 실제로

$$f = \frac{(\bar{y}_{1.} - \bar{y}_{5.})^2}{s^2(1/6 + 1/6)} = \frac{(553.33 - 610.67)^2}{4961(1/3)} = 1.988$$

이고, 이것은 물론 t^2이다.

대응비교와 신뢰구간

대응비교(또는 대비)문제를 신뢰구간접근법을 이용하여 해결하는 것은 매우 간단

하다. 분명히 $\mu_1-\mu_5$에 대한 $100(1-\alpha)\%$ 신뢰구간을 계산하면

$$\bar{y}_{1.} - \bar{y}_{5.} \pm t_{\alpha/2} s\sqrt{\frac{2}{6}}$$

가 되며, 여기에서 $t_{\alpha/2}$는 자유도가 25(자유도는 s^2으로부터 계산)인 t 분포의 상위 $100(1-\alpha/2)\%$ 백분위수이다. 이러한 검정과 신뢰구간 사이의 단순한 관계는 제9장과 제10장에서의 논의로부터 당연한 것이다. 단순대비 $\mu_1-\mu_5$에 대한 검정은 위의 신뢰구간이 0을 포함하는지의 여부를 관찰하는 것에 지나지 않는다. 숫자를 대입하여 95% 신뢰구간을 구해 보면

$$(553.33 - 610.67) \pm 2.060\sqrt{4961}\sqrt{\frac{1}{3}} = -57.34 \pm 83.77$$

따라서, 신뢰구간이 0을 포함하므로 대비는 유의하지 않다. 달리 말하면, 골제 1과 5의 평균 사이에 유의한 차이를 발견할 수 없다.

실험별 오류율

지금까지 단순대비(즉, 두 평균의 비교)는 12.5절에서 예시된 F 검정, t 검정, 또는 두 평균차에 대한 신뢰구간을 계산함으로써 수행될 수 있음을 예시하였다. 그러나 만약 다수의 또는 모든 가능한 대응비교를 하려고 한다면 상당한 어려움이 따르게 된다. 평균이 k개 있는 경우에는 $r=k(k-1)/2$개의 가능한 대응비교가 존재하게 될 것이다. 비교가 서로 독립적이라고 가정하면 **실험별 오류율**(experiment-wise error rate), 즉 최소한 하나 이상의 가설을 잘못 기각할 확률은 $1-(1-\alpha)^r$으로 주어지며, 여기에서 α는 특정한 하나의 비교에서 제1종 과오를 범할 확률이다. 명백히 이러한 실험별 제1종 오류율은 상당히 커질 수 있다. 예를 들어, 6개의 비교만이 있는 경우 조차도, 즉 평균이 4개만 있더라도 $\alpha=0.05$라면 실험별 오류율은

$$1 - (0.95)^6 \approx 0.26$$

이다. 다수의 대응비교를 할 경우에는 보통 하나의 비교에 대한 효과적인 대비를 좀 더 보수적으로 할 필요가 있다. 즉, 신뢰구간접근법을 사용한다면 신뢰구간의 폭은 하나의 비교만을 수행할 때의 $\pm t_{\alpha/2} s\sqrt{2/n}$ 보다 훨씬 넓어질 것이다.

Tukey 검정

대응비교시 제1종 오류율의 신뢰성을 유지할 수 있는 몇 가지 표준적인 방법들이 있다. 그 중 두 가지를 여기에서 소개하고자 한다. 첫 번째 방법은 **Tukey의 절차**라고 하는 것으로, 모든 대응비교에 대한 $100(1-\alpha)\%$ 동시신뢰구간(simultaneous confidence intervals)을 만들 수 있는 방법이다. 이 방법은 스튜던트화 범위분포(studentized range distribution)에 근거하고 있다. 백분위수는 α, k, 그리고 s^2의 자유도인 v의 함수이다. $\alpha=0.05$에 대한 상위백분위수가 표 A.12에 주어져 있다. Tukey에 의한 대응비교법에서는 $|\bar{y}_{i.}-\bar{y}_{j.}|$가 $q[\alpha,k,v]\sqrt{\frac{s^2}{n}}$ 보다 크면 평균 i와 $j(i\neq j)$ 사이에는 유의한 차이가 있다고 판정한다.

Tukey의 절차는 쉽게 예시될 수 있다. 6개의 처리가 있고, 각 처리당 5개의 관측값이 있는 일원배치문제를 가정해 보자. 분산분석표로부터 오차평균제곱이 $s^2=2.45$(자유도는 24)로 얻어졌다고 가정하자. 표본평균은(작은 순서로)다음과 같이 주어져 있다.

$\bar{y}_{2.}$	$\bar{y}_{5.}$	$\bar{y}_{1.}$	$\bar{y}_{3.}$	$\bar{y}_{6.}$	$\bar{y}_{4.}$
14.50	16.75	19.84	21.12	22.90	23.20

$\alpha=0.05$일 때, $q(0.05, 6, 24)=4.37$이다. 따라서, 모든 평균차이의 절대값을

$$4.37\sqrt{\frac{2.45}{5}}=3.059$$

와 비교한다. 그 결과, Tukey의 절차에 의해 평균 사이에 유의한 차이가 있다고 판정되는 평균들은 다음과 같다.

4와 1, 4와 5, 4와 2, 6과 1, 6과 5
6과 2, 3과 5, 3과 2, 1과 5, 1과 2

Tukey 검정의 실험별 과오율

위에서 Tukey 검정의 **동시신뢰구간**의 개념에 대해 간단히 언급하였다. 동시신뢰구간의 개념을 이해한다면 다중비교(multiple comparisons)의 개념에 대해서도 이해할 수 있을 것이다.

제9장에서 모평균의 95% 신뢰구간이란 모평균을 포함하게 되는 신뢰구간의

상대적 비율이 0.95라는 것을 의미한다고 설명한 바 있다. 그러나 다중비교에서는 개별유의수준보다는 실험별 과오율이 중요한 관심사항이 되는데, 신뢰구간 $\bar{y}_{i.} - \bar{y}_{j.} \pm q[\alpha, k, v]s\sqrt{1/n}$ 들은 s와 평균 $\bar{y}_{i.}$를 공통으로 쓰고 있기 때문에 서로 독립이 아니라는 점에 주의해야 한다. 이러한 어려움에도 불구하고 $q(0.05, k, v)$를 사용하면 동시신뢰수준을 95%로 유지할 수 있다. 물론 $q(0.01, k, v)$를 사용하면 동시신뢰수준은 99%로 유지된다. 실험별 과오율이 α=0.05라는 것은 귀무가설을 최소한 하나 이상 잘못 기각할 확률이 0.05라는 것이다.

Duncan 검정

두 번째 절차는 **Duncan의 절차** 또는 **Duncan의 다중범위검정**(multiple range test)이라고 하는 방법이다. 이 절차도 스튜던트화 범위의 일반적인 개념에 근거하고 있다. p개 평균의 어느 쌍이 다르다고 판정되기 위해서는 이 두 평균값의 범위가 어떤 값보다 커야 한다. 이 값을 p개 평균에 대한 **최소유의범위**(least significant range)라고 하고, R_p로 표기하며

$$R_p = r_p\sqrt{\frac{s^2}{n}}$$

이다. **스튜던트화 최소유의범위**(least significant studentized range)라고 부르는 r_p값은 원하는 유의수준과 오차평균제곱의 자유도에 따라 달라진다. 표 A.13에는 p=2, 3, ⋯, 10일 때의 이 값들이 나와 있다.

다중범위검정절차를 예시하기 위해 6개의 처리가 있고, 각 처리당 5개의 관측값이 있는 경우를 가정해 보자. 이것은 Tukey 검정에서 사용된 것과 같은 예제이다. 먼저 각 r_p에 0.70을 곱하여 R_p를 구한다. 이 계산결과는 다음과 같이 요약된다.

p	2	3	4	5	6
r_p	2.919	3.066	3.160	3.226	3.276
R_p	2.043	2.146	2.212	2.258	2.293

이러한 최소유의범위들과 두 평균의 차이를 두 평균 차이가 큰 순서로 비교해 나가면 다음과 같은 결론을 얻을 수 있다.

1. $\bar{y}_{4.} - \bar{y}_{2.} = 8.70 > R_6 = 2.293$이므로 μ_4와 μ_2는 유의하게 다르다.
2. $\bar{y}_{4.} - \bar{y}_{5.}$와 $\bar{y}_{6.} - \bar{y}_{2.}$를 R_5와 비교하면 μ_4는 μ_5보다 유의하게 크고, μ_6는 μ_2

보다 유의하게 크다고 결론 내릴 수 있다.

3. $\bar{y}_{4.} - \bar{y}_{1.}$, $\bar{y}_{6.} - \bar{y}_{5.}$, 그리고 $\bar{y}_{3.} - \bar{y}_{2.}$를 R_4와 비교하면 각각 유의한 차이가 있다고 결론 내릴 수 있다.
4. $\bar{y}_{4.} - \bar{y}_{3.}$, $\bar{y}_{6.} - \bar{y}_{1.}$, $\bar{y}_{3.} - \bar{y}_{5.}$, 그리고 $\bar{y}_{1.} - \bar{y}_{2.}$를 R_3와 비교하면 $\mu_4 - \mu_3$를 제외하고 모두 유의한 차이가 있음을 알 수 있다. 그러므로, μ_3, μ_4 그리고 μ는 평균이 동일한 집합이다.
5. $\bar{y}_{3.} - \bar{y}_{1.}$, $\bar{y}_{1.} - \bar{y}_{5.}$, 그리고 $\bar{y}_{5.} - \bar{y}_{2.}$를 R_2와 비교하면 μ_3와 μ_1의 차이만이 유의하지 않음을 알 수 있다.

위의 결과에 대해 유의하게 다르지 않은 이웃하는 평균들의 밑에 선을 그어 정리하는 것이 통례이다. 따라서,

$\bar{y}_{2.}$	$\bar{y}_{5.}$	$\bar{y}_{1.}$	$\bar{y}_{3.}$	$\bar{y}_{6.}$	$\bar{y}_{4.}$
14.50	16.75	19.84	21.12	22.90	23.20

이 경우, Tukey와 Duncan의 절차에 의한 결과가 서로 매우 비슷하다는 점을 명확히 알 수 있다. 그러나 Duncan과는 달리 Tukey의 절차에서는 2와 5 사이의 차이를 검출하지 않았다.

Dunnett 검정

많은 과학기술문제에 있어서 $\mu_i - \mu_j$와 같은 형태의 모든 가능한 처리평균들의 비교에 관한 추론은 관심의 대상이 아니다. 그것보다는 각 처리군(treatment)을 하나의 **대조군**(control)과 동시에 비교할 필요성이 종종 대두된다. C. W. Dunnett는 결합유의수준(joint significance level) α하에서 각 처리평균과 대조평균의 차이에 관한 유의성을 검정할 수 있는 절차를 개발하였다. Dunnett의 절차를 예시하기 위해 3종의 촉매가 반응수율에 미치는 영향을 조사한 일원배치문제에 대한 표 12.6의 실험자료를 생각해 보자. 네 번째 처리는 촉매를 사용하지 않은 경우로서 대조군으로 사용되었다.

일반적으로 우리는 k개의 가설

$$\left.\begin{aligned} H_0&: \mu_0 = \mu_i \\ H_1&: \mu_0 \neq \mu_i \end{aligned}\right\} \qquad i = 1, 2, \ldots, k$$

를 검정하려고 하며, 여기에서 μ_0는 대조군의 모평균이다. 12.3절에서 설명된 일반

표 12.6 반응수율

대조군	촉매 1	촉매 2	촉매 3
50.7	54.1	52.7	51.2
51.5	53.8	53.9	50.8
49.2	53.1	57.0	49.7
53.1	52.5	54.1	48.0
52.7	54.0	52.5	47.2
$\bar{y}_{0.}=51.44$	$\bar{y}_{1.}=53.50$	$\bar{y}_{2.}=54.04$	$\bar{y}_{3.}=49.38$

적인 분산분석가정들은 여기에서도 모두 만족한다고 가정한다. 대조군을 제외하고 모두 k개의 처리가 있으며, 각 처리당 n개의 관측값이 있는 실험에서 양측검정을 하기 위해 먼저

$$d_i = \frac{\bar{y}_{i.} - \bar{y}_{0.}}{\sqrt{2s^2/n}}, \qquad i = 1, 2, \ldots, k$$

를 계산한다. 표본분산 s^2은 이전과 같이 분산분석의 오차평균제곱으로부터 얻어진다. 이제 귀무가설을 기각하기 위한 유의수준 α의 기각역은 다음의 부등식

$$|d_i| > d_{\alpha/2}(k, v)$$

로 주어지며, 여기에서 v는 오차평균제곱의 자유도이다. 양측검정을 위한 $d_{\alpha/2}(k, v)$의 값은 $\alpha=0.05$와 $\alpha=0.01$, 그리고 여러 k와 v값에 대해 표 A.14에 주어져 있다.

예제 12.5 표 12.6의 자료에 대해 각 촉매와 대조군을 비교하는 양측검정을 수행하라. 결합유의수준은 $\alpha=0.05$로 하라.

풀이 자유도 16인 오차평균제곱은 $k+1$개의 처리를 사용하여 분산분석으로부터 얻어진다. 오차평균제곱은

$$s^2 = \frac{36.812}{16} = 2.30075$$

로 주어지고

$$\sqrt{\frac{2s^2}{n}} = \sqrt{\frac{(2)(2.30075)}{5}} = 0.9593$$

따라서,

$$d_1 = \frac{53.50 - 51.44}{0.9593} = 2.147$$

$$d_2 = \frac{54.04 - 51.44}{0.9593} = 2.710$$

$$d_3 = \frac{49.38 - 51.44}{0.9593} = -2.147$$

부록의 표 A.14로부터 $\alpha=0.05$에 대한 기각값은 $d_{0.025}(3,16)=2.59$이다. 이때, $|d_1|<2.59$이고 $|d_3|<2.59$이므로 촉매 2의 평균수율만이 대조군의 평균수율과 유의하게 다르다고 결론 내릴 수 있다.

많은 실제응용문제에서 처리군과 대조군에 대한 단측검정이 필요한 상황이 발생한다. 예를 들어, 어느 약리학자가 약의 복용량에 따라 콜레스테롤 수준이 얼마나 감소하는지에 관심이 있고 대조군은 약을 복용하지 않은 경우로 한다면, 각각의 복용량이 대조군에 비해 콜레스테롤 수준을 감소시켰는지가 관심의 대상이 될 것이다. 표 A.15에는 단측검정에 대한 기각값 $d_\alpha(k,v)$값이 주어져 있다.

연습문제

12.12 다음은 4개의 실험실에서 실시된 동일 재료에 대한 분석 결과이다. 주어진 자료에 대해 다음의 대비에 대한 유의성 검정을 하라.

(a) B 대 (A, C, D)

(b) C 대 (A, D)

(c) A 대 D

A	*B*	*C*	*D*
58.7	62.7	55.9	60.7
61.4	64.5	56.1	60.3
60.9	63.1	57.3	60.9
59.1	59.2	55.2	61.4
58.2	60.3	58.1	62.3

12.13 1974년에 버지니아 대학에서 수행한 어느 연구에서는 특정조건에서 직물을 세탁한 후 킬레이트(chelate) 화합물을 면플란넬의 마무리 방화재로 사용하여 가연성에 미치는 영향을 조사하였다. 두 개의 세탁조를 준비하여 하나에는 카르복시메틸 셀룰로오스(carboxymethyl cellulose)를 담고 하나에는 담지 않았다. 직물 12필을 세탁조 I에서 5번 세탁하고, 다른 12필의 직물을 세탁조 I에서 10번 세탁하였다. 이러한 과정을 24필의 또 다른 직물에 대해 세탁조 II에서 반복하였다. 세탁 후 직물이 연소된 길이와 연소시간을 측정하였다. 쉽게 알아보기 위해 다음과 같이 처리를 정의하자.

처리 1: 세탁조 I 에서 5번 세탁

처리 2: 세탁조 II 에서 5번 세탁

처리 3: 세탁조 I 에서 10번 세탁

처리 4: 세탁조 II 에서 10번 세탁

초단위로 측정된 연소시간은 다음과 같이 기록되었다.

처리			
1	2	3	4
13.7	6.2	27.2	18.2
23.0	5.4	16.8	8.8
15.7	5.0	12.9	14.5
25.5	4.4	14.9	14.7
15.8	5.0	17.1	17.1
14.8	3.3	13.0	13.9
14.0	16.0	10.8	10.6
29.4	2.5	13.5	5.8
9.7	1.6	25.5	7.3
14.0	3.9	14.2	17.7
12.3	2.5	27.4	18.3
12.3	7.1	11.5	9.9

(a) 유의수준 0.01로 분산분석을 수행하여 처리 평균 간에 유의한 차이가 있는지 검정하라.

(b) 대비를 사용하여 처리 1 대 처리 2, 그리고 처리 3 대 처리 4의 평균연소시간을 유의수준 0.01로 비교하라.

12.14 버지니아 대학의 식품영양학과에서 수행한 어느 연구에서는 여러 단백질 식이(dietary protein) 수준에서의 발한 작용으로 인한 질소손실량(perspiration nitrogen loss)을 조사하였다. 의학적으로 건강한 7살 8개월에서 9살 8개월에 이르는 12명의 사춘기 이전 소년들을 실험대상으로 하였다. 이 소년들에게 하루에 29, 54, 또는 84g의 단백질이 함유된 식이(食餌) 중 하나를 섭취하게 하였다. 다음의 자료는 실험기간 중 마지막 2일 동안 수집된 발한 작용으로 인한 질소손실량을 mg 단위로 측정한 것이다.

단백질 수준		
29g	54g	84g
190	318	390
266	295	321
270	271	396
	438	399
	402	

(a) 유의수준 0.05로 분산분석을 수행하여 단백질 수준에 따라 평균 발한 작용으로 인한 질소손실량이 다름을 보여라.

(b) Tukey 검정을 사용하여 평균 질소 손실량이 유의하게 다른 단백질 수준이 무엇인지 분석하라.

12.15 Tukey의 검정을 사용하여 연습문제 12.2에서 5종류의 서로 다른 진통제의 평균진통시간을 유의수준 0.05로 분석하라.

12.16 어느 화학제품의 수율감소에 대한 요인이 조사되었다. 수율손실은 모액(mother liquor), 즉 여과과정에서 제거되는 원료에서 발생한다고 알려져 있다. 원료의 혼합물에 따라 모액단계에서의 수율감소가 달라진다고 생각되었다. 다음은 4종류의 혼합물에 따른 3배치(batch)의 수율감소율을 정리한 것이다.

혼합물			
1	2	3	4
25.6	25.2	20.8	31.6
24.3	28.6	26.7	29.8
27.9	24.7	22.2	34.3

(a) 유의수준 0.05로 분산분석을 수행하라.

(b) Duncan의 다중범위검정을 이용하여 어느 혼합물이 다른지 결정하라.

(c) (b)를 Tukey 검정을 이용하여 구하라.

12.17 버지니아 대학에서 수행한 어느 연구에서는 종(species)의 수를 알아보기 위해 5종류의 서로 다른 표본추출절차를 사용하였다. 20개의 표본이 랜덤하게 선택되었고, 각 5종류의 절차는 네 번씩 반복되었다. 종의 수는 다음과 같이 기록되었다.

표본추출절차				
Depletion	Modified Hess	Surber	Subsrate Removal Kicknet	Kicknet
85	75	31	43	17
55	45	20	21	10
40	35	9	15	8
77	67	37	27	15

(a) 표본추출절차에 따라 평균종수에 유의한 차이가 있는가? P값을 이용하여 검정하라.

(b) Tukey 검정을 이용하여 어느 표본추출절차들이 다른지 유의수준 0.05로 결정하라.

12.18 다음 자료는 토션스프링을 스프링 다리 사이의 각을 변화시켜가며 측정한 압력(psi)이 다. 이 실험에 대해 일원배치 분산분석을 한 후, 각도가 스프링압력에 미치는 영향을 말하라.

스프링 다리 각도(°)				
67	71	75	79	83
83	84	86	89	90
85	85	87	90	92
	85	87	90	
	86	87	91	
	86	88		
	87	88		
		88		
		88		
		88		
		89		
		90		

12.19 배터리를 사용하는 주변온도가 배터리의 활성수명(activated life)에 영향을 주리라고 생각되고 있다. 30개의 균질한 배터리에 대해 5단계의 온도에서 각각 6개씩 실험하여 활성수명(초단위)을 기록하였다. 자료를 분석한 후 그 결과를 해석하라.

온도(°C)				
0	25	50	75	100
55	60	70	72	65
55	61	72	72	66
57	60	72	72	60
54	60	68	70	64
54	60	77	68	65
56	60	77	69	65

12.20 다음의 표는 고전압망(network)에 사용되는 9종류의 케이블로부터 추출된 전선들의 인장강도를 측정하여 그 값과 340과의 차이를 기록한 것이다. 각 케이블은 12개의 전선으로 구성되어 있다. 9종류의 케이블에 따라 전선의 평균강도가 같은지 알고 싶다. 만약 다르다면 어느 것이 다른가? P값을 이용하라.

케이블	인장강도											
1	5	−13	−5	−2	−10	−6	−5	0	−3	2	−7	−5
2	−11	−13	−8	8	−3	−12	−12	−10	5	−6	−12	−10
3	0	−10	−15	−12	−2	−8	−5	0	−4	−1	−5	−11
4	−12	4	2	10	−5	−8	−12	0	−5	−3	−3	0
5	7	1	5	0	10	6	5	2	0	−1	−10	−2
6	1	0	−5	−4	−1	0	2	5	1	−2	6	7
7	−1	0	2	1	−4	2	7	5	1	0	−4	2
8	−1	0	7	5	10	8	1	2	−3	6	0	5
9	2	6	7	8	15	11	−7	7	10	7	8	1

12.21 다음의 그림 12.5는 예제 12.1의 골재자료에 대해 SAS의 PROC GLM을 이용하여 Duncan 검정을 한 결과이다. 대응비교결과는 무엇인가?

12.22 연습문제 12.6의 자료에 대해 Duncan 검정을 하고 대응비교결과를 구하라.

12.23 생물학실험에서 어느 식물의 성장(단위: cm)을 촉진시키기 위해 화학약품을 네 가지 농도로 나누어 사용하였다. 각 농도에 대해 5그루의 식물을 대상으로 성장을 기록하였다. 다음은 그 성장자료이다. 대조군(화학약품 사용 안 함)도 고려되었다. 유의수준 0.05로 Dunnett의 양측검정을 이용하여 각 농도와 대조군을 모두 비교하라.

대조군	농도			
	1	2	3	4
6.8	8.2	7.7	6.9	5.9
7.3	8.7	8.4	5.8	6.1
6.3	9.4	8.6	7.2	6.9
6.9	9.2	8.1	6.8	5.7
7.1	8.6	8.0	7.4	6.1

12.24 한 기업의 재무레버리지(leverage)는 차입자본에 대한 총 자본비율을 말한다. 연구에 의하면 재무레버리지는 자본에 대한 수익률을 증가시키는 데 사용될 수 있다고 한다. 이것을 달리 말하면, 재무레버리지를 사용함으로써 주주들은 동일한 투자로 자본에 대한 너무 높은 수익을 얻을 수 있다는 것이다. 다음 자료는 랜덤하게 뽑은

```
                    The GLM Procedure
          Duncan's Multiple Range Test for moisture
NOTE: This test controls the Type I comparisonwise error rate,
      not the experimentwise error rate.
              Alpha                            0.05
              Error Degrees of Freedom          25
              Error Mean Square           4960.813
 Number of Means            2           3           4           5
 Critical Range         83.75       87.97       90.69       92.61

Means with the same letter are not significantly different.
        Duncan Grouping          Mean        N     aggregate
                     A         610.67        6     5
                     A
                     A         610.50        6     3
                     A
                     A         569.33        6     2
                     A
                     A         553.33        6     1

                     B         465.17        6     4
```

그림 12.5 연습문제 12.21의 SAS 출력결과

24개의 기업들에 대해 3종류의 재무레버리지를 사용할 때와 부채가 없을 때, 즉 대조군의 자본에 대한 수익률을 정리한 것이다.

(a) 유의수준 0.05로 분산분석을 수행하라.

(b) 유의수준 0.01로 Dunnett 검정을 사용하여 각 수준의 재무레버리지에서의 평균수익률이 대조군에 비해 높은지 검정하라.

재무레버리지			
대조군	낮음	중간	높음
2.1	6.2	9.6	10.3
5.6	4.0	8.0	6.9
3.0	8.4	5.5	7.8
7.8	2.8	12.6	5.8
5.2	4.2	7.0	7.2
2.6	5.0	7.8	12.0

12.7 블록으로 구분된 처리들의 비교

12.2절에서 블록화, 즉 균질하다고 생각되는 실험단위들의 집합을 분리해 내고 이 단위들에 랜덤하게 처리를 할당하는 개념을 설명하였다. 이것은 제9장과 제10장에서 논의된 '대응(pairing)' 개념을 확장한 것으로, 블록 내의 단위들이 다른 블록에 있는 단위들보다 좀더 공통적인 성질을 가지게 되어 실험오차를 줄일 수 있게 된다.

블록화는 실험계획을 시각적으로 표현하기는 하지만, 블록을 또 다른 인자로 보아서는 안 된다. 사실상 주인자(처리들)가 여전히 실험의 주류를 이끈다. 완전랜덤화법에서와 똑같이 실험단위는 여전히 오차의 요인이다. 단지 블록화를 통해 이 단위들의 집합을 좀더 체계적으로 다룰 뿐이다. 이 방법에서 랜덤화의 제한은 있다. 블럭화를 설명하기에 앞서서 완전랜덤화법에 대한 두 가지 예를 살펴 보기로 하자. 첫 번째 예로 4종류의 촉매에 따라 평균반응수율에 차이가 있는지 알아보기 위한 어느 화학실험에서 실험재료의 표본은 동일한 원재료배치(batch)에서 추출하고, 온도나 반응물의 농도 등의 다른 조건들은 일정하게 유지한다고 하자. 이 경우 실험일이 실험단위로 될 수 있으며, 만약 실험자가 생각하기에 시간에 따른 영향이 있다고 판단되면 발생할 수도 있는 어떤 경향에 대응하기 위해 실험일별로 촉매할당을 랜덤화해야 한다. 두 번째 예로 어느 유체의 어떤 물리적 성질을 측정하는 네 가지 방법을 비교하는 실험에 대해 생각해 보자. 표본추출과정이 파괴적이라고 가정하자. 즉, 하나의 유체표본을 한 가지 방법으로 측정하였다면 그 유체표본을 다른 방법으로 측정할 수 없다. 각 방법에 대해 5번 측정을 하고자 한다면, 20개의 샘플을 하나의 큰 배치로부터 랜덤하게 추출하여 네 가지 측정방법을 비교하기 위해 실험한다. 실험단위는 랜덤하게 추출된 표본들이다. 표본 사이에 변동이 있다면 분산분석에서 s^2으로 측정되는 오차변동으로 나타날 것이다.

블록화의 목적

실험단위의 이질성에 기인한 변동이 너무 커서 s^2이 커지는 바람에 처리에 의한 차이를 검출하는 민감도가 줄어든다면, 좀더 작거나 좀더 균질한 블록에 의해 이질적인 변동을 줄이므로 이 단위들에 의한 변동을 '봉쇄'하는 것이 보다 좋은 방법이 될 것이다. 예를 들어, 위의 촉매예제에서 날짜에 따라 수율이 확실히 달라진다는 사실이 사전에 알려져 있으며, 하루에 4개의 촉매에 대한 수율만을 측정할 수 있다고 가정하자. 4개의 촉매를 20번의 실험에 완전히 랜덤하게 할당하는 대신, 예를 들어 5일을 선택하고 하루에 4개의 촉매실험을 랜덤하게 한다. 이러한 방법으로 날짜에 따른 변동이 분석에서 제거될 수 있으며, 궁극적으로 실험오차는 하루 중에 발생할 수도 있는 시간에 따른 경향을 여전히 포함하기는 하지만 좀더 정확히 우연변동을 나타내게 된다. 이때 각 실험일은 하나의 **블록**으로 간주된다.

랜덤화블록설계(randomized block design)의 가장 간단한 형태는 모든 블록에 각 처리를 하나씩 할당하는 것이다. 이러한 실험배치를 **난괴법**(randomized complete block design)이라고 하며, 각 블록 내에서 처리들을 한 번씩 반복하게 된다.

12.8 난괴법

블록이 4개이고 측정이 3개인 난괴법의 전형적인 배치는 다음과 같다.

블록 1	블록 2	블록 3	블록 4
t_2	t_1	t_3	t_2
t_1	t_3	t_2	t_1
t_3	t_2	t_1	t_3

t는 블록에 할당된 3개 측정 각각을 나타낸다. 물론 블록 내에서 처리할당은 랜덤하게 한다. 실험이 끝나면 자료는 다음과 같은 3×4 배열로 정리될 수 있다.

처리	블록			
	1	2	3	4
1	y_{11}	y_{12}	y_{13}	y_{14}
2	y_{21}	y_{22}	y_{23}	y_{24}
3	y_{31}	y_{32}	y_{33}	y_{34}

여기에서, y_{11}은 블록 1에서 처리 1을 사용할 때의 반응값, y_{12}는 블록 2에서 처리

1을 사용할 때의 반응값, …, 그리고 y_{34}는 블록 4에서 처리 3을 사용할 때의 반응값을 각각 나타낸다.

이제 b개의 블록에 k개의 처리를 할당하는 일반적인 경우를 생각해 보자. 자료는 표 12.7의 $k \times b$ 직사각형배열로 정리될 수 있을 것이다. 여기에서 $y_{ij}(i=1, 2, \cdots, k, j=1, 2, \cdots, b)$는 평균이 μ_{ij}이고 분산이 공통적으로 σ^2인 정규분포를 따르는 독립적인 확률변수의 값으로 가정한다.

i번째 처리에 대한 b개 모평균들의 평균을 $\mu_{i.}$로 나타내자. 즉,

$$\mu_{i.} = \frac{1}{b}\sum_{j=1}^{b}\mu_{ij}$$

비슷하게 j번째 블록에 대한 모평균들의 평균 $\mu_{.j}$는

$$\mu_{.j} = \frac{1}{k}\sum_{i=1}^{k}\mu_{ij}$$

와 같이 정의되고, bk개 모평균들의 평균 μ는

$$\mu = \frac{1}{bk}\sum_{i=1}^{k}\sum_{j=1}^{b}\mu_{ij}$$

와 같이 정의된다. 관측값의 변동 중에 처리의 차이에 기인한 부분이 있는가를 알기 위해 다음과 같은 검정을 생각해 보자.

표 12.7 난괴법에 대한 $k \times b$ 배열

처리	블록						합	평균
	1	2	⋯	j	⋯	b		
1	y_{11}	y_{12}	⋯	y_{1j}	⋯	y_{1b}	$T_{1.}$	$\bar{y}_{1.}$
2	y_{21}	y_{22}	⋯	y_{2j}	⋯	y_{2b}	$T_{2.}$	$\bar{y}_{2.}$
⋮	⋮	⋮		⋮		⋮	⋮	⋮
i	y_{i1}	y_{i2}	⋯	y_{ij}	⋯	y_{ib}	$T_{i.}$	$\bar{y}_{i.}$
⋮	⋮	⋮		⋮		⋮	⋮	⋮
k	y_{k1}	y_{k2}	⋯	y_{kj}	⋯	y_{kb}	$T_{k.}$	$\bar{y}_{k.}$
합	$T_{.1}$	$T_{.2}$	⋯	$T_{.j}$	⋯	$T_{.b}$	$T_{..}$	
평균	$\bar{y}_{.1}$	$\bar{y}_{.2}$	⋯	$\bar{y}_{.j}$	⋯	$\bar{y}_{.b}$		$\bar{y}_{..}$

모평균들의 동일성 검정

$$H_0\colon\ \mu_{1.} = \mu_{2.} = \cdots = \mu$$

$$H_1\colon\ \mu_{i.}\text{들이 모두 같지는 않다.}$$

난괴법 모형

각 관측값은

$$y_{ij} = \mu_{ij} + \epsilon_{ij}$$

와 같은 형태로 쓸 수 있으며, 여기에서 ϵ_{ij}는 관측값 y_{ij}와 모평균 μ_{ij}의 편차를 나타낸다. 이 식은

$$\mu_{ij} = \mu + \alpha_i + \beta_j$$

를 대입하여 자주 표현되는데, 여기에서 α_i는 이전과 마찬가지로 i번째 처리의 효과를, β_j는 j번째 블록의 효과를 나타낸다. 처리효과와 블록효과는 가산적이라고 가정한다. 따라서,

$$y_{ij} = \mu + \alpha_i + \beta_j + \epsilon_{ij}$$

로 쓸 수 있다. 이 모형은 일원배치모형과 비슷하지만 블록효과 β_j를 도입한 것이 중요한 차이점이다. 기본개념은 일원배치와 거의 같으나 이제는 두 방향으로의 변동을 체계적으로 통제하므로 블록에 의한 효과를 추가적으로 고려해야 한다. 이제

$$\sum_{i=1}^{k} \alpha_i = 0, \qquad \sum_{j=1}^{b} \beta_j = 0$$

이라는 제약조건을 주면

$$\mu_{i.} = \frac{1}{b}\sum_{j=1}^{b}(\mu + \alpha_i + \beta_j) = \mu + \alpha_i$$

$$\mu_{.j} = \frac{1}{k}\sum_{i=1}^{k}(\mu + \alpha_i + \beta_j) = \mu + \beta_j$$

가 된다. k개의 처리평균 $\mu_{i.}$가 모두 같아서 μ와 같다는 귀무가설은 이제 다음의 가설

$$H_0\colon\ \alpha_1 = \alpha_2 = \cdots = \alpha_k = 0,$$
$$H_1\colon\ \alpha_i \text{가 모두 0이 아니다.}$$

를 검정하는 것과 같다.

처리에 대한 각 검정은 동일한 모분산 σ^2의 독립적인 추정값들의 비교에 근거하여 수행된다. 이 추정값들은 자료의 총제곱합을 다음의 등식에 의해 세 부분으로 나누어 얻어지게 된다.

정리 12.3

제곱합등식 :

$$\sum_{i=1}^{k}\sum_{j=1}^{b}(y_{ij}-\bar{y}_{..})^2 = b\sum_{i=1}^{k}(\bar{y}_{i.}-\bar{y}_{..})^2 + k\sum_{j=1}^{b}(\bar{y}_{.j}-\bar{y}_{..})^2 + \sum_{i=1}^{k}\sum_{j=1}^{b}(y_{ij}-\bar{y}_{i.}-\bar{y}_{.j}+\bar{y}_{..})^2$$

증명은 독자들에게 남긴다.

이 제곱합등식은 다음과 같이 표현될 수 있다.

$$SST = SSA + SSB + SSE$$

$$SST = \sum_{i=1}^{k}\sum_{j=1}^{b}(y_{ij}-\bar{y}_{..})^2 \quad = \text{총제곱합}$$

$$SSA = b\sum_{i=1}^{k}(\bar{y}_{i.}-\bar{y}_{..})^2 \quad = \text{처리제곱합}$$

$$SSB = k\sum_{j=1}^{b}(\bar{y}_{.j}-\bar{y}_{..})^2 \quad = \text{블록제곱합}$$

$$SSE = \sum_{i=1}^{k}\sum_{j=1}^{b}(y_{ij}-\bar{y}_{i.}-\bar{y}_{.j}+\bar{y}_{..})^2 = \text{오차제곱합}$$

제곱합을 독립적인 확률변수 $Y_{11}, Y_{12}, \cdots, Y_{kb}$의 함수로 해석하였던 정리 12.2의 절차를 따르면, 처리, 블록, 그리고 오차제곱합의 기대값이

$$E(SSA) = (k-1)\sigma^2 + b\sum_{i=1}^{k}\alpha_i^2$$
$$E(SSB) = (b-1)\sigma^2 + k\sum_{j=1}^{b}\beta_j^2$$
$$E(SSE) = (b-1)(k-1)\sigma^2$$

으로 주어짐을 보일 수 있다. 일원배치문제에서처럼 처리평균제곱은

$$s_1^2 = \frac{SSA}{k-1}$$

이다. 만약 처리효과들이 $\alpha_1 = \alpha_2 = \cdots = \alpha_k = 0$이면 s_1^2은 σ^2의 불편추정값이다. 그러나 처리효과가 모두 0은 아니라면

처리평균제곱의 기대값

$$E\left(\frac{SSA}{k-1}\right) = \sigma^2 + \frac{b}{k-1}\sum_{i=1}^{k}\alpha_i^2$$

으로서 s_1^2은 σ^2을 과대추정하게 된다. σ^2의 두 번째 추정값은 자유도 $b-1$에 근거하여

$$s_2^2 = \frac{SSB}{b-1}$$

로 주어진다. 블록효과가 $\beta_1=\beta_2=\cdots=\beta_b=0$일 때 추정값 s_2^2은 σ^2의 불편추정값이 된다. 블록효과가 모두 0은 아니라면

$$E\left(\frac{SSB}{b-1}\right) = \sigma^2 + \frac{k}{b-1}\sum_{j=1}^{b}\beta_j^2$$

으로서 s_2^2은 σ^2을 과대추정하게 된다. 자유도 $(k-1)(b-1)$에 근거한 s_1^2, s_2^2과 독립적인 σ^2의 세 번째 추정값은

$$s^2 = \frac{SSE}{(k-1)(b-1)}$$

로 주어지며, 귀무가설의 사실 여부에 관계 없이 σ^2의 불편추정값이다.

처리효과가 모두 0이라는 귀무가설을 검정하기 위해 비율

$$f_1 = \frac{s_1^2}{s^2}$$

을 계산하는데, 이것은 귀무가설이 사실일 때 자유도가 $[k-1, (k-1)(b-1)]$인 F 분포를 따르는 확률변수 F_1의 값이다. 귀무가설은 $f_1 > f_\alpha[k-1, (k-1)(b-1)]$일 때 유의수준 α로 기각된다.

실제 계산할 때에는 먼저 SST, SSA, 그리고 SSB를 계산한 후 제곱합등식을 이용하여 빼줌으로써 SSE를 얻을 수 있다. SSE에 관계된 자유도도 보통 뺄셈으로 얻어진다. 즉,

$$(k-1)(b-1) = kb - 1 - (k-1) - (b-1)$$

난괴법에 대한 분산분석계산은 표 12.8과 같이 정리될 수 있을 것이다.

표 12.8 난괴법에 대한 분산분석표

변동요인	제곱합	자유도	평균제곱	f값
처리	SSA	$k-1$	$s_1^2 = \frac{SSA}{k-1}$	$f_1 = \frac{s_1^2}{s^2}$
블록	SSB	$b-1$	$s_2^2 = \frac{SSB}{b-1}$	
오차	SSE	$(k-1)(b-1)$	$s^2 = \frac{SSE}{(k-1)(b-1)}$	
합	SST	$kb-1$		

예제 12.6 4대의 서로 다른 기계 M_1, M_2, M_3, M_4가 어느 제품의 조립기계로 고려되고 있다. 기계들을 비교하기 위한 난괴법실험에 6명의 작업자를 투입하기로 결정하였다. 기계들은 각 작업자에 랜덤한 순서로 할당되었다. 기계의 조작은 어느 정도의 숙련도가 요구되므로 작업자들의 작업속도 사이에 차이가 있을 것으로 기대되었다. 주어진 제품을 조립하는 데 소요된 시간이 초단위로 다음과 같이 표 12.9에 기록되었다.

표 12.9 제품조립시간(초)

기계	작업자						합
	1	2	3	4	5	6	
1	42.5	39.3	39.6	39.9	42.9	43.6	247.8
2	39.8	40.1	40.5	42.3	42.5	43.1	248.3
3	40.2	40.5	41.3	43.4	44.9	45.1	255.4
4	41.3	42.2	43.5	44.2	45.9	42.3	259.4
합	163.8	162.1	164.9	169.8	176.2	174.1	1010.9

기계의 평균작업속도가 같다는 가설에 대해 유의수준 0.05로 검정하라.

풀이

$$H_0:\ \alpha_1 = \alpha_2 = \alpha_3 = \alpha_4 = 0\ \ \text{(기계에 의한 효과는 없다.)}$$

$$H_1:\ \alpha_i \text{가 모두 0은 아니다.}$$

제곱합공식과 자유도를 이용하여 얻은 분산분석결과가 표 12.10에 나와 있다. 비율값 f=3.34는 P=0.048에서 유의하다. 유의수준을 0.05로 한다면 기계들의 속도가 동일하지 않다고 결론을 내릴 수 있다.

표 12.10 표 12.9의 자료에 대한 분산분석

변동요인	제곱합	자유도	평균제곱	f값
기계	15.93	3	5.31	3.34
작업자	42.09	5	8.42	
오차	23.84	15	1.59	
합	81.86	23		

블록의 역할

제10장에서 관측값들이 대응되었을 때 평균을 비교하는 절차를 소개하였다. 그 절차에서는 균질한 쌍(pair)에 의한 효과를 '제거'하여 그 차이를 가지고 계산하였다. 이것은 처리의 수가 k=2인 난괴법의 특수한 경우이다. 처리가 할당되는 n개의 균질한 단위들은 블록의 역할을 한다.

만약 실험단위 사이에 이질성이 있을 때, 실험자는 작은 균질한 블록을 사용함으로써 실험오차를 줄이는 것이 늘 유리하다고 잘못 믿어서는 안 된다. 오차분산을 줄이는 목적은 처리평균들 간의 차이를 검출하기 위한 검정의 민감도를 증가시키는 것이다. 이것은 검정력에 반영된다(분산분석의 검정력은 12.11절에서 좀더 상세히 논의된다). 처리평균들 간의 어떤 차이에 대한 검정력은 오차분산이 감소함에 따라 증가한다. 그러나 검정력은 또한 이 분산이 추정될 때 사용된 자유도에 의해 영향을 받고, 블록화를 하면 자유도는 일원배치에서의 $k(b-1)$에서 $(k-1)(b-1)$로 줄어든다. 따라서 오차분산이 크게 감소하지 않는다면 블록화에 의해 검정력이 줄어들 수도 있는 것이다.

블록과 처리 간의 교호작용

난괴법모형의 또다른 중요한 묵시적 가정은 처리효과와 블록효과가 가산적이라는 가정이다. 이것은 모든 i, i', j, j'에 대해 $\mu_{ij} - \mu_{ij'} = \mu_{i'j} - \mu_{i'j'}$ 또는 $\mu_{ij} - \mu_{i'j} = \mu_{ij'} - \mu_{i'j'}$ 이라고 말하는 것과 동일하다. 즉, 블록 j와 j'의 모평균들 간의 차이가 모든 처리에 대해 같고, 처리 i와 i'의 모평균들 간의 차이는 모든 블록에 대해 같다는 것이다. 그림 12.6(a)의 평행선은 처리효과와 블록효과가 가산적인 평균반응값들을 예시하는 반면, 그림 12.6(b)의 교차선은 처리효과와 블록효과 사이에 **교호작용**(interaction)이 존재하는 상황을 보여준다. 예제 12.6을 참조하면, 기계 1을 사용시 작업자 3이 작업자 2보다 평균적으로 0.5초 빠르다면, 작업자 3은 기계 2, 3, 또는 4를 사용할 때에도 작업자 2보다 평균적으로 0.5초 빠를 것이다. 많은 실험에서 가산성 가정은 성립하지 않으며 본 절의 분석에 의한 결론은 오류일 수 있다. 예를 들어, 기계 1을 사용시 작업자 3이 작업자 2보다 평균적으로 0.5초 빠르지만, 기계 2를 사용할 때에는 작업자 2보다 평균적으로 0.2초 늦는다고 가정해 보자. 그러면 작업자와 기계는 교호작용을 하는 상황이 된다.

표 12.9를 살펴보면 어떤 교호작용이 존재한다는 것을 알 수 있다. 이러한 명백한 교호작용은 실제로 그럴 수도 있고 실험오차에 의할 수도 있다. 예제 12.6의 분석은 이 명백한 교호작용이 완전히 실험오차에 의한 것이라는 가정에 근거하였다. 만약 자료의 총변동이 부분적으로 교호작용효과에 의한 것이라면, 이 변동요인은 오차제곱합의 일부분으로 남아 **오차평균제곱은 σ^2을 과대추정하게 되고**, 따라서 제2종 과오를 범할 확률이 증가하게 된다. 사실상 우리는 부정확한 모형을 가정한 것이다. i번째 처리와 j번째 블록의 교호작용효과를 $(\alpha\beta)_{ij}$로 나타내면,

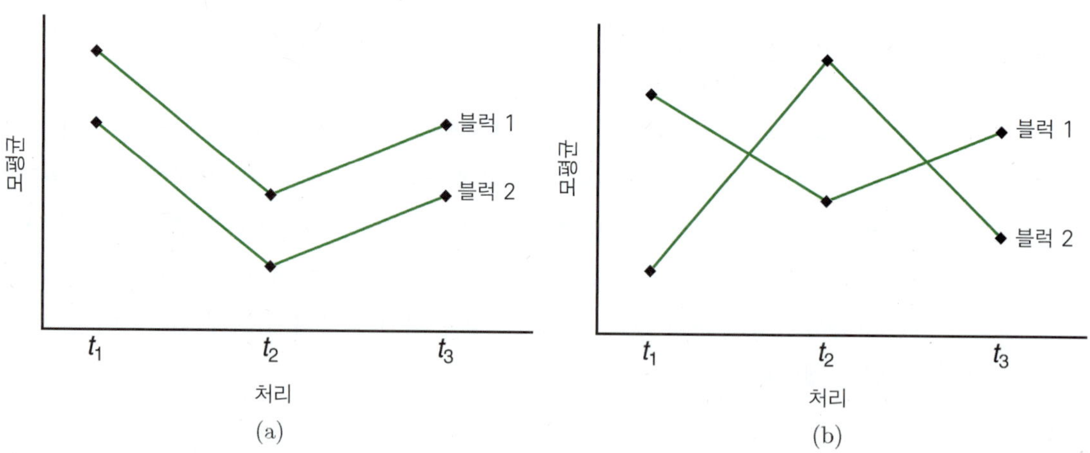

그림 12.6 (a) 가산적인 효과, (b) 교호작용효과에 대한 모평균

$$y_{ij} = \mu + \alpha_i + \beta_j + (\alpha\beta)_{ij} + \epsilon_{ij}$$

와 같이 모형을 좀더 적절하게 표현할 수 있으며, 여기에서

$$\sum_{i=1}^{k}(\alpha\beta)_{ij} = \sum_{j=1}^{b}(\alpha\beta)_{ij} = 0$$

이라는 제약조건이 추가로 부가된다. 이제 다음 식이 성립함을 쉽게 확인할 수 있다.

$$E\left[\frac{SSE}{(b-1)(k-1)}\right] = \sigma^2 + \frac{1}{(b-1)(k-1)}\sum_{i=1}^{k}\sum_{j=1}^{b}(\alpha\beta)_{ij}^2$$

따라서, **교호작용이 실제로 존재하는 데도 이를 무시한다면 오차평균제곱은 σ^2의 편의(biased)추정값**임을 알 수 있다. 이 시점에서 교호작용의 존재가 의심스러운 경우 이 교호작용을 검출하기 위한 절차의 필요성에 당면하게 된다. 이러한 절차를 수행하기 위해서는 σ^2에 대한 독립적인 불편추정값을 구할 수 있어야 한다. 불행하게도 난괴법에서는 실험배치를 바꾸기 전에는 이러한 검정을 할 수 없다.

12.9 그래프를 이용한 방법과 기타 진단법

여러 장들에서 자료와 분석적인 결과를 나타내 줄 수 있는 도해적인 절차들을 참고한 바 있다. 이전의 장들에서 표본자료의 정리에 도움을 주는 줄기-잎 그림(stem and leaf plot)과 상자그림(box plot)을 시각정보로서 사용하였다. 제10장에서는 두 개의 표본자료를 좀더 잘 이해하기 위해 이와 비슷한 진단절차를 사용하였다. 제11장에서는 일반적인 가정들의 위반 여부를 검출하기 위해 잔차그림(residual plot)의 개념을 소개하였다. 최근의 자료분석은 **그래프를 이용한 방법**에 주의를 집중하고 있다. 회귀분석에서처럼 분산분석도 가정의 위배탐지뿐만 아니라 자료의 정리에 도움을 주는 그래프들을 이용한다. 예를 들어, 각 처리평균 주위로 실제 관측값들을 산점도로 그려 보면 분석자는 표본평균들 간의 변동과 표본 내의 변동에 대한 감을 얻을 수 있다. 이와 같은 예로서 그림 12.7은 표 12.1의 골재자료에 대한 산점도를 보여주고 있다. 도표의 모양으로부터 어느 골재가 다른 골재와 달리 특출나는가에 관하여 통찰할 수도 있을 것이나. 골재 4가 다른 것들보다 특출나다는 점은 명백하다. 골재 1과 2가 그런 것처럼 골재 3과 5는 확실히 균질한 그룹을 형성하고 있다.

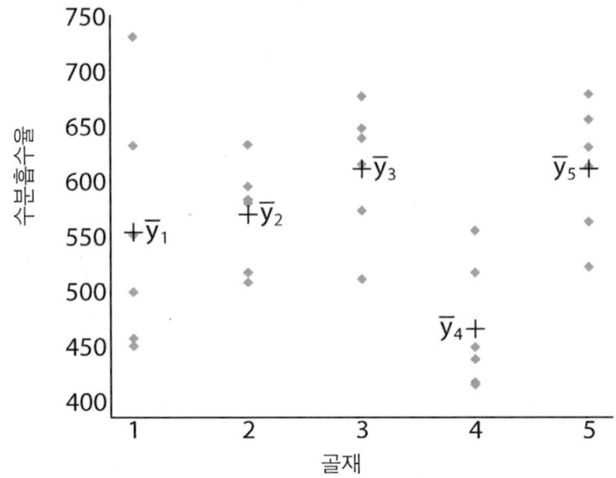

그림 12.7 표 12.1의 골재자료에 대한 산점도

회귀분석의 경우처럼 분산분석에도 잔차는 가정의 위배를 검출하는 데 도움을 줄 수 있다. 잔차를 도출하기 위해서는 단순히 일원배치문제, 즉

$$y_{ij} = \mu_i + \epsilon_{ij}$$

만을 생각해 보면 된다. μ_i의 추정값이 $\bar{y}_{i.}$라는 것은 간단히 알 수 있다. 그러므로 ij번째 잔차는 $y_{ij} - \bar{y}_{i.}$이다. 이것은 난괴법모형으로 쉽게 확장될 수 있다. 균질한 분산이라는 가정을 통찰하기 위해서는 각 골재별로 잔차그림을 그려 보는 것이 매우 도움이 될 것이다. 이 도표가 그림 12.8에 나와 있다.

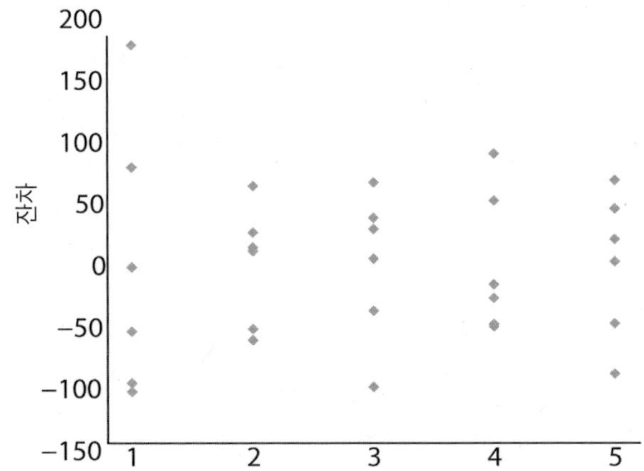

그림 12.8 표 12.1의 5종류 골재에 대한 잔차그림

그림 12.8의 경우에서 잔차들을 관찰해 보면 골재 1을 제외하고 처리 내 분산들이 상당히 균질해 보인다. 그림으로부터 골재 1의 분산이 나머지들보다 크다는 사실을 알 수 있다.

난괴법의 잔차

난괴법은 그래프방법을 통해 분석자가 '이상적인 그림'을 보고 안심할 수 있거나 어려운 점을 알 수 있는 또 다른 배치법이다. 난괴법모형이

$$y_{ij} = \mu + \alpha_i + \beta_j + \epsilon_{ij}, \quad i = 1, \cdots, k, \quad j = 1, \cdots, b$$

이고, 이때의 제약조건이

$$\sum_{i=1}^{k} \alpha_i = 0, \qquad \sum_{j=1}^{b} \beta_j = 0$$

임을 상기하자. 실제로 잔차를 구성하는 것이 무엇인가를 알기 위해

$$\alpha_i = \mu_{i.} - \mu, \qquad \beta_j = \mu_{.j} - \mu$$

이고, μ의 추정값은 $\bar{y}_{..}$, $\mu_{i.}$의 추정값은 $\bar{y}_{i.}$ 그리고 $\mu_{.j}$의 추정값은 $\bar{y}_{.j}$임을 생각하자. 따라서 예측값, 또는 적합값(fitted value) $\hat{y}_{ij}$는

$$\hat{y}_{ij} = \hat{\mu} + \hat{\alpha}_i + \hat{\beta}_j = \bar{y}_{i.} + \bar{y}_{.j} - \bar{y}_{..}$$

로 주어지고, 따라서 (i, j) 관측값에서의 잔차는

$$y_{ij} - \hat{y}_{ij} = y_{ij} - \bar{y}_{i.} - \bar{y}_{.j} + \bar{y}_{..}$$

로 주어진다. 적합값 $\hat{y}_{ij}$는 평균 μ_{ij}의 추정값임에 주의하여라. 이것은 정리 12.3에서 변동을 분해했던 것과 일치하며, 이때의 오차제곱합은

$$SSE = \sum_{i} \sum_{j} (y_{ij} - \bar{y}_{i.} - \bar{y}_{.j} + \bar{y}_{..})^2$$

으로 주어졌다.

난괴법에서는 각 처리와 각 블록별로 잔차를 따로 그려 봄으로써 시각적인 분석을 수행한다. 만일 등분산가정이 맞는다면, 변동이 대체로 같아야 할 것이라고 기대될 것이다. 난괴법에서 심각하게 검토해야 할 모형의 부적합성은 가산성 가정(즉,

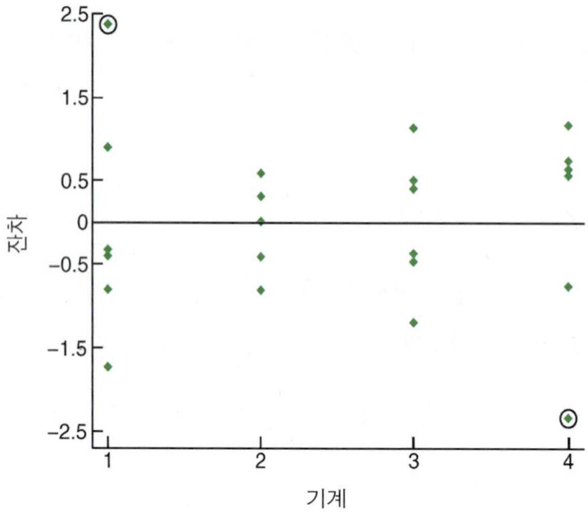

그림 12.9 예제 12.6의 4대의 기계에 대한 잔차그림

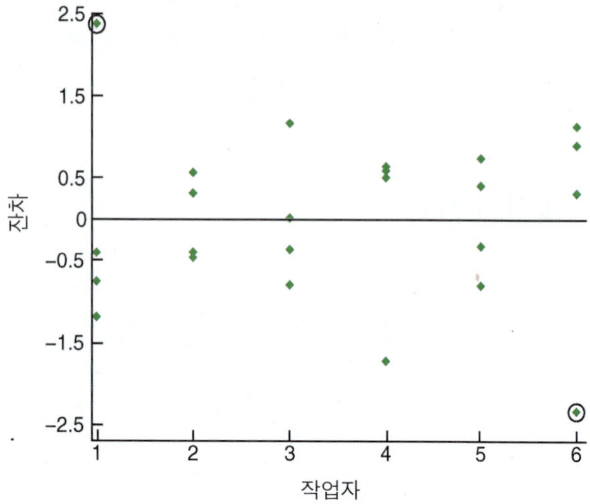

그림 12.10 예제 12.6의 6명의 작업자에 대한 잔차그림

교호작용이 없음)에 관한 것이다. 만일 교호작용이 존재하지 않는다면 랜덤한 양상이 나타나야 할 것이다.

처리가 4대의 기계이고 6명의 작업자들을 블록으로 사용한 예제 12.6의 자료를 생각해 보자. 그림 12.9와 12.10은 처리와 블록에 대해 각각 잔차그림을 그린 것이다. 그림 12.11은 적합값에 대해 잔차그림을 그린 것이다. 그림 12.9를 보면 모든 기계에 대해 오차분산이 같지 않을 것이라는 사실을 알 수 있다. 6명의 작업자에 대해서도 마찬가지인 것 같다. 그러나 비정상적으로 큰 2개의 잔차는 명백히 어려움을 나타내는 것 같다. 그림 12.11은 잔차의 양상이 상당히 랜덤한 모습을 보여주고

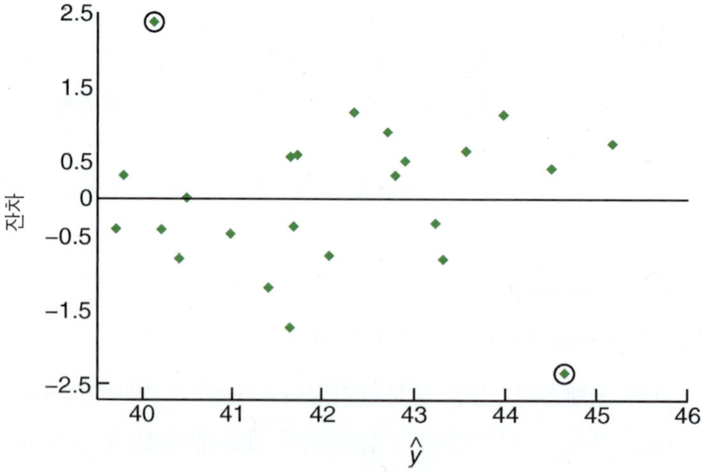

그림 12.11 예제 12.6의 적합값에 대한 잔차그림

있다. 그러나 바로 전에 언급한 2개의 큰 잔차는 여전히 특출나 보인다.

12.10 자료의 변환

제11장에서 선형회귀모형에 잘 맞도록 반응변수 y를 변환하는 방법에 대해 논의한 바 있다. 회귀모형에서는 y를 변환하여 자료에 잘 맞도록 하는 것이 중요한 문제였다. 예를 들어, 본질적으로 지수적인 구조를 로그변환을 통해 선형적인 구조로 바꿈으로써 좀더 성공적인 분석을 기대할 수 있다.

자료변환의 주목적이 모형의 적합도를 개선하는 것이기는 하지만 이외에도 다른 목적이 있는데, 그것은 분석의 타당성을 좌우하는 가정들과 관련되어 있다. 분산분석에서 매우 중요한 가정 한 가지는 12.4절에서 다룬바 있는 등분산가정이다. 우리는 **동일한 분산** σ^2을 가정하지만, 만약 이 분산이 처리마다 크게 다르다면 분산분석결과는 상당히 왜곡될 수 있다. 다시 말해, 분산분석은 등분산가정에 **강건**(robust)하지 않다는 것이다. 이것이 지금까지 잔차그림을 설명한 주요 동기이다. 이 그림을 통해 등분산가정의 위배를 검출할 수 있다. 그렇지만 검출하고 난 후에는 이 문제를 어떻게 해결해야 할까?

항상 그렇지는 않지만 분산분석에서 분산이 다른 원인은 반응변수의 분포 때문인 경우가 종종 있다. 우리는 반응변수가 정규분포를 따른다고 가정한다. 그러나 반응변수의 분포가 제5장과 제6장에서 설명한 바 있는 포아송 분포, 로그정규분포, 지수분포, 감마분포 등과 같은 비정규분포인 경우도 분명히 존재한다. 계수자료나 수명자료 등 다양한 자료에 대해 분산분석을 할 필요도 발생한다.

반응변수가 비정규분포인 경우에는 **분산안정화변환**(variance stabilizing transformation)을 통해 등분산가정이 만족되도록 할 수 있다. 다음은 반응변수 y가 포아송 분포나 지수분포, 또는 감마분포를 따를 때의 분산안정화변환을 정리한 것이다. 즉, 함수 $g(y)$를 통해 자료를 변환하면 변환된 자료는 일정한 분산을 가지게 된다.

분포	분산안정화변환
포아송 분포	$g(y)=y^{1/2}$
지수분포	$g(y)=\ln y$
감마분포	$g(y)=\ln y$

연습문제

12.25 네 가지 비료 f_1, f_2, f_3, f_4가 콩의 수확량 연구에 사용되었다. 토양은 세 개의 블록으로 나누어지고, 각 블록은 균질한 네 개의 구획으로 나누어졌다. 구획당 수확량(단위: kg)과 이에 해당하는 처리들은 다음과 같다. 난괴법을 사용하여 유의수준 0.05로 분산분석을 수행하라.

블록 1	블록 2	블록 3
$f_1 = 42.7$	$f_3 = 50.9$	$f_4 = 51.1$
$f_3 = 48.5$	$f_1 = 50.0$	$f_2 = 46.3$
$f_4 = 32.8$	$f_2 = 38.0$	$f_1 = 51.9$
$f_2 = 39.3$	$f_4 = 40.2$	$f_3 = 53.5$

12.26 3종류의 감자에 대해 수확량을 조사하려고 한다. 실험은 네 개의 서로 다른 지역에 있는 세 개의 동일한 면적을 가지는 구획에 3종류의 감자를 랜덤하게 할당하여 수행되었다. 다음은 감자종류 A, B, C에 대해 구획당 100 kg 단위로 수확량을 기록한 것이다.

지역 1	지역 2	지역 3	지역 4
B: 13	C: 21	C: 9	A: 11
A: 18	A: 20	B: 12	C: 10
C: 12	B: 23	A: 14	B: 17

난괴법을 적용하여 3종류의 감자들 간에 평균수확량의 차이가 있는지 검정하라. 유의수준 0.05를 사용하라.

12.27 다음 자료는 5명의 분석자가 3종류의 비슷한 딸기잼 A, B, C에 대해 측정한 첨가물의 비율이다.

분석자 1	분석자 2	분석자 3	분석자 4	분석자 5
B: 2.7	C: 7.5	B: 2.8	A: 1.7	C: 8.1
C: 3.6	A: 1.6	A: 2.7	B: 1.9	A: 2.0
A: 3.8	B: 5.2	C: 6.4	C: 2.6	B: 4.8

분산분석을 수행하여 3종류의 딸기잼에 대해 첨가물의 비율이 동일한지 유의수준 0.05로 검정하라. 첨가물이 적은 딸기잼은 어느 것인가?

12.28 다음 자료는 5명의 학생이 기말고사에서 얻은 수학, 영어, 불어, 생물학 성적이다.

학생	과목			
	수학	영어	불어	생물학
1	68	57	73	61
2	83	94	91	86
3	72	81	63	59
4	55	73	77	66
5	92	68	75	87

각 과목의 과정의 난이도가 동일한지 P값을 이용하여 검정하라.

12.29 버지니아 대학의 환경공학과에서 수행한 어느 연구에서는 부착생물(periphyton)의 총 수은농도를 서로 다른 여섯 날짜에 서로 다른 여섯 측점에서 측정한 결과 다음 자료가 얻어졌다. 여섯 장소의 평균수은농도가 같은지 P값을 이용하여 검정하라.

날짜	측점					
	CA	CB	$E1$	$E2$	$E3$	$E4$
4월 8일	0.45	3.24	1.33	2.04	3.93	5.93
6월 23일	0.10	0.10	0.99	4.31	9.92	6.49
7월 1일	0.25	0.25	1.65	3.13	7.39	4.43
7월 8일	0.09	0.06	0.92	3.66	7.88	6.24
7월 15일	0.15	0.16	2.17	3.50	8.82	5.39
7월 23일	0.17	0.39	4.30	2.91	5.50	4.29

12.30 원자력발전소는 매우 큰 열을 발생시키며, 이 열은 보통 수중체계(aquatic system)로 방출된다. 이 열은 수중체계의 온도를 상승시켜 엽록소 a의 농도가 크게 증가하게 되고, 이것은 다시 성장기를 연장시킨다. 이 효과를 조사하기 위해 12개월에 걸쳐 3측점에서 매월 물표본을 채취하였다. 측점 A는 방열장소에 가장 가깝고, 측점 C는 방열장소에서 가장 멀며, 측점 B는 측점 A와 측점 C의 중간에 위치한다. 다음은 엽록소 a의 농도를 기록한 것이다.

월	측점		
	A	B	C
1월	9.867	3.723	4.410
2월	14.035	8.416	11.100
3월	10.700	20.723	4.470
4월	13.853	9.168	8.010
5월	7.067	4.778	34.080
6월	11.670	9.145	8.990
7월	7.357	8.463	3.350
8월	3.358	4.086	4.500
9월	4.210	4.233	6.830
10월	3.630	2.320	5.800
11월	2.953	3.843	3.480
12월	2.640	3.610	3.020

분산분석을 수행하여 측점에 따라 엽록소 a의 평균농도에 차이가 없는지 유의수준 0.05로 검정하라.

12.31 버지니아 대학의 보건교육과에서 수행한 연구에서는 6명의 피실험자에게 3일간에 걸쳐 3종의 식이(diet)를 난괴법에 따라 할당하였다. 블록의 역할을 하는 피실험자들은 다음의 3종의 식이를 랜덤한 순서로 섭취하였다.

식이 1 : 지방과 탄수화물의 혼합

식이 2 : 높은 지방

식이 3 : 높은 탄수화물

3일이 지난 후 각 피실험자들이 러닝머신으로 힘이 다 소진될 때까지의 시간(단위: 초)을 측정한 결과 다음 자료가 기록되었다.

식이	피실험자					
	1	2	3	4	5	6
1	84	35	91	57	56	45
2	91	48	71	45	61	61
3	122	53	110	71	91	122

분산분석을 수행하여 식이제곱합, 피실험자제곱합, 그리고 오차제곱합을 구하라. 식이 간에 유의한 차이가 있는지 P값을 이용하여 검정하라.

12.32 유기비소는 산림종사원들이 살충제(silvicides)로 사용한다. 이 살충제에 노출되었을 때 신체에 흡수되는 비소의 양은 건강상 중대한 문제이다. 노출량을 빨리 알아내어 비소수준이 높은 작업자를 작업장에서 나오게 하는 것이 중요하다. 미국산업위생학회지(Vol. 37, 1976)에 발표된 어느 논문에서는 산림종사원 4명으로부터 채취한 각 소변표본을 세 개의 표본으로 나누어 4명의 비소량을 대학실험실, 이동장비를 사용하는 화학자, 그리고 산림관계자가 측정하였다. 측정된 비소수준이 ppm 단위로 다음과 같이 기록되었다.

산림종사원	분석자		
	산림관계자	화학자	대학실험실
1	0.05	0.05	0.04
2	0.05	0.05	0.04
3	0.04	0.04	0.03
4	0.15	0.17	0.10

분산분석을 수행하여 세 가지 분석방법에 따라 비소수준에 차이가 있는지 유의수준 0.05로 검정하라.

12.33 버지니아 대학 산림병리학과의 과학자들은 어느 사과과수원의 6장소에 다섯 가지의 서로 다른 처리를 하여 처리에 따라 성장의 차이가 있는지 알기 위한 실험을 수행하였다. 처리 1에서 4까지는 서로 다른 제초제를 나타내며, 처리 5는 대조군을 나타낸다. 사과 과수원의 6장소에서 채취한 표본에 대해 센티미터로 기록한 성장도는 다음과 같다.

처리	장소					
	1	2	3	4	5	6
1	455	72	61	215	695	501
2	622	82	444	170	437	134
3	695	56	50	443	701	373
4	607	650	493	257	490	262
5	388	263	185	103	518	622

분산분석을 수행하여 처리제곱합, 장소제곱합, 그리고 오차제곱합을 구하라. 처리평균들 간에 차이가 있는지 P값을 이용하여 검정하라.

12.34 학술지 Behavioral Research and Theraphy (Vol. 10, 1972)에 발표된 어느 논문에서는 두 가지 체중감소처리를 대조군에 대해 연구하여, 이것이 비만여성의 체중감소에 미치는 영향을 조사하였다. 두 가지 체중감소처리는 각각 자기유도(self-induced)법과 요법사(therapist)통제법이다. 10명의 피실험자들에 대해 세 가지 처리를 랜덤한 순서로 할당하여 체중감소를 측정하였더니 다음의 체중변화가 기록되었다.

피실험자	처리		
	대조군	자기유도법	요법사
1	1.00	-2.25	-10.50
2	3.75	-6.00	-13.50
3	0.00	-2.00	0.75
4	-0.25	-1.50	-4.50
5	-2.25	-3.25	-6.00
6	-1.00	-1.50	4.00
7	-1.00	-10.75	-12.25
8	3.75	-0.75	-2.75
9	1.50	0.00	-6.75
10	0.50	-3.75	-7.00

분산분석을 수행하여 세 가지 처리에 따라 평균체중감소에 차이가 있는지 유의수준 0.01로 검정하라. 어느 처리가 가장 좋은 방법인가?

12.35 일본표준협회에서 1989년에 발행한 Design of Experiments for the Quality Improvement라는 책에서는 어느 특정직물에 대해 가장 좋은 색깔을 얻기 위한 염료의 양이 조사되었다. 세 가지 염료량 1/3% wof(직물무게의 1/3%), 1% wof, 3% wof에 대해 두 군데의 공장에서 실험되었다. 직물의 컬러농도가 각 공장에서 각 염료수준에 대해 4번 측정되었다.

	염료의 양					
	1/3%		1%		3%	
공장 1	5.2	6.0	12.3	10.5	22.4	17.8
	5.9	5.9	12.4	10.9	22.5	18.4
공장 2	6.5	5.5	14.5	11.8	29.0	23.2
	6.4	5.9	16.0	13.6	29.7	24.0

분산분석을 수행하여 염료수준에 따라 색농도에 차이가 있는지 유의수준 0.05로 검정하라. 공장

을 블록으로 간주하라.

12.36 구리선에 칠하는 세 가지 코팅재료를 비교하는 실험을 수행하였다. 코팅의 목적은 구리선의 흠을 제거하기 위한 것이다. 길이 5 mm의 구리선 시편 10개를 각 코팅재료에 랜덤하게 할당하여 총 30개의 시편을 코팅한 후 흠을 세어 본 결과 다음과 같이 정리되었다.

코팅재료											
1				2				3			
6	8	4	5	3	3	5	4	12	8	7	14
7	7	9	6	2	4	4	5	18	6	7	18
7	8			4	3			8	5		

흠의 개수는 포아송 분포를 따른다고 가정하자. 즉, 연구모형은 μ_i를 포아송 분포의 평균이라고 할 때

$Y_{ij} = \mu_i + \epsilon_{ij}$ 이고 $\sigma^2_{Y_{ij}} = \mu_i$이다.

(a) 자료를 적절히 변환한 후 분산분석을 수행하라.

(b) 세 코팅재료 중 하나를 선택할 만한 충분한 증거가 있는가?

(c) 잔차그림을 그리고 설명하라.

(d) 자료를 변환한 목적을 설명하라.

(e) 자료변환으로 완전하게 충족되지 않은 또 다른 가정은 무엇인가?

(f) 잔차에 대해 정규확률그림을 그린 후 (e)에 대해 평가하라.

12.11 변량모형

지금까지 우리는 고정된 또는 미리 정해진 처리에 대한 반응값의 효과를 분석하기 위한 분산분석절차를 다루어 왔다. 처리나 처리수준을 랜덤하게 선택하는 대신 미리 정하는 실험을 **모수효과실험**(fixed effects experiments)이라고 한다. 모수효과모형(fixed effects model) 또는 간단히 모수모형에서는 실험에 사용된 특정처리들에 대해서만 추론을 하였다.

실험에 사용되는 처리들을 모집단으로부터 랜덤하게 뽑는 실험인 경우에는 실험자가 처리모집단에 대한 추론을 해야 하는 상황이 종종 발생하게 된다. 예를 들어, 어느 생물학자는 동물유형에 따라 어떤 생리적 특성값 간에 유의한 변동이 있는지 여부에 관심이 있을 수 있다. 그러면 실험에 실제로 사용되는 동물유형은 랜덤하게 선택되어 처리효과를 나타내게 된다. 어느 화학자는 어떤 화학물질의 분석에 분석실험실이 미치는 영향을 조사하는 데 관심이 있을 수 있다. 그 화학자는 어느 특정실험실에 관심이 있다기보다는 실험실모집단에 관심이 있는 것이다. 그러면 그는 일단의 실험실들을 랜덤하게 신택하여 표본들을 각 실험실에 할당할 것이다. 그런 다음 수행되는 통계적 추론은 (1) 실험실에 따라 분석결과에 차이가 없는지에 대한 검정, 그리고 (2) 실험실 간의 변동과 실험실 내의 변동에 대한 추정이 될 것이다.

변량모형과 가정

일원배치 **변량효과모형**(random effects model)은 간단히 변량모형이라고도 하며, 모수모형과 나타내는 형식은 같으나 각 항의 의미는 달라진다. 반응값

$$y_{ij} = \mu + \alpha_i + \epsilon_{ij}$$

는 이 경우 확률변수

$$Y_{ij} = \mu + A_i + \epsilon_{ij},\ \ i = 1, 2, \cdots\ k,\ j = 1, 2, \cdots, n$$

의 값이고, A_i들은 평균이 0이고 분산이 σ_α^2인 정규분포를 따르는 독립적인 확률변수이며, 이들은 ε_{ij}들과 서로 독립이다. 모수모형에서처럼 ε_{ij}들도 평균이 0이고 분산이 σ^2인독립적인 정규확률변수이다. 변량모형에서는 $\sum_{i=1}^{k}\alpha_i=0$이라는 제약조건은 더 이상 적용되지 않는다는 점에 주의하여라.

정리 12.4

일원배치 변량모형에서는 다음이 성립한다.

$$E(SSA) = (k-1)\sigma^2 + n(k-1)\sigma_\alpha^2$$

$$E(SSE) = k(n-1)\sigma^2$$

표 12.11에는 모수모형과 변량모형에 대한 평균제곱들의 기대값이 나와 있다. 변량모형의 계산은 모수모형의 경우와 똑같이 수행된다. 즉, 두 모형에 대한 분산분석표의 제곱합, 자유도, 그리고 평균제곱들은 모두 동일하다.

표 12.11 일원배치실험에 대한 평균제곱의 기대값

변동요인	자유도	평균제곱	평균제곱의 기대값	
			모수모형	변량모형
처리	$k-1$	s_1^2	$\sigma^2 + \frac{n}{k-1}\sum_i \alpha_i^2$	$\sigma^2 + n\sigma_\alpha^2$
오차	$k(n-1)$	s^2	σ^2	σ^2
합	$nk-1$			

변량모형의 경우, 처리효과가 모두 0이라는 가설은 다음과 같이 쓸 수 있다.

변량모형의 가설

$$H_0\colon\ \sigma_\alpha^2 = 0$$
$$H_1\colon\ \sigma_\alpha^2 \neq 0$$

이것은 서로 다른 처리들이 반응값의 변동에 전혀 기여를 하지 못한다는 것을 의미한다. 표 12.11 로부터, H_0가 사실일 때 s_1^2과 s^2은 모두 σ^2의 추정값이고, 비율

$$f = \frac{s_1^2}{s^2}$$

은 자유도가 $(k-1, k(n-1))$인 F 분포를 따르는 확률변수 F의 값이라는 사실을 명백히 알 수 있다. 귀무가설은

$$f > f_\alpha[k-1, k(n-1)]$$

일 때 유의수준 α로 기각된다.

많은 과학기술연구에서 F 검정만이 관심의 대상이 되는 것은 아니다. 과학자들은 변량효과(random effect)가 실제로 유의한 영향을 준다는 것을 알고 있다. 더욱 중요한 것은 여러 가지 분산성분(variance components)들의 추정이다. 이러한 관점으로부터 어느 인자가 가장 큰 변동을 만들어내며 얼마나 큰 변동을 만들어내는가라는 의미의 순위(ranking)개념이 생겨나게 된다. 본절의 일원배치 문제에서는 인자효과에 의한 분산요소가 우연(우발)변동에 의한 분산보다 얼마나 큰가를 정량화하는 것이 관심이 될 것이다.

분산성분의 추정

표 12.11은 또한 **분산성분** σ^2과 σ_α^2을 추정하는 데 사용될 수 있다. $\sigma^2+n\sigma_\alpha^2$의 추정값이 s_1^2이고 σ^2의 추정값이 s^2이므로,

$$\hat{\sigma}^2 = s^2, \qquad \hat{\sigma}_\alpha^2 = \frac{s_1^2 - s^2}{n}$$

이다.

예제 12.7 다음 자료는 랜덤하게 뽑은 5배치(batch)의 원료를 사용한 화학공정의 수율관측값이다.

표 12.12 예제 12.7의 자료

배치	1	2	3	4	5	
	9.7	10.4	15.9	8.6	9.7	
	5.6	9.6	14.4	11.1	12.8	
	8.4	7.3	8.3	10.7	8.7	
	7.9	6.8	12.8	7.6	13.4	
	8.2	8.8	7.9	6.4	8.3	
	7.7	9.2	11.6	5.9	11.7	
	8.1	7.6	9.8	8.1	10.7	
합	55.6	59.7	80.7	58.4	75.3	329.7

배치의 분산성분이 0보다 유의하게 크다는 것을 보이고, 그것의 추정값을 구하라.

풀이 총제곱합, 배치제곱합, 오차제곱합을 각각 구하면

$$SST = 194.64, \qquad SSA = 72.60, \qquad SSE = 194.64 - 72.60 = 122.04$$

이 결과와 나머지 계산결과들이 표 12.13에 나와 있다. f비값은 α=0.05에서 유의하여 배치분산성분이 0이라는 가설은 기각된다. 배치분산성분의 추정값을 구하면,

$$\hat{\sigma}_\alpha^2 = \frac{18.15 - 4.07}{7} = 2.01$$

표 12.13 예제 12.7에 대한 분산분석표

변동요인	제곱합	자유도	평균제곱	f 값
배치	72.60	4	18.15	4.46
오차	122.04	30	4.07	
합	194.64	34		

랜덤블록을 가지는 난괴법

블록이 실험일인 난괴법의 경우, 실험자는 실험결과를 실제 실험일뿐만 아니라 모든 다른 날에도 적용하고 싶어할 것이라고 생각해 볼 수 있다. 그렇다면 실험자는 처리뿐 아니라 실험일도 랜덤하게 선택하여, 변량모형

$$Y_{ij} = \mu + A_i + B_j + \epsilon_{ij}, \quad i = 1, 2, \cdots, k, \quad j = 1, 2, \cdots, b$$

를 사용할 것이다. 여기에서, A_i, B_j, ϵ_{ij}는 평균이 0이고 분산이 각각 $\sigma_\alpha^2, \sigma_\beta^2, \sigma^2$인 독립적인 확률변수이다. 난괴법의 변량모형에 대한 평균제곱의 기대값은 일원배치에서와 같은 절차를 이용하여 구해지고, 그 결과는 표 12.14에 모수모형과 함께 정리되어 있다.

이 경우에도 각각의 제곱합과 자유도의 계산은 모수 모형의 경우와 같다. 가설

$$H_0: \ \sigma_\alpha^2 = 0$$
$$H_1: \ \sigma_\alpha^2 \neq 0$$

은 비율

$$f = \frac{s_1^2}{s^2}$$

을 계산하여 검정하고, $f > f_\alpha[k-1, (b-1)(k-1)]$일 때 H_0는 기각된다.

분산성분의 불편추정값들은 각각 다음과 같다.

$$\hat{\sigma}^2 = s^2, \qquad \hat{\sigma}_\alpha^2 = \frac{s_1^2 - s^2}{b}, \qquad \hat{\sigma}_\beta^2 = \frac{s_2^2 - s^2}{k}$$

여러 분산요소에 관한 가설검정은 표 12.14에 나타나 있는 평균제곱을 이용하여 적절히 비율을 구성하여 계산한 후, 이것을 표 A.6의 f값과 비교하여 수행된다.

표 12.14 난괴법에 대한 평균제곱의 기대값

변동요인	자유도	평균제곱	평균제곱의 기대값	
			모수모형	변량모형
처리	$k-1$	s_1^2	$\sigma^2 + \frac{b}{k-1}\sum_i \alpha_i^2$	$\sigma^2 + b\sigma_\alpha^2$
블록	$b-1$	s_2^2	$\sigma^2 + \frac{k}{b-1}\sum_j \beta_j^2$	$\sigma^2 + k\sigma_\beta^2$
오차	$(k-1)(b-1)$	s^2	σ^2	σ^2
합	$kb-1$			

12.12 사례연구

사례연구 12.1 버지니아 대학의 화학과 연구진은 어떤 고체 점화기 화합물에 있는 알루미늄을 분석하기 위한 4가지 방법을 비교한 실험자료를 분석하게 되었다. 여러 분석실험실을 포함하기 위해 5군데의 연구실이 실험에 이용되었다. 이 실험실들은 이러한 종류의 분석에 정통하기 때문에 선택되었다. 20개의 점화기 재료표본을 각 실험실에 네 개씩 랜덤하게 할당하였고, 4가지 화학적 분석법에 관한 지침을 교육하였다. 얻어진 자료는 다음과 같다.

분석법	실험실					평균
	1	2	3	4	5	
A	2.67	2.69	2.62	2.66	2.70	2.668
B	2.71	2.74	2.69	2.70	2.77	2.722
C	2.76	2.76	2.70	2.76	2.81	2.758
D	2.65	2.69	2.60	2.64	2.73	2.662

실험실들은 실험실 전체 모집단으로부터 랜덤하게 선택되지 않았으므로 변량인자로 생각될 수 없다. 이 자료들은 난괴법으로 분석되었다. 이 자료들에 대해 선형모형

$$y_{ij} = \mu + m_i + l_j + \epsilon_{ij}$$

가 적절한지, 즉 효과가 가산적인지 알아보기 위해 도표를 그려 보았다. 실험실과 방법 간에 교호작용이 존재한다면 난괴법은 적절한 배치로 사용될 수 없다. 그림 12.12의 도표를 생각해 보자. 각 점이 하나의 관측값을 나타내므로 이 도표는 해석하기가 약간 어렵지만, 방법과 실험실 간에 감지할 만한 교호작용은 없는 것으로 보인다.

잔차그림

분산의 균질성 가정을 진단해 보기 위해 잔차그림이 사용되었다. 그림 12.13은 분석방법들에 대한 잔차그림을 나타낸다. 잔차의 산포는 대단히 균질하게 보인다. 마지막으로, 잔차들을 정규확률지에 타점한 결과가 그림 12.14에 나와 있다.

잔차그림을 보면 오차의 정규성이나 분산의 균질성 가정에 어려움이 없다는 것을 알 수 있다. 분산분석을 하기 위해 SAS PROC GLM이 사용되었다. 그림 12.15는 이 문제의 컴퓨터 출력을 나타낸다. 계산된 f값과 P값은 분석방법들 간에 유의한 차이가 있음을 가리킨다. 이 분석 후에는 방법들 간에 어디에서 차이가 나는지

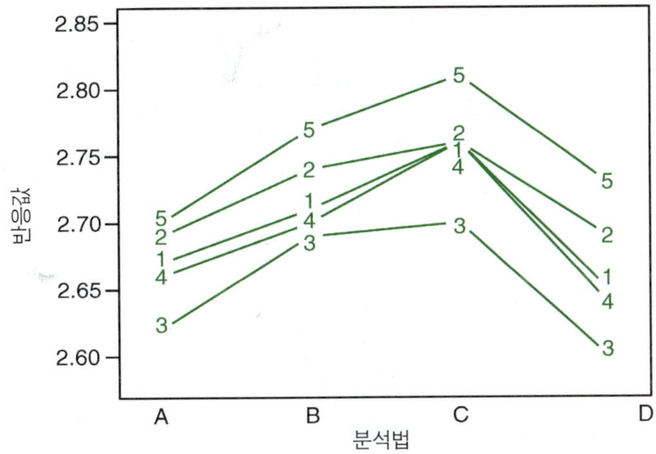

그림 12.12 사례연구자료에 대한 도표

알아 보기 위해 다중비교분석을 할 수 있을 것이다.

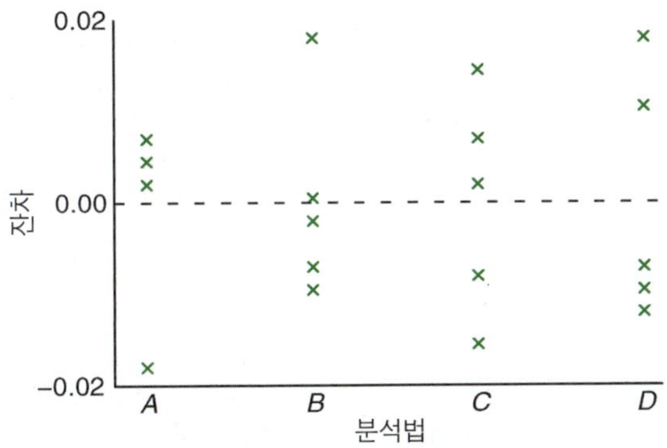

그림 12.13 사례연구자료의 분석법에 대한 잔차그림

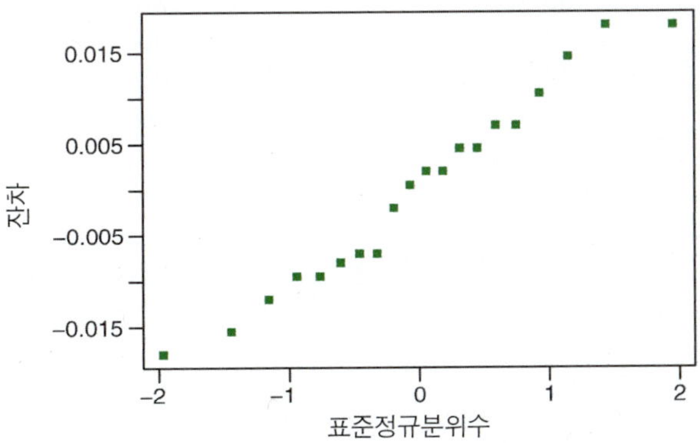

그림 12.14 사례연구자료에 대한 잔차의 정규확률그림

```
                        The GLM Procedure
                     Class Level Information
                 Class          Levels     Values
                 Method              4     A B C D
                 Lab                 5     1 2 3 4 5
               Number of Observations Read          20
               Number of Observations Used          20
Dependent Variable: Response
                            Sum of
Source              DF     Squares     Mean Square  F Value    Pr > F
Model                7   0.05340500     0.00762929    42.19    <.0001
Error               12   0.00217000     0.00018083
Corrected Total     19   0.05557500

R-Square      Coeff Var      Root MSE     Response Mean
0.960954       0.497592      0.013447          2.702500

Source              DF   Type III SS   Mean Square  F Value    Pr > F
Method               3    0.03145500    0.01048500    57.98    <.0001
Lab                  4    0.02195000    0.00548750    30.35    <.0001

Observation        Observed            Predicted            Residual
          1      2.67000000           2.66300000          0.00700000
          2      2.71000000           2.71700000         -0.00700000
          3      2.76000000           2.75300000          0.00700000
          4      2.65000000           2.65700000         -0.00700000
          5      2.69000000           2.68550000          0.00450000
          6      2.74000000           2.73950000          0.00050000
          7      2.76000000           2.77550000         -0.01550000
          8      2.69000000           2.67950000          0.01050000
          9      2.62000000           2.61800000          0.00200000
         10      2.69000000           2.67200000          0.01800000
         11      2.70000000           2.70800000         -0.00800000
         12      2.60000000           2.61200000         -0.01200000
         13      2.66000000           2.65550000          0.00450000
         14      2.70000000           2.70950000         -0.00950000
         15      2.76000000           2.74550000          0.01450000
         16      2.64000000           2.64950000         -0.00950000
         17      2.70000000           2.71800000         -0.01800000
         18      2.77000000           2.77200000         -0.00200000
         19      2.81000000           2.80800000          0.00200000
         20      2.73000000           2.71200000          0.01800000
```

그림 12.15 사례연구자료에 대한 SAS 출력결과

연습문제

12.37 혈액의 AIDS 항체검사를 위해 분광광도계로 광밀도를 측정한다. 측정결과 광밀도가 기준치를 초과하면 혈액검사결과는 양성으로 판정되는데, 이 기준치는 대조군의 혈액표본으로 구하게 된다. 기준치가 실험실별로 변동이 있는지 알아보기 위해 4개의 실험실을 랜덤하게 선택하고 10번씩 기준치를 측정한 결과 다음의 자료를 얻었다.

실험순번	실험실			
	1	2	3	4
1	0.888	1.065	1.325	1.232
2	0.983	1.226	1.069	1.127
3	1.047	1.332	1.219	1.051
4	1.087	0.958	0.958	0.897
5	1.125	0.816	0.819	1.222
6	0.997	1.015	1.140	1.125
7	1.025	1.071	1.222	0.990
8	0.969	0.905	0.995	0.875
9	0.898	1.140	0.928	0.930
10	1.018	1.051	1.322	0.775

(a) 이 실험에 적절한 모형을 수립하라.

(b) 실험실분산성분과 실험실 내 분산을 추정하라.

12.38 5블록에 대해 네 가지 처리를 비교한 실험이 수행된 결과 다음 자료가 얻어졌다.

처리	블록				
	1	2	3	4	5
1	12.8	10.6	11.7	10.7	11.0
2	11.7	14.2	11.8	9.9	13.8
3	11.5	14.7	13.6	10.7	15.9
4	12.6	16.5	15.4	9.6	17.1

(a) 변량모형을 가정하여 처리평균들 간에 차이가 없는지 유의수준 0.05로 검정하라.

(b) 처리분산성분과 블록분산성분의 추정값을 구하라.

12.39 다음 자료는 랜덤하게 뽑은 4명의 작업자가 특정기계에서 작업할 때의 작업량을 기록한 것이다.

작업자			
1	2	3	4
175.4	168.5	170.1	175.2
171.7	162.7	173.4	175.7
173.0	165.0	175.7	180.1
170.5	164.1	170.7	183.7

(a) 유의수준 0.05로 변량모형 분산분석을 수행하라.

(b) 작업자분산성분과 실험오차분산성분의 추정값을 구하라.

12.40 쇳물붓기를 5번 하여 각각 5개씩의 주물모형을 얻은 후 미량원소의 양을 측정한 결과가 다음과 같았다. 쇳물붓기는 랜덤하게 선택하였다.

주물모형	쇳물붓기				
	1	2	3	4	5
1	0.98	0.85	1.12	1.21	1.00
2	1.02	0.92	1.68	1.19	1.21
3	1.57	1.16	0.99	1.32	0.93
4	1.25	1.43	1.26	1.08	0.86
5	1.16	0.99	1.05	0.94	1.41

(a) 쉿물붓기가 동일한지, 즉 쉿물붓기분산성분이 0인지 검정하라.

(b) 쉿물붓기 내 분산의 추정치와 함께 ANOVA 분석결과를 구하라.

12.41 어느 섬유회사에서는 많은 직기를 이용하여 직물을 짜고 있는데, 직기 사이에 직물의 강도가 다른 것으로 의심하고 있다. 다음은 4대의 직기를 랜덤하게 선택하여 직물의 강도를 측정한 결과이다.

직기			
1	2	3	4
99	97	94	93
97	96	95	94
97	92	90	90
96	98	92	92

(a) 이 실험에 적절한 모형을 수립하라.

(b) 직기분산성분이 0과 유의하게 다른가?

(c) 관리자의 의심이 타당한지 설명하라.

비모수적 통계학 13장

13.1 비모수적 검정

이 전의 장에서 논의된 가설검정절차들은 확률표본들이 정규모집단으로부터 추출되었다고 가정하고 있다. 다행히 이 검정들의 대부분은 특히 표본의 크기가 클 때에는 정규성에서 약간 벗어나더라도 여전히 효력을 지닌다. 전통적으로 이러한 검정절차들을 **모수적 방법**(parametric methods)이라고 한다. 이 장에서는 모집단의 분포에 대한 사전지식이 그 분포가 연속분포라는 사실 이외에는 전혀 없다고 가정할 때 사용할 수 있는 **비모수적**(nonparametric) 또는 **분포무관**(distribution-free) **방법**이라고 불리는 검정절차들에 대해 살펴보기로 한다.

자료분석자들이 비모수 또는 분포무관절차들을 사용하는 빈도는 점차 증가하는 추세에 있다. 많은 과학기술실험에서 자료들은 연속적인 척도(continuum scale)에 의한 값보다는 자연스럽게 순위(rank)를 매길 수 있는 **순서척도**(ordinal scale)에 의한 값으로 주어진다. 사실 독자들은 이 장의 서두에서 지금 설명되는 분포무관법이 **순위분석**(anlysis of ranks)을 포함하는 것을 알게 될 것이다. 대부분의 분석자들은 비모수법에서 사용되는 계산법이 매우 흥미로우며 직관적임을 알고 있다.

비모수검정을 적용할 수 있는 예로서, 두 명의 심사원이 5종류의 고급맥주에 대해 가장 좋은 품질의 맥주에 순위 1을, 두 번째로 좋은 맥주에 순위 2를 부여하고, 나머지 맥주들에도 품질순서에 따라 순위를 부여하는 상황을 생각해 보자. 그러면 두 심사원의 판단이 일치하는가를 알기 위해 비모수검정을 사용할 수 있을 것이다.

비모수검정들은 많은 단점을 가지고 있다는 사실도 지적하지 않을 수 없다. 무엇보다도 이 검정법은 표본이 가지고 있는 모든 정보를 활용하고 있지 못하며, 따라서 모수검정과 비교해 볼 때 두 방법 모두 적용가능하다면 모수검정보다 덜 효율적이다. 따라서 동일한 검정력을 가지기 위해서는 비모수검정의 표본크기는 모수검정보다 더 커야 한다.

처음에 지적하였듯이 표준적인 모수검정에 있어서는 정규성에서 약간 벗어나더라도 이상적인 결과와 큰 차이가 없다. 특히 t 검정과 F 검정에 있어서 이것이 사실임을 알 수 있다. t 검정 및 F 검정의 경우 정규성 가정으로부터 어느 정도 벗어나더라도 P값의 오차는 미미하다.

이상을 정리하면, 모수검정과 비모수검정이 동일한 자료에 대해 모두 적용가능하다면 좀 더 효율적인 모수검정을 사용해야 할 것이다. 그러나 정규성 가정은 종종 정당화될 수 없으며, 늘 계량측정값을 얻는 것은 아니라는 점을 인식해야 한다. 통계학자들이 유용한 비모수검정법을 많이 개발했다는 점은 다행스러운 일이다. 비모수기법으로 무장함으로써 매우 다양한 상황에 대처할 수 있는 무기를 좀 더 가진 셈이 된다. 표준적인 정규성 가정하에서조차도 비모수기법의 효율은 모수기법의 효율에 대단히 근접한다는 점이 지적되어야 할 것이다. 반면 정규성에서 크게 벗어난다면 비모수방법이 모수절차에 비해 훨씬 효율적이다.

부호검정

10.4절에서 귀무가설 $\mu=\mu_0$를 검정하기 위해 설명된 절차들은 모집단이 대략 정규분포를 하거나 표본의 크기가 큰 경우에만 성립한다는 점을 상기해야 한다. 그러나 표본의 크기가 $n<30$이고 모집단이 결정적으로 정규분포에서 벗어난다면 비모수검정법에 의존해야만 한다.

부호검정(sign test)은 모집단의 **중앙값**(median)에 관한 가설을 검정하기 위해 사용된다. 많은 비모수검정절차에 있어서 검정의 **위치모수**(location parameter)로서 평균은 중앙값으로 대치된다. 표본중앙값은 1.3절에서 정의되었음을 상기하여라. 모집단의 중앙값은 $\tilde{\mu}$로 표기하고 표본중앙값과 비슷하게 정의된다. 확률변수 X가 주어졌을 때 $\tilde{\mu}$는

$$P(X>\tilde{\mu})=P(X<\tilde{\mu})=0.5$$

로 정의된다. 물론 분포가 대칭이라면 모집단의 평균과 중앙값은 동일하다. 표본의 크기가 n일 때 귀무가설 $H_0:\tilde{\mu}=\tilde{\mu}_0$에 대해 대립가설을 검정하기 위해서, $\tilde{\mu}_0$보다 큰 표본값들은 '+' 부호로 대치하고 $\tilde{\mu}_0$보다 작은 표본값들은 '−' 부호로 대치한다. 만약 귀무가설이 사실이고 모집단의 분포가 대칭이라면, + 부호의 개수는 − 부호의 개수와 대략 같아야 할 것이다. 한쪽 부호가 더욱 빈번히 나타난다면 모집단의 중앙값 $\tilde{\mu}$가 $\tilde{\mu}_0$와 같다는 가설은 기각된다.

이론적으로 부호검정은 $\tilde{\mu}_0$가 관측값들 중 어느 값과도 같지 않은 경우에만 적용 가능하다. 모집단이 연속분포인 경우 표본관측값이 $\tilde{\mu}_0$와 똑같은 값으로 얻어질 확률은 0이지만, 그럼에도 불구하고 실제로는 자료기록의 부정확성으로 인해 $\tilde{\mu}_0$와 똑같은 표본값이 종종 얻어지기도 한다. $\tilde{\mu}_0$와 동일한 표본값이 관측되면 이것들은

분석으로부터 제외되고, 이에 따라 표본의 크기는 줄어든다.

부호검정에 적절한 검정통계량은 이항확률변수 X로서 확률표본 내의 + 부호의 수를 나타낸다. 만약 귀무가설 $\tilde{\mu}=\tilde{\mu}_0$가 사실이면, 하나의 표본값이 + 부호 또는 − 부호일 확률은 1/2이다. 그러므로, 귀무가설 $\tilde{\mu}=\tilde{\mu}_0$를 검정하는 것은 사실상 + 부호의 수가 모수 p=1/2인 이항분포를 따르는 확률변수의 값이라는 귀무가설을 검정하는 것과 같다. 그러면 단측 및 양측 검정에 대한 P값들은 이항분포를 이용하여 계산할 수 있다. 예를 들면, 가설

$$H_0\colon\ \tilde{\mu} = \tilde{\mu}_0$$
$$H_1\colon\ \tilde{\mu} < \tilde{\mu}_0$$

에 대한 검정은 + 부호의 비율이 1/2보다 충분히 작을 때, 즉 확률변수의 값 x가 작을 때 H_0를 기각해야 할 것이다. 따라서, 계산된 P값

$$P = P(X \le x,\ p = 1/2)$$

가 미리 정한 유의수준 α보다 작거나 같으면 H_0를 기각한다. 예를 들어, n=15이고 x=3이면 표 A.1로부터

$$P = P(X \le 3 \mid p = 1/2) = \sum_{x=0}^{3} b\left(x; 15, \frac{1}{2}\right) = 0.0176$$

이므로 귀무가설 $\tilde{\mu}=\tilde{\mu}_0$는 유의수준 0.05에서 확실히 기각되지만 0.01에서는 기각되지 않는다. 가설

$$H_0\colon\ \tilde{\mu} = \tilde{\mu}_0$$
$$H_1\colon\ \tilde{\mu} > \tilde{\mu}_0$$

에 대한 검정은 + 부호의 비율이 1/2보다 충분히 클 때, 즉 x가 클 때 H_0를 기각한다. 따라서, 계산된 P값

$$P = P(X \ge x,\ p = 1/2)$$

가 α보다 작으면 H_0를 기각한다. 마지막으로 가설

$$H_0\colon\ \tilde{\mu} = \tilde{\mu}_0$$
$$H_1\colon\ \tilde{\mu} \ne \tilde{\mu}_0$$

에 대한 검정은 + 부호의 비율이 1/2보다 유의하게 크거나 작으면 H_0를 기각한다.

물론 이것은 x가 충분히 작거나 충분히 큰 조건과 동일하다. 그러므로, 만약 $x < n/2$이고 계산된 P값

$$P = 2P(X \le x,\ \ p = 1/2)$$

가 α보다 작거나 같으면, 또는 만약 $x > n/2$이고 계산된 P값

$$P = 2P(X \ge x,\ \ p = 1/2)$$

가 α보다 작거나 같으면 H_0를 기각한다.

$n > 10$이고 p=1/2일 때에는 np=$nq > 5$이므로 이항확률은 정규분포로부터 근사적으로 구할 수 있다. 예를 들어, 가설

$$H_0\colon\ \tilde{\mu} = \tilde{\mu}_0$$
$$H_1\colon\ \tilde{\mu} < \tilde{\mu}_0$$

에 대해 유의수준 0.05로 검정하기 위해 n=20개의 확률표본을 뽑아 관찰한 결과 x=6개의 + 부호가 얻어졌다고 가정하자. 정규분포로 근사시키기 위해

$$\tilde{\mu} = np = (20)(0.5) = 10$$

$$\sigma = \sqrt{npq} = \sqrt{(20)(0.5)(0.5)} = 2.236$$

임을 이용하면

$$z = \frac{6.5 - 10}{2.236} = -1.57$$

이다. 그러므로,

$$P = P(X \le 6) \approx P(Z < -1.57) = 0.0582$$

로 계산되어 귀무가설을 기각할 수 없게 된다.

예제 13.1 다음 자료는 울타리를 설치하는데 사용되는 기계가 한 번 충전으로 작동하는 시간이다.

1.5, 2.2, 0.9, 1.3, 2.0, 1.6, 1.8, 1.5, 2.0, 1.2, 1.7

부호검정을 사용하여 이 기계의 작동시간의 중앙값이 1.8인지 유의수준 0.05로 검

정하라.

풀이 1. H_0: $\tilde{\mu} = 1.8$

2. H_1: $\tilde{\mu} \neq 1.8$

3. $\alpha = 0.05$

4. 검정통계량 : p=1/2인 이항확률변수 X

5. 계산 : 1.8보다 큰 값들은 '+' 부호로, 작은 값들은 '−' 부호로 대치하고, 1.8과 같은 값 하나를 제외하면 다음 부호열

$$- + - - + - - + - -$$

를 얻고, n=10, x=3, $n/2$=5이다. 그러므로, 표 A.1로부터 P값은

$$P = 2P(X \leq 3 \mid p = \frac{1}{2}) = 2\sum_{x=0}^{3} b(x; 10, \frac{1}{2}) = 0.3438 > 0.05$$

6. 결론 : 귀무가설을 기각하지 않고, 작동시간의 중앙값은 1.8시간과 유의하게 다르지 않다고 판정한다.

부호검정은 대응된 관측값들에 대한 귀무가설 $\tilde{\mu}_1 - \tilde{\mu}_2 = d_0$의 검정에도 사용될 수 있다. 그 경우에는 차이 $d_i - d_0$가 양인지 음인지에 따라 각 차이 d_i를 + 또는 − 부호로 대치한다. 이 절에서는 모집단의 분포가 대칭이라고 가정한다. 그러나 모집단의 분포가 치우친(skewed) 경우에도 동일한 검정절차를 적용할 수 있으며, 이 경우 가설은 모집단의 평균보다는 중앙값에 관계된다.

예제 13.2 어느 택시회사에서 보통의 벨트 타이어(belted tire) 대신 레이디얼 타이어(radial tire)를 사용하면 연료가 적게 드는지 알아보려고 한다. 16대의 차에 레이디얼 타이어를 장착하여 미리 정한 시험코스를 주행하게 하였다. 운전자를 바꾸지 않고 동일한 자동차들에 보통의 벨트 타이어를 장착한 후 다시 시험코스를 주행하게 하였다. 리터(liter)당 km로 측정한 연비가 다음과 같이 기록되었다.
레이디얼 타이어를 장착하면 보통의 벨트 타이어를 장착할 때보다 연료 소모량이 줄어든다고 유의수준 0.05로 결론 내릴 수 있는가?

풀이 레이디얼 타이어와 벨트 타이어의 연비의 중앙값을 각각 $\tilde{\mu}_1$과 $\tilde{\mu}_2$라고 하자.

1. H_0: $\tilde{\mu}_1 - \tilde{\mu}_2 = 0$

2. H_1: $\tilde{\mu}_1 - \tilde{\mu}_2 > 0$

3. $\alpha = 0.05$

표 13.1 예제 13.2의 자료

자동차	레이디얼 타이어	벨트 타이어
1	4.2	4.1
2	4.7	4.9
3	6.6	6.2
4	7.0	6.9
5	6.7	6.8
6	4.5	4.4
7	5.7	5.7
8	6.0	5.8
9	7.4	6.9
10	4.9	4.9
11	6.1	6.0
12	5.2	4.9
13	5.7	5.3
14	6.9	6.5
15	6.8	7.1
16	4.9	4.8

4. 검정통계량 : $p=1/2$인 이항확률변수 X
5. 계산 : 양의 차이는 '+' 부호로, 그리고 음의 차이는 '−' 부호로 각각 대치하고, 차이가 0인 두 쌍의 자료를 제외하면, 다음의 부호열

$$+ \; - \; + \; + \; - \; + \; + \; + \; + \; + \; + \; + \; - \; +$$

를 얻고, $n=14$, $x=11$이다. 정규분포로 근사시키면

$$z = \frac{10.5 - 7}{\sqrt{(14)(0.5)(0.5)}} = 1.87$$

이므로

$$P = P(X \geq 11) \approx P(Z > 1.87) = 0.0307$$

6. 결론 : 귀무가설을 기각하고, 평균적으로 레이디얼 타이어를 쓰면 연료가 줄어든다고 판정한다.

부호검정은 적용하기에 가장 간단한 비모수기법 중의 하나일 뿐만 아니라, 수치로 주어지지 않고 양의 반응과 음의 반응으로 주어지는 2분법의 자료에도 적용

될 수 있다는 또 다른 장점도 가지고 있다. 예를 들면, 부호검정은 '적중' 또는 '불발'과 같은 계수반응값으로 주어지는 실험이나, 미각시험기가 주어진 성분을 정확히 가려내는지 또는 부정확하게 가려내는지에 따라 + 부호나 − 부호를 부여하는 감각실험에 적용할 수 있다.

여러 종류의 비모수기법과 이에 대응하는 모수검정을 비교해 볼 필요가 있다. 부호검정의 경우에 비교상대는 물론 t 검정이다. 정규모집단으로부터 표본을 추출한다면 t 검정을 사용해야 검정력이 더 높을 것이다. 정규분포는 아니지만 대칭분포라면 그 분포가 정규분포에 비해 극단적으로 '두꺼운 꼬리'를 가지지 않는 한 검정력면에서 t 검정이 선호된다.

13.2 부호순위검정

부호검정은 표본이 하나인 경우에는 관측값들과 $\tilde{\mu}_0$간의 차이에 대한 + 부호나 − 부호 만을, 대응된 표본의 경우에는 관측값 쌍들 간의 차이에 대한 + 부호나 − 부호만을 활용하고 있으며, 그 차이들의 크기는 고려하지 않는다는 점에 주의해야 한다. 방향과 크기를 모두 활용한 검정이 1945년에 Frank Wilcoxon에 의해 제안되었으며, 현재는 이것을 흔히 **윌콕슨 부호순위검정**(Wilcoxon signed-rank test)이라고 부른다.

자료가 추출되는 분포에 대해 제약조건을 추가하는 것이 합리적인 경우에는 비모수적 방법에 의해 자료로부터 좀 더 정보를 추출해 낼 수 있다. 부호순위검정은 **연속대칭분포**에 적용된다. 이 조건하에서 귀무가설 $\tilde{\mu}=\tilde{\mu}_0$를 검정할 수 있다. 먼저, 각 표본값에서 $\tilde{\mu}_0$를 빼고 차이가 0인 것은 제외시킨다. 나머지 차이들에 대해 부호에 관계 없이 순위를 매긴다. 순위 1은 가장 작은 절대차이(즉, 부호에 상관 없이)에 부여하고, 순위 2는 그 다음으로 작은 차이에 부여하는 방식으로 모든 차이에 순위를 부여한다. 두 개 이상의 절대차이값이 동점이 되면, 이들을 구별하여 순위를 부여한 후 이 순위들의 평균순위를 각각에 부여한다. 예를 들어, 다섯 번째 차이와 여섯 번째 차이의 절대값이 같으면 각각에 평균순위 5.5를 부여한다. 만약 가설 $\tilde{\mu}=\tilde{\mu}_0$가 사실이라면 양의 차이에 해당하는 순위의 합과 음의 차이에 해당하는 순위의 합은 거의 같아야 할 것이다. 이 합들을 각각 w_+와 w_-로 나타내자. w_+와 w_- 중 작은 것은 w로 나타낸다.

표본추출을 반복하면 w_+와 w_-가 변하므로 w의 값도 변할 것이다. 따라서, w_+, w_-, w는 각각 확률변수 W_+, W_-, W의 값이라고 생각할 수 있다. 대립가설 $\tilde{\mu}<\tilde{\mu}_0$에 대해 귀무가설 $\tilde{\mu}=\tilde{\mu}_0$는 w_+가 작고 w_-가 큰 경우에만 기각된다. 비슷하게

대립가설 $\tilde{\mu} > \tilde{\mu}_0$는 w_+가 크고 w_-가 작은 경우에만 채택된다. 양측검정의 경우에는 w_+나 w_-가 충분히 작으면, 따라서 w가 충분히 작으면 귀무가설을 기각한다. 그러므로, 대립가설이 무엇이든 간에 적절한 통계량 W_+ 또는 W_-가 충분히 작으면, 즉 W의 값이 충분히 작으면 귀무가설을 기각하게 된다.

대응관측값을 가지는 두 표본

대응된 표본이 $\tilde{\mu}_1=\tilde{\mu}_2$인 두 개의 연속형 대칭분포로부터의 표본이라는 귀무가설을 검정하기 위해서는, 부호에 관계 없이 대응된 관측값들의 차이에 순위를 부여한 후 표본이 하나인 경우와 동일하게 처리한다. 표본이 하나인 경우와 대응된 표본인 경우에 적용되는 여러 가지의 검정절차들이 표 13.2에 정리되어 있다.

표 13.2 부호순위검정

H_0	H_1	계산
$\tilde{\mu} = \tilde{\mu}_0$	$\begin{cases} \tilde{\mu} < \tilde{\mu}_0 \\ \tilde{\mu} > \tilde{\mu}_0 \\ \tilde{\mu} \neq \tilde{\mu}_0 \end{cases}$	w_+ w_- w
$\tilde{\mu}_1 = \tilde{\mu}_2$	$\begin{cases} \tilde{\mu}_1 < \tilde{\mu}_2 \\ \tilde{\mu}_1 > \tilde{\mu}_2 \\ \tilde{\mu}_1 \neq \tilde{\mu}_2 \end{cases}$	w_+ w_- w

$n<5$이고 단측검정에서 유의수준이 0.05를 넘지 않거나 양측검정에서 0.10을 넘지 않을 경우에는 w_+, w_-, 또는 w 값이 무엇이든지 간에 귀무가설이 채택된다는 것을 어렵지 않게 보일 수 있다. 표 A.17에는 $5 \leq n \leq 30$일 때, 단측검정의 경우 유의수준 0.01, 0.025, 0.05에 대한 W_+와 W_-의 대략적인 기각값이, 그리고 양측검정의 경우 유의수준 0.02, 0.05, 0.10에 대한 W의 기각값이 나와 있다. 만약 계산된 w_+, w_-, 또는 w 값이 표에서 찾은 값보다 **작거나 같으면** 귀무가설을 기각한다. 예를 들어, n=12이면 표 A.17로부터 유의수준 0.05에서 대립가설 $\tilde{\mu} < \tilde{\mu}_0$가 유의하기 위해서는 $w_+ \leq 17$이어야 한다.

예제 13.3 예제 13.1에 대해 부호순위검정을 수행하라.

풀이

1. H_0: $\tilde{\mu} = 1.8$
2. H_1: $\tilde{\mu} \neq 1.8$

3. $\alpha = 0.05$
4. 기각역 : 1.8과 동점인 측정값 하나를 제외하면 n=10이므로, 표 A.16으로부터 기각역은 $w \leq 8$이다.
5. 계산 : 각 측정값으로부터 1.8을 뺀 후 부호에 상관 없이 차이에 순위를 부여하면,

d_i	-0.3	0.4	-0.9	-0.5	0.2	-0.2	-0.3	0.2	-0.6	-0.1
순위	5.5	7	10	8	3	3	5.5	3	9	1

w_+=13이고 w_-=42이므로 이 둘 중 작은 값은 w=13이 된다.

6. 결론 : 이전과 같이 귀무가설을 기각하지 않고, 평균작동시간은 1.8시간과 유의하게 다르지 않다고 판정한다.

부호순위검정은 귀무가설 $\tilde{\mu}_1 - \tilde{\mu}_2 = d_0$의 검정에도 사용될 수 있다. 이 경우 모집단의 분포는 대칭일 필요가 없다. 부호검정에서와 같이 각 차이에서 d_0를 빼고, 부호에 관계 없이 차이에 순위를 부여한 후 위와 동일한 절차를 적용하면 된다.

예제 13.4 대학교 4학년의 전공졸업시험에서 미리 예상문제를 풀어 볼 경우 최소한 50점 이상 점수를 높일 수 있다는 주장이 제기되었다. 이 주장을 검정하기 위해 20명의 4학년 학생들을 10쌍으로 나누되, 각 쌍은 지난 3년간의 평점이 거의 같은 학생들로 구성되도록 하였다. 시험 1주 전에 예상문제와 답안을 랜덤하게 각 쌍의 한 사람에게 제공하였다. 졸업시험성적은 다음과 같았다.

표 13.3 예제 13.4의 자료

	쌍									
	1	2	3	4	5	6	7	8	9	10
예상문제제공	531	621	663	579	451	660	591	719	543	575
예상문제제공 안 함	509	540	688	502	424	683	568	748	530	524

예상문제가 성적을 50점 높인다는 귀무가설과 증가량이 50점 이하라는 대립가설에 대해 유의수준 0.05로 검정하라.

풀이 예상문제를 제공받은 학생과 제공받지 않은 학생의 중앙값 점수를 각각 $\tilde{\mu}_1$과 $\tilde{\mu}_2$라고 하자.

1. H_0: $\tilde{\mu}_1 - \tilde{\mu}_2 = 50$
2. H_1: $\tilde{\mu}_1 - \tilde{\mu}_2 < 50$
3. $\alpha = 0.05$
4. 기각역 : n=10이므로 표 A.16으로부터 기각역은 $w_+ \le 11$이다.
5. 계산 :

	쌍									
	1	2	3	4	5	6	7	8	9	10
d_i	22	81	-25	77	27	-23	23	-29	13	51
$d_i - d_0$	-28	31	-75	27	-23	-73	-27	-79	-37	1
순위	5	6	9	3.5	2	8	3.5	10	7	1

이로부터, w_+=6+3.5+1=10.5이다.

6. 결론 : 귀무가설을 기각하고, 예상문제는 '평균적으로' 졸업성적을 50점만큼 증가시키지 않는다고 판정한다.

대표본에 대한 정규분포근사

$n \ge 15$이면 W_+(또는 W_-)의 표본분포는 평균이

$$\mu_{W_+} = \frac{n(n+1)}{4}$$

이고, 분산이

$$\sigma^2_{W_+} = \frac{n(n+1)(2n+1)}{24}$$

인 정규분포로 근사된다. 그러므로, n이 표 A.16에 나와 있는 최대값보다 큰 경우에는 통계량

$$Z = \frac{W_+ - \mu_{W_+}}{\sigma_{W_+}}$$

를 이용하면 기각역을 구할 수 있다.

연습문제

13.1 다음 자료는 어느 환자가 진료를 받기 위해 의사를 12번 방문하여 대기시간을 분단위로 기록한 것이다.

17	15	20	20	32	28
12	26	25	25	35	24

유의수준 0.05로 부호검정을 사용하여 대기시간의 중앙값은 20분 이하라는 의사의 주장을 검정하라.

13.2 다음 자료는 18명의 수련 파일럿(pilot)이 최초의 단독비행을 하기 전에 어느 교관으로부터 이수한 비행훈련시간을 나타낸 것이다.

9	12	18	14	12	14	12	10	16
11	9	11	13	11	13	15	13	14

표 A.1의 이항확률을 이용하여 단독비행을 하기 전에 받아야 하는 비행훈련시간의 중앙값이 12시간이라는 교관의 주장에 대해 유의수준 0.02로 부호검정을 수행하라.

13.3 한 식품검사원이 회사에서 제조한 16개의 잼(jam)통에 대해 이물질의 비율을 조사한 결과 다음과 같았다.

2.4	2.3	3.1	2.2	2.3	1.2	1.0	2.4
1.7	1.1	4.2	1.9	1.7	3.6	1.6	2.3

이항분포를 정규분포로 근사시켜 잼에 함유된 이물질 비율의 중앙값이 2.5%라는 귀무가설에 대해 이물질 비율의 중앙값이 2.5%가 아니라는 대립가설을 유의수준 0.05로 부호검정을 사용하여 검정하라.

13.4 어느 페인트 공급자는 새로운 첨가제가 페인트의 건조시간을 감소시킨다고 주장하고 있다. 이 주장을 검정하기 위해 12개의 목판에 페인트를 칠하되 6개는 보통의 첨가제가 함유된 페인트를, 나머지 6개에는 새로운 첨가제가 함유된 페인트를 칠하였다. 그 결과 건조시간이 다음과 같이 기록되었다.

목판	목판건조시간(시간)	
	새로운 첨가제	보통 첨가제
1	6.4	6.6
2	5.8	5.8
3	7.4	7.8
4	5.5	5.7
5	6.3	6.0
6	7.8	8.4
7	8.6	8.8
8	8.2	8.4
9	7.0	7.3
10	4.9	5.8
11	5.9	5.8
12	6.5	6.5

유의수준 0.05로 부호검정을 사용하여 새로운 첨가제가 보통의 첨가제보다 건조시간을 줄이지 못한다는 귀무가설을 검정하라.

13.5 새로운 식이요법으로 2주 안에 체중을 평균 4.5 kg 줄일 수 있다는 주장이 제기되었다. 이 식이요법을 한 10명의 여성에 대해 2주 전과 2주 후의 체중을 측정하여 다음의 자료를 얻었다.

여성	2주 전	2주 후
1	58.5	60.0
2	60.3	54.9
3	61.7	58.1
4	69.0	62.1
5	64.0	58.5
6	62.6	59.9
7	56.7	54.4
8	63.6	60.2
9	68.2	62.3
10	59.4	58.7

유의수준 0.05로 부호검정을 사용하여 식이요법에 의한 체중감소의 중앙값이 4.5 kg이라는 귀무가설에 대해 4.5 kg 이하라는 대립가설을 검정하라.

13.6 대기 중의 황일산화물의 양을 측정하는 두 종류의 계측기를 대기오염실험을 통해 비교하려고 한다. 2주간에 걸쳐 다음의 일일측정값이 기록되었다.

일	황일산화물	
	계기 A	계기 B
1	0.96	0.87
2	0.82	0.74
3	0.75	0.63
4	0.61	0.55
5	0.89	0.76
6	0.64	0.70
7	0.81	0.69
8	0.68	0.57
9	0.65	0.53
10	0.84	0.88
11	0.59	0.51
12	0.94	0.79
13	0.91	0.84
14	0.77	0.63

이항분포를 정규분포로 근사시켜 계측기에 따라 측정결과가 다른지 부호검정을 수행하라. 유의수준은 0.05를 사용하라.

13.7 다음 자료는 조깅(jogging)을 하는 16명에 대해 8 km를 달리기 전과 후의 심장수축혈압(단위: mmHg)을 측정한 것이다.

유의수준 0.05로 부호검정을 사용하여 8 km의 조깅에 의한 혈압증가값의 중앙값이 8이라는 귀무가설에 대해 8보다 작다는 대립가설을 검정하라.

사람	전	후
1	158	164
2	149	158
3	160	163
4	155	160
5	164	172
6	138	147
7	163	167
8	159	169
9	165	173
10	145	147
11	150	156
12	161	164
13	132	133
14	155	161
15	146	154
16	159	170

13.8 부호순위검정을 사용하여 연습문제 13.1의 자료를 다시 분석하라.

13.9 부호순위검정을 사용하여 연습문제 13.2의 자료를 다시 분석하라.

13.10 5명에 대해 담배를 끊기 전과 담배를 끊은 후 5주가 경과한 때의 체중(단위: kg)이 다음과 같이 기록되었다.

	사람				
	1	2	3	4	5
전	66	80	69	52	75
후	71	82	68	56	73

대응된 관측값에 대해 부호순위검정을 사용하여 담배를 끊어도 체중에 영향을 주지 않는다는 귀무가설에 대해 체중이 증가한다는 대립가설을 유의수준 0.05로 검정하라.

13.11 부호순위검정을 사용하여 연습문제 13.5

를 다시 분석하라.

13.12 다음은 20일에 걸쳐 두 군데의 약국에서 처방된 처방전의 수이다.

일	약국 A	약국 B
1	19	17
2	21	15
3	15	12
4	17	12
5	24	16
6	12	15
7	19	11
8	14	13
9	20	14
10	18	21
11	23	19
12	21	15
13	17	11
14	12	10
15	16	20
16	15	12
17	20	13
18	18	17
19	14	16
20	22	18

유의수준 0.01로 부호순위검정을 사용하여 두 약국의 처방전 수가 평균적으로 같다는 귀무가설에 대해 약국 A의 처방전 수가 약국 B보다 더 많다는 대립가설을 검정하라.

13.13 부호순위검정을 사용하여 연습문제 13.7을 다시 분석하라.

13.14 부호순위검정을 사용하여 연습문제 13.6을 다시 분석하라.

13.3 순위합검정

앞에서 지적하였듯이, 비모수적 절차는 정규성 가정이 성립하지 않을 때 정규분포에 근거한 검정 대신 적절히 사용할 수 있는 방법이다. 명백히 정규분포를 따르지 않는 두 연속분포의 평균의 동일성을 검정하는 데 관심이 있고 표본들이 독립적이라면(즉, 대응된 관측값이 없을 때에는), 제10장에서 설명된 2표본 t 검정 대신 **윌콕슨 순위합검정**(Wilcoxon rank-sum test) 또는 **윌콕슨 2표본검정**(Wilcoxon two-sample test)이 적절하게 사용될 수 있다.

귀무가설 $H_0: \tilde{\mu}_1 = \tilde{\mu}_2$에 대응한 몇 가지 적당한 대립가설의 검정에 대해 살펴보도록 하자. 먼저, 각 모집단으로부터 확률표본을 뽑는다. 이때 작은 표본수를 n_1, 큰 표본수를 n_2라고 하자. 표본크기가 같을 경우에는 n_1과 n_2를 랜덤하게 부여한다. n_1+n_2개의 혼합표본(combined samples)을 작은 순서대로 나열한 후 각 관측값에 순위 1, 2, ⋯, n_1+n_2를 부여한다. 동점(동일한 관측값)이 있는 경우에는 이들의 평균순위를 각각 부여한다. 예를 들어, 7번째 관측값과 8번째 관측값의 값이 서로 같으면 두 관측값에 각각 순위 7.5를 부여한다.

작은 표본수 n_1에 해당하는 순위의 합을 w_1이라고 하자. 비슷하게 w_2는 큰 표본수 n_2에 해당하는 순위의 합을 나타낸다. 이 둘의 합 w_1+w_2는 두 표본의 관측값의 개수에만 의존할 뿐 실험결과와는 전혀 무관하다. 따라서, 만약 $n_1=3$이고 $n_2=4$이면 $w_1+w_2=1+2+\cdots+7=28$로서 관측값의 실제값과는 무관하다. 일반적으로,

$$w_1 + w_2 = \frac{(n_1+n_2)(n_1+n_2+1)}{2}$$

이 되는데, 이것은 정수 $1, 2, \cdots, n_1+n_2$를 모두 합한 것이다. w_1이 결정되면 w_2는 식

$$w_2 = \frac{(n_1+n_2)(n_1+n_2+1)}{2} - w_1$$

으로부터 쉽게 구할 수 있다.

크기가 n_1과 n_2인 표본을 반복해서 뽑으면 w_1값이 변하고, 따라서 w_2의 값도 그때마다 바뀔 것이다. 따라서, w_1과 w_2는 각각 확률변수 W_1과 W_2의 값이라고 생각할 수 있다. 대립가설 $\tilde{\mu}_1 < \tilde{\mu}_2$에 대한 귀무가설 $\tilde{\mu}_1 = \tilde{\mu}_2$는 w_1이 작고 w_2가 큰 경우에만 기각될 수 있을 것이다. 비슷한 방식으로 대립가설 $\tilde{\mu}_1 > \tilde{\mu}_2$는 w_1이 크고 w_2가 작을 때에만 채택된다. 양측검정인 경우에는 w_1이 작고 w_2가 크거나, w_1이 크고 w_2가 작으면 귀무가설을 기각한다. 다시 말하면, 대립가설 $\tilde{\mu}_1 < \tilde{\mu}_2$는 w_1이 충분히 작을 때 채택되고, 대립가설 $\tilde{\mu}_1 > \tilde{\mu}_2$는 w_2가 충분히 작을 때 채택된다. 그리고 대립가설 $\tilde{\mu}_1 \neq \tilde{\mu}_2$는 w_1과 w_2 중 작은 값이 충분히 작을 때 채택된다. 이 방법을 실제로 사용할 때에는 통계량 U_1과 U_2의 값

$$u_1 = w_1 - \frac{n_1(n_1+1)}{2}$$

$$u_2 = w_2 - \frac{n_2(n_2+1)}{2}$$

또는, U_1과 U_2 중 작은 것을 통계량 U로 놓았을 때의 값 u를 사용하여 검정한다. U_1과 U_2가 모두 대칭적인 표본분포를 따르고 이들 값의 범위가 0부터 n_1n_2이며 $u_1+u_2=n_1n_2$이므로, 이 통계량들을 사용하면 기각값표의 작성이 간단해진다.

u_1과 u_2에 대한 공식으로부터 w_1이 작으면 u_1이 작아지고, w_2가 작으면 u_2가 작아짐을 알 수 있다. 결국 귀무가설은 통계량 U_1, U_2, 또는 U의 값이 표 A.17에 주

어진 기각값보다 작거나 같을 때 기각된다. 여러 가지 형태의 검정절차들이 표 13.4에 정리되어 있다.

표 13.4 순위합검정

H_0	H_1	계산
$\tilde{\mu}_1 = \tilde{\mu}_2$	$\begin{cases} \tilde{\mu}_1 < \tilde{\mu}_2 \\ \tilde{\mu}_1 > \tilde{\mu}_2 \\ \tilde{\mu}_1 \neq \tilde{\mu}_2 \end{cases}$	u_1 u_2 u

표 A.17에는 단측검정에 대해 유의수준 0.001, 0.002, 0.01, 0.02, 0.025, 0.05에서의 U_1과 U_2의 기각값이, 양측검정에 대해 유의수준 0.002, 0.02, 0.05, 0.10에서의 U의 기각값이 나와 있다. u_1, u_2 또는 u값이 표의 기각값보다 **작거나 같으면** 표에 명시된 유의수준하에서 귀무가설은 기각된다. 예를 들어, 귀무가설 $\tilde{\mu}_1 = \tilde{\mu}_2$에 대해 대립가설 $\tilde{\mu}_1 < \tilde{\mu}_2$를 유의수준 0.05에서 크기 $n_1=3$, $n_2=5$, 따라서 $w_1=8$인 표본에 대해 검정한다고 하자. 주어진 값으로부터

$$u_1 = 8 - \frac{(3)(4)}{2} = 2$$

이다. 이 단측검정은 통계량 U_1에 근거하여 검정된다. 표 A.17로부터 $u_1 \le 1$일 때 귀무가설을 기각한다. 그러나 $u_1=2$로서 기각역에 해당되지 않으므로 귀무가설은 기각될 수 없다.

예제 13.5 두 종류의 담배로부터 니코틴 함유량(단위: mg)이 다음과 같이 측정되었다.

담배 A	2.1	4.0	6.3	5.4	4.8	3.7	6.1	3.3		
담배 B	4.1	0.6	3.1	2.5	4.0	6.2	1.6	2.2	1.9	5.4

두 담배의 니코틴 함유량의 중앙값이 같다는 귀무가설에 대해 서로 다르다는 대립가설을 유의수준 0.05로 검정하라.

풀이

1. H_0: $\tilde{\mu}_1 = \tilde{\mu}_2$
2. H_1: $\tilde{\mu}_1 \neq \tilde{\mu}_2$
3. $\alpha = 0.05$
4. 기각역 : $u \le 17$(표 A.17로부터)

5. 계산 : 관측값들을 작은 순서대로 나열한 후 1부터 18까지의 순위를 부여하면 다음과 같다.

원래의 자료	순위	원래의 자료	순위
0.6	1	4.0	10.5*
1.6	2	4.0	10.5
1.9	3	4.1	12
2.1	4*	4.8	13*
2.2	5	5.4	14.5*
2.5	6	5.4	14.5
3.1	7	6.1	16*
3.3	8*	6.2	17
3.7	9*	6.3	18*

* 표시는 표본 A

따라서

$$w_1 = 4 + 8 + 9 + 10.5 + 13 + 14.5 + 16 + 18 = 93$$

이고

$$w_2 = \frac{(18)(19)}{2} - 93 = 78$$

이다. 그러므로,

$$u_1 = 93 - \frac{(8)(9)}{2} = 57, \qquad u_2 = 78 - \frac{(10)(11)}{2} = 23$$

으로부터 u=23이다.

6. 결론 : 귀무가설을 기각하지 않고, 두 종류의 담배의 니코틴 함유량의 중앙값은 유의한 차이가 없다고 판정한다.

2표본에 대한 정규분포근사

n_1과 n_2가 8보다 크면, U_1(또는 U_2)의 표본분포는 평균이

$$\mu_{U_1} = \frac{n_1 n_2}{2}$$

이고 분산이

$$\sigma^2_{U_1} = \frac{n_1 n_2(n_1 + n_2 + 1)}{12}$$

인 정규분포로 근사된다. 결국 n_2가 표 A.17에 나와 있는 최대값인 20보다 크고, n_1이 최소한 9이면 통계량

$$Z = \frac{U_1 - \mu_{U_1}}{\sigma_{U_1}}$$

을 사용할 수 있으며, 기각역은 대립가설의 형태에 따라 정규분포의 한쪽 꼬리나 양쪽 꼬리 부분으로 정한다.

윌콕슨 순위합검정의 사용은 정규모집단이 아닌 경우에만 국한되지는 않는다. 이 검정법은 검정력이 줄어들긴 하겠지만 정규모집단에 대한 2표본 t 검정 대신 사용될 수 있다. 결정적으로 비정규모집단인 경우에는 윌콕슨 순위합검정이 항상 t 검정보다 우월하다.

13.4 Kruskal-Wallis 검정

제12장에서 분산분석법은 $k \geq 2$개의 모평균의 동일성을 검정하기 위한 탁월한 분석기법으로 소개되었다. 그러나 F 검정이 이론적인 정확성을 가지기 위해서는 정규성 가정이 성립해야 한다는 점을 상기해야 한다. 이 절에서는 비모수적인 분산분석법에 대해 살펴보기로 한다.

Kruskal-Wallis 검정 또는 **Kruskal-Wallis H 검정**이라고 불리는 검정법은 순위합검정을 표본의 수가 $k>2$인 경우로 일반화한 것이다. 이 검정법은 k개의 독립적인 표본들이 동일한 모집단으로부터 추출된 표본이라는 귀무가설을 검정하는데 사용된다. 1952년에 W. H. Kruskal과 W. A. Wallis에 의해 소개된 이 방법은 일원배치 분산분석에서 표본들이 정규분포로부터 추출된 표본이라는 가정을 하지 않으면서 평균들의 동일성 검정을 할 수 있는 비모수적 검정법이다.

i번째 표본의 관측값의 수를 $n_i(i=1, 2, \cdots, k)$라고 하자. 먼저, k개의 표본들을 모두 혼합하여 $n=n_1+n_2+\cdots+n_k$개의 관측값들을 작은 것부터 크기순으로 나열한 후, 각 관측값에 순위 1, 2, $\cdots$, n을 부여한다. 동점(동일한 측정값)에 대해서는 평균순위를 부여한다. i번째 표본의 n_i개의 관측값들에 대한 순위합을 확률변수 R_i로 나타내자. 다음 통계량을 생각해 보자.

$$H = \frac{12}{n(n+1)} \sum_{i=1}^{k} \frac{R_i^2}{n_i} - 3(n+1)$$

이 통계량은 귀무가설이 사실이고 각 표본의 크기가 최소한 5이면 자유도가 $k-1$인 카이제곱분포로 상당히 근접하게 근사된다. 독립적인 표본들이 동일하지 않은 모집단들로부터 나왔을 때 H의 값 h가 커진다는 사실로부터 다음과 같은 의사결정기준을 만들 수 있다.

Kruskal-Wallis 검정 k개의 독립적인 표본들이 동일한 모집단으로부터 추출된 표본이라는 귀무가설 H_0를 검정하기 위해

$$h = \frac{12}{n(n+1)} \sum_{i=1}^{k} \frac{r_i^2}{n_i} - 3(n+1)$$

을 계산한다. 단, 여기에서 r_i는 R_i의 값이다. 자유도가 $k-1$인 카이제곱분포로부터 h가 기각역 $H > \chi^2_\alpha$에 해당되면 유의수준 α로 H_0를 기각한다. 그렇지 않으면 H_0를 기각하지 않는다.

예제 13.6 3종류의 미사일 체계 중 어느 것이 우수한가를 알아보기 위해 추진체의 연소율을 측정하였다. 수치변환한 자료가 표 13.5에 나와 있다. 유의수준 0.05로 Kruskal-Wallis 검정을 사용하여 세 가지 미사일의 연소율이 모두 동일하다는 가설을 검정하라.

표 13.5 추진체의 연소율

미사일 체계		
1	2	3
24.0	23.2	18.4
16.7	19.8	19.1
22.8	18.1	17.3
19.8	17.6	17.3
18.9	20.2	19.7
	17.8	18.9
		18.8
		19.3

풀이

1. H_0: $\mu_1 = \mu_2 = \mu_3$
2. H_1: 세 개 평균이 모두 같지는 않다.

3. $\alpha = 0.05$
4. 기각역 : 자유도 2에 대해 $h > \chi^2_{0.05} = 5.991$이다.
5. 계산 : 19개의 관측값에 대해 순위를 부여하고 각 미사일에 대해 순위합을 구한 결과가 표 13.6에 나와 있다.

표 13.6 추진체의 연소율에 대한 순위

미사일 체계		
1	2	3
19	18	7
1	14.5	11
17	6	2.5
14.5	4	2.5
9.5	16	13
$r_1 = 61.0$	5	9.5
	$r_2 = 63.5$	8
		12
		$r_3 = 65.5$

n_1=5, n_2=6, n_3=8, 그리고 r_1=61.0, r_2=63.5, r_3=65.5를 대입하면 통계량 H의 값은

$$h = \frac{12}{(19)(20)}\left(\frac{61.0^2}{5} + \frac{63.5^2}{6} + \frac{65.5^2}{8}\right) - (3)(20) = 1.66$$

6. 결론 : h=1.66은 기각역 $h > 5.991$에 포함되지 않으므로, 세 가지 미사일에 대해 연료의 분사율이 모두 동일하다는 가설을 기각할 만한 충분한 증거가 없다.

연습문제

13.15 어느 담배제조회사는 담배 B의 타르(tar) 함유량이 담배 A보다 적다고 주장하고 있다. 이 주장을 검정하기 위해 타르 함유량(단위: mg)을 측정한 결과가 다음과 같이 기록되었다. 유의수준 0.05로 순위합검정을 사용하여 이 주장이 사실인지 검정하라.

담배 A	1	12	9	13	11	14
담배 B	8	10	7			

13.16 새로 개발된 혈청이 백혈병을 억제하는지 알아보기 위해 병이 상당히 진행된 상태에 있는 9명의 환자를 선택하였다. 이 중 5명에게 이 혈청치료를 하고 4명에게는 하지 않았다. 실험시작 후부터의 생존시간(단위: 년)을 기록한 결과는 다음과 같다.

혈청치료	2.1	5.3	1.4	4.6	0.9
혈청치료 안 함	1.9	0.5	2.8	3.1	

순위합검정을 사용하여 이 혈청이 효과적인지 유의수준 0.05로 검정하라.

13.17 다음 자료는 두 종류의 계산기에 대해 한 번 충전으로 작동하는 시간을 측정한 것이다.

계산기 A	5.5	5.6	6.3	4.6	5.3	5.0	6.2	5.8	5.1
계산기 B	3.8	4.8	4.3	4.2	4.0	4.9	4.5	5.2	4.5

순위합검정을 사용하여 계산기 A의 작동시간이 계산기 B보다 긴지 유의수준 0.01로 검정하라.

13.18 두 가지 공정에 의해 낚싯줄이 만들어진다. 줄의 평균인장력 사이에 차이가 있는지 알아보기 위해 각 공정에서 10개씩의 줄을 추출하여 인장력을 측정하였다. 결과는 다음과 같다.

공정 1	10.4	9.8	11.5	10.0	9.9
	9.6	10.9	11.8	9.3	10.7
공정 2	8.7	11.2	9.8	10.1	10.8
	9.5	11.0	9.8	10.5	9.9

순위합검정을 사용하여 공정에 따라 인장력에 차이가 있는지 유의수준 0.1로 검정하라.

13.19 어느 수학강좌에서 동등한 능력을 가진 12명의 학생 중 5명을 랜덤하게 선택하여 교사로부터 과외수업을 받도록 하였다. 기말시험성적은 다음과 같았다.

	성적						
과외수업	87	69	78	91	80		
과외수업 안 함	75	88	64	82	93	79	67

순위합검정을 사용하여 과외수업이 성적에 영향을 주는지 유의수준 0.05로 검정하라.

13.20 다음 자료는 야구선수와 농구선수를 대상으로 이들이 비행기를 탈 때 휴대하는 개인 짐의 무게(단위: kg)를 나타낸 것이다. 순위합검정을 사용하여 두 운동선수들의 짐 무게가 서로 같다는 귀무가설에 대해 서로 다르다는 대립가설을 유의수준 0.05로 검정하라.

짐의 무게(kg)				
야구선수			농구선수	
16.3	20.0	18.6	15.4	16.3
18.1	15.0	15.4	17.7	18.1
15.9	18.6	15.6	18.6	16.8
14.1	14.5	18.3	12.7	14.1
17.7	19.5	17.4	15.0	13.6
16.3	13.6	14.8	15.9	16.3
13.2	17.2	16.5		

13.21 다음 자료는 3 종류의 계산기에 대해 한 번의 충전으로 작동하는 시간을 기록한 것이다. Kruskal-Wallis 검정을 사용하여 3 종류의 계산기의 평균작동시간이 동일하다는 가설을 유의수준 0.01로 검정하라.

계산기								
A			B			C		
4.9	6.1	4.3	5.5	5.4	6.2	6.4	6.8	5.6
4.6	5.2		5.8	5.5	5.2	6.5	6.3	6.6
				4.8				

13.22 연습문제 12.6에 대해 Kruskal-Wallis 검정을 사용하여 유기화학용제에 따라 흡수율에 유의한 차이가 있는지 유의수준 0.05로 검정하라.

13.5 런검정

이 책을 통해 논의된 많은 통계적인 개념을 적용할 때, 항상 어떤 랜덤화절차에 의해 표본이 추출되었다고 가정하였다. 표본관측값이 얻어진 순서에 근거한 **런검정**(runs test)은 표본관측값들이 실제로 랜덤하게 얻어졌다는 귀무가설 H_0를 검정하는 데 유용한 기법이다.

런검정을 설명하기 위해 12명을 대상으로 어떤 상품을 사용하고 있는지 여론조사를 했다고 하자. 만약 12명 모두가 동일한 성별이라면 표본의 랜덤성에 심각한 의문이 제기될 것이다. 남성과 여성을 각각 M과 F로 표기하고, 이들이 나타난 순서에 따라 이 기호를 표시하도록 하자. 한 가지 전형적인 순서열(sequence)을 표기해 보면

$$\underbrace{M\ M}\ \underbrace{F\ F\ F}\ \underbrace{M}\ \underbrace{F\ F}\ \underbrace{M\ M\ M\ M}$$

으로 나타낼 수 있으며, 연속된 동일기호들은 부분열(subsequence)로 묶어 놓았다. 이러한 묶음을 **런**(run)이라고 한다.

정리 13.1

> 자료의 공통적인 속성을 나타내는 하나 이상의 동일한 기호들의 부분열을 **런**이라고 한다.

런검정에서는 표본측정값들이 계수자료이거나 계량자료임에 관계 없이 자료들이 남성 또는 여성, 불량품 또는 양품, 앞면 또는 뒷면, 중앙수 위 또는 아래 등 두 개의 상호배반적인 범주(category)로 나누어진다. 결과적으로 하나의 열은 두 가지 서로 다른 기호로 한정된다. 적게 나타난 범주에 속한 기호의 수를 n_1이라고 하고, 다른 범주에 속한 기호의 수를 n_2라고 하자. 그러면 표본의 크기는 $n=n_1+n_2$이다.

여론조사 예에서의 n=12개의 기호열에는 5개의 런이 있으며, 첫 번째 런은 2개의 M으로, 두 번째 런은 3개의 F로 구성되어 있다. 만약 런의 개수가 우연에 의

해 나타나리라고 기대되는 개수보다 크거나 작으면, 표본이 랜덤하게 추출되었다는 가설은 기각되어야 할 것이다. 분명히 2개의 런만을 나타내는 다음 열

$$M\ M\ M\ M\ M\ M\ M\ F\ F\ F\ F\ F$$

또는 이것의 반대열은 추출과정이 랜덤한 경우라면 매우 나타나기 힘든 현상이다. 이 열은 처음 조사한 7명은 모두 남성이고, 그 다음 조사한 5명은 모두 여성이라는 것을 나타낸다. 비슷하게, 만약 표본으로부터 얻은 런의 개수가 다음 교차열

$$M\ F\ M\ F\ M\ F\ M\ F\ M\ F\ M\ F$$

와 같이 런의 최대개수인 12개라면, 이 경우에도 조사를 하기 위해 선택한 사람들의 순서에 의문이 제기될 것이다.

랜덤성에 대한 런검정은 열에 나타난 런의 총 수를 나타내는 확률변수 V에 근거한다. 표 A.18에는 런의 수가 $v^*=2, 3, \cdots, 20$일 때, 그리고 n_1과 n_2의 값이 10보다 작거나 같은 경우에 대한 $P(V \le v^* | H_0$ 사실)값이 나와 있다. 단측검정과 양측검정에 대한 P값은 이 표를 이용하여 구할 수 있다.

위에서 실시한 여론조사에서는 5개의 F와 7개의 M이 얻어졌다. 따라서, $n_1=5, n_2=7, v=5$이므로 표 A.18로부터 양측검정에 대한 P 값은

$$P = 2P(V \le 5 \mid H_0 \text{ 사실}) = 0.394 > 0.05$$

즉, 귀무가설이 사실일 때 $v=5$는 유의수준 0.05에서 타당하게 보이며, 따라서 랜덤성 가설을 기각할 충분한 증거가 없다고 할 수 있다.

런의 수가 커지면, 예를 들어 $v=11$이고 $n_1=5, n_2=7$이라면, 양측검정에 대한 P 값은

$$\begin{aligned} P &= 2P(V \ge 11 \mid H_0 \text{ 사실}) = 2[1 - P(V \le 10 \mid H_0 \text{ 사실})] \\ &= 2(1 - 0.992) = 0.016 < 0.05 \end{aligned}$$

이므로 랜덤하게 표본이 얻어졌다는 가설은 기각된다.

런검정은 계량값의 열이 경향이나 주기성에 의해 시간이 경과함에 따라 랜덤성에서 벗어나는 것을 검출하는 데에도 사용될 수 있다. 수집된 순서로 나열된 각 측정값을 중앙값보다 크면 '+' 기호로, 중앙값보다 작으면 '−' 기호로 대치하고, 중앙값과 일치하는 측정값들을 빼 버리면 + 기호와 − 기호의 열을 얻을 수 있으며, 이것을 이용하면 다음의 예와 같이 랜덤성 검정을 할 수 있다.

예제 13.7 페인트 희석제를 용기에 분배할 수 있도록 기계가 조정되었다. 15개의 용기에 담겨진 페인트 희석제의 양을 측정해 본 결과 3.6, 3.9, 4.1, 3.6, 3.8, 3.7, 3.4, 4.0, 3.8, 4.1, 3.9, 4.0, 3.8, 4.2, 4.1 리터로 나타났다면, 이 기계가 분배하는 희석제의 양은 랜덤하게 변한다고 말할 수 있는가? 유의수준은 0.1 로 하여라.

풀이

1. H_0: 순서열은 랜덤하다.
2. H_1 : 순서열은 랜덤하지 않다.
3. $\alpha=0.1$
4. 검정통계량 : V(런의 총 수)
5. 계산 : 주어진 표본으로부터 $\tilde{x}=3.9$이다. 각 측정값에 대해 3.9보다 크면 '+'로, 3.9보다 작으면 '−'로 대치하고, 3.9인 두 개의 측정값을 빼 버리면, 다음 열

$$- + - - - - - + - + + - + +$$

를 얻을 수 있고, $n_1=6$, $n_2=7$, $v=8$이 된다. 그러므로, 표 A.18로부터 P값은

$$P = 2P(V \geq 8 \mid H_0 \text{ 사실}) = 2(0.5) = 1$$

6. 결론 : 측정값의 순서열이 랜덤하게 변한다는 가설을 기각할 수 없다.

검정력이 떨어지긴 하지만 윌콕스 2표본검정 대신 런검정을 사용하여 두 개의 확률표본이 동일한 모집단으로부터 추출되었으며, 따라서 평균이 같다는 주장을 검정할 수도 있다. 모집단의 분포가 대칭적이라면, 동일한 분포라는 주장을 기각하는 것은 평균이 다르다는 대립가설을 채택하는 것과 동일하다. 검정을 수행할 때에는 먼저 두 표본관측값들을 혼합하고, 이것들을 작은 것부터 크기순으로 나열한다. 그런 다음 한 모집단으로부터 추출한 관측값들에는 기호 A를, 다른 하나에는 기호 B를 부여하여, 기호 A와 B로 구성된 열을 만든다. 한 모집단으로부터 추출한 관측치가 다른 모집단의 관측값과 일치하면(동점) 기호 A와 B로 만들어진 열은 유일(unique)하지 않을 것이며, 따라서 런의 수도 유일하지 않게 될 것이다. 동점을 해결하는 절차는 보통의 경우 지루한 계산이 필요하게 되어 이러한 상황이 발생하면 윌콕슨 순위합검정을 선호하게 된다.

평균의 동일성 검정에 런검정을 적용하는 예를 보이기 위해 연습문제 13.16에 나와 있는 백혈병 환자의 생존시간을 생각해 보자. 이 자료로부터

0.5	0.9	1.4	1.9	2.1	2.8	3.1	4.6	5.3
B	A	A	B	A	B	B	A	A

를 얻을 수 있으며, 런의 수는 v=6이다. 만약 대칭적인 두 모집단분포가 동일한 평균을 가진다면, 두 표본의 관측값들은 서로 혼합되어 많은 런을 만들어낼 것이다. 그러나 모평균들이 유의하게 다르다면 두 표본 중 하나의 표본관측값들은 다른 표본관측값들보다 작으리라고 기대할 수 있다. 모집단이 서로 교차하지 않는 극단적인 경우에는 다음과 같은 형태의 열

$$A\ A\ A\ A\ A\ B\ B\ B\ B \quad \text{또는} \quad B\ B\ B\ B\ A\ A\ A\ A\ A$$

를 얻게 될 것이고, 어느 경우에나 두 개의 런만이 존재한다. 결국, 모평균이 동일하다는 가설은 v 값이 충분히 작아서

$$P = P(V \leq v \mid H_0 \text{ 사실}) \leq \alpha$$

인 경우에만 유의수준 α로 기각될 것이며, 이것은 단측검정임을 나타낸다.

연습문제 13.16의 자료로 돌아와서, n_1=4, n_2=5, v=6이므로 표 A.18로부터

$$P = P(V \leq 6 \mid H_0 \text{ 사실}) = 0.786 > 0.05$$

를 얻으며, 따라서 평균이 같다는 귀무가설을 기각할 수 없다. 그러므로, 새로운 혈청이 백혈병을 억제하여 수명을 늘린다고 말할 수 없다.

n_1과 n_2가 커지면 V의 표본분포는 평균이

$$\mu_V = \frac{2n_1n_2}{n_1+n_2} + 1$$

이고, 분산이

$$\sigma_V^2 = \frac{2n_1n_2(2n_1n_2 - n_1 - n_2)}{(n_1+n_2)^2(n_1+n_2-1)}$$

인 정규분포로 접근한다. 그러므로, n_1과 n_2 모두 10보다 크면 통계량

$$Z = \frac{V - \mu_V}{\sigma_V}$$

를 사용하여 런검정의 기각역을 구할 수 있다.

13.6 공차한계

측정값이 정규분포를 따르는 경우의 공차한계(tolerance limit)는 제9장에서 논의

된 바 있다. 이 절에서는 분포의 형태와 독립적인 공차구간(tolerance interval)을 구하는 방법에 대해 살펴보기로 한다. 예상할 수 있듯이, 적절한 신뢰수준에서 이 구간의 폭은 정규성을 가정하여 구성한 구간보다 상당히 넓어지게 되고, 필요한 표본의 크기도 일반적으로 매우 커지게 된다. 비모수적 공차한계는 표본 내의 최소관측값과 최대관측값으로 정의된다.

양측공차한계 측정값의 분포에 대해 양측공차한계는 크기 n인 표본에서의 최소관측값과 최대관측값으로 주어지며, 여기에서 n은 $100(1-\gamma)\%$ 신뢰수준으로 **최소한** 분포의 $1-\alpha$ 비율이 이 표본극단값(extreme) 사이에 포함되도록 정해진다.

표 A.19에는 일부 γ와 $1-\alpha$값에 대해 필요한 표본크기가 나와 있다. 예를 들어, $\gamma=0.01$이고 $1-\alpha=0.95$라면, 99%의 신뢰수준으로 최소한 측정값 분포의 95%가 표본극단값 내에 포함되기 위해서는 $n=130$개의 확률표본이 필요하다.

측정값의 특정비율이 표본극단값 내에 포함되도록 표본의 크기 n을 정하는 대신 실제 산업체응용에서는 모집단의 일정비율이 표본 내의 최대값보다 작아지도록 (또는 최소값보다 커지도록) 표본크기를 정하는 것이 바람직한 경우가 많다. 이러한 한계를 단측공차한계라고 한다.

단측공차한계 측정값의 분포에 대해 단측공차한계는 크기 n인 표본에서의 최소(최대)관측값으로 주어지며, 여기에서 n은 $100(1-\gamma)\%$ 신뢰수준으로 **최소한** 분포의 $1-\alpha$ 비율이 표본 내의 최소관측값보다 커지도록(최대관측값보다 작아지도록) 정해진다.

표 A.20에는 일부 γ와 $1-\alpha$값에 대해 필요한 표본크기가 나와 있다. 예를 들어, $\gamma=0.05$이고 $1-\alpha=0.70$이라면, 95%의 신뢰수준으로 측정값 분포의 70%가 표본 내의 최소관측값보다 크기 위해서는 $n=9$개의 확률표본이 필요하다.

13.7 순위상관계수

제11장에서 두 개의 연속확률변수 X와 Y의 선형관계를 나타내는 모상관계수 ρ를 측정하기 위해 표본상관계수 r을 사용한 바 있다. 만약 관측값 x에 크기순으로 순위 $1, 2, \cdots, n$을 부여하고, 같은 방법으로 관측값 y에 순위를 부여한 후 실제 측정값 대신 이 순위들을 제11장의 상관계수공식에 대입하면, 전통적인 상관계수에 대응하는 비모수적 상관계수를 얻게 된다. 이러한 방식으로 계산된 상관계수를

Spearman 순위상관계수(rank correlation coefficient)라고 하며 r_s로 나타낸다. 측정값들 간에 동점이 없는 경우 r_s의 공식은 n개의 (x, y)쌍에 부여된 순위의 차인 d_i만을 포함하는 다음과 같은 매우 간단한 공식이 된다.

순위상관계수 두 개의 확률변수 X와 Y의 관계에 대한 비모수적 측도는 다음의 **순위상관계수**

$$r_s = 1 - \frac{6}{n(n^2-1)} \sum_{i=1}^{n} d_i^2$$

으로 주어지며, 여기에서 d_i는 x_i와 y_i에 부여된 순위의 차이고, n은 자료쌍의 수이다.

실제로는 x나 y 관측값들 간에 동점이 있는 경우에도 위의 공식이 사용될 수 있다. 동점에 대해서는 부호순위검정에서와 같이 평균순위가 부여된다.

r_s의 값은 대개의 경우 원래 값으로 계산된 r의 값과 비슷하고, 그 해석도 거의 동일하게 한다. r_s값은 -1에서 $+1$ 범위에 있다. $+1$이나 -1값은 X와 Y가 서로 완전한 관계임를 나타내는데, + 부호는 이 둘의 순위가 동일할 때, 그리고 − 부호는 이 둘의 순위가 정반대일 때 나타난다. r_s의 값이 0에 가까울 때에는 두 확률변수가 서로 상관이 없다(uncorrelated)고 할 수 있다.

예제 13.8 표 13.7의 수치들은 미국 연방무역위원회에서 발표된 것으로 10종의 담배에서 추출된 타르와 니코틴의 양(단위: mg)이다. 순위상관계수를 계산하여 담배에 함유된 타르와 니코틴 간의 상관 정도를 측정하라.

표 13.7 타르와 니코틴 함유량

담배종류	타르 함유량	니코틴 함유량
Viceroy	14	0.9
Marlboro	17	1.1
Chesterfield	28	1.6
Kool	17	1.3
Kent	16	1.0
Raleigh	13	0.8
Old Gold	24	1.5
Philip Morris	25	1.4
Oasis	18	1.2
Players	31	2.0

풀이 타르와 니코틴의 함유량을 각각 X와 Y라고 하자. 먼저 각 측정값 집합에 순위를 부여하되 가장 작은 수치에 순위 1을, 두 번째로 작은 수치에 순위 2를 부여하는 식으로 계속하여 가장 큰 수치에 순위 10을 부여한다. 표 13.8에는 측정값들의 개별순위와 10쌍의 측정값들에 대한 순위차가 정리되어 있다.

표 13.8 타르 및 니코틴 함유량에 대한 순위

담배종류	x_i	y_i	d_i
Viceroy	2	2	0
Marlboro	4.5	4	0.5
Chesterfield	9	9	0
Kool	4.5	6	−1.5
Kent	3	3	0
Raleigh	1	1	0
Old Gold	7	8	−1
Philip Morris	8	7	1
Oasis	6	5	1
Players	10	10	0

이 수치들을 r_s의 공식에 대입하면

$$r_s = 1 - \frac{(6)(5.50)}{(10)(100-1)} = 0.967$$

로서, 담배의 타르와 니코틴 함유량 간에는 높은 양의 상관이 존재함을 나타낸다.

r 대신 r_s를 사용하면 몇 가지 장점이 있다. 예를 들면, X와 Y 사이의 관계가 선형이라는 가정을 더 이상 하지 않아도 되고, 따라서 자료들이 곡선관계를 나타내는 경우에 순위상관계수는 전통적인 측도에 비해 좀 더 신뢰할 만하다. 순위상관계수의 두 번째 장점은 X와 Y의 분포가 정규분포라는 가정을 하지 않는다는 점이다. 가장 큰 장점은 아마도 의미있는 수치들을 만들 수는 없으나 순위는 부여할 수 있는 상황에 사용할 수 있다는 점일 것이다. 예를 들어, 서로 다른 심사원이 어떤 속성에 따라 각 대상에 순위를 부여하는 상황이 이러한 경우에 속한다. 이 경우에 순위상관계수는 두 심사원의 일관성에 대한 측도로 사용될 수 있다.

순위상관계수를 사용하여 가설 $\rho=0$을 검정하기 위해서는 상관이 없다고 가정했을 때의 r_s의 표본분포를 살펴보아야 한다. $\alpha=0.05$, 0.025, 0.01, 0.005에 대한 기각값들이 계산되어 표 A.21에 주어져 있다. 이 표는 자유도 대신 관측값 쌍의 수가 주어져 있는 왼쪽 열을 제외하면 t 분포에 대한 기각값표와 비슷하게 구성되어

있다. r_s의 분포는 ρ=0일 때 0에 대해 대칭이므로 왼쪽 부분의 α 영역에 해당하는 r_s의 값은 오른쪽 부분의 α 영역에 해당하는 r_s의 값에 '−'를 붙이면 얻을 수 있다. 양측검정의 경우에는 분포의 양쪽 꼬리부분을 균등히 나누어 크기 α의 기각역을 얻는다. 음의 대립가설인 경우에는 기각역이 분포의 왼쪽 꼬리부분에 위치하고, 양의 대립가설인 경우에는 오른쪽 꼬리부분에 위치한다.

예제 13.9 예제 13.8에서 담배의 타르와 니코틴 함유량 사이의 상관계수가 0이라는 귀무가설에 대해 상관계수가 0보다 크다는 대립가설을 유의수준 0.01로 검정하라.

풀이

1. H_0: $\rho = 0$
2. H_1: $\rho > 0$
3. $\alpha = 0.01$
4. 기각역 : 표 A.21로부터 r_s>0.745이다.
5. 계산 : 예제 13.8로부터 r_s=0.967이다.
6. 결론 : 귀무가설을 기각하고 담배의 타르와 니코틴 함유량 간에는 유의한 상관이 있다고 판정한다.

상관이 없다고 가정하였을 때의 r_s의 분포는 n이 증가함에 따라 평균이 0이고 표준편차가 $1/\sqrt{n-1}$인 정규분포로 근사하게 된다는 사실을 보일 수 있다. 따라서, n이 표 A.21에 주어진 값보다 큰 경우에는

$$z = \frac{r_s - 0}{1/\sqrt{n-1}} = r_s\sqrt{n-1}$$

값을 계산한 후, 표 A.3에 주어진 표준정규분포의 기각값과 비교하여 상관관계의 유의성을 검정할 수 있다.

연습문제

13.23 어느 작은 마을에 거주하는 15명의 성인을 랜덤하게 뽑아 시장에 출마한 어느 후보에 대한 지지율을 추정하였다. 각 표본에 대해 대학졸업자인지의 여부도 질문하였다. 이 질문에 대해 '그렇다'면 Y, '아니다'면 N으로 나타냈을 때, 다음의 열이 얻어졌다.

$$N\ N\ N\ N\ Y\ Y\ N\ Y\ Y\ N\ Y\ N\ N\ N\ N$$

표본이 랜덤하게 뽑혀졌는지 유의수준 0.1로 런 검정을 실시하라.

13.24 은도금공정으로 어떤 쟁반을 도금하고 있다. 공정이 관리상태에 있을 때, 쟁반에 도금된 은의 두께는 평균이 0.02 mm 이고 표준편차가 0.005 mm 인 정규분포에 따라 랜덤하게 변한다. 연속된 12 개의 쟁반을 검사한 결과 은의 두께는 다음과 같이 측정되었다.

0.019, 0.021, 0.020, 0.019, 0.020, 0.018,
0.023, 0.021, 0.024, 0.022, 0.023, 0.022

런검정을 사용하여 접시에 따라 두께가 랜덤하게 변하는지 검정하라. 단, $\alpha=0.05$ 로 하라.

13.25 연습문제 13.17 에 대해 런검정을 실시하여 두 계산기의 평균작동시간 사이에 차이가 있는지 유의수준 0.01 로 검정하라.

13.26 어느 생산라인에서 제품에 대해 불량 여부를 주기적으로 검사한다. 다음은 불량품은 D, 양품은 N 으로 표시하여 열로 나타낸 것이다.

$D\ D\ N\ N\ N\ D\ N\ N\ D\ D\ N\ N\ N\ N$
$N\ D\ D\ D\ N\ N\ D\ N\ N\ N\ N\ D\ N\ D$

런검정에 대표본이론을 적용하여 불량품이 랜덤하게 나타나는지 유의수준 0.05 로 검정하라.

13.27 연습문제 1.14 의 측정값들이 왼쪽에서 오른쪽으로 연속적으로 얻어진 자료라고 가정하여 자료의 열이 랜덤한지 유의수준 0.05 로 런검정을 실시하라.

13.28 측정값분포의 최소한 85% 가 95% 의 신뢰수준으로 표본극단값 사이에 포함되도록 하고자 한다면 얼마나 많은 표본이 필요한가?

13.29 크기 24 인 확률표본의 범위가 최소한 90% 의 모집단을 포함할 확률은 얼마인가?

13.30 최소한 모집단의 80% 가 99% 의 신뢰수준으로 표본의 최대값보다 작기 위해서는 얼마나 많은 표본이 필요한가?

13.31 최소한 모집단의 95% 가 크기 $n=135$인 확률표본의 최소값보다 클 확률은 얼마인가?

13.32 다음 자료는 10 명의 학생이 어느 미적분학강의에서 받은 중간고사와 기말고사 성적이다.

학생	중간고사	기말고사
L.S.A.	84	73
W.P.B.	98	63
R.W.K	91	87
J.R.L	72	66
J.K.L	86	78
D.L.P.	93	78
B.L.P.	80	91
D.W.M.	0	0
M.N.M.	92	88
R.H.S.	87	77

(a) 순위상관계수를 계산하라.
(b) 귀무가설 $\rho=0$에 대해 대립가설 $\rho>0$을 검정하라. 단, $\alpha=0.025$를 사용하라.

13.33 연습문제 11.1 의 자료를 참고로 하여
(a) 순위상관계수를 계산하라.
(b) 귀무가설 $\rho=0$에 대해 대립가설 $\rho\neq0$을 유의수준 0.05 로 검정하라. 그 결과를 연습문제 11.44 의 결과와 비교하라.

13.34 연습문제 11.13 의 일일강우량과 미립자 제거량에 대하여 순위상관계수를 구하라.

13.35 연습문제 11.47에 나와 있는 유아의 체중과 가슴둘레자료를 참고하여

(a) 순위상관계수를 구하라.

(b) 유의수준 0.025로 귀무가설 $\rho=0$에 대해 대립가설 $\rho>0$을 검정하라.

13.36 소비자단체에서 9개 제조회사에서 만든 전자오븐에 대한 전반적인 평가를 하였다. 이 단체에서 부여한 순위와 권장소비자가격은 다음과 같다. 전자오븐의 품질과 가격 사이에 유의한 관계가 있는가? 유의수준 0.05로 검정하라.

제조회사	소비자단체순위	권장소비자가격($)
A	6	480
B	9	395
C	2	575
D	8	550
E	5	510
F	1	545
G	7	400
H	4	465
I	3	420

13.37 어느 대학의 모교방문의 날 퍼레이드에서 두 명의 심판이 8대의 무대차에 대해 다음과 같이 순위를 주었다.

(a) 순위상관계수를 구하라.

(b) 귀무가설 $\rho=0$에 대해 대립가설 $\rho>0$을 검정하라. 유의수준 0.05를 사용하라.

	무대차							
	1	2	3	4	5	6	7	8
심판 A	5	8	4	3	6	2	7	1
심판 B	7	5	4	2	8	1	6	3

13.38 학술지 Psychology Today에 발표된 어느 연구에서는 미국 내의 활동 및 기술 직종 30가지에서의 사망위험에 대해 여성유권자연합의 관계자들과 위험평가전문가들이 각각 순위를 부여하였다. 순위는 다음과 같다.

(a) 순위상관계수를 구하라.

(b) 여성유권자연합의 순위와 전문가의 순위 사이의 상관계수가 0이라는 귀무가설에 대해 상관계수가 0이 아니라는 대립가설을 검정하라. 유의수준 0.05를 사용하라.

활동 또는 기술 직종	유권자연합	전문가	활동 또는 기술 직종	유권자연합	전문가
원자력	1	20	자전거	16	15
자동차	2	1	여객기 탑승	17	16
권총	3	4	전기	18	9
흡연	4	2	수영	19	10
모터사이클	5	6	피임약	20	11
알코올음료	6	3	스키	21	30
개인비행	7	12	X선	22	7
경찰직무	8	17	미식축구	23	27
살충제	9	8	기차	24	19
외과수술	10	5	음식방부제	25	14
소방작업	11	18	음식색소	26	21
대규모건설	12	13	전동잔디깎기	27	28
사냥	13	23	항생물질	28	24
스프레이캔	14	26	가전용품	29	22
등산	15	29	예방접종	30	25

통계표

부록 A

표 A.1 누적이항분포표 $\sum_{x=0}^{r} b(x;n,p)$

		p									
n	***r***	**0.10**	**0.20**	**0.25**	**0.30**	**0.40**	**0.50**	**0.60**	**0.70**	**0.80**	**0.90**
1	**0**	0.9000	0.8000	0.7500	0.7000	0.6000	0.5000	0.4000	0.3000	0.2000	0.1000
	1	1.0000	1.0000	1.0000	1.0000	1.0000	1.0000	1.0000	1.0000	1.0000	1.0000
2	**0**	0.8100	0.6400	0.5625	0.4900	0.3600	0.2500	0.1600	0.0900	0.0400	0.0100
	1	0.9900	0.9600	0.9375	0.9100	0.8400	0.7500	0.6400	0.5100	0.3600	0.1900
	2	1.0000	1.0000	1.0000	1.0000	1.0000	1.0000	1.0000	1.0000	1.0000	1.0000
3	**0**	0.7290	0.5120	0.4219	0.3430	0.2160	0.1250	0.0640	0.0270	0.0080	0.0010
	1	0.9720	0.8960	0.8438	0.7840	0.6480	0.5000	0.3520	0.2160	0.1040	0.0280
	2	0.9990	0.9920	0.9844	0.9730	0.9360	0.8750	0.7840	0.6570	0.4880	0.2710
	3	1.0000	1.0000	1.0000	1.0000	1.0000	1.0000	1.0000	1.0000	1.0000	1.0000
4	**0**	0.6561	0.4096	0.3164	0.2401	0.1296	0.0625	0.0256	0.0081	0.0016	0.0001
	1	0.9477	0.8192	0.7383	0.6517	0.4752	0.3125	0.1792	0.0837	0.0272	0.0037
	2	0.9963	0.9728	0.9492	0.9163	0.8208	0.6875	0.5248	0.3483	0.1808	0.0523
	3	0.9999	0.9984	0.9961	0.9919	0.9744	0.9375	0.8704	0.7599	0.5904	0.3439
	4	1.0000	1.0000	1.0000	1.0000	1.0000	1.0000	1.0000	1.0000	1.0000	1.0000
5	**0**	0.5905	0.3277	0.2373	0.1681	0.0778	0.0313	0.0102	0.0024	0.0003	0.0000
	1	0.9185	0.7373	0.6328	0.5282	0.3370	0.1875	0.0870	0.0308	0.0067	0.0005
	2	0.9914	0.9421	0.8965	0.8369	0.6826	0.5000	0.3174	0.1631	0.0579	0.0086
	3	0.9995	0.9933	0.9844	0.9692	0.9130	0.8125	0.6630	0.4718	0.2627	0.0815
	4	1.0000	0.9997	0.9990	0.9976	0.9898	0.9688	0.9222	0.8319	0.6723	0.4095
	5	1.0000	1.0000	1.0000	1.0000	1.0000	1.0000	1.0000	1.0000	1.0000	1.0000
6	**0**	0.5314	0.2621	0.1780	0.1176	0.0467	0.0156	0.0041	0.0007	0.0001	0.0000
	1	0.8857	0.6554	0.5339	0.4202	0.2333	0.1094	0.0410	0.0109	0.0016	0.0001
	2	0.9842	0.9011	0.8306	0.7443	0.5443	0.3438	0.1792	0.0705	0.0170	0.0013
	3	0.9987	0.9830	0.9624	0.9295	0.8208	0.6563	0.4557	0.2557	0.0989	0.0159
	4	0.9999	0.9984	0.9954	0.9891	0.9590	0.8906	0.7667	0.5798	0.3446	0.1143
	5	1.0000	0.9999	0.9998	0.9993	0.9959	0.9844	0.9533	0.8824	0.7379	0.4686
	6	1.0000	1.0000	1.0000	1.0000	1.0000	1.0000	1.0000	1.0000	1.0000	1.0000
7	**0**	0.4783	0.2097	0.1335	0.0824	0.0280	0.0078	0.0016	0.0002	0.0000	
	1	0.8503	0.5767	0.4449	0.3294	0.1586	0.0625	0.0188	0.0038	0.0004	0.0000
	2	0.9743	0.8520	0.7564	0.6471	0.4199	0.2266	0.0963	0.0288	0.0047	0.0002
	3	0.9973	0.9667	0.9294	0.8740	0.7102	0.5000	0.2898	0.1260	0.0333	0.0027
	4	0.9998	0.9953	0.9871	0.9712	0.9037	0.7734	0.5801	0.3529	0.1480	0.0257
	5	1.0000	0.9996	0.9987	0.9962	0.9812	0.9375	0.8414	0.6706	0.4233	0.1497
	6		1.0000	0.9999	0.9998	0.9984	0.9922	0.9720	0.9176	0.7903	0.5217
	7			1.0000	1.0000	1.0000	1.0000	1.0000	1.0000	1.0000	1.0000

표 A.1 (계속) 누적이항분포표 $\sum_{x=0}^{r} b(x;n,\, p)$

		p									
n	*r*	**0.10**	**0.20**	**0.25**	**0.30**	**0.40**	**0.50**	**0.60**	**0.70**	**0.80**	**0.90**
8	**0**	0.4305	0.1678	0.1001	0.0576	0.0168	0.0039	0.0007	0.0001	0.0000	
	1	0.8131	0.5033	0.3671	0.2553	0.1064	0.0352	0.0085	0.0013	0.0001	
	2	0.9619	0.7969	0.6785	0.5518	0.3154	0.1445	0.0498	0.0113	0.0012	0.0000
	3	0.9950	0.9437	0.8862	0.8059	0.5941	0.3633	0.1737	0.0580	0.0104	0.0004
	4	0.9996	0.9896	0.9727	0.9420	0.8263	0.6367	0.4059	0.1941	0.0563	0.0050
	5	1.0000	0.9988	0.9958	0.9887	0.9502	0.8555	0.6846	0.4482	0.2031	0.0381
	6		0.9999	0.9996	0.9987	0.9915	0.9648	0.8936	0.7447	0.4967	0.1869
	7		1.0000	1.0000	0.9999	0.9993	0.9961	0.9832	0.9424	0.8322	0.5695
	8				1.0000	1.0000	1.0000	1.0000	1.0000	1.0000	1.0000
9	**0**	0.3874	0.1342	0.0751	0.0404	0.0101	0.0020	0.0003	0.0000		
	1	0.7748	0.4362	0.3003	0.1960	0.0705	0.0195	0.0038	0.0004	0.0000	
	2	0.9470	0.7382	0.6007	0.4628	0.2318	0.0898	0.0250	0.0043	0.0003	0.0000
	3	0.9917	0.9144	0.8343	0.7297	0.4826	0.2539	0.0994	0.0253	0.0031	0.0001
	4	0.9991	0.9804	0.9511	0.9012	0.7334	0.5000	0.2666	0.0988	0.0196	0.0009
	5	0.9999	0.9969	0.9900	0.9747	0.9006	0.7461	0.5174	0.2703	0.0856	0.0083
	6	1.0000	0.9997	0.9987	0.9957	0.9750	0.9102	0.7682	0.5372	0.2618	0.0530
	7		1.0000	0.9999	0.9996	0.9962	0.9805	0.9295	0.8040	0.5638	0.2252
	8			1.0000	1.0000	0.9997	0.9980	0.9899	0.9596	0.8658	0.6126
	9					1.0000	1.0000	1.0000	1.0000	1.0000	1.0000
10	**0**	0.3487	0.1074	0.0563	0.0282	0.0060	0.0010	0.0001	0.0000		
	1	0.7361	0.3758	0.2440	0.1493	0.0464	0.0107	0.0017	0.0001	0.0000	
	2	0.9298	0.6778	0.5256	0.3828	0.1673	0.0547	0.0123	0.0016	0.0001	
	3	0.9872	0.8791	0.7759	0.6496	0.3823	0.1719	0.0548	0.0106	0.0009	0.0000
	4	0.9984	0.9672	0.9219	0.8497	0.6331	0.3770	0.1662	0.0473	0.0064	0.0001
	5	0.9999	0.9936	0.9803	0.9527	0.8338	0.6230	0.3669	0.1503	0.0328	0.0016
	6	1.0000	0.9991	0.9965	0.9894	0.9452	0.8281	0.6177	0.3504	0.1209	0.0128
	7		0.9999	0.9996	0.9984	0.9877	0.9453	0.8327	0.6172	0.3222	0.0702
	8		1.0000	1.0000	0.9999	0.9983	0.9893	0.9536	0.8507	0.6242	0.2639
	9				1.0000	0.9999	0.9990	0.9940	0.9718	0.8926	0.6513
	10					1.0000	1.0000	1.0000	1.0000	1.0000	1.0000
11	**0**	0.3138	0.0859	0.0422	0.0198	0.0036	0.0005	0.0000			
	1	0.6974	0.3221	0.1971	0.1130	0.0302	0.0059	0.0007	0.0000		
	2	0.9104	0.6174	0.4552	0.3127	0.1189	0.0327	0.0059	0.0006	0.0000	
	3	0.9815	0.8389	0.7133	0.5696	0.2963	0.1133	0.0293	0.0043	0.0002	
	4	0.9972	0.9496	0.8854	0.7897	0.5328	0.2744	0.0994	0.0216	0.0020	0.0000
	5	0.9997	0.9883	0.9657	0.9218	0.7535	0.5000	0.2465	0.0782	0.0117	0.0003
	6	1.0000	0.9980	0.9924	0.9784	0.9006	0.7256	0.4672	0.2103	0.0504	0.0028
	7		0.9998	0.9988	0.9957	0.9707	0.8867	0.7037	0.4304	0.1611	0.0185
	8		1.0000	0.9999	0.9994	0.9941	0.9673	0.8811	0.6873	0.3826	0.0896
	9			1.0000	1.0000	0.9993	0.9941	0.9698	0.8870	0.6779	0.3026
	10					1.0000	0.9995	0.9964	0.9802	0.9141	0.6862
	11						1.0000	1.0000	1.0000	1.0000	1.0000

표 A.1 (계속) 누적이항분포표 $\sum_{x=0}^{r} b(x; n, p)$

		p									
n	***r***	**0.10**	**0.20**	**0.25**	**0.30**	**0.40**	**0.50**	**0.60**	**0.70**	**0.80**	**0.90**
12	**0**	0.2824	0.0687	0.0317	0.0138	0.0022	0.0002	0.0000			
	1	0.6590	0.2749	0.1584	0.0850	0.0196	0.0032	0.0003	0.0000		
	2	0.8891	0.5583	0.3907	0.2528	0.0834	0.0193	0.0028	0.0002	0.0000	
	3	0.9744	0.7946	0.6488	0.4925	0.2253	0.0730	0.0153	0.0017	0.0001	
	4	0.9957	0.9274	0.8424	0.7237	0.4382	0.1938	0.0573	0.0095	0.0006	0.0000
	5	0.9995	0.9806	0.9456	0.8822	0.6652	0.3872	0.1582	0.0386	0.0039	0.0001
	6	0.9999	0.9961	0.9857	0.9614	0.8418	0.6128	0.3348	0.1178	0.0194	0.0005
	7	1.0000	0.9994	0.9972	0.9905	0.9427	0.8062	0.5618	0.2763	0.0726	0.0043
	8		0.9999	0.9996	0.9983	0.9847	0.9270	0.7747	0.5075	0.2054	0.0256
	9		1.0000	1.0000	0.9998	0.9972	0.9807	0.9166	0.7472	0.4417	0.1109
	10				1.0000	0.9997	0.9968	0.9804	0.9150	0.7251	0.3410
	11					1.0000	0.9998	0.9978	0.9862	0.9313	0.7176
	12						1.0000	1.0000	1.0000	1.0000	1.0000
13	**0**	0.2542	0.0550	0.0238	0.0097	0.0013	0.0001	0.0000			
	1	0.6213	0.2336	0.1267	0.0637	0.0126	0.0017	0.0001	0.0000		
	2	0.8661	0.5017	0.3326	0.2025	0.0579	0.0112	0.0013	0.0001		
	3	0.9658	0.7473	0.5843	0.4206	0.1686	0.0461	0.0078	0.0007	0.0000	
	4	0.9935	0.9009	0.7940	0.6543	0.3530	0.1334	0.0321	0.0040	0.0002	
	5	0.9991	0.9700	0.9198	0.8346	0.5744	0.2905	0.0977	0.0182	0.0012	0.0000
	6	0.9999	0.9930	0.9757	0.9376	0.7712	0.5000	0.2288	0.0624	0.0070	0.0001
	7	1.0000	0.9988	0.9944	0.9818	0.9023	0.7095	0.4256	0.1654	0.0300	0.0009
	8		0.9998	0.9990	0.9960	0.9679	0.8666	0.6470	0.3457	0.0991	0.0065
	9		1.0000	0.9999	0.9993	0.9922	0.9539	0.8314	0.5794	0.2527	0.0342
	10			1.0000	0.9999	0.9987	0.9888	0.9421	0.7975	0.4983	0.1339
	11				1.0000	0.9999	0.9983	0.9874	0.9363	0.7664	0.3787
	12					1.0000	0.9999	0.9987	0.9903	0.9450	0.7458
	13						1.0000	1.0000	1.0000	1.0000	1.0000
14	**0**	0.2288	0.0440	0.0178	0.0068	0.0008	0.0001	0.0000			
	1	0.5846	0.1979	0.1010	0.0475	0.0081	0.0009	0.0001			
	2	0.8416	0.4481	0.2811	0.1608	0.0398	0.0065	0.0006	0.0000		
	3	0.9559	0.6982	0.5213	0.3552	0.1243	0.0287	0.0039	0.0002		
	4	0.9908	0.8702	0.7415	0.5842	0.2793	0.0898	0.0175	0.0017	0.0000	
	5	0.9985	0.9561	0.8883	0.7805	0.4859	0.2120	0.0583	0.0083	0.0004	
	6	0.9998	0.9884	0.9617	0.9067	0.6925	0.3953	0.1501	0.0315	0.0024	0.0000
	7	1.0000	0.9976	0.9897	0.9685	0.8499	0.6047	0.3075	0.0933	0.0116	0.0002
	8		0.9996	0.9978	0.9917	0.9417	0.7880	0.5141	0.2195	0.0439	0.0015
	9		1.0000	0.9997	0.9983	0.9825	0.9102	0.7207	0.4158	0.1298	0.0092
	10			1.0000	0.9998	0.9961	0.9713	0.8757	0.6448	0.3018	0.0441
	11				1.0000	0.9994	0.9935	0.9602	0.8392	0.5519	0.1584
	12					0.9999	0.9991	0.9919	0.9525	0.8021	0.4154
	13					1.0000	0.9999	0.9992	0.9932	0.9560	0.7712
	14						1.0000	1.0000	1.0000	1.0000	1.0000

표 A.1 (계속) 누적이항분포표 $\sum_{x=0}^{r} b(x;n,p)$

n	r	0.10	0.20	0.25	0.30	0.40	0.50	0.60	0.70	0.80	0.90
15	0	0.2059	0.0352	0.0134	0.0047	0.0005	0.0000				
	1	0.5490	0.1671	0.0802	0.0353	0.0052	0.0005	0.0000			
	2	0.8159	0.3980	0.2361	0.1268	0.0271	0.0037	0.0003	0.0000		
	3	0.9444	0.6482	0.4613	0.2969	0.0905	0.0176	0.0019	0.0001		
	4	0.9873	0.8358	0.6865	0.5155	0.2173	0.0592	0.0093	0.0007	0.0000	
	5	0.9978	0.9389	0.8516	0.7216	0.4032	0.1509	0.0338	0.0037	0.0001	
	6	0.9997	0.9819	0.9434	0.8689	0.6098	0.3036	0.0950	0.0152	0.0008	
	7	1.0000	0.9958	0.9827	0.9500	0.7869	0.5000	0.2131	0.0500	0.0042	0.0000
	8		0.9992	0.9958	0.9848	0.9050	0.6964	0.3902	0.1311	0.0181	0.0003
	9		0.9999	0.9992	0.9963	0.9662	0.8491	0.5968	0.2784	0.0611	0.0022
	10		1.0000	0.9999	0.9993	0.9907	0.9408	0.7827	0.4845	0.1642	0.0127
	11			1.0000	0.9999	0.9981	0.9824	0.9095	0.7031	0.3518	0.0556
	12				1.0000	0.9997	0.9963	0.9729	0.8732	0.6020	0.1841
	13					1.0000	0.9995	0.9948	0.9647	0.8329	0.4510
	14						1.0000	0.9995	0.9953	0.9648	0.7941
	15							1.0000	1.0000	1.0000	1.0000
16	0	0.1853	0.0281	0.0100	0.0033	0.0003	0.0000				
	1	0.5147	0.1407	0.0635	0.0261	0.0033	0.0003	0.0000			
	2	0.7892	0.3518	0.1971	0.0994	0.0183	0.0021	0.0001			
	3	0.9316	0.5981	0.4050	0.2459	0.0651	0.0106	0.0009	0.0000		
	4	0.9830	0.7982	0.6302	0.4499	0.1666	0.0384	0.0049	0.0003		
	5	0.9967	0.9183	0.8103	0.6598	0.3288	0.1051	0.0191	0.0016	0.0000	
	6	0.9995	0.9733	0.9204	0.8247	0.5272	0.2272	0.0583	0.0071	0.0002	
	7	0.9999	0.9930	0.9729	0.9256	0.7161	0.4018	0.1423	0.0257	0.0015	0.0000
	8	1.0000	0.9985	0.9925	0.9743	0.8577	0.5982	0.2839	0.0744	0.0070	0.0001
	9		0.9998	0.9984	0.9929	0.9417	0.7728	0.4728	0.1753	0.0267	0.0005
	10		1.0000	0.9997	0.9984	0.9809	0.8949	0.6712	0.3402	0.0817	0.0033
	11			1.0000	0.9997	0.9951	0.9616	0.8334	0.5501	0.2018	0.0170
	12				1.0000	0.9991	0.9894	0.9349	0.7541	0.4019	0.0684
	13					0.9999	0.9979	0.9817	0.9006	0.6482	0.2108
	14					1.0000	0.9997	0.9967	0.9739	0.8593	0.4853
	15						1.0000	0.9997	0.9967	0.9719	0.8147
	16							1.0000	1.0000	1.0000	1.0000

표 A.1 (계속) 누적이항분포표 $\sum_{x=0}^{r} b(x;n,\, p)$

		p									
n	*r*	**0.10**	**0.20**	**0.25**	**0.30**	**0.40**	**0.50**	**0.60**	**0.70**	**0.80**	**0.90**
17	**0**	0.1668	0.0225	0.0075	0.0023	0.0002	0.0000				
	1	0.4818	0.1182	0.0501	0.0193	0.0021	0.0001	0.0000			
	2	0.7618	0.3096	0.1637	0.0774	0.0123	0.0012	0.0001			
	3	0.9174	0.5489	0.3530	0.2019	0.0464	0.0064	0.0005	0.0000		
	4	0.9779	0.7582	0.5739	0.3887	0.1260	0.0245	0.0025	0.0001		
	5	0.9953	0.8943	0.7653	0.5968	0.2639	0.0717	0.0106	0.0007	0.0000	
	6	0.9992	0.9623	0.8929	0.7752	0.4478	0.1662	0.0348	0.0032	0.0001	
	7	0.9999	0.9891	0.9598	0.8954	0.6405	0.3145	0.0919	0.0127	0.0005	
	8	1.0000	0.9974	0.9876	0.9597	0.8011	0.5000	0.1989	0.0403	0.0026	0.0000
	9		0.9995	0.9969	0.9873	0.9081	0.6855	0.3595	0.1046	0.0109	0.0001
	10		0.9999	0.9994	0.9968	0.9652	0.8338	0.5522	0.2248	0.0377	0.0008
	11		1.0000	0.9999	0.9993	0.9894	0.9283	0.7361	0.4032	0.1057	0.0047
	12			1.0000	0.9999	0.9975	0.9755	0.8740	0.6113	0.2418	0.0221
	13				1.0000	0.9995	0.9936	0.9536	0.7981	0.4511	0.0826
	14					0.9999	0.9988	0.9877	0.9226	0.6904	0.2382
	15					1.0000	0.9999	0.9979	0.9807	0.8818	0.5182
	16						1.0000	0.9998	0.9977	0.9775	0.8332
	17							1.0000	1.0000	1.0000	1.0000
18	**0**	0.1501	0.0180	0.0056	0.0016	0.0001	0.0000				
	1	0.4503	0.0991	0.0395	0.0142	0.0013	0.0001				
	2	0.7338	0.2713	0.1353	0.0600	0.0082	0.0007	0.0000			
	3	0.9018	0.5010	0.3057	0.1646	0.0328	0.0038	0.0002			
	4	0.9718	0.7164	0.5187	0.3327	0.0942	0.0154	0.0013	0.0000		
	5	0.9936	0.8671	0.7175	0.5344	0.2088	0.0481	0.0058	0.0003		
	6	0.9988	0.9487	0.8610	0.7217	0.3743	0.1189	0.0203	0.0014	0.0000	
	7	0.9998	0.9837	0.9431	0.8593	0.5634	0.2403	0.0576	0.0061	0.0002	
	8	1.0000	0.9957	0.9807	0.9404	0.7368	0.4073	0.1347	0.0210	0.0009	
	9		0.9991	0.9946	0.9790	0.8653	0.5927	0.2632	0.0596	0.0043	0.0000
	10		0.9998	0.9988	0.9939	0.9424	0.7597	0.4366	0.1407	0.0163	0.0002
	11		1.0000	0.9998	0.9986	0.9797	0.8811	0.6257	0.2783	0.0513	0.0012
	12			1.0000	0.9997	0.9942	0.9519	0.7912	0.4656	0.1329	0.0064
	13				1.0000	0.9987	0.9846	0.9058	0.6673	0.2836	0.0282
	14					0.9998	0.9962	0.9672	0.8354	0.4990	0.0982
	15					1.0000	0.9993	0.9918	0.9400	0.7287	0.2662
	16						0.9999	0.9987	0.9858	0.9009	0.5497
	17						1.0000	0.9999	0.9984	0.9820	0.8499
	18							1.0000	1.0000	1.0000	1.0000

표 A.1 (계속) 누적이항분포표 $\sum_{x=0}^{r} b(x; n, p)$

		p									
n	***r***	**0.10**	**0.20**	**0.25**	**0.30**	**0.40**	**0.50**	**0.60**	**0.70**	**0.80**	**0.90**
19	**0**	0.1351	0.0144	0.0042	0.0011	0.0001					
	1	0.4203	0.0829	0.0310	0.0104	0.0008	0.0000				
	2	0.7054	0.2369	0.1113	0.0462	0.0055	0.0004	0.0000			
	3	0.8850	0.4551	0.2631	0.1332	0.0230	0.0022	0.0001			
	4	0.9648	0.6733	0.4654	0.2822	0.0696	0.0096	0.0006	0.0000		
	5	0.9914	0.8369	0.6678	0.4739	0.1629	0.0318	0.0031	0.0001		
	6	0.9983	0.9324	0.8251	0.6655	0.3081	0.0835	0.0116	0.0006		
	7	0.9997	0.9767	0.9225	0.8180	0.4878	0.1796	0.0352	0.0028	0.0000	
	8	1.0000	0.9933	0.9713	0.9161	0.6675	0.3238	0.0885	0.0105	0.0003	
	9		0.9984	0.9911	0.9674	0.8139	0.5000	0.1861	0.0326	0.0016	
	10		0.9997	0.9977	0.9895	0.9115	0.6762	0.3325	0.0839	0.0067	0.0000
	11		1.0000	0.9995	0.9972	0.9648	0.8204	0.5122	0.1820	0.0233	0.0003
	12			0.9999	0.9994	0.9884	0.9165	0.6919	0.3345	0.0676	0.0017
	13			1.0000	0.9999	0.9969	0.9682	0.8371	0.5261	0.1631	0.0086
	14				1.0000	0.9994	0.9904	0.9304	0.7178	0.3267	0.0352
	15					0.9999	0.9978	0.9770	0.8668	0.5449	0.1150
	16					1.0000	0.9996	0.9945	0.9538	0.7631	0.2946
	17						1.0000	0.9992	0.9896	0.9171	0.5797
	18							0.9999	0.9989	0.9856	0.8649
	19							1.0000	1.0000	1.0000	1.0000
20	**0**	0.1216	0.0115	0.0032	0.0008	0.0000					
	1	0.3917	0.0692	0.0243	0.0076	0.0005	0.0000				
	2	0.6769	0.2061	0.0913	0.0355	0.0036	0.0002				
	3	0.8670	0.4114	0.2252	0.1071	0.0160	0.0013	0.0000			
	4	0.9568	0.6296	0.4148	0.2375	0.0510	0.0059	0.0003			
	5	0.9887	0.8042	0.6172	0.4164	0.1256	0.0207	0.0016	0.0000		
	6	0.9976	0.9133	0.7858	0.6080	0.2500	0.0577	0.0065	0.0003		
	7	0.9996	0.9679	0.8982	0.7723	0.4159	0.1316	0.0210	0.0013	0.0000	
	8	0.9999	0.9900	0.9591	0.8867	0.5956	0.2517	0.0565	0.0051	0.0001	
	9	1.0000	0.9974	0.9861	0.9520	0.7553	0.4119	0.1275	0.0171	0.0006	
	10		0.9994	0.9961	0.9829	0.8725	0.5881	0.2447	0.0480	0.0026	0.0000
	11		0.9999	0.9991	0.9949	0.9435	0.7483	0.4044	0.1133	0.0100	0.0001
	12		1.0000	0.9998	0.9987	0.9790	0.8684	0.5841	0.2277	0.0321	0.0004
	13			1.0000	0.9997	0.9935	0.9423	0.7500	0.3920	0.0867	0.0024
	14				1.0000	0.9984	0.9793	0.8744	0.5836	0.1958	0.0113
	15					0.9997	0.9941	0.9490	0.7625	0.3704	0.0432
	16					1.0000	0.9987	0.9840	0.8929	0.5886	0.1330
	17						0.9998	0.9964	0.9645	0.7939	0.3231
	18						1.0000	0.9995	0.9924	0.9308	0.6083
	19							1.0000	0.9992	0.9885	0.8784
	20								1.0000	1.0000	1.0000

표 A.2 누적포아송분포표 $\sum_{x=0}^{r} p(x;\mu)$

r	μ 0.1	0.2	0.3	0.4	0.5	0.6	0.7	0.8	0.9
0	0.9048	0.8187	0.7408	0.6703	0.6065	0.5488	0.4966	0.4493	0.4066
1	0.9953	0.9825	0.9631	0.9384	0.9098	0.8781	0.8442	0.8088	0.7725
2	0.9998	0.9989	0.9964	0.9921	0.9856	0.9769	0.9659	0.9526	0.9371
3	1.0000	0.9999	0.9997	0.9992	0.9982	0.9966	0.9942	0.9909	0.9865
4		1.0000	1.0000	0.9999	0.9998	0.9996	0.9992	0.9986	0.9977
5				1.0000	1.0000	1.0000	0.9999	0.9998	0.9997
6							1.0000	1.0000	1.0000

r	μ 1.0	1.5	2.0	2.5	3.0	3.5	4.0	4.5	5.0
0	0.3679	0.2231	0.1353	0.0821	0.0498	0.0302	0.0183	0.0111	0.0067
1	0.7358	0.5578	0.4060	0.2873	0.1991	0.1359	0.0916	0.0611	0.0404
2	0.9197	0.8088	0.6767	0.5438	0.4232	0.3208	0.2381	0.1736	0.1247
3	0.9810	0.9344	0.8571	0.7576	0.6472	0.5366	0.4335	0.3423	0.2650
4	0.9963	0.9814	0.9473	0.8912	0.8153	0.7254	0.6288	0.5321	0.4405
5	0.9994	0.9955	0.9834	0.9580	0.9161	0.8576	0.7851	0.7029	0.6160
6	0.9999	0.9991	0.9955	0.9858	0.9665	0.9347	0.8893	0.8311	0.7622
7	1.0000	0.9998	0.9989	0.9958	0.9881	0.9733	0.9489	0.9134	0.8666
8		1.0000	0.9998	0.9989	0.9962	0.9901	0.9786	0.9597	0.9319
9			1.0000	0.9997	0.9989	0.9967	0.9919	0.9829	0.9682
10				0.9999	0.9997	0.9990	0.9972	0.9933	0.9863
11				1.0000	0.9999	0.9997	0.9991	0.9976	0.9945
12					1.0000	0.9999	0.9997	0.9992	0.9980
13						1.0000	0.9999	0.9997	0.9993
14							1.0000	0.9999	0.9998
15								1.0000	0.9999
16									1.0000

표 A.2 (계속)누적포아송분포표 $\sum_{x=0}^{r} p(x;\mu)$

	μ								
r	**5.5**	**6.0**	**6.5**	**7.0**	**7.5**	**8.0**	**8.5**	**9.0**	**9.5**
0	0.0041	0.0025	0.0015	0.0009	0.0006	0.0003	0.0002	0.0001	0.0001
1	0.0266	0.0174	0.0113	0.0073	0.0047	0.0030	0.0019	0.0012	0.0008
2	0.0884	0.0620	0.0430	0.0296	0.0203	0.0138	0.0093	0.0062	0.0042
3	0.2017	0.1512	0.1118	0.0818	0.0591	0.0424	0.0301	0.0212	0.0149
4	0.3575	0.2851	0.2237	0.1730	0.1321	0.0996	0.0744	0.0550	0.0403
5	0.5289	0.4457	0.3690	0.3007	0.2414	0.1912	0.1496	0.1157	0.0885
6	0.6860	0.6063	0.5265	0.4497	0.3782	0.3134	0.2562	0.2068	0.1649
7	0.8095	0.7440	0.6728	0.5987	0.5246	0.4530	0.3856	0.3239	0.2687
8	0.8944	0.8472	0.7916	0.7291	0.6620	0.5925	0.5231	0.4557	0.3918
9	0.9462	0.9161	0.8774	0.8305	0.7764	0.7166	0.6530	0.5874	0.5218
10	0.9747	0.9574	0.9332	0.9015	0.8622	0.8159	0.7634	0.7060	0.6453
11	0.9890	0.9799	0.9661	0.9467	0.9208	0.8881	0.8487	0.8030	0.7520
12	0.9955	0.9912	0.9840	0.9730	0.9573	0.9362	0.9091	0.8758	0.8364
13	0.9983	0.9964	0.9929	0.9872	0.9784	0.9658	0.9486	0.9261	0.8981
14	0.9994	0.9986	0.9970	0.9943	0.9897	0.9827	0.9726	0.9585	0.9400
15	0.9998	0.9995	0.9988	0.9976	0.9954	0.9918	0.9862	0.9780	0.9665
16	0.9999	0.9998	0.9996	0.9990	0.9980	0.9963	0.9934	0.9889	0.9823
17	1.0000	0.9999	0.9998	0.9996	0.9992	0.9984	0.9970	0.9947	0.9911
18		1.0000	0.9999	0.9999	0.9997	0.9993	0.9987	0.9976	0.9957
19			1.0000	1.0000	0.9999	0.9997	0.9995	0.9989	0.9980
20						0.9999	0.9998	0.9996	0.9991
21						1.0000	0.9999	0.9998	0.9996
22							1.0000	0.9999	0.9999
23								1.0000	0.9999
24									1.0000

표 A.2 (계속)누적포아송분포표 $\sum_{x=0}^{r} p(x;\mu)$

	μ								
r	**10.0**	**11.0**	**12.0**	**13.0**	**14.0**	**15.0**	**16.0**	**17.0**	**18.8**
0	0.0000	0.0000	0.0000						
1	0.0005	0.0002	0.0001	0.0000	0.0000				
2	0.0028	0.0012	0.0005	0.0002	0.0001	0.0000	0.0000		
3	0.0103	0.0049	0.0023	0.0011	0.0005	0.0002	0.0001	0.0000	0.0000
4	0.0293	0.0151	0.0076	0.0037	0.0018	0.0009	0.0004	0.0002	0.0001
5	0.0671	0.0375	0.0203	0.0107	0.0055	0.0028	0.0014	0.0007	0.0003
6	0.1301	0.0786	0.0458	0.0259	0.0142	0.0076	0.0040	0.0021	0.0010
7	0.2202	0.1432	0.0895	0.0540	0.0316	0.0180	0.0100	0.0054	0.0029
8	0.3328	0.2320	0.1550	0.0998	0.0621	0.0374	0.0220	0.0126	0.0071
9	0.4579	0.3405	0.2424	0.1658	0.1094	0.0699	0.0433	0.0261	0.0154
10	0.5830	0.4599	0.3472	0.2517	0.1757	0.1185	0.0774	0.0491	0.0304
11	0.6968	0.5793	0.4616	0.3532	0.2600	0.1848	0.1270	0.0847	0.0549
12	0.7916	0.6887	0.5760	0.4631	0.3585	0.2676	0.1931	0.1350	0.0917
13	0.8645	0.7813	0.6815	0.5730	0.4644	0.3632	0.2745	0.2009	0.1426
14	0.9165	0.8540	0.7720	0.6751	0.5704	0.4657	0.3675	0.2808	0.2081
15	0.9513	0.9074	0.8444	0.7636	0.6694	0.5681	0.4667	0.3715	0.2867
16	0.9730	0.9441	0.8987	0.8355	0.7559	0.6641	0.5660	0.4677	0.3751
17	0.9857	0.9678	0.9370	0.8905	0.8272	0.7489	0.6593	0.5640	0.4686
18	0.9928	0.9823	0.9626	0.9302	0.8826	0.8195	0.7423	0.6550	0.5622
19	0.9965	0.9907	0.9787	0.9573	0.9235	0.8752	0.8122	0.7363	0.6509
20	0.9984	0.9953	0.9884	0.9750	0.9521	0.9170	0.8682	0.8055	0.7307
21	0.9993	0.9977	0.9939	0.9859	0.9712	0.9469	0.9108	0.8615	0.7991
22	0.9997	0.9990	0.9970	0.9924	0.9833	0.9673	0.9418	0.9047	0.8551
23	0.9999	0.9995	0.9985	0.9960	0.9907	0.9805	0.9633	0.9367	0.8989
24	1.0000	0.9998	0.9993	0.9980	0.9950	0.9888	0.9777	0.9594	0.9317
25		0.9999	0.9997	0.9990	0.9974	0.9938	0.9869	0.9748	0.9554
26		1.0000	0.9999	0.9995	0.9987	0.9967	0.9925	0.9848	0.9718
27			0.9999	0.9998	0.9994	0.9983	0.9959	0.9912	0.9827
28			1.0000	0.9999	0.9997	0.9991	0.9978	0.9950	0.9897
29				1.0000	0.9999	0.9996	0.9989	0.9973	0.9941
30					0.9999	0.9998	0.9994	0.9986	0.9967
31					1.0000	0.9999	0.9997	0.9993	0.9982
32						1.0000	0.9999	0.9996	0.9990
33							0.9999	0.9998	0.9995
34							1.0000	0.9999	0.9998
35								1.0000	0.9999
36									0.9999
37									1.0000

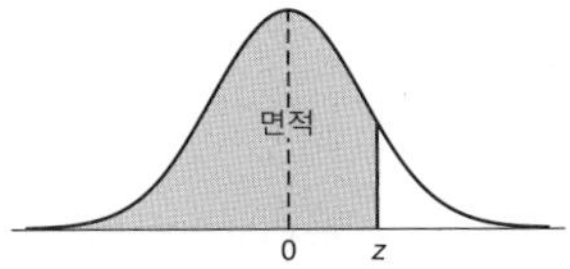

표 A.3 표준정규분포표

z	.00	.01	.02	.03	.04	.05	.06	.07	.08	.09
−3.4	0.0003	0.0003	0.0003	0.0003	0.0003	0.0003	0.0003	0.0003	0.0003	0.0002
−3.3	0.0005	0.0005	0.0005	0.0004	0.0004	0.0004	0.0004	0.0004	0.0004	0.0003
−3.2	0.0007	0.0007	0.0006	0.0006	0.0006	0.0006	0.0006	0.0005	0.0005	0.0005
−3.1	0.0010	0.0009	0.0009	0.0009	0.0008	0.0008	0.0008	0.0008	0.0007	0.0007
−3.0	0.0013	0.0013	0.0013	0.0012	0.0012	0.0011	0.0011	0.0011	0.0010	0.0010
−2.9	0.0019	0.0018	0.0018	0.0017	0.0016	0.0016	0.0015	0.0015	0.0014	0.0014
−2.8	0.0026	0.0025	0.0024	0.0023	0.0023	0.0022	0.0021	0.0021	0.0020	0.0019
−2.7	0.0035	0.0034	0.0033	0.0032	0.0031	0.0030	0.0029	0.0028	0.0027	0.0026
−2.6	0.0047	0.0045	0.0044	0.0043	0.0041	0.0040	0.0039	0.0038	0.0037	0.0036
−2.5	0.0062	0.0060	0.0059	0.0057	0.0055	0.0054	0.0052	0.0051	0.0049	0.0048
−2.4	0.0082	0.0080	0.0078	0.0075	0.0073	0.0071	0.0069	0.0068	0.0066	0.0064
−2.3	0.0107	0.0104	0.0102	0.0099	0.0096	0.0094	0.0091	0.0089	0.0087	0.0084
−2.2	0.0139	0.0136	0.0132	0.0129	0.0125	0.0122	0.0119	0.0116	0.0113	0.0110
−2.1	0.0179	0.0174	0.0170	0.0166	0.0162	0.0158	0.0154	0.0150	0.0146	0.0143
−2.0	0.0228	0.0222	0.0217	0.0212	0.0207	0.0202	0.0197	0.0192	0.0188	0.0183
−1.9	0.0287	0.0281	0.0274	0.0268	0.0262	0.0256	0.0250	0.0244	0.0239	0.0233
−1.8	0.0359	0.0351	0.0344	0.0336	0.0329	0.0322	0.0314	0.0307	0.0301	0.0294
−1.7	0.0446	0.0436	0.0427	0.0418	0.0409	0.0401	0.0392	0.0384	0.0375	0.0367
−1.6	0.0548	0.0537	0.0526	0.0516	0.0505	0.0495	0.0485	0.0475	0.0465	0.0455
−1.5	0.0668	0.0655	0.0643	0.0630	0.0618	0.0606	0.0594	0.0582	0.0571	0.0559
−1.4	0.0808	0.0793	0.0778	0.0764	0.0749	0.0735	0.0721	0.0708	0.0694	0.0681
−1.3	0.0968	0.0951	0.0934	0.0918	0.0901	0.0885	0.0869	0.0853	0.0838	0.0823
−1.2	0.1151	0.1131	0.1112	0.1093	0.1075	0.1056	0.1038	0.1020	0.1003	0.0985
−1.1	0.1357	0.1335	0.1314	0.1292	0.1271	0.1251	0.1230	0.1210	0.1190	0.1170
−1.0	0.1587	0.1562	0.1539	0.1515	0.1492	0.1469	0.1446	0.1423	0.1401	0.1379
−0.9	0.1841	0.1814	0.1788	0.1762	0.1736	0.1711	0.1685	0.1660	0.1635	0.1611
−0.8	0.2119	0.2090	0.2061	0.2033	0.2005	0.1977	0.1949	0.1922	0.1894	0.1867
−0.7	0.2420	0.2389	0.2358	0.2327	0.2296	0.2266	0.2236	0.2206	0.2177	0.2148
−0.6	0.2743	0.2709	0.2676	0.2643	0.2611	0.2578	0.2546	0.2514	0.2483	0.2451
−0.5	0.3085	0.3050	0.3015	0.2981	0.2946	0.2912	0.2877	0.2843	0.2810	0.2776
−0.4	0.3446	0.3409	0.3372	0.3336	0.3300	0.3264	0.3228	0.3192	0.3156	0.3121
−0.3	0.3821	0.3783	0.3745	0.3707	0.3669	0.3632	0.3594	0.3557	0.3520	0.3483
−0.2	0.4207	0.4168	0.4129	0.4090	0.4052	0.4013	0.3974	0.3936	0.3897	0.3859
−0.1	0.4602	0.4562	0.4522	0.4483	0.4443	0.4404	0.4364	0.4325	0.4286	0.4247
−0.0	0.5000	0.4960	0.4920	0.4880	0.4840	0.4801	0.4761	0.4721	0.4681	0.4641

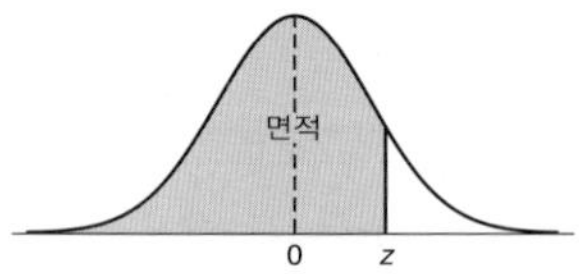

표 A.3 (계속)표준정규분포표

z	.00	.01	.02	.03	.04	.05	.06	.07	.08	.09
0.0	0.5000	0.5040	0.5080	0.5120	0.5160	0.5199	0.5239	0.5279	0.5319	0.5359
0.1	0.5398	0.5438	0.5478	0.5517	0.5557	0.5596	0.5636	0.5675	0.5714	0.5753
0.2	0.5793	0.5832	0.5871	0.5910	0.5948	0.5987	0.6026	0.6064	0.6103	0.6141
0.3	0.6179	0.6217	0.6255	0.6293	0.6331	0.6368	0.6406	0.6443	0.6480	0.6517
0.4	0.6554	0.6591	0.6628	0.6664	0.6700	0.6736	0.6772	0.6808	0.6844	0.6879
0.5	0.6915	0.6950	0.6985	0.7019	0.7054	0.7088	0.7123	0.7157	0.7190	0.7224
0.6	0.7257	0.7291	0.7324	0.7357	0.7389	0.7422	0.7454	0.7486	0.7517	0.7549
0.7	0.7580	0.7611	0.7642	0.7673	0.7704	0.7734	0.7764	0.7794	0.7823	0.7852
0.8	0.7881	0.7910	0.7939	0.7967	0.7995	0.8023	0.8051	0.8078	0.8106	0.8133
0.9	0.8159	0.8186	0.8212	0.8238	0.8264	0.8289	0.8315	0.8340	0.8365	0.8389
1.0	0.8413	0.8438	0.8461	0.8485	0.8508	0.8531	0.8554	0.8577	0.8599	0.8621
1.1	0.8643	0.8665	0.8686	0.8708	0.8729	0.8749	0.8770	0.8790	0.8810	0.8830
1.2	0.8849	0.8869	0.8888	0.8907	0.8925	0.8944	0.8962	0.8980	0.8997	0.9015
1.3	0.9032	0.9049	0.9066	0.9082	0.9099	0.9115	0.9131	0.9147	0.9162	0.9177
1.4	0.9192	0.9207	0.9222	0.9236	0.9251	0.9265	0.9279	0.9292	0.9306	0.9319
1.5	0.9332	0.9345	0.9357	0.9370	0.9382	0.9394	0.9406	0.9418	0.9429	0.9441
1.6	0.9452	0.9463	0.9474	0.9484	0.9495	0.9505	0.9515	0.9525	0.9535	0.9545
1.7	0.9554	0.9564	0.9573	0.9582	0.9591	0.9599	0.9608	0.9616	0.9625	0.9633
1.8	0.9641	0.9649	0.9656	0.9664	0.9671	0.9678	0.9686	0.9693	0.9699	0.9706
1.9	0.9713	0.9719	0.9726	0.9732	0.9738	0.9744	0.9750	0.9756	0.9761	0.9767
2.0	0.9772	0.9778	0.9783	0.9788	0.9793	0.9798	0.9803	0.9808	0.9812	0.9817
2.1	0.9821	0.9826	0.9830	0.9834	0.9838	0.9842	0.9846	0.9850	0.9854	0.9857
2.2	0.9861	0.9864	0.9868	0.9871	0.9875	0.9878	0.9881	0.9884	0.9887	0.9890
2.3	0.9893	0.9896	0.9898	0.9901	0.9904	0.9906	0.9909	0.9911	0.9913	0.9916
2.4	0.9918	0.9920	0.9922	0.9925	0.9927	0.9929	0.9931	0.9932	0.9934	0.9936
2.5	0.9938	0.9940	0.9941	0.9943	0.9945	0.9946	0.9948	0.9949	0.9951	0.9952
2.6	0.9953	0.9955	0.9956	0.9957	0.9959	0.9960	0.9961	0.9962	0.9963	0.9964
2.7	0.9965	0.9966	0.9967	0.9968	0.9969	0.9970	0.9971	0.9972	0.9973	0.9974
2.8	0.9974	0.9975	0.9976	0.9977	0.9977	0.9978	0.9979	0.9979	0.9980	0.9981
2.9	0.9981	0.9982	0.9982	0.9983	0.9984	0.9984	0.9985	0.9985	0.9986	0.9986
3.0	0.9987	0.9987	0.9987	0.9988	0.9988	0.9989	0.9989	0.9989	0.9990	0.9990
3.1	0.9990	0.9991	0.9991	0.9991	0.9992	0.9992	0.9992	0.9992	0.9993	0.9993
3.2	0.9993	0.9993	0.9994	0.9994	0.9994	0.9994	0.9994	0.9995	0.9995	0.9995
3.3	0.9995	0.9995	0.9995	0.9996	0.9996	0.9996	0.9996	0.9996	0.9996	0.9997
3.4	0.9997	0.9997	0.9997	0.9997	0.9997	0.9997	0.9997	0.9997	0.9997	0.9998

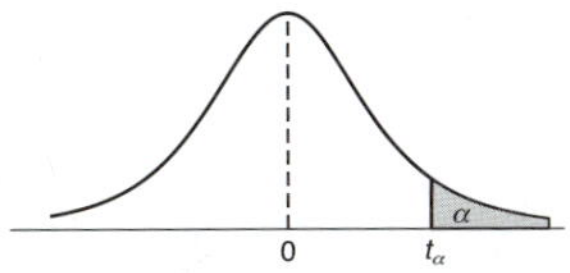

표 A.4 *t* 분포표

	α						
v	**0.40**	**0.30**	**0.20**	**0.15**	**0.10**	**0.05**	**0.025**
1	0.325	0.727	1.376	1.963	3.078	6.314	12.706
2	0.289	0.617	1.061	1.386	1.886	2.920	4.303
3	0.277	0.584	0.978	1.250	1.638	2.353	3.182
4	0.271	0.569	0.941	1.190	1.533	2.132	2.776
5	0.267	0.559	0.920	1.156	1.476	2.015	2.571
6	0.265	0.553	0.906	1.134	1.440	1.943	2.447
7	0.263	0.549	0.896	1.119	1.415	1.895	2.365
8	0.262	0.546	0.889	1.108	1.397	1.860	2.306
9	0.261	0.543	0.883	1.100	1.383	1.833	2.262
10	0.260	0.542	0.879	1.093	1.372	1.812	2.228
11	0.260	0.540	0.876	1.088	1.363	1.796	2.201
12	0.259	0.539	0.873	1.083	1.356	1.782	2.179
13	0.259	0.538	0.870	1.079	1.350	1.771	2.160
14	0.258	0.537	0.868	1.076	1.345	1.761	2.145
15	0.258	0.536	0.866	1.074	1.341	1.753	2.131
16	0.258	0.535	0.865	1.071	1.337	1.746	2.120
17	0.257	0.534	0.863	1.069	1.333	1.740	2.110
18	0.257	0.534	0.862	1.067	1.330	1.734	2.101
19	0.257	0.533	0.861	1.066	1.328	1.729	2.093
20	0.257	0.533	0.860	1.064	1.325	1.725	2.086
21	0.257	0.532	0.859	1.063	1.323	1.721	2.080
22	0.256	0.532	0.858	1.061	1.321	1.717	2.074
23	0.256	0.532	0.858	1.060	1.319	1.714	2.069
24	0.256	0.531	0.857	1.059	1.318	1.711	2.064
25	0.256	0.531	0.856	1.058	1.316	1.708	2.060
26	0.256	0.531	0.856	1.058	1.315	1.706	2.056
27	0.256	0.531	0.855	1.057	1.314	1.703	2.052
28	0.256	0.530	0.855	1.056	1.313	1.701	2.048
29	0.256	0.530	0.854	1.055	1.311	1.699	2.045
30	0.256	0.530	0.854	1.055	1.310	1.697	2.042
40	0.255	0.529	0.851	1.050	1.303	1.684	2.021
60	0.254	0.527	0.848	1.045	1.296	1.671	2.000
120	0.254	0.526	0.845	1.041	1.289	1.658	1.980
∞	0.253	0.524	0.842	1.036	1.282	1.645	1.960

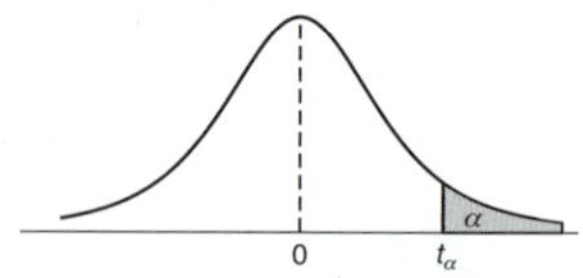

표 A.4 (계속) t 분포표

	α						
v	**0.02**	**0.015**	**0.01**	**0.0075**	**0.005**	**0.0025**	**0.0005**
1	15.894	21.205	31.821	42.433	63.656	127.321	636.578
2	4.849	5.643	6.965	8.073	9.925	14.089	31.600
3	3.482	3.896	4.541	5.047	5.841	7.453	12.924
4	2.999	3.298	3.747	4.088	4.604	5.598	8.610
5	2.757	3.003	3.365	3.634	4.032	4.773	6.869
6	2.612	2.829	3.143	3.372	3.707	4.317	5.959
7	2.517	2.715	2.998	3.203	3.499	4.029	5.408
8	2.449	2.634	2.896	3.085	3.355	3.833	5.041
9	2.398	2.574	2.821	2.998	3.250	3.690	4.781
10	2.359	2.527	2.764	2.932	3.169	3.581	4.587
11	2.328	2.491	2.718	2.879	3.106	3.497	4.437
12	2.303	2.461	2.681	2.836	3.055	3.428	4.318
13	2.282	2.436	2.650	2.801	3.012	3.372	4.221
14	2.264	2.415	2.624	2.771	2.977	3.326	4.140
15	2.249	2.397	2.602	2.746	2.947	3.286	4.073
16	2.235	2.382	2.583	2.724	2.921	3.252	4.015
17	2.224	2.368	2.567	2.706	2.898	3.222	3.965
18	2.214	2.356	2.552	2.689	2.878	3.197	3.922
19	2.205	2.346	2.539	2.674	2.861	3.174	3.883
20	2.197	2.336	2.528	2.661	2.845	3.153	3.850
21	2.189	2.328	2.518	2.649	2.831	3.135	3.819
22	2.183	2.320	2.508	2.639	2.819	3.119	3.792
23	2.177	2.313	2.500	2.629	2.807	3.104	3.768
24	2.172	2.307	2.492	2.620	2.797	3.091	3.745
25	2.167	2.301	2.485	2.612	2.787	3.078	3.725
26	2.162	2.296	2.479	2.605	2.779	3.067	3.707
27	2.158	2.291	2.473	2.598	2.771	3.057	3.689
28	2.154	2.286	2.467	2.592	2.763	3.047	3.674
29	2.150	2.282	2.462	2.586	2.756	3.038	3.660
30	2.147	2.278	2.457	2.581	2.750	3.030	3.646
40	2.123	2.250	2.423	2.542	2.704	2.971	3.551
60	2.099	2.223	2.390	2.504	2.660	2.915	3.460
120	2.076	2.196	2.358	2.468	2.617	2.860	3.373
∞	2.054	2.170	2.326	2.432	2.576	2.807	3.290

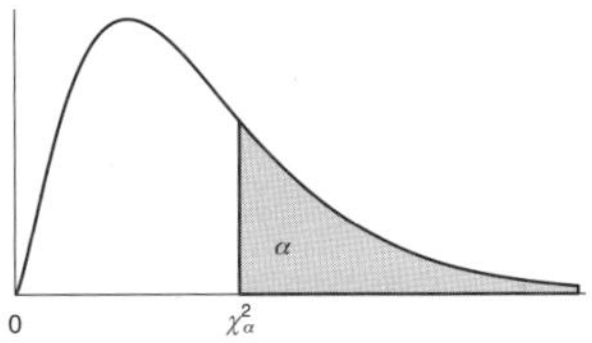

표 A.5 카이제곱분포표

	α									
v	**0.995**	**0.99**	**0.98**	**0.975**	**0.95**	**0.90**	**0.80**	**0.75**	**0.70**	**0.50**
1	0.0^4393	0.0^3157	0.0^3628	0.0^3982	0.00393	0.0158	0.0642	0.102	0.148	0.455
2	0.0100	0.0201	0.0404	0.0506	0.103	0.211	0.446	0.575	0.713	1.386
3	0.0717	0.115	0.185	0.216	0.352	0.584	1.005	1.213	1.424	2.366
4	0.207	0.297	0.429	0.484	0.711	1.064	1.649	1.923	2.195	3.357
5	0.412	0.554	0.752	0.831	1.145	1.610	2.343	2.675	3.000	4.351
6	0.676	0.872	1.134	1.237	1.635	2.204	3.070	3.455	3.828	5.348
7	0.989	1.239	1.564	1.690	2.167	2.833	3.822	4.255	4.671	6.346
8	1.344	1.647	2.032	2.180	2.733	3.490	4.594	5.071	5.527	7.344
9	1.735	2.088	2.532	2.700	3.325	4.168	5.380	5.899	6.393	8.343
10	2.156	2.558	3.059	3.247	3.940	4.865	6.179	6.737	7.267	9.342
11	2.603	3.053	3.609	3.816	4.575	5.578	6.989	7.584	8.148	10.341
12	3.074	3.571	4.178	4.404	5.226	6.304	7.807	8.438	9.034	11.340
13	3.565	4.107	4.765	5.009	5.892	7.041	8.634	9.299	9.926	12.340
14	4.075	4.660	5.368	5.629	6.571	7.790	9.467	10.165	10.821	13.339
15	4.601	5.229	5.985	6.262	7.261	8.547	10.307	11.037	11.721	14.339
16	5.142	5.812	6.614	6.908	7.962	9.312	11.152	11.912	12.624	15.338
17	5.697	6.408	7.255	7.564	8.672	10.085	12.002	12.792	13.531	16.338
18	6.265	7.015	7.906	8.231	9.390	10.865	12.857	13.675	14.440	17.338
19	6.844	7.633	8.567	8.907	10.117	11.651	13.716	14.562	15.352	18.338
20	7.434	8.260	9.237	9.591	10.851	12.443	14.578	15.452	16.266	19.337
21	8.034	8.897	9.915	10.283	11.591	13.240	15.445	16.344	17.182	20.337
22	8.643	9.542	10.600	10.982	12.338	14.041	16.314	17.240	18.101	21.337
23	9.260	10.196	11.293	11.689	13.091	14.848	17.187	18.137	19.021	22.337
24	9.886	10.856	11.992	12.401	13.848	15.659	18.062	19.037	19.943	23.337
25	10.520	11.524	12.697	13.120	14.611	16.473	18.940	19.939	20.867	24.337
26	11.160	12.198	13.409	13.844	15.379	17.292	19.820	20.843	21.792	25.336
27	11.808	12.878	14.125	14.573	16.151	18.114	20.703	21.749	22.719	26.336
28	12.461	13.565	14.847	15.308	16.928	18.939	21.588	22.657	23.647	27.336
29	13.121	14.256	15.574	16.047	17.708	19.768	22.475	23.567	24.577	28.336
30	13.787	14.953	16.306	16.791	18.493	20.599	23.364	24.478	25.508	29.336
40	20.707	22.164	23.838	24.433	26.509	29.051	32.345	33.66	34.872	39.335
50	27.991	29.707	31.664	32.357	34.764	37.689	41.449	42.942	44.313	49.335
60	35.534	37.485	39.699	40.482	43.188	46.459	50.641	52.294	53.809	59.335

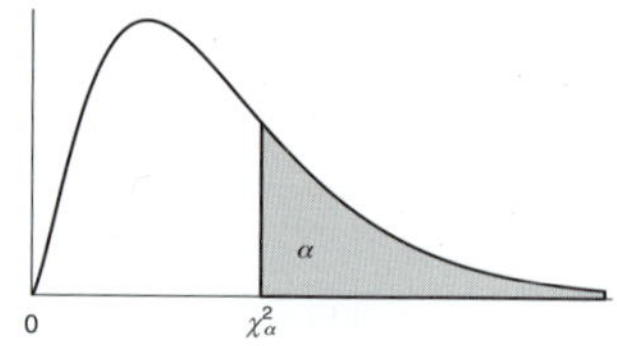

표 A.5 (계속)카이제곱분포표

v	0.30	0.25	0.20	0.10	0.05	0.025	0.02	0.01	0.005	0.001
1	1.074	1.323	1.642	2.706	3.841	5.024	5.412	6.635	7.879	10.827
2	2.408	2.773	3.219	4.605	5.991	7.378	7.824	9.210	10.597	13.815
3	3.665	4.108	4.642	6.251	7.815	9.348	9.837	11.345	12.838	16.266
4	4.878	5.385	5.989	7.779	9.488	11.143	11.668	13.277	14.860	18.466
5	6.064	6.626	7.289	9.236	11.070	12.832	13.388	15.086	16.750	20.515
6	7.231	7.841	8.558	10.645	12.592	14.449	15.033	16.812	18.548	22.457
7	8.383	9.037	9.803	12.017	14.067	16.013	16.622	18.475	20.278	24.321
8	9.524	10.219	11.030	13.362	15.507	17.535	18.168	20.090	21.955	26.124
9	10.656	11.389	12.242	14.684	16.919	19.023	19.679	21.666	23.589	27.877
10	11.781	12.549	13.442	15.987	18.307	20.483	21.161	23.209	25.188	29.588
11	12.899	13.701	14.631	17.275	19.675	21.920	22.618	24.725	26.757	31.264
12	14.011	14.845	15.812	18.549	21.026	23.337	24.054	26.217	28.300	32.909
13	15.119	15.984	16.985	19.812	22.362	24.736	25.471	27.688	29.819	34.527
14	16.222	17.117	18.151	21.064	23.685	26.119	26.873	29.141	31.319	36.124
15	17.322	18.245	19.311	22.307	24.996	27.488	28.259	30.578	32.801	37.698
16	18.418	19.369	20.465	23.542	26.296	28.845	29.633	32.000	34.267	39.252
17	19.511	20.489	21.615	24.769	27.587	30.191	30.995	33.409	35.718	40.791
18	20.601	21.605	22.760	25.989	28.869	31.526	32.346	34.805	37.156	42.312
19	21.689	22.718	23.900	27.204	30.144	32.852	33.687	36.191	38.582	43.819
20	22.775	23.828	25.038	28.412	31.410	34.170	35.020	37.566	39.997	45.314
21	23.858	24.935	26.171	29.615	32.671	35.479	36.343	38.932	41.401	46.796
22	24.939	26.039	27.301	30.813	33.924	36.781	37.659	40.289	42.796	48.268
23	26.018	27.141	28.429	32.007	35.172	38.076	38.968	41.638	44.181	49.728
24	27.096	28.241	29.553	33.196	36.415	39.364	40.270	42.980	45.558	51.179
25	28.172	29.339	30.675	34.382	37.652	40.646	41.566	44.314	46.928	52.619
26	29.246	30.435	31.795	35.563	38.885	41.923	42.856	45.642	48.290	54.051
27	30.319	31.528	32.912	36.741	40.113	43.195	44.140	46.963	49.645	55.475
28	31.391	32.620	34.027	37.916	41.337	44.461	45.419	48.278	50.994	56.892
29	32.461	33.711	35.139	39.087	42.557	45.722	46.693	49.588	52.335	58.301
30	33.530	34.800	36.250	40.256	43.773	46.979	47.962	50.892	53.672	59.702
40	44.165	45.616	47.269	51.805	55.758	59.342	60.436	63.691	66.766	73.403
50	54.723	56.334	58.164	63.167	67.505	71.420	72.613	76.154	79.490	86.660
60	65.226	66.981	68.972	74.397	79.082	83.298	84.58	88.379	91.952	99.608

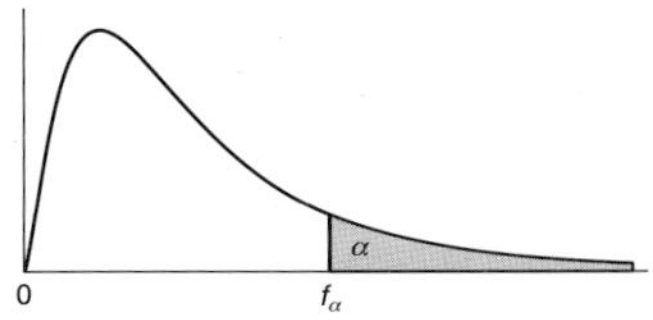

표 A.6* *F* 분포표

v_2	$f_{0.05}(v_1, v_2)$ 1	2	3	4	5	6	7	8	9
1	161.45	199.50	215.71	224.58	230.16	233.99	236.77	238.88	240.54
2	18.51	19.00	19.16	19.25	19.30	19.33	19.35	19.37	19.38
3	10.13	9.55	9.28	9.12	9.01	8.94	8.89	8.85	8.81
4	7.71	6.94	6.59	6.39	6.26	6.16	6.09	6.04	6.00
5	6.61	5.79	5.41	5.19	5.05	4.95	4.88	4.82	4.77
6	5.99	5.14	4.76	4.53	4.39	4.28	4.21	4.15	4.10
7	5.59	4.74	4.35	4.12	3.97	3.87	3.79	3.73	3.68
8	5.32	4.46	4.07	3.84	3.69	3.58	3.50	3.44	3.39
9	5.12	4.26	3.86	3.63	3.48	3.37	3.29	3.23	3.18
10	4.96	4.10	3.71	3.48	3.33	3.22	3.14	3.07	3.02
11	4.84	3.98	3.59	3.36	3.20	3.09	3.01	2.95	2.90
12	4.75	3.89	3.49	3.26	3.11	3.00	2.91	2.85	2.80
13	4.67	3.81	3.41	3.18	3.03	2.92	2.83	2.77	2.71
14	4.60	3.74	3.34	3.11	2.96	2.85	2.76	2.70	2.65
15	4.54	3.68	3.29	3.06	2.90	2.79	2.71	2.64	2.59
16	4.49	3.63	3.24	3.01	2.85	2.74	2.66	2.59	2.54
17	4.45	3.59	3.20	2.96	2.81	2.70	2.61	2.55	2.49
18	4.41	3.55	3.16	2.93	2.77	2.66	2.58	2.51	2.46
19	4.38	3.52	3.13	2.90	2.74	2.63	2.54	2.48	2.42
20	4.35	3.49	3.10	2.87	2.71	2.60	2.51	2.45	2.39
21	4.32	3.47	3.07	2.84	2.68	2.57	2.49	2.42	2.37
22	4.30	3.44	3.05	2.82	2.66	2.55	2.46	2.40	2.34
23	4.28	3.42	3.03	2.80	2.64	2.53	2.44	2.37	2.32
24	4.26	3.40	3.01	2.78	2.62	2.51	2.42	2.36	2.30
25	4.24	3.39	2.99	2.76	2.60	2.49	2.40	2.34	2.28
26	4.23	3.37	2.98	2.74	2.59	2.47	2.39	2.32	2.27
27	4.21	3.35	2.96	2.73	2.57	2.46	2.37	2.31	2.25
28	4.20	3.34	2.95	2.71	2.56	2.45	2.36	2.29	2.24
29	4.18	3.33	2.93	2.70	2.55	2.43	2.35	2.28	2.22
30	4.17	3.32	2.92	2.69	2.53	2.42	2.33	2.27	2.21
40	4.08	3.23	2.84	2.61	2.45	2.34	2.25	2.18	2.12
60	4.00	3.15	2.76	2.53	2.37	2.25	2.17	2.10	2.04
120	3.92	3.07	2.68	2.45	2.29	2.18	2.09	2.02	1.96
∞	3.84	3.00	2.60	2.37	2.21	2.10	2.01	1.94	1.88

*Reproduced from Table 18 of *Biometrika Tables for Statisticians*, Vol. I, by permission of E.S. Pearson and the Biometrika Trustees.

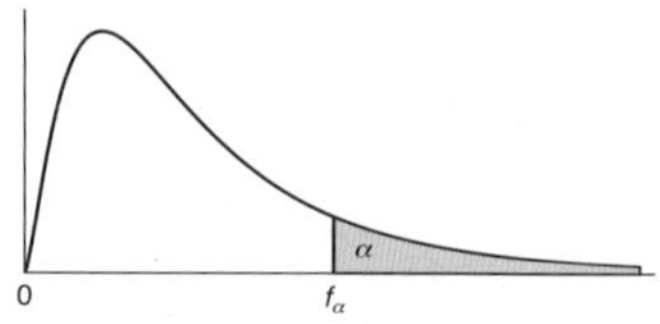

표 A.6 (계속) F 분포표

	$f_{0.05}(v_1, v_2)$									
v_2	**10**	**12**	**15**	**20**	**24**	**30**	**40**	**60**	**120**	∞
1	241.88	243.91	245.95	248.01	249.05	250.10	251.14	252.20	253.25	254.31
2	19.40	19.41	19.43	19.45	19.45	19.46	19.47	19.48	19.49	19.50
3	8.79	8.74	8.70	8.66	8.64	8.62	8.59	8.57	8.55	8.53
4	5.96	5.91	5.86	5.80	5.77	5.75	5.72	5.69	5.66	5.63
5	4.74	4.68	4.62	4.56	4.53	4.50	4.46	4.43	4.40	4.36
6	4.06	4.00	3.94	3.87	3.84	3.81	3.77	3.74	3.70	3.67
7	3.64	3.57	3.51	3.44	3.41	3.38	3.34	3.30	3.27	3.23
8	3.35	3.28	3.22	3.15	3.12	3.08	3.04	3.01	2.97	2.93
9	3.14	3.07	3.01	2.94	2.90	2.86	2.83	2.79	2.75	2.71
10	2.98	2.91	2.85	2.77	2.74	2.70	2.66	2.62	2.58	2.54
11	2.85	2.79	2.72	2.65	2.61	2.57	2.53	2.49	2.45	2.40
12	2.75	2.69	2.62	2.54	2.51	2.47	2.43	2.38	2.34	2.30
13	2.67	2.60	2.53	2.46	2.42	2.38	2.34	2.30	2.25	2.21
14	2.60	2.53	2.46	2.39	2.35	2.31	2.27	2.22	2.18	2.13
15	2.54	2.48	2.40	2.33	2.29	2.25	2.20	2.16	2.11	2.07
16	2.49	2.42	2.35	2.28	2.24	2.19	2.15	2.11	2.06	2.01
17	2.45	2.38	2.31	2.23	2.19	2.15	2.10	2.06	2.01	1.96
18	2.41	2.34	2.27	2.19	2.15	2.11	2.06	2.02	1.97	1.92
19	2.38	2.31	2.23	2.16	2.11	2.07	2.03	1.98	1.93	1.88
20	2.35	2.28	2.20	2.12	2.08	2.04	1.99	1.95	1.90	1.84
21	2.32	2.25	2.18	2.10	2.05	2.01	1.96	1.92	1.87	1.81
22	2.30	2.23	2.15	2.07	2.03	1.98	1.94	1.89	1.84	1.78
23	2.27	2.20	2.13	2.05	2.01	1.96	1.91	1.86	1.81	1.76
24	2.25	2.18	2.11	2.03	1.98	1.94	1.89	1.84	1.79	1.73
25	2.24	2.16	2.09	2.01	1.96	1.92	1.87	1.82	1.77	1.71
26	2.22	2.15	2.07	1.99	1.95	1.90	1.85	1.80	1.75	1.69
27	2.20	2.13	2.06	1.97	1.93	1.88	1.84	1.79	1.73	1.67
28	2.19	2.12	2.04	1.96	1.91	1.87	1.82	1.77	1.71	1.65
29	2.18	2.10	2.03	1.94	1.90	1.85	1.81	1.75	1.70	1.64
30	2.16	2.09	2.01	1.93	1.89	1.84	1.79	1.74	1.68	1.62
40	2.08	2.00	1.92	1.84	1.79	1.74	1.69	1.64	1.58	1.51
60	1.99	1.92	1.84	1.75	1.70	1.65	1.59	1.53	1.47	1.39
120	1.91	1.83	1.75	1.66	1.61	1.55	1.50	1.43	1.35	1.25
∞	1.83	1.75	1.67	1.57	1.52	1.46	1.39	1.32	1.22	1.00

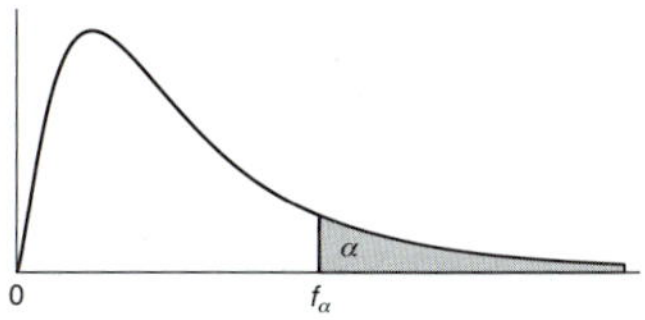

표 A.6 (계속) F 분포표

	$f_{0.01}(v_1, v_2)$								
v_2	**1**	**2**	**3**	**4**	**5**	**6**	**7**	**8**	**9**
1	4052.18	4999.50	5403.35	5624.58	5763.65	5858.99	5928.36	5981.07	6022.47
2	98.50	99.00	99.17	99.25	99.30	99.33	99.36	99.37	99.39
3	34.12	30.82	29.46	28.71	28.24	27.91	27.67	27.49	27.35
4	21.20	18.00	16.69	15.98	15.52	15.21	14.98	14.80	14.66
5	16.26	13.27	12.06	11.39	10.97	10.67	10.46	10.29	10.16
6	13.75	10.92	9.78	9.15	8.75	8.47	8.26	8.10	7.98
7	12.25	9.55	8.45	7.85	7.46	7.19	6.99	6.84	6.72
8	11.26	8.65	7.59	7.01	6.63	6.37	6.18	6.03	5.91
9	10.56	8.02	6.99	6.42	6.06	5.80	5.61	5.47	5.35
10	10.04	7.56	6.55	5.99	5.64	5.39	5.20	5.06	4.94
11	9.65	7.21	6.22	5.67	5.32	5.07	4.89	4.74	4.63
12	9.33	6.93	5.95	5.41	5.06	4.82	4.64	4.50	4.39
13	9.07	6.70	5.74	5.21	4.86	4.62	4.44	4.30	4.19
14	8.86	6.51	5.56	5.04	4.69	4.46	4.28	4.14	4.03
15	8.68	6.36	5.42	4.89	4.56	4.32	4.14	4.00	3.89
16	8.53	6.23	5.29	4.77	4.44	4.20	4.03	3.89	3.78
17	8.40	6.11	5.18	4.67	4.34	4.10	3.93	3.79	3.68
18	8.29	6.01	5.09	4.58	4.25	4.01	3.84	3.71	3.60
19	8.18	5.93	5.01	4.50	4.17	3.94	3.77	3.63	3.52
20	8.10	5.85	4.94	4.43	4.10	3.87	3.70	3.56	3.46
21	8.02	5.78	4.87	4.37	4.04	3.81	3.64	3.51	3.40
22	7.95	5.72	4.82	4.31	3.99	3.76	3.59	3.45	3.35
23	7.88	5.66	4.76	4.26	3.94	3.71	3.54	3.41	3.30
24	7.82	5.61	4.72	4.22	3.90	3.67	3.50	3.36	3.26
25	7.77	5.57	4.68	4.18	3.85	3.63	3.46	3.32	3.22
26	7.72	5.53	4.64	4.14	3.82	3.59	3.42	3.29	3.18
27	7.68	5.49	4.60	4.11	3.78	3.56	3.39	3.26	3.15
28	7.64	5.45	4.57	4.07	3.75	3.53	3.36	3.23	3.12
29	7.60	5.42	4.54	4.04	3.73	3.50	3.33	3.20	3.09
30	7.56	5.39	4.51	4.02	3.70	3.47	3.30	3.17	3.07
40	7.31	5.18	4.31	3.83	3.51	3.29	3.12	2.99	2.89
60	7.08	4.98	4.13	3.65	3.34	3.12	2.95	2.82	2.72
120	6.85	4.79	3.95	3.48	3.17	2.96	2.79	2.66	2.56
∞	6.63	4.61	3.78	3.32	3.02	2.80	2.64	2.51	2.41

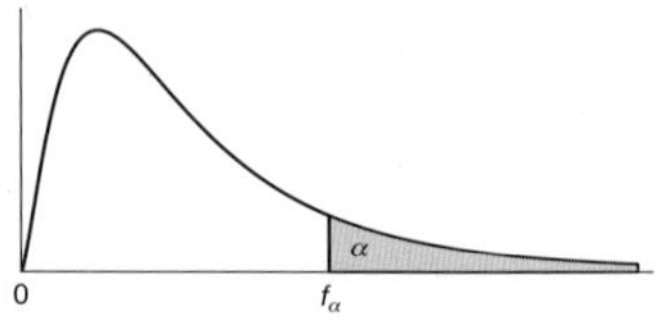

표 A.6 (계속) F 분포표

v_2	$f_{0.01}(v_1, v_2)$									
	10	**12**	**15**	**20**	**24**	**30**	**40**	**60**	**120**	∞
1	6055.85	6106.32	6157.28	6208.73	6234.63	6260.65	6286.78	6313.03	6339.39	6365.86
2	99.40	99.42	99.43	99.45	99.46	99.47	99.47	99.48	99.49	99.50
3	27.23	27.05	26.87	26.69	26.60	26.50	26.41	26.32	26.22	26.13
4	14.55	14.37	14.20	14.02	13.93	13.84	13.75	13.65	13.56	13.46
5	10.05	9.89	9.72	9.55	9.47	9.38	9.29	9.20	9.11	9.02
6	7.87	7.72	7.56	7.40	7.31	7.23	7.14	7.06	6.97	6.88
7	6.62	6.47	6.31	6.16	6.07	5.99	5.91	5.82	5.74	5.65
8	5.81	5.67	5.52	5.36	5.28	5.20	5.12	5.03	4.95	4.86
9	5.26	5.11	4.96	4.81	4.73	4.65	4.57	4.48	4.40	4.31
10	4.85	4.71	4.56	4.41	4.33	4.25	4.17	4.08	4.00	3.91
11	4.54	4.40	4.25	4.10	4.02	3.94	3.86	3.78	3.69	3.60
12	4.30	4.16	4.01	3.86	3.78	3.70	3.62	3.54	3.45	3.36
13	4.10	3.96	3.82	3.66	3.59	3.51	3.43	3.34	3.25	3.17
14	3.94	3.80	3.66	3.51	3.43	3.35	3.27	3.18	3.09	3.00
15	3.80	3.67	3.52	3.37	3.29	3.21	3.13	3.05	2.96	2.87
16	3.69	3.55	3.41	3.26	3.18	3.10	3.02	2.93	2.84	2.75
17	3.59	3.46	3.31	3.16	3.08	3.00	2.92	2.83	2.75	2.65
18	3.51	3.37	3.23	3.08	3.00	2.92	2.84	2.75	2.66	2.57
19	3.43	3.30	3.15	3.00	2.92	2.84	2.76	2.67	2.58	2.49
20	3.37	3.23	3.09	2.94	2.86	2.78	2.69	2.61	2.52	2.42
21	3.31	3.17	3.03	2.88	2.80	2.72	2.64	2.55	2.46	2.36
22	3.26	3.12	2.98	2.83	2.75	2.67	2.58	2.50	2.40	2.31
23	3.21	3.07	2.93	2.78	2.70	2.62	2.54	2.45	2.35	2.26
24	3.17	3.03	2.89	2.74	2.66	2.58	2.49	2.40	2.31	2.21
25	3.13	2.99	2.85	2.70	2.62	2.54	2.45	2.36	2.27	2.17
26	3.09	2.96	2.81	2.66	2.58	2.50	2.42	2.33	2.23	2.13
27	3.06	2.93	2.78	2.63	2.55	2.47	2.38	2.29	2.20	2.10
28	3.03	2.90	2.75	2.60	2.52	2.44	2.35	2.26	2.17	2.06
29	3.00	2.87	2.73	2.57	2.49	2.41	2.33	2.23	2.14	2.03
30	2.98	2.84	2.70	2.55	2.47	2.39	2.30	2.21	2.11	2.01
40	2.80	2.66	2.52	2.37	2.29	2.20	2.11	2.02	1.92	1.80
60	2.63	2.50	2.35	2.20	2.12	2.03	1.94	1.84	1.73	1.60
120	2.47	2.34	2.19	2.03	1.95	1.86	1.76	1.66	1.53	1.38
∞	2.32	2.18	2.04	1.88	1.79	1.70	1.59	1.47	1.32	1.00

표 A.7* 정규분포에 대한 공차계수 k값

	양측구간						단측구간					
	$\gamma = 0.05$			$\gamma = 0.01$			$\gamma = 0.05$			$\gamma = 0.01$		
	$1-\alpha$			$1-\alpha$			$1-\alpha$			$1-\alpha$		
n	0.90	0.95	0.99	0.90	0.95	0.99	0.90	0.95	0.99	0.90	0.95	0.99
2	32.019	37.674	48.430	160.193	188.491	242.300	20.581	26.260	37.094	103.029	131.426	185.617
3	8.380	9.916	12.861	18.930	22.401	29.055	6.156	7.656	10.553	13.995	17.170	23.896
4	5.369	6.370	8.299	9.398	11.150	14.527	4.162	5.144	7.042	7.380	9.083	12.387
5	4.275	5.079	6.634	6.612	7.855	10.260	3.407	4.203	5.741	5.362	6.578	8.939
6	3.712	4.414	5.775	5.337	6.345	8.301	3.006	3.708	5.062	4.411	5.406	7.335
7	3.369	4.007	5.248	4.613	5.488	7.187	2.756	3.400	4.642	3.859	4.728	6.412
8	3.136	3.732	4.891	4.147	4.936	6.468	2.582	3.187	4.354	3.497	4.285	5.812
9	2.967	3.532	4.631	3.822	4.550	5.966	2.454	3.031	4.143	3.241	3.972	5.389
10	2.839	3.379	4.433	3.582	4.265	5.594	2.355	2.911	3.981	3.048	3.738	5.074
11	2.737	3.259	4.277	3.397	4.045	5.308	2.275	2.815	3.852	2.898	3.556	4.829
12	2.655	3.162	4.150	3.250	3.870	5.079	2.210	2.736	3.747	2.777	3.410	4.633
13	2.587	3.081	4.044	3.130	3.727	4.893	2.155	2.671	3.659	2.677	3.290	4.472
14	2.529	3.012	3.955	3.029	3.608	4.737	2.109	2.615	3.585	2.593	1.189	4.337
15	2.480	2.954	3.878	2.945	3.507	4.605	2.068	2.566	3.520	2.522	3.102	4.222
16	2.437	2.903	3.812	2.872	3.421	4.492	2.033	2.524	3.464	2.460	3.028	4.123
17	2.400	2.858	3.754	2.808	3.345	4.393	2.002	2.486	3.414	2.405	2.963	4.037
18	2.366	2.819	3.702	2.753	3.279	4.307	1.974	2.453	3.370	2.357	2.905	3.960
19	2.337	2.784	3.656	2.703	3.221	4.230	1.949	2.423	3.331	2.314	2.854	3.892
20	2.310	2.752	3.615	2.659	3.168	4.161	1.926	2.396	3.295	2.276	2.808	1.832
25	2.208	2.631	3.457	2.494	2.972	3.904	1.838	2.292	3.158	2.129	2.633	3.001
30	2.140	2.549	3.350	2.385	2.841	3.733	1.777	2.220	3.064	2.030	2.516	3.447
35	2.090	2.490	3.272	2.306	2.748	3.611	1.732	2.167	2.995	1.957	2.430	3.334
40	2.052	2.445	3.213	2.247	2.677	3.518	1.697	2.126	2.941	1.902	2.364	3.249
45	2.021	2.408	3.165	2.200	2.621	3.444	1.669	2.092	2.898	1.857	2.312	3.180
50	1.996	2.379	3.126	2.162	2.576	3.385	1.646	2.065	2.863	1.821	2.269	3.125
60	1.958	2.333	3.066	2.103	2.506	3.293	1.609	2.022	2.807	1.764	2.202	3.038
70	1.929	2.299	3.021	2.060	2.454	3.225	1.581	1.990	2.765	1.722	2.153	2.974
80	1.907	2.272	2.986	2.026	2.414	3.173	1.559	1.965	2.733	1.688	2.114	2.924
90	1.889	2.251	2.958	1.999	2.382	3.130	1.542	1.944	2.706	1.661	2.082	2.883
100	1.874	2.233	2.934	1.977	2.355	3.096	1.527	1.927	2.684	1.639	2.056	2.850
150	1.825	2.175	2.859	1.905	2.270	2.983	1.478	1.870	2.611	1.566	1.971	2.741
200	1.798	2.143	2.816	1.865	2.222	2.921	1.450	1.837	2.570	1.524	1.923	2.679
250	1.780	2.121	2.788	1.839	2.191	2.880	1.431	1.815	2.542	1.496	1.891	2.638
300	1.767	2.106	2.767	1.820	2.169	2.850	1.417	1.800	2.522	1.476	1.868	2.608
∞	1.645	1.960	2.576	1.645	1.960	2.576	1.282	1.645	2.326	1.282	1.645	2.326

*Adapted from C. Eisenhart, M. W. Hastay, and W. A. Wallis, *Techniques of Statistical Analysis*, Chapter 2, McGraw-Hill Book Company, New York, 1947. Used with permission of McGraw-Hill Book Company.

표 A.8* 단일 모평균의 t 검정에 대한 표본크기

		유의수준																			
단측검정		$\alpha = 0.005$					$\alpha = 0.01$					$\alpha = 0.025$					$\alpha = 0.05$				
양측검정		$\alpha = 0.01$					$\alpha = 0.02$					$\alpha = 0.05$					$\alpha = 0.1$				
$\beta = 0.1$		.01	.05	.1	.2	.5	.01	.05	.1	.2	.5	.01	.05	.1	.2	.5	.01	.05	.1	.2	.5
	0.05																				
	0.10																				
	0.15																				122
	0.20										139					99					70
	0.25					110					90				128	64			139	101	45
	0.30				134	78				115	63			119	90	45		122	97	71	32
	0.35			125	99	58			109	85	47		109	88	67	34		90	72	52	24
	0.40		115	97	77	45		101	85	66	37	117	84	68	51	26	101	70	55	40	19
	0.45		92	77	62	37	110	81	68	53	30	93	67	54	41	21	80	55	44	33	15
	0.50	100	75	63	51	30	90	66	55	43	25	76	54	44	34	18	65	45	36	27	13
	0.55	83	63	53	42	26	75	55	46	36	21	63	45	37	28	15	54	38	30	22	11
	0.60	71	53	45	36	22	63	47	39	31	18	53	38	32	24	13	46	32	26	19	9
	0.65	61	46	39	31	20	55	41	34	27	16	46	33	27	21	12	39	28	22	17	8
	0.70	53	40	34	28	17	47	35	30	24	14	40	29	24	19	10	34	24	19	15	8
	0.75	47	36	30	25	16	42	31	27	21	13	35	26	21	16	9	30	21	17	13	7
	0.80	41	32	27	22	14	37	28	24	19	12	31	22	19	15	9	27	19	15	12	6
	0.85	37	29	24	20	13	33	25	21	17	11	28	21	17	13	8	24	17	14	11	6
	0.90	34	26	22	18	12	29	23	19	16	10	25	19	16	12	7	21	15	13	10	5
$\Delta = \lvert\delta\rvert/\sigma$	0.95	31	24	20	17	11	27	21	18	14	9	23	17	14	11	7	19	14	11	9	5
의 값	1.00	28	22	19	16	10	25	19	16	13	9	21	16	13	10	6	18	13	11	8	5
	1.1	24	19	16	14	9	21	16	14	12	8	18	13	11	9	6		15	11	9	7
	1.2	21	16	14	12	8	18	14	12	10	7	15	12	10	8	5		13	10	8	6
	1.3	18	15	13	11	8	16	13	11	9	6		14	10	9	7		11	8	7	6
	1.4	16	13	12	10	7	14	11	10	9	6	12	9	8	7		10	8	7	5	
	1.5	15	12	11	9	7	13	10	9	8	6	11	8	7	6			9	7	6	
	1.6	13	11	10	8	6	12	10	9	7	5		10	8	7	6			8	6	6
	1.7	12	10	9	8	6		11	9	8	7		9	7	6	5			8	6	5
	1.8	12	10	9	8	6		10	8	7	7			8	7	6				7	6
	1.9	11	9	8	7	6		10	8	7	6			8	6	6				7	5
	2.0	10	8	8	7	5		9	7	7	6			7	6	5					6
	2.1		10	8	7	7		8	7	6	6				7	6					6
	2.2		9	8	7	6		8	7	6	5				7	6					6
	2.3		9	7	7	6			8	6	6				6	5					5
	2.4		8	7	7	6			7	6	6					6					
	2.5		8	7	6	6			7	6	6					6					
	3.0		7	6	6	5			6	5	5					5					
	3.5			6	5	5					5										
	4.0					6															

*Reproduced with permission from O. L. Davies, ed., *Design and Analysis of Industrial Experiments*, Oliver & Boyd, Edinburgh, 1956.

표 A.9* 두 모평균 차의 t 검정에 대한 표본크기

		유의수준																			
단측검정		$\alpha = 0.005$					$\alpha = 0.01$					$\alpha = 0.025$					$\alpha = 0.05$				
양측검정		$\alpha = 0.01$					$\alpha = 0.02$					$\alpha = 0.05$					$\alpha = 0.1$				
$\beta = 0.1$		**.01**	**.05**	**.1**	**.2**	**.5**	**.01**	**.05**	**.1**	**.2**	**.5**	**.01**	**.05**	**.1**	**.2**	**.5**	**.01**	**.05**	**.1**	**.2**	**.5**
	0.05																				
	0.10																				
	0.15																				
	0.20																				137
	0.25															124					88
	0.30										123					87					61
	0.35					110					90					64				102	45
	0.40					85					70				100	50			108	78	35
	0.45				118	68				101	55			105	79	39		108	86	62	28
	0.50				96	55			106	82	45		106	86	64	32		88	70	51	23
	0.55			101	79	46		106	88	68	38		87	71	53	27	112	73	58	42	19
	0.60		101	85	67	39		90	74	58	32	104	74	60	45	23	89	61	49	36	16
	0.65		87	73	57	34	104	77	64	49	27	88	63	51	39	20	76	52	42	30	14
	0.70	100	75	63	50	29	90	66	55	43	24	76	55	44	34	17	66	45	36	26	12
	0.75	88	66	55	44	26	79	58	48	38	21	67	48	39	29	15	57	40	32	23	11
	0.80	77	58	49	39	23	70	51	43	33	19	59	42	34	26	14	50	35	28	21	10
	0.85	69	51	43	35	21	62	46	38	30	17	52	37	31	23	12	45	31	25	18	9
	0.90	62	46	39	31	19	55	41	34	27	15	47	34	27	21	11	40	28	22	16	8
$\Delta = \lvert\delta\rvert/\sigma$	**0.95**	55	42	35	28	17	50	37	31	24	14	42	30	25	19	10	36	25	20	15	7
의 값	**1.00**	50	38	32	26	15	45	33	28	22	13	38	27	23	17	9	33	23	18	14	7
	1.1	42	32	27	22	13	38	28	23	19	11	32	23	19	14	8	27	19	15	12	6
	1.2	36	27	23	18	11	32	24	20	16	9	27	20	16	12	7	23	16	13	10	5
	1.3	31	23	20	16	10	28	21	17	14	8	23	17	14	11	6	20	14	11	9	5
	1.4	27	20	17	14	9	24	18	15	12	8	20	15	12	10	6	17	12	10	8	4
	1.5	24	18	15	13	8	21	16	14	11	7	18	13	11	9	5	15	11	9	7	4
	1.6	21	16	14	11	7	19	14	12	10	6	16	12	10	8	5	14	10	8	6	4
	1.7	19	15	13	10	7	17	13	11	9	6	14	11	9	7	4	12	9	7	6	3
	1.8	17	13	71	10	6	15	12	10	8	5	13	10	8	6	4	11	8	7	5	
	1.9	16	12	11	9	6	14	11	9	8	5	12	9	7	6	4	10	7	6	5	
	2.0	14	11	10	8	6	13	10	9	7	5	11	8	7	6	4	9	7	6	4	
	2.1	13	10	9	8	5	12	9	8	7	5	10	8	6	5	3	8	6	5	4	
	2.2	12	10	8	7	5	11	9	7	6	4	9	7	6	5		8	6	5	4	
	2.3	11	9	8	7	5	10	8	7	6	4	9	7	6	5		7	5	5	4	
	2.4	11	9	8	6	5	10	8	7	6	48	6	5	4		7	5	4	4		
	2.5	10	8	7	6	4	9	7	6	5	4	8	6	5	4		6	5	4	3	
	3.0	8	6	6	5	4	7	6	5	4	3	6	5	4	4		5	4	3		
	3.5	6	5	5	4	3	6	5	4	4	5	4	4	3		4	3				
	4.0	6	5	4	4		5	4	4	3	4	4	3			4					

*Reproduced with permission from O. L. Davies, ed., *Design and Analysis of Industrial Experiments*, Oliver & Boyd, Edinburgh, 1956.

표 A.10* Bartlett 검정의 기각값

	$b_k(0.01; n)$								
	모집단의 수, k								
n	2	3	4	5	6	7	8	9	10
3	0.1411	0.1672							
4	0.2843	0.3165	0.3475	0.3729	0.3937	0.4110			
5	0.3984	0.4304	0.4607	0.4850	0.5046	0.5207	0.5343	0.5458	0.5558
6	0.4850	0.5149	0.5430	0.5653	0.5832	0.5978	0.6100	0.6204	0.6293
7	0.5512	0.5787	0.6045	0.6248	0.6410	0.6542	0.6652	0.6744	0.6824
8	0.6031	0.6282	0.6518	0.6704	0.6851	0.6970	0.7069	0.7153	0.7225
9	0.6445	0.6676	0.6892	0.7062	0.7197	0.7305	0.7395	0.7471	0.7536
10	0.6783	0.6996	0.7195	0.7352	0.7475	0.7575	0.7657	0.7726	0.7786
11	0.7063	0.7260	0.7445	0.7590	0.7703	0.7795	0.7871	0.7935	0.7990
12	0.7299	0.7483	0.7654	0.7789	0.7894	0.7980	0.8050	0.8109	0.8160
13	0.7501	0.7672	0.7832	0.7958	0.8056	0.8135	0.8201	0.8256	0.8303
14	0.7674	0.7835	0.7985	0.8103	0.8195	0.8269	0.8330	0.8382	0.8426
15	0.7825	0.7977	0.8118	0.8229	0.8315	0.8385	0.8443	0.8491	0.8532
16	0.7958	0.8101	0.8235	0.8339	0.8421	0.8486	0.8541	0.8586	0.8625
17	0.8076	0.8211	0.8338	0.8436	0.8514	0.8576	0.8627	0.8670	0.8707
18	0.8181	0.8309	0.8429	0.8523	0.8596	0.8655	0.8704	0.8745	0.8780
19	0.8275	0.8397	0.8512	0.8601	0.8670	0.8727	0.8773	0.8811	0.8845
20	0.8360	0.8476	0.8586	0.8671	0.8737	0.8791	0.8835	0.8871	0.8903
21	0.8437	0.8548	0.8653	0.8734	0.8797	0.8848	0.8890	0.8926	0.8956
22	0.8507	0.8614	0.8714	0.8791	0.8852	0.8901	0.8941	0.8975	0.9004
23	0.8571	0.8673	0.8769	0.8844	0.8902	0.8949	0.8988	0.9020	0.9047
24	0.8630	0.8728	0.8820	0.8892	0.8948	0.8993	0.9030	0.9061	0.9087
25	0.8684	0.8779	0.8867	0.8936	0.8990	0.9034	0.9069	0.9099	0.9124
26	0.8734	0.8825	0.8911	0.8977	0.9029	0.9071	0.9105	0.9134	0.9158
27	0.8781	0.8869	0.8951	0.9015	0.9065	0.9105	0.9138	0.9166	0.9190
28	0.8824	0.8909	0.8988	0.9050	0.9099	0.9138	0.9169	0.9196	0.9219
29	0.8864	0.8946	0.9023	0.9083	0.9130	0.9167	0.9198	0.9224	0.9246
30	0.8902	0.8981	0.9056	0.9114	0.9159	0.9195	0.9225	0.9250	0.9271
40	0.9175	0.9235	0.9291	0.9335	0.9370	0.9397	0.9420	0.9439	0.9455
50	0.9339	0.9387	0.9433	0.9468	0.9496	0.9518	0.9536	0.9551	0.9564
60	0.9449	0.9489	0.9527	0.9557	0.9580	0.9599	0.9614	0.9626	0.9637
80	0.9586	0.9617	0.9646	0.9668	0.9685	0.9699	0.9711	0.9720	0.9728
100	0.9669	0.9693	0.9716	0.9734	0.9748	0.9759	0.9769	0.9776	0.9783

*Reproduced from D. D. Dyer and J. . Keating, "On the Determination of Critical Values for Bartlett's Test," *J. Am. Stat. Assoc.*, **75**, 1980, by permission of the Board of Directors.

표 A.10 (계속) Bartlett 검정의 기각값

	$b_k(0.05; n)$								
	모집단의 수 , k								
n	2	3	4	5	6	7	8	9	10
3	0.3123	0.3058	0.3173	0.3299					
4	0.4780	0.4699	0.4803	0.4921	0.5028	0.5122	0.5204	0.5277	0.5341
5	0.5845	0.5762	0.5850	0.5952	0.6045	0.6126	0.6197	0.6260	0.6315
6	0.6563	0.6483	0.6559	0.6646	0.6727	0.6798	0.6860	0.6914	0.6961
7	0.7075	0.7000	0.7065	0.7142	0.7213	0.7275	0.7329	0.7376	0.7418
8	0.7456	0.7387	0.7444	0.7512	0.7574	0.7629	0.7677	0.7719	0.7757
9	0.7751	0.7686	0.7737	0.7798	0.7854	0.7903	0.7946	0.7984	0.8017
10	0.7984	0.7924	0.7970	0.8025	0.8076	0.8121	0.8160	0.8194	0.8224
11	0.8175	0.8118	0.8160	0.8210	0.8257	0.8298	0.8333	0.8365	0.8392
12	0.8332	0.8280	0.8317	0.8364	0.8407	0.8444	0.8477	0.8506	0.8531
13	0.8465	0.8415	0.8450	0.8493	0.8533	0.8568	0.8598	0.8625	0.8648
14	0.8578	0.8532	0.8564	0.8604	0.8641	0.8673	0.8701	0.8726	0.8748
15	0.8676	0.8632	0.8662	0.8699	0.8734	0.8764	0.8790	0.8814	0.8834
16	0.8761	0.8719	0.8747	0.8782	0.8815	0.8843	0.8868	0.8890	0.8909
17	0.8836	0.8796	0.8823	0.8856	0.8886	0.8913	0.8936	0.8957	0.8975
18	0.8902	0.8865	0.8890	0.8921	0.8949	0.8975	0.8997	0.9016	0.9033
19	0.8961	0.8926	0.8949	0.8979	0.9006	0.9030	0.9051	0.9069	0.9086
20	0.9015	0.8980	0.9003	0.9031	0.9057	0.9080	0.9100	0.9117	0.9132
21	0.9063	0.9030	0.9051	0.9078	0.9103	0.9124	0.9143	0.9160	0.9175
22	0.9106	0.9075	0.9095	0.9120	0.9144	0.9165	0.9183	0.9199	0.9213
23	0.9146	0.9116	0.9135	0.9159	0.9182	0.9202	0.9219	0.9235	0.9248
24	0.9182	0.9153	0.9172	0.9195	0.9217	0.9236	0.9253	0.9267	0.9280
25	0.9216	0.9187	0.9205	0.9228	0.9249	0.9267	0.9283	0.9297	0.9309
26	0.9246	0.9219	0.9236	0.9258	0.9278	0.9296	0.9311	0.9325	0.9336
27	0.9275	0.9249	0.9265	0.9286	0.9305	0.9322	0.9337	0.9350	0.9361
28	0.9301	0.9276	0.9292	0.9312	0.9330	0.9347	0.9361	0.9374	0.9385
29	0.9326	0.9301	0.9316	0.9336	0.9354	0.9370	0.9383	0.9396	0.9406
30	0.9348	0.9325	0.9340	0.9358	0.9376	0.9391	0.9404	0.9416	0.9426
40	0.9513	0.9495	0.9506	0.9520	0.9533	0.9545	0.9555	0.9564	0.9572
50	0.9612	0.9597	0.9606	0.9617	0.9628	0.9637	0.9645	0.9652	0.9658
60	0.9677	0.9665	0.9672	0.9681	0.9690	0.9698	0.9705	0.9710	0.9716
80	0.9758	0.9749	0.9754	0.9761	0.9768	0.9774	0.9779	0.9783	0.9787
100	0.9807	0.9799	0.9804	0.9809	0.9815	0.9819	0.9823	0.9827	0.9830

표 A.11* Cochran 검정의 기각값

	$\alpha = 0.01$													
	n													
k	**2**	**3**	**4**	**5**	**6**	**7**	**8**	**9**	**10**	**11**	**17**	**37**	**145**	∞
2	0.9999	0.9950	0.9794	0.9586	0.9373	0.9172	0.8988	0.8823	0.8674	0.8539	0.7949	0.7067	0.6062	0.5000
3	0.9933	0.9423	0.8831	0.8335	0.7933	0.7606	0.7335	0.7107	0.6912	0.6743	0.6059	0.5153	0.4230	0.3333
4	0.9676	0.8643	0.7814	0.7212	0.6761	0.6410	0.6129	0.5897	0.5702	0.5536	0.4884	0.4057	0.3251	0.2500
5	0.9279	0.7885	0.6957	0.6329	0.5875	0.5531	0.5259	0.5037	0.4854	0.4697	0.4094	0.3351	0.2644	0.2000
6	0.8828	0.7218	0.6258	0.5635	0.5195	0.4866	0.4608	0.4401	0.4229	0.4084	0.3529	0.2858	0.2229	0.1667
7	0.8376	0.6644	0.5685	0.5080	0.4659	0.4347	0.4105	0.3911	0.3751	0.3616	0.3105	0.2494	0.1929	0.1429
8	0.7945	0.6152	0.5209	0.4627	0.4226	0.3932	0.3704	0.3522	0.3373	0.3248	0.2779	0.2214	0.1700	0.1250
9	0.7544	0.5727	0.4810	0.4251	0.3870	0.3592	0.3378	0.3207	0.3067	0.2950	0.2514	0.1992	0.1521	0.1111
10	0.7175	0.5358	0.4469	0.3934	0.3572	0.3308	0.3106	0.2945	0.2813	0.2704	0.2297	0.1811	0.1376	0.1000
12	0.6528	0.4751	0.3919	0.3428	0.3099	0.2861	0.2680	0.2535	0.2419	0.2320	0.1961	0.1535	0.1157	0.0833
15	0.5747	0.4069	0.3317	0.2882	0.2593	0.2386	0.2228	0.2104	0.2002	0.1918	0.1612	0.1251	0.0934	0.0667
20	0.4799	0.3297	0.2654	0.2288	0.2048	0.1877	0.1748	0.1646	0.1567	0.1501	0.1248	0.0960	0.0709	0.0500
24	0.4247	0.2871	0.2295	0.1970	0.1759	0.1608	0.1495	0.1406	0.1338	0.1283	0.1060	0.0810	0.0595	0.0417
30	0.3632	0.2412	0.1913	0.1635	0.1454	0.1327	0.1232	0.1157	0.1100	0.1054	0.0867	0.0658	0.0480	0.0333
40	0.2940	0.1915	0.1508	0.1281	0.1135	0.1033	0.0957	0.0898	0.0853	0.0816	0.0668	0.0503	0.0363	0.0250
60	0.2151	0.1371	0.1069	0.0902	0.0796	0.0722	0.0668	0.0625	0.0594	0.0567	0.0461	0.0344	0.0245	0.0167
120	0.1225	0.0759	0.0585	0.0489	0.0429	0.0387	0.0357	0.0334	0.0316	0.0302	0.0242	0.0178	0.0125	0.0083
∞	0	0	0	0	0	0	0	0	0	0	0	0	0	0

*Reproduced from C. Eisenhart, M. W. Hastay, and W. A. Wallis, *Techniques of Statistical Analysis*, Chapter 15, McGraw-Hill Book Company, New, York, 1947. Used with permission of McGraw-Hill Book Company.

표 A.11 (계속) Cochran 검정의 기각값

	$\alpha = 0.05$													
	n													
k	2	3	4	5	6	7	8	9	10	11	17	37	145	∞
2	0.9985	0.9750	0.9392	0.9057	0.8772	0.8534	0.8332	0.8159	0.8010	0.7880	0.7341	0.6602	0.5813	0.5000
3	0.9669	0.8709	0.7977	0.7457	0.7071	0.6771	0.6530	0.6333	0.6167	0.6025	0.5466	0.4748	0.4031	0.3333
4	0.9065	0.7679	0.6841	0.6287	0.5895	0.5598	0.5365	0.5175	0.5017	0.4884	0.4366	0.3720	0.3093	0.2500
5	0.8412	0.6838	0.5981	0.5441	0.5065	0.4783	0.4564	0.4387	0.4241	0.4118	0.3645	0.3066	0.2513	0.2000
6	0.7808	0.6161	0.5321	0.4803	0.4447	0.4184	0.3980	0.3817	0.3682	0.3568	0.3135	0.2612	0.2119	0.1667
7	0.7271	0.5612	0.4800	0.4307	0.3974	0.3726	0.3535	0.3384	0.3259	0.3154	0.2756	0.2278	0.1833	0.1429
8	0.6798	0.5157	0.4377	0.3910	0.3595	0.3362	0.3185	0.3043	0.2926	0.2829	0.2462	0.2022	0.1616	0.1250
9	0.6385	0.4775	0.4027	0.3584	0.3286	0.3067	0.2901	0.2768	0.2659	0.2568	0.2226	0.1820	0.1446	0.1111
10	6.6020	0.4450	0.3733	0.3311	0.3029	0.2823	0.2666	0.2541	0.2439	0.2353	0.2032	0.1655	0.1308	0.1000
12	0.5410	0.3924	0.3264	0.2880	0.2624	0.2439	0.2299	0.2187	0.2098	0.2020	0.1737	0.1403	0.1100	0.0833
15	0.4709	0.3346	0.2758	0.2419	0.2195	0.2034	0.1911	0.1815	0.1736	0.1671	0.1429	0.1144	0.0889	0.0667
20	0.3894	0.2705	0.2205	0.1921	0.1735	0.1602	0.1501	0.1422	0.1357	0.1303	0.1108	0.0879	0.0675	0.0500
24	0.3434	0.2354	0.1907	0.1656	0.1493	0.1374	0.1286	0.1216	0.1160	0.1113	0.0942	0.0743	0.0567	0.0417
30	0.2929	0.1980	0.1593	0.1377	0.1237	0.1137	0.1061	0.1002	0.0958	0.0921	0.0771	0.0604	0.0457	0.0333
40	0.2370	0.1576	0.1259	0.1082	0.0968	0.0887	0.0827	0.0780	0.0745	0.0713	0.0595	0.0462	0.0347	0.0250
60	0.1737	0.1131	0.0895	0.0765	0.0682	0.0623	0.0583	0.0552	0.0520	0.0497	0.0411	0.0316	0.0234	0.0167
120	0.0998	0.0632	0.0495	0.0419	0.0371	0.0337	0.0312	0.0292	0.0279	0.0266	0.0218	0.0165	0.0120	0.0083
∞	0	0	0	0	0	0	0	0	0	0	0	0	0	0

표 A.12 스튜던트화 범위분포표 $q(0.05\,; k, v)$

자유도, v	처리의 수, k								
	2	**3**	**4**	**5**	**6**	**7**	**8**	**9**	**10**
1	18.0	27.0	32.8	37.2	40.5	43.1	15.1	47.1	49.1
2	6.09	5.33	9.80	10.89	11.73	12.43	13.03	13.54	13.99
3	4.50	5.91	6.83	7.51	8.04	8.47	8.85	9.18	9.46
4	3.93	5.04	5.76	6.29	6.71	7.06	7.35	7.60	7.83
5	3.64	4.60	5.22	5.67	6.03	6.33	6.58	6.80	6.99
6	3.46	4.34	4.90	5.31	5.63	5.89	6.12	6.32	6.49
7	3.34	4.16	4.68	5.06	5.35	5.59	5.80	5.99	6.15
8	3.26	4.04	4.53	4.89	5.17	5.40	5.60	5.77	5.92
9	3.20	3.95	4.42	4.76	5.02	5.24	5.43	5.60	5.74
10	3.15	3.88	4.33	4.66	4.91	5.12	5.30	5.46	5.60
11	3.11	3.82	4.26	4.58	4.82	5.03	5.20	5.35	5.49
12	3.08	3.77	4.20	4.51	4.75	4.95	5.12	5.27	5.40
13	3.06	3.73	4.15	4.46	4.69	4.88	5.05	5.19	5.32
14	3.03	3.70	4.11	4.41	4.65	4.83	4.99	5.13	5.25
15	3.01	3.67	4.08	4.37	4.59	4.78	4.94	5.08	5.20
16	3.00	3.65	4.05	4.34	4.56	4.74	4.90	5.03	5.05
17	2.98	3.62	4.02	4.31	4.52	4.70	4.86	4.99	5.11
18	2.97	3.61	4.00	4.28	4.49	4.67	4.83	4.96	5.07
19	2.96	3.59	3.98	4.26	4.47	4.64	4.79	4.92	5.04
20	2.95	3.58	3.96	4.24	4.45	4.62	4.77	4.90	5.01
24	2.92	3.53	3.90	4.17	4.37	4.54	4.68	4.81	4.92
30	2.89	3.48	3.84	4.11	4.30	4.46	4.60	4.72	4.83
40	2.86	3.44	3.79	4.04	4.23	4.39	4.52	4.63	4.74
60	2.83	3.40	3.74	3.98	4.16	4.31	4.44	4.55	4.65
120	2.80	3.36	3.69	3.92	4.10	4.24	4.36	4.47	4.56
∞	2.77	3.32	3.63	3.86	4.03	4.17	4.29	4.39	4.47

표 A.13* 스튜던트화 최소유의범위 $r_p(0.05\,;\,p,v)$

	$\alpha = 0.05$								
	p								
v	**2**	**3**	**4**	**5**	**6**	**7**	**8**	**9**	**10**
1	17.97	17.97	17.97	17.97	17.97	17.97	17.97	17.97	17.97
2	6.085	6.085	6.085	6.085	6.085	6.085	6.085	6.085	6.085
3	4.501	4.516	4.516	4.516	4.516	4.516	4.516	4.516	4.516
4	3.927	4.013	4.033	4.033	4.033	4.033	4.033	4.033	4.033
5	3.635	3.749	3.797	3.814	3.814	3.814	3.814	3.814	3.814
6	3.461	3.587	3.649	3.68	3.694	3.697	3.697	3.697	3.697
7	3.344	3.477	3.548	3.588	3.611	3.622	3.626	3.626	3.626
8	3.261	3.399	3.475	3.521	3.549	3.566	3.575	3.579	3.579
9	3.199	3.339	3.420	3.470	3.502	3.523	3.536	3.544	3.547
10	3.151	3.293	3.376	3.430	3.465	3.489	3.505	3.516	3.522
11	3.113	3.256	3.342	3.397	3.435	3.462	3.48	3.493	3.501
12	3.082	3.225	3.313	3.370	3.410	3.439	3.459	3.474	3.484
13	3.055	3.200	3.289	3.348	3.389	3.419	3.442	3.458	3.470
14	3.033	3.178	3.268	3.329	3.372	3.403	3.426	3.444	3.457
15	3.014	3.160	3.25	3.312	3.356	3.389	3.413	3.432	3.446
16	2.998	3.144	3.235	3.298	3.343	3.376	3.402	3.422	3.437
17	2.984	3.130	3.222	3.285	3.331	3.366	3.392	3.412	3.429
18	2.971	3.118	3.210	3.274	3.321	3.356	3.383	3.405	3.421
19	2.960	3.107	3.199	3.264	3.311	3.347	3.375	3.397	3.415
20	2.950	3.097	3.190	3.255	3.303	3.339	3.368	3.391	3.409
24	2.919	3.066	3.160	3.226	3.276	3.315	3.345	3.370	3.390
30	2.888	3.035	3.131	3.199	3.250	3.290	3.322	3.349	3.371
40	2.858	3.006	3.102	3.171	3.224	3.266	3.300	3.328	3.352
60	2.829	2.976	3.073	3.143	3.198	3.241	3.277	3.307	3.333
120	2.800	2.947	3.045	3.116	3.172	3.217	3.254	3.287	3.314
∞	2.772	2.918	3.017	3.089	3.146	3.193	3.232	3.265	3.294

*Abridged from H. L. Harter, "Critical Values for Duncan's New Multiple Range Test," *Biometrics*, **16**, No. 4, 1960, by permission of the author and the editor.

표 A.13 (계속) 스튜던트화 최소유의범위 $r_p(0.01\,;\,p, v)$

	$\alpha = 0.01$								
	p								
v	**2**	**3**	**4**	**5**	**6**	**7**	**8**	**9**	**10**
1	90.03	90.03	90.03	90.03	90.03	90.03	90.03	90.03	90.03
2	14.04	14.04	14.04	14.04	14.04	14.04	14.04	14.04	14.04
3	8.261	8.321	8.321	8.321	8.321	8.321	8.321	8.321	8.321
4	6.512	6.677	6.740	6.756	6.756	6.756	6.756	6.756	6.756
5	5.702	5.893	5.989	6.040	6.065	6.074	6.074	6.074	6.074
6	5.243	5.439	5.549	5.614	5.655	5.680	5.694	5.701	5.703
7	4.949	5.145	5.260	5.334	5.383	5.416	5.439	5.454	5.464
8	4.746	4.939	5.057	5.135	5.189	5.227	5.256	5.276	5.291
9	4.596	4.787	4.906	4.986	5.043	5.086	5.118	5.142	5.160
10	4.482	4.671	4.790	4.871	4.931	4.975	5.010	5.037	5.058
11	4.392	4.579	4.697	4.780	4.841	4.887	4.924	4.952	4.975
12	4.320	4.504	4.622	4.706	4.767	4.815	4.852	4.883	4.907
13	4.260	4.442	4.560	4.644	4.706	4.755	4.793	4.824	4.850
14	4.210	4.391	4.508	4.591	4.654	4.704	4.743	4.775	4.802
15	4.168	4.347	4.463	4.547	4.610	4.660	4.700	4.733	4.760
16	4.131	4.309	4.425	4.509	4.572	4.622	4.663	4.696	4.724
17	4.099	4.275	4.391	4.475	4.539	4.589	4.630	4.664	4.693
18	4.071	4.246	4.362	4.445	4.509	4.560	4.601	4.635	4.664
19	4.046	4.220	4.335	4.419	4.483	4.534	4.575	4.610	4.639
20	4.024	4.197	4.312	4.395	4.459	4.510	4.552	4.587	4.617
24	3.956	4.126	4.239	4.322	4.386	4.437	4.480	4.516	4.546
30	3.889	4.056	4.168	4.250	4.314	4.366	4.409	4.445	4.477
40	3.825	3.988	4.098	4.180	4.244	4.296	4.339	4.376	4.408
60	3.762	3.922	4.031	4.111	4.174	4.226	4.270	4.307	4.340
120	3.702	3.858	3.965	4.044	4.107	4.158	4.202	4.239	4.272
∞	3.643	3.796	3.900	3.978	4.040	4.091	4.135	4.172	4.205

표 A.14* Dunnett 검정표(양측검정)$d_{\alpha/2}(k, v)$

	$\alpha = 0.05$								
	k = 처리평균의 수(대조군 제외)								
v	**1**	**2**	**3**	**4**	**5**	**6**	**7**	**8**	**9**
5	2.57	3.03	3.29	3.48	3.62	3.73	3.82	3.90	3.97
6	2.45	2.86	3.10	3.26	3.39	3.49	3.57	3.64	3.71
7	2.36	2.75	2.97	3.12	3.24	3.33	3.41	3.47	3.53
8	2.31	2.67	2.88	3.02	3.13	3.22	3.29	3.35	3.41
9	2.26	2.61	2.81	2.95	3.05	3.14	3.20	3.26	3.32
10	2.23	2.57	2.76	2.89	2.99	3.07	3.14	3.19	3.24
11	2.20	2.53	2.72	2.84	2.94	3.02	3.08	3.14	3.19
12	2.18	2.50	2.68	2.81	2.90	2.98	3.04	3.09	3.14
13	2.16	2.48	2.65	2.78	2.87	2.94	3.00	3.06	3.10
14	2.14	2.46	2.63	2.75	2.84	2.91	2.97	3.02	3.07
15	2.13	2.44	2.61	2.73	2.82	2.89	2.95	3.00	3.04
16	2.12	2.42	2.59	2.71	2.80	2.87	2.92	2.97	3.02
17	2.11	2.41	2.58	2.69	2.78	2.85	2.90	2.95	3.00
18	2.10	2.40	2.56	2.68	2.76	2.83	2.89	2.94	2.98
19	2.09	2.39	2.55	2.66	2.75	2.81	2.87	2.92	2.96
20	2.09	2.38	2.54	2.65	2.73	2.80	2.86	2.90	2.95
24	2.06	2.35	2.51	2.61	2.70	2.76	2.81	2.86	2.90
30	2.04	2.32	2.47	2.58	2.66	2.72	2.77	2.82	2.86
40	2.02	2.29	2.44	2.54	2.62	2.68	2.73	2.77	2.81
60	2.00	2.27	2.41	2.51	2.58	2.64	2.69	2.73	2.77
120	1.98	2.24	2.38	2.47	2.55	2.60	2.65	2.69	2.73
∞	1.96	2.21	2.35	2.44	2.51	2.57	2.61	2.65	2.69

*Reproduced from Charles W. Dunnett, "New Tables for Multiple Comparison with a Control," *Biometrics*, **20**, No. 3, 1964, by permission of the author and the editor.

표 A.14 (계속) Dunnett 검정표(양측검정)$d_{\alpha/2}(k, v)$

	$\alpha = 0.01$								
	k = 처리평균의 수(대조군 제외)								
v	1	2	3	4	5	6	7	8	9
5	4.03	4.63	4.98	5.22	5.41	5.56	5.69	5.80	5.89
6	3.71	4.21	4.51	4.71	4.87	5.00	5.10	5.20	5.28
7	3.50	3.95	4.21	4.39	4.53	4.64	4.74	4.82	4.89
8	3.36	3.77	4.00	4.17	4.29	4.40	4.48	4.56	4.62
9	3.25	3.63	3.85	4.01	4.12	4.22	4.30	4.37	4.43
10	3.17	3.53	3.74	3.88	3.99	4.08	4.16	4.22	4.28
11	3.11	3.45	3.65	3.79	3.89	3.98	4.05	4.11	4.16
12	3.05	3.39	3.58	3.71	3.81	3.89	3.96	4.02	4.07
13	3.01	3.33	3.52	3.65	3.74	3.82	3.89	3.94	3.99
14	2.98	3.29	3.47	3.59	3.69	3.76	3.83	3.88	3.93
15	2.95	3.25	3.43	3.55	3.64	3.71	3.78	3.83	3.88
16	2.92	3.22	3.39	3.51	3.60	3.67	3.73	3.78	3.83
17	2.90	3.19	3.36	3.47	3.56	3.63	3.69	3.74	3.79
18	2.88	3.17	3.33	3.44	3.53	3.60	3.66	3.71	3.75
19	2.86	3.15	3.31	3.42	3.50	3.57	3.63	3.68	3.72
20	2.85	3.13	3.29	3.40	3.48	3.55	3.60	3.65	3.69
24	2.80	3.07	3.22	3.32	3.40	3.47	3.52	3.57	3.61
30	2.75	3.01	3.15	3.25	3.33	3.39	3.44	3.49	3.52
40	2.70	2.95	3.09	3.19	3.26	3.32	3.37	3.41	3.44
60	2.66	2.90	3.03	3.12	3.19	3.25	3.29	3.33	3.37
120	2.62	2.85	2.97	3.06	3.12	3.18	3.22	3.26	3.29
∞	2.58	2.79	2.92	3.00	3.06	3.11	3.15	3.19	3.22

표 A.15* Dunnett 검정표(단측검정)$d_{\alpha}(k, v)$

	$\alpha = 0.05$								
	k = 처리평균의 수(대조군 제외)								
v	**1**	**2**	**3**	**4**	**5**	**6**	**7**	**8**	**9**
5	2.02	2.44	2.68	2.85	2.98	3.08	3.16	3.24	3.30
6	1.94	2.34	2.56	2.71	2.83	2.92	3.00	3.07	3.12
7	1.89	2.27	2.48	2.62	2.73	2.82	2.89	2.95	3.01
8	1.86	2.22	2.42	2.55	2.66	2.74	2.81	2.87	2.92
9	1.83	2.18	2.37	2.50	2.60	2.68	2.75	2.81	2.86
10	1.81	2.15	2.34	2.47	2.56	2.64	2.70	2.76	2.81
11	1.80	2.13	2.31	2.44	2.53	2.60	2.67	2.72	2.77
12	1.78	2.11	2.29	2.41	2.50	2.58	2.64	2.69	2.74
13	1.77	2.09	2.27	2.39	2.48	2.55	2.61	2.66	2.71
14	1.76	2.08	2.25	2.37	2.46	2.53	2.59	2.64	2.69
15	1.75	2.07	2.24	2.36	2.44	2.51	2.57	2.62	2.67
16	1.75	2.06	2.23	2.34	2.43	2.50	2.56	2.61	2.65
17	1.74	2.05	2.22	2.33	2.42	2.49	2.54	2.59	2.64
18	1.73	2.04	2.21	2.32	2.41	2.48	2.53	2.58	2.62
19	1.73	2.03	2.20	2.31	2.40	2.47	2.52	2.57	2.61
20	1.72	2.03	2.19	2.30	2.39	2.46	2.51	2.56	2.60
24	1.71	2.01	2.17	2.28	2.36	2.43	2.48	2.53	2.57
30	1.70	1.99	2.15	2.25	2.33	2.40	2.45	2.50	2.54
40	1.68	1.97	2.13	2.23	2.31	2.37	2.42	2.47	2.51
60	1.67	1.95	2.10	2.21	2.28	2.35	2.39	2.44	2.48
120	1.66	1.93	2.08	2.18	2.26	2.32	2.37	2.41	2.45
∞	1.64	1.92	2.06	2.16	2.23	2.29	2.34	2.38	2.42

*Reproduced from Charles W. Dunnett, "A Multiple Comparison Procedure for Comparing Several Treatments with a Control," *J. Am. Stat. Assoc.*, **50**, 1955, 1096–1121, by permission of the author and the editor.

표 A.15 (계속) Dunnett 검정표(단측검정)$d_{\alpha}(k, v)$

	$\alpha = 0.01$								
	k = 처리평균의 수(대조군 제외)								
v	**1**	**2**	**3**	**4**	**5**	**6**	**7**	**8**	**9**
5	3.37	3.90	4.21	4.43	4.60	4.73	4.85	4.94	5.03
6	3.14	3.61	3.88	4.07	4.21	4.33	4.43	4.51	4.59
7	3.00	3.42	3.66	3.83	3.96	4.07	4.15	4.23	4.30
8	2.90	3.29	3.51	3.67	3.79	3.88	3.96	4.03	4.09
9	2.82	3.19	3.40	3.55	3.66	3.75	3.82	3.89	3.94
10	2.76	3.11	3.31	3.45	3.56	3.64	3.71	3.78	3.83
11	2.72	3.06	3.25	3.38	3.48	3.56	3.63	3.69	3.74
12	2.68	3.01	3.19	3.32	3.42	3.50	3.56	3.62	3.67
13	2.65	2.97	3.15	3.27	3.37	3.44	3.51	3.56	3.61
14	2.62	2.94	3.11	3.23	3.32	3.40	3.46	3.51	3.56
15	2.60	2.91	3.08	3.20	3.29	3.36	3.42	3.47	3.52
16	2.58	2.88	3.05	3.17	3.26	3.33	3.39	3.44	3.48
17	2.57	2.86	3.03	3.14	3.23	3.30	3.36	3.41	3.45
18	2.55	2.84	3.01	3.12	3.21	3.27	3.33	3.38	3.42
19	2.54	2.83	2.99	3.10	3.18	3.25	3.31	3.36	3.40
20	2.53	2.81	2.97	3.08	3.17	3.23	3.29	3.34	3.38
24	2.49	2.77	2.92	3.03	3.11	3.17	3.22	3.27	3.31
30	2.46	2.72	2.87	2.97	3.05	3.11	3.16	3.21	3.24
40	2.42	2.68	2.82	2.92	2.99	3.05	3.10	3.14	3.18
60	2.39	2.64	2.78	2.87	2.94	3.00	3.04	3.08	3.12
120	2.36	2.60	2.73	2.82	2.89	2.94	2.99	3.03	3.06
∞	2.33	2.56	2.68	2.77	2.84	2.89	2.93	2.97	3.00

표 A.16* 부호순위검정의 기각값

n	단측 $\alpha = 0.01$ 양측 $\alpha = 0.02$	단측 $\alpha = 0.025$ 양측 $\alpha = 0.05$	단측 $\alpha = 0.05$ 양측 $\alpha = 0.1$
5			1
6		1	2
7	0	2	4
8	2	4	6
9	3	6	8
10	5	8	11
11	7	11	14
12	10	14	17
13	13	17	21
14	16	21	26
15	20	25	30
16	24	30	36
17	28	35	41
18	33	40	47
19	38	46	54
20	43	52	60
21	49	59	68
22	56	66	75
23	62	73	83
24	69	81	92
25	77	90	101
26	85	98	110
27	93	107	120
28	102	117	130
29	111	127	141
30	120	137	152

*Reproduced from F. Wilcoxon and R. A. Wilcox, *Some Rapid Approximate Statistical Procedures, American Cyanamid Company*, Pearl River, N.Y., 1964, by permission of the American Cyanamid Company.

표 A.17* 순위합검정의 기각값

단측검정(α=0.001) 또는 양측검정(α=0.002)

n_1 \ n_2	6	7	8	9	10	11	12	13	14	15	16	17	18	19	20
1															
2															
3												0	0	0	0
4					0	0	0	1	1	1	2	2	3	3	3
5		0	0	1	1	2	2	3	3	4	5	5	6	7	7
6	0	1	2	2	3	4	4	5	6	7	8	9	10	11	12
7		2	3	3	5	6	7	8	9	10	11	13	14	15	16
8			5	5	6	8	9	11	12	14	15	17	18	20	21
9				7	8	10	12	14	15	17	19	21	23	25	26
10					10	12	14	17	19	21	23	25	27	29	32
11						15	17	20	22	24	27	29	32	34	37
12							20	23	25	28	31	34	37	40	42
13								26	29	32	35	38	42	45	48
14									32	36	39	43	46	50	54
15										40	43	47	51	55	59
16											48	52	56	60	65
17												57	61	66	70
18													66	71	76
19														77	82
20															88

단측검정(α=0.01) 또는 양측검정(α=0.02)

n_1 \ n_2	5	6	7	8	9	10	11	12	13	14	15	16	17	18	19	20
1																
2									0	0	0	0	0	0	1	1
3			0	0	1	1	1	2	2	2	3	3	4	4	4	5
4	0	1	1	2	3	3	4	5	5	6	7	7	8	9	9	10
5	1	2	3	4	5	6	7	8	9	10	11	12	13	14	15	16
6		3	4	6	7	8	9	11	12	13	15	16	18	19	20	22
7			6	8	9	11	12	14	16	17	19	21	23	24	26	28
8				10	11	13	15	17	20	22	24	26	28	30	32	34
9					14	16	18	21	23	26	28	31	33	36	38	40
10						19	22	24	27	30	33	36	38	41	44	47
11							25	28	31	34	37	41	44	47	50	53
12								31	35	38	42	46	49	53	56	60
13									39	43	47	51	55	59	63	67
14										47	51	56	60	65	69	73
15											56	61	66	70	75	80
16												66	71	76	82	87
17													77	82	88	93
18														88	94	100
19															101	107
20																114

*Based in part on Tables 1, 3, 5, and 7 of D. Auble, "Extended Tables for the Mann-Whitney Statistic," *Bulletin of the Institute of Educational Research at Indiana University*, **1**, No. 2, 1953, by permission of the director.

표 A.17 (계속) 순위합검정의 기각값

단측검정(α=0.025) 또는 양측검정(α=0.05)

	n_2																
n_1	**4**	**5**	**6**	**7**	**8**	**9**	**10**	**11**	**12**	**13**	**14**	**15**	**16**	**17**	**18**	**19**	**20**
1																	
2					0	0	0	0	1	1	1	1	1	2	2	2	2
3		0	1	1	2	2	3	3	4	4	5	5	6	6	7	7	8
4	0	1	2	3	4	4	5	6	7	8	9	10	11	11	12	13	13
5		2	3	5	6	7	8	9	11	12	13	14	15	17	18	19	20
6			5	6	8	10	11	13	14	16	17	19	21	22	24	25	27
7				8	10	12	14	16	18	20	22	24	26	28	30	32	34
8					13	15	17	19	22	24	26	29	31	34	36	38	41
9						17	20	23	26	28	31	34	37	39	42	45	48
10							23	26	29	33	36	39	42	45	48	52	55
11								30	33	37	40	44	47	51	55	58	62
12									37	41	45	49	53	57	61	65	69
13										45	50	54	59	63	67	72	76
14											55	59	64	67	74	78	83
15												64	70	75	80	85	90
16													75	81	86	92	98
17														87	93	99	105
18															99	106	112
19																113	119
20																	127

단측검정(α=0.05) 또는 양측검정(α=0.10)

	n_2																	
n_1	**3**	**4**	**5**	**6**	**7**	**8**	**9**	**10**	**11**	**12**	**13**	**14**	**15**	**16**	**17**	**18**	**19**	**20**
1																	0	0
2			0	0	0	1	1	1	1	2	2	3	3	3	3	4	4	4
3	0	0	1	2	2	3	4	4	5	5	6	7	7	8	9	9	10	11
4		1	2	3	4	5	6	7	8	9	10	11	12	14	15	16	17	18
5			4	5	6	8	9	11	12	13	15	16	18	19	20	22	23	25
6				7	8	10	12	14	16	17	19	21	23	25	26	28	30	32
7					11	13	15	17	19	21	24	26	28	30	33	35	37	39
8						15	18	20	23	26	28	31	33	36	39	41	44	47
9							21	24	27	30	33	36	39	42	45	48	51	54
10								27	31	34	37	41	44	48	51	55	58	62
11									34	38	42	46	50	54	57	61	65	69
12										42	47	51	55	60	64	68	72	77
13											51	56	61	65	70	75	80	84
14												61	66	71	77	82	87	92
15													72	77	83	88	94	100
16														83	89	95	101	107
17															96	102	109	115
18																109	116	123
19																	123	130
20																		138

표 A.18* 런검정에서의 $P\{V \le v^* \mid H_0$ 사실$\}$

	v^*								
(n_1, n_2)	**2**	**3**	**4**	**5**	**6**	**7**	**8**	**9**	**10**
(2,3)	0.200	0.500	0.900	1.000					
(2,4)	0.133	0.400	0.800	1.000					
(2,5)	0.095	0.333	0.714	1.000					
(2,6)	0.071	0.286	0.643	1.000					
(2,7)	0.056	0.250	0.583	1.000					
(2,8)	0.044	0.222	0.533	1.000					
(2,9)	0.036	0.200	0.491	1.000					
(2,10)	0.030	0.182	0.455	1.000					
(3,3)	0.100	0.300	0.700	0.900	1.000				
(3,4)	0.057	0.200	0.543	0.800	0.971	1.000			
(3,5)	0.036	0.143	0.429	0.714	0.929	1.000			
(3,6)	0.024	0.107	0.345	0.643	0.881	1.000			
(3,7)	0.017	0.083	0.283	0.583	0.833	1.000			
(3,8)	0.012	0.067	0.236	0.533	0.788	1.000			
(3,9)	0.009	0.055	0.200	0.491	0.745	1.000			
(3,10)	0.007	0.045	0.171	0.455	0.706	1.000			
(4,4)	0.029	0.114	0.371	0.629	0.886	0.971	1.000		
(4,5)	0.016	0.071	0.262	0.500	0.786	0.929	0.992	1.000	
(4,6)	0.010	0.048	0.190	0.405	0.690	0.881	0.976	1.000	
(4,7)	0.006	0.033	0.142	0.333	0.606	0.833	0.954	1.000	
(4,8)	0.004	0.024	0.109	0.279	0.533	0.788	0.929	1.000	
(4,9)	0.003	0.018	0.085	0.236	0.471	0.745	0.902	1.000	
(4,10)	0.002	0.014	0.068	0.203	0.419	0.706	0.874	1.000	
(5,5)	0.008	0.040	0.167	0.357	0.643	0.833	0.960	0.992	1.000
(5,6)	0.004	0.024	0.110	0.262	0.522	0.738	0.911	0.976	0.998
(5,7)	0.003	0.015	0.076	0.197	0.424	0.652	0.854	0.955	0.992
(5,8)	0.002	0.010	0.054	0.152	0.347	0.576	0.793	0.929	0.984
(5,9)	0.001	0.007	0.039	0.119	0.287	0.510	0.734	0.902	0.972
(5,10)	0.001	0.005	0.029	0.095	0.239	0.455	0.678	0.874	0.958
(6,6)	0.002	0.013	0.067	0.175	0.392	0.608	0.825	0.933	0.987
(6,7)	0.001	0.008	0.043	0.121	0.296	0.500	0.733	0.879	0.966
(6,8)	0.001	0.005	0.028	0.086	0.226	0.413	0.646	0.821	0.937
(6,9)	0.000	0.003	0.019	0.063	0.175	0.343	0.566	0.762	0.902
(6,10)	0.000	0.002	0.013	0.047	0.137	0.288	0.497	0.706	0.864
(7,7)	0.001	0.004	0.025	0.078	0.209	0.383	0.617	0.791	0.922
(7,8)	0.000	0.002	0.015	0.051	0.149	0.296	0.514	0.704	0.867
(7,9)	0.000	0.001	0.010	0.035	0.108	0.231	0.427	0.622	0.806
(7,10)	0.000	0.001	0.006	0.024	0.080	0.182	0.355	0.549	0.743
(8,8)	0.000	0.001	0.009	0.032	0.100	0.214	0.405	0.595	0.786
(8,9)	0.000	0.001	0.005	0.020	0.069	0.157	0.319	0.500	0.702
(8,10)	0.000	0.000	0.003	0.013	0.048	0.117	0.251	0.419	0.621
(9,9)	0.000	0.000	0.003	0.012	0.044	0.109	0.238	0.399	0.601
(9,10)	0.000	0.000	0.002	0.008	0.029	0.077	0.179	0.319	0.510
(10,10)	0.000	0.000	0.001	0.004	0.019	0.051	0.128	0.242	0.414

*Reproduced from C. Eisenhart and R. Swed, "Tables for Testing Randomness of Grouping in a Sequence of Alternatives," *Ann. Math. Stat.*, **14**, 1943, by permission of the editor.

표 A.18 (계속) 런검정에서의 $P\{V \le v^* \mid H_0$ 사실$\}$

	v^*									
(n_1, n_2)	**11**	**12**	**13**	**14**	**15**	**16**	**17**	**18**	**19**	**20**
(2,3)										
(2,4)										
(2,5)										
(2,6)										
(2,7)										
(2,8)										
(2,9)										
(2,10)										
(3,3)										
(3,4)										
(3,5)										
(3,6)										
(3,7)										
(3,8)										
(3,9)										
(3,10)										
(4,4)										
(4,5)										
(4,6)										
(4,7)										
(4,8)										
(4,9)										
(4,10)										
(5,5)										
(5,6)	1.000									
(5,7)	1.000									
(5,8)	1.000									
(5,9)	1.000									
(5,10)	1.000									
(6,6)	0.998	1.000								
(6,7)	0.992	0.999	1.000							
(6,8)	0.984	0.998	1.000							
(6,9)	0.972	0.994	1.000							
(6,10)	0.958	0.990	1.000							
(7,7)	0.975	0.996	0.999	1.000						
(7,8)	0.949	0.988	0.998	1.000	1.000					
(7,9)	0.916	0.975	0.994	0.999	1.000					
(7,10)	0.879	0.957	0.990	0.998	1.000					
(8,8)	0.900	0.968	0.991	0.999	1.000	1.000				
(8,9)	0.843	0.939	0.980	0.996	0.999	1.000	1.000			
(8,10)	0.782	0.903	0.964	0.990	0.998	1.000	1.000			
(9,9)	0.762	0.891	0.956	0.988	0.997	1.000	1.000	1.000		
(9,10)	0.681	0.834	0.923	0.974	0.992	0.999	1.000	1.000	1.000	
(10,10)	0.586	0.758	0.872	0.949	0.981	0.996	0.999	1.000	1.000	1.000

표 A.19* 비모수적 양측공차한계에 대한 표본크기

	$1-\gamma$					
$1-\alpha$	**0.50**	**0.70**	**0.90**	**0.95**	**0.99**	**0.995**
0.995	336	488	777	947	1,325	1,483
0.99	168	244	388	473	662	740
0.95	34	49	77	93	130	146
0.90	17	24	38	46	64	72
0.85	11	16	25	30	42	47
0.80	9	12	18	22	31	34
0.75	7	10	15	18	24	27
0.70	6	8	12	14	20	22
0.60	4	6	9	10	14	16
0.50	3	5	7	8	11	12

*Reproduced from Table A–25d of Wilfrid J. Dixon and Frank J. Massey, Jr. *Introduction to Statistical Analysis*, 3rd ed. McGraw-Hill, New York, 1969. Used with permission of McGraw-Hill Book Company.

표 A.20* 비모수적 단측공차한계에 대한 표본크기

	$1-\gamma$				
$1-\alpha$	**0.50**	**0.70**	**0.95**	**0.99**	**0.995**
0.995	139	241	598	919	1,379
0.99	69	120	299	459	688
0.95	14	24	59	90	135
0.90	7	12	29	44	66
0.85	5	8	19	29	43
0.80	4	6	14	21	31
0.75	3	5	11	7	25
0.70	2	4	9	13	20
0.60	2	3	6	10	14
0.50	1	2	5	7	10

*Reproduced from Table A–25e of Wilfrid J. Dixon and Frank J. Massey, Jr., *Introduction to Statistical Analysis*, 3rd ed. McGraw-Hill, New York, 1969. Used with permission of McGraw-Hill Book Company.

표 A.21* Spearman 순위상관계수에 대한 기각값

n	$\alpha = 0.05$	$\alpha = 0.025$	$\alpha = 0.01$	$\alpha = 0.005$
5	0.900			
6	0.829	0.886	0.943	
7	0.714	0.786	0.893	
8	0.643	0.738	0.833	0.881
9	0.600	0.683	0.783	0.833
10	0.564	0.648	0.745	0.794
11	0.523	0.623	0.736	0.818
12	0.497	0.591	0.703	0.780
13	0.475	0.566	0.673	0.745
14	0.457	0.545	0.646	0.716
15	0.441	0.525	0.623	0.689
16	0.425	0.507	0.601	0.666
17	0.412	0.490	0.582	0.645
18	0.399	0.476	0.564	0.625
19	0.388	0.462	0.549	0.608
20	0.377	0.450	0.534	0.591
21	0.368	0.438	0.521	0.576
22	0.359	0.428	0.508	0.562
23	0.351	0.418	0.496	0.549
24	0.343	0.409	0.485	0.537
25	0.336	0.400	0.475	0.526
26	0.329	0.392	0.465	0.515
27	0.323	0.385	0.456	0.505
28	0.317	0.377	0.448	0.496
29	0.311	0.370	0.440	0.487
30	0.305	0.364	0.432	0.478

*Reproduced from E.G. Olds, "Distribution of Sums of Squares of Rank Differences for Small Samples," *Ann. Math. Stat.*, **9**, 1938, by permission of the editor.

표 A.22 불완전 감마함수표

$$F(x;\alpha)=\int_0^x \frac{1}{\Gamma(\alpha)}y^{\alpha-1}e^{-y}\,dy$$

	α									
x	1	2	3	4	5	6	7	8	9	10
1	0.6320	0.2640	0.0800	0.0190	0.0040	0.0010	0.0000	0.0000	0.0000	0.0000
2	0.8650	0.5940	0.3230	0.1430	0.0530	0.0170	0.0050	0.0010	0.0000	0.0000
3	0.9500	0.8010	0.5770	0.3530	0.1850	0.0840	0.0340	0.0120	0.0040	0.0010
4	0.9820	0.9080	0.7620	0.5670	0.3710	0.2150	0.1110	0.0510	0.0210	0.0080
5	0.9930	0.9600	0.8750	0.7350	0.5600	0.3840	0.2380	0.1330	0.0680	0.0320
6	0.9980	0.9830	0.9380	0.8490	0.7150	0.5540	0.3940	0.2560	0.1530	0.0840
7	0.9990	0.9930	0.9700	0.9180	0.8270	0.6990	0.5500	0.4010	0.2710	0.1700
8	1.0000	0.9970	0.9860	0.9580	0.9000	0.8090	0.6870	0.5470	0.4070	0.2830
9		0.9990	0.9940	0.9790	0.9450	0.8840	0.7930	0.6760	0.5440	0.4130
10		1.0000	0.9970	0.9900	0.9710	0.9330	0.8700	0.7800	0.6670	0.5420
11			0.9990	0.9950	0.9850	0.9620	0.9210	0.8570	0.7680	0.6590
12			1.0000	0.9980	0.9920	0.9800	0.9540	0.9110	0.8450	0.7580
13				0.9990	0.9960	0.9890	0.9740	0.9460	0.9000	0.8340
14				1.0000	0.9980	0.9940	0.9860	0.9680	0.9380	0.8910
15					0.9990	0.9970	0.9920	0.9820	0.9630	0.9300

A.23 초기하 분포의 평균

초기하분포의 평균을 얻기 위해서,

$$E(X) = \sum_{x=0}^{n} x \frac{\binom{k}{x}\binom{N-k}{n-x}}{\binom{N}{n}} = k \sum_{x=1}^{n} \frac{(k-1)!}{(x-1)!(k-x)!} \cdot \frac{\binom{N-k}{n-x}}{\binom{N}{n}}$$
$$= k \sum_{x=1}^{n} \frac{\binom{k-1}{x-1}\binom{N-k}{n-x}}{\binom{N}{n}}$$

여기서 $y=x-1$이라 하면,

$$E(X) = k \sum_{y=0}^{n-1} \frac{\binom{k-1}{y}\binom{N-k}{n-1-y}}{\binom{N}{n}}$$

가 된다. 한편,

$$\binom{N \quad k}{n-1-y} = \binom{(N-1)-(k-1)}{n-1-y}$$

이고

$$\binom{N}{n} = \frac{N!}{n!(N-n)!} = \frac{N}{n}\binom{N-1}{n-1}$$

이므로,

$$E(X) = \frac{nk}{N} \sum_{y=0}^{n-1} \frac{\binom{k-1}{y}\binom{(N-1)-(k-1)}{n-1-y}}{\binom{N-1}{n-1}} = \frac{nk}{N}$$

A.24 포아송 분포의 평균과 분산

먼저 평균이 $\mu=\lambda t$가 됨을 증명해 보자.

$$E(X) = \sum_{x=0}^{\infty} x \cdot \frac{e^{-\mu}\mu^x}{x!} = \sum_{x=1}^{\infty} x \cdot \frac{e^{-\mu}\mu^x}{x!} = \mu \sum_{x=1}^{\infty} \frac{e^{-\mu}\mu^{x-1}}{(x-1)!}$$

$y=x-1$이라 하면

$$E(X)=\sum_{y=0}^{\infty}\frac{e^{-\mu}\mu^y}{y!}=\mu$$

이므로,

$$\sum_{y=0}^{\infty}\frac{e^{-\mu}\mu^{y}}{y!}=\sum_{y=0}^{\infty}p(y;\mu)=1$$

이 된다. 분산을 구하기 위해서 다음을 계산해 보자.

$$\begin{aligned}E[X(X-1)]&=\sum_{x=0}^{\infty}x(x-1)\frac{e^{-\mu}\mu^{x}}{x!}=\sum_{x=2}^{\infty}x(x-1)\frac{e^{-\mu}\mu^{x}}{x!}\\&=\mu^{2}\sum_{x=2}^{\infty}\frac{e^{-\mu}\mu^{x-2}}{(x-2)!}\end{aligned}$$

$y=x-2$라 두면 다음 결과를 얻는다.

$$E[X(X-1)]=\mu^{2}\sum_{y=0}^{\infty}\frac{e^{-\mu}\mu^{y}}{y!}=\mu^{2}$$

그러므로,

$$\begin{aligned}\sigma^{2}&=E[X(X-1)]+\mu-\mu^{2}=\mu^{2}+\mu-\mu^{2}\\&=\mu=\lambda t\end{aligned}$$

A.25 감마 분포의 평균과 분산

감마분포의 평균은 다음과 같이 구할 수 있다.

$$\mu=E(X)=\frac{1}{\beta^{\alpha}\Gamma(\alpha)}\int_{0}^{\infty}x^{\alpha}e^{-x/\beta}\,dx$$

여기서 $y=x/\beta$라 하면,

$$\begin{aligned}\mu&=\frac{\beta}{\Gamma(\alpha)}\int_{0}^{\infty}y^{\alpha}e^{-y}dy\\&=\frac{\beta\Gamma(\alpha+1)}{\Gamma(\alpha)}=\alpha\beta\end{aligned}$$

이므로

$$E(X^{2})=\frac{\beta^{2}\Gamma(\alpha+2)}{\Gamma(\alpha)}=(\alpha+1)\alpha\beta^{2}$$

$$\sigma^{2}=E(X^{2})-\mu^{2}=(\alpha+1)\alpha\beta^{2}-\alpha^{2}\beta^{2}=\alpha\beta^{2}$$

이 된다.

연습문제 풀이

부록 B

1장

1.1 (a) 표본크기 = 15

(b) 표본평균 = 3.787

(c) 표본중앙값 = 3.6

(e) $\bar{x}_{tr(20)} = 3.678$

(f) 비슷하다

1.3 (b) 노화시험이 인장강도를 감소시킨다.

(c) $\bar{x}_{노화} = 209.90$, $\bar{x}_{비노화} = 222.10$

(d) $\tilde{x}_{노화} = 210.00$, $\tilde{x}_{비노화} = 221.50$

두 군의 평균들과 중앙값들은 서로 비슷하다.

1.5 (b) 대조군 : $\bar{x} = 5.60$, $\tilde{x} = 5.00$, $\bar{x}_{tr(10)} = 5.13$

처리군 : $\bar{x} = 7.60$, $\tilde{x} = 4.50$, $\bar{x}_{tr(10)} = 5.63$

(c) 처리군의 극단값(특이점) 37이 평균의 계산에 큰 영향을 주었다.

1.7 표본분산 = 0.943

표본표준편차 = 0.971

1.9 (a) 비노화시험 : 표본분산 = 23.62

표본표준편차 = 4.86

노화시험 : 표본분산 = 42.10

표본표준편차 = 6.49

(b) (a)의 결과로 볼 때 '노화' 시험에서의 분산이 '비노화' 시험에서의 분산보다 적다. 따라서 '노화' 시험이 인장강도의 변화에 영향을 주었다고 할 수 있다.

1.11 대조군 : 표본분산 = 69.38

표본표준편차 = 8.33

처리군 : 표본분산 = 128.04

표본표준편차 = 11.32

1.13 (a) 평균 = 124.3, 중앙값 = 120

(b) 175는 특이점이다.

1.15 그렇다. P값은 0.03125 (정상적인 동전으로 *HHHHH*가 나올 확률)

1.17 비흡연자 (a) 30.32, (b) 7.13

흡연자 (a) 43.70, (b) 16.93

(d) 흡연자들은 잠들 때까지 걸리는 시간이 더 필요한 것으로 보인다. 또한 그 시간의 변동이 크다.

1.19 (a)

줄기	잎	도수
0	22233457	8
1	023558	6
2	035	3
3	03	2
4	057	3
5	0569	4
6	0005	4

(b)

계급 구간	중간점	도수	상대 도수
0.0−0.9	0.45	8	0.267
1.0−1.9	1.45	6	0.200
2.0−2.9	2.45	3	0.100
3.0−3.9	3.45	2	0.067
4.0−4.9	4.45	3	0.100
5.0−5.9	5.45	4	0.133
6.0−6.9	6.45	4	0.133

(c) 표본평균 = 2.7967

표본범위 = 6.3

표본표준편차 = 2.2273

1.21 (a) 표본평균 = 74.02

표본중앙값 = 78

(b) 표본표준편차 = 39.26

1.23 (b) $\bar{x}_{1990} = 160.15$, $\bar{x}_{1980} = 395.10$

(c) 두 모델 간에 평균배출량은 감소하였으며 변동 역시 감소하였다(특이점이 없다).

1.25 (a) 표본평균 $= 33.31$

(b) 표본중앙값 $= 26.35$

(d) $\bar{x}_{\text{tr}(10)} = 30.97$

2장

2.1 (a) $S = \{8, 16, 24, 32, 40, 48\}$

(b) $S = \{-5, 1\}$

(c) $S = \{T, HT, HHT, HHH\}$

(d) $S =$ {아프리카, 남극, 아시아, 호주, 유럽, 북미, 남미}

(e) $S = \phi$

2.3 $A = C$

2.5 $S = \{1HH,\ 1HT,\ 1TH,\ 1TT,\ 2H,\ 2T,\ 3HH,\ 3HT,\ 3TH,\ 3TT,\ 4H,\ 4T,\ 5HH,\ 5HT,\ 5TH,\ 5TT,\ 6H,\ 6T\}$

2.7 $S_1 = \{MMMM, MMMF, MMFM, MFMM, FMMM, MMFF, MFMF, MFFM, FMFM, FFMM, FMMF, MFFF, FMFF, FFMF, FFFM, FFFF\}$;
$S_2 = \{0, 1, 2, 3, 4\}$

2.9 (a) $A = \{1HH, 1HT, 1TH, 1TT, 2H, 2T\}$

(b) $B = \{1TT, 3TT, 5TT\}$

(c) $A' = \{3HH, 3HT, 3TH, 3TT, 4H, 4T, 5HH, 5HT, 5TH, 5TT, 6H, 6T\}$

(d) $A' \cap B = \{3TT, 5TT\}$

(e) $A \cup B = \{1HH, 1HT, 1TH, 1TT, 2H, 2T, 3TT, 5TT\}$

2.11 (a) $S = \{M_1M_2, M_1F_1, M_1F_2, M_2M_1, M_2F_1, M_2F_2, F_1M_1, F_1M_2, F_1F_2, F_2M_1, F_2M_2, F_2F_1\}$

(b) $A = \{M_1M_2, M_1F_1, M_1F_2, M_2M_1, M_2F_1, M_2F_2\}$

(c) $B = \{M_1F_1, M_1F_2, M_2F_1, M_2F_2, F_1M_1, F_1M_2, F_2M_1, F_2M_2\}$

(d) $C = \{F_1F_2, F_2F_1\}$

(e) $A \cap B = \{M_1F_1, M_1F_2, M_2F_1, M_2F_2\}$

(f) $A \cup C = \{M_1M_2, M_1F_1, M_1F_2, M_2M_1, M_2F_1, M_2F_2, F_1F_2, F_2F_1\}$

2.15 (a) {질소, 칼륨, 우라늄, 산소}

(b) {구리, 나트륨, 아연, 산소}

(c) {구리, 나트륨, 질소, 칼륨, 우라늄, 아연}

(d) {구리, 우라늄, 아연}

(e) ϕ

(f) {산소}

2.19 (a) 기계적 결함은 경험하지만 교통위반으로 인한 벌금영수증은 받지 않고, 도착한 캠프장소에 빈 장소가 있을 사상

(b) 벌금영수증을 받고 도착한 캠프장소에 빈 장소가 없지만 기계적 결함은 경험하지 않을 사상

(c) 기계적 결함을 경험하고 도착한 캠프장소에 빈 장소가 없을 사상

(d) 벌금영수증은 받지만 빈 자리가 없는 캠프장소엔 도착하지 않을 사상

(e) 기계적 결함을 경험하지 않을 사상

2.21 18

2.23 156

2.25 20

2.27 48

2.29 210

2.31 72

2.33 (a) 1024; (b) 243

2.35 362,880

2.37 2880

2.39 (a) 40,320; (b) 336

2.41 360

2.43 24

2.45 3360

2.47 56

2.49 (a) 확률들의 합이 1을 넘는다.

(b) 확률들의 합이 1보다 작다.

(c) 확률이 음수이다.

(d) 하트무늬이고 검은색 카드일 확률은 0이다.

2.51 $S = \{\$10, \$25, \$100\}$; $P(10) = \frac{11}{20}$, $P(25) = \frac{3}{10}$, $P(100) = \frac{15}{100}$; $\frac{17}{20}$

2.53 (a) 0.3; (b) 0.2

2.55 10/117

2.57 (a) 5/26; (b) 9/26; (c) 19/26

2.59 (a) 94/54,145; (b) 143/39,984

2.61 (a) 22/25; (b) 3/25; (c) 17/50

2.63 (a) 0.32; (b) 0.68; (c) 서재

2.65 (a) 0.8; (b) 0.45; (c) 0.55

2.67 (a) 0.31; (b) 0.93; (c) 0.31

2.69 (a) 0.009; (b) 0.999; (c) 0.01

2.71 (a) 0.048; (b) \$50,000; (c) \$12,500

2.73 (a) 마약복용을 한 죄수가 무장강도행위도 했을 확률
(b) 무장강도행위를 한 죄수가 마약복용은 하지 않았을 확률
(c) 마약복용을 하지 않은 죄수가 무장강도행위도 하지 않았을 확률

2.75 (a) 14/39; (b) 95/112

2.77 (a) 5/34; (b) 3/8

2.79 (a) 0.018; (b) 0.614; (c) 0.166; (d) 0.479

2.81 (a) 0.35; (b) 0.875; (c) 0.55

2.83 (a) 9/28; (b) 3/4; (c) 0.91

2.85 0.27

2.87 5/8

2.89 (a) 0.0016; (b) 0.9984

2.91 (a) 91/323; (b) 91/323

2.93 (a) 0.75112; (b) 0.2045

2.95 0.0960

2.97 0.40625

2.99 0.1124

2.101 0.857

3장

3.1 이산형 ; 연속형 ; 연속형 ; 이산형 ; 이산형 ; 연속형

3.3

표본공간	w
HHH	3
HHT	1
HTH	1
THH	1
HTT	−1
THT	−1
TTH	−1
TTT	−3

3.5 (a) 1/30; (b) 1/10

3.7 (a) 0.68; (b) 0.375

3.9 (b) 19/80

3.11

x	0	1	2
$f(x)$	$\frac{2}{7}$	$\frac{4}{7}$	$\frac{1}{7}$

3.13
$$F(x) = \begin{cases} 0, & x < 0, \\ 0.41, & 0 \le x < 1, \\ 0.78, & 1 \le x < 2, \\ 0.94, & 2 \le x < 3, \\ 0.99, & 3 \le x < 4, \\ 1, & x \ge 4 \end{cases}$$

3.15
$$F(x) = \begin{cases} 0, & x < 0, \\ \frac{2}{7}, & 0 \le x < 1, \\ \frac{6}{7}, & 1 \le x < 2, \\ 1, & x \ge 2 \end{cases}$$
(a) 4/7; (b) 5/7

3.17 (b) 1/4; (c) 0.3

3.19 $F(x) = \begin{cases} 0, & x < 1 \\ \frac{x-1}{2}, & 1 \le x < 3; 1/4 \\ 1, & x \ge 3 \end{cases}$

3.21 (a) 3/2; (b) $F(x) = \begin{cases} 0, & x < 0 \\ x^{3/2}, & 0 \le x < 1; 0.3004 \\ 1, & x \ge 1 \end{cases}$

3.23
$$F(w) = \begin{cases} 0, & w < -3, \\ \frac{1}{27}, & -3 \le w < -1, \\ \frac{7}{27}, & -1 \le w < 1, \\ \frac{19}{27}, & 1 \le w < 3, \\ 1, & w \ge 3 \end{cases}$$
(a) 20/27; (b) 2/3

3.25

t	20	25	30
$P(T=t)$	$\frac{1}{5}$	$\frac{3}{5}$	$\frac{1}{5}$

3.27 (a)
$$F(x)=\begin{cases}0, & x<0,\\ 1-\exp(-x/2000), & x\ge 0\end{cases}$$
(b) 0.6065; (c) 0.6321

3.29 (b)
$$F(x)=\begin{cases}0, & x<1,\\ 1-x^{-3}, & x\ge 1\end{cases}$$
(c) 0.0156

3.31 (a) 0.2231; (b) 0.2212

3.33 (a) $k=280$; (b) 0.3633; (c) 0.0563

3.35 (a) 0.1528; (b) 0.0446

3.37 (a) 1/36; (b) 1/15

3.39 (a)

	$f(x,y)$	x = 0	1	2	3
y	0	0	$\frac{3}{70}$	$\frac{9}{70}$	$\frac{3}{70}$
	1	$\frac{2}{70}$	$\frac{18}{70}$	$\frac{18}{70}$	$\frac{2}{70}$
	2	$\frac{3}{70}$	$\frac{9}{70}$	$\frac{3}{70}$	0

(b) 1/2

3.41 (a) 1/16; (b) $g(x)=12x(1-x)^2,\ \ 0\le x\le 1$; (c) 1/4

3.43 (a) 3/64; (b) 1/2

3.45 0.6534

3.47 (a) 종속 ; (b) 1/3

3.49 (a)

x	1	2	3
$g(x)$	0.10	0.35	0.55

(b)

y	1	3	5
$h(y)$	0.20	0.50	0.30

(c) 0.2857

3.51 (a)

	$f(x,y)$	x = 0	1	2	3
y	0	$\frac{1}{55}$	$\frac{6}{55}$	$\frac{6}{55}$	$\frac{1}{55}$
	1	$\frac{6}{55}$	$\frac{16}{55}$	$\frac{6}{55}$	0
	2	$\frac{6}{55}$	$\frac{6}{55}$	0	0
	3	$\frac{1}{55}$	0	0	0

(b) 42/55

3.53 5/8

3.55 독립

3.57 (a) 3; (b) 21/512

3.59 종속

4장

4.1 0.88

4.3 25센트

4.5 \$1.23

4.7 \$500

4.9 \$6900

4.11 $(\ln 4)/\pi$

4.13 100시간

4.15 0

4.17 209

4.19 \$1855

4.21 \$833.33

4.23 (a) 35.2; (b) $\mu_X=3.20,\ \mu_Y=3.00$

4.25 2

4.27 2,000시간

4.29 (b) 3/2

4.31 (a) 1/6; (b) $(5/6)^5$

4.33 \$5,250,000

4.35 0.74

4.37 1/18; 실제 이익의 분산은 $\frac{1}{18}(5000)^2$

4.39 1/6

4.41 118.9

4.43 $\mu_Y=10$; $\sigma_Y^2=144$

4.45 0.01

4.47 −0.0062

4.49 $\sigma_X^2=0.8456,\ \sigma_X=0.9196$

4.51 $-1/\sqrt{5}$

4.53 $\mu_{g(X)}=10.33,\ \sigma_{g(X)}=6.66$

4.55 80센트

4.57 209

4.59 $\mu = 7/2$, $\sigma^2 = 15/4$

4.61 3/14

4.63 52

4.65 (a) 7; (b) 0; (c) 12.25

4.67 46/63

4.69 (a) $E(X) = E(Y) = 1/3$, $Var(X) = Var(Y) = 4/9$; (b) $E(Z) = 2/3$, $Var(Z) = 8/9$

4.71 (a) 4; (b) 32; 16

4.73 정확한 수식으로 계산하면, $E(e^Y) = 1,884.32$ Taylor 전개를 이용하면, $E(e^Y) \approx 1,883.38$로서 수식계산결과와 거의 비슷하다.

4.75 0.03125

4.77 (a) 최대 4/9; (b) 최소한 5/9
(c) 최소한 21/25; (d) 10

5장

5.1 $\mu = \frac{1}{k}\sum_{i=1}^{k} x_i$, $\sigma^2 = \frac{1}{k}\sum_{i=1}^{k}(x_i - \mu)^2$

5.3 $f(x) = \frac{1}{10}$, $x = 1, 2, \ldots, 10$; 3/10

5.5 (a) 0.0480; (b) 0.2375; (c) $P(X = 5|p = 0.3) = 0.1789$, $P = 0.3$은 적절해 보인다.

5.7 (a) 0.0474; (b) 0.0171

5.9 (a) 0.7073; (b) 0.4613; (c) 0.1484

5.11 0.1240

5.13 0.8369

5.15 (a) 0.0778; (b) 0.3370; (c) 0.0870

5.17 $\mu = 3.5$, $\sigma^2 = 1.05$

5.19 $f(x_1, x_2, x_3) = \binom{n}{x_1, x_2, x_3} 0.35^{x_1} 0.05^{x_2} 0.60^{x_3}$

5.21 0.0095

5.23 0.0077

5.25 0.8670

5.27 (a) 0.2852; (b) 0.9887; (c) 0.6083

5.29 5/14

5.31 $h(x; 6, 3, 4) = \dfrac{\binom{4}{x}\binom{2}{3-x}}{\binom{6}{3}}$, $x = 1, 2, 3$;
$P(2 \le X \le 3) = 4/5$

5.33 (a) 0.3246; (b) 0.4496

5.35 0.9517

5.37 (a) 0.6815; (b) 0.1153

5.39 0.9453

5.41 0.6077

5.43 (a) 4/33; (b) 8/165

5.45 0.2315

5.47 (a) 0.3991; (b) 0.1316

5.49 0.0515

5.51 63/64

5.53 (a) 0.3840; (b) 0.0067

5.55 (a) 0.0630; (b) 0.9730

5.57 (a) 0.1429; (b) 0.1353

5.59 (a) 0.1638; (b) 0.032

5.61 0.2657

5.63 $\mu = 6$, $\sigma^2 = 6$

5.65 (a) 0.2650; (b) 0.9596

5.67 (a) 0.8243; (b) 14

5.69 4

5.71 5.53×10^{-4}; $\mu = 7.5$

5.73 (a) 0.0137; (b) 0.0830

5.75 0.4686

6장

6.3 (a) 0.6; (b) 0.7; (c) 0.5

6.5 (a) 0.0823; (b) 0.0250; (c) 0.2424;
(d) 0.9236; (e) 0.8133; (f) 0.6435

6.7 (a) 0.54; (b) −1.72; (c) 1.28

6.9 (a) 0.1151; (b) 16.1; (c) 20.275; (d) 0.5403

6.11 (a) 0.0548; (b) 0.4514; (c) 23컵
(d) 189.95 mL

6.13 (a) 0.8980; (b) 0.0287; (c) 0.6080

6.15 (a) 0.0571; (b) 99.11%; (c) 0.3974;
(d) 27.952분; (e) 0.0092

6.17 6.24년

6.19 (a) 51%; (b) $18.37

6.21 (a) 0.0401; (b) 0.0244

6.23 26명

6.25 (a) 0.3085; (b) 0.0197

6.27 (a) 0.9514; (b) 0.0668

6.29 (a) 0.1171; (b) 0.2049

6.31 0.1357

6.33 (a) 0.0778; (b) 0.0571; (c) 0.6811

6.35 (a) 0.8749; (b) 0.0059

6.37 (a) 0.0228; (b) 0.3974

6.41 $2.8e^{-1.8} - 3.4e^{-2.4} = 0.1545$

6.43 (a) $\mu = 6$; $\sigma^2 = 18$;
(b) 0에서 14.485백만리터

6.45 $\sum_{x=4}^{6} \binom{6}{x} (1 - e^{-3/4})^x (e^{-3/4})^{6-x} = 0.3968$

6.47 (a) $\sqrt{\pi/2} = 1.2533$년; (b) e^{-2}

6.49 (a) 평균 $= 0.25$, 중앙값 $= 0.206$;
(b) 분산 $= 0.0375$; (c) 0.2963

6.51 $e^{-4} = 0.0183$

6.53 (a) $\mu = \alpha\beta = 50$; (b) $\sigma^2 = \alpha\beta^2 = 500$; $\sigma = \sqrt{500}$; (c) 0.815

6.55 (a) 0.1889; (b) 0.0357

6.57 평균 $= e^6$, 분산 $= e^{12}(e^4 - 1)$

6.59 (a) e^{-5}; (b) $\beta = 0.2$

7장

7.1 $g(y) = 1/3, \; y = 1, 3, 5$

7.3
$$g(y_1, y_2) = \binom{2}{\frac{y_1+y_2}{2}, \frac{y_1-y_2}{2}, 2-y_1} \times \left(\frac{1}{4}\right)^{(y_1+y_2)/2} \left(\frac{1}{3}\right)^{(y_1-y_2)/2} \left(\frac{5}{12}\right)^{2-y_1};$$
for $y_1 = 0, 1, 2$; $y_2 = -2, -1, 0, 1, 2$;
$y_2 \le y_1$; $y_1 + y_2 = 0, 2, 4$

7.7 감마분포, $\alpha = 3/2, \; \beta = m/2b$

7.9 (a) $g(y) = 32/y^3, \; y > 4$; (b) 1/4

7.11 $h(z) = 2(1 - z), \; 0 < z < 1$

7.13 $h(w) = 6 + 6w - 12w^{1/2}, \; 0 < w < 1$

7.15 $g(y) = \begin{cases} \frac{2}{9\sqrt{y}}, & 0 < y < 1, \\ \frac{\sqrt{y}+1}{9\sqrt{y}}, & 1 < y < 4 \end{cases}$

7.19 모두 μ

7.23 (a) 감마분포 (2,1); (b) 균일분포 (0,1)

8장

8.1 (a) 전화가 있는 모든 리치먼드 시민의 응답

(b) 매우 큰 또는 무한번의 동전던지기 실험의 결과

(c) 이들 테니스화를 경기용으로 실험했을 때의 수명

(d) 이 변호사가 집에서 사무실까지 가는 데 소요되는 가능한 모든 시간

8.3 (a) $\bar{x} = 3.2$초; (b) $\tilde{x} = 3.1$초

8.5 (a) $\bar{x} = 2.4$; (b) $\tilde{x} = 2$; (c) $m = 3$

8.7 (a) 53.75; (b) 75와 100

8.9 (a) 범위는 10; (b) $s = 3.307$

8.11 (a) 2.971; (b) 2.971

8.13 $s = 0.585$

8.15 (a) 45.9; (b) 5.1

8.17 0.3159

8.19 (a) 0.49에서 0.16으로 감소
(b) 0.04에서 0.64으로 감소

8.21 그렇다.

8.23 (a) $\mu = 5.3$; $\sigma^2 = 0.81$;
(b) $\mu_{\bar{X}} = 5.3$; $\sigma^2_{\bar{X}} = 0.0225$;
(c) 0.9082

8.25 (a) 0.6898; (b) 7.35

8.29 0.5596

8.31 (a) 평균건조시간의 차이가 1.0보다 클 확률은 0.0013
(b) 13

8.33 (a) 1/2; (b) 0.3085

8.35 $P(\bar{X} \leq 775 \mid \mu = 760) = 0.9332$

8.37 (a) 27.488; (b) 18.475; (c) 36.415

8.39 (a) 0.297; (b) 32.852; (c) 46.928

8.41 (a) 0.05; (b) 0.94

8.45 (a) 0.975; (b) 0.10; (c) 0.875; (d) 0.99

8.47 (a) 2.500; (b) 1.319; (c) 1.714

8.49 아니다 ; $\mu > 20$

8.51 (a) 2.71; (b) 3.51; (c) 2.92;
(d) 0.47; (e) 0.34

8.53 F값은 1.44. 분산은 유의하게 다르지 않다.

9장

9.1 56

9.3 $0.3097 < \mu < 0.3103$

9.5 (a) $22,496 < \mu < 24,504$; (b) 오차 ≤ 1004

9.7 35

9.9 $10.15 < \mu < 12.45$

9.11 $0.978 < \mu < 1.033$

9.13 $47.722 < \mu < 49.278$

9.15 $(13,075, 33,925)$

9.17 $(6.05, 16.55)$

9.19 323.946에서 326.154

9.21 단측예측상한 : 9.42
단측공차상한 : 11.87

9.25 6.9는 예측구간을 벗어나므로 이상치이다.

9.27 (a) $(0.9876, 1.0174)$;
(b) $(0.9411, 1.0639)$;
(c) $(0.9334, 1.0716)$

9.35 $2.9 < \mu_1 - \mu_2 < 7.1$

9.37 $2.80 < \mu_1 - \mu_2 < 3.40$

9.39 $1.5 < \mu_1 - \mu_2 < 12.5$

9.41 $0.70 < \mu_1 - \mu_2 < 3.30$

9.43 $-6536 < \mu_1 - \mu_2 < 2936$

9.45 $(-0.74, 6.30)$

9.47 $(-6.92, 36.70)$

9.49 $0.54652 < \mu_B - \mu_A < 1.69348$

9.51 방법 1: $0.194 < p < 0.262$;
방법 2: $0.1957 < p < 0.2639$

9.53 (a) $0.498 < p < 0.642$; (b) 오차 ≤ 0.072

9.55 (a) $0.739 < p < 0.961$; (b) 아니다.

9.57 (a) $0.644 < p < 0.690$; (b) 오차 ≤ 0.023

9.59 2576

9.61 160

9.63 9604

9.65 $-0.0136 < p_F - p_M < 0.0636$

9.67 $0.0011 < p_1 - p_2 < 0.0869$

9.69 $(-0.0849, 0.0013)$; 유의하게 다르지 않다.

9.71 $0.293 < \sigma^2 < 6.736$; 주장이 맞다.

9.73 $3.472 < \sigma^2 < 12.804$

9.75 $9.27 < \sigma < 34.16$

9.77 $0.549 < \sigma_1/\sigma_2 < 2.690$

9.79 $0.016 < \sigma_1^2/\sigma_2^2 < 0.454$; 아니다.

9.81 $\frac{1}{n}\sum_{i-1}^{n} x_i$

9.83 $\hat{\beta} = \bar{x}/5$

9.85 $\hat{\theta} = \max\{x_1, \ldots, x_n\}$

9.87 $x \ln p + (1-x)\ln(1-p)$
p로 미분하면 $\hat{p} = x = 1.0$

10장

10.1 (a) 실제로 30% 이상이 알레르기반응을 일으킬 때 30%보다 적은 수의 국민이 알레르기반응을 일으킨다고 결론짓는다.
(b) 실제로 30%보다 적은 수가 알레르기반응을 일으킬 때 30% 이상의 국민이 알레르기반응을 일으킨다고 결론짓는다.

10.3 (a) 회사는 유죄가 아니다.
(b) 회사는 유죄이다.

10.5 (a) 0.0559;
(b) $\beta = 0.0017$; $\beta = 0.00968$; $\beta = 0.5557$

10.7 (a) 0.1286;
(b) $\beta = 0.0901$; $\beta = 0.0708$.
(c) 제1종 과오확률이 좀 큰 편이다.

10.9 (a) $\alpha = 0.0850$; (b) $\beta = 0.3410$

10.11 (a) $\alpha = 0.1357$; (b) $\beta = 0.2578$

10.13 $\alpha = 0.0094$; $\beta = 0.0122$

10.15 (a) $\alpha = 0.0718$; (b) $\beta = 0.1151$

10.17 (a) $\alpha = 0.0384$; (b) $\beta = 0.5$; $\beta = 0.2776$

10.19 $z = -2.76$; 그렇다, $\mu < 40$개월 ;
P값 =0.0029

10.21 $z = -1.64$; P값 =0.10

10.23 $t = 0.77$; H_0 기각 못함.

10.25 $z = 8.97$; 그렇다, $\mu > 20,000$km ;
P값 < 0.001

10.27 $t = 12.72$; P값 < 0.0005; H_0 기각

10.29 $t = -1.98$; P값 $= 0.0312$; H_0 기각

10.31 $z = -2.60$; $\mu_A - \mu_B \le 12$kg으로 결론

10.33 $t = 1.50$; 주장을 뒷받침할 충분한 근거가 없다.

10.35 $t = 0.70$; 혈청이 효과적이라는 충분한 증거가 없다.

10.37 $t = 2.55$; H_0 기각 : $\mu_1 - \mu_2 > 4$km

10.39 $t' = 0.22$; H_0 기각 못함.

10.41 $t' = 2.76$; H_0 기각

10.43 $t = -2.53$; H_0 기각 ; 주장은 타당하다.

10.45 $t = 2.48$; P값 < 0.02; H_0 기각

10.47 $n = 6$

10.49 $78.28 \approx 79$

10.51 5

10.53 (a) H_0: $M_{\text{hot}} - M_{\text{cold}} = 0$,
H_1: $M_{\text{hot}} - M_{\text{cold}} \neq 0$;
(b) $t = 0.99$; P값 > 0.30;
H_0 기각 못함.

10.55 P값 $= 0.4044$ (단측검정) ; 주장은 반박되지 않는다.

10.57 $z = 1.44$; H_0 기각 못함.

10.59 $z = -5.06$, P값 ≈ 0; 1/5 이하의 가구가 기름난방을 한다고 결론내린다.

10.61 $z = 0.93$, P값 $= P(Z > 0.93) = 0.1762$;
신약이 효과적이라는 충분한 증거가 없다.

10.63 $z = 2.36$; P값 $= 0.0182$; 차이는 유의하다.

10.65 $z = 1.10$; P값 $= 0.1357$; 도시지역에서 유방암이 더 발생한다는 충분한 증거가 없다.

10.67 $\chi^2 = 18.13$; P값 $= 0.0676$
H_0 기각 못함 : $\sigma^2 = 0.03$

10.69 $\chi^2 = 63.75$; P값 $= 0.8998$
H_0 기각 못함.

10.71 $\chi^2 = 42.37$; P값 $= 0.0117$
기계는 고장이다.

10.73 $f = 1.33$; P값 $= 0.3095$
H_0 기각 못함

10.75 $f = 0.086$; P값 $= 0.0328$; H_0 기각

10.77 $f = 19.67$; P값 $= 0.0008$
H_0 기각

10.79 $\chi^2 = 10.14$; H_0 기각, 비율은 5:2:2:1이 아니다.

10.81 $\chi^2 = 4.47$; 동전이 공정하지 않다는 충분한 증거가 없다.

10.83 $\chi^2 = 3.125$; H_0 기각 못함

10.85 $\chi^2 = 5.19$; H_0 기각 못함

10.87 $\chi^2 = 5.47$; H_0 기각 못함

10.89 $\chi^2 = 124.59$; 범죄발생은 도시구역에 따라 다르다.

10.91 $\chi^2 = 5.92$; P값 $= 0.4332$; H_0 기각 못함.

10.93 $\chi^2 = 31.17$; P값 < 0.0001; 성향은 균질하지 않다.

10.95 $\chi^2 = 1.84$; H_0 기각 못함.

11장

11.1 (a) $b_0 = 64.529$, $b_1 = 0.561$;
(b) $\hat{y} = 81.4$

11.3 (a) $\hat{y} = 5.8254 + 0.5676x$;
(c) 50°C일 때 $\hat{y} = 34.205$

11.5 (a) $\hat{y} = 6.4136 + 1.8091x$;
(b) 1.75일 때 $\hat{y} = 9.580$

11.7 (b) $\hat{y} = 31.709 + 0.353x$

11.9 (b) $\hat{y} = 343.706 + 3.221x$;
(c) \$35일 때 $\hat{y} = \$456$

11.11 (b) $\hat{y} = -1847.633 + 3.653x$

11.13 (a) $\hat{y} = 153.175 - 6.324x$;
(b) $x = 4.8$단위일 때 $\hat{y} = 123$

11.15 (a) $s^2 = 176.4$;
(b) $t = 2.04$; H_0 기각 못함

11.17 (a) $s^2 = 0.40$;
(b) $4.324 < \beta_0 < 8.503$;
(c) $0.446 < \beta_1 < 3.172$

11.19 (a) $s^2 = 6.626$;
(b) $2.684 < \beta_0 < 8.968$;
(c) $0.498 < \beta_1 < 0.637$

11.21 $t = -2.24$; H_0 기각

11.23 (a) $24.438 < \mu_{Y|24.5} < 27.106$;
(b) $21.88 < y_0 < 29.66$

11.25 $7.81 < \mu_{Y|1.6} < 10.81$

11.27 (a) 17.1812 mpg;
(b) 아니다. 평균연비의 95% 신뢰구간은 (27.95, 29.60)
(c) 연비는 18을 초과하는 것으로 보인다.

11.29 (b) $\hat{y} = 3.4156x$

11.31 $f = 1.58$, H_0 기각 못함

11.33 (a) $\hat{y} = 2.003x$;
(b) $t = 1.40$, H_0 기각 못함

11.35 $f = 1.71$; P값 $= 0.2517$; 선형회귀가 적합하다.

11.37 (a) $b_0 = 10.812$, $b_1 = -0.3437$;
(b) $f = 0.43$; 선형회귀가 적합하다.

11.39 (a) $\hat{P} = -11.3251 - 0.0449T$;
(b) 그렇다.
(c) $R^2 = 0.9355$;
(d) 그렇다.

11.41 (b) $\hat{N} = -175.9025 + 0.0902Y$; $R^2 = 0.3322$

11.43 $r = 0.240$

11.45 (a) $r = -0.979$;
(b) P값 $= 0.0530$; 0.025에서 H_0 기각 못함
(c) 95.8%

11.47 (a) $r = 0.784$;
(b) H_0 기각
(c) 61.5%.

12장

12.1 $f = 0.31$; 기계가 다르다는 충분한 증거가 없다.

12.3 $f = 14.52$; 유의하게 다르다.

12.5 $f = 8.38$; 유의하게 다르다.

12.7 $f = 2.25$; 영향을 준다는 충분한 증거가 없다.

12.9 $b = 0.79 > b_4(0.01, 4, 4, 4, 9) = 0.4939$. H_0 기각 못함

12.11 $b = 0.7822 < b_4(0.05, 9, 8, 15) = 0.8055$. 분산은 유의하게 다르다.

12.13 (a) P값 < 0.0001, 유의

(b) (1 vs. 2), P값< 0.0001, 유의하게 다르다
(3 vs. 4), P값 $= 0.0648$,
유의하게 다르지 않다

12.15 Tukey 검정 결과

$\bar{y}_{4.}$	$\bar{y}_{3.}$	$\bar{y}_{1.}$	$\bar{y}_{5.}$	$\bar{y}_{2.}$
2.98	4.30	5.44	6.96	7.90

12.17 (a) P값 $= 0.0121$; 유의

(b)

Depletion	Modified Hess	Substrate Removal Kicknet	Surber	Kicknet

12.19 $f = 70.27$; P값 < 0.0001; H_0 기각

$\bar{x}_0$	$\bar{x}_{25}$	$\bar{x}_{100}$	$\bar{x}_{75}$	$\bar{x}_{50}$
55.167	60.167	64.167	70.500	72.833

온도는 중요하다. 75와 50°C에서 배터리의 활성 수명이 더 길었다.

12.21 골재 4의 평균흡수율이 다른 골재들보다 유의하게 작다.

12.23 대조군 대 1과 2 : 유의
대조군 대 3과 4 : 유의하지 않음

12.25 f(비료)=6.11; 유의

12.27 $f = 5.99$; 세 종류의 잼에 대한 첨가물의 비율은 동일하지 않다. ; 제품 A

12.29 P값 < 0.0001; 유의

12.31 P값 $= 0.0023$; 유의

12.33 P값 $= 0.1250$; 유의하지 않음

12.35 P값 < 0.0001;
$f = 122.37$; 염료의 양은 색상에 영향을 준다.

12.37 (a) $y_{ij} = \mu + A_i + \epsilon_{ij}$, $A_i \sim n(x; 0, \sigma_\alpha)$, $\epsilon_{ij} \sim n(x; 0, \sigma)$;

(b) $\hat{\alpha}^2_\alpha = 0$ (분산성분의 추정치는 -0.00027); $\hat{\sigma}^2 = 0.0206$

12.39 (a) $f = 14.9$; 작업자들 간에 유의한 차이가 있다.

(b) $\hat{\sigma}^2_\alpha = 28.91$; $s^2 = 8.32$

12.41 (a) $y_{ij} = \mu + A_i + \epsilon_{ij}$, $A_i \sim n(x; 0, \sigma_\alpha)$;

(b) 그렇다. $f = 5.63$; P값$= 0.0121$

(c) 직기분산성분은 유의하다.

13장

13.1 $x = 7$; P값 $= 0.1719$; H_0 기각 못함.

13.3 $x = 3$; P값 $= 0.0244$; H_0 기각

13.5 $x = 4$; P값 $= 0.3770$; H_0 기각 못함.

13.7 $x = 4$; P값 $= 0.1335$; H_0 기각 못함.

13.9 $w = 43$; H_0 기각 못함.

13.11 $w_+ = 17.5$; H_0 기각 못함.

13.13 $w_+ = 15$, $n = 13$; H_0 기각

13.15 $u_1 = 4$; 주장은 타당하지 않다.

13.17 $u_2 = 5$; A의 작동시간이 길다.

13.19 $u = 15$; H_0 기각 못함.

13.21 $h = 10.58$; 작동시간은 다르다.

13.23 $v = 7$; P값$= 0.910$; 랜덤하다.

13.25 $v = 6$; P값$= 0.044$; H_0 기각 못함.

13.27 $v = 4$; 랜덤하다.

13.29 0.70

13.31 0.995

13.33 (a) $r_s = 0.39$; (b) H_0 기각 못함.

13.35 (a) $r_s = 0.72$; (b) H_0 기각

13.37 (a) $r_s = 0.71$; (b) H_0 기각

찾아보기

나

다

라

마

바

사

아

카

타

파

하

| 역자 소개 |

김봉선
인하대학교 산업공학전공 교수

박상규
동서울대학교 산업경영전공 교수

유영관
한라대학교 경영학과 교수

정수일
인하대학교 산업공학전공 명예교수

이공학도를 위한 확률 및 통계학 제9판

|저 자 Ronald E. Walpole · Raymond H. Myers · Sharon L. Myers · Keying Ye
|역 자 김봉선 · 박상규 · 유영관 · 정수일
|발 행 인 김지영
|발 행 처 자유아카데미
|주 소 경기도 파주시 회동길 37-42 파주출판도시
|전 화 031-955-1321
|팩 스 031-955-1322
|전자우편 main@freeaca.com(대표) editor@freeaca.com(편집) crm@freeaca.com(영업)
|홈페이지 www.freeaca.com
|등 록 제406-2003-017호, 1980. 7. 12
|제9판1쇄 2011년 12월 20일 발행
|제9판8쇄 2024년 7월 25일 발행
|정 가 32,000원

역자와의 협의하에 인지생략

PEARSON www.pearsonhighered.com

Printed in Korea
ISBN 978-89-7338-800-4 93410

